플랜트엔지니어 1 · 2급 필기 + 실기 시험대비서

플랜트엔지니어 기술이론

2

PLANT
ENGINEERING

(재)한국플랜트건설연구원 교재편찬위원회
홈페이지 www.cip.or.kr

예문사

PREFACE

최근 세계건설시장의 지속적인 성장으로 2020년의 시장규모는 2019년 대비 3.4% 상승한 11조 6,000억 달러가 될 것으로 추정하고 있다. 특히, 아시아와 중동에서 개발도상국들의 인프라 투자 증가, 산유국의 플랜트 설비 건설 등으로 플랜트 건설시장이 확대됨에 따라 2025년까지 5% 내외의 성장이 지속될 것으로 전망하고 있다.

우리나라의 경우도 해외 건설수주는 2006년 이후 매년 성장하여 2010년 716억 달러, 2014년 661억 달러를 달성하였고, 2015년부터 세계경제상황 악화로 200억~400억 달러 수준의 실적 정도밖에 달성하지 못하였지만 2021년부터는 점증적인 수주확대가 전망된다. 수출산업으로 부상한 해외건설은, 특히 플랜트 부문이 60%를 상회하는데, 세계 플랜트시장 점유율 10.5% 정도로 전 세계 4위의 위상을 나타내고 있다. 이는 아시아, 중동을 중심으로 국내 기업이 높은 실적을 점유하고 있는 발전 분야, 석유화학 분야, 가스처리 분야 등에서 호조를 나타낸 결과라 할 수 있겠다.

그러나 이러한 외부적 호황에 따른 과제 역시 산적해 있다. 즉, 발전소, 담수설비, 오일/가스설비, 석유화학설비, 해양설비, 태양광설비 등 분야별 전문기술·원가·사업관리의 경쟁력을 강화해야 할 뿐 아니라 절대적으로 부족한 플랜트 전문인력 양성이 절실히 요구되고 있는 것이다.

이에 (재)한국플랜트건설연구원에서는, 플랜트 산업의 경쟁력 확보 및 전문지식, 창의성, 도전정신을 겸비한 융합형 전문인력 양성이라는 시대적 사명과 비전을 가지고 국토교통부의 적극적인 지원으로 플랜트엔지니어 자격검정과정을 도입하여 시행하고 있다.

본서는 플랜트엔지니어 자격검정을 위한 교재로서, 전문지식과 E·P·C 사업 수행의 역량을 갖추어 플랜트 산업 발전과 경쟁력 향상에 기여할 수 있는 인재로 거듭나는 과정에서 중요한 지침서로서의 역할을 해줄 것으로 기대되는 바, 주요 내용은 다음과 같다.

- PLANT PROCESS : 직업기초능력 향상과 Plant Process 이해
- PLANT ENGINEERING : 설계 공통사항과 각 공종별 설계
- PLANT PROCUREMENT : 기술규격서 및 자재구매사양서
- PLANT CONSTRUCTION : 공종별 시공절차와 시운전지침

끝으로 편찬을 위해 참여해 주신 국내 최고의 플랜트 전문가들과 출간을 맡아준 도서출판 예문사, 그리고 본 연구원의 임직원들께 깊은 감사의 마음을 전한다.

2021년 1월
(재)한국플랜트건설연구원
원장 김영건

INFORMATION
시험정보

🗨 플랜트엔지니어 1 · 2급

최근 급성장하는 플랜트 산업 분야에서 가장 큰 애로사항은 금융 · 인력 · 정보 부족인 것으로 나타나고 있으며, 특히 산업설비 플랜트 건설의 국제화, 전문화에 따른 기술개발 및 전문가의 인력보급은 국제 경쟁력 확보 및 플랜트 산업기술의 성공적인 추진을 위한 최우선 해결과제이다.

이에 플랜트전문인력 양성기관인 (재)한국플랜트건설연구원에서는 플랜트업계가 요구하는 EPC Project [Engineering(설계) · Procurement(조달) · Construction(시공 및 시운전)]을 수행할 인재양성교육과 플랜트 관련 지식의 전문화 및 표준화를 위해 노력한 결과 2013년 6월 16일 한국직업능력개발원에 "플랜트엔지니어 1급 · 2급" 자격증 신설 및 시행에 대한 등록을 완료하였다.

플랜트엔지니어 자격시험을 통해 검증된 전문인력의 양성으로 국가 경쟁력 확보 및 플랜트 분야 일자리 확대 효과, 플랜트 산업 분야에서 전문성을 갖춘 인력을 필요로 하는 기업의 인력난 미스매치 해소, 전문인력의 전문성에 부합되는 교육을 통한 업무의 효율 증가, 전문지식 습득으로 인한 직무만족 상승 등과 같은 효과를 기대할 수 있을 것이다.

🗨 2013년 플랜트엔지니어 자격시험 신설 및 첫 시행

2013년 8월 17일 1회 필기시험을 통해 플랜트엔지니어 자격취득자를 33명 배출하였으며, 이를 시작으로 계속적으로 연 2회 시행되고 있다.

플랜트엔지니어 자격검정 기본사항

[1] 플랜트엔지니어 시험개요

자격명	플랜트엔지니어
민간자격관리사	(재)한국플랜트건설연구원
자격의 활용	1. 플랜트 업체에서 수행하고 있는 E.P.C Project에 즉시 참여할 수 있다. 2. 플랜트 업체의 전체 업무 흐름을 파악하고, 이해할 수 있다. 3. 자격의 등급별 직무내용을 설정하여 자격을 취득한 후 산업 및 교육 분야에서 활용할 수 있도록 추진한다.

[2] 플랜트엔지니어 자격검정기준

자격등급	검정기준
플랜트엔지니어 1급	플랜트 건설공사 추진 시 수반되는 제반 기초기술을 관리할 수 있는 능력을 겸비한 자 • 프로젝트 계약, 문제해결능력, 사업관리 능력 • 토목/건축, 기계/배관, 전기/계장, 화공/공정 프로세스의 기초설계능력 • 주요 기자재의 기술규격서, 구매사양서 작성기준 • 각 공종별 시공절차 등
플랜트엔지니어 2급	플랜트 건설공사 추진 시 수반되는 제반 초급 기초기술을 관리 보조할 수 있는 능력을 겸비한 자 • 프로젝트 계약, 문제해결능력, 사업관리능력 • 토목/건축, 기계/배관, 전기/계장, 화공/공정 프로세스의 기초설계능력 • 주요 기자재의 기술규격서, 구매사양서 작성기준 • 각 공종별 시공절차 등

[3] 플랜트엔지니어 등급별 응시자격

자격종목	응시자격
플랜트엔지니어 1급	1급의 응시자격은 다음 각 호의 어느 하나에 해당된 자로 한다. 1. 공과대학 4년제 이상의 대학졸업자 또는 졸업예정자 동등 이상의 자격을 가진 자 2. 3년제 전문대학 공학 관련 학과 졸업자로서 플랜트 실무경력 1년 이상인 자 3. 2년제 전문대학 공학 관련 학과 졸업자로서 플랜트 실무경력 2년 이상인 자 4. 플랜트엔지니어 2급 취득 후, 동일 분야에서 실무경력 1년 이상인 자
플랜트엔지니어 2급	2급의 응시자격은 다음 각 호의 어느 하나에 해당된 자로 한다. 1. 2년제 또는 3년제 공과 전문대학 졸업자 또는 졸업예정자 2. 공업 관련 실업계 고등학교 졸업자로서 플랜트 실무경력 2년 이상인 자

[비고] 공과대학에 관련된 학과란 기계, 전기, 토목, 건축, 화공 등 플랜트 건설 분야에 참여하는 학과를 말하며, 기타 분야에서 플랜트 산업 분야의 해당 유무 또는 실무경력의 인정에 대한 사항은 "응시자격심사위원회"를 열어 결정한다.

[4] 플랜트엔지니어 시험 출제기준

1. 검정과목별로 1차 객관식(4지 택일형)과 2차 주관식(필답형)으로 출제한다.
2. 전문 분야에서 직업능력을 평가할 수 있는 문항을 중심으로 출제한다.
3. 세부적인 시험의 출제기준은 다음과 같다.

자격등급	검정방법	검정과목(분야, 영역)	주요 내용
플랜트 엔지니어 1급	1차 필기시험 (객관식)	Process (25문항)	1. 문제해결능력과 국제영문계약에 대한 직업 기초능력 2. 사업관리, 안전관리, 품질관리, 회계 기본이론 등 프로젝트 매니지민트 3. 석유화학, 화력발전, 원자력발전, 해수담수, 신재생에너지, 해양플랜트에 대한 프로세스 이해
		Engineering(설계) (25문항)	1. P&ID 작성 및 이해, 보일러 설계 및 부대설비, 터빈 및 보조기기에 대한 공통사항 2. 플랜트 토목설계, 토목기초 연약지반, 플랜트 건축설계 3. 플랜트 장치기기 설계, 플랜트 배관설계 및 플랜트 레이아웃 4. 전력계통 개요와 분석, 비상발전기 등 전기설비, 계측제어 및 DCS 설계 5. 공정관리 및 공정설계
		Procurement(조달) (25문항)	1. 기술규격서 작성 2. 주요 자재 구매사양서 3. 입찰평가 및 납품관리계획서 4. 공정별 건축재료의 특성
		Construction(시공) (25문항)	1. 토목/건축공사 시공절차 2. 기계/배관공사 시공절차 3. 전기/계장공사 시공절차 4. 플랜트 시운전 지침
	2차 실기시험 (주관식)	Process Engineering(설계) Procurement(조달) Construction(시공) (20문항)	1. 사업관리, 안전관리, 품질관리, 국제영문계약에 대한 기초지식 2. 석유화학, 화력발전, 원자력발전, 해수담수, 신재생에너지, 해양플랜트의 특징 3. 플랜트 토목, 건축 설비에 대한 설계 분야의 기본지식 4. 플랜트 건설공사 중 기계장치, 배관, P&ID 설계 5. 전력계통과 전기설비 설계 및 계측제어, DCS 설계 6. 공정제어 및 공정설계 7. 주요 기자재 기술규격서 작성 8. 조달 자재의 구매사양서와 입찰평가 및 납품관리계획서 9. 건축자재 특성의 이해 10. 플랜트의 토목, 건축공사 시공절차 11. 기계/배관공사 시공절차 12. 전기/계장공사 시공절차 13. 플랜트의 시운전 지침에 대한 이해

자격등급	검정방법	검정과목(분야, 영역)	주요 내용
플랜트 엔지니어 2급	1차 필기시험 (객관식)	Process (25문항)	1. 문제해결능력과 국제영문계약에 대한 직업 기초능력 2. 사업관리, 안전관리, 품질관리, 회계 기본이론 등 프로젝트 매니지먼트 3. 석유화학, 화력발전, 원자력발전, 해수담수, 신재생에너지, 해양플랜트에 대한 프로세스 이해
		Engineering(설계) (25문항)	1. P&ID 작성 및 이해, 보일러 설계 및 부대설비, 터빈 및 보조기기에 대한 공통사항 2. 플랜트 토목 설계, 토목기초 연약지반, 플랜트 건축설계 3. 플랜트 장치기기 설계, 플랜트 배관설계 및 플랜트 레이아웃 4. 전력계통 개요와 분석, 비상발전기 등 전기설비, 계측제어 및 DCS 설계 5. 공정관리 및 공정설계
		Procurement(조달) (25문항)	1. 기술규격서 작성 2. 주요 자재 구매사양서 3. 입찰평가 및 납품관리계획서 4. 공정별 건축재료의 특성
		Construction(시공) (25문항)	1. 토목/건축공사 시공절차 2. 기계/배관공사 시공절차 3. 전기/계장공사 시공절차 4. 플랜트 시운전 지침
	2차 실기시험 (주관식)	Process Engineering(설계) Procurement(조달) Construction(시공) (20문항)	1. 사업관리, 안전관리, 품질관리, 국제영문계약에 대한 기초지식 2. 석유화학, 화력발전, 원자력발전, 해수담수, 신재생에너지, 해양플랜트의 특징 3. 플랜트 토목, 건축 설비에 대한 설계 분야의 기본지식 4. 플랜트 건설공사 중 기계장치, 배관, P&ID 설계 5. 전력계통과 전기설비설계 및 계측제어, DCS 설계 6. 공정제어 및 공정설계 7. 주요 기자재 기술규격서 작성 8. 조달 자재의 구매사양서와 입찰평가 및 납품관리계획서 9. 건축자재 특성의 이해 10. 플랜트의 토목, 건축공사 시공절차 11. 기계/배관공사 시공절차 12. 전기/계장공사 시공절차 13. 플랜트의 시운전 지침에 대한 이해

[5] 플랜트엔지니어 검정영역 및 검정시간

자격등급	검정방법	검정시간	시험문항	합격기준
플랜트 엔지니어 1급	1차 필기시험 (객관식)	120분	Process 25문항 Engineering(설계) 25문항 Procurement(조달) 25문항 Construction(시공) 25문항 총 100문항	100점을 만점으로 하여 과목당 40점 이상, 전과목 평균 60점 이상
	2차 실기시험 (주관식)	120분	Process 5문항 Engineering(설계) 5문항 Procurement(조달) 5문항 Construction(시공) 5문항 총 20문항	100점을 만점으로 하여 60점 이상
플랜트 엔지니어 2급	1차 필기시험 (객관식)	120분	Process 25문항 Engineering(설계) 25문항 Procurement(조달) 25문항 Construction(시공) 25문항 총 100문항	100점을 만점으로 하여 과목당 40점 이상, 전과목 평균 60점 이상
	2차 실기시험 (주관식)	120분	Process 5문항 Engineering(설계) 5문항 Procurement(조달) 5문항 Construction(시공) 5문항 총 20문항	100점을 만점으로 하여 60점 이상

[6] 시험의 일부면제

1. 플랜트엔지니어 1·2급 필기 합격자는 합격자 발표일로부터 2년 이내에 당해 등급의 실기시험에 재응시할 경우 필기시험을 면제한다.
2. 플랜트 관련 교육과정(240시간 이상)을 수료한 자는 필기시험과목 중 제1과목에 대해 면제한다.
   (제1과목 면제기준일 : 실기시험 원서접수 시까지 교육 이수자)

※ 실기시험 원서접수 시 관련 증빙서류 제출(미제출 시 필기시험 불합격 처리)

[7] 응시원서 접수

1. 시험 응시료(현금결제 및 계좌이체만 가능)

필기시험	20,000원
실기시험	40,000원

※ 원서 접수기간 중 오전 9시~오후 6시까지 접수 가능(접수기간 종료 후에는 응시원서 접수 불가)
※ 시험 응시료는 접수기간 내에 취소 시 100% 환불되며 접수 종료 후 시험 시행 1일 전까지 취소 시 60% 환불되고
  시험 시행일 이후에는 환불 불가함

2. 시험원서 접수 및 문의

① 접수
  홈페이지 www.cip.or.kr 인터넷 원서접수
② 입금계좌
  국민 928701-01-169012 ((재)한국플랜트건설연구원)
③ 문의
  02-872-1141

[8] 합격자 결정

1. 필기시험은 각 과목의 40% 이상, 그리고 전 과목 총점(400점)의 60%(240점) 이상을 득점한 자를 합격자로 한다.
2. 실기시험은 채점위원별 점수의 합계를 100점 만점으로 환산하여 60점 이상 득점한 자를 합격자로 한다.

※ 합격자 발표는 (재)한국플랜트건설연구원 홈페이지 www.cip.or.kr를 통해 발표일 당일 오전 9시에 공고된다.

3. 합격자에 대한 자격증서 및 자격카드 발급비용은 50,000원이며 신청 시 계좌이체해야 한다(자격증 발급 신청 후 개별 제작되어 환불은 불가능).

CONTENTS
목차

CHAPTER 01

플랜트
설계 공통사항

SECTION 03 터빈 및 보조기기

CHAPTER 02

플랜트
토목/건축 설계

SECTION 02 플랜트 토목 기초 연약지반 설계

CHAPTER
03
플랜트
기계/배관 설계

SECTION 01 장치기기 이해

CHAPTER 04

**플랜트
전기/계장 설계**

SECTION 01 계측제어설계 및 DCS 설계

CHAPTER

05

플랜트
화공/공정 설계

플랜트
설계 공통사항

P&ID 작성 및 이해

1 P&ID 정의

P&ID(Piping & Instrument Diagram)라 함은 공정의 시운전(Commissioning), 정상운전 (Normal Operation), 운전정지(Shut Down) 및 비상운전(Emergency Operation) 시에 필요한 모든 공정장치, 동력기계, 배관, 공정 제어 및 계기 등을 표시하고 이들 상호 간에 연관 관계를 나타내 주며 상세설계, 건설, 변경, 유지보수 및 운전 등을 하는 데 필요한 기술적 정보를 파악할 수 있는 도면을 의미한다.

- P&ID는 PES(Process Engineering Scheme)라고도 하며 Plant 상세설계 시 Information을 표기한 가장 중요한 도면이다.
- P&ID는 PFD(Process Flow Diagram)에서 보여준 Process 흐름과 기본 Control 개념을, 각 Equipment를 중심으로 Piping과 Instrumentation을 표현하여 좀 더 상세한 Process 흐름을 나타낸다.
- P&ID에는 모든 Process 기계, 장치류, 배관, Process 제어를 위한 Instrument 등을 표시하고 이의 상호 관계를 표시하며 정상운전, 비상상태, 시운전과 Shut Down 운전을 위한 모든 시설이 표시되어 상세설계, 건설, 정비 및 정상 운전 시 필요한 기본 자료로 이용된다.

1. 주요 표기사항

① Symbol & Legend
② Stand-by를 포함한 모든 공정기계장치류 및 관련 사양
③ 모든 Pipe, Duct의 Size와 Material Specification
④ 모든 Valve와 Damper
⑤ 시운전과 Shutdown 및 Flushing Connection
⑥ 모든 Process Control 및 Instrumentation
⑦ 기타 Equipment/Instrument/Line의 Number
⑧ Flow Direction
⑨ 배관 재질, Insulation, Heat Tracing 여부
⑩ 배관 및 계장 분야의 상세설계 시 고려사항
※ 기타 필요한 내용을 도면으로 나타내기 곤란하거나 상세 설계를 위하여 설명이 필요할 경우는 Note로 처리한다.

② P&ID의 종류

1. 기능에 따른 분류

(1) Process P&ID

On-plot Process Unit, Off-plot, Tankage, Process Run Down과 Pump out System을 포함한다.

(2) Utility P&ID

① Utility P&ID는 Process Unit에 공급되는 Utility에 대한 생산 및 공급시설을 포함한다.

② Utility의 주요시설

- 수처리(Water Treatment) 시스템
- 냉각수(Cooling Water) 시스템
- Steam 및 응축수 회수(Steam & Condensate Recovery) 시스템
- 공기(Air) 시스템
- 불활성 가스(Inert Gas) 시스템
- 폐수처리(Waste Water Treatment) 시스템

(3) Relief & Blowdown P&ID

Relief and Blowdown P&ID는 공정 시스템에서 방출되는 Flare Gas 또는 Blowdown의 수집·처리 설비를 포함하며, Collection, Header, K.O. Drum, Flare, Vent Stack 등이 이러한 P&ID에 포함된다.

(4) Auxiliary P&ID

① Auxiliary P&ID는 펌프, 압축기 또는 Package Item 등의 장치들에 필요한 부속설비를 나타내기 위해 작성된다.

② 배관, 계기와 제어는 제작사의 공급범위가 나타나도록 한다.

(5) Special Control Diagram

Special Control Diagram은 제어시스템이 복잡하여 본 Process P&ID에 포함될 수 없을 때 추가적으로 작성되는 P&ID의 종류이다.

예 2개 이상의 Compressor 또는 Fired Heater의 제어 시스템에서도 별도로 작성할 수 있다.

(6) Utility Distribution Diagram

① 이 도면은 Utility의 공급처에서 각 장치의 사용처까지 분배에 필요한 Header, Sub-header, Branch Line 등을 나타낸다.

② 이 도면의 배치는 Plot Plan을 참고로 하여 가능한 한 공장배치와 유사하게 한다. 특히, 유관부서와 긴밀히 협조하여 신속하게 도면이 확정되도록 하여야 한다.

2. 작성단계에 따른 분류

(1) Preliminary

1) 설계가 확정되지 않은 상태에서 Issue할 때에 사용되며 부서 간 혹은 Vendor에게 사용되나 원칙적으로 발주처나 현장에는 Issue할 수 없다.

2) PFD, Basic Engineering Design Data(BEDD), Job Instruction 등을 기준으로 작성되며, 내부 자체검토를 목적으로 한다.

3) 표시되어야 할 사항

① Stand-by Equipment를 포함한 모든 Process Major Equipment

② 모든 Valves, Dampers 및 Special Fittings

③ Critical Equipment의 Elevation

④ 모든 Piping과 Duct의 Size

⑤ 모든 Local 및 Remote Instrumentation

⑥ Equipment Item Number, Name 및 Short Specification

⑦ Packaged Items 표시

⑧ Steam & Electric Tracing

(2) IFA(Issue For Approval)

1) P&ID Review Meeting을 통한 Internal Review에서 Comment한 사항을 반영하여 Equipment 및 Instrument의 본격적인 Design을 위한 P&ID로 발전시키고 사업주에게 For Approval로 Issue하는 단계이다.

2) 표시되어야 할 사항

① Verification 검토결과

② P&ID Review Meeting을 통한 관련 부서의 Comment 사항 반영

③ Interface for Line Spec

④ 모든 Valve 및 Damper의 Type

⑤ Special Fitting, Sampling Line

⑥ Piping Material Class & Spec

⑦ Pipeline Number

⑧ Control Valve를 포함한 각종 Instrument의 Type

⑨ Instrument Number

⑩ By Own Company/By Others의 Interface

⑪ Battery Limit 표시

⑫ Packaged Items 표시

⑬ Start－Up 및 Flushing Line

(3) AFD(Approval For Drawing)

1) For Approval로 사업주에 제출한 뒤 사업주의 Comment, 중요한 일부 Equipment의 초기 Vendor Information이 반영되고, Instrumentation(Control Valve, PSV 등)에 대한 사항이 반영된다.

2) 실질적으로 Process Design은 이 시점에서 거의 완료된다. 이 단계를 Design Freeze 라고 한다.

3) AFD 이후부터는 상세설계부서의 Detail Design Follow－up이다.

4) HAZOP Study가 필요한 경우에는 AFD P&ID가 HAZOP Study를 위하여 사용되며 그 결과를 반영한 후 Advanced AFD 혹은 AFC로 Issue하게 된다.

5) 표시되어야 할 사항

① Client의 Comment 사항 반영

② Vendor의 Preliminary Information

(4) AFC(Approval For Construction)

1) 상세설계부서에서 발생되는 Process 관련 Information을 반영하게 되며 HAZOP Study에 대한 Mitigation과 최종 Vendor Information을 반영한다. 따라서 Vendor Print는 AFC P&ID 작성을 위한 중요한 자료가 되므로 조기에 Vendor Print를 입수 하는 것이 매우 중요하다.

2) 실질적으로 제반 설계업무는 이 단계에서 완료되고 이후부터는 Construction 단계로 서 문제점이 발견되면 Revision하고 Follow－up하여 Construction 후에는 As－ Built Drawing으로 처리한다.

(5) As Built

공장 건설이 완료된 내용대로 수정된 최종 도면에 사용된다.

(6) For Reference

상대에게 참고용으로 Issue할 때 사용된다.

(7) For Information

도면을 상대에게 알려야 할 사항이 있을 때 사용된다.

(8) For Review

도면 내용에 대해 상대의 검토가 필요할 때 사용된다.

❸ P&ID의 작성

1. 일반 사항

(1) 작성 전 숙지사항
① 사업개요 및 사업수행 절차
② BEDD(특히, Site Condition, Design Condition, Regulation & Standard, Safety 요구사항 등)
③ PFD 및 Heat and Material Balance
④ Process Description
⑤ Equipment List, Data Sheet(Equipment 및 Instrument)
⑥ Operation Concept
⑦ Process Control Philosophy 및 ESD(Emergency Shut Down) Philosophy
⑧ B/L List, MSDS
⑨ Deviation과 Clarification 관련 협의내용
⑩ 적용해야 할 Symbol & Legend
⑪ Package Item 정의
⑫ 유사 Project 자료
⑬ Safety Study Result(HAZOP Action, SIL Study Result etc.)

(2) Standard Drawing
① Drawing Index
② Symbol & Legend
- Piping Legend
- Equipment Legend
- Instrument Legend
③ Auxiliary Drawing
- Pump Vent & Drain System
- Control Valve Assembles Vent & Drain System
- API Pump Seal Plan
- Sampling
- Manifold of Air Cooler

2. 도면의 형식

(1) 도면의 크기

P&ID의 원도의 크기는 통상 A1 size로 한다.

| 표 1-1 | P&ID 도면 규격 및 크기

규격	크기(mm)	용도
A0	1,189×841	원도용
A1	841×594	원도용
A2	594×420	Issue용
A3	420×297	Issue용

(2) Title Block

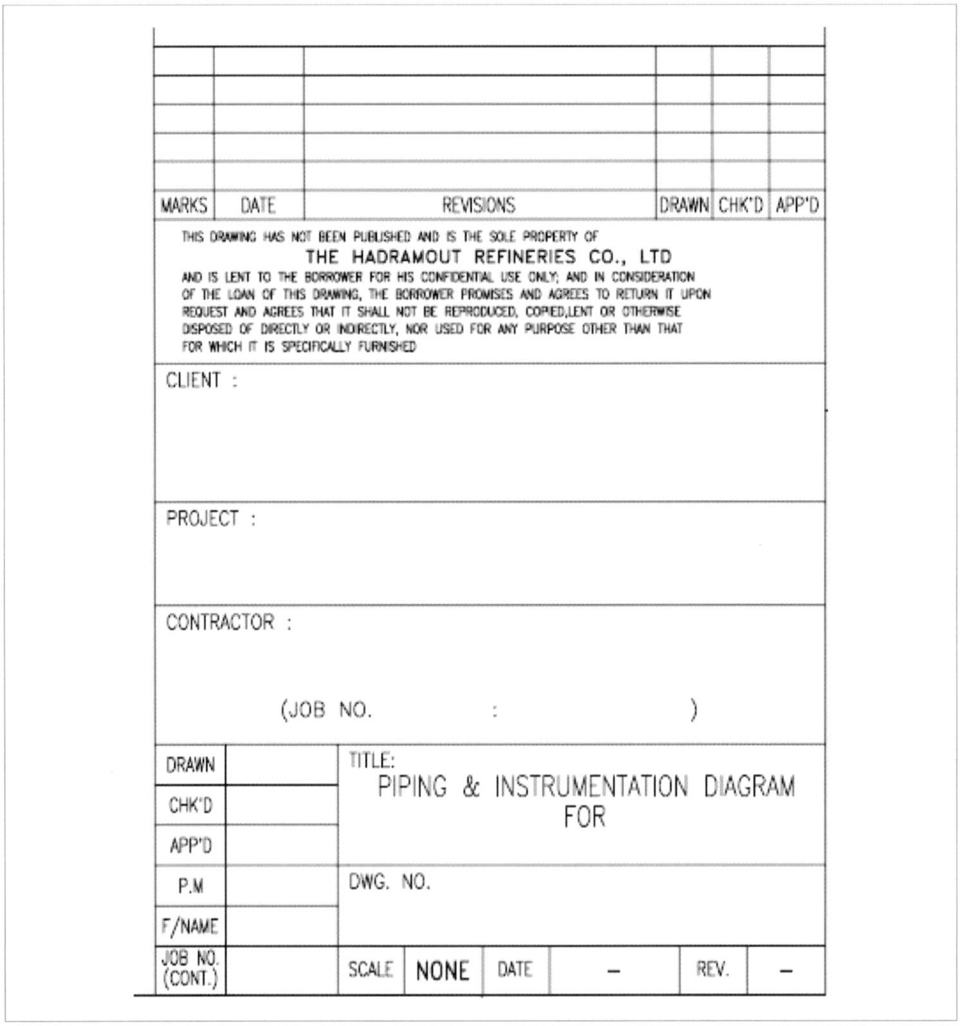

[그림 1-1] Title Block Sample

① 도면에 대한 정의 및 관리사항에 관한 정보가 Title Block에 표기된다. Client가 작성할 수도 있으며, Contractor나 Vendor가 작성할 수도 있다.

② Title Block은 도면의 하단 오른쪽 모서리에 위치한다.

③ Project에서 정한 Title Block이 없을 경우 회사에서 제공하는 표준 Title Block을 사용한다.

④ Client Name, Project Name, Contractor Name, Job No., Revision No., 작성일자, Issue Status, 작성자 서명 등을 기입한다.

(3) Drafting

① Line

P&ID에는 주요 Line뿐만 아니라 보조 Line까지 누락 없이 표현해야 하므로, 구분이 될 수 있도록 Service별 Line Type과 굵기를 선정하여야 한다.

② 글씨

P&ID에 표현해야 할 글씨들의 Type과 크기는 A3로 축소 출력할 때와 축소한 도면을 복사할 경우에도 글씨가 잘 인식될 수 있도록 적절하게 선정한다.

③ Line의 교차

- Process Line, Utility Line 및 Instrument Line들이 같은 종류의 Line들과 교차될 때는 Vertical Line만 자른다.
- 다른 Equipment 등의 장애물이 있는 경우는 수평, 수직에 관계없이 Line을 적당히 자르고 파형 기호를 붙인다.
- 다른 종류의 Line들이 교차될 때는 수평·수직에 관계없이 Instrument Line, Utility Line 순으로 자른다.

3. 도면의 구성과 흐름

(1) 도면의 구성

① P&ID는 Symbol & Legend 도면에서 제공된 Symbol과 Legend를 사용하여 간단하고 일목요연하게 작성되어야 한다.

② P&ID의 구성은 이용자가 System 및 공정의 흐름을 시각적으로 쉽게 이해할 수 있도록 기기의 배열, 공정의 흐름방향, Line 구성, 도면 모양 등이 규칙적이고 간단명료하게 작성되어야 한다.

③ 한 장의 도면에 너무 많은 수의 장치를 보이는 것을 피한다. P&ID에 표현할 수 있는 최대 장치의 수는 7개(예비용 포함)를 넘지 않도록 한다.

④ 도면에 기기를 배치할 때 축척을 사용할 필요는 없으나 상대적 높이와 크기를 표시하며, 특별한 경우에는 배관의 경사 및 장치의 지지대 높이 등을 명기한다.

⑤ 도면의 균형이 유지되도록 기기를 배열한다. 수평 중심선상에 Vessel류 등을 배열하는 것이 가장 좋고, Pump는 되도록 도면 아래쪽에 배열한다. 추후 추가될 장치를 고려하여 25% 이상의 공간을 확보한다. 기기 배치는 공정의 운전 순서와 일치시키도록 한다.

⑥ 모든 장치는 두 가지 기준선으로 나누어 위쪽 기준선에는 Tower, Drum, Furnace 등을 위치시키고, 아래 기준선에는 펌프나 압축기를 위치시키도록 한다.

그러나 Heat Exchanger는 관련된 장치 근처에 상대적 높이로 적당한 위치에 둔다.

(2) 도면의 흐름

① 가능한 한 Flow 방향은 왼편에서 오른편으로 진행되도록 한다.

② 유체의 흐름(배관 Line)이 2매 이상의 도면으로 연결되는 경우에는 연결되는 Drawing No., Line No. 및 연결장치의 고유번호 등으로 흐름의 연결을 표시하여 쉽게 알아볼 수 있도록 한다.

③ 흐름방향을 표시하는 화살표는 흐름방향에 의심이 나지 않도록 정확히 나타내도록 하며 양방향 흐름은 반드시 양방향 흐름표시를 하여야 한다.

④ 기기번호는 그 기기의 내부 또는 가까운 곳에 표시하고 기기의 명칭은 기기번호와 함께 기입한다. 펌프 명칭은 도면 하단의 해당 기기 가까운 곳에 나타내며 그 외 기기들은 P&ID 상부의 해당 기기 가까운 곳에 나타낸다. 기기의 명칭과 함께 Short Spec을 표현한다.

⑤ 시공이나 운전상 특별히 필요한 사항은 도면의 우측 상단에 표기한다.

(3) 도면 구성 시 유의사항

① P&ID를 작성하기 전에, 공정흐름도(PFD)를 분석하여 P&ID의 양을 어림잡아야 한다.

② P&ID의 Layout은 아주 중요하다. 한 장의 도면에 너무 많은 수의 장치가 보이면 도면을 쉽게 이해하지 못하므로 간단하게 작성하도록 한다.

③ 일반적으로 전체 설비를 보여주는 데 2장 이상의 P&ID가 필요한 경우 도면 사이의 분리는 세심하게 이뤄져야 한다. 일례로 Tower는 Overhead Condenser, Receiver, Reboiler 그리고 Bottom Pump와 같은 보조장치와 분리되지 않도록 한다.

④ P&ID가 PFD보다 훨씬 복잡하므로 배관 및 계장의 상세사항, Note 사항 또는 수정과 추가를 위한 충분한 여유를 두어야 한다.

(4) 장치, 배관 및 계기의 고유번호 부여방법

① 장치 및 동력기계

고유번호는 단위공장, 지역, 기기의 종류 및 병렬운전 또는 설치 예비기기 등을 쉽게 구분할 수 있도록 정한다.

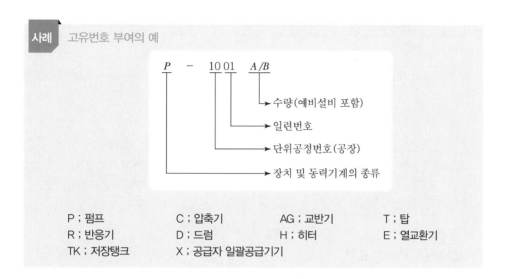

사례 고유번호 부여의 예

P - 10 01 A/B

→ 수량(예비설비 포함)
→ 일련번호
→ 단위공정번호(공장)
→ 장치 및 동력기계의 종류

P ; 펌프   C ; 압축기   AG ; 교반기   T ; 탑
R ; 반응기   D ; 드럼   H ; 히터   E ; 열교환기
TK ; 저장탱크   X ; 공급자 일괄공급기기

② 배관(Line)

- 배관번호에는 배관의 호칭지름. 유체의 종류, 일련번호, 재료 명세 및 보온 코드 등이 포함되도록 표시한다.
- 유체는 종류에 따라 약어로 표시한다.

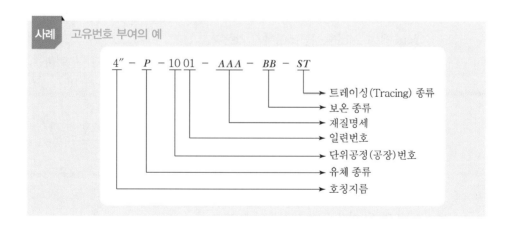

사례 고유번호 부여의 예

4″ - P - 10 01 - AAA - BB - ST

→ 트레이싱(Tracing) 종류
→ 보온 종류
→ 재질명세
→ 일련번호
→ 단위공정(공장)번호
→ 유체 종류
→ 호칭지름

③ 계기(Instrument)
- 고유번호에는 계기의 측정대상, 기능, 공정 및 루프(Loop)번호 등이 포함되도록 표시한다.
- 루프(Loop)를 구성하는 모든 계기번호는 동일하게 부여한다.

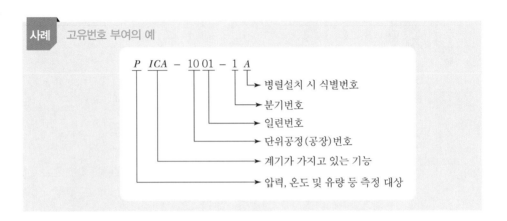

사례 고유번호 부여의 예

P ICA – 10 01 – 1 A
→ 병렬설치 시 식별번호
→ 분기번호
→ 일련번호
→ 단위공정(공장)번호
→ 계기가 가지고 있는 기능
→ 압력, 온도 및 유량 등 측정 대상

(5) 배관(Line)의 표현

① Line No.의 부여
- Line No.는 Main Line > Main Line의 Branch Line > Subline > Subline의 Branch Line 순으로 부여한다.
- 도면 순으로 하되 도면의 좌에서 우로, 위에서 아래로 부여한다.
- 가능한 한 도면에 나타난 모든 Line에 번호를 부여한다.
- 단일기기에 다수의 동일 Line이 연결되는 경우에는 동일한 번호를 부여한다.
- Control Valve Bypass Line, Block Valve Warm-up Line, Equalizing Bypass Line에는 line No.를 부여하지 않는다.
- Vessel류에 설치되는 계장 관련 Line에는 하나의 Line No.를 부여하는 것이 좋다.

② 정상운전, 시운전 시에 필요한 모든 배관에 설치되어 있는 Vent 및 Drain

③ 모든 차단밸브 및 밸브의 종류

④ 특별한 부속품류, 시료채취배관, 시운전용 및 운전중지에 필요한 배관

⑤ Steam이나 전기에 의한 트레이싱(Heat tracing)

⑥ 보온 및 보랭의 종류

⑦ 배관의 재질이 바뀌는 위치 및 크기

⑧ 공급범위 등 기타 특수조건 등의 표기

(6) 기계장치의 표현

① 예비 장치를 포함한 모든 장치를 P&ID에 표시한다.

② 동일 장치를 모두 표현하기가 어려울 경우, 한 개만 표시하고 나머지는 Note 또는 점선, Box 등으로 Typical 처리한다.

③ 펌프와 압축기의 번호는 각 장치의 가까운 곳에 표시한다.

④ 다른 장치의 번호는 장치의 내부에 위치시키고 이것이 곤란할 경우 가능한 한 장치의 좌측 상단이나 외부의 가까운 곳에 위치시킨다.

⑤ 장치로 연결된 모든 Line들을 표시한다. 또 모든 Vent와 Drain의 크기와 위치를 표시한다.

⑥ 장치는 모든 상세사항(Body Flange, Boot, Dome and Internal Nozzles)을 포함하면서 가능한 한 실제적으로 간단하게 표현한다.

⑦ Tray Tower인 경우는 상단 및 하단, Tray No.와 Process Line, Instrument, Sample Connection 등이 연결되는 위치에 해당되는 Tray No.를 나타낸다.

⑧ Column과 Vessel 그리고 Reactor는 Manhole, Handhole, Tray의 단수, Distributor, Sight Glass 등 내부의 간단한 구조나 부속품을 나타낸다. Insulation과 Tracing 여부도 표시한다.

⑨ 회전장치의 모든 전동기를 나타낸다.

⑩ Heat Exchanger의 Shell 개수, Air Cooler의 Bundle 및 Fan 개수는 Thermal Rating 후에 실제 수량대로 나타낸다.

⑪ 연결배관의 크기와 Rating이 다를 때는 장치 노즐 크기와 Rating을 나타낸다.

⑫ Vendor Package의 경계선은 이점쇄선으로 된 Box로 표시한다. 관련 Auxiliary P&ID 번호를 이 Box에 표기한다.

⑬ Vessel류는 가능한 한 기기의 상대적 크기를 나타내며 내부에 촉매층, Packed Section 및 Demister Section 등이 있는 경우는 상대적인 높이에 맞추어 나타낸다.

⑭ Grade로부터의 Vessel, Tower의 Bottom Tangent Line까지 높이를 표시한다. Critical Elevation에 대한 Note를 표기한다.

⑮ Equipment Short Spec.
  • 각 장치의 나타내야 할 관련 정보는 다음의 표에 따른다.
  • Equipment Short Spec.은 도면의 상단 및 하단의 장치번호 아래에 표시하고 기타 정보들은 해당 장치의 적절한 곳에 표시한다.

| 표 1-2 | 각 장치의 Short Spec

Item	Short Specification
Vessel/Column/Tank	• Size : I.D x Height(Length), mm • Design Temperature : ℃ • Design Pressure : kg/cm²g
Heat Exchanger	• Type : (BEU) • Duty : kcal/hr • Design Temperature(Shell & Tube) : ℃ • Design Pressure(Shell & Tube) : kg/cm²g
Fired Heater	• Duty : kcal/hr • Design Absorbed : kcal/hr • Coil Design Temperature : ℃ • Coil Design Pressure : kg/cm²g
Pump	• Type : (Centrifugal) • Rated Capacity : m³/hr • Differential Pressure : kg/cm²g • Driver : kW

(7) Control & Instrument 요소의 표현

① 모든 계기류에 Tag No.를 부여한다.

② 모든 계기는 동그라미에 계기번호를 표시하여야 하며 동그라미 안의 상단부에는 계기의 측정대상과 기능을 표시하고 동그라미의 우측 상단과 하단에 경보 유무를 표시하여야 한다.

③ Panel 및 Local에 설치되는 모든 계기류를 나타낸다.

④ Sensor, Controller, Indicator, Recorder, Alarm 등을 포함한 Control Logic을 표시한다.

⑤ PSV의 Set Pressure와 Size를 기입한다.

⑥ 다른 도면과 상호 연결되는 계기용 Signal은 연결되는 도면번호 및 계기의 Tag No.를 기입한다.

⑦ Control Valve에는 Valve Body Size, Failure Position, Bypass 및 Bypass Valve Size를 기입한다.

⑧ Alarm이 필요한 계기에 대해서는 High(H)/Low(L)를 표시한다.

4 P&ID의 작성 시 장치별 표시사항

1. Tank

(1) Typical Drawing

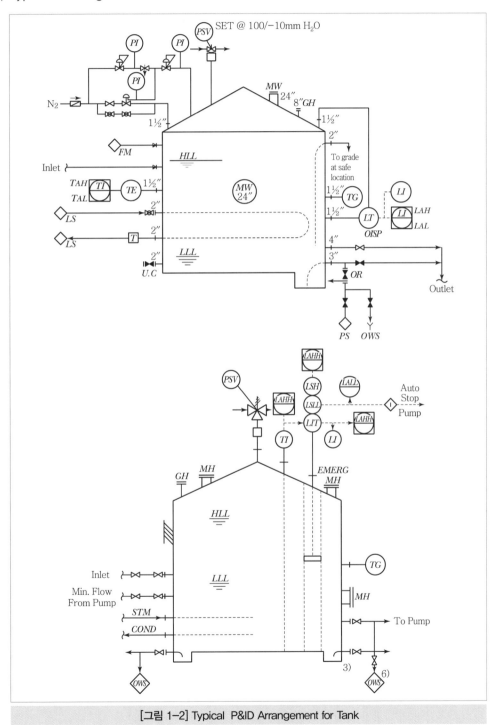

[그림 1-2] Typical P&ID Arrangement for Tank

(2) 표시 사항

① Tank의 모양대로 표시하고 Roof 형태 및 Internal Floating도 표시한다.

② Tank의 모든 부속물을 표시한다.

- Tank Heating/Cooling System(예 Heater, Cooler)
- Blanketing Gas Supply System
- Breathing System(Breather Valve) (For Pressure/Vacuum Protection)
- Flame Arrester(For Volatile Inventory)
- Bird Screen
- Mixer
- Emergency Vent
- Foam Chamber
- Tank Gauging System

③ Tank의 모든 부속물을 표시한다.

- Excess Flow Valve
- Insulation(Roof에 Insulation을 할 경우에는 Roof에도 Insulation을 표시한다.)

④ Tank가 Dike 내에 설치될 경우에는 Dike 내 또는 밖에 설치되는 Instrument 및 Valve들의 위치를 명확하게 나타내도록 하고, 도면상에 표현이 어려울 경우에는 Note 에 명기한다.

⑤ Tank Size에 따라 Drain Size와 개수, Manhole 개수를 정해 표시한다.

⑥ Water Drain Size를 최소 3″로 하고 개수는 다음 표에 따른다.

| 표 1-3 | Tank 크기에 따른 Drain 개수

Tank Diameter(m)	No. of Water Drain
17 미만	1
17 이상 30 이하	2
30 초과	3

⑦ 다음 유체를 다루는 Tank에는 Blanketing System을 설치한다.

- Flammable/Low Flash Point Material
- Oxygen Sensitive Material
- Moisture Sensitive and/or Hygroscopic Material

⑧ Oil Drain Size는 통상 저장탱크 In/Out Size의 2단계 작은 Size로 산정한다.

2. Vessel

(1) Typical Drawing

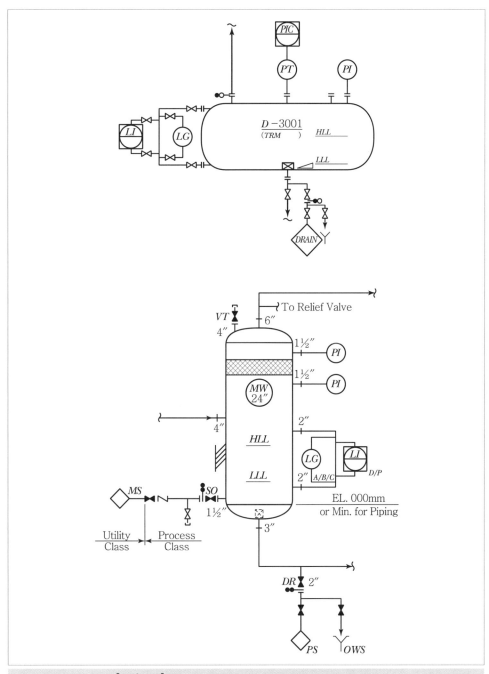

[그림 1-3] Typical P&ID Arrangement for Simple Vessel

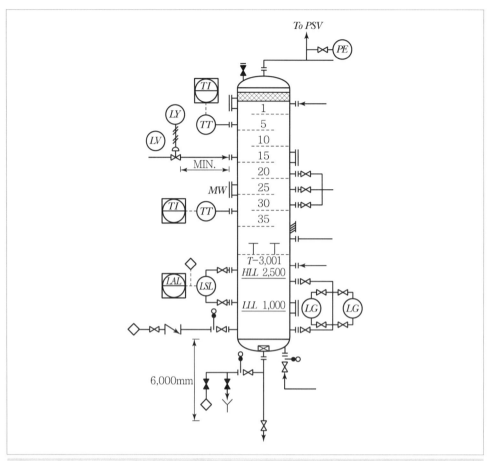

[그림 1-4] Typical P&ID Arrangement for Complicated Vessel

(2) 표시 사항

① Nozzle에는 필요할 경우 Spectacle Blind나 Slip-on Blind를 설치한다.

② Vessel에 필요한 모든 Internal/External Item 표시

- Manhole, Handhole, Shell/Nozzle Flange, Skirt
- Liquid/Gas Distributor/Redistributor, Internal Piping
- Tray No. & Chimney Tray
- Packing, Catalyst, Adsorbent
- Catalyst Dropout Nozzle
- Vortex Breaker, Deflector, Demister
- Heating/Cooling Coil & Jacket
- Liquid Level(HHL, HL, N, LL, LLL.)
- Thermo-well
- Weir Plate, Partition Plate and Any Plate

③ 모든 Vessel과 Column의 상부와 하부에는 Vent와 Drain을 각각 설치하여야 한다. Vessel Size에 따라 Vent/Drain Size와 개수를 정해 표시한다.

| 표 1-4 | Vent/Drain Sizing

Vessel Diameter	Vent/Drain Size
4,500mm 이하	2″
4,500~6,000mm	3″
6,000mm 이상	4″

④ Vessel Size에 따라 Manhole Size을 정해 표시한다(Project Spec을 따름). 최소 18″ 이상으로 하며 직경이 작은 용기는 상부를 Flanged Head로 한다.

| 표 1-5 | Manhole Sizing

Equipment Type	Diameter	Manhole Size
Drum	3′ 미만	Flanged Head
	3′ 이상 5′ 이하	20″
	5′ 초과	24″
Column	5′ 이하	20″
	5′ 초과	24″
Tank		24″

⑤ Insulation이 적용되는 곳에는 Insulation을 표시한다.

⑥ Grade에서부터의 Vessel Elevation을 표시한다.

⑦ Tray Tower인 경우 Tray No.와 Process Line, Instrument, Sample Connection이 연결되는 위치에 해당되는 Tray No.를 나타낸다.

⑧ Pressure Indicator는 일반적으로 Vessel이나 Column의 상부 배관에 설치되는 Relief Valve 근처에 설치되도록 한다.

⑨ Utility Connection/Steam Out Connection을 필요에 따라 설치한다.

⑩ Vessel류는 가능한 한 기기의 상대적 크기를 나타내며 내부에 촉매층, Packaged Selection 및 Demister Section 등이 있는 경우는 상대적인 높이에 맞추어 나타낸다.

⑪ P&ID에 기기번호 및 기기이름과 함께 기기의 Size(I.D. * Tangent 길이), 운전조건 및 설계조건이 표기되어야 하고, 이 외에 Insulation과 Material이 포함될 수 있다.

3. Shell & Tube Exchanger

(1) Typical Drawing

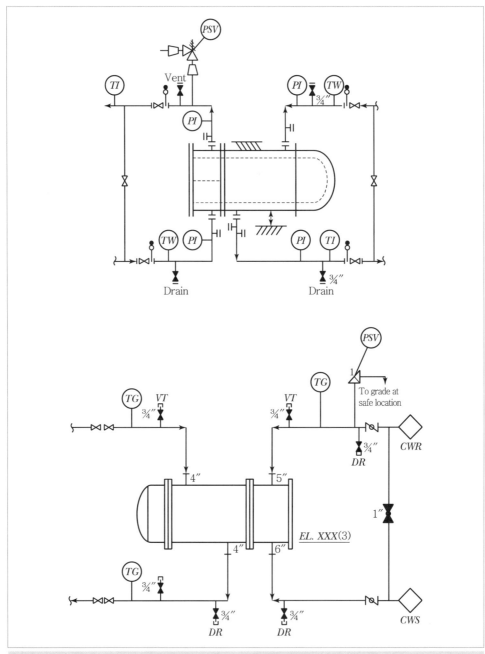

[그림 1-5] Typical P&ID Arrangement for Heat Exchanger

(2) 표시 사항

① Heat Exchanger의 Type에 따라 적절한 Symbol을 적용하여 표시한다. Heat Exchanger가 여러 Shell로 구성된 경우 모든 Shell을 실제 Data Sheet와 동일하게 설치될 형태로 P&ID에 표시한다.

② Tube Side에 Hydrocarbon이 Service되고 Heat Exchanger Bypass가 있을 경우 Isolation Valve에 Spectacle Blind를 설치한다.

③ Shell/Tube Side에 Vent/Drain을 설치한다.

④ Tube Side에 상변화가 없는 액체가 Service될 경우 Outlet Side에 Thermal Relief Valve를 설치한다.

> 💬 Thermal Relief Valve에서 배출된 액체가 아래에 해당하는 경우
> - Hydrocarbon(Flushing Liquid)인 경우 : Vent System으로 연결
> - Hydrocarbon(Non–Flushing Liquid)인 경우 : Oily Water Sewer System 으로 연결
> - Water인 경우 : Grade로 배출

⑤ 흐름의 방향은 통상 냉각된 유체는 아래 방향으로, 가열된 유체는 위 방향으로 표시한다.

⑥ 운전 중 Heat Exchanger의 보수가 필요하거나 계속적인 Bypass가 필요한 경우 그리고 PFD에서 Bypass를 이용한 온도조절이 필요하다고 표시된 경우 Bypass Line을 설치한다. Cooling Water가 Service되는 경우 동파 방지를 위한 Bypass Line의 설치를 고려한다.

⑦ Steam이 Service되는 Heat Exchanger에는 Control Valve와 Heat Exchanger 입구 사이에 Local PI를 설치한다.

⑧ 모든 Heat Exchanger의 Inlet과 Outlet에 TI를 설치한다.

4. Pump

(1) Typical Drawing

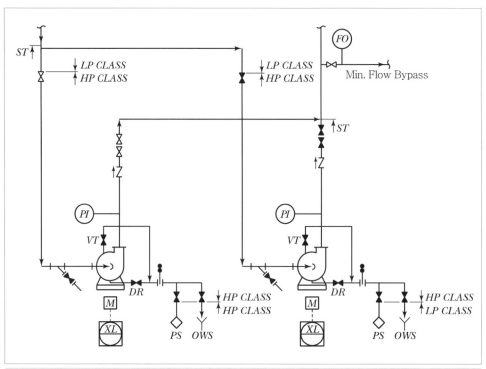

[그림 1-6] Typical P&ID Arrangement for Pump

(2) 표시 사항

① 모든 Pump의 Suction과 Discharge에 Block Valve를 설치하고 Discharge Block Valve 전단에 Check Valve를 설치한다.

② Discharge에 설치되는 PI는 Check Valve 전단에 설치하며 Suction Side에 설치가 필요한 경우 Strainer 다음에 설치한다.

③ Pump Suction에 Strainer를 설치할 경우 다음과 같이 선정한다.

- Centrifugal Pump에 Fluid가 Oil이고 3″ 이상인 경우 영구적인 "T" Type을, 2″ 이하인 경우 영구적인 "Y" Type을 설치한다.
- Positive Pump인 경우 "Y" Type을 설치한다.

④ 펌프의 Discharge Pipe가 Suction Pipe보다 Pressure Rating이 높은 경우, Class Break는 Suction Valve의 전단에서 한다.

⑤ 현재의 운전 상태를 나타내기 위하여 Instrument를 표시한다.

⑥ Flow Bypass Line의 설치 여부를 결정하여 표시한다. 통상 Minimum Process Flow 가 펌프의 Minimum Flow Requirement(Vendor가 결정)보다 작을 때 필요하다. Low DP Pump는 Block, Pump, Block으로 구성하며, High DP Pump(Multi-stage or high-speed)는 Flow Controller를 사용한다.

⑦ Pump의 Casing vent와 drain은 유체의 상태에 따라 대기 또는 Flare로 연결되며 Pump Type과 함께 Auxiliary Drawing에 표시한다.

⑧ 중요한 Service의 경우 Discharge 압력이나 유량이 떨어질 경우에 Standby Pump가 자동으로 Start-up 되도록 한다.

5. Piping

(1) 표시 사항

① 운전모드(Start-up, Normal, Emergency Shut-down, Shut-down 등)에 따라 필요한 Bypass Line, Vent/Drain Line, Isolation Valve 등을 Service 및 Size와 함께 표시한다.

| 표 1-6 | 배관크기에 따른 Vent 및 Drain 크기

배관 지름	Vent Size	Drain Size
3/4"~4"	3/4"	3/4"
6"~10"	3/4"	3/4"
12"~	1'	1 1/2"

② Line Size가 변경되는 곳에 Expander와 Reducer를 표시한다.

③ 배관설계에 필요한 Size, 간격, 위치 등의 중요한 정보는 Note로 표기한다.

④ Strainer, Flame Arrester, Flexible Hose, Steam Trap, Spool Piece, Silencer 등의 Special Item을 Type, 위치, 개수를 정해 표시한다.

⑤ 역류 방지를 위해 Check Valve를 설치한다. 특히, Pump, Compressor의 Discharge Line에는 반드시 설치해야 한다.

⑥ Startup, Alternative Operation, Turndown Operation 등의 운전모드에 필요한 배관이 설치되었는지 확인하고 운전모드를 표기한다.

⑦ Two Phase Flow Line, High Velocity Flow Line 등의 소음/진동 발생 가능성이 있는 Line은 Note를 표기하여 Stress Analysis할 때 Line 흐름 등을 반영하도록 한다.

⑧ Pipe Class가 변경되는 지점의 정확한 위치(Specification Break)를 표기한다.

• 공정 압력이 Steam이나 Utility의 압력보다 높은 경우 또는 위험물질의 누설이 있는 경우 공정 장치의 Utility 서비스의 영구적인 연결은 허용되지 않는다. Drop-out Spool을 배관에 설치한다. 단, Snuffing Steam과 Steam out, 질소 퍼지를 위한 연결부는 제외이다.

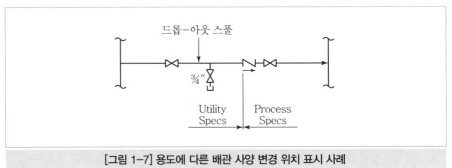

[그림 1-7] 용도에 다른 배관 사양 변경 위치 표시 사례

• 체크밸브가 있거나 혹은 없는 일반적인 구분의 경우

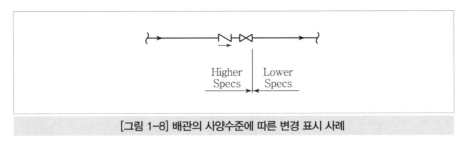

[그림 1-8] 배관의 사양수준에 따른 변경 표시 사례

⑨ No Pocket이나 Slope 같은 배관 특기 사항을 표시하고 Seal Loop의 필요한 높이를 표시한다.

⑩ Gravity Flow, No Pocket, Slope 등이 적용되는 Line은 설명을 표기해 준다.

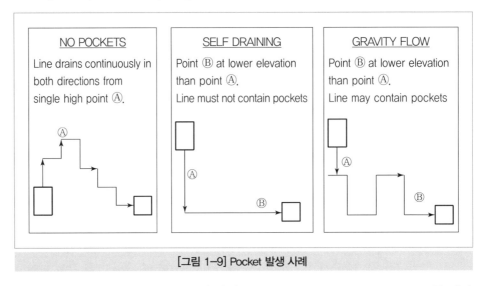

[그림 1-9] Pocket 발생 사례

⑪ Battery Limit에는 Project Spec.에 따라 Isolation Valve, Spectacle Blind를 설치한다. 3/4″ Bleed Valve는 경계의 안쪽에 설치하여야 한다.

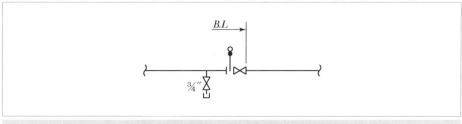

[그림 1-10] Battery Limit에 Piping 구성 사례

⑫ Tie-in Tag는 Unit No.와 Tie-in No.를 명기한 6각형을 의미하며, Tie-in은 Battery Limit를 표현한다.

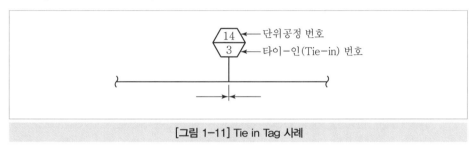

[그림 1-11] Tie in Tag 사례

⑬ Sample Connection은 다음과 같이 표기한다.

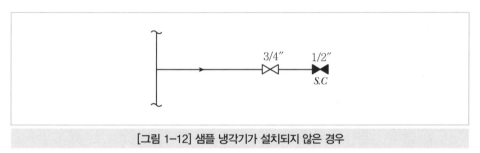

[그림 1-12] 샘플 냉각기가 설치되지 않은 경우

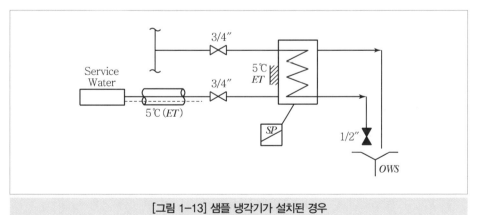

[그림 1-13] 샘플 냉각기가 설치된 경우

(2) Valve 설치 관련 사항

① Block Valve는 배관의 흐름을 차단하거나 흐름의 방향을 바꿀 경우에 사용하는 Valve로 Gate, Globe, Plug, Ball, Butterfly Valve 등이 있다.

② Check Valve는 역류를 방지하기 위해 설치된다. Pump나 Compressor Discharge Line과 같은 경우에는 Check Valve를 설치해야 하며 Special Type Check Valve의 경우에는 별도의 Symbol을 사용하거나 Note 처리한다.

③ Control Valve의 Bypass Valve로는 Globe Valve를 사용하는 것이 일반적이다.

(3) Isolation 방법

Isolation은 설비 오작동 또는 작동실수가 있더라도 문제가 없도록 적절한 방법이 선정되어야 한다. 사용되는 밸브는 Gate, Ball, Plug와 Needle Type을 선호하고 Butterfly Type은 선호하지 않는다.

| 표 1-7 | Isolation Methods

구분	Utility와 Process Line 사이
Method 1	Single Block Valve
Method 2	Single Block Valve with Blind
Method 3	Double Block Valve
Method 4	Double Block Valve with Bleed Valve
Method 5	Double Block Valve with Blind and Bleed Valve

(4) Piping Special Part

다음과 같은 배관의 Special Part는 Location Type과 개수를 적절히 산정하여 반영하도록 한다.

① Strainer

② Flame Arrester

③ Flexible Hose & Expansion Bellows

④ Ejector

⑤ Sight Glass

⑥ Silencer

⑦ Sampling

6. Control & Instrument

(1) 구성 요소

① Pressure : 펌프와 압축기의 출구, 반응기의 입구와 출구, 모든 압력용기, Utility Header Line 등 압력을 유지하거나 감시할 필요가 있는 곳에 설치한다.

② Temperature : 정류탑의 상부 및 하부, 가열로와 Reboiler의 입구와 출구, 반응기의 입구와 출구, 펌프 흡입 측, 압축기의 흡입 측과 출구 측, 냉각기 혹은 응축기의 배출구 등 온도 측정이 필요한 곳에 설치한다.

③ Flow : Reflux, Heater Feed 등 중요한 Stream에 Recorder를 설치하여 운전상태를 감시한다.

④ Level : Vessel, Tower, Tank 등의 액체를 취급하는 용기에 설치하여 Level을 측정한다.

⑤ Relief Valve

⑥ Control Valve

(2) Relief Valve − 1

① Relief Valve는 Vessel이나 Vessel에 연결된 근처 배관에 설치하고 Relief Valve 전/후단에는 Block Valve를 설치하면 안 된다.

② Relief Valve는 보호하려는 시스템과 Discharge Header보다 높이 위치해야 한다. Relief Piping은 Pocket이 없어야 한다.

③ Relief Valve의 Set Pressure, Size, Type을 표기한다.

④ Spare Valve를 설치할 경우에는 Relief Valve 전/후단에 Block Valve를 설치할 수 있으며, 이 경우 Block Valve는 LO(Locked Open)이나 CSO(Car Sealed Open) 표시를 해야 한다.

⑤ Piping Spec Break를 Relief Valve 후단에 표시한다.

⑥ Non − Hazardous Service(Steam, Air, N₂ 등)는 Open Discharge를 한다.

⑦ Hazardous Service는 Close Discharge를 하고 Bypass, Discharge Block Valve를 설치한다.

⑧ High Pour Point Service 등 Winterization이 필요한 라인에는 Heat Tracing/Insulation을 설치한다.

(3) Relief Valve – 2

① Single Relief Valve

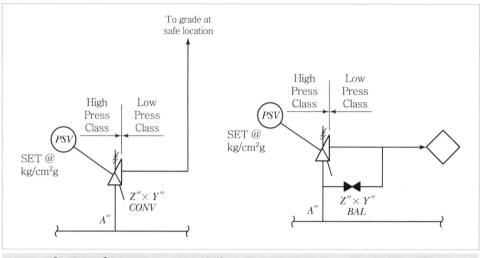

[그림 1-14] Single Relief Valve 사례(Left : Open System, Right : Closed System)

② Spared Relief Valve

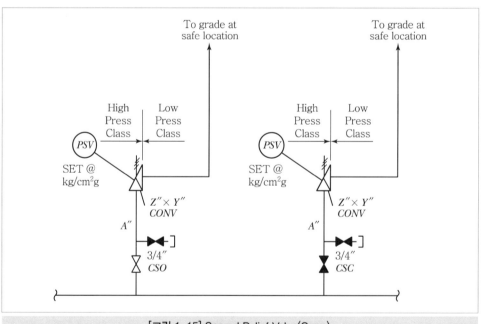

[그림 1-15] Spared Relief Valve(Open)

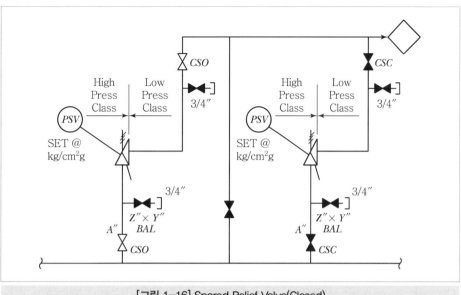

[그림 1-16] Spared Relief Valve(Closed)

(4) Thermal Relief Valve

① Liquid로 가득 채워진 밀폐시스템에는 Thermal Relief Valve를 설치한다. 액체로 채워진 배관이 막혔을 때 열원(Radiation 등)에 의해 액체가 팽창하여 Pressure가 증가하는 것을 방지한다.

② 보통 Non-Hazardous Service는 $\frac{3}{4}'' \times 1''$, Hazardous Service는 $1'' \times 2''$ Valve를 사용하나, Size는 Project Spec.을 따른다.

③ Closed Thermal Relief Valve의 Discharge는 Downstream Process Line이나 Vessel로 한다. Downstream Block Valve를 설치한다.

④ Water 등의 Non-Hazardous Service는 Grade로 Discharge할 수 있다. 이 경우 Downstream Block Valve는 설치하지 않는다.

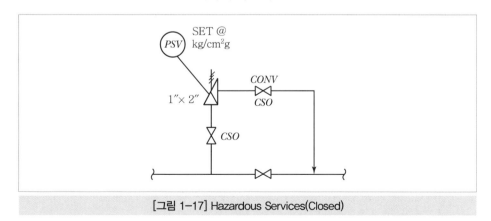

[그림 1-17] Hazardous Services(Closed)

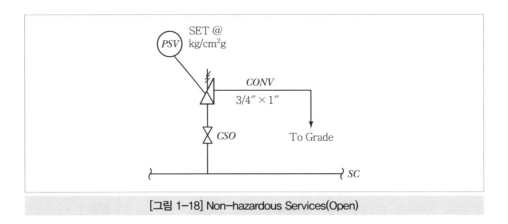

[그림 1-18] Non-hazardous Services(Open)

(5) Control Valve-1

① Relief Valve Control Valve의 전단에 Block Valve를 설치한다.

② Project Spec.에 따라 Bypass Valve를 설치한다(Service나 Size 기준). Control Valve가 작동되지 않을 경우, 공장 효율이 떨어지거나 운전에 영향을 미치거나 안전하지 않을 경우에 Bypass를 설치한다.

③ Bypass가 없는 Control Valve에는 Hand Wheel 설치를 고려한다.

④ 모든 Control Valve의 전단에 Bleed Valve를 설치한다.

⑤ Toxic Service/고압의 Hazardous Service는 Control Valve 전/후단에 Bleed Valve를 설치한다.

⑥ Project Spec.에 따라 Control Valve 후단에 Bleed Valve를 설치한다.(Fail Position, Fluid Phase 등)

⑦ Control Valve의 Fail Position을 Valve 아래에 표기한다.(F.O : Fail Open, F.C : Fail Close)

(6) Control Valve-2

① Control Valve의 전단에 Block Valve를 설치한다.

② Project Spec.에 따라 Bypass Valve를 설치한다(Service나 Size 기준). Control Valve가 작동되지 않을 경우, 공장 효율이 떨어지거나 운전에 영향을 미치거나 안전하지 않으면 Bypass를 설치한다.

③ Bypass가 없는 Control Valve에는 Hand Wheel 설치를 고려한다.

④ 모든 Control Valve의 전단에 Bleed Valve를 설치한다.

⑤ Toxic Service/고압의 Hazardous Service는 Control Valve 전/후단에 Bleed Valve를 설치한다.

⑥ Control Valve의 Fail Position을 Valve 아래에 표기한다.(F.O : Fail Open, F.C : Fail Close)

⑦ Control Valve가 고장이 나더라도 자동 제어가 반드시 필요한 경우에는 Spare Control Valve를 설치하여야 한다.

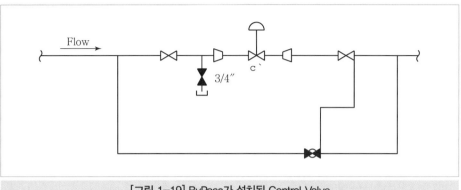

[그림 1-19] ByPass가 설치된 Control Valve

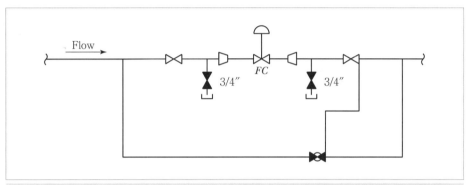

[그림 1-20] Bypass가 설치된 Control Valve 중 Toxic Service/고압의 Hazardous Service

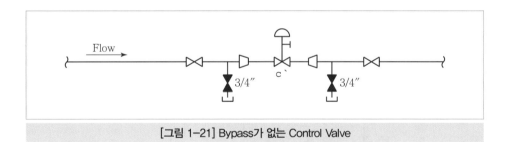

[그림 1-21] Bypass가 없는 Control Valve

7. 전기

(1) 도면에 나타내야 하는 사항

Interlock System과 DCS에 관련된 Push Button과 Switch

(2) 도면에 나타내지 않아야 하는 사항

Normal Switchgear Switch/Indicator와 Motor에 대한 현장 가동 Switch

 참고 UDD(Utility Distribution Diagram)

1. 작성 목적

UDD는 공정 P&ID에 관련된 모든 유틸리티의 Header 및 Branch Line을 유종별로 나타내어 Main Process P&ID에 나타난 유틸리티 Branch Line의 최종 Destination을 나타낸다.

2. 작성방법

① Equipment Plot Plan의 순서에 따라 또는 Header Line 루트에 따라 각 Branch Line을 표시하고 연결되는 Main Process P&ID Drawing No., Equipment No., 동일한 Line No.를 기입한다.

② Sub Header Line을 나타낸다.

③ Steam, Air, Nitrogen의 Branch Line에는 Block Valve를 설치한다.

④ Flare Header Line의 End Point에 Nitrogen Line이나 Fuel Gas Line을 설치한다.

⑤ Instrument Air Branch Line은 표시하지 않되, 필요하면 Branch Line의 연결을 위한 Valve를 표시한다.

⑥ Steam Tracing용 Steam Line과 Condensate 회수 라인은 나타내지 않는다.

⑦ Header Pipe에 Block Valve와 Drain Valve를 설치하며, End Point는 Flanged End 또는 Welded Cap으로 하고 Bleed Valve를 설치한다. Project Spec.에 따라 안전성을 고려하여 Double Block을 설치한다.

⑧ Header에 적절한 Instrument(TI, PI, FI)를 설치한다.

⑨ Utility Station, Eye Washer, Safety Shower의 유틸리티를 나타낸다.

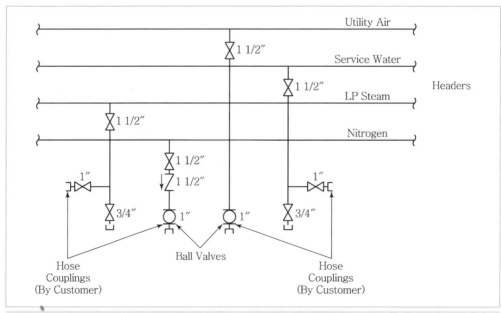

[그림 1-22] Utility Line의 Distribution 사례

Auxiliary Drawing

1. 작성 목적

   주로 Pump, Compressor, Level Gauge, Control Valve Station 및 Sampling System 등에 설치되는 Vent, Drain, 유틸리티 Line 및 Piping 배열을 자세하게 나타낸다.

2. 작성 방법

   ① Pump Vendor로부터 Casing Vent/Drain 노즐에 대한 정보를 받아 작성하며 Piping 배열은 Project Standard Drawing을 따른다.

   ② Pump Discharge Line의 Drain Line은 Check Valve 후단에 연결하고 Suction Line의 Drain은 Strainer 후단의 Low Point에 연결한다.

   ③ Line의 Spec은 Block Valve까지 Process Line Specification을 따른다.

   ④ 유체가 대기상태에서 가스 상태이면 Flare 라인에 연결한다.

   ⑤ 펌프의 Seal Type에 따른 Seal Plot의 계장, Drain, Vent Line을 나타낸다.

   ⑥ 펌프에 사용되는 유틸리티의 라인을 나타낸다.

   ⑦ Level Gauge의 Drain과 Vent Line을 Project Standard에 따라 나타낸다.

보일러 설계 및 부대설비 실무

1 보일러 개요

보일러는 터빈-발전기와 함께 발전소를 구성하는 주기기이다. 아래 그림에서 가운데 위쪽에 위치한 것이 보일러이며, 여기서 만들어진 증기가 터빈을 돌려주고 터빈에 직결된 발전기가 전기를 생산한다.

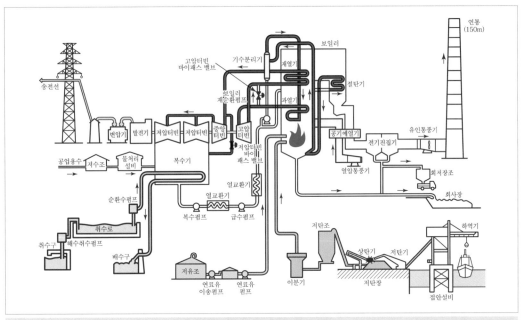

[그림 1-23] 석탄화력발전소 계통도

1. 보일러의 정의

보일러는 밀폐된 용기 속에 물을 채우고 용기 밖에서 열을 가하여 용기 속의 물을 증기로 바꿔주는 장치를 말한다.

발전용 보일러는 터빈을 돌릴 수 있을 만큼 높은 압력과 온도의 증기를 발생시킬 수 있어야 한다. 용기 속의 물은 보일러 내에서 다음과 같은 전열과정을 통해 증기로 바뀐다.

(1) 복사(Radiation)

① 고온부에서 저온부로 전자기파에 의해 열이 전달된다.

② 수랭벽(Water Wall Tube)과 과열기(Superheater), 재열기(Reheater)의 일부에서 복사전열이 이루어진다.

(2) 전도(Conduction)

고온 열원에 접촉하는 물체의 분자가 활발하게 진동하면서 열을 전달한다.

(3) 대류(Convection)

① 유체의 유동에 의해 열이 전달된다.

② 보일러 연소가스통로에 설치되어 있는 과열기, 재열기, 절탄기(Economizer), 공기예열기(Air Preheater)에서 대류전열이 이루어진다.

2. 보일러의 종류

(1) 발전용 보일러

발전용 보일러는 드럼(Drum)이 있는 순환보일러와 드럼이 없는 관류보일러로 대별된다.

1) 순환보일러

기수 분리가 이루어지는 드럼을 중심으로 강수관으로 흐르는 물과 수랭벽 속의 기수혼합물이 비중차에 의해 끊임없이 순환하면서 증기를 생산하는 보일러로서, 임계압력 이하에서만 운전이 가능하며 순환력을 얻는 방법에 따라 자연순환보일러와 강제순환보일러로 나누어진다.

① 자연순환보일러

구조가 간단하고 운전이 용이하나 증기압력이 높아지면 순환력이 저하하므로 $180kg/cm^2$ 이하의 압력에서 운전한다.

② 강제순환보일러

증기압력이 높아도 순환력이 좋고 보유 수량이 적어 보일러의 기동, 정지가 신속하게 이루어지는 장점이 있다.

2) 관류보일러

보일러수를 저장하거나 기수분리가 이루어지는 드럼이 없이 보일러수가 일정하게 배열된 관(전열면)을 따라 흐르면서 증기를 생산한다.

관류보일러의 종류로는 벤손보일러(Benson Boiler), 슐처보일러(Sulzer Boiler) 등이 있다.

(2) 증기의 압력에 따른 종류

아임계압보일러와 초임계압보일러, 초초임계압보일러로 구분한다.

보일러수를 가열할 때 압력도 함께 높여주면 어느 순간 증발이 시작하는 점과 끝나는 점이 일치하게 된다. 이 점을 물의 임계점이라 하고, 이때의 압력($225.65kg/cm^2$)을 임계압력이라 한다. 또한 이때의 온도($374.15℃$)를 임계온도라고 한다. 임계압력보다 낮은 증기를 생산하는 보일러를 아임계압보일러라 하고, 임계압력보다 높은 증기를 생산하는 보일러를 초임계압보일러 및 초초임계압보일러라고 한다.

(3) 사용 연료에 따른 종류

① 석탄 연소 보일러   ② 중유 연소 보일러

③ 석탄/중유 혼소 보일러   ④ 가스 보일러

(4) 연소방식에 따른 종류

① 수평연소식 보일러   ② 수직연소식 보일러

③ 코너연소식 보일러

(5) 전열면 배치에 따른 종류

① One Pass 보일러   ② Two Pass 보일러

(6) 통풍방식에 따른 종류

① 자연통풍 보일러   ② 강제통풍 보일러

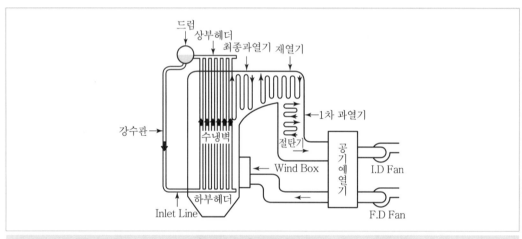

[그림 1-24] 자연순환보일러

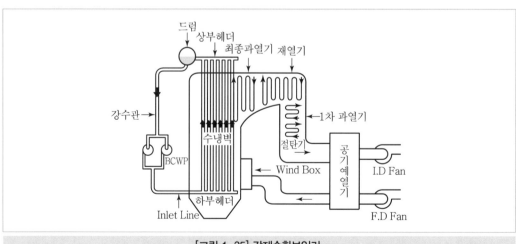

[그림 1-25] 강제순환보일러

3. 보일러수와 증기의 흐름

보일러에서 생산된 증기는 터빈을 돌려주고 복수기에서 물이 되어 보일러로 다시 흘러간다. 그 경로는 다음과 같다.

(1) 드럼형 순환보일러

복수기 → 복수펌프 → 저압급수가열기 → 탈기기 → 급수펌프 → 고압급수가열기 → 절탄기 → 드럼 → 강수관 → 하부헤더 → 수랭벽 → 상승관 → 드럼 →
(포화수) ------------------┘
(포화증기) → 과열기 → 고압터빈 → 재열기 → 중압터빈 → 저압터빈 → 복수기

(2) 관류보일러

복수기 → 복수펌프 → 저압급수가열기 → 탈기기 → 급수펌프 → 고압급수가열기 → 절탄기 → 증발관 → 과열기 → 고압터빈 → 재열기 → 중압터빈 → 저압터빈 → 복수기

① 벤손보일러 : 과열기 출구에 Start-up Flash Tank를 두어 기동 시 보일러수를 버리거나 탈기기로 재순환시킨다.

② 슐처보일러 : 증발관 출구에 기수분리기(Separator)를 두어 기동, 정지 및 저부하 시 기수혼합물을 분리한다.

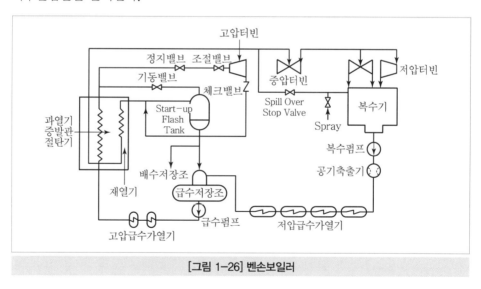

[그림 1-26] 벤손보일러

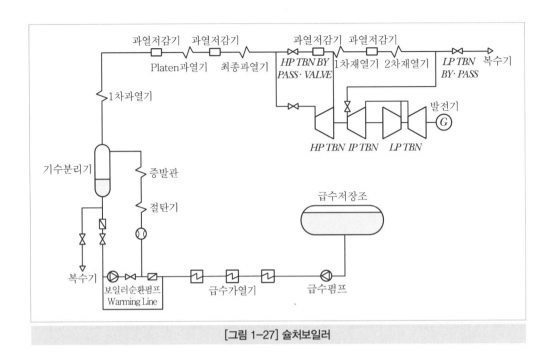

과열저감기	과열저감기		과열저감기	과열저감기	
Platen과열기	최종과열기	HP TBN BY PASS·VALVE	1차재열기	2차재열기	LP TBN BY·PASS 복수기

1차과열기

발전기 G

HP TBN IP TBN LP TBN

기수분리기

증발관

절탄기

급수저장조

복수기

보일러순환펌프 Warming Line

급수가열기

급수펌프

[그림 1-27] 슐처보일러

2 보일러 본체

1. 절탄기(Economizer)

절탄기는 보일러에서 배출되는 연소가스가 지닌 열을 이용하여 보일러수를 예열해주는 장치이다. 절탄기는 보일러의 효율을 높여주고, 급수와 드럼의 온도차를 줄여줌으로써 드럼의 열응력 발생을 저감한다.

고압급수가열기를 나온 급수는 절탄기에서 온도가 더 높아져 드럼으로 들어간다. 절탄기는 연소가스 통로에 설치되는데 과열기와 공기예열기 사이에 위치한다.

절탄기의 재질은 대부분 강관을 사용하는데 강관을 그대로 사용하는 나관(Bare Tube) 절탄기와 관 외부에 핀(Fin)을 부착한 핀 부착형 절탄기가 사용된다. 핀 부착형 절탄기는 전열면적이 크고 구조강도가 증대되는 장점이 있는 반면 통풍손실이 증가하고 회가 잘 부착되며 점검·보수가 어려운 단점이 있다.

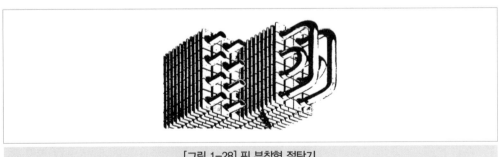

[그림 1-28] 핀 부착형 절탄기

2. 드럼(Drum)

순환보일러에는 반드시 드럼을 설치하는데, 드럼은 절탄기에서 보내는 급수를 강수관을 통해 보일러 하부헤더로 보내고, 상승관을 통해 들어오는 기수혼합물을 분리하여 포화수는 강수관을 통해 다시 하부헤더로, 포화증기는 포화증기관을 통해 과열기로 보내는 기능을 한다. 한편 보일러수를 저장하기도 하고, 드럼 내부의 고형물을 배출하기도 하며 약품을 주입하기도 한다.

(1) 드럼의 구성요소

아래 그림과 같이 드럼의 내부는 다음과 같은 설비들로 복잡하게 구성되어 있다.

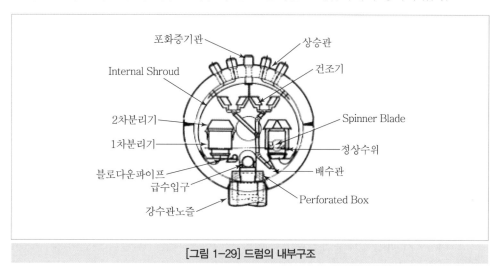

[그림 1-29] 드럼의 내부구조

1) 급수관(Feed Pipe)

절탄기에서 예열된 급수를 드럼으로 보낸다. 드럼 내부에 급수를 균등하게 보내기 위해서 급수관은 드럼의 길이 방향으로 길게 설치되고 작은 구멍들이 뚫려 있다.

2) 강수관(Down Comer)

드럼 하부에서부터 보일러 하부 헤더까지 설치되어 있다. 급수와 포화수를 수랭벽으로 보내주는 순환력을 크게 하기 위하여 강수관은 열을 받지 않는 노(Furnace) 외부에 설치되어 있다.

3) 상승관(Riser Tube)

수랭벽 출구로부터 포화수를 드럼으로 공급해주는 관으로 드럼의 상부에 설치되어 있다.

4) 격판(Internal Shroud, Girth Baffle)

상승관에서 공급되는 포화수를 기수분리기로 유도하기 위해 설치되어 있다. 포화수가 드럼 상부로부터 아래로 내부면을 타고 흐르도록 함으로써 드럼 상하부 온도차를 감소시켜준다.

5) 기수분리기(Cyclone Separator)

포화수를 선회시켜 원심력으로 물과 증기를 분리한다.

6) 건조기(Dryer)

주름진 철판을 여러 겹 겹쳐서 드럼 상부 증기 통로에 설치하여 포화증기 속에 있는 습분을 제거한다. 포화증기가 건조기를 지날 때 수차례 흐름의 방향이 바뀌면서 습분은 철판에 부딪쳐 아래로 떨어진다.

7) 포화증기관(Saturation Steam Pipe)

드럼에서 나온 포화증기를 과열기로 보내는 관이다.

8) 수위계(Level Gauge)

드럼 내부의 수위를 밖에서 알 수 있도록 설치되어 있다. 수위를 쉽게 알 수 있도록 증기부는 적색으로, 수부는 청색으로 표시되도록 하는 Bi-Color Gauge를 많이 사용한다.

이 밖에도 드럼에는 드럼내의 고형물을 배출하기 위한 Blow Down Pipe, 과도한 압력으로부터 드럼을 보호하기 위한 Safety Valve, 약품 주입관, 샘플 채취관, Vent Pipe 등이 있다.

(2) 드럼의 수위

드럼의 수위는 기수분리기 하단이 기준이고 드럼의 중심보다 낮다.

드럼의 수위가 높아지면 기수분리가 되지 않아 다량의 수분을 함유한 증기가 과열기로 흘러들어가 과열기 내부에 물때(Scale)를 생성하여 과열기 과열의 원인이 될 수 있다. 심한 경우 터빈까지 흘러 들어가면 터빈 케이싱(Casing)과 로터(Rotor)의 팽창차가 급변하고 터빈 침식 및 진동이 발생한다.

반면 드럼 수위가 낮은 경우에는 일부 수랭벽에서 물 부족으로 과열될 우려가 있다.

드럼 수위가 변화하는 요인은 다음과 같다.

- 터빈 부하 급변
- 연료량 급변
- 드럼 압력 급변
- 보일러 튜브 파열
- 드럼 수위 검출 및 전송계통 고장

드럼 수위는 급수조정밸브(Feed Water Control Valve)로 자동 조정된다. 급수조정밸브는 드럼 수위와 증기량, 급수량 등 3요소에 의해 조정된다.

드럼 수위가 너무 낮을 경우에는 수랭벽 보호를 위해, 너무 높을 경우에는 터빈 보호를 위해 보일러가 자동으로 정지(Trip)된다.

과도한 열응력으로부터 드럼을 보호하기 위하여 드럼 상하부 온도차를 55℃ 이내로, 내외부 온도차를 65℃ 이내로 제한하고 기동, 정지 시 보일러수의 온도 변화율을 일반적으로 다음과 같이 제한한다.

- 자연순환보일러 : 55℃/hr
- 강제순환보일러 : 110℃/hr
- 관류보일러 : 220℃/hr

3. 노(Furnace)

노는 연료와 공기가 혼합하여 연소하는 공간으로 보일러수가 흐르는 수랭벽으로 둘러싸여 있다. 보일러수는 여기서 연소열을 받아 증기로 변한다.

노는 보일러 형식, 사용 연료, 연소장치 등에 따라 다르나 연료를 완전히 연소시킬 수 있고 노 출구 가스온도는 과열기 부하에 맞게 적당히 낮출 수 있도록 충분히 커야 한다.

(1) 노벽의 종류

1) 수랭벽

노벽이 수관으로 구성된 것을 수랭벽이라 하고 수관의 배열방법에 따라 다음과 같이 분류한다.

① Space Tube Wall

수관을 일정한 간격으로 배열하고 그 뒤쪽으로 내화벽돌로 벽을 쌓고 그 외부에 단열재로 보온한 구조이다.

② Tangent Tube Wall

수관 사이에 간격을 두지 않고 관이 서로 접촉되게 한 구조로 내화성과 냉각효과가 크다.

③ Studded Tube Wall

수관의 양 옆으로 작은 평판 Stud를 용접한 구조이며 수관 외부에 기밀을 유지시켜 주는 Inner Casing을 대고 그 외부에 보온재와 금속판으로 Lagging한 구조이다. 이 방식은 주로 노 상부의 대류부 관벽으로 사용된다.

④ Membrane Tube Wall

얇은 Membrane Bar로 수관과 수관 사이를 완전히 용접한 구조이며 기밀성이 우수하다. 외부에 보온재와 금속판으로 Lagging한다.

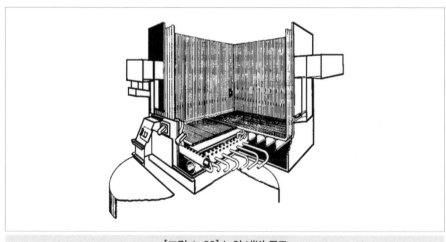

[그림 1-30] 노의 내벽 구조

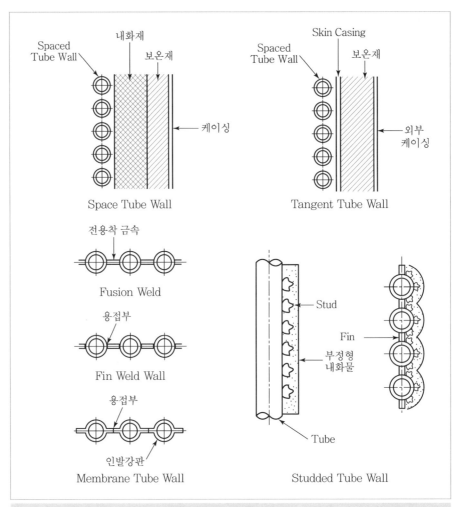

[그림 1-31] 수랭벽의 종류

2) 공기냉각벽

노벽을 이중으로 하고 그 사이에 공기를 통하게 하여 노벽을 냉각함과 동시에 예열된 공기를 노 내부로 보내어 연소에 이용하도록 한 구조이다. 이 방식은 노벽 전체에 적용하기는 어렵고 미분탄 연소 보일러 등의 버너 주위에 부분적으로 사용한다.

3) 증기냉각벽

과열기를 노벽에 배치하여 복사열을 흡수하도록 한 구조이며 필요시 노벽의 일부에 적용한다.

(2) 초임계압보일러의 노벽 구조

표준석탄화력(500MW) 등 초임계압보일러의 노는 하부의 경사 수랭벽(Spiral Water Wall)과 상부의 수직 수랭벽(Vertical Wall) 그리고 상부와 하부 수랭벽을 연결해 주는 중간 헤더(Intermediate Header)로 구성되어 있다.

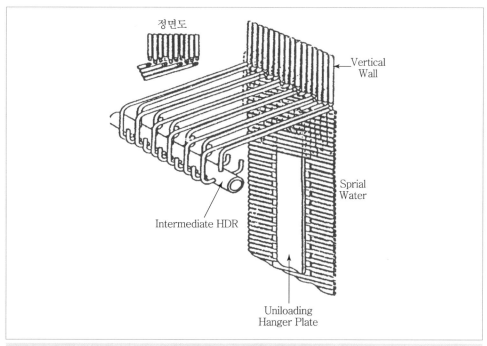

[그림 1-32] 초임계압보일러 노벽

1) 하부 경사 수랭벽

① 보일러 하부 노벽 수관을 경사지게 배열한다.(500MW 표준석탄화력의 경우 경사 각 14.2°, 국내 최초로 건설된 1,000MW 당진화력 9,10호기의 경우 25.66°)

② 균등한 열 흡수가 이루어져 인접 수관과의 온도차가 적고 수관의 국부적 과열 방지로 열응력을 줄일 수 있다.

③ 수관 내의 유동이 안정적이어서 드럼형 순환보일러와 달리 관 입구에 오리피스 장치가 필요 없다.

④ 유속 증가에 따른 압력손실이 증가하고 노벽 설계 및 시공이 복잡한 단점이 있다.

2) 상부 수직 수랭벽

① 상부 연소실에 설치한다.

② 하부 경사수관보다 수직관 수량이 많아 관내 유속이 줄어들어 전체 압력손실이 감소한다.

3) 중간 헤더

상부와 하부 수랭벽 사이에 설치하여 하부 수랭벽에서 유출되는 유체를 상부 수랭벽에 균등하게 배분한다.

4. 과열기(Superheater) 및 재열기(Reheater)

보일러 본체에서 생산된 포화증기를 그대로 터빈에 공급하면 터빈 내부의 마찰손실과 부식이 우려되기도 하지만 터빈 내부효율을 높일 수 없다. 이러한 문제점을 해소하기 위하여 과열기를 두고 보일러에서 나온 포화증기를 가열하여 과열증기로 만들어 공급한다.

과열증기가 고압터빈(High Pressure Turbine)을 돌리고 나면 포화증기에 가까운 상태로 팽창된다. 이를 다시 가열하여 과열도를 높이는 장치를 재열기라고 한다.

(1) 과열기 및 재열기의 형식

1) 전열방식에 따른 형식

① 복사과열기(Radiation Superheater)

복사과열기는 연소가스 온도가 높은 노 상부나 노벽에 설치되어 복사열을 흡수한다.

② 대류과열기(Convection Superheater)

대류과열기는 연소가스 통로에 설치되어 가스의 대류작용에 의한 접촉전열을 흡수한다.

③ 복사 – 대류과열기(Radiation Convection Superheater)

복사 – 대류과열기는 노의 출구 부근에 설치되어 복사열과 대류열을 모두 흡수한다.

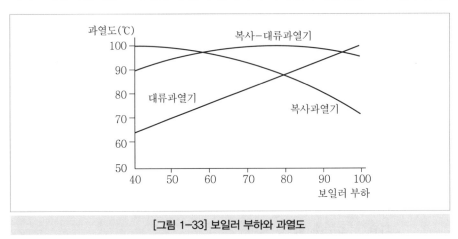

[그림 1–33] 보일러 부하와 과열도

보일러 부하, 즉 증발량이 변화할 경우 각 과열기에서의 증기 온도 변화는 위의 그림에서 보는 바와 같이 복사과열기에서는 보일러 부하가 높아질수록 노 내 온도는 늘어나는 증발량만큼 제때에 상승하지 못하므로 증기온도는 떨어지고, 대류과열기에서는 온도가 상승한다. 그러나 복사 – 대류과열기에서는 보일러 부하가 변동되는 전 영역에서 대체적으로 증기온도가 균일하게 유지된다.

2) 유동방식에 따른 형식

① 병류식(Parallel Flow)

과열기 및 재열기 내에서 증기의 흐름 방향과 연소가스의 흐름 방향이 같다. 이 형식은 연소가스의 고온부와 증기의 저온부가 접촉하기 때문에 튜브(Tube)의 표면온도 상승폭이 적고 열전달 효율이 낮다.

② 향류식(Counter Flow)

증기의 흐름 방향과 연소가스의 흐름 방향이 반대이다. 이 형식은 연소가스의 고온부와 증기의 고온부가 접촉하기 때문에 튜브의 표면온도 상승폭이 크고 열전달 효율이 높다.

③ 혼류식(Combined Flow)

병류식과 향류식을 혼합한 형식으로 최종과열기 및 최종재열기에 주로 채택된다. 열전달 효과는 병류식보다 향류식이 좋지만 온도가 가장 높은 가스가 증기온도가 가장 높은 부분에 접촉하게 되므로 관이 고온의 열 가스에 침식될 우려가 커지므로 고온·고압의 증기를 사용하는 발전소에서는 혼류식을 많이 채택하고 있다.

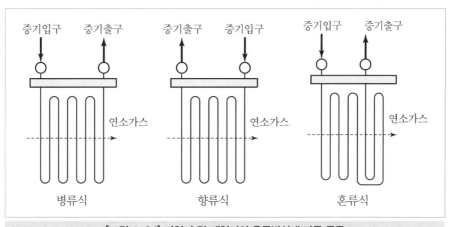

[그림 1-34] 과열기 및 재열기의 유동방식에 따른 종류

이 밖에도 설치방식에 따라 수평식(Horizontal Type)과 수직식(Pendant Type)이 있다. 수평식은 설치가 곤란하나 응축수를 배출하기 쉽고, 수직식은 제작이나 설치가 용이한 반면 응축수 배출이 곤란하다.

(2) 증기온도의 조절

터빈의 열응력을 줄이고 증기에 포함될 수 있는 습분에 의한 터빈 저압단 부식을 방지하기 위해서는 과열증기의 온도를 일정하게 유지해야 한다.

증기온도가 변화하는 요인들을 요약하면 아래 표와 같다.

| 표 1-8 | 증기온도 변화요인

변화요인	증기온도 상승	증기온도 저하
과잉공기량	많을 때	부족할 때
급수온도	기준보다 높을 때	기준보다 낮을 때
재열기 입구 온도	기준보다 높을 때	기준보다 낮을 때
석탄회 부착	–	과열기 표면에 부착할 때
기타	연소시간이 길어질 때	과열저감기가 누설될 때

1) 증기온도 조절방법

① 과열저감기(Attemperator 혹은 Desuperheater) 설치

과열저감기에는 분사식 과열저감기(Spray Attemperator)와 표면식 과열저감기(Surface Attemperator)가 있다.

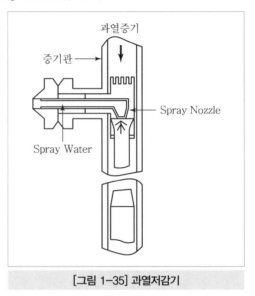

[그림 1-35] 과열저감기

ⓐ 분사식 과열저감기 : 과열증기에 급수를 분사하여 온도를 조절하는 방법으로 온도조절 범위가 크고 조절 시간이 빨라 발전용 보일러에 가장 많이 사용된다. 그러나 분사되는 물속에 불순물이 포함될 경우 과열기의 관, 배관 또는 터빈 날개 등에 누적되기 때문에 물의 순도가 높아야 한다.

ⓑ 표면식 과열저감기 : 과열증기를 급수나 보일러수와 열 교환하는 방법으로 온도를 조절하며 이 방법은 증기가 직접 물과 접촉하지 않으므로 불순물의 유입은 발생하지 않는다.

② 화염의 위치 조절

코너연소식 보일러의 경우 노의 네 모퉁이에 분사각도를 조절할 수 있는 버너(Tilting Burner)가 설치되어 있어 상하로 30°씩 조절할 수 있다.

아래 그림에서와 같이 분사각도를 상향시켜 화염 위치를 높게 하면 증기온도가 올라가고 분사각도를 하향시켜 화염 위치를 낮추면 증기온도는 떨어진다. 버너의 각도는 증기온도에 따라 자동으로 조절된다.

이 밖에도 버너를 상하로 여러 단을 설치하여 상하로 운전되는 버너를 변경하거나 연료 공급량을 변경하여 화염의 위치를 조절해 주는 방법도 있다.

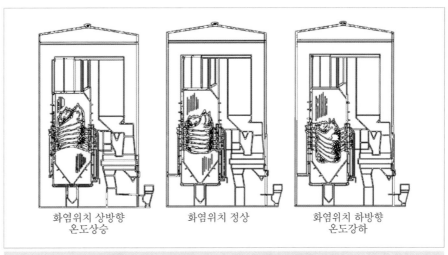

화염위치 상방향   화염위치 정상   화염위치 하방향
온도상승   온도강하

[그림 1-36] Tilting Burner를 이용한 증기온도 조절

③ 연소가스의 재순환(Gas Recirculation)

절탄기를 통과한 연소가스의 일부를 노 하부로 되돌리는 방법으로 재순환 가스양이 증가하면 증기온도는 상승한다.

그 이유는 저온 가스를 노 내로 공급하면 노 내의 온도가 낮아져 전열량이 감소하지만 대류 가스양은 증가하여 과열증기의 온도는 상승하게 되는 것이다. 반대로 재순환 가스양이 감소하면 증기온도는 떨어진다.

낮은 부하에서 연소가스가 재순환되면 연소 상태에 영향을 주어 불이 꺼질 위험이 있다.

연소가스를 노 하부가 아닌 2차 과열기가 위치한 연소실 출구 근처로 유입시켜 증기온도를 조절하기도 한다.(Gas Tempering)

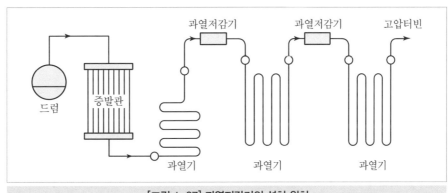

[그림 1-37] 과열저감기의 설치 위치

❸ 보일러 부대설비

1. 통풍설비

통풍설비는 노 내부로 연소용 공기를 공급하고, 연소가스를 대기로 배출하는 설비이다. 통풍설비는 송풍기와 공기나 가스가 지나가는 통로로 구성된다.

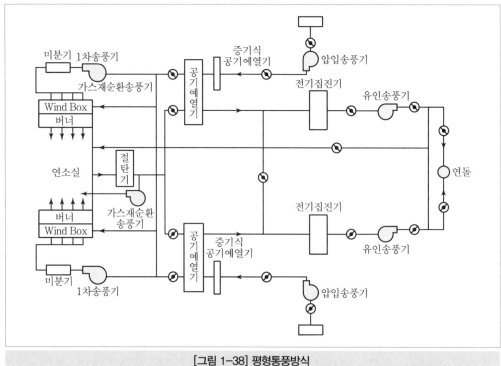

[그림 1-38] 평형통풍방식

(1) 통풍방식

통풍방식은 자연통풍방식과 강제통풍방식으로 나눌 수 있는데, 강제통풍방식은 다시 압입통풍방식과 평형통풍방식으로 구분한다.

1) 자연통풍방식

공기와 연소가스의 비중량 차이와 연소가스가 배출되는 굴뚝의 높이에 의해 발생하는 자연통풍력에 의존하는 방식이다. 자연통풍방식은 통풍력이 너무 작아 발전용 보일러에 적용할 수 없지만, 소내 정전(Unit Black Down)으로 송풍기를 가동할 수 없을 때 보일러 냉각수단으로 이용된다.

2) 압입통풍방식

압입송풍기(Forced Draft Fan)로 연소용 공기를 노 내부로 공급하고 연소가스를 배출한다. 노 내 압력은 200~600mmAq 정도의 정압을 유지하기 때문에 연소가스 누출을 방지하는 대책이 필요하다. 일반적으로 중유나 가스연소 보일러에 채택되는 방식이다.

3) 평형통풍방식

압입송풍기가 연소용 공기를 공급하고 유인송풍기(Induced Draft Fan)로 연소가스를 대기로 배출한다. 노 내 압력은 $-10 \sim -20$mmAq 정도를 유지하기 때문에 연소가스의 누출이 없고 큰 통풍력을 얻을 수 있으나 송풍기의 수량과 소비 동력의 증가 그리고 제어계통이 복잡해지는 문제점이 있다. 주로 미분탄 연소 보일러에 채택된다.

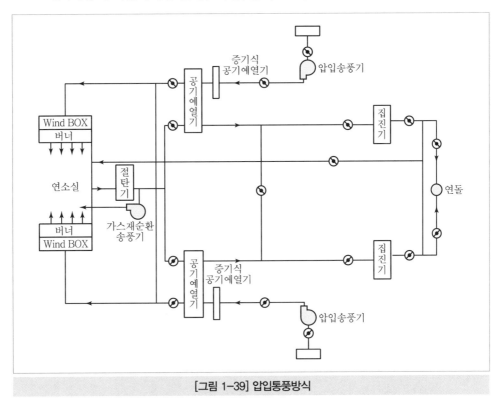

[그림 1-39] 압입통풍방식

(2) 송풍기

미분탄연소 보일러를 운전하는 발전소에는 압입송풍기, 유인송풍기, 1차 공기송풍기, 가스재순환송풍기 등이 사용된다.

1) 압입송풍기

압입송풍기는 대기에서 연소용 공기를 흡입하여 노 내로 보내주는 역할을 한다. 압입송풍기는 대기에서 공기를 흡입하기 위해 노 외부에 설치된다.

2) 유인송풍기

유인송풍기는 노 내의 연소가스를 연돌을 통해 대기로 배출하는 역할을 한다. 유인송풍기는 대부분 집진기와 연돌 사이에 설치된다.

3) 1차 공기송풍기(Primary Air Fan)

1차 공기송풍기는 대기에서 또는 압입송풍기 출구에서(공기예열기를 거친) 공기를 흡입하여 미분기 내부로 보내어 미분탄을 버너로 이송하여 노 내로 분사하는 역할을 한다. 1차 공기는 미분기 내에서 석탄을 건조하는 일도 해야 하기 때문에 대기에서 흡입하는 1차 송풍기에서 나온 공기는 공기예열기를 거쳐서 미분기로 들어가도록 한다.

4) 가스 재순환송풍기(Gas Recirculation Fan)

가스 재순환송풍기는 절탄기 출구에서 400℃ 정도의 연소가스를 흡입하여 노 하부로 공급하는 역할을 한다.

(3) 풍도(Air Duct)

풍도는 연소용 공기를 이송하는 통로로 압입통풍기에서 노까지이다. 풍도에는 공기예열기와 윈드 박스(Wind Box)가 설치되어 있다.

(4) 연도(Flue Gas Duct)

연도는 연소가스가 지나가는 통로로 노 출구에서 연돌까지이다. 연도에는 과열기, 재열기, 절탄기, 공기예열기, 전기집진기, 유인송풍기 등이 설치되어 있다.

(5) 풍량 제어

풍량은 송풍기의 토출력(압력)과 통로의 저항에 의해 결정된다. 가변날개 피치 제어(Variable Blade Pitch Control) 방식의 축류송풍기와 달리 원심송풍기의 풍량을 제어하는 방법은 다음과 같다.

1) 회전속도 제어(Speed Control)

송풍기의 회전수를 변동시켜서 풍량을 조절하는 방식으로 변속전동기를 사용하는 방법과 유체카플링을 이용하는 방법 등이 있다.
회전속도 제어방식은 여러 가지로 우수한 점이 있지만 구조가 복잡하고 고가여서 잘 채용되지 않는다.

2) 입구 베인 제어(Inlet Vane Control)

송풍기의 흡입구 측에 8~16매의 방사상 가동익(베인)을 설치하여 이들의 개도를 일제히 조절함으로써 풍압과 풍량을 조절하는 방법이다.

3) 입구 댐퍼 제어(Inlet Damper Control)

송풍기의 입구 측 통로에 댐퍼를 설치하고 이 댐퍼의 개도를 변동시켜 풍량을 조절하는 방법이다.

4) 출구 댐퍼 제어(Outlet Damper Control)

송풍기의 출구 측에 댐퍼를 설치하고 이 댐퍼의 개도를 변동시켜 풍량을 조절하는 방법이다. 이 방법은 통풍저항이 크고 효율이 나쁘며 동력 소비가 많아 특별한 경우를 제외하고는 잘 채용되지 않는다.

2. 공기예열기(Air Preheater)

공기예열기는 절탄기를 통과한 연소가스가 지니고 있는 열을 이용하여 연소공기를 예열하는 장치이다. 공기예열기를 사용하여 연소용 공기를 예열하면 노 내에서의 연소효율이 증가하고, 배기가스의 온도를 낮추어 보일러효율을 높여주는 효과가 있다.

(1) 공기예열기의 종류

1) 전열방식에 따른 종류

전도식(Recuperative Type)과 재생식(Regenerative Type)이 있는데 발전용 보일러에서는 모두 재생식 공기예열기가 사용된다.

재생식 공기예열기는 얇은 강판을 다발로 묶은 가열소자(Heating Element)가 일정 시간마다 교대로 가스통로와 공기통로를 지나게 한 구조로, 가스통로에서 얻은 열로 공기통로에서 공기를 가열하게 된다.

재생식 공기예열기에는 가열소자가 회전하는 회전재생식(Ljungstrom Air Preheater)과 공기통로(Air Hood)가 회전하는 고정재생식(Rothemuhle Air Preheater)이 있다.

① 회전재생식 공기예열기 : 가열소자가 1~3rpm으로 연소가스통로와 공기통로를 회전한다.

② 고정재생식 공기예열기 : 가열소자가 장착된 원통형 틀은 고정되어 있고 가스통로 내부에서 가열소자 양쪽에 있는 공기통로가 약 0.8rpm으로 회전한다. 이 방식은 구동부가 가벼워 동력 소모는 적으나 공기 누설량이 큰 단점이 있다.

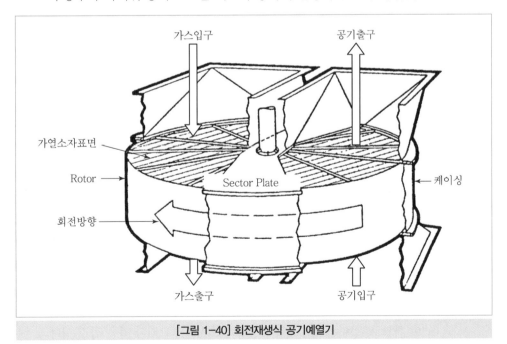

[그림 1-40] 회전재생식 공기예열기

2) 회전축의 배치방식에 따른 종류

수직식과 수평식이 있다.

3) 연소가스와 공기가 지나가는 통로 수에 따른 종류

2통로(Bi – Sector)방식과 3통로(Tri – Sector)방식이 있다.

① 2통로방식 : 연소가스통로와 압입송풍기에서 나온 공기통로로 나뉜다.

② 3통로방식 : 연소가스통로와 압입송풍기에서 나온 공기통로 그리고 1차 공기송풍
기에서 나온 공기통로로 나뉜다.

(2) 공기예열기 운전 시 주의사항

1) 저온부식

연료 중 유황 성분이 산화된 황산이 저온에서 응축되어 공기예열기 가열소자에 부식을
일으킨다. 특히, 가열소자의 냉단부(Cold End)는 저온부식이 잘 일어날 수 있어 내식
성 합금강을 사용하지만, 보일러 운전 중에 공기예열기 출구 가스온도를 150~170℃
이상 유지하여야 한다.

2) 화재

연소가스 속에 포함된 미연탄소분이 가열소자에 부착되어 화재를 일으킬 수 있다. 특
히 보일러 기동, 정지시나 시운전시 미연탄소분이 많이 생성되므로 주의해야 한다. 공
기예열기의 입구 가스온도가 일정한데도 출구 공기온도가 상승하면 화재가 발생했음
을 의미한다.

3. 제매기(Soot Blower)

보일러를 장시간 연속해서 운전하면 연료가 연소하면서 발생한 재, 그을음, 클링커(Clinker)
등이 전열면에 부착하여 열전달과 통풍을 방해하게 된다. 이를 해소하기 위하여 전열면을 정
기적으로 청소해 주어야 하는데 이때 사용하는 장치가 제매기이다.

(1) 제매기의 종류

1) 분사매체에 따른 종류

① 증기식 : 분사매체로 보조증기 또는 추기증기를 이용한다. 증기식은 설비가 간단하
고 운전이 용이하지만 증기를 사용하는 만큼 보일러수를 보충해 주어야 하고, 고온
에 견딜 수 있는 부품을 사용하여야 한다. 또한 제매기를 운전하기 전에 충분히 예
열하여 응축수 분사로 인한 관 부식을 예방하여야 한다.

② 공기식 : 분사매체로 압축공기를 이용한다. 공기식은 대용량 공기압축기를 설치해
야 하므로 설비비가 비싸고 고장 요인도 많다. 그러나 기동 정지 시나 낮은 부하에
서도 운전이 가능하다.

2) 용도와 구조에 따른 종류

① 긴 제매기(Long Retractable Soot Blower)

보일러 외부에서 긴 분사관(Lance Tube)이 회전하면서 보일러 내부로 들어가 부착물을 제거하고 작업이 완료되면 다시 보일러 외부로 빠져나오는 제매기이다. 과열기, 재열기, 절탄기 등에 설치된다.

② 짧은 제매기(Short Retractable Soot Blower)

긴 제매기와 작동이 같다. 다만, 분사관이 짧아 수랭벽에 설치된다.

이 밖에 공기예열기에도 제매기가 설치되어 있다.

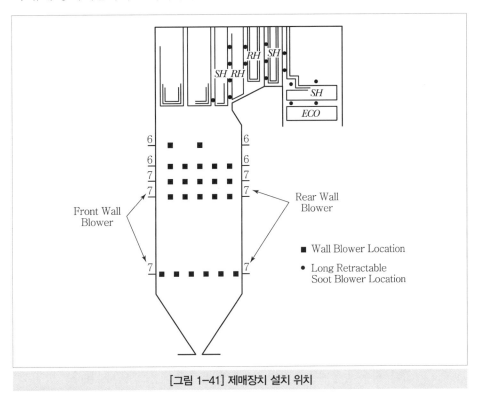

[그림 1-41] 제매장치 설치 위치

4 보일러 보조설비

발전소에서 보일러를 운전하기 위해서는 지금까지 살펴본 보일러 본체와 본체에 부대한 설비 외에도 보일러를 구성하는 각종 보조설비들이 갖추어져야 한다.

보조설비로는 연료를 운반·저장하고 연소에 알맞도록 가공하는 설비와 연료가 연소한 후 발생하는 재와 먼지를 처리하는 설비가 필수적이다.

탈황설비나 탈질설비와 같이 환경 저해물질을 포집하는 설비는 보일러 계통을 구성하는 필수불가결한 설비가 아니므로 환경부문에서 다루어야 할 것이다.

1. 연료유 연소설비

(1) 연료유의 종류

발전소 보일러에 가장 많이 사용하는 연료유(Fuel Oil)로는 중유, 경유를 들 수 있다.

1) 중유(Heavy Oil)

발전소에서 사용하는 중유는 유황 함량이 낮은 벙커C(Bunker-C)유로 중유발전소에서는 주 연료로, 무연탄발전소에서는 화염안정용으로 사용된다. 중유는 상온에서 유동점과 점도가 높아 반드시 예열하여 사용하여야 한다.

2) 경유(Light Oil)

경유는 유동점이 낮아서 예열이 필요하지 않으므로 보일러 점화용이나 저부하에서 화염안정과 공기예열기의 저온부식을 방지하기 위해 사용하는 등 보조연료 성격으로 사용되고 있다.

한편 경유는 디젤기관, 가스터빈 및 복합화력의 주 연료로도 사용되고 있다.

(2) 연료유 공급계통

1) 중유 공급계통

중유는 선박이나 배관을 통해 정유사로부터 공급받아 저장탱크(Storage Tank)에 저장한 후 이송펌프(Transfer Pump)를 이용하여 공급탱크(Service Tank)로 보낸다. 공급탱크에서는 공급펌프(Supply Pump)를 이용하여 버너까지 보내 분사시켜 연소한다. 이 과정에는 여과기(Strainer), 압력 조절밸브(Pressure Control Valve), 가열기(Fuel Oil Heater), 유량계(Oil Flow Meter), 유량 조절밸브((Flow Control Valve) 등이 설치된다.

2) 경유 공급계통

경유는 사용량이 적으므로 대부분 용량이 큰 저장탱크를 두지 않고 공급탱크만 두고 있다. 중유 공급계통과 거의 같지만 경유를 점화용으로만 사용하는 발전소에서는 유량 조절밸브(Flow Control Valve)를 두지 않는다.

3) 연소용 공기 공급계통

압입송풍기로 공급하며 공기예열기에서 320~340℃ 정도로 예열한 후 윈드 박스(Wind Box)를 거쳐 각 버너에 설치된 공기량 조절장치(Air Register)에서 적정량으로 조절한 후 보염기(Flame Stabilizer)를 통해 노 내로 공급한다.

(3) 연소방식의 종류와 특성

연료의 종류에 따라 연소특성이 다르기 때문에 보일러에 설치된 버너의 위치와 연료 분사 방향이 다르다.

1) 수평연소식(Horizontal Firing)

연소실 측면에 수평으로 버너를 설치하는 방식으로, 버너 주위의 튜브 배치가 용이하다. 수평연소식은 연소실 한쪽 면에만 버너를 설치하는 단면 연소방식(Single Wall Firing)과 연소실 전면과 후면 양쪽에 모두 설치하는 대향 연소방식(Opposed Firing)이 있다.

이 방식은 짧은 화염으로 빠른 시간에 연소가 완료되는 연료유, 가스, 역청탄 등의 고휘발분 연료를 사용하는 보일러에 채택된다.

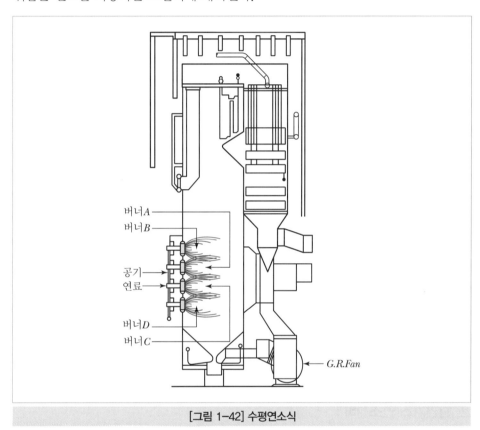

[그림 1-42] 수평연소식

2) 코너연소식(Tangential Firing)

연소실의 네 모서리에 4~6층으로 된 버너를 설치하여 연소실 중앙으로 연료를 분사하도록 한 방식으로 아래 그림과 같이 연소실 중앙에 둥근 가상의 원(Fire Ball)이 생성된다. 이 방식은 부하가 변동하여도 가상원의 위치가 크게 변동하지 않아 연소실 내의 열분포가 일정하여 균일한 열 흡수가 이루어지는 특징이 있다. 그러나 각각의 버너에서 분사되는 연료량 또는 공기량이 균일하지 않으면 가상원이 연소실 중앙에서 어느 한쪽으로 이동하게 되 부분적으로 수랭벽의 과열을 초래하게 된다.

코너연소식은 버너의 분사각도 조절장치(Tilting Device)를 설치하여 버너의 분사각도를 상·하로 조절하여 증기온도를 조절할 수 있고, 연소 영역 상부로 공기를 공급하여(Over Fire Air) 질소산화물(NOx)의 발생을 줄여주기도 한다.

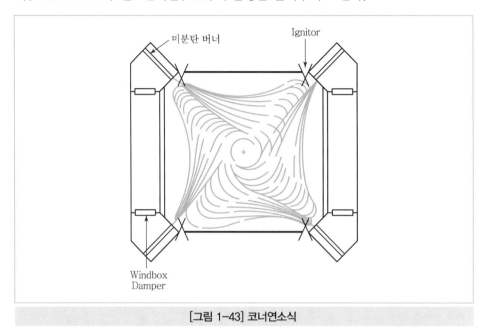

[그림 1-43] 코너연소식

3) 수직연소식(Vertical Firing)

연소실 상부에 아치(Arch)부를 만들고 여기에 수직으로 버너를 설치하여 연료를 아래로 분사시키는 방법이다. 이 방식은 연료를 노 내에서 오래 체류시켜 완전연소시킬 수 있어 석탄 연소에 많이 채용하고 있고 유전소 보일러에서는 채용하지 않는다.
이 방식은 미분탄연소설비 항목에서 다시 설명하기로 한다.

2. 천연가스 연소설비

천연가스(Natural Gas)는 메탄을 주성분으로 하는 가연성 가스이며, 대기압하에서 −162℃로 냉각하면 액화가 이루어지고 체적도 1/600 정도 줄어든다. 이것을 액화천연가스(LNG ; Liquified Natural Gas)라고 하며, 수송과 저장이 쉽다.
LNG는 연소 시 연기, 매연, 타르(Tar), 냄새가 없을 뿐만 아니라 독성도 없는 무공해 청정연료이다. 이러한 특성 때문에 도심에 가까운 지역에 건설되는 열병합 복합화력에 널리 채택되고 있다.

(1) 천연가스 공급계통

천연가스는 한국가스공사가 산지로부터 해상수송으로 국내 인수기지까지 들여와 탱크에 저장하였다가 기화시켜 배관망을 통해 각 가스발전소로 공급한다.

발전소에서는 천연가스의 압력과 유량을 조절하여 버너로 보내 연소시킨다. 천연가스는 공급배관 내에 잔류한 공기나 산소와 혼합되어 그 농도가 일정 한도를 넘으면 폭발이 일어날 수 있으므로 배관의 기동, 정지 시에는 반드시 잔류가스를 불어내야(Purge) 한다.

(2) 천연가스발전소의 안전대책

1) 위험구역 지정 운영

발전소 구내에서 가스의 방출이나 누설에 의하여 가스가 정체할 우려가 있는 장소를 위험구역으로 지정하여 안전사고를 미연에 방지한다.

2) 정전기 발생 방지

위험구역 내에 출입할 때는 반드시 정전기 방지복이나 신발을 착용하고, 제전장치를 설치하여 인체나 차량의 정전기를 제거한 후 출입하도록 한다.

3) 화재 방호설비

보일러 주위, 가스밸브 주위, 버너 주위에 드라이 케미컬(Dry Chemical) 소화설비를 구축하고, 스위치, 차단기 등 전기기기는 방폭형 구조로 한다.

4) 가스 누출 점검

주기적으로 가스 배관에 설치된 플랜지(Flange)나 조인트(Joint) 부분의 가스 누출 여부를 점검한다.

3. 미분탄 연소설비

발전용 연료로서의 석탄은 국내에서 생산되는 무연탄과 국내에서 생산되지 않는 역청탄 및 아역청탄이 사용된다.

① 무연탄(Anthracite) : 탄화가 가장 오래된 석탄으로 연소 시 매연 발생이 적어 무연탄으로 불린다. 발열량은 4,000~7,000kcal/kg 정도이나 발전용으로는 5,000kcal/kg 내외나 이보다 낮은 저품위 석탄을 사용하고 있어 착화가 어렵고 미연탄소분이 많이 발생하므로 화염안정용 보조연료를 사용해야 한다.

또한 석탄산업의 사양화로 국내 무연탄 생산량이 줄어들어 무연탄을 연료로 채택하고 있는 발전소는 매우 적은 실정이다.

② 역청탄(Bituminous) : 무연탄보다 고정탄소분은 적으나 휘발분 함량이 많아 착화가 용이하고 보조연료 없이 단독 연소가 가능하다. 발열량은 6,000~8,000kcal/kg 정도이고 부존량이 많아 국내 대부분의 석탄발전소가 역청탄을 수입하여 사용하고 있다.

③ 아역청탄(Sub Bituminous) : 역청탄에 비해 발열량이 적고, 휘발분과 수분 함량이 많아 자연발화의 위험성이 높고 미분기 운전에 어려움이 많지만 역청탄 수입의 어려움과 연료비 절감을 위해 사용하고 있다.

(1) 석탄 공급계통

국내에서 생산되는 무연탄은 대부분 광산에서 발전소까지 철도에 의해 공급되지만, 수입 유연탄은 산지에서 선박을 이용하여 수송한다. 따라서 발전소에는 석탄을 싣고 오는 배가 접안할 수 있는 부두와 하역설비가 필수적으로 갖추어져야 한다.

석탄 운반선이 부두에 접안하면 부두에 설치된 양하기(Ship Unloader)가 배에서 석탄을 퍼내어 컨베이어 벨트(Conveyer Belt)를 이용하여 석탄을 저탄장까지 보낸다. 이 과정에는 석탄 계량장치(Belt Scale, Coal Scale), 시료채취설비(Sampling House), 철편 분리기(Magnetic Separator)를 거친다. 저탄장에서는 저탄기(Stacker)로 정해진 모양으로 석탄을 쌓아서 저장한다.

저탄장에 저장된 석탄을 사용하기 위해서는 우선 보일러 건물 안에 있는 원탄저장조(Raw Coal Bunker)로 석탄을 상탄하여야 한다. 이를 위해서는 상탄기(Reclaimer)를 가동하여 또다시 철편분리기, 괴탄 선별기(Vibrating Screen), 분쇄기(Crusher), 시료채취설비, 석탄 계량설비를 거쳐 석탄 분배장치(Mobile Tripper)로 각 원탄저장조에 석탄을 채운다.

(2) 미분탄 연소방식

석탄 연소방식에는 스토커(Stoker) 연소방식, 미분탄 연소방식, 유동층 연소방식, 유체화 연소방식 등이 있는데, 발전소에서는 대부분 미분탄 연소방식을 채택하고 있다. 미분탄 연소방식은 석탄을 $75\mu m$ 이하의 입도까지 미분화하여 연소시키는 방식으로 다음과 같은 특징이 있다.

- 저품위탄도 무난하게 연소시킬 수 있다.
- 착화 및 소화가 신속하고 연소시간이 짧다.
- 연소실이 적어도 많은 양의 석탄 연소가 가능하다.
- 적은 공기량으로도 완전연소가 이루어진다.
- 보일러 부하변동에 신속히 대응할 수 있다.
- 타 연료(중유나 가스)보일러에 비해서 큰 연소실이 필요하다.
- 미분기 가동에 따른 막대한 전력이 소비된다.
- 발전소 설비비, 운전 및 정비비용이 증가한다.
- 분진 발생이 많아 고효율 집진장치가 필요하다.

미분탄 연소방식은 석탄의 종류에 따라 직접연소방식과 간접연소방식이 있다.

1) 직접연소방식

직접연소방식은 미분기에서 분쇄된 미분탄을 저장하지 않고 곧바로 버너로 보내 연소시키는 방식이다. 이 방식은 미분탄 저장 시 자연발화 우려가 있는 역청탄 및 아역청탄 발전소에서 주로 채택하고 있고, 일부 국내 무연탄 발전소에서도 채택한 예가 있다. 직접연소방식의 특징은 다음과 같다.

① 석탄 분쇄계통과 연소계통의 구성이 간단하다.

② 기계 대수가 적고 설치 면적이 작다.

③ 부하변동 시 미분탄 입도를 균일하게 유지할 수 없다.

④ 분쇄계통 고장 시 보일러에 직접 영향을 준다.

⑤ 부하변동에 따른 연료량 조절의 속응성이 나쁘다.

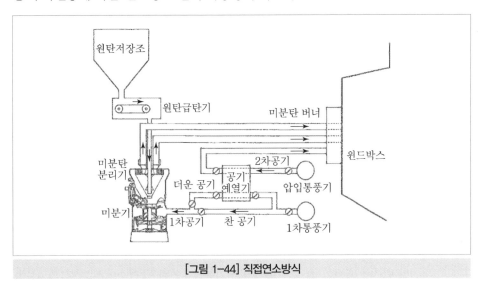

[그림 1-44] 직접연소방식

2) 간접연소방식

간접연소방식은 미분기에서 분쇄된 석탄을 일단 저장하였다가 필요시 버너로 보내 연소시키는 방식이다. 이 방식은 자연발화위험이 적은 무연탄 발전소에서 주로 채용하고 있다.

간접연소방식의 특징은 다음과 같다.

① 석탄 분쇄계통과 연소계통의 구성이 복잡하다.

② 기계 대수가 많고 설치 면적이 크다.

③ 부하변동 시에도 미분탄 입도를 균일하게 유지할 수 있다.

④ 분쇄계통 고장 시에도 보일러에 미치는 영향이 적다.

⑤ 부하변동에 따른 연료량 조절의 속응성이 좋다.

⑥ 미분기계통의 소비전력이 증대된다.

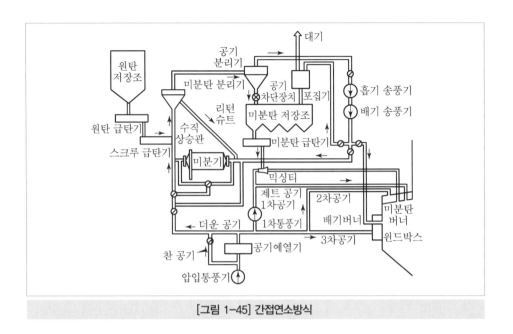

[그림 1-45] 간접연소방식

(3) 미분기(Pulverizer, Mill)

미분기는 석탄을 연소에 적합한 입도로 분쇄하는 설비로 여러 가지 종류가 있으나, 현재 무연탄 발전소에서는 튜브(Tube) 미분기를, 유연탄 발전소에서는 볼(Bowl) 미분기를 사용하고 있다.

1) 튜브 미분기

튜브 미분기는 직경에 비해 길이가 긴 원통형 본체(Shell)가 약 19rpm으로 회전하면서 석탄을 분쇄한다. 본체 내부는 강철로 감싸져 있고, 그 속에 직경이 서로 다른 강구(Steel Ball)가 석탄과 함께 회전하면서 낙하의 충격과 강구와 강구 사이의 마찰, 강구의 무게에 의한 압착 등에 의해 석탄이 분쇄된다.

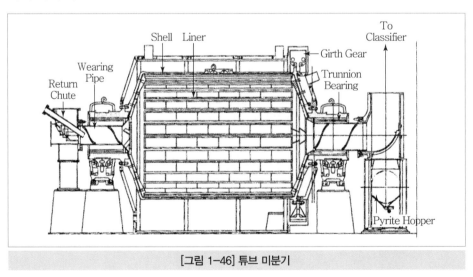

[그림 1-46] 튜브 미분기

2) 볼 미분기

볼 미분기는 미분기 내부 하단에 회전하는 볼 위로 석탄이 공급되면 원심력에 의해 볼의 원주방향으로 밀려나오는 석탄이 볼과 분쇄 롤러(Grinding Roller) 사이에 압착되어 분쇄된다.

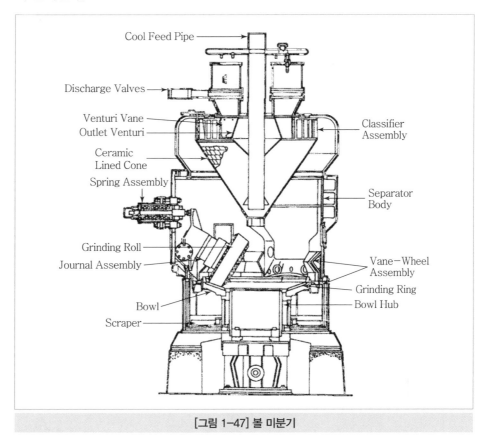

[그림 1-47] 볼 미분기

(4) 미분도 조절

미분탄은 입자 크기가 작을수록(미분도가 높을수록) 공기와 접촉하는 표면적이 넓어져 연소에는 유리하나 미분기 운전동력과 유지보수비용이 증가하므로 이러한 점을 고려하여 적절한 미분도를 정한다. 이를 경제적 미분도라 한다.

미분기별 미분도를 조절하는 방법과 탄종별 경제적 미분도는 다음과 같다.

1) 튜브 미분기

미분기 외부에 별도로 설치되어 있는 미분탄 분리기(Classifier)가 미분도를 조절한다. 미분탄 분리기는 역원추형으로, 상부에 원주방향으로 수직 날개(Vane)를 조밀하게 설치하고 이 날개가 열리고 닫히는 정도를 달리하여 미분도를 조절한다. 무연탄 발전소의 경우 미분탄의 입자 크기는 200mesh 체를 80~85% 통과하는 크기이다.

2) 볼 미분기

미분기 내부 상부에 위치한 미분탄 분리기가 미분도를 조절한다. 역청탄 발전소의 경우 미분탄의 입자 크기는 200mesh 체를 65~75% 통과하는 크기이다. 아역청탄 발전소의 경우는 200mesh 체를 55~65% 통과하는 크기이다.

(5) 연소용 공기

1) 1차 공기(Primary Air)

1차 공기는 1차 공기송풍기에서 공급하며, 직접연소방식에서는 미분기로 직접 보내어 석탄의 건조와 미분탄을 버너까지 운송하는 역할을 한다.

간접연소방식에서는 아래 그림에서와 같이 미분탄저장조(Pulverized Coal Bunker)에서 미분탄 급탄기를 통해 공급된 미분탄을 벤투리 혼합기에서 혼합하여 버너까지 운송한다.

2) 2차 공기(Secondary Air)

2차 공기는 압입송풍기(Forced Draft Fan)에서 공급하며, 공기예열기에서 예열된 공기를 미분탄 버너 주위로 공급한다. 2차 공기는 주 연소용 공기이며, 일반적으로 전체 연소용 공기의 50~70% 정도를 차지한다.

3) 3차 공기(Thirdly Air)

3차 공기는 아래 그림과 같이 수직연소방식인 압입송풍기에서 공급하며, 공기예열기를 거쳐 버너 하부에서 수평으로 공급되어 미분탄의 완전연소를 돕는 연소 보조 역할을 담당한다.

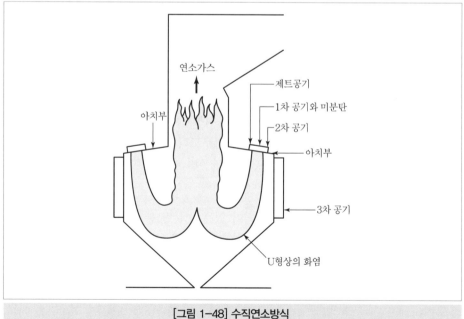

[그림 1-48] 수직연소방식

4) 제트 공기(Jet Air)

제트 공기는 위 그림과 같이 수직연소방식에서 1차 공기송풍기에서 공급하며, 미분탄 버너 안쪽에서 하향으로 불어넣어 연료영역과 연소실 사이에 공기벽을 형성함으로써 버너에서 분사되는 화염이 안쪽으로 꺾이는 것을 방지한다.

4. 집진설비

연소가스 중의 회 입자, 분진 등을 포집 처리하는 설비로서, 발전소에서는 집진효율이 높고 (99~99.9%) 다량의 배기가스 처리가 가능한 전기집진기(EP ; Electrostatic Precipitator)를 많이 사용하고 있다.

전기집진기는 직류 고전압(30~70kV)의 (−)극과 연결된 방전극(Discharge Wire)이 코로나 방전을 일으켜 형성된 전계를 통과하는 분진이 이온화되어 고전압의 (+)극에 연결된 집진극 (Collecting Plate)에 달라붙는 원리를 이용한다. 집진극에 달라붙은 분진은 전하를 잃고 집진기 하부 호퍼로 떨어진다.

장시간 운전 시 방전극 및 집진극에 분진이 붙어 있을 수 있으므로 이를 털어내기 위한 장치 (Rapping Device)를 둔다.

전기집진기는 설치 위치에 따라 저온집진기(Cold EP)와 고온집진기(Hot EP)로 나눈다.

저온집진기는 공기예열기 뒤에 설치하여 집진기를 통과하는 연소가스 온도는 140℃ 정도이고, 고온집진기는 공기예열기 앞에 설치하여 320~420℃ 정도의 연소가스가 통과한다.

5. 회처리설비

미분탄보일러에서 발생되는 회(Ash)에는 저회(Bottom Ash)와 비회(Fly Ash)가 있다.

저회는 노 내의 수랭벽을 이루는 수관, 과열기 및 재열기의 표면에 형성된 슬래그(Slag 또는 Clinker)가 자중이나 급격한 부하 변동, 제매작업(Soot Blowing) 등에 의하여 노 하부로 낙하하여 저회저장조(Bottom Ash Hopper)에 포집되는 회를 말한다. 비회는 회 입자가 연소가스와 함께 흐르다가 절탄기, 공기예열기 및 전기집진기에서 포집되는 회를 말한다.

회의 포집 장소와 포집 장소별 포집률은 아래 그림 및 표와 같다.

각 회저장조에서 포집된 회는 회사장(Ash Pond)으로 보내어 처리하는데, 이를 위해 저회 처리계통(Bottom Ash Handling System)과 비회 처리계통(Fly Ash Handling System)이 있다.

저회 처리계통은 저회저장조에 저장된 저회를 분쇄기(Clinker Grinder)로 잘게 분쇄한 후 분쇄기 하부에 설치된 하이드로 이젝터로 보내 여기서 고압의 바닷물로 회사장까지 보낸다.

비회 처리계통은 습식 처리계통(진공식)과 건식 처리계통(압력식)이 있다.

습식 처리계통은 고압의 바닷물을 진공형성장치에 분사시켜 형성된 진공으로 각 저장조의 비회를 흡입하여 바닷물과 함께 회사장으로 보낸다.

건식 처리계통은 공기공급기(Air Blower)에 의한 공기압으로 각 저장조의 비회를 비회저장조 (Ash Silo)로 보낸다. 건식 처리계통은 비회를 회수하여 재활용하기 위해 채택하는 방식으로 운전 절차가 복잡하고 누설로 인한 주위 오염의 우려가 있다.

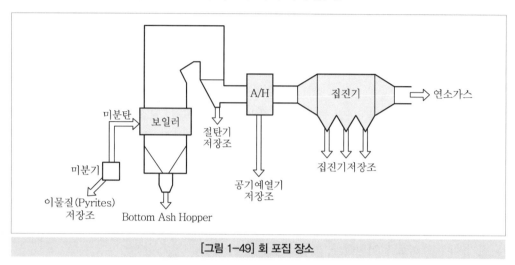

[그림 1-49] 회 포집 장소

| 표 1-9 | 회 포집 장소별 포집률(%)

저 회	비 회				계
저회 저장조	절탄기 호퍼	공기예열기 호퍼	집진기 호퍼	소계	100
20	5	5	70	80	

5 보일러 설계

보일러를 설계하기 위한 기본적인 전제조건으로, 사용할 연료와 생산해야 할 증기의 조건 그리고 보일러 효율을 들 수 있다.

그런 다음 설계에 들어가는데, 연소로, 전열면, 압력부, 연소설비, 통풍계통 등의 순서로 설계가 진행된다.

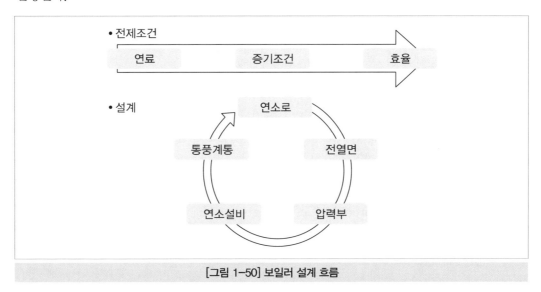

[그림 1-50] 보일러 설계 흐름

1. 연료의 분석

중유, 석탄, 가스 등 연료의 종류에 따라 보일러의 기본설계 개념이 달라지고, 같은 종류의 연료라도 성분과 특성에 따라 세부설계 개념이 달라진다. 따라서 사용 연료에 대한 분석은 보일러 설계의 가장 기본적인 전제라고 할 수 있다. 여기서는 석탄을 대상으로 알아보기로 한다.

(1) 연료의 성분이 보일러 설계에 미치는 영향

1) 발열량(HHV ; Higher Heating Value)

미분기(Mill), 급탄기(Coal Feeder), 석탄저장조(Coal Bunker) 등 연소실비와 송풍기의 용량 결정에 영향을 미친다.

2) 수분(H_2O)

미분기 용량, 석탄저장조 하단부(Down Spout), 급탄기 등의 용량, 형상 결정에 영향을 미친다.

3) 휘발분(Volatile Matter)

높을 경우 연소설비의 화재나 폭발 위험에 대한 대책, 낮을 경우 연소로의 크기, 미분기 용량 결정 등에 영향을 준다.

4) 유황분(Sulfur)

공기예열기 출구 연소가스 온도 결정에 영향을 미친다.

5) 재(Ash)

연소로 크기, 보일러 수관(Tube)의 간격, 제매기(Soot Blower) 배치 및 수량 결정 등에 영향을 미친다.

(2) 석탄 성분분석

석탄의 성분분석에는 공업분석과 원소분석이 있다.

1) 공업분석(Proximate Analysis)

공업분석은 항습기준 시료(as Dry Basis)를 사용하여 고정탄소(Fixed Carbon), 수분(Moisture), 휘발분(Volatile Matter), 회분(Ash)의 함량을 분석한다. 공업분석을 통해 석탄의 성상을 파악하고 건류나 연소 시 나타나는 제반 현상을 알 수 있다.

2) 원소분석(Ultimate Analysis)

원소분석은 탄소(Carbon), 수소(Hydrogen), 질소(Nitrogen), 산소(Oxygen), 유황(Sulfur), 회(Ash) 등의 함량을 파악하여 탄질의 추정이나 연소 계산, 물질 정산 등에 활용한다.

이 밖에도 석탄의 중요한 물리적 성질인 착화온도, 분쇄도(HGI ; Hardgrove Grindability Index), 회융점(Ash Fusion Temperature) 등을 분석한다.

또한 회분이 포함하고 있는 성분이 연소과정에서 생성하는 각종 화합물을 분석하여 슬래깅(Slagging)과 파울링(Fouling) 지수를 알아내어 설계에 반영한다. 슬래깅은 연소가스 영역의 전열면(Water Wall Tube) 표면에 석탄회의 입자가 고형 또는 용융된 형태로 부착하는 현상을 말하며, 이로 인해 수랭벽에서 열전달이 잘 안 되므로 노 출구 가스온도가 상승하게 된다.

파울링은 회분 중의 휘발 성분, 특히 활성 알칼리 성분이 연소가스와 함께 흐르다가 대류전열부 표면에 응축 부착되어 굳어지는 현상을 말하며, 이로 인해 대류전열면의 열전달을 저하시키고 연소가스의 흐름을 방해한다.

2. 증기 조건

아래 표에서 예시한 것처럼 주증기와 재열증기의 유량과 각각의 전열기 입·출구에서의 증기 압력, 온도, 엔탈피 등을 기본적으로 정한다.

| 표 1-10 | 증기조건 사례(당진#5,6)

항목	단위	기호	당진#5,6 @BMCR
주증기 유량	ton/hr	W_{SH}	1,605
과열기 출구 압력	kg/cm²g	P_{SHO}	255
과열기 출구 온도	℃	T_{SHO}	569
과열기 출구 엔탈피	kcal/kg	h_{SHO}	812
절탄기 입구 압력	kg/cm²g	P_{FW}	303
절탄기 입구 온도	℃	T_{FW}	295
절탄기 입구 엔탈피	kcal/kg	h_{FW}	311
재열 증기 유량	ton/hr	W_{RH}	1,281
재열기 출구 압력	kg/cm²g	P_{RHO}	55.07
재열기 출구 온도	℃	T_{RHO}	596
재열기 출구 엔탈피	kcal/kg	h_{RHO}	873
재열기 입구 압력	kg/cm²g	P_{RHI}	57.31
재열기 입구 온도	℃	T_{RHI}	345
재열기 입구 엔탈피	kcal/kg	h_{RHI}	725

3. 보일러 효율

증기 조건이 정해지면 보일러의 출력과 입력을 계산한 열정산도(Heat Balance) 등에 의해 보일러의 효율을 정한다.

보일러의 출력으로는 과열증기와 재열증기 등이 지닌 열량이 있고, 입력으로는 연료의 화학적 연소열, 연소용 공기의 보유열 등이 있다.

4. 연소로 설계

보일러 노의 크기는 연료 탄의 연소특성, 회분의 특성, 즉 회분의 함량이나 용융온도, 슬래깅 및 파울링 정도 등에 따라 다양하게 설계된다.

또한 연료 특성에 적합한 연소방식도 함께 결정하는데, 탄종 및 용량에 따라서도 여러 가지 연소방식이 있다.

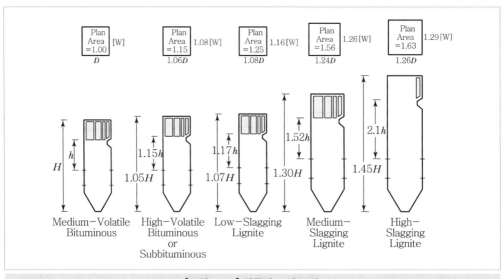

[그림 1-51] 탄종별 노의 크기

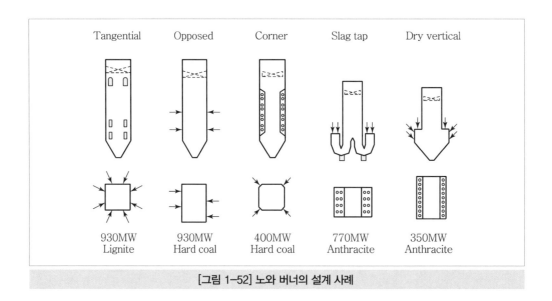

[그림 1-52] 노와 버너의 설계 사례

5. 전열면 설계

전열면, 즉 과열기, 재열기, 절탄기의 배치를 결정한다. One Pass형(Tower형)일 경우와 Two Pass형(Pendant형)일 경우의 특성이 다르므로 이를 잘 고려하여야 한다.

아래 표는 500MW급 표준석탄화력과 신규화력설비인 당진화력#5,6의 경우를 비교한 사례이다.

또한 당진화력#5,6의 전열면의 배치는 아래 그림과 같다.

| 표 1-11 | 전열면 배치형식별 특성 비교

구분	One Pass(표준석탄화력)	Two Pass(당진#5,6)
전열면 배열	수평식	수직식
연소가스 속도	13m/s	15m/s
보일러 높이	약 100m	약 70m
지지구조	복잡	간단
미분기 배치	제한적	용이
설치기간	길다.	짧다.

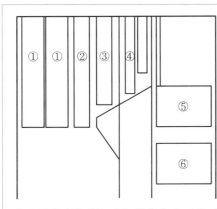

| 튜브 군에서의 튜브 간격 |

No	Section	Transverse Spacing(mm)	Longitudinal Spacing(mm)
1	SH Panel	3,584	OD + 10
2	SH Platen	896	OD + 10
3	RH Final	672	2×OD
4	SH Final	336	2×OD
5	Horizontal RH	224	2×OD
6	Economizer	112	2×OD

튜브 군에서의 연소 가스 최대 속도 : 15m/sec

[그림 1-53] 전열면 배치(당진화력#5,6)

6. 압력부 설계

노를 형성하는 수랭벽, 즉 상부 수직수랭벽(Vertical Panel)과 하부 경사수랭벽(Spiral Panel), 버너 패널(Burner Panel), 호퍼 패널(Hopper Panel) 그리고 각종 헤더(Header)와 배관 등을 압력부(Pressure Part)라고 한다.

압력부는 튜브의 조합으로 이루어지므로, 튜브의 재질과 외경, 두께를 결정하여야 한다.

튜브의 재질은 튜브 속에 흐르는 유체의 온도와 압력에 견딜 수 있어야 한다.

튜브 속에 흐르는 유체를 모으기도 하고 분배하기도 하는 헤더는 헤더 내에서의 속도와 분배관에서의 균일한 흐름을 만족시킬 수 있도록 크기를 결정하여야 한다.

헤더와 헤더를 연결해 주는 링크(Link)는 압력손실이 크지 않도록 해야 한다.

7. 연소설비 설계

연소설비로는 미분기와 버너를 들 수 있다.

(1) 미분기의 선정

미분기는 마모가 심한 설비이며 보일러의 운전 신뢰성을 확보하는 데 중요한 설비이다.
미분기는 제작사별로 표준화된 모델이 있어, 적합한 모델을 선정하는 데 다음과 같은 요건
을 고려하여야 한다.
① 부하변동에 대한 대응력과 자동조절이 용이할 것
② 장시간 운전에도 지속적인 미분탄 공급능력을 유지할 것
③ 설계탄 외의 여러 석탄의 분쇄도 무난히 수행할 수 있을 것
④ 유지보수가 용이할 것
⑤ 설치공간이 작을 것
석탄의 분쇄도, 수분, 미분탄 입도는 미분기의 용량을 선정하는 데 매우 중요한 요소이다.

(2) 버너의 선정

미분탄버너는 배치방법에 따라 수평형, 코너형, 수직형 등으로 나눌 수 있다.
버너는 연소로 내에서 미분탄을 완전연소시키는 목적을 가지므로 이를 위하여 연소용 공
기를 공급하는 윈드박스(Windbox) 내에서의 각각의 구획(Compartment)의 크기와
Coal & Oil Nozzle의 모델 등을 결정하여야 한다.
이 밖에도 연소과정에서 발생하는 질소산화물(NOx)을 줄이기 위하여 적정 연소공간 확보
나 PM버너(Pollution Minimum Burner)의 채택 또는 코너연소식에서 화염 상부에 연소
용 공기를 공급하는 장치(Over Fire Air Nozzle)를 고려해야 한다.

8. 통풍계통 설계

통풍계통의 설계를 위해서는 우선 통풍방식을 결정하고, 송풍기와 공기예열기 및 풍도와 연도
를 설계하여야 한다.
통풍방식으로는 미분탄보일러에서는 대부분 평형통풍방식을 채택하고 있다.

송풍기는 원심형과 축류형의 장단점을 고려하여 선정하여야 한다. 원심형 송풍기의 경우
'❸ 보일러 부대설비'에서 열거한 풍량 제어방식을 선택해야 한다.
공기예열기는 가열소자의 저온 부식을 방지하기 위하여 통풍계통을 구성해야 한다. 예컨대 유
황분이 적은 연료를 사용하거나 과잉공기량을 줄이거나 내식성 재질을 사용하거나 냉단 평균
온도를 노점 이상으로 유지하는 방법 등을 강구하여야 한다.

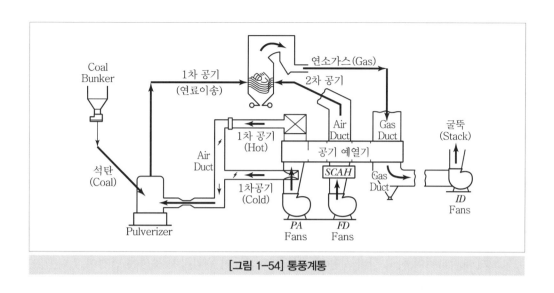

[그림 1-54] 통풍계통

6 보일러 설치시공

보일러 설치공사는 아래 그림과 같이 용접작업과 고소작업이 주를 이루고 많은 인력과 장비가 동원되는 발전소 건설의 주된 공사이다. 따라서 품질과 안전 그리고 현장의 질서 확립이 매우 중요하므로 공사 초기에 기자재 입고, 가용 장비, 현장 여건 등을 감안한 시공 방안을 수립하고, 설계회사, 기자재 제작사 등과의 유기적인 협력이 요구된다.

보일러는 높이 100m 내외의 거대한 철 구조물에 각종 기기를 설치하는 공사이기 때문에 철골과 설치 기기의 간섭이 빈번하게 일어날 수 있다.

보일러 설치공사는 압력부와 배관을 설치하는 본체 설치공사와 공기예열기, 송풍기, 미분기 등 부대설비나 보조설비를 설치하는 부대설비 설치공사로 크게 나눌 수 있다.

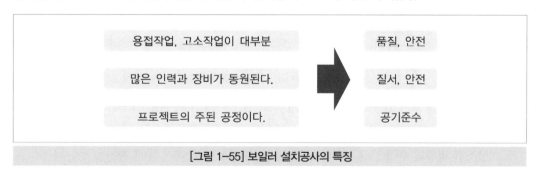

[그림 1-55] 보일러 설치공사의 특징

1. 본체 설치공사

보일러 본체 설치방법에는 다음과 같이 크게 두 가지가 있다.

(1) Tier by Tier 시공

이 방법은 보일러 철골 설치와 병행하여 각종 기기를 설치하는 방법으로, 기기 설치 시 철골과의 간섭이 적어 기기를 가능한 한 크게 제작하여 설치할 수 있는 반면, 기기 입고가 지연될 경우 인력 및 장비관리에 비효율적인 단점이 있다.

(2) Block by Block 시공

이 방법은 보일러 철골 설치가 완료된 후에 기기를 설치하는 방법으로, 철골 설치와 기기 설치를 중단 없이 계속할 수 있어 인력과 장비를 효율적으로 운용할 수 있으나, 기기를 작게 제작하여야 하고 장비 사용의 제약으로 시공이 원활하지 못하는 단점이 있다.

발전소 건설은 설계와 시공이 병행하여 이루어지는 대형 공사이기 때문에 보일러 설치는 위 두 가지 방법을 혼용하여 적용하고 있다.

보일러 본체의 설치는 철골은 하부에서 상부로 시공하고, 압력부는 상부에서 하부로 설치한다. 제작자의 설치 지침서나 도면 등을 사전에 검토하여야 한다.

설치 작업은 크게 Bench Marking, 지상 조립작업, 인양작업, 정렬작업, 용접작업으로 구분되고 설치순서는 아래 그림과 같다.

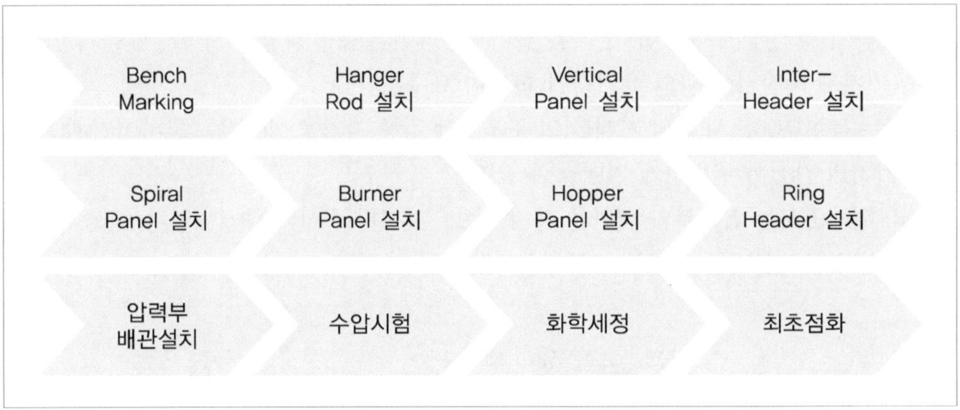

Bench Marking	Hanger Rod 설치	Vertical Panel 설치	Inter-Header 설치
Spiral Panel 설치	Burner Panel 설치	Hopper Panel 설치	Ring Header 설치
압력부 배관설치	수압시험	화학세정	최초점화

[그림 1-56] 보일러 본체 설치순서

보일러 본체 설치 시 지상 조립을 확대함으로써 고소작업을 줄여 안전사고 위험을 감소하고, 용접 품질을 확보함은 물론 가설작업 감소로 공사비를 절감하도록 하고 있다. 다만, 지상조립 범위와 수량은 운송방법, 인양방법, 지상조립장 여건 등에 제한을 받는다.

압력부와 연결되는 각종 배관은 자중과 진동, 충격, 열팽창 등에 대한 제한을 위해 Hanger, Support 등 지지장치를 사용한다. 이들 지지장치의 시공은 설계도면에 따라 위치와 방향을 정확하게 설치하여야 하고, 밸브류는 유체의 흐름 방향을 고려하여 정확하게 취부하여야 한다.

2. 부대설비 설치공사

공기예열기, 각종 송풍기, 미분기 등 대형 부대설비나 보조기기 등은 물론 모든 부대설비의 설치를 위해서는 각각 제작자가 제공하는 Erection Manual이나 각종 지침서를 확보하여 숙지하여야 하고, 필요한 경우 시공 감리자의 현장 입회하에 시공하여야 한다.

고소작업이 수반되는 시공은 설치 전에 Handrail, Grating, 안전망 등 안전장치를 확보하여야 한다.

송풍기와 같이 주변 기기 설치공사와 간섭이 많은 부대설비는 시공 일정을 면밀히 검토하여 시행하여야 한다. 특히, 회전기기의 경우, 설치 후 시운전까지 장시간 대기하는 경우가 많으므로, 축이 휘지 않도록 주기적으로 회전시켜 주는 것도 고려해야 한다.

7 보일러 기술개발 동향

1. 고온 · 고압화

보일러에서 생산되는 증기 온도와 압력은 지속적으로 높아져 왔다. 이러한 노력은 터빈에서의 열낙차를 크게 하여 효율을 높임으로써 연료를 절약할 수 있고 결과적으로 발전에 소요되는 비용을 절감하려는 목적에서 비롯되었으며 앞으로도 지속될 것이다.

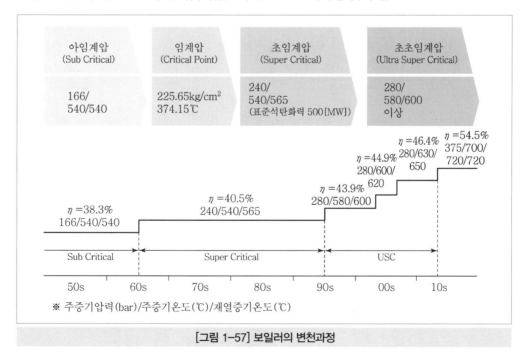

[그림 1-57] 보일러의 변천과정

국내 발전용 보일러는 이제 대부분 초임계압 보일러이고, 최근 개발되어 상용화에 들어간 차세대 보일러는 주증기온도가 610℃, 주증기 압력이 265kg/cm²에 이르는 초초임계압 보일러(USC ; Ultra Super Critical)이다.

보일러의 고온·고압화는 CO_2 발생을 근원적으로 줄이는 데도 효과적이다.

2. 대용량화

발전소 입지 확보가 어려워지면서 발전소 건설은 단지화되고 단위기 용량도 증대되어 왔다. 국내에서는 1980년대에 개발된 500MW급 표준석탄화력을 건설하여 오다가 2004년에 영흥화력#1, 2의 준공으로 단위 용량이 800MW급으로 격상되었다. 이는 제한된 부지를 효율적·경제적으로 이용하는 효과 외에도 규모의 경제 측면에서 발전원가를 낮추는 데에도 기여하였다. 이렇게 대용량화를 가능케 할 수 있었던 것은 국내 기술수준이 뒷받침되었기 때문이다. 보일러 동특성 해석기술, 화로설계기술, 보일러 구조설계기술, 저 NOx 연소시스템 개발 기술, 보일러 소음진동해석기술 등 보일러의 핵심 설계기술이 국내 연구소와 제작사 등에서 상당한 수준에 도달한 결과라고 본다.

한편, 발전소 단위기 용량이 커져도 충분히 흡수할 수 있는 전력계통규모도 발전소의 대용화를 가능하게 했다. 현재 1,000MW급 보일러가 다수 건설되고 있는데, 이러한 추세는 지속될 것이다.

3. CO_2 대응

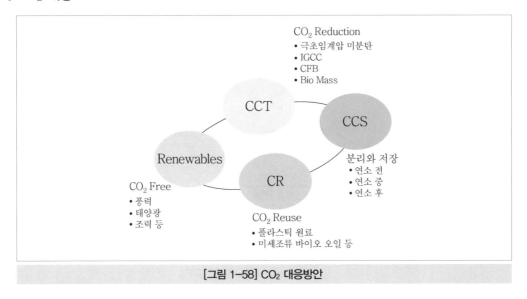

[그림 1-58] CO_2 대응방안

화력발전소에서 배출되는 CO_2가 지구온난화를 촉진한다고 하여 발전소 건설 시 이에 대한 대책을 세우지 않을 수 없는데, 이는 전적으로 보일러에 관련되는 문제이다.

위 그림에서와 같이 CO_2 문제에 대한 대책은 발생량을 줄이는 방법, 분리하여 저장하는 방법, 재사용하는 방법이 있고, 신재생에너지 자원을 사용하여 근원적으로 CO_2가 발생하지 않도록 하는 방법이 있다.

현실적으로 화력발전에 가장 많이 의존하고 있는 전원사정을 감안하면, 발전용 석탄보일러는 초초임계압에서 극초임계압으로 올려 석탄 사용량을 줄이거나 석탄가스화로, 유동층보일러를 채택하는 방안을 추진해 나갈 것이다.

4. 저급탄 사용 확대에 대한 대처

무연탄을 제외하고는 석탄 자원이 없는 우리나라는 발전용 유연탄을 전량 해외에서 수입하여 사용한다. 매장량은 유한한데 수요는 늘어나 석탄 가격이 지속적으로 상승하고 있다. 발전용 보일러에 적합한 양질의 석탄은 비싼 가격은 고사하고라도 물량을 안정적으로 확보하기도 어려워졌다. 따라서 다소 저렴하고 공급이 쉬운 저급탄의 사용도 불가피한 실정이다.

이와 같이 해외 각지에서 생산되는 다양한 석탄을 연료로 사용할 수밖에 없어 발전용 보일러는 저급탄을 비롯한 다양한 석탄 사용에도 견딜 수 있도록 설계되어 나갈 것이다. 이와 더불어 혼탄(Coal Blending) 기술이나 보일러 부대설비, 보조설비 등도 개발·개선되어 나갈 것이다.

터빈 및 보조기기

1 터빈의 기본 개념

1. 터빈의 정의 및 에너지원

(1) 터빈의 정의
자연계의 에너지원을 이용하여 기계에너지, 즉 회전력으로 변환하는 장치이다.

(2) 발전기의 정의
터빈에서 발생한 기에너지(회전력)를 전기에너지로 변환하여 전기를 생산하는 장치이다.

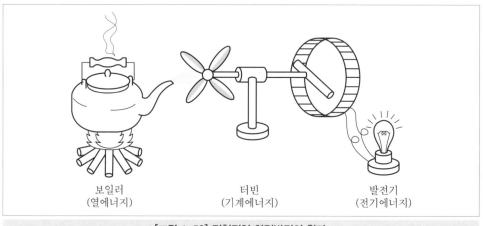

보일러
(열에너지)

터빈
(기계에너지)

발전기
(전기에너지)

[그림 1-59] 전형적인 화력발전의 원리

(3) 회전력을 얻기 위한 에너지원
1) 수자원에너지
물(Water)이 가진 위치에너지를 이용하는 방식(수력발전, 양수발전, 조력발전, 파력발전 등)

2) 바람에너지
바람(Wind)이 가진 속도에너지를 이용하는 방식(풍력발전)

3) 열에너지
보일러, 원자력 증기발생기 또는 HRSG를 통해 만들어진 증기(Steam)의 열에너지를 이용하는 방식(화력발전, 원자력발전, 복합화력발전 등)

2. 수력발전

(1) 수자원에너지

수(水)자원은 태양열에 의해서 증발된 물이 비나 눈으로 다시 지상로 돌아오는 자연 순환 사이클의 과정을 통한 무공해의 천연자원을 사용하므로 환경친화적이고 무한한 에너지원이다.

(2) 물의 낙차를 얻는 방법

높은 위치에 있는 하천이나 저수지의 물을 낮은 위치로 유도하여 고저차(낙차)로 수차를 돌려 발전하는 것으로 낙차를 얻는 방법은 다양하다.

[그림 1-60] 물의 낙차 발생 사례

(3) 수자원에너지의 종류

수자원은 크게 물이 가지고 있는 성분(부식성 등)에 따라 민물(강, 하천, 호수 등)과 바닷물로 구분하여 사용하고 있다.

1) 수력(내륙용)발전소

내륙지방의 강, 하천, 호수 등 천연요새를 이용하는 방식(이용방법에 따라 유입식, 조정지식, 저수지식, 양수식 등이 있다.)

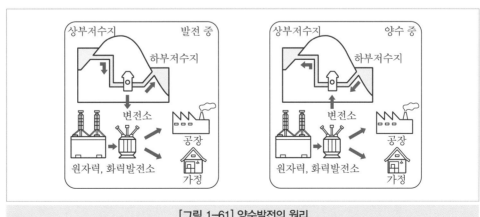

[그림 1-61] 양수발전의 원리

2) 조력발전소

육지와 가까운 만에 해수의 밀물과 썰물 간 낙차를 이용하는 방식(기본적인 낙차가 필요)

3) 파력(Wave)발전소

조력발전소와 유사하나 에너지원으로 파도를 이용하여 발전하는 방식(발전소를 해상에 설치)

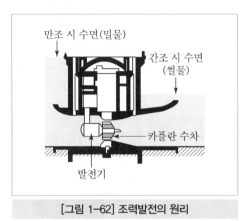

[그림 1-62] 조력발전의 원리

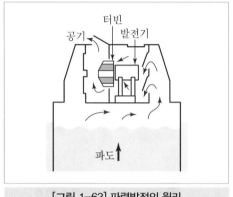

[그림 1-63] 파력발전의 원리

(4) 수력발전의 개념도

물의 위치에너지를 운동에너지로 바꾸어서 전력을 만든다.

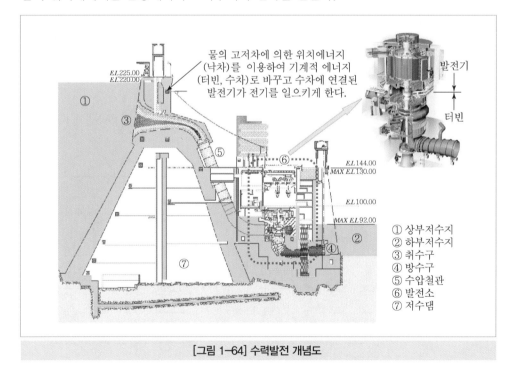

[그림 1-64] 수력발전 개념도

(5) 수력터빈의 종류

1) 프란시스 수차(Francis Type)

Runner가 일체형이며 반동력에 의해 회전하며 유로는 Runner Vane에서 반경방향(Radial)이 축방향(Axial)으로 바뀐다.

약 30~700m 범위의 낙차로 사용범위가 넓어 많이 적용되고 있다.(고낙차 및 중낙차에 적용)

[그림 1-65] Francis Runner

2) 벌브 수차(Bulb Type)

반동력에 의해 Runner가 회전하며 유로는 Runner의 전·후단부에서 축방향이다.

약 5~25m 범위의 낙차가 적고 유량이 많은 곳에 적합하다.(저낙차에 적용)

[그림 1-66] Bulb Runner

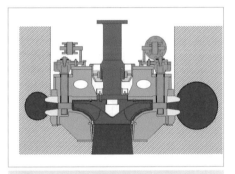

[그림 1-67] Francis Type

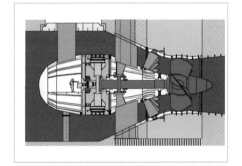

[그림 1-68] Bulb Type

3. 풍력발전

(1) 풍력발전의 개념

공기의 유동이 가진 속도에너지의 공기역학적(Aerodynamic) 특성을 이용하여 회전자(Rotor)를 회전시켜 기계적 에너지로 변환시키고 이 기계적 에너지로 전기를 얻는 기술이다.

[그림 1-69] 내륙 산간지역의 풍력단지

1) 무공해, 무한정의 재생 가능한 천연 에너지원
2) 환경오염에 따른 최적의 대체 에너지원
3) 국토이용의 효용성을 높이는 에너지원(고산지, 해안의 강풍지역 및 방파제 등에 가능)

[그림 1-70] 내륙 평야지역의 풍력단지

[그림 1-71] 해변지역의 풍력단지

(2) 풍력발전의 구성품

① 회전자(Rotor)
날개(Blade)와 허브(Hub)로 구성되며 공기의 흐름에 의한 양력 및 회전력을 발생

② 동력전달기기(Gear Box)
회전자의 회전동력을 발전기로 전달

③ 발전기기
기계적 회전력으로서 전력 생산

④ 철탑구조물(Tower)
발전기기 및 주요구성품의 고정지지

⑤ 계통연계 및 제어기기

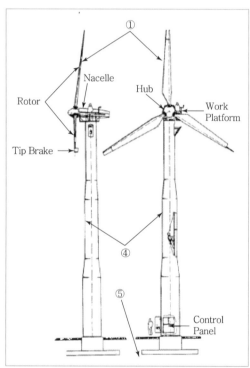

[그림 1-73] 풍력발전 구성품

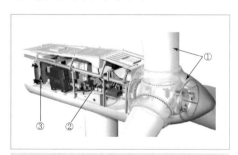

[그림 1-72] 풍력발전 회전부의 주요 구성품

4. 가스터빈

(1) 단순발전(Simple Cycle)

가스터빈의 기본발전방식으로 공기와 연료의 혼합가스가 연소되면서 발생되는 고온 고압의 가스로 터빈을 구동하여 발전하는 방식이다.

(2) 복합화력발전(Combined Cycle)

1차 단순발전을 마친 배기가스를 HRSG로 보내어 증기를 발생(재열)하여 2차로 발전하는 방식이다.

※ 열병합발전(Cogeneration Cycle) : 복합화력발전에 지역난방을 병합한 것이다.

지역난방

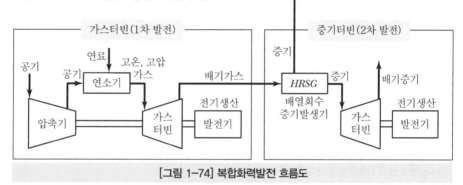

[그림 1-74] 복합화력발전 흐름도

(3) 가스터빈의 구조

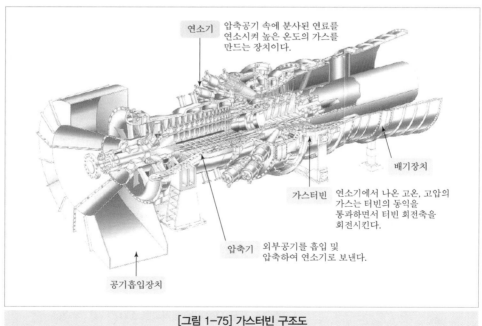

연소기 압축공기 속에 분사된 연료를 연소시켜 높은 온도의 가스를 만드는 장치이다.

배기장치

가스터빈 연소기에서 나온 고온, 고압의 가스는 터빈의 동익을 통과하면서 터빈 회전축을 회전시킨다.

압축기 외부공기를 흡입 및 압축하여 연소기로 보낸다.

공기흡입장치

[그림 1-75] 가스터빈 구조도

5. 증기터빈의 기본 개념

(1) 화력발전의 개념도

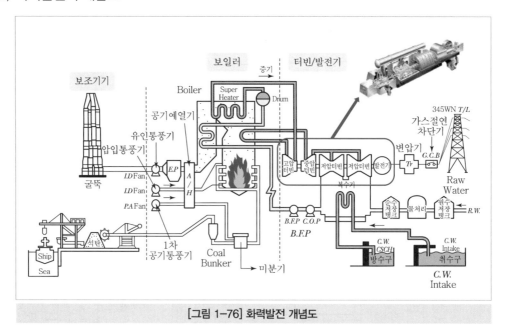

[그림 1-76] 화력발전 개념도

(2) 증기터빈의 작동원리

열원(보일러 또는 원자로)에서 받은 고온·고압의 열에너지는 고정날개에 의해 높은 속도에 너지를 얻고 다음에 위치한 회전날개(Bucket)를 지나면서 기계적인 회전력으로 전환된다. 일을 한 증기는 열에너지를 잃게 되어 속도가 낮아지므로 증기의 비체적은 계속해서 증가하고, 압력과 온도는 떨어지면서 위의 과정을 반복하면서 회전력을 얻고 회전력은 터빈 축(Turbine Rotor)에 전달된다. 최종단을 지나 복수기에 유입되는 응축된 증기는 다시 열원으로 순환된다.

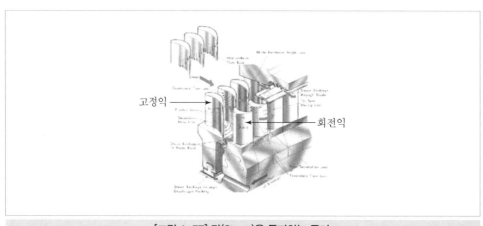

[그림 1-77] 단(Stage)을 통과하는 증기

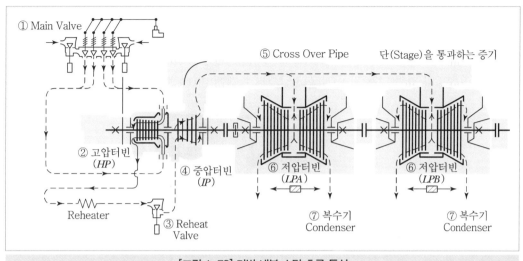

[그림 1-78] 터빈 내부 스팀 흐름 특성

(3) 증기터빈의 분류 – 증기 작동방식

1) 충동식(Impulse Type)

고정익의 입구 측과 출구 측 사이에서 큰 압력강하가 발생하므로 Rotor의 형상은 복잡하나, Rotor의 직경이 작아 Thermal Stress에 의한 응력집중이 작고 Axial Stress가 적게 걸린다.

2) 반동식(Reaction Type)

고정익과 회전익의 모양이 유사하고, 증기의 속도비에 따른 출력이 낮아 최대 효율을 얻기 위하여 많은 단(Stage)을 필요로 한다. 형상이 단순하여 제작이 쉽다.

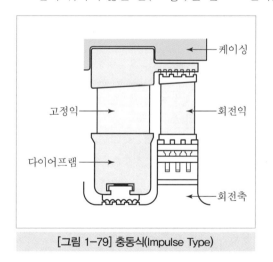

[그림 1-79] 충동식(Impulse Type)

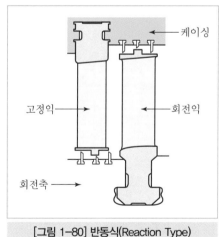

[그림 1-80] 반동식(Reaction Type)

(4) 증기터빈의 분류 – 축(Rotor)의 배열

대부분의 발전용 터빈은 직렬(Tandem Compound)구조를 적용하지만, 최종단의 원심력에 따른 경제성을 고려하여 병렬(Cross Compound)구조를 적용한다. 회전체의 원심력은 회전속도와 직경(날개 길이)과 회전날개의 무게에 비례한다.

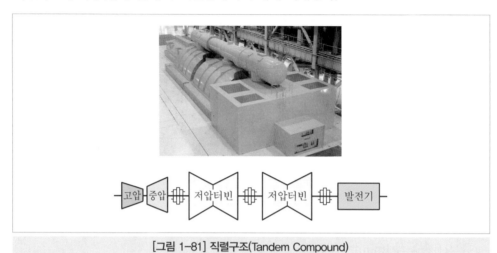

[그림 1-81] 직렬구조(Tandem Compound)

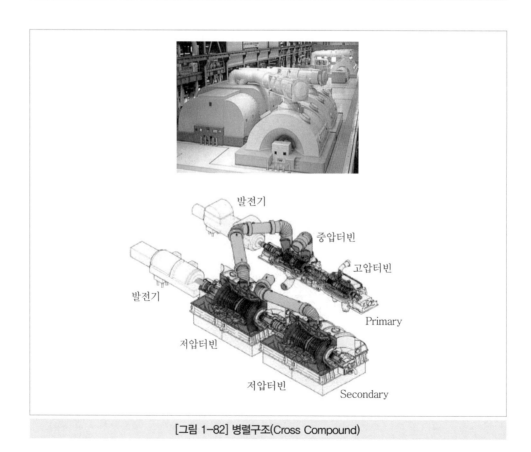

[그림 1-82] 병렬구조(Cross Compound)

(5) 증기터빈발전기의 구성부품

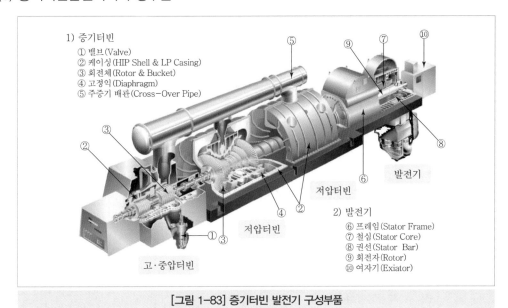

1) 증기터빈
   ① 밸브(Valve)
   ② 케이싱(HIP Shell & LP Casing)
   ③ 회전체(Rotor & Bucket)
   ④ 고정익(Diaphragm)
   ⑤ 주증기 배관(Cross-Over Pipe)

2) 발전기
   ⑥ 프레임(Stator Frame)
   ⑦ 철심(Stator Core)
   ⑧ 권선(Stator Bar)
   ⑨ 회전자(Rotor)
   ⑩ 여자기(Exiator)

저압터빈
발전기
저압터빈
고·중압터빈

[그림 1-83] 증기터빈 발전기 구성부품

(6) 터빈의 Code별 용량 범위

1) Code별 용량 범위

출력범위의 기본모델을 이용하여 고객의 다양한 Needs에 맞춰 부분적인 설계변경을 통해 접근함으로써 설계에 많은 시간이 절감됨

2) 다양한 Model의 구축

발전설비 전체를 지배하는 핵심기기로, 유동해석과 실증시험의 성능이 검증된 시장성이 있는 다양한 모델확보가 요구됨

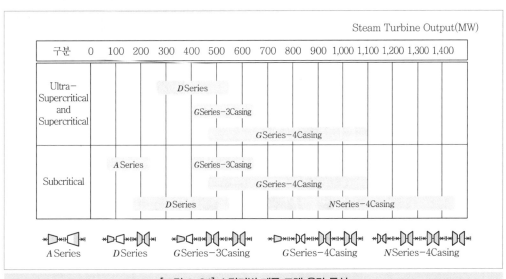

[그림 1-84] 스팀터빈 제품 모델 용량 특성

(7) 주요 공급품 사양

| 표 1-12 | 터빈 Model 주요 사양

구분	D Series	G Series-3Casing	G Series-4Casing	N Series-4Casing
Model (Type)				
용량	180MW 200MW	500MW 550MW	800MW	700MW&1,000MW 1,450MW
회전수	3,600rpm	3,600rpm	3,600rpm	1,800rpm
최종단 날개길이	40″LSB(1,016mm) 30″LSB(762mm)	40″LSB(1,016mm) 33.5″LSB(851mm)	40″LSB(1,016mm)	52″LSB(1,321mm) 43″LSB(1,092mm)
중량	760ton	1,350ton	1,590ton	3,100ton
터빈 길이	18.0meter	27.7meter	37.5meter	46.5meter
부품수	5,260종 (35,200ea)	9,350종 (81,200ea)	10,080종 (86,000ea)	10,390종 (114,700ea)
대표 발전소	부산복합#1~4 동해#1,2	표준화력 500MW 삼천포#1~4 당진#5~8 550MW	영흥#1,2	표준원자력 1,000MW 월성#2~4 신고리#3,4

(8) 터빈발전기의 설치(Field Installation)

1) 설치순서

① 저압터빈 B(LPB Turbine) ② 저압터빈 A(LPA Turbine)

③ 고압터빈(HIP Turbine) ④ 발전기(Generator)

[그림 1-85] 공장 정렬(Factory)

[그림 1-86] 현장 설치(Field)

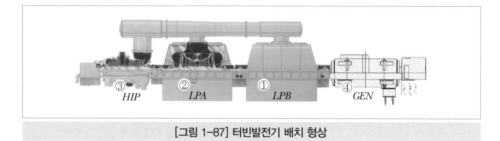

[그림 1-87] 터빈발전기 배치 형상

(9) 터빈의 성능개선 특성(Retrofit Engineering)

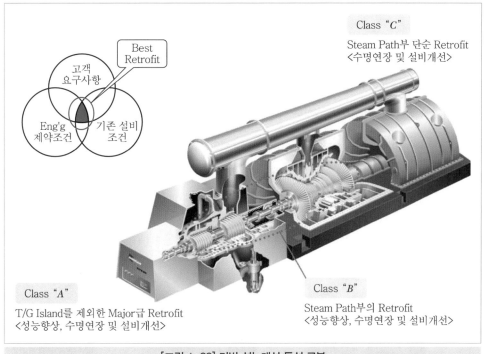

[그림 1-88] 터빈 성능개선 특성 구분

(10) TBN/GEN Island의 구성

1) 평면도(Plan View)

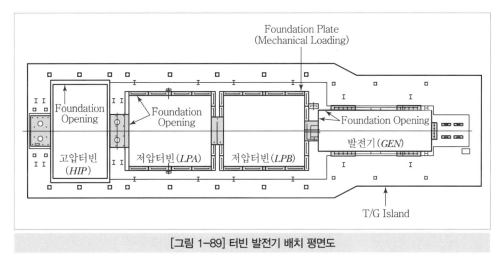

[그림 1-89] 터빈 발전기 배치 평면도

2) 정면도(Front View)

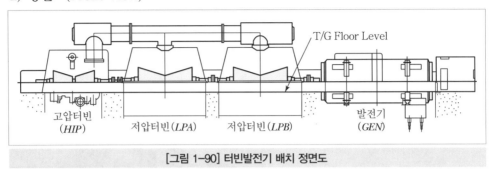

[그림 1-90] 터빈발전기 배치 정면도

(11) 터빈 팽창선도(Expansion Diagram)

터빈발전기는 1차기기로부터 받은 고온·고압의 열에너지를 이용하여 고속의 회전력을 얻기 때문에 고정체와 회전체의 팽창에 따른 간섭은 매우 민감하다.

[그림 1-91] LP Anchor Post

[그림 1-92] RXD Probe

[그림 1-93] DXD Probe

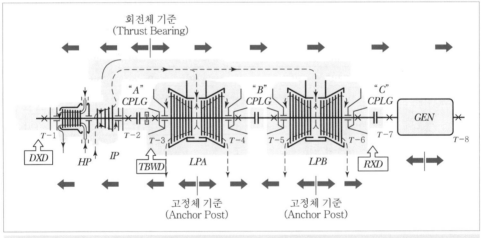

[그림 1-94] 회전체 및 고정체 기준 구분

② 터빈의 주기기

1. 주기기 구성품

(1) 고정체

① 고압/저압케이싱(High & Low Pressure Casing) : 내부와 외부를 차단하는 압력용기이며, 고정익을 지지해 주고 회전익 파손 시 보호하는 역할

② 고정익(Diaphragm) : 증기의 열에너지를 운동에너지로 바꾸는 안내역할을 하며, 증기의 통과량을 조절

[그림 1-95] 터빈의 내부구조 특성

(2) 회전체

① 로터(Rotor) : 회전익의 원주방향의 운동력을 전달받아 회전력으로 바꾸어 발전기로 전달하는 역할

② 회전익(Bucket) : 터빈 로터에 조립되어 증기로부터 받은 열에너지를 회전운동으로 바꾸는 역할

2. 증기통로(Steam Path)부 설계 개념

높은 효율과 경제성 있는 증기통로(Steam Path)의 설계를 위해 각 Section별로 단의 수를 결정하고 각각의 단(Stage)에서 증기 조건과 출력을 결정해 주는 열역학적 설계를 수행한다.

[그림 1-96] 저압터빈 내부구조 특성

(1) 단별 증기의 유량 및 면적 계산

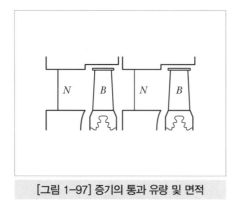

[그림 1-97] 증기의 통과 유량 및 면적

(2) Vane Length 계산

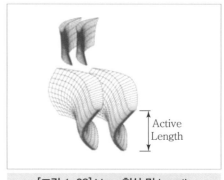

[그림 1-98] Vane 형상 및 Length

(3) 베인의 증기 속도와 유동각 계산

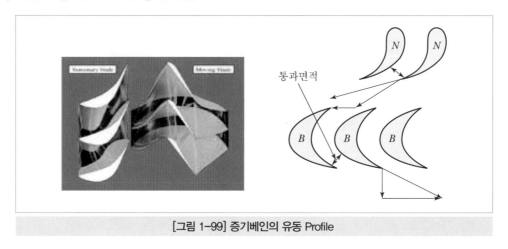

[그림 1-99] 증기베인의 유동 Profile

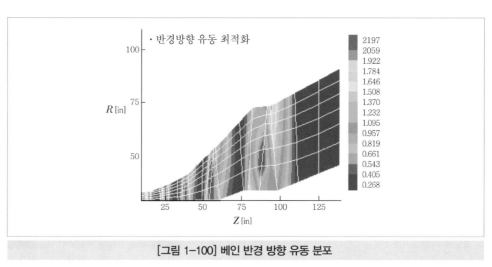

[그림 1-100] 베인 반경 방향 유동 분포

(4) 증기통로(Steam Path)부 구성품

날개형상 및 길이가 결정되면 원심력에 견딜 수 있는 회전익의 조립부(Dovetail) 형상과 회전체의 고속운전에 따른 진동방지 등을 고려한 구조로 설계한다.

또한 고정익에 대해서는 압력차로 인한 굽힘응력을 반영해 주고 회전체와 간극이 형성되는 부위는 누설 증기를 최소화하기 위해 Packing이 요구된다.

① 회전체(Rotor & Bucket)
② 고정익(Diaphragm)
③ 패킹 케이싱(Packing Casing)

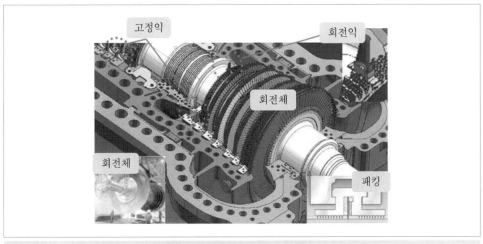

[그림 1-101] 증기 통로부 구성품 특징

(5) 실측 Layout 설계(Scale Layout Design)

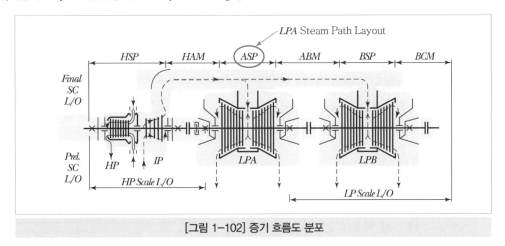

[그림 1-102] 증기 흐름도 분포

3. Rotor의 구성품 및 기능

(1) Rotor의 기능

회전날개(Bucket)의 회전력을 조립된 Rotor를 통해 발전기에 전달하는 기능이다.

고속으로 회전하므로 회전날개의 원심응력을 고려한 조립부(Dovetail) 구조가 가장 중요하다.

특히, 고온에서 고속으로 회전하는 특성으로 인해 진동과 열응력을 잘 고려해 주어야 한다.

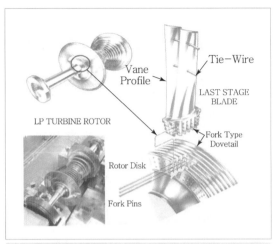

[그림 1-103] Rotor 부품 특징

[그림 1-104] Rotor Assembly

[그림 1-105] HP Rotor(Left) 및 LP Rotor(Right) 형상

(2) Rotor의 구조에 따른 분류

1) 일체형(Integral) Rotor

① 장점 : 동적 안정성이 우수하다.

② 단점
- 제작기간이 길다.
- 재료의 낭비가 많다.
- 제작에 따른 불량의 Risk가 크다.
- 단조제작능력에 제한이 크다.

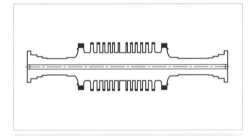

[그림 1-106] 일체형 Rotor 단면

2) 열박음형(Shrunk-on) Rotor

① 장점 : 제작기간이 짧고 제작비가 저렴하다.(Shaft와 Disc를 별도로 제작하여 조립) 제품의 결함검사가 용이하다.

② 단점 : 고온에서 열박음부에 응력부식과 진동 및 Disc와 Shaft의 조립부에 균열이 발생된다.

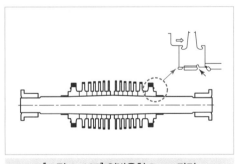

[그림 1-107] 열박음형 Rotor 단면

3) 용접형(Welded) Rotor

반동터빈에 적용하는 Type이다.

① 장점 : 제작비가 저렴하고 크기에 영향
을 받지 않는다.(개별 단조된 Disc 용접)

② 단점 : 용접과 열처리기술을 필요로
한다.

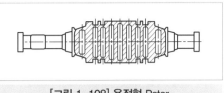

[그림 1-108] 용접형 Rotor

4) 드럼형(Drum) Rotor

• 반동터빈에 적용하는 Type이다.

• 용접기술보다 단조기술에 초점을 둔
것이다.(Westing-house사에서 적용)

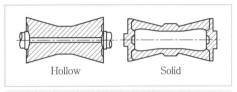

Hollow   Solid

[그림 1-109] 드럼형 Rotor

(3) Rotor Balance Provision

1) Steam Balance Hole

Stage Design시 Stage 간의 Steam Unbalance 보증

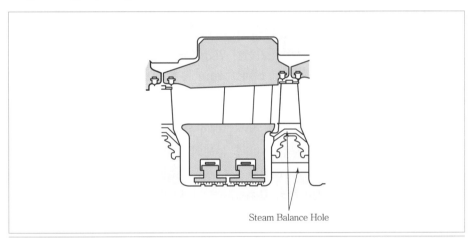

Steam Balance Hole

[그림 1-110] Steam Balance Hole 위치

2) Factory Balance Groove

Shop에서 개별 Rotor의 Unbalance
보증

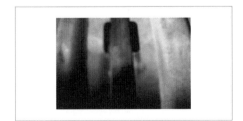

3) Field Balance Hole

Field에서 T/G의 최종 설치를 마치고
시운전 시 회전체의 Unbalance 보증

[그림 1-111] Rotor의 Balance Hole(Left : Shop의 사례, Right : Field의 사례)

(4) Rotor의 구성품

1) Dovetail Notch Opening

반경방향으로 조립되는 회전익(Bucket)을 Rotor에 조립하기 위해서는 Bucket의 조립을 위한 Notch Opening(Assembly Gate 라고도 함)이 있는데, 이것은 각 Stage를 기준으로 반대방향에 위치하게 하여 Weight Unbalance를 최소화하도록 설계한다.

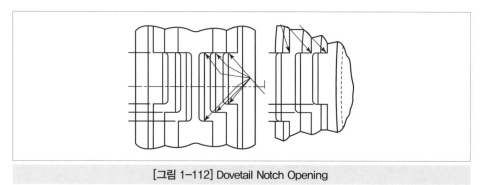

[그림 1-112] Dovetail Notch Opening

2) Rotor Center Bore

Rotor의 Bore Hole 가공의 목적은 Rotor 단조 시 중심부에는 불순물 및 결함이 집중될 수 있기 때문에 이를 제거하기 위함이다.

따라서 단조기술의 수준에 따라 Hole의 가공 여부가 결정된다.

3) Coupling Bolt

Rotor 간의 조립용 Bolt로 조립과 분해가 용이한 특수한(Super-Grip Type) Coupling Bolt를 사용하고 있으며, 운전 후 분해의 용이성을 위해 Jacking Hole이 필요하다.

고정체의 기준위치에 따라서는 Rotor의 Coupling Flange면 사이에 Spacer Plate가 요구되는데, 터빈의 설치 시 Rotor의 정확한 Axial Position을 확보하기 위해 사용된다.

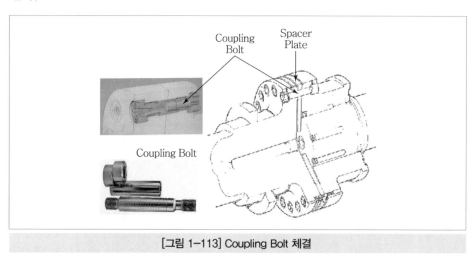

[그림 1-113] Coupling Bolt 체결

4. Bucket의 구성품 및 기능

(1) Bucket의 명칭

1) Dovetail

Bucket을 Rotor에 체결한다.

2) Vane

열에너지를 Torque 에너지로 전환한다.

3) Cover

Vane 끝부분을 통과하는 증기의 누설을 조절하고 회전날개(Bucket)의 진동을 감쇄한다.

4) Tenon

Vane Tip 부에서 Cover를 Bucket에 고정한다.

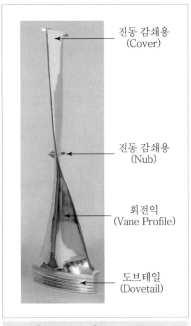

진동 감쇄용
(Cover)

진동 감쇄용
(Nub)

회전익
(Vane Profile)

도브테일
(Dovetail)

[그림 1-114] Bucket 형상

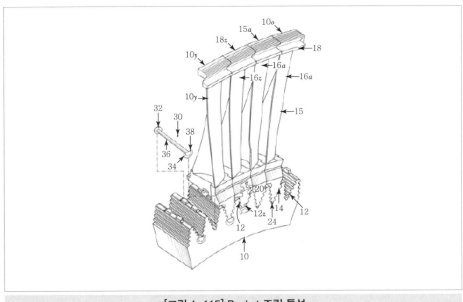

[그림 1-115] Bucket 조립 특성

(2) Dovetail Type

1) Tangential Entry Dovetail

Pine Tree Dovetail이라고도 하며, HP 1st Stage에서 L-2단까지 사용되고 제작 비용이 가장 경제적이므로 설계 시에 1차로 선정하는 Type이다.

2) Gas Turbine Dovetail

Axial Entry Dovetail이라고도 하며 Rotor에 축방향으로 조립되어 Notch Blade가 필요 없으므로 Stage 효율저하를 방지할 수 있으며 대형 화력의 중압터빈에 많이 사용된다.

[그림 1-116] Tangential Entry Dovetail

[그림 1-117] Gas Turbine Dovetail

3) Keyed Axial Entry Dovetail

Bucket 길이가 짧아서 원심응력은 작으나 Stage Load가 큰 Control Stage 등에 적용하는 Dovetail이며 그림과 같이 1개의 Bucket에 2개의 Dovetail이 Axial Entry로 나란히 조립되는 구조로 되어 있으며, 조립방법도 One Ring으로 가조립하여 일괄 두드려 박도록 되어 있다.

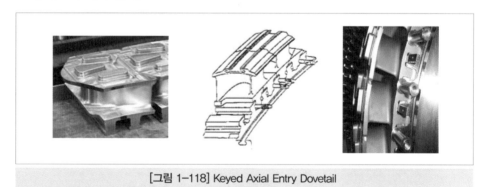

[그림 1-118] Keyed Axial Entry Dovetail

4) Pinned Finger Dovetail

Long Bucket의 원심력을 견딜 수 있는 Dovetail은 큰 Size가 요구되므로 그에 따른 경제성 문제가 대두되어 이에 대체할 수 있는 Dovetail로 개발되었다.

5) Curved Axial Entry Dovetail

Axial Entry Dovetail과 동일하나 Dovetail부에 Curvature를 주어 원심응력이 큰 최종단의 Long Bucket 적용을 목적으로 개발되었으며, Dovetail부의 Curve 가공을 위한 초고가품의 Tooling이 요구된다.

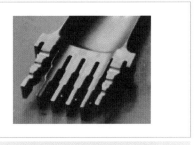

[그림 1-119] Pinned Finger Dovetail

[그림 1-120] Curved Axial Entry Dovetail

(3) 회전날개 형상(Vane Profile)

증기 유로부(Steam Path)의 회전날개(Vane Profile)는 터빈 부품 가운데 가장 핵심적인 구성요소 중 하나로서 증기의 열에너지가 회전날개를 통과하면서 회전력으로 변환되어 Rotor를 구동하는 역할을 한다. Vane의 형상 개선은 터빈 전체의 효율 증대와 직결되기 때문에 꾸준한 연구로 현재까지 많은 발전을 거듭해 왔으며 Type은 다음과 같다.

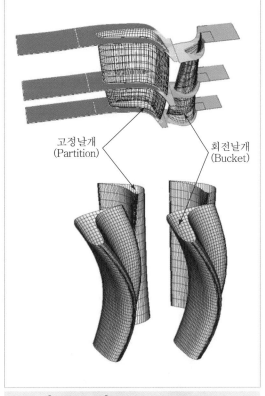

고정날개 (Partition)

회전날개 (Bucket)

[그림 1-121] Advanced Vortex Type

1) Conventional Type

Standard Vane의 최초 사용된 Vane Type으로서 Root에서 Tip 까지 그리고 Concave면과 Convex 면이 각각 균일한 단면과 원호로 간단히 구성된 Type으로 일정한 유출각을 갖기 때문에 Bucket을 통과하는 질량 유량은 Bucket의 상반부로 몰리는 경향이 있으며 터빈의 효율이 낮다.

2) Advanced Vortex Type

증기의 흐름(Steam Flow)을 가운데(Pitch)로 유도하여 회전익(Bucket)에서 큰 에너지로 변환토록 함으로써 Bucket & Nozzle의 Profile Loss를 최소화하고, 주증기의 유동을 방해하는 2차 유동손실을 감소하여 효율 상승을 목적으로 개발된 것이다.

(4) Bucket Tenon & Cover

1) Tenon

Bucket Cover를 잡아 주기 위한 목적으로 Bucket의 Tip부에 돌출된 형상을 말한다.

2) Bucket Cover

Rotor의 회전 중에 Bucket의 Vane Tip 부위에 작용하는 진동 감쇄와 누설증기를 차단하여 효율을 향상하는 데 목적이 있다.

운전 중 Cover의 Bending Stress 및 Tenon의 전단응력을 계산하여 요구사항을 만족하도록 일정량을 Cover로 Grouping하고 Tenon으로 Peening함으로써 상호 간에 구속되는 구조이다.

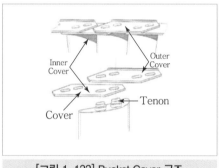

[그림 1-122] Bucket Cover 구조

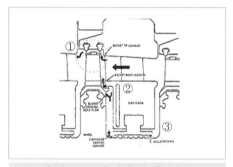

[그림 1-123] Leakage Control

3) 누설증기 차단

Bucket Tip부의 증기통로(Steam Path)에서 Steam Guide 역할과 고정체와의 반경 방향으로 Leakage되는 누설증기를 최소화하기 위해 Sealing(Spill Strip)을 설치하여 효율을 증대를 목적으로 사용한다. (날개 끝단부 및 뿌리부의 Sealing, Rotor Root 부 및 End Packing)

[그림 1-124] Bucket Cover 형상

(5) 회전익의 습분 침식보호(Moisture Erosion Protection)

습증기 영역의 저압터빈 끝단 쪽에는 증기와 습분의 절대속도 차이가 회전익으로 들어가는 상대속도와의 입사각 차이를 발생시켜 습분이 증기입구 측의 회전익 Convex면에 발생한다.

1) Moisture Removal

습분에 의한 침식방지를 위해 Stationary Part에는 Drain Catcher를 두어 습분을 제거토록 하고 회전익에는 습분 제거를 위한 Groove를 두어 회전시 원심력에 의해 습분이 제거되게 한다.

2) Erosion Protection

원주속도가 가장 큰 최종단 동익의 증기 입구 측에는 습분 침식으로부터 보호하기 위해 조건에 따라 다양한 방법으로 보호하고 있다.

① Stellite Shield

Bucket의 12Cr Alloy Steel에 Brazed Stellite Strip, Welded Stellite Form 및 EBW Stellite Strip 등

② Self-Shield

Bucket은 Cr-Ni-Mo-V Alloy Steel의 피로강도가 우수한 재질을 사용하여 별도의 보호가 필요치 않다.

③ Flame Hardening

1,800rpm의 원자력의 저압터빈 끝단 쪽 2~3단에 그림과 같이 국부적으로 화염경화를 수행하여 습분에 의한 침식을 방지하도록 되어 있다.

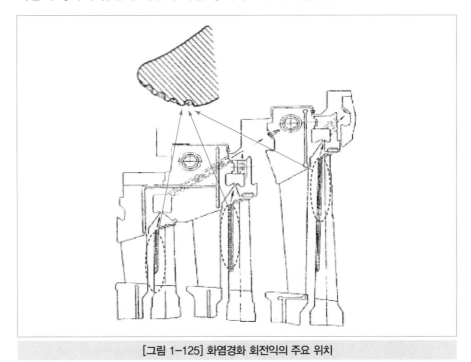

[그림 1-125] 화염경화 회전익의 주요 위치

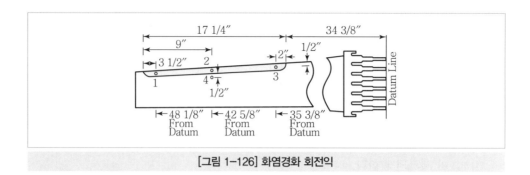

[그림 1-126] 화염경화 회전익

5. Diaphragm의 구성품 및 기능

(1) 기능과 구성품

증기가 가지는 열에너지를 회전체의 운동에너지로 변환하기 위한 안내 역할을 하는 것으로 최적의 효율로 회전익에 분사 되도록 증기 입사각 및 출구각을 결정한다.

① Outer Ring   ② Partition
③ Web(Inner Ring)   ④ Spill Strip
⑤ Packing Ring

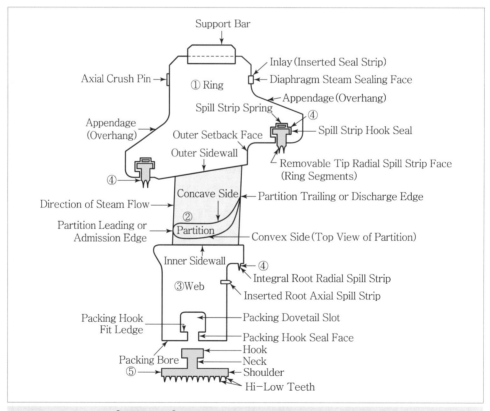

[그림 1-127] Typical Single-flow Diaphragm Geometry

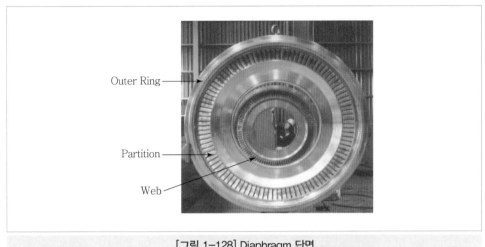

[그림 1-128] Diaphragm 단면

(2) Diaphragm의 Type

Diaphragm Type은 Stacked Stage 방식과 Tub 방식으로 구분된다.

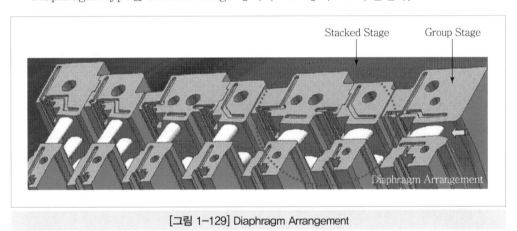

[그림 1-129] Diaphragm Arrangement

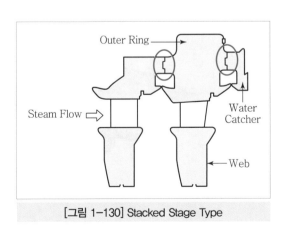

[그림 1-130] Stacked Stage Type

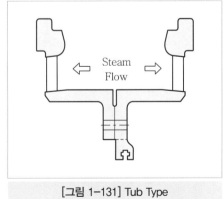

[그림 1-131] Tub Type

6. Nozzle Plate & Box의 구성품 및 기능

고온·고압의 증기가 유입되는 입구는 열응력(Thermal Stress)과 압력강하에 견디기 위해 두꺼워야 한다.(고압터빈 1단)

(1) 노즐 플레이트(Nozzle Plate)

구조가 간단하여 경제적이나 증기조건에 의한 응력(Stress)에 제한을 받는다.

(2) 노즐 박스(Nozzle Box)

고압케이싱(HP Shell)에 발생하는 Crack 및 과도한 케이싱의 두께 증가를 방지하기 위해 고안된 것이다.

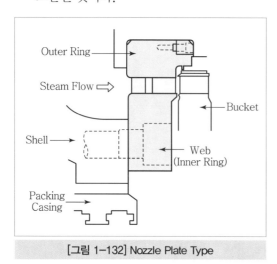

[그림 1-132] Nozzle Plate Type

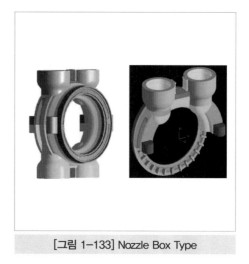

[그림 1-133] Nozzle Box Type

7. 케이싱(Casing)의 구성품 및 기능

(1) 케이싱의 기능

① 내압(HP)과 진공압(LP)을 유지하는 압력 용기

② 내부 Component를 지지하는 구조물(Diaph-ragm, Rotor, Bucket, Packing Head, Bearing 등)

③ 회전체 일부(Bucket 등)의 이탈사고 시 차단 구조물

④ 배출된 증기가 Condenser로 흘러가도록 하는 안내 구조물

[그림 1-134] HP shell Ass'y

(2) 고압 케이싱(HP Casing)

① 상/하부 체결형 구조로 분해/조립이 용이

② 내부식성 강한 소재 적용(구리 함유 탄소강 사용)

③ 부식 방지 구조(결합면 Stainless Overlay)

④ 배기 손실을 최소화

[그림 1-135] LP Casing Ass y

(3) 저압 케이싱(LP Casing)

① 증기의 내압 및 구조물을 지지하기 위한 튼튼한 칸막이의 제관 구조물

② 좌굴(Buckling) 방지

③ 진동(Vibration) 및 처짐량(Deflection) 최소화

❸ 터빈의 보조기기

1. 원자력발전의 개념도

터빈 보조기기 : 조속장치, 윤활계통, 증기계통, 습분 분리 재열기

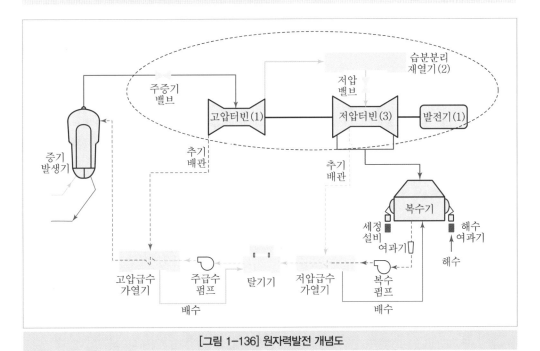

[그림 1-136] 원자력발전 개념도

2. 조속장치

(1) 터빈 Valve의 기능

터빈의 과속도(Turbine Overspeed) 방지 및 부하 제어(터빈의 Speed, Load, Flow 제어)

(2) Valve의 배열

① 주증기관 입구 : 주증기 차단 밸브(MSV), 제어 밸브(CV)

② 재열기(Reheater) 출구 : 복합재열 밸브(CRV)

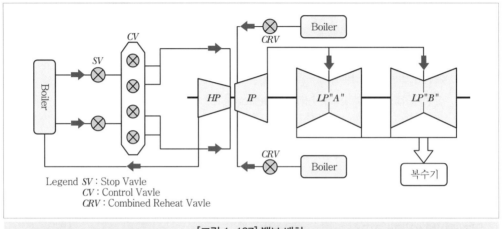

[그림 1-137] 밸브 배치

(3) Valve의 규격

밸브의 규격(크기)은 Seating Diameter로 표시

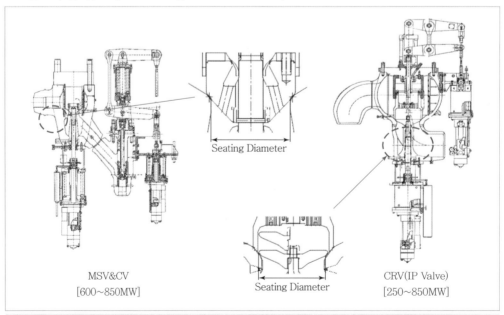

[그림 1-138] 밸브형상(Left : Angle Body Type, Right : Combined Reheat Type)

(4) Valve의 구조

    1) Steam Part

        증기의 압력을 받는 부분

    2) Steam Strainer

        터빈에 이물질 유입 방지

    3) Power Actuator

        Valve를 여닫는 구동장치

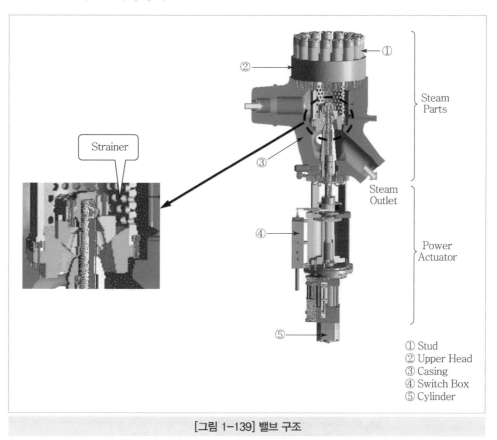

[그림 1-139] 밸브 구조

(5) Valve Type

터빈 밸브의 용량은 보일러 혹은 원자로의 증기발생기로부터 유입되는 증기를 지정된 온도와 압력 범위하에서 출력을 내기 위하여 증기를 터빈으로 통과시킬 수 있는 능력으로 결정되며 용량에 따라 다양한 형상이 존재한다.

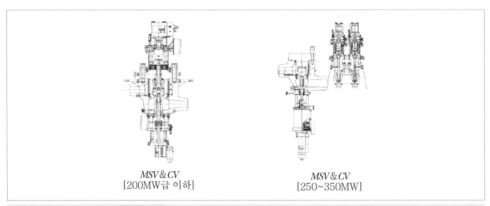

MSV&CV
[200MW급 이하]

MSV&CV
[250~350MW]

[그림 1-140] 350MW급 이하 Valve 사례(Left : Combined Type, Right : Shell Mounted Type)

MSV&CV
[350~600MW]

MSV&CV
[600~850MW]

CRV(IP Valve)
[250~850MW]

[그림 1-141] 350MW급 이상 Valve 사례
(Left : Widows Creek Type, Middle : Angle Body Type, Right : Combined Reheat Type)

(6) 터빈의 보호기능

속도 감지장치가 Rotor Cover에 부착된다.

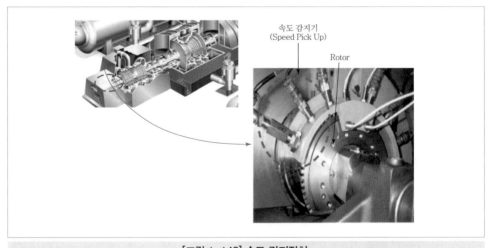

[그림 1-142] 속도 감지장치

(7) 유압 공급장치(Hydraulic Power Unit)

일정한 압력과 온도의 유압유(Fluid)를 각 터빈 밸브까지 공급한다.

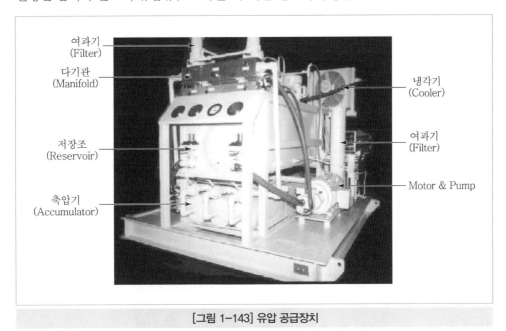

[그림 1-143] 유압 공급장치

3. 윤활계통

(1) 윤활계통의 개념도

윤활계통은 윤활유 공급/저장, 청정도 유지가 되도록 구성해야 한다.

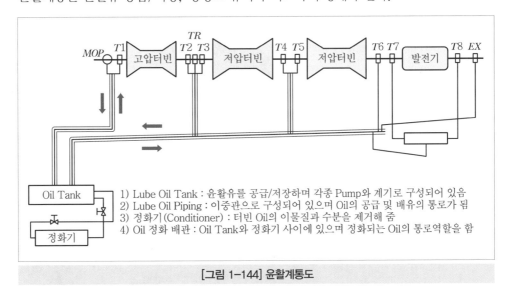

1) Lube Oil Tank : 윤활유를 공급/저장하며 각종 Pump와 계기로 구성되어 있음
2) Lube Oil Piping : 이중관으로 구성되어 있으며 Oil의 공급 및 배유의 통로가 됨
3) 정화기(Conditioner) : 터빈 Oil의 이물질과 수분을 제거해 줌
4) Oil 정화 배관 : Oil Tank와 정화기 사이에 있으며 정화되는 Oil의 통로역할을 함

[그림 1-144] 윤활계통도

(2) 터빈 베어링(Bearing)

　1) 기능

　　Rotor의 수직/수평 하중을 지지한다.

　2) 특기사항

　　① 화이트 메탈(White Metal)

　　② 동특성 유막(Hydrodynamic Oil Film)

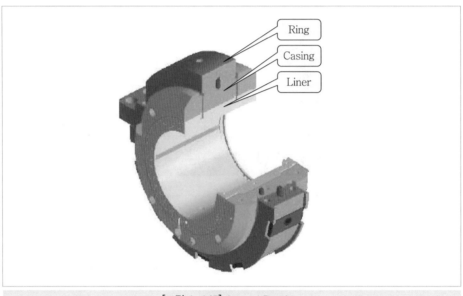

[그림 1-145] Journal Bearing

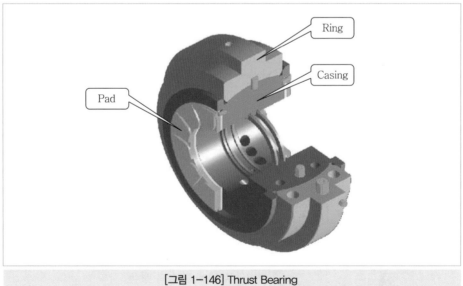

[그림 1-146] Thrust Bearing

(3) 윤활유 공급장치(Lube Oil Supply Unit)

1) 기능
① 윤활유 공급/윤활유 저장
② 윤활유 정화(이물질 제거, 공기 방출)
③ 각종 기기의 설치장소 제공

2) 특기사항
① 터빈 기동 시 가장 먼저 윤활유 펌프가 작동됨
② 터빈 정지 시 가장 늦게 윤활유 펌프가 정지됨

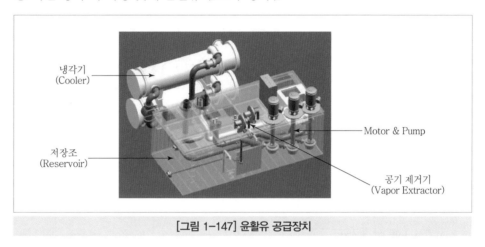

[그림 1-147] 윤활유 공급장치

(4) 윤활유 정화기(Lube Oil Conditioner)
윤활계통 내의 이물질과 수분을 제거한다.

[그림 1-148] 윤활유 정화기

(5) 터닝 기어(Turning Gear)

터빈 운전 초기에 로터를 저속으로 회전시킨다.

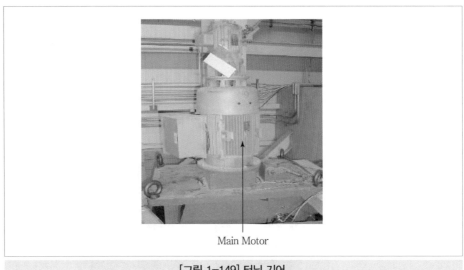

Main Motor

[그림 1-149] 터닝 기어

4. 증기계통

(1) 증기계통의 개념도

① 유체가 흐르는 관로 형성 : 주증기 배관, Crossover Pipe

② 터빈 보호 : 증기밀봉계통 등(보조증기계통)

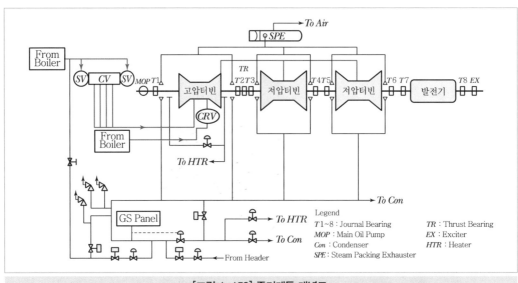

[그림 1-150] 증기계통 개념도

(2) 주증기 배관(Main Steam Pipe)

주증기 밸브를 통과한 증기가 고압터빈으로 유입되는 관로

(3) Cross Over Pipe

중압터빈과 저압터빈 사이의 증기의 관로

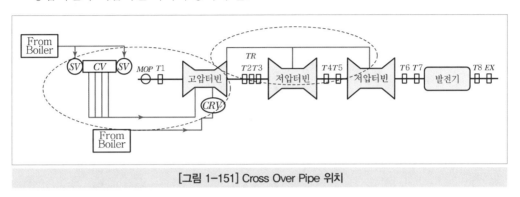

[그림 1-151] Cross Over Pipe 위치

(4) 증기밀봉계통(Steam Seal System)

① 고압터빈 내부의 증기가 대기로 유출되는 것을 막고
② 대기 중의 Air가 저압터빈 내부로 유입되는 것을 방지

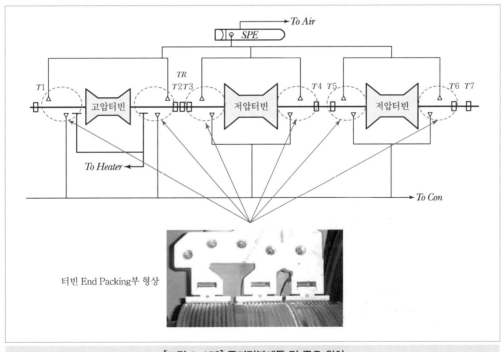

[그림 1-152] 증기밀봉계통 및 주요 위치

(5) 습분 분리 재열기 배관(Moisture Separator Reheater Pipe)

① Reheater Heating Steam Pipe는 고압터빈 추기 증기 및 주증기를 이용하여 습분 분리 재열기에 가열 증기를 공급하는 관로이다.

② Moisture Separator & Reheater Drain Pipe는 습분 분리 가열기의 응축수를 배출하는 관로이다.

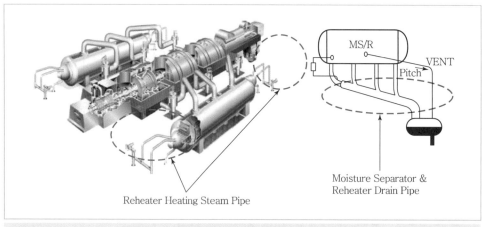

[그림 1-153] Reheater Heating Steam Pipe & Drain

5. 습분 분리 재열기(Moisture Separator Reheater)

(1) MSR의 기능 및 구조

① 기능 : Moisture Separation(습분 분리), Reheating(재가열)

② 주요 구성품 : 습분 분리기(Chevron Vane), 재열기(1, 2단)

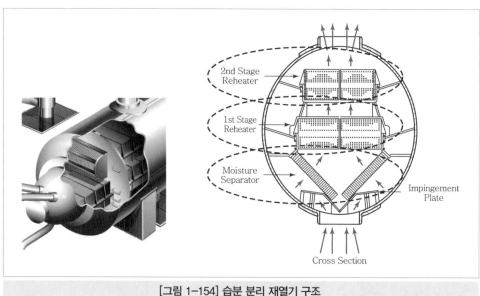

[그림 1-154] 습분 분리 재열기 구조

(2) 주요 구성품 설계

1) 습분 분리기(Chevron Vane)
2) 재열기(Reheater)

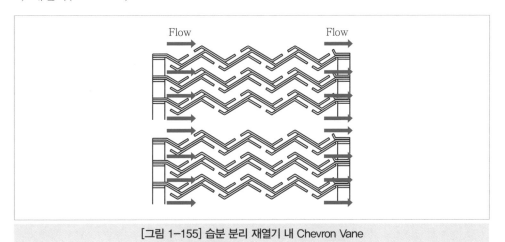

[그림 1-155] 습분 분리 재열기 내 Chevron Vane

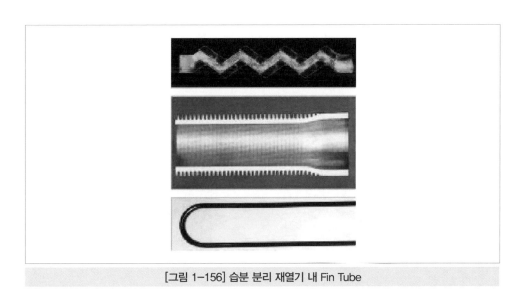

[그림 1-156] 습분 분리 재열기 내 Fin Tube

CHAPTER

02

플랜트
토목/건축 설계

01 플랜트 토목설계

1 PLANT 토목설계 절차

[1] 개요

토목설계 Work Flow의 목적은 Plant 토목설계를 수행할 때 설계업무 절차를 이해하고 제반 기준 및 시방서의 이해를 통하여 단계별 설계 시 고려사항을 숙지하여 경제적이고 효율적인 토목분야 설계가 되도록 하며 이를 통해 토목 설계자에게 도움을 주는 것이다.

먼저 Plant 설계의 전반적인 개략적인 Flow를 이해할 필요가 있으며, 이를 토대로 각 분야별 설계 Flow를 통하여 효율적인 설계를 수행할 수 있다.

[2] 설계 개요

1. 기본설계

(1) Code & Specification

콘크리트 구조물의 설계 시 많이 사용되는 Code로는 아래와 같은 규정들이 있으며, 실제 설계 시는 프로젝트 Specification에서 요구하는 규정에 따라 설계하여야 한다.

① American Concrete Institute(ACI)
② 콘크리트 구조설계기준(한국콘크리트학회)
③ Uniform Building Code(UBC)
④ International Building Code(IBC)
⑤ Korean Building Code(KBC)
⑥ American Society of Civil Engineers(ASCE)

(2) 부지 관련 자료

① 기상자료 : 강우량(강우강도), 적설량(적설하중)
② 지하수위 : 지하수위에 의하여 구조물과 구조물 기초에 미치는 횡압력 및 양압력을 고려
③ 동결깊이 : 기초의 하단부는 동결심도 이하로 근입
④ 대기온도
⑤ Wind Speed
⑥ Seismic Zone
⑦ 토질조사보고서(Soil Investigation Report)

(3) Design을 위해 필요한 관련 분야 Information

① 제작자 도면(Vendor Drawing or Engineering Drawing) : Vendor Drawing에는 기계의 형상, 치수, Loading Data, Anchor Bolt에 관련된 사항을 포함

② 배치계획도(Plot Plan, Equipment Layout Drawing) : Plot Plan에는 Equipment Location, Supporting Elevation 등과 관련된 사항을 포함

③ Underground Drawing : 대구경 Pipe의 Main Line과 Foundation의 간섭 Check에 필요한 Information(Branch Line, Small Line 등과의 Interference를 피하기 위해서는 Foundation의 Footing Top Elevation을 일정 깊이 이상으로 유지하는 방법이 유효함)

(4) 플랜트 토목설계 개략적 절차(Plant Civil Overall Design Procedure)

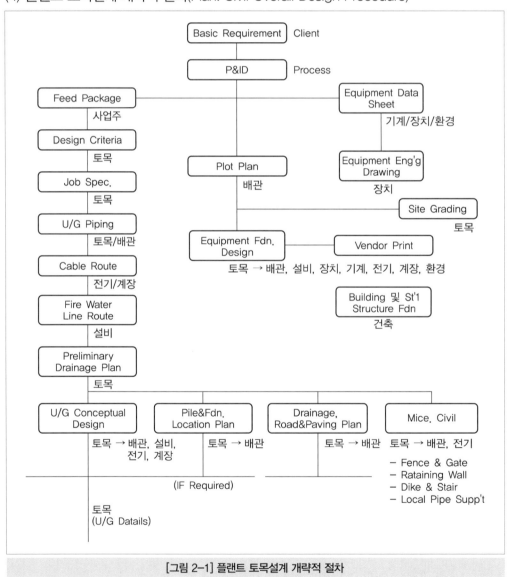

[그림 2-1] 플랜트 토목설계 개략적 절차

2. 상세설계

(1) 설계순서

[그림 2-2] 설계순서도

1) 설계시방서 작성 및 검토

설계시방은 설계 초기단계에서 작성되어야 하며, 발주처의 승인 또는 확인을 득하여 설계기간 동안 변경 없이 사용될 수 있도록 준비되어야 한다.

① 입찰 시 발주처에서 발행한 ITB 또는 사전 기술협의사항과 부합되어야 함

② 해외공사의 경우 발주처가 요구하는 Code를 준용하되, 별도의 Code를 요구하지 않는 경우에는 적절한 International Code를 적용하여야 함

③ 기초, 배수, 철골 등 토목설계 전 분야에 대한 내용을 포함하여야 함

2) Design Information 접수 및 발송

토목분야의 설계에 필요한 Design Information의 List를 만들고, 토목설계 Schedule에 맞추어 필요한 Design Information이 적기에 접수될 수 있도록 Follow-up을 하여야 한다.

① 공정 분야

Equipment List : Equipment 용량/Size, Type 등 각 Item별 개략적인 정보로, 토목설계에 직접 활용되지는 않지만, Item 종류 및 수량 파악에 도움이 됨

② 기계분야

- Equipment Vendor Print : 기계의 Type, Size, Weight, Foundation과의 Connection 관련 정보 등
- Equipment Loading Data : Foundation 설계 관련 상세 정보

③ 배관 분야

- Equipment Layout Plan(Plot Plan) : Equipment의 상세한 배치현황에 관한 정보(주변 구조물과의 Interference를 여부 확인 등)
- Equipment Support Elevation : Equipment Foundation의 Pedestal Top Elevation에 대한 정보 제공(TOG/TOC)

④ 전기 분야

- 매설 파이프(Embedded Pipe), 매설 플레이트(Embedded Plate) 등 토목기초에 부착물에 대한 상세 정보

• 기초설치를 요하는 전기 공급분 Item에 대한 Vendor Print 및 Loading Data
　⑤ 계장 분야
　　　• Embedded Pipe, Embedded Plate 등 토목기초에 부착물에 대한 상세 정보
　　　• 기초설치를 요하는 전기 공급분 Item에 대한 Vendor Print 및 Loading Data
　⑥ 건축/구조 분야
　　　• 건축/구조 분야 기초 설계 도면 : Interface Check용으로 활용
　　　• 기타 Interface가 예상되는 설계 도면

3) 계산서 작성 및 검토

　Design Information과 설계기초자료(지반조사자료, 측량자료 등)를 토대로 계산서
　작성 및 검토
　① Design Specification에 부합 여부 확인
　② 적절한 설계허용오차(Design Allowance) 반영 여부 확인
　③ 발주처에서 허용한 Computer Program 사용
　④ 설계 구조물 간 Interface Check

4) 도면 작성 및 검토

　작성된 계산서 및 Design Information을 토대로 도면 작성 및 검토
　① 발주처에서 허용한 Computer Program 사용
　② 계산서 및 Design Information과의 부합 여부 확인
　③ 도면작성지침(Line type, 글자 Type 및 크기 등)과의 부합 여부 확인
　④ 시공에 문제가 없도록 상세히 표기되었는지 확인

5) 설계 관련 검토(Squad Check)

　작성된 도면은 Design Information을 제공한 분야 및 참고를 요하는 분야에 회람하
　여 설계에 문제가 없는지 검토받고, Comment 내용은 상호 협의하여 반영한다.

6) 설계도서 배포(Document Issue)

　작성된 성과품(계산서, 도면 등)은 계약서 규정에 따라 Issue(배포)하고, 필요시 성과
　품을 선별하여 관련 분야에 배포한다.

(2) 토목 기초 구조물 설계절차

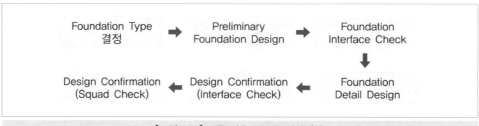

[그림 2-3] 토목 기초 구조물 설계절차

1) 기초구조물형식(Foundation Type) 결정

① 지반조사 결과에 따라 Foundation Type을 결정한다.

② Foundation Type에는 Soil Bearing Type과 Pile Type이 있다.

2) 개략설계(Preliminary Foundation Design)

Design Information을 토대로 Foundation Size를 가정하고, 간략히 Stability Check를 실시하여 Preliminary Foundation(Footing) Size를 결정

3) Foundation Interface Check

① 개략 설계된 Foundation Size와 Equipment Location Plan을 활용하여 Foundation 간 Interface 검토

② Foundation 사이로 추후 추가될 Underground Piping, Cable 등에 의한 간섭 여부를 예측하여 검토

4) 기초 구조물 상세설계(Foundation Detail Design)

① Foundation Interface Check를 통하여 결정된 최종안으로 기초 설계

② 안정성(Stability) 및 보강설계(Reinforcement Design) 등 필요한 모든 구조 검토 실시

③ 최신 Design Information과의 부합 여부 확인

5) Design Confirmation(Internal Check)

① Internal Check : 내부의 관련 부분 설계담당자 및 설계책임자의 확인

② Comment 내용은 상호 협의하고, 합의된 내용을 성과품에 반영

6) Design Confirmation(Squad Check)

① Squad Check : Design Information 발행 분야 및 관련 분야 확인(타 분야의 요청 사항이 제대로 반영되었는지 재확인하는 과정)

② Comment 내용은 상호 협의하고, 합의된 내용을 성과품에 반영

3. 토목구조물의 설계

(1) Foundation 설계

Foundation은 기계나 기기의 하중을 고려하여 해석을 통하여 안전성을 갖도록 하여야 하며, 기계나 기기의 하중뿐만 아니라 콘크리트구조물의 하중을 지지할 수 있는 기초설계가 필요하다.

① 어떠한 하중을(하중에 대한 평가)

② 어떻게 지지하여(설계기준 설정, 구조재료의 선정 및 골조계획)

③ 어떻게 지반까지 전달(지반조사 및 기초의 선정)하느냐의 문제

(2) 구조 설계 시 검토사항

1) 기능성(Function)

2) 안정성(Stability)

① 전도(Overturning)에 대한 안전도

② 활동(Sliding)에 대한 안전도

③ 부상(Buoyancy)에 대한 안전도

④ 지내력(Soil Bearing)에 대한 안전도

⑤ 강도(強度와 剛度 : Strength and Stiffness)

　㉠ Strength : 하중과 응력

　㉡ Stiffness : 처짐과 진동(Deflection and Vibration)

3) 경제성(Economy)

① Engineering Cost

② Construction Cost : 구조자재, 제작, 설치상의 재료비, 인건비, 장비비, 공기 등

③ Maintenance Cost : 보수, 유지, 관리비 등

(3) 구조설계의 흐름

| 표 2-1 | 구조설계 단계별 주요 내용

Pre-study	Plan'g & Pre-design	Analysis	Design	
			Super Structure	Sub Structure
• ITB Study • Basic Drawing • Design Code	• Load Evaluation • Structural Planing • Pre-design	Analysis		
[Spec. Study] • Design Code • Strength of Material • Seismic Zone • Wind Velocity • Soil Condition • Other Special Requirement [Basic Drawings] [Code Study]	[Load Summary] Dead, live, wind, seismic, eqmt, etc [Structural Planing] Horizontal System Vertical System [Preliminary Design] Slab, stair, sub beam purlin, girt crane girder, main member assumption	Geometry Modeling Load Input • Boundary Condition	[R,C] (Slab-sub beam)-girder -column-foundation- detail [Steel] (Flooring-purlin&girt-sub beam)-girder-column- foundation-detail	

[주] 이상적인 설계순서는 '위에서 아래로', 즉 기초가 최종적으로 설계되는 것이 원칙이나 실제 설계에서는 시공상 필요한 기초도면이 최우선적으로 출도되어야 하므로, 하중 및 구조의 변경 가능성을 고려한 예상설계가 이루어져야 할 경우가 많다.

(4) 구조 안전의 개념

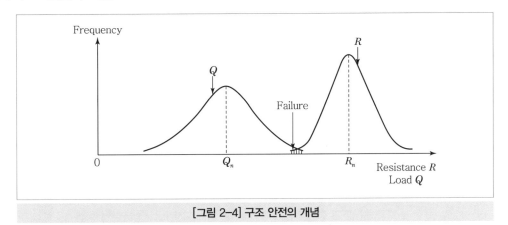

[그림 2-4] 구조 안전의 개념

$$R \geq Q$$

여기서, R : 강도(설계강도), Q : 하중(소요강도)

(5) 허용응력설계법(ASD or WSD)

$$\frac{R_n}{F_S} \geq \sum Q_i$$

여기서, R_n : 공칭강도(Nominal Strength), F_S : 안전율, Q_i : 사용하중

(6) 한계상태설계법(Limit State Design or Load Resistance Factor Design)

1) 한계상태(Limit State)

① Strength Limit : 소성강도, 좌굴, 파괴(Fracture), 피로(Fatigue), 전도, 활동(계수하중으로 검토)

② Serviceability Limit : 처짐, 진동, 균열, 영구변형(사용하중으로 검토)

$$\phi \cdot R_n \geq \sum \gamma_i \cdot Q_i$$

여기서, ϕ : 강도저감계수, γ_i : 하중계수(Overload Factor)

[주 1] : 허용응력설계법의 안전율은 결국, $F_S = \gamma/\phi$로 나타낼 수 있다.

[주 2] : 한계상태설계법의 장단점

　　　1. 확률론에 근거한 합리적 기법

　　　2. 하중계수와 강도저감계수를 분리함으로써 각 분야의 최신 기술 도입, 타 재료에 응용이 용이

　　　3. 인장구조의 경우, 적재하중/고정하중비가 3 이하이면 ASD보다 경제적

(7) 구조해석

1) 구조해석의 종류

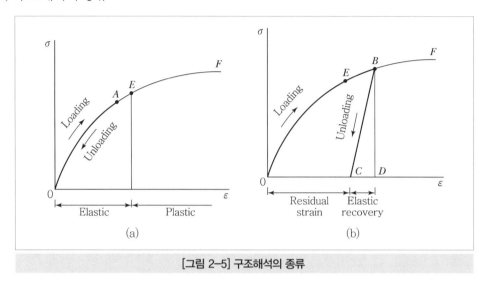

[그림 2-5] 구조해석의 종류

① 탄성과 소성 해석
- 탄성(Elastic) 해석 : 재료의 항복 이전까지의 거동 고려
- 소성(Plastic) 해석 : 재료의 항복 이후 소성거동까지 고려
  (예 Failure Mechanism)

② 선형과 비선형 해석
- 선형(Linear) 해석 : 하중-처짐의 직선적 변화 가정
- 비선형(Non-linear) 해석 : 곡선적 변화 고려, Material Non-linear와 Geo-metrical Non-linear
  (예 P-Delta 효과)로 구분

③ 정적과 동적 해석
- 정적(Static) 해석 : 시간변수 무시
- 동적(Dynamic) 해석 : 시간에 따른 하중-구조물반응의 변화를 해석 고유치 (Eigenvalue) 해석, 스펙트럼 해석, 시간이력(Time History) 해석 등

(8) 설계자료

1) 기초자료

① Plot Plan

② Bench Mark 위치, 각종 구조물 및 Equipment의 위치, 방향 및 구조물 간 거리, Site 내 도로의 Layout 등이 명시됨

③ General Arrangement : 실의 크기, 기기를 위한 Door의 위치, Equipment 배치 등을 보여주며, 건축도면 작성에 참고용 자료임

④ Construction & Drawing Schedule : 각종 설계도면 및 구조계산서의 작성 및 제출 일정

2) 주요 자료

① 건축도면

각 층의 크기, 건축마감, 계단 및 Shaft 등 각 실의 위치, 외벽 및 내벽의 종류, 실의 용도, 건물의 층고 등

② Project Specification or Structural Design Criteria

Units, 적용 Codes and Standards, Site Information, Design Method, Loads and Load Combinations 등

③ Geotechnical Report

Soil Chemical Analysis, Allowable Contact Stress, Excavation Slope, Soil의 전단 탄성계수, Soil의 상대밀도, Water Level, 표준관입시험자료

④ 기기 Layout 및 하중 도면

Electric Panel, HVAC System, Diesel Generator, Crane & Monorail, Pump 등

⑤ Site에서 가용될 자재의 형상 및 강도(철근, 형강 등)

철근의 직경 및 강도, 철골의 형상 및 강도

3) 하중과 하중조합

① 하중

㉠ 고정하중 : 고정하중(Dead Load)은 건축물의 자중과 모든 영구 시공물의 중량에 의한 하중을 의미한다. 고정하중을 산정하는 가장 정확한 방법은 실제 구조물과 영구 시공물의 중량을 측정하는 것이다.

㉡ 적재하중 : 적재하중(Live Load)이란 구조물의 사용과 점유에 의해서 발생하는 하중, 즉 인간이나 물품, 기기, 저장물 등의 중량에 의한 하중을 의미한다.

㉢ 적설하중 : 적설하중은 눈이 구조체에 쌓여 생기는 하중을 의미한다. 적설하중은 중력에 의한 비영구적 하중이라는 점에서 적재하중과 비슷한 면이 있으나 적재하중과는 다른 특성을 가지므로 구별하여 사용한다.

㉣ 풍하중 : 풍하중은 바람의 운동에너지가 구조체에 부딪히면서 압력형태의 위치에너지로 변환되어 생기는 하중으로 파괴력이 매우 큰 동적하중이다. 풍하중 산

정방법은 구조체에 가해지는 바람의 영향 정도에 따라 정적 접근법과 동적 접근법으로 나뉜다.

ⓜ 지진하중 : 지진은 많은 인명피해와 재산피해를 가져올 수 있기 때문에 이에 대한 특별 고려가 있어야 한다. 그런데 언제 어디서 어느 정도 규모의 지진이 발생할 것인지 예측하는 것은 현실적으로 불가능하다. 따라서 예측 불가능한 지진에 대해서 견딜 수 있도록 설계하기 위해서는 지진에 대한 많은 자료와 적절한 구조계획이 필요하다.

ⓗ 토압 : 구조체 또는 벽체에 작용하는 토압은 크게 주동토압, 수동토압, 정지토압으로 구분할 수 있다. 주동토압은 벽체 후면의 배면토가 자중으로 벽체를 전방으로 밀어내면서 자신이 파괴되는 상태의 토압이고, 수동토압은 벽체에 작용한 토압에 의해 반대편의 흙이 밀리면서 파괴되는 상태의 토압이며 배면토의 강도가 극한상태에서 완전히 파괴될 때까지의 토압이다. 정지토압은 벽체의 수평방향의 이동과 회전이 없는 정지한 상태에서의 토압이다.

ⓢ 온도하중 : 구조물은 온도변화에 따라 신축한다. 구조물이 구속되어 있지 않으면 단순히 신축만 일어난다. 그러나 현실적으로는 어떤 형태로든지 구속이 되어 있으므로 이에 따른 응력이 발생한다.

② 하중조합

하중조합은 위에 기술한 하중들을 조합하여 만들어진다. Design Code나 산업규격이 제시하는 구체적인 하중조합을 적용하더라도, 모든 경우에 대해 하중을 고려한 것은 아니다.

IBC(International Building Code) 2006에 의하면 강도설계법 혹은 하중저항계수설계법을 사용하는 경우 하중조합은 다음을 만족하도록 설계하여야 한다.

$$1.4(D+F)$$
$$1.2(D+F+T)+1.6(L+H)+0.5(L_r \text{ or } S \text{ or } R)$$
$$1.2D+1.6(L_r \text{ or } S \text{ or } R)+(f_1 L \text{ or } 0.8W)$$
$$1.2D+1.6W+f_1 L+0.5(L_r \text{ or } S \text{ or } R)$$
$$1.2D+1.0E+f_1 L+f_2 S$$
$$0.9D+1.6W+1.6H$$
$$0.9D+1.0E+1.6H$$

또한 허용응력법을 사용하는 경우 하중조합은 다음을 만족하도록 설계하여야 한다.

$$D+F$$
$$D+H+F+L+T$$
$$D+H+F+(L_r \text{ or } S \text{ or } R)$$

$$D + H + F + 0.75(L + T) + 0.75(L_r \text{ or } S \text{ or } R)$$

$$D + H + F + (W \text{ or } 0.7E)$$

$$D + H + F + 0.75(W \text{ or } 0.7E) + 0.75L + 0.75(L_r \text{ or } S \text{ or } R)$$

$$0.6D + W + H$$

$$0.6D + 0.7E + H$$

여기서, D : 고정 하중, E : 지진 하중, F : 홍수 하중, H : 횡 토압 하중, L : 적재하중

L_r : 지붕 적재 하중, R : 강우 하중, S : 적설 하중, T : 온도 하중, W : 풍하중

f_1 : 1 공공 집회장소의 바닥, 4.79kN/m²을 초과하는 적재하중, 주차장 적재하중

0.5 그 외 다른 적재 하중

f_2 : 0.7 톱니 형상과 같은 눈이 흘러내리지 않는 지붕 조건에 대해

4. 진동기계 기초

(1) 설계절차

① 진동기계기초 설계절차는 기계, 기초, 지반 해석을 위한 등가의 동하중, 질량, 강성, 점성으로 모델링하는 과정이다.

② 기계의 크기, 질량, 하중에 관한 자료, 지반의 제 특성 등에 관한 자료가 입수되면 기초설계자가 기계 – 기초 – 지반계를 질량 – 스프링 – 감쇠로 모델링한다.

③ 기초의 크기는 기계 Vendor가 추천하는 경우도 있으나, 그렇지 않은 경우 기초설계자가 가정한 크기를 갖고 Trial – Error 방식으로 최적화된 설계를 진행해야 한다.

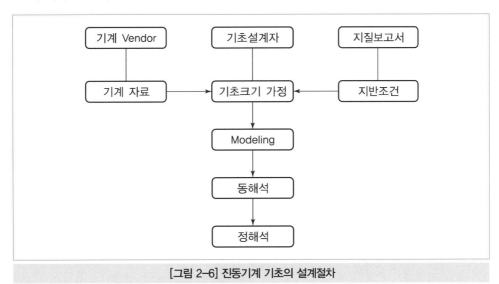

[그림 2-6] 진동기계 기초의 설계절차

(2) 필요자료

1) 기계자료

① General arrangement drawings

② Layout of auxiliary equipment and operating platforms

③ Maximum weight of maintenance part and height of hook from the ground level

④ Loading diagram of the machine showing the location, magnitude and direction of all loads including dynamic loads(normal operation load and abnormal operation load).

⑤ Speed of the machine and its operating range

⑥ Mass & mass moment of inertia of the machine components and the location of center of gravity in all three axis(mass of each rotors to be specified separately).

⑦ Allowable amplitude(peak－to－peak) during normal operation

2) 지반조건

① Allowable soil bearing pressure/Allowable pile capacity

② Dynamic soil properties, i.e. elastic modulus, shear modulus, Poisson's ratio(up to a depth at least three times the expected mean plan dimension of the foundation) ;

③ Soil bulk density, damping value, and other properties

3) 설계기준

① 정적 설계기준

㉠ 지내력 검토

· Framed Foundation : 허용지내력의 80%

· Static Load Only : 허용지내력의 50%

· Static＋Dynamic Load : 허용지내력의 75%

· Framed Foundation : 허용지내력의 80%

· Impact Machine Foundation : 허용지내력의 40%

② 동적 설계기준

㉠ 공진검토

공진을 피하기 위해 기초계가 갖는 고유진동수는 기계 Vendor의 특기사항이 없는 한, 기계운전 진동수의 0.7~1.3배 범위 내에 들지 않도록 한다.(CP 2012 기준은 주요기계의 경우 0.5~2.0, 그 외 기계의 경우 0.6~1.5)

㉡ 진폭검토

기계는 불균형 하중에 대하여 기초진동의 허용치를 진동의 최대 변위, 최대 속도 또는 최대 가속도 등 다양한 형태로 표현하고 있다.

5. 설계 구조 계산서 작성 Procedure

(1) Design Condition
(2) Assumed Dimension
(3) Loading Analysis
(4) Stability Check
　　① Overturning　　　　　　② Sliding
　　③ Soil Bearing　　　　　　④ Buoyancy
(5) Structural Analysis
　　① Modeling　　　　　　② Sectional Properties
(6) Analysis
(7) Result of Analysis
(8) Stress Check
(9) Drawing

6. 설계계산서 작성 시 주의사항

(1) ITB Requirements　　　　　(2) Code, Regulation & Standard
(3) Information/Data Source　　(4) S/W and 사용 공식 출처
(5) 설계 가정　　　　　　　　　(6) Sketch 또는 Vendor Print

2 PLANT 토목의 주요 분야

1. 개요

플랜트 토목설계 범위는 광범위하다. 토목 Engineer는 계획단계의 부지 선정 시부터 중심 역할을 해야 하며, 선정된 부지에 대한 측량 및 지반조사를 실시하여 설계부지 조성설계, 부지조성에 따른 토공(절·성토) 및 우·배수 라인, 지중매설물(Underground Composite) 설계와 플랜트 토목설계의 많은 부분을 차지하는 크고 작은 콘크리트 기초 구조물의 설계와 Equipment를 지지하기 위한 기초인 Turbine Foundation, Generator Foundation, Vertical Vessel Foundation, Horizontal Vessel Foundation, Pump Foundation, Tank Foundation 등과 철골을 지지하는 Pipe Rack Foundation, Equipment Structure Foundation 그리고 지하구조물인 Sump, Manhole, Basin, Pit 등이 주요 토목설계 분야이다.

2. 주요 토목공사(Civil Works)

(1) 토공(Site Work)

① 지형측량(Topographical Survey)

② 수심측량(Bathymetric Survey)

③ 지질조사(Soil Investigation)

④ 부지정리(Site Preparation)

(2) 토공 및 지중구조물(Earth & Underground Structure)

① 탱크제방과 방호벽(Tank Embankment & Bund Wall)

② Pond(Retention Pond, Evaporation Pond)

③ Pit, Basin & Manhole

④ Cable Trench, Duct Bank & Underground Pipe(Gravity Line)

⑤ Box Culvert

⑥ etc.

(3) Sewer & Drainage

① Oil-Free Water Drainage System

② Oily Water Drainage System

③ Chemical Sewer Drainage System

④ Sanitary Water Drainage System

(4) Road & Paving

① Road(Concrete Road, Asphalt Road)

② Paving(Concrete, Gravel, Lawn)

(5) Foundations

① Equipment Foundation

② Tank Foundation

③ Steel Structure Foundation

④ Sleeper

⑤ Misc. Foundation

(6) Others

① Concrete Tank

② Dike(Earth Dike, Concrete Dike)

③ Fence & Gate

④ etc.

(7) Steel Structures

① Equipment Structure

② Pipe-rack

③ Access Platform

④ Pipe Support

⑤ Stack(Flare Stack, Vent Stack, etc.)

⑥ Shelter

⑦ etc.

(8) Others

① Concrete Tank

② Dike(Earth Dike, Concrete Dike)

③ Fence & Gate

④ etc.

3. 지반(토질)조사(Geotechnical Investigation)

(1) Code and Standard specification

관련 Project의 Specification이 최우선이며, 적용 Code는 국내는 KS, 해외는 ASTM 및 BS와 DIN 등 각 나라마다 적용하는 Code와 설계기준이 있다.

(2) Field Work

1) 시추(Boring)

① Soil Type, Laboratory 및 Site 시험 재료 채취 및 Penetration Test 결과의 연관성, Ground-water의 Information을 목적으로 함

② Boring에서 채취한 Sample은 KS 및 ASTM에 따른 보관 등 조치 필요

2) Groundwater Sampling & Level Measurement

① Chemical Analysis 목적

② 시험방법 및 절차는 관련 Specification 기준 준수 필요

③ Stand Pipe로 Level 결정

3) Dutch Cone Penetration Test(DCPT)

Boring Test의 보완 방법으로 주로 이용

4) Groundwater Level Measurements

Stand Pipe로 Level 결정

5) Soil Sampling Test

① Sand 및 Silty Soil의 Grain Size 분포

② Sandy 및 Silty Soil 내 Silt Content

③ Soil의 Unit Mass

④ Clay와 Silty Soil의 Atterberg Limit

⑤ 연약지반의 상태를 파악하기 위한 실내역학시험(삼축, 압밀시험 등)

6) Factual Report

① Final Report 전 Field Report 및 Preliminary Report로 구성

② Field Report 경우 Boring Report에 대한 Information 및 DCPT Testing Information 기록

③ Preliminary Report 경우 Boring 및 DCPT Test 결과의 연관성 등 필요

7) 최종 지반(토질)조사 보고서 Final Geotechnical Investigation Report

① Factual Information 기록

② Geotechnical Engineering 평가

③ Boring 및 DCPT Log 기록

④ Laboratory Test 기록

(3) 적용(Application)

1) Foundation(Equipment & Storage Tank)

① Structural Shallow Foundation

- 허용지지력산정(Allowable Soil Bearing Capacity)
- 침하(Settlements : Total and Differential) 예측
- 시간/침하(Time/Settlement Behavior)

② Tank Foundation

- Bearing Capacity 산정
- Tank Shell 및 Center 부의 Total and Differential Settlement 예측
- Time/Settlement Behavior

③ Deep Foundation(Pile Foundation)

- Pile Type 선정
- 허용지지력 산정(Pile Bearing Capacity)

- Single/Group Pile에 대한 Total/Differential Settlement 예측
- 항타관입성 분석(Driveability analysis)
- 부마찰력 산정(Negative Skin Friction)
④ 진동기계기초(Vibrating Machinery Foundation)
   Cross Hole/Down Hole Test에 의한 Soil Data 확보

2) 토공(Earth work)
① 치환 및 개량자료(Soil Replacement/Improvement Data)
② 사면안정검토(Soil Slope Stability Check Data)
③ Embankment and Structural Material 유용 여부

3) Temporary Work
① Shoring/Underpinning Soil Data
② Excavation Slope
③ Dewatering, Deep Well

4) Others
① Buried Pipeline
② Structure 주변 영향 검토
③ Future Site Elevation 예측
④ Cathodic Protection Design Data
⑤ Substructure Corrosion Protection Data

4. 플랜트 부지조성 설계

(1) 플랜트 입지(Site Location) 특성

1) 플랜트 입지 개요
플랜트는 최종 생산제품의 종류에 따라 화공플랜트, 발전플랜트, 제강플랜트 및 기타 산업플랜트로 분류할 수 있으며, LNG 및 NG 가스플랜트는 에너지원 생산플랜트로 분류한다.

2) 플랜트 유형별 특성
① 석유화학 플랜트는 단일 플랜트 부지로는 비교적 규모가 크지 않으나, 화학공정으로 연계된 관계로 대규모 복합산업단지(Industrial Complex)가 요구된다. 원료(Oil, Gas) 공급체계와 생산제품의 운반수송체계의 제한적인 조건 때문에 주로 임해지역에 위치한다.
② 가스플랜트는 석유화학 플랜트에서 원유를 Oil과 Gas를 분리하는 공정을 통하여 가스가 생산되기도 하며, 산유국에서 천연가스(NG)를 액화공정을 거쳐 액화천연

가스(LNG)로 전환, 운반하여 수요국 생산기지에 공급하여 필요한 가스를 생산하여 산업용 에너지 원료나 발전플랜트 등의 연료로 공급하거나 일반가정에 사용하는 에너지원으로 공급하고 가스 생산기지는 Oil 플랜트와 같이 공급체계와 냉각수 처리 제한조건 때문에 주로 임해지역에 위치한다.

3) 입지특성
임해지역의 입지조건으로는 다음과 같은 사항이 있다.

① 넓은 부지 확보가 용이하고, 토질조건이 양호하며, 기반암 깊이가 비교적 얕은 지역
② 공업용수 확보가 용이하고, 기존의 사회기반시설 활용이 편리한 지역
③ 육로수송체계인 도로와 철도시설연계와도 용이한 지역

(2) 플랜트 부지 조성 시 고려사항
① 지상 및 해상 정밀측량 실시 및 성과 분석
② 지상 및 해상 지반조사 계획 수립 및 성과 분석
③ 해안 매립을 고려한 토공계획
④ 매립지의 연약지반 개량공법 적용과 공사기간 및 공사비
⑤ 지진 및 해일(쓰나미)에 대한 부지고 계획수립
⑥ 부지 내 배수 및 플랜트 특성에 맞는 도로 · 포장계획, 지하공동구 및 매설계획
⑦ 주요 구조물, 저장시설 및 야적장 배치계획
⑧ 공업용수 유입 및 저장조 배치계획
⑨ 폐수처리시설, 전력 · 통신 인입 배치계획
⑩ 기존 운송시설과 연계계획

(3) 플랜트 부지조성 설계 이해
1) 플랜트 종류별 지형 및 환경특성 분석
① 지형조건

| 표 2-2 | 플랜트 종류별 지형 요구 조건

제한조건	석유화학플랜트	발전플랜트	제강플랜트	가스플랜트
타 플랜트와 관계	Up-stream과 Down-stream 연관 복합단지	타 플랜트와 무관한 독립단지		독립단지/복합단지
부지규모	단일 플랜트로 소규모	단일 플랜트로 대규모/해안 매립부지		
재해방지		지진 및 해일, 폭풍우		
폐기물처리장	종합 폐수처리장	Ash 처리야적장		-

② 환경조건

|표 2-3| 플랜트 종류별 환경조건

제한조건	석유화학플랜트	발전플랜트	제강플랜트	가스플랜트
진입성	개방된 진입도로	통제된 진입도로	개방된 진입도로	통제된 진입도로
제품운반 계통	도로 및 철도시설 이용	도로시설 이용	도로 및 철도시설 이용	관로 이용
원료/연료공급	원료(Oil, Gas)공급 선박 접안시설			
공업용수 계통	대규모 처리 가능	소규모 처리 가능	대규모 처리 가능	
냉각수 계통	소규모 담수처리	대규모 해수처리		

2) 부지 조성 설계 개요

① 측량

측량 및 지장물 조사는 측량 관계법 및 국립지리원에서 규정(NGIS 기준)하는 기준에 의거 측량 및 조사를 수행하여야 한다.

② 매립설계

• 매립토 토공량을 확보할 수 있는 토취장을 조사·선정해야 하고 매립성토 비탈면을 보호하는 공법검토 및 선정을 해야 한다. 매립토는 일반적으로 육상토로 매립한다.

• 매립호안(안벽, 가물막이공)을 검토하여 지반조건 및 지반고 등을 고려하여 공법 선정한다.

• 필요시 준설매립을 고려한다. 이 경우 침하안정관리를 반드시 고려하여야 한다. 경제성 및 시공성을 고려하여 최적부지 표고(지반고) 결정을 하여야 한다.

③ 지반개량(Ground Improvement)

지반개량공법은 여러 공법이 있으며, 지질 및 설계 조건에 따라 경제성과 시공서 안정성을 고려하여 선정하며 일반적으로 다음과 같은 공법이 있다.

• 치환공법

• 다짐공법(느슨한 사질토)

• 지반보강(강도가 낮은 점성토)

• 지표면 배수 System

④ 배수계획 검토

배수설계는 부지 내 배수 맨홀 및 관로나 배수 박스 또는 Open Ditch를 통하여 배수하거나 또는 배수펌프장을 통한 배수를 하는 경우가 있다.

특히 임해단지의 경우 배수계획 시 다음의 사항을 검토해야 한다.

• 수문조사

• 부지외곽 및 부지 내 배수계획

• 배수갑문(유수지 및 통수단면)

• 배수선형 및 기울기

• 배수단면 계산

- 잔류량 및 배수량 결정
- 펌프장 크기 및 펌프 대수 결정
- 양정결정

⑤ 토공계획

　㉠ 관련 법규

　　부지 정지 토공 설계는 아래의 최근 정부 제정 각종 시방서 및 기준에 의거 설계하여야 한다.
- 구조물 기초설계기준(국토교통부)
- 토목공사 표준일반시방서(대한토목학회)
- 한국산업규격(K.S)

　㉡ 적용기준

　　ⓐ 토질 및 암 분류

　　　• 토질 분류기준

　　　토질에 대한 분류기준은 통일분류법(U.S.C.S)에 의하며, 물리적 특성에 대한 기술 내용은 토질의 상태, 즉 점성토일 경우에는 Consistency, 사질토의 경우에는 상대 밀도(Relative Density)이며 그 외에 습윤도, 색, 토질명 등이다.

　　　(통일 분류법은 흙의 종류를 나타내는 제1문자와 흙의 속성을 나타내는 제2문자를 이용하여 흙을 분류하여 다음과 같다.)

| 표 2-4 | 통일 분류법

구 분			현 장 판 별 법	분류기호
조립토 (200번 체에 50% 이상 잔류)	자갈 (G : Gravel, 4번 체에 50% 이상 잔류)	깨끗한 자갈	입경이 광범위하게 분포, 양호한 입도	GW
			어느 입경에 특히 많이 분포, 불량한 입도	GP
		세립량을 함유한 자갈	소성이 없는 세립량 함유	GM
			소성이 있는 세립량 함유	GC
	모래 (S : Sand, 4번 체에 50% 이상 통과)	깨끗한 모래	입경이 광범위하게 분포, 양호한 입도	SW
			어느 입경이 특히 많이 분포, 불량한 입도	SP
		세립량을 함유한 모래	소성이 없는 세립량 함유	SM
			소성이 있는 세립량 함유	SC
세립토 (200번 체에 50% 이상 통과)	실트질흙(M) 점토질흙(C) 유기질흙(O)		무기질실트, 가는 모래 돌가루, 실트질 혹은 점토질 가는 모래	ML
			소성이 작은 무기질 점토, 자갈질, 사질 점토, 실트질 점토	CL
			유기질 점토와 유기질 실트, 점토 혼합물	OL
			무기질실트, 운모질 가는 모래 혹은 실트질토, 탄성이 큰 실트	MH
			높은 소성을 가진 유기질 점토(점성이 강한 점토)	CH
			중간 정도 소성의 유기질 점토	OH
고유기질토(Peat)			색깔, 냄새, 해면(스펀지)과 같은 느낌 혹은 섬유질 조직 등으로 판별, 피트 기타 유기질토	Pt

| 표 2-5 | 점성토의 Consistency

관입 저항치(N치)	Consistency	점착력 C(kg/cm²)
2 이하	매우 연약함(Very Soft)	0.25 이하
2~4	연약함(Soft)	0.25~0.5
4~8	보통 견고(Medium stiff)	0.5~1.0
8~15	견고함(Stiff)	1.0~2.0
15~30	단단함(Hard)	2.0~4.0

| 표 2-6 | 사질토의 상대밀도

관입 저항치(N치)	상대밀도(Relative Density)
4 이하	매우 느슨함(Very Loose)
4~10	느슨함(Loose)
10~30	보통 조밀(Medium Dense)
30~50	조밀함(Dense)
50 이상	매우 조밀함(Very Dense)

| 표 2-7 | 함수상태(습윤도)

함수비(%)	상 태
0~10	건조(Dry)
10~30	습윤(Moist)
30~70	젖음(Wet)
70 이상	포화(Saturate)

• 암 분류기준

암 분류기준은 탄성파속도, 육안검사, 압축강도 등의 기준에 의하고 실제 현장에서 시추굴진상태, 풍화, 변질상태, 망치타격상태, 침수상태, CORE회수율, 실내시험(압축 강도, 비중, 흡수율) 결과 등을 활용하여 현장 암 판정을 실시하여야 하며 필요시 전문기술자로 구성된 '암판정위원회'를 구성하여 암판정을 결정하도록 한다.

| 표 2-8 | 암 분류기준

구 분	내 용	암편 내압 강도 (kgf/cm²)	탄성파속도(kg/sec) 자연상태	암 편
풍화암 (Ⅰ)	암질이 부식되고 균열이 1~10cm 정도로서 굴착에는 약간의 화약을 사용해야 할 암질로서, 일부는 곡괭이를 사용할 수도 있는 암질	A : 300~700	0.7~1.2	2.0~2.7
		B : 100~200	1.0~1.8	2.5~3.0
연 암 (Ⅱ)	혈암, 사암 등으로 균열이 10~30cm 정도로서 굴착 또는 절취에서는 화약을 사용해야 하나 석축용으로 부적합한 암질	A : 700~1,000	1.2~1.9	2.7~3.7
		B : 200~500	1.8~2.8	3.0~4.3
보통암 (Ⅲ)	풍화상태를 엿볼 수 있으나 굴착 또는 절취에는 화약을 사용해야 하며, 균열이 30~50cm 정도의 암질(석회석, 다공질 안산암 등)	A : 1,000~1,300	1.9~2.9	3.7~4.7
		B : 500~800	2.8~4.1	4.3~5.7
경 암 (Ⅳ)	화강암, 안산암 등으로 굴착에는 화약을 사용해야 하며, 균열상태가 100cm 이내로서 석축용으로 쓸 수 있는 암질	A : 1,300~1,600	2.9~4.2	4.7~5.8
		B : 800 이상	4.1 이상	5.7 이상
극경암 (Ⅴ)	암질이 대단하게 밀착된 단단한 암질(규암, 각석 등 석영질이 풍부한 경암)	A : 1,600 이상	4.2 이상	5.8 이상

[주] 1. 절취 암석은 거시적으로 본 것으로 암석 재질, 풍화, 불연속면의 발달 상태의 어느 한 요소만을 고려하는 것이 아니고 전체를 고려하여 등급을 구분하도록 한다.
2. 불연속면은 주로 절리를 의미하는 것으로 초생적 균열, 층리 단층도 포함한다.
3. 편리, 염리 등 결이 현저히 발달한 암석에서는 비록 밀착되어 있어도 같은 정도의 균질한 암석보다 1등급 낮게 평가한다.
4. 절리의 발달이 1방향뿐만 아니라 2방향 이상의 군을 이루거나 불규칙한 때에는 가장 심하게 발달한 주 절리의 간격을 대상으로 한다.

ⓒ 토공기준
ⓐ 절·성토 사면구배

절·성토 사면구배는 지질의 특성을 감안하여 S.P.T, 직접전단, Boring 등의 실측치 및 토성시험 결과치를 검토하여 조정하며 사면안정 해석 결과에 따라 절·성토 경사면을 보호할 수 있도록 보호공을 설치하여 사면이 붕괴되는 일이 없도록 한다.

ⓑ 절토 사면구배

| 표 2-9 | 절토 사면기준

토 질 구 분		사 면 높 이	사 면 구 배	비 고
토 사 (사질, 점성토)		5.0m 이상	1 : 1.5	성토사면과 한 면에서 발생 시 절토구배를 성토구배로 일치시켜 이용성을 증대한다.
		0.0~5.0m	1 : 1.2	
리핑암 (풍화암)		5.0m 이상	1 : 1.0	
		0.0~5.0m		
발파암	연암 및 보통암	5.0m 이상	1 : 0.8	
		0.0~5.0m		
	경 암	5.0m 이상	1 : 0.5	
		0.0~5.0m		

ⓒ 성토사면 구배

성토사면의 기준은 다음과 같으며 사면해석 결과에 의해 완화 조정토록 한다.

| 표 2-10 | 성토 사면기준

토 질 구 분	사 면 높 이	사 면 구 배	비 고
토 사	5.0m 이상	1 : 1.8	
	0.0~5.0m	1 : 1.5	

ⓓ 소단의 설치기준

소단의 설치목적은 관리 단계에서의 점검보수용 통로이며, 경사면의 침식방지를 위한 배수시설 설치에 이용되는 소단의 설치기준은 다음과 같이 한다.

| 표 2-11 | 소단 설치기준

토질구분	소단 설치기준	
	절 토 부	성 토 부
토사	5.0m마다 폭 1.0m 소단 4% 횡단구배	5.0m마다 폭 1.0m 소단 설치 및 도수 목적상 대 성토면은 10m마다 3m 폭의 소단 설치
리핑암	7.5m마다 소단 설치	
발파암	20.0m마다 폭 3.0m 소단 설치	

* 법면 배수를 위해 소단배수, 도수로, 산마루 측구 등을 설치한다.

ⓔ 터파기 구배

터파기 구배는 아래의 기준을 원칙으로 하되 현지 여건에 의하여 불가피할 경우에는 사면안정계산 결과에 따라 별도 적용한다.

- 토 사－1 : 0.3(성토 다짐부 재굴착 시), 1 : 0.5(H＝3.0m 이상 대형구조물
- 암 류－1 : 0.1, 연약지반 개량구간－1 : 1
- 1.0m 미만의 인력 터파기－수직 터파기－여유폭
- 소형 구조물 : 0.2m(H＝1m 이하 소형구조물 및 가설구조물), 0.3m(H ＝3m 이하 구조물)
- 대형 : 0.5m(H＝3.0m 이상 구조물)
- 관로 및 노선구조물 : 0.2m

ⓔ 토량 환산계수

흙이나 암석을 굴착하거나 다짐할 때의 토량 변화율은 시험에 의해서 산정하는 것을 원칙으로 하나 부득이한 경우에는 국토교통부 표준품셈에 의거하여 다음과 같다.

ⓐ 토량의 변화

토량은 자연상태의 토량(굴착할 토량), 흐트러진 토량(운반할 토량), 다진 후의 토량(성토가 완료된 토량)의 3가지 상태로 나누어서 설계하고 변화율은 다음 식으로 표현된다.

$$L = \frac{\text{흐트러진 토량(m}^3)}{\text{자연상태의 토량(m}^3)}, \quad C = \frac{\text{다진 후의 토량(m}^3)}{\text{자연상태의 토량(m}^3)}$$

ⓑ 토량의 변화율

| 표 2-12 | 토량 변화율 기준

구 분	토 사	풍화암	연 암	보통암	경 암	비 고
C	0.875	1.0	1.15	1.30	1.40	
L	1.25	1.3	1.4	1.625	1.80	

ⓒ 토량 환산계수표

| 표 2-13 | 토량 환산계수표 기준

구하는 Q 기준이 되는 q	자연상태의 토량	흐트러진 상태의 토량	다져진 후의 토량
자연상태 토량	1	L	C
흐트러진 상태 토량	$1/L$	1	C/L

ⓜ 부지계획고 검토

ⓐ 부지계획고 결정 시 고려사항

전체적인 토공의 균형을 유지해야 한다.

입출하대 부지는 탱크부지보다 낮게 배치하거나, 입출하 Process에 의해 지하 Pump Station을 둘 때는 높게 배치할 수 있다.

운영기지 부지는 입출하대 부지이나 탱크부지 등의 조망을 위하여 가능한 한

높게 배치하며, 진입도로 및 입출하대 지역을 통행하는 대형차량에 대한 안정성 확보를 위하여 적정 도로구배를 고려하며, 오·폐수 처리시설은 중력 배수를 위해 가장 낮은 곳에 위치토록 한다.

ⓑ 부지정지 계획 EL 검토

부지의 EL별 검토된 토공량을 조합하여 부지조정에 따른 공사비를 검토하기 위하여 5~6개의 안별 EL을 도출하여 토공량을 파악하고 공사비를 추정한 결과를 반영하여 검토한다.

5. 배수설계(Drainage System Design)

(1) 배수계획

Plant Drainage System 설계에서는 일반 단지토목 설계와 마찬가지로 Plant 단지 내의 우수 및 오수 등에 대한 배수계획을 수립하며 현지상황, 특히 지형·기상·지질 등의 조건을 충분히 고려함과 동시에 청소·보수·점검 등의 유지관리 및 편의를 고려하여야 하며, 배수시설의 구분은 우수(Storm Water)·오수(Sewage Water)·함유수(Oily Water) 등으로 구분하여 설계한다.

1) 설계 시 검토사항

① 지중 매설물 조사(Underground Condition Survey)

기존 우수, 오수, 상수 Tie-In Point 위치 확인

Final Tie-In Point Elevation 확인

지장물 관련 Existing Underground Utility Plan 확인

② 지상 시설물 조사(Surface Condition Survey)

기존 시설물 현황조사 및 지형조건 등 확인

기존 건물 Roof Drain용 빗물받이 위치, 우수, 배수, 오수관 및 맨홀 등의 배수용량 확인

2) 설계 일반사항

① 현황조사

- 하수도 시설의 규모, 배수방법, 시공의 난이도, 배수계통을 결정하기 위해서는 지형(구릉지, 평지, 주택지, 산림, 농지)과 호소, 하천, 도로 등의 위치, 형상의 고저 관계, 토질의 상황, 지하수위, 연간을 통한 풍향 등을 조사한다.
- 가능한 한 장기간에 걸친 강우의 강도, 계속시간, 빈도를 조사한다. 특히 조정지의 계획, 공사 중 방재계획을 위해서 필요하다.
  단지 주변지역의 과거 강우강도별, 침수상황, 피해상황과 발생한 시간을 조사한다.
- 하수의 배제방식, 배수계통, 방류위치 등을 결정하기 위해서는 기존 배수시설의 정비 상황, 이용의 가부, 여유 등을 조사한다.

- 단지 주변과 주변 하천, 관거 등의 상·하류 유역의 장래 개발계획 및 방류수질에 대한 규제 등을 조사한다.
- 우수와 처리수의 방류계획을 할 때에는 관련 법규, 방류수면의 유량, 수위, 수질, 유향, 수리권, 수리상황, 조류의 영향 등을 조사한다.

② 계획수립절차
- 하수도의 역할이 다양화되고 있는 사회적인 요구에 부응할 수 있도록 장기적인 전망을 고려 수립하며 우수배제, 오수의 배제·처리 및 슬러지 처리·처분의 기능을 함께 갖출 것을 기본적인 요건으로 한다.
- 우수 배제에 관한 하수도계획은 대상지역의 우수 배제와 관련이 있는 하천, 농업용 배수로 및 기타 배수로 등과 함께 하수도를 포함한 종합적인 우수배제계획을 수립한다.
- 수자원 확보 측면에서 종합적인 물관리계획을 고려하여 수립한다.

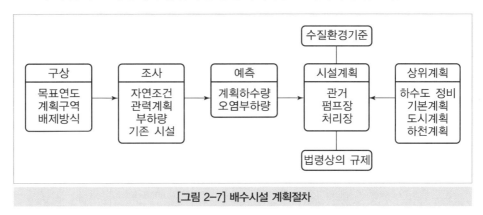

[그림 2-7] 배수시설 계획절차

3) 배수구역
- 하수도는 원칙적으로 토지이용계획에 의거 단지조성 완료연도에 시가화가 예상되는 구역을 계획구역으로 한다.
- 시가화가 예상되지 않는 구역일지라도 공공용 수역의 수질을 보전하고 자연환경을 보전하기 위해 하수도 정비가 필요한 구역은 계획구역에 포함한다.
- 공공용 수역의 수질보전을 위해서는 행정상의 경계에 구애됨이 없이 자연 및 지형적 조건을 충분히 고려하여 광역적·종합적으로 계획구역을 결정한다.
- 유역별 하수도 종합계획이 수립되어 있는 유역에는 하수도계획구역은 이에 따르도록 한다.
- 신시가지의 개발에 따른 하수도계획은 기존 시가지를 포함한 종합적인 하수도계획의 일환으로 책정하도록 한다.
- 양축장, 공장, 비행장, 병원, 학교 및 기타 취락 등의 시가지 밖에 있을 경우에도 계획구역에 포함하는 것이 바람직하다.

① 배제방식

하수의 배제방식에는 분류식과 합류식이 있으며 지역의 특성, 방류수역의 여건 등을 고려하여 배제방식을 정한다.

4) 플랜트 배수관 라인의 종류

① 배수(Oil-Free Water) 라인

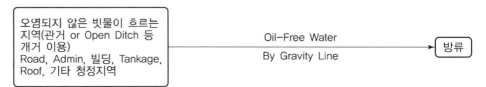

② 함유수관거(Oily Water) 라인

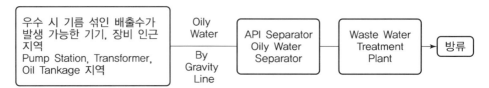

③ 공정배출수(Chemical Sewer) 라인

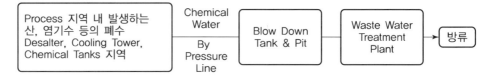

④ 오수관거(Sanitary Sewer) 라인

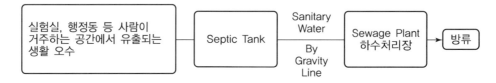

5) 우수처리계획

• 강수량은 시간적으로 변화할 뿐만 아니라 공간적으로도 변화한다. 특정지역의 위치에 따라서 같은 기간 동안의 강수량은 서로 차이가 있을 뿐만 아니라 공간적으로도 변화한다. 즉, 지역의 위치에 따라서 같은 기간 동안의 강수량은 서로 차이가 있을 뿐만 아니라 1년 중의 시기 또는 계절에 따라서 일정지역의 강우량은 각각 다르다.

• Drainage System에 대한 Design은 항상 여건에 따라 그 조건은 다르겠지만 배수되는 물의 양(Runoff)을 감소시키는 데 역점을 두고 있다. 이러한 방법은 Runoff를

감소시키고 홍수 방지에 대한 비용을 감소시킬 뿐만 아니라 홍수피해의 가능성도 감소시킬 수 있다.

일반적인 Drainage System Design에 대한 흐름도는 다음과 같다.

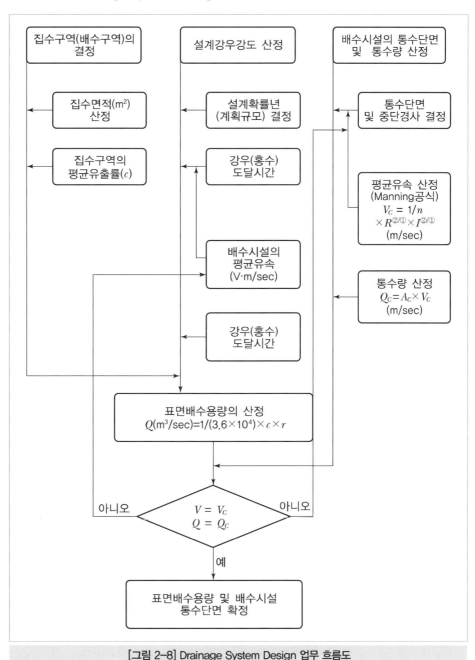

[그림 2-8] Drainage System Design 업무 흐름도

① 계획 우수량 산정

최대 계획 우수유출량 산정은 합리식에 의한다.

$$Q = \frac{1}{360} \times C \times I \times A$$

여기서, Q : 최대 계획 우수 유출량(m³/sec)
C : 유출계수
I : 강우강도(mm/hr)
A : 배수면적(ha)

② 집수유역 산정

• Plant 부지 전체 집수 유역면적을 산정 후 부지정지 계획고 사면절취의 범위, 단지 내 마감형태, 배출수의 함유 가능성 등을 기준한 Area별, Block별 세부집수유역을 산정한다.

• 부지외곽의 지형지세 및 전체 집수유역의 넓이에 따라 계획 홍수량 적용 개념을 결정하고, 내부 부분별 집수유역의 배출수의 성격 및 유량에 따라 처리방향 및 배수 Line 계획을 수립한다.

㉠ 설계 강우 강도(I : mm/hr)

ⓐ 빈도 연수 : 강우 강도는 해당 지역의 설계 강우강도식을 적용하는 것을 원칙으로 하며, 빈도 연수는 구조물별, 배수시설별 설계확률년의 기준을 따르거나 그 중요도 및 조건에 따라 다르나 Plant 부지 외부로부터 유입되는 강우강도는 30년 빈도를 적용하고 부지 내의 강우 강도는 20년 빈도를 적용한다.

ⓑ 강우강도식 : 우리나라 주요 지점의 재현기간별 강우강도표 및 공식을 아래 첨부자료를 대상 지역에 대한 신뢰성 있는 공식자료가 있으면 이를 이용할 수 있다.

합리식에서 사용하고 있는 강우강도공식의 형태는 다음과 같은 것이 있다.

• Talbot형 : $I = \dfrac{a}{t+b}$

• Sherman형 : $I = \dfrac{a}{t^m}$

• Hisano · Ishiguro형 : $I = \dfrac{a}{\sqrt{t} \pm b}$

• Cleveland형 : $I = \dfrac{a}{t^m + b}$

여기서, I : 강우강도(mm/hr), t : 강우지속시간(min),
a, b, m : 지역상수

| 표 2-14 | 우리나라 주요 지점의 재현기간별 강우강도 공식

지역	재현기간(5년) 토목학회지 지역별	재현기간(5년) 토목학회지 권역별	재현기간(5년) 시청	재현기간(10년) 토목학회지 지역별	재현기간(10년) 토목학회지 권역별	재현기간(10년) 시청	재현기간(20년) 토목학회지 지역별	재현기간(20년) 토목학회지 권역별	재현기간(20년) 시청
서울	$\dfrac{420}{\sqrt{t}+0.39}$	$\dfrac{520}{t^{0.58}}$	$\dfrac{420}{\sqrt{t}+0.09}$	$\dfrac{497}{\sqrt{t}+0.15}$	$\dfrac{612}{t^{0.58}}$	$\dfrac{560}{\sqrt{t}+0.09}$	$\dfrac{569}{\sqrt{t}+0.11}$	$\dfrac{697}{t^{0.58}}$	$\dfrac{655}{\sqrt{t}+0.09}$
인천	$\dfrac{400}{\sqrt{t}+0.39}$	$\dfrac{520}{t^{0.58}}$		$\dfrac{474}{\sqrt{t}+0.34}$	$\dfrac{612}{t^{0.58}}$		$\dfrac{529}{\sqrt{t}+0.15}$	$\dfrac{697}{t^{0.58}}$	
수원, 춘천, 원주, 제천, 충주		$\dfrac{520}{t^{0.58}}$			$\dfrac{612}{t^{0.58}}$			$\dfrac{697}{t^{0.58}}$	
강릉	$\dfrac{211}{\sqrt{t}+0.39}$	$\dfrac{239}{t^{0.58}}$		$\dfrac{246}{t^{0.44}}$	$\dfrac{289}{\sqrt{t}-1.25}$		$\dfrac{279}{t^{0.45}}$	$\dfrac{338}{\sqrt{t}-1.45}$	
청주		$\dfrac{306}{\sqrt{t}-2.76}$	$\dfrac{6,570}{t+41}$		$\dfrac{360}{\sqrt{t}-2.81}$	$\dfrac{7,700}{t+42}$		$\dfrac{410}{\sqrt{t}-2.86}$	$\dfrac{8,810}{t+43}$
군산		$\dfrac{306}{\sqrt{t}-2.76}$			$\dfrac{360}{\sqrt{t}-2.81}$			$\dfrac{410}{\sqrt{t}-2.86}$	
전주	$\dfrac{416}{\sqrt{t}-0.35}$	$\dfrac{306}{\sqrt{t}-2.76}$		$\dfrac{500}{\sqrt{t}-0.18}$	$\dfrac{360}{\sqrt{t}-2.81}$		$\dfrac{10,069}{t+56}$	$\dfrac{410}{\sqrt{t}-2.86}$	
광주	$\dfrac{433}{t^{0.54}}$	$\dfrac{581}{t^{0.60}}$		$\dfrac{465}{t^{0.53}}$	$\dfrac{678}{t^{0.60}}$		$\dfrac{486}{\sqrt{t}-0.21}$	$\dfrac{766}{t^{0.60}}$	
여수	$\dfrac{362}{\sqrt{t}+0.27}$	$\dfrac{581}{t^{0.60}}$		$\dfrac{425}{\sqrt{t}+0.44}$	$\dfrac{678}{t^{0.60}}$		$\dfrac{486}{\sqrt{t}+0.6}$	$\dfrac{766}{t^{0.60}}$	
목포	$\dfrac{431}{t^{0.51}}$	$\dfrac{581}{t^{0.60}}$		$\dfrac{375}{t^{0.51}}$	$\dfrac{678}{t^{0.60}}$		$\dfrac{413}{t^{0.51}}$	$\dfrac{766}{t^{0.60}}$	
마산		$\dfrac{581}{t^{0.60}}$			$\dfrac{678}{t^{0.60}}$			$\dfrac{766}{t^{0.60}}$	
부산	$\dfrac{455}{\sqrt{t}+1.11}$	$\dfrac{581}{t^{0.60}}$		$\dfrac{550}{\sqrt{t}+1.28}$	$\dfrac{678}{t^{0.60}}$		$\dfrac{641}{\sqrt{t}+1.4}$	$\dfrac{766}{t^{0.60}}$	
포항	$\dfrac{347}{t^{0.57}}$	$\dfrac{239}{\sqrt{t}-1.6}$		$\dfrac{423}{t^{0.58}}$	$\dfrac{289}{\sqrt{t}-1.25}$		$\dfrac{498}{t^{0.59}}$	$\dfrac{338}{\sqrt{t}-1.45}$	
대구	$\dfrac{4,856}{t+43}$	$\dfrac{239}{\sqrt{t}-1.6}$		$\dfrac{5,656}{t+42}$	$\dfrac{289}{\sqrt{t}-1.25}$		$\dfrac{6,394}{t+42}$	$\dfrac{338}{\sqrt{t}-1.45}$	
진주			$\dfrac{321}{t^{0.4738}}$			$\dfrac{363}{t^{0.4682}}$			
수원			$\dfrac{5,705.9}{t+39.1}$			$\dfrac{7,181.8}{t+38.3}$			
안양			$\dfrac{395.24}{t^{0.51}}$			$\dfrac{5,657.3}{t+30.83}$			
일산			$\dfrac{544.3}{\sqrt{t}+1.003}$			$\dfrac{651.1}{\sqrt{t}+1.014}$			$\dfrac{811.8}{\sqrt{t}+1.016}$

계획 우수량 산정 시 강우강도 확률연수는 다음을 기준으로 한다.

| 표 2-15 | 건지(설) 7818 – 1616(2006.10.25.)

구 분		확 률 연 수
단지 내	지 선(D600mm 미만)	10년
	간 선(D600mm 이상)	10년
	주간선(D1,300mm 이상)	20년
	유수지 및 배수 펌프장	30년 이상
하 천		하천정비 기본계획 적용 단, 건교부 및 지방자치단체와 협의 조정할 수 있다.

※ 확률연수의 최소 기준으로서, 집중호우 등에 대처가 필요할 시에는 기술적 판단에 따라 조정 가능하다. 특히, 단지 내 또는 인접 배수펌프장의 확률연수는 중요도에 따라 방류하천의 확률연수까지 상향 조정할 수 있다.

맨홀로 유입시간과 관거 내 유하시간으로 구성된다.

$$T = t_1 + t_2$$

여기서, T : 유달시간(min)

t_1 : 유입시간, 집수구역 중에서 가장 먼 지점에서 배수시설에 도달시간(min)

t_2 : 유하시간, 수로를 흘러서 계획지점에 도달시간(min)

ⓒ 유입시간의 산정

배수구역(집수구역)의 가장 먼 지점에서 배수공 최상류단까지 강우가 유입되는 시간을 의미하며, 이 시간은 강우 도달시간 가운데 차지하는 비중이 매우 작으므로 고려하지 않을 경우가 많다.

그러나 유입시간을 고려할 필요가 있을 경우는 Kerby식을 사용하되 유속이 과소치로 나타날 우려가 있으므로 유하시간 산정 시 평균유속은 최대 3.0m/sec, 최소 0.8m/sec이 되도록 가정해야 하며, 하류로 갈수록 구배는 완화하고 유속은 빠르게 계획되어야 한다.

아래 유입시간 표준치와 비교·검토하여 채택하여야 한다.

1. 유입시간(t_1)의 산정

유입시간의 산정은 산지지역의 경우 Kerby의 식, 하천인 경우는 Rziha의 식, 도시지역의 경우는 하수도 시설기준(1990) 등을 적용한다.

(1) 집수지역이 산지의 경우(Kerby의 공식 적용)

$$t_1 = (2.18 \times \frac{l \cdot n_d}{\sqrt{s}})^{0.467}$$

여기서, t_1 : 유입시간(min)

l : 집수구역으로부터 가장 먼 지점까지 유로의 거리(m)

s : 유역 출구점과 주 유로를 따른 유역 종점과의 표고차(H)를 유로거리로 나눈($s = H/l$) 집수구역의 평균경사

n_d : 지체계수

| 표 2-16 | 자연상태에 따른 지체계수

지 면 상 태	n_d의 값	적 용
시멘트콘크리트, 아스팔트콘크리트 등	0.013	노면 콘크리트 블록
미끄러운 불침투면	0.02	뿜어내기 콘크리트
미끄럽고 잘 다져진 땅	0.10	매립장, 토취장
약한 초지경지, 적당한 거칠기의 땅	0.20	
목초지	0.40	
낙엽수림	0.60	산지적용($D-1$)
침엽수림, 조밀 또는 밀집하게 풀이 자란 깊은 낙엽수림	0.80	

(2) 집수지역이 단지 내인 경우

단지 내는 방유제 쇄석포설, Con'c, Asphalt 포장 및 Slab 지붕 등으로 유출계수차가 크게 다른 점을 감안하여 하수도 시설기준(1990)의 평균값인 7분을 적용한다.

2. 유하시간 산정

홍수가 배수시설물이나 하천을 유하하는 데 걸리는 시간을 의미하며, 유하시간은 기지 내 우·배수의 배수 암거를 통해 이루어짐에 따라 배수구역이 도시지역인 경우 일반적인 식을 적용하며 다음과 같이 산정한다.

$$t_2 = \frac{L}{60} \times V$$

여기서, t_2 : 유하시간(min)

L : 하수관거(배수로)의 수평 최장거리(m)

V : 하수관거 내의 평균유속(m/sec)

(1) 유출계수(C)

1) 유출계수기준

공종별 및 용도별 유출계수의 표준치는 다음의 표와 같다.

| 표 2-17 | 공정별 기초 유출계수 표준치

지 역 별	유 출 계 수	지 역 별	유 출 계 수
지 붕	0.85~0.95	공 지	0.10~0.30
도 로	0.80~0.90	잔디, 수목이 많은 지역	0.05~0.25
불투수면	0.75~0.85	경사가 작은 산지	0.20~0.40
수 면	1.00	경사가 심한 산지	0.40~0.60

■ 자료 : 하수도 시설 기준(환경부)

| 표 2-18 | 용도별 총괄 유출계수 표준치

지역 구분	유출계수
부지 내에 공지가 아주 작은 상업지역 또는 유사한 택지지역	0.80
침투면의 야외작업장, 공지를 약간 가지고 있는 공장지역 또는 정원이 약간 있는 주택지역	0.65
주택 및 공업단지 등의 중급 주택지 또는 독립주택이 많은 지역	0.50
정원이 많은 고급 주택지나 밭 등이 일부 남아 있는 교외지역	0.35

■ 자료 : 하수도 시설기준(환경부)

    2) 유출계수 적용

- 소방도로 및 부지 내 도로 : 0.8
- 비포장(공지) : 0.20
- 절토 경사지(법면) : 0.85
- 방유제 내 쇄석포장 도로 : 0.2
- 방유제의 경사진 소단 : 0.3

(2) 계획배수량 산출

  1) 유속 및 구배

    수로 내의 평균유속은 Manning 공식을 적용하는 것을 원칙으로 한다.

$$V = \frac{1}{n} \times R^{\frac{2}{3}} \times I^{\frac{1}{2}}$$

    여기서, V : 유속(m/sec), n : 조도계수

          R : 경심(동수반경, A/P)(m), I : 관로의 구배(수로경사)(%)

| 표 2-19 | 조도계수(n)

공종	n	공종	n
원심력 철근 콘크리트관	0.013	고강도 PE관	0.010
암거 및 현장타설 콘크리트관	0.015	자 연 수 로	0.050

    배수로 및 배수관의 최소경사는 0.2%를 원칙으로 하나, 토사의 침전과 마모 등을 방지하기 위하여 평균유속이 0.8~3.0m/sec의 범위가 되도록 설계한다.

  2) 관의 설계 유량

$$Q = A \times V$$

    여기서, Q : 설계유량(m³/sec)

          A : 수로단면(m²)

          V : 설계유속(m/sec, 범위 : 0.8~3.0m/sec)

※ 설계유속은 관의 특성제원 및 Slope에 의해 구하며, 다음과 같이 나타낼 수 있다.

$$V = \frac{1}{n} \times R^{2/3} \times I^{1/2}$$

여기서, n : 조도계수(콘크리트수로는 0.015, H/P는 0.013, 토사측구는 0.02)

I : 동수구배(‰)

$$R(경심) : \frac{A}{P}$$

여기서, P : 윤변(m), A : 유수 부분의 단면적(m^2)

- 우수관 및 맨홀 관련 설계는 환경부 제정 하수도 시설기준 및 하수도 표준도를 우선적으로 적용한다.
- 강우의 최초 유입시간은 7분으로 설계한다.
  설계 수심은 측구의 경우 내측고의 80%, 퓸관의 경우 관경의 100% 차는 것으로 설계
- 최소 및 최대 관경 : 배수설비의 설치 및 유지 관리를 위하여 최소관경을 450mm, 최대 관경은 1,200mm로 계획한다.

3) 유 속

유속은 최소 0.8m/sec, 최대 3.0m/sec로 하되 가장 적당한 유속의 한계는 1.0~1.8m/sec로 설정한다. 관의 구배는 하류로 갈수록 감소시키고, 유속은 크게 한다. 또한 지표의 구배가 심하고 관의 구배가 급하여 최대유속이 3.0m/sec를 초과할 경우는 적당한 간격으로 낙차공을 설치하여 구배를 완만히 하며 유속을 0.8~3.0m/sec 이내로 유지하도록 한다.

4) 관의 최소 토피고

관의 매설깊이는 동결깊이 이상으로 하되 통상적인 관의 최소 토피고는 하수도 시설기준을 적용하여 1.0m 이상으로 설계한다.

5) 관의 접합

관의 접합에는 수면접합, 관정접합, 관중심접합, 관저접합 등의 방법 중 관저접합의 방법을 기준으로 계획한다.

6) 관경 및 재질

우수관의 관경은 유지관리의 어려움으로 최소반경을 600mm 이상으로 하고 최대 관경은 1,000mm로 하며 그 이상은 Box로 계획하여 설계한다.

| 표 2-20 | 배수관의 종류

배수관의 종류	내용
① 우배수관(Non – Polluted Water Sewer)	• Reinforced spun concrete pipes • Prestressed spun concrete pipes • Hard PVC pipes • Reinforced plastic pipes • Precast or cast – in – place box culverts
② 유수(Oily Water) 관거 배수관	• Hard PVC pipes • Reinforced plastic pipes • Carbon steel pipes • Reinforced span concrete pipes
③ 공정배출수(Chemical Sewer) 배수관	• Hard PVC pipes • Reinforced plastic pipes • Stainless steel pipes • Ceramic pipes
④ 오수(Sanitary Sewer) 관거 배수관	• Hard PVC pipes • Cast iron pipes • Reinforced spun concrete pipes • Prestressed spun concrete pipes

7) 우수받이

① 설치위치 및 간격

보 · 차도의 구분이 있는 경우에는 그 경계로 하며, 보 · 차도 구분이 없는 경우는 도로와 사유지와의 경계에 설치한다. 또한 노면배수의 우수받이는 L형 측구에 20~30m 간격으로 설정하되 도로 폭 및 경사 등을 고려하여 적당한 간격으로 설치한다.

② 형상 및 구조

형상 및 재질은 각형의 콘크리트 또는 철근콘크리트재의 경우로서 다음과 같다.

| 표 2- 21 | 우수받이 종류

명 칭	내 부 치 수	용 도
차도 측 1호 우수받이	300×400mm	L형 측구의 폭이 50cm 이하의 경우에 사용
차도 측 2호 우수받이	300×800mm	L형 측구의 폭이 50cm 이하의 경우에 사용 교차로나 도로의 종단 경사가 큰 곳에 사용
보도 측 우수받이	500×600mm	도로의 종단 경사가 급하지 않는 곳에 사용 차도 측 1호 및 2호 우수받이 적용이 곤란한 곳에 사용

- PE제품의 우수받이를 사용할 경우 내부치수는 410×510mm를 표준으로 한다.
- 우수받이 규격은 내폭 30~50cm, 깊이 80~100cm 정도로 한다.
- 우수받이 뚜껑은 강재, 주철재(Ductile 포함), P.E 뚜껑, 철근콘크리트 뚜껑 등이 있다.

- 차도 측 우수받이는 철근콘크리트 제품의 파손 등을 고려하여 강제 격자형(Steel Grating)을 사용한다.

③ 연결관

우수받이에 유입하는 우수를 본관에 연결하는 하수관을 연결관이라 말하고 다음 각 항을 고려하여 배치 등을 결정하도록 한다.
- 각도 : 부설방향은 본관에 대하여 직각으로 부설하고 연결각도는 본관에 대하여 60도 또는 90도로 한다.
- 기울기 : 연결관의 구배는 1.0% 이상으로 한다.
- 본관에의 연결위치 : 연결관은 본관의 중심선보다 위쪽으로 연결한다.
- 관경 : 최소관경은 250mm로 한다.

8) 맨홀

① 맨홀계획

맨홀은 관거의 방형, 구배, 관경이 변화하는 부분, 낙차의 발생과 관거의 합류부분에 설치하는 것을 원칙으로 하며, 출구의 관저고는 맨홀 바닥면에서 300mm 이상의 여유를 두어 퇴사물에 대한 청소 및 유지관리를 할 수 있도록 계획한다.

또한 1.0~2.0m의 낙차가 있는 곳에는 부관을 설치하여 맨홀을 보호할 수 있도록 계획한다.
- 설치 위치 및 간격
- 관의 방향이 변하는 곳
- 관의 경사가 바뀌는 곳
- 관경이 변하는 곳
- 지반의 단차에 의해 관의 단차가 발생되는 곳
- 관들이 합류, 집합하는 곳
- 직선부의 설치간격은 50~100m로 계획한다.

직선 구간에서의 맨홀 최대 간격은 다음 표와 같다.

| 표 2-22 | 맨홀 최대 간격

관 경(mm)	300 이하	600 이하	1,000 이하	1,500 이하	1,650 이하
최대간격(m)	50	75	100	150	200

■ 자료 : 하수도 시설기준(환경부)

② 맨홀의 종류 및 적용범위

표준맨홀에는 중간맨홀과 합류맨홀이 있는데 중간맨홀이란 1개의 유입관과 1개의 유출관이 일직선상으로 위치하는 맨홀이며, 합류맨홀이란 유입관과 유출관이 일직선상으로 위치하지 않거나 2개의 관이 유입하는 형태를 말한다(다음 표 참조).

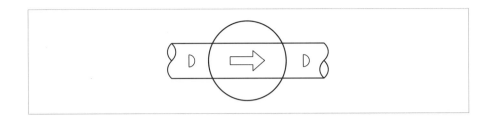

| 표 2-23 | 중간맨홀 선정표

관의 내경(mm)	명 칭	치수 및 형상
내경≤600	제1호 맨홀	내경 900mm 원형
600<내경≤900	제2호 맨홀	내경 1,200mm 원형
900<내경≤1200	제3호 맨홀	내경 1,500mm 원형
1,200<내경≤1,500	제4호 맨홀	내경 1,800mm 원형
1,500<내경≤1,800	제5호 맨홀	내경 2,100mm 원형

■ 자료 : 하수도 시설기준(환경부)

③ 우수맨홀(Storm Water M/H)

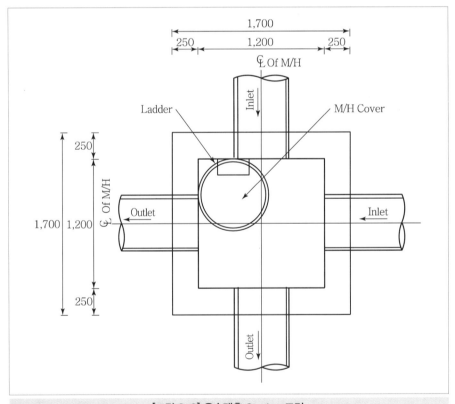

[그림 2-9] 우수맨홀 Section 도면

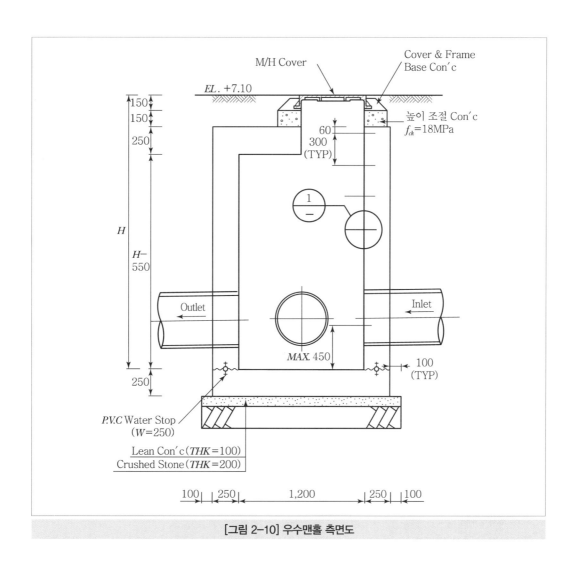

[그림 2-10] 우수맨홀 측면도

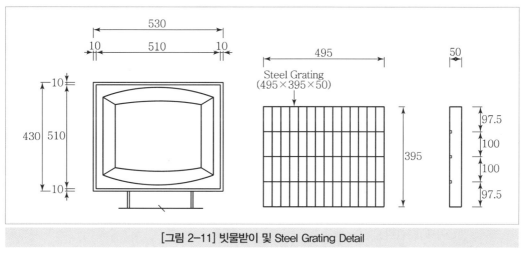

[그림 2-11] 빗물받이 및 Steel Grating Detail

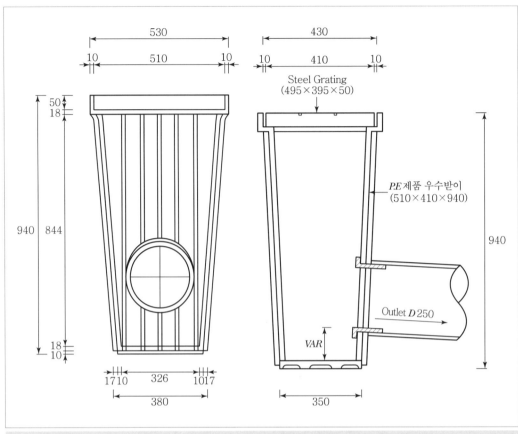

[그림 2-12] 우수받이 구조도

(3) 오수계획

- 건물에서 발생되는 오수는 각 건물 주변에 설치된 정화조에서 1차 처리되고 오수관로를 통해 오수처리조로 모이며 이곳에서 종합 처리된 후 배수되고, 오수처리조에 인입이 불가능한 지역에서는 건물 옆에 합병정화조를 둔다. 배제방식은 합류식과 분류식이 있다.

- 오수정화 처리시설을 관계법규에 합당하게 설치하고 처리된 오수는 우수배관에 연결하여 유출시키며 오수처리시설을 거쳐 유출되도록 계획하여 최대 환경에 영향이 없도록 한다.

1) 관로계획

① 유속공식은 "우수계획"의 Manning 공식과 동일하며, 오수관의 최소 관경은 250mm로 설계한다.

② 오수관 구배는 어떤 경우에도 관내 최소 유속 0.6m/sec 이상, 최대유속 3.0m/sec 이내로 한다.

③ 오수관경 설계는 "우수계획"의 설계 적용기준에 명시한 내용을 참조한다.

④ 오수관 매설시 피복토의 두께는 1.0m 이상으로 한다.

⑤ 관의 접합에는 수면접합, 관 중심접합, 관저접합 등의 방법이 있으나 우수관거와 동일한 관저접합을 기준으로 설계한다.

2) 관거 및 부대시설

① 관거
- 관거는 250mm 이하인 경우의 오수관은 주철관 및 HDPE관을 사용하며, 그 이상인 경우는 원심력 철근콘크리트관(흄관)을 사용하는 것을 원칙으로 한다.
- 관거는 계획시간 최대 오수량을 기준으로 설계한다.

㉠ 맨홀
- 설치장소 및 맨홀의 종류와 적용범위는 '우수계획'을 적용한다.
- 오수맨홀의 저부에는 인버터를 반드시 설치한다.
- 오수맨홀(Sanitary Sewer Manhole)의 경우 국내는 우수맨홀과 오수맨홀이 같은 경우가 많다.

② 함유수

방유제 내 및 출하대, Process Area 등의 함유수는 별도의 관망을 통하여 폐수처리장으로 유입시켜 처리 후 오염물질 배출허용기준 이하로 배출하며 Valve Box에 차단 Valve를 설치하여 함유수 발생 시 다른 지역으로 확산되지 않도록 설계한다.

㉠ 적용 기준 : 함유수의 설계기준은 기계분야의 폐수설계기준에 따른다.

㉡ 관경 : 토목 및 기계분야 설계기준에 따른다.

㉢ 재질
- ⓐ 관 재질 : 관 재질은 함유수에 대한 내화학성 및 내구성을 고려하여 KS D 4311 덕타일 주철관으로 한다.
- ⓑ 관 종류 : 관두께는 2종을 사용하며 이음방법은 K.P 메커니컬 조인트로 한다.
- ⓒ 제작방법 : 관의 원자재, 주조 및 열처리는 KS D 4311에 따라야 하며, 조인트용 압륜은 덕타일 주철품이어야 하며, 볼트, 너트는 KS D 4302(2종)의 사형 주철품이어야 하며, 기타 제작방법은 KS D 4311에 의한다.

③ 함유수 맨홀(Oily Water M/H)

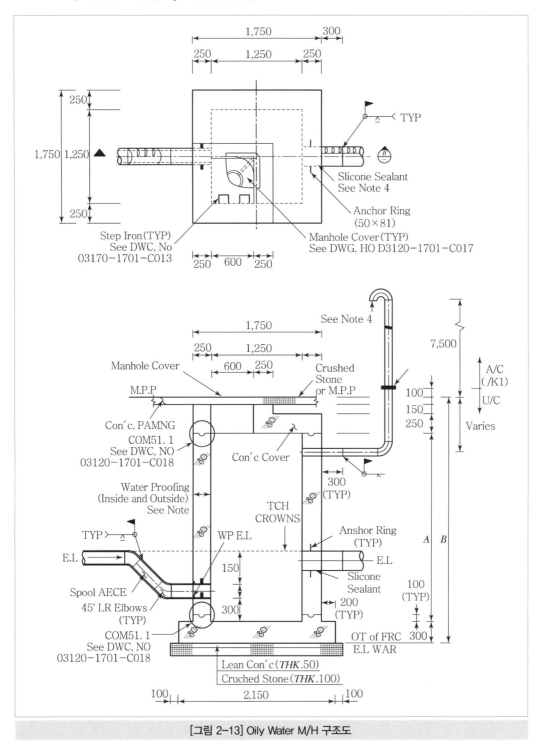

[그림 2-13] Oily Water M/H 구조도

6. 지중 구조물(매설물 포함) 설계(U/G Composite Design)

(1) 개요

U/G Composite Plan 도면은 다음의 특징을 갖고 있다.
- Plant 내 모든 Underground 시설물을 표현하는 도면
- EPC T/K Project에서 초기공사 선점 및 공사기한 준수를 위한 주요 도면
- 설계 전 Discipline의 Information/Data가 집대성하여 작성되는 도면
- 전 Discipline과의 Coordination이 요구되는 도면
- Fast Track 형식으로 수행하는 Project 경우 도면의 Revision 횟수 증가
- Foundation Location Plan 및 Drainage, Road & Paving Plan 도면과 연계성 중시 필요
- 3D U/G 도면과의 지원체제 구축 필요
- U/G 구조물과 U/G Piping과의 Interference 확인 중시 필요

(2) 지중구조물 주요 공종별 개요

1) 도면 작성 계획
① 도면 분할 방법은 Battery Limit, Plant의 Process 기능 및 Unit별 또는 Scale을 고려
② Scale은 1/100, 1/150을 기준으로 하며, Tank Area 등 U/G 시설물이 복잡하지 않을 경우 Scale을 축소 조정도 가능함

2) 개념설계(U/G Conceptual Design)
① Road와 Area Paving을 구분하는 Paving Classification Plan
② Electric/Instrument Cable Trench Layout Plan
③ U/G Gravity Sewer Line인 Potentially/Accidentally Contaminated Sewer, Oily Sewer, Chemical Sewer, Domestic Sewer의 Conceptual Design
④ U/G Pressurized Line인 Fire Water, Plant/Potable Water, Cooling Water Supply & Return Line 등의 Conceptual Design

3) Surfacing Design
① Finished Paving Elevation, Finished Grade Elevation 계획
② Surface Water Run Off 및 집수유역계획
③ Fence, Gate, Watch Tower 등 Security 계획
④ 사면보호공(Slope Protection), Retaining Wall, Outdoor Stair 계획

4) 지중구조물 계획
① Rotating Machine, Static Equipment, Package류 등의 Equipment Foundation
② Structure Foundation인 Pipe Rack, Equipment Structure, etc.

③ U/G Basin Structure

④ Building Foundation

⑤ Shelter Foundation

⑥ U/G Piping 부속 시설물인 Manhole, Catch Pit, Valve Pit, etc.

⑦ Drainage 시설물인 Ditch, Sump, etc.

⑧ Piping Supporting 구조물인 Pipe Sleeper, Pipeway R.C Box, Local Support

7. 토목구조물 설계(Equipment & Storage Tank Foundation Design)

(1) 개요

- 플랜트공사에서 토목 구조물의 절반 이상은 콘크리트 기초 구조물이 차지한다. 이들 기초에는 Equipment를 지지하기 위한 기초인 Vertical Vessel Foundation, Horizontal Vessel(Heat Exchanger 포함) Foundation, Pump Foundation, Tank Foundation 등과 철골을 지지하는 Pipe Rack Foundation, Equipment Structure Foundation 그리고 지하구조물인 Sump, Manhole, Basin, Pit 등이 있다.

- 각각의 구조물에 대한 설계방법에는 어느 정도 차이가 있지만 기본적인 설계 개념은 큰 차이가 없다. Equipment Foundation은 Plant 토목구조물 설계에서 가장 비중이 크고 대표적인 구조설계 분야라 할 수 있다.

(2) Equipment Foundation의 종류

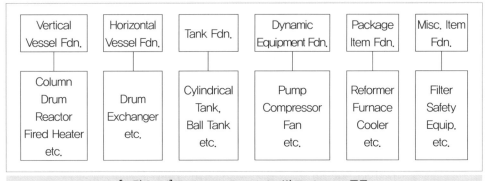

[그림 2-14] Equipment Foundation별 Equipment 종류

(3) Foundation 선정

1) Foundation Type 결정

① 지반조사 결과에 따라 Foundation Type을 결정한다.

② Foundation Type은 Soil Bearing Type과 Pile Type으로 구분된다.

2) Preliminary Foundation Design

Design Information을 토대로 Foundation Size를 가정하고, 간략히 Stability Check를 실시하여 Preliminary Foundation(Footing) Size를 결정

3) Foundation Interface Check

① 개략 설계된 Foundation Size와 Equipment Location Plan을 활용하여 Foundation 간 Interface 검토

② Foundation 사이로 추후 추가될 Underground Piping, Cable 등에 의한 간섭 여부를 예측하여 검토

4) Foundation Detail Design

① Foundation Interface Check를 통하여 결정된 최종안으로 기초 설계

② Stability 및 Reinforcement Design 등 필요한 모든 구조 검토 실시

③ 최신 Design Information과의 부합 여부 확인

5) Design Confirmation(Internal Check)

① Internal Check : 내부의 관련 부분 설계담당자 및 설계책임자의 확인

② Comment 내용은 상호 협의하고, 합의된 내용을 성과품에 반영

6) Design Confirmation(Squad Check)

① Squad Check : Design Information 발행 분야 및 관련 분야 확인(타 분야의 요청 사항이 제대로 반영되었는지 재확인하는 과정)

② Comment 내용은 상호 협의하고, 합의된 내용을 성과품에 반영

(4) 기초형식 결정

[그림 2-15] Foundation Type 결정 Procedure

1) 작용하중 자료(Loading Data) 및 Vendor Print(or Engineering Drawing) 접수

① Empty, Operating, Test Load & Wind, Seismic Load/Moment 포함

② 기기에 대한 Detail Dimension 및 Foundation의 Conceptual Drawing 등

③ BCD(Bolt Circle Dia.), Saddle Distance, Base Plate Detail, Anchor Bolt Details, Support Elevation 등 Foundation과의 접합부에 대한 정보 포함

2) 기초형식 및 Size 가정

① 지반의 상태에 따라서 얕은기초(직접기초, Soil Bearing Foundation) 또는 깊은 기초(파일기초, Pile Foundation) 등 기초형식을 결정한다.

② 기초 Footing의 최소두께는 Design Specification에 명시된 바를 따른다.(일반적 으로, Non−Pile : Min. 300mm, Pile : Min. 450mm 이상 적용)

③ Footing Elevation

• Footing Bottom의 깊이는 동결심도 아래로 위치시켜야 한다.

• Footing Top의 깊이는 Underground Pipe, Cable Trench 등과의 Interference 및 시공성 · 경제성 등을 고려하여 결정하여야 한다.

④ Pedestal Type & Size

• 기계하중을 지지할 수 있도록 Pedestal의 상부 지지면이 Equipment의 Base Plate의 접지면을 충분히 포함시키도록 Sizing을 하여야 한다.

• Vendor Print 상의 Anchor Bolt Size 및 Location을 참조하여 Pedestal Size를 가정할 수 있다.

| 표 2−24 | Anchor Bolt Embedded Length & Edge Distance

Anchor Bolt Type, Material	Minimum Embedded Length (d : Anchor Bolt Dia.)	Minimum Embedded Edge Distance
A307, A36	$12d$	$5d > 4$in
A325, A449	$17d$	$7d > 4$in

⑤ Footing Type & Size

Design Information을 토대로 Foundation Type을 추정하고, Stability Check 를 통하여 Preliminary Footing Size를 결정한다.

3) Load Summary & Load Combination

Vendor로부터 제공받은 Loading Data의 기계하중(수직 및 수평하중), 기초의 자중, 등 설계하고자 하는 기초에 작용하는 모든 하중을 Condition별로 정리하고, Load Combination 규정에 따라 각각의 하중들을 조합하여야 한다.

4) Stability Check or Pile Capacity Check(Elastic Condition)

① For Non−Pile Foundation

㉠ Soil Bearing Capacity Check

$$\sigma = P/A \pm M_x/Z_x \pm M_y/Z_y (\leq \sigma\text{allowable})$$

여기서, P : Vertical Load

M_x, M_y : Applied Moment

A : 기초저면 면적

Z_x, Z_y : 단면계수(Section Modulus)

σallowable : Soil의 허용지지력

ⓛ Safety Check for Sliding & Overturning

안전율(Safety Factor)과 마찰계수(Friction Coefficient)는 해당 Project Specification을 따르며, 일반적인 값을 제시하면 아래와 같다.

Coefficient of Friction between Concrete and Soil : 0.4

안전율(S.F) : Condition of empty plus wind or earthquake, S.F=1.5

Condition of Operating plus wind or earthquake, S.F=2.0

ⓒ Safety Check for Buoyancy

일반적으로 안전율(S.F)=1.1~1.2를 적용

② For Pile Foundation

기초 및 상부작용하중에 의한 Pile Reaction이 허용치(Allowable Pile Capacity)를 넘지 않도록 설계

㉠ Vertical Pile Capacity Check(Compression & Tension)

$$\text{Pile Reaction} = P/N = -M_x/Z_x = -M_y/Z_y \leq \text{Allowable Pile Capacity}$$

여기서, P : Vertical Load

M_x, M_y : Applied Moment

N : 파일 개수

Z_x, Z_y : 단면계수(Section Modulus)

㉡ Lateral Pile Capacity Check

$$\text{Later Force (per One Pile)} = H/N$$

여기서, H : Horizontal Force

N : 파일 개수

5) Design of Concrete Reinforcement(Ultimate Condition)

① Load Combination at Ultimate Condition

상기 Load Combination에 따라 Ultimate Condition에서의 조합 하중을 미리 계산

② Design Moment & Shear Calculation

상기 하중조합에 따라 기초에 발생하는 Moment 및 Shear Force를 계산하고, 이

중 가장 Critical 한 하중조합에서 구해진 Max. Moment 및 Shear Force를 기초의 철근량 계산에 이용

③ Calculation of Reinforcement for Footing & Pedestal

   ㉠ For Footing

     • Max. 정/부모멘트(±Moment)에 의해 기초의 상/하부 철근량 계산

     • 일면전단(1 – Way Shear), 이면전단(2 – Way Shear or Punching Shear)에 대한 안전성 Check

   ㉡ For Pedestal

     • Horizontal Vessel : Max. Horizontal Load(Wind, Seismic, Bundle Pulling or Thermal Load)에 의한 휨 설계(Cantilever Beam 설계)

     • Vertical Vessel : Tension(due to overturning moment)에 의한 철근량 계산

     • Structural Col. : 기둥설계

6) Design Sketch

상기 계산결과에 따라서 기초 형상 및 철근 배근도를 Sketch하고, 이 Sketch에 따라 상세도면을 작성하여야 한다.

(5) Basic Information for Equipment Foundation Design

1) Code & Specification

콘크리트 구조물의 설계 시 많이 사용되는 Code로는 아래와 같은 규정들이 있으며, 실제 설계 시는 프로젝트 Specification에서 요구하는 규정에 따라 설계하여야 한다.

① American Concrete Institute(ACI)

② 콘크리트 구조설계기준(한국콘크리트학회)

③ Uniform Building Code(UBC)

④ International Building Code(IBC)

⑤ Korean Building Code(KBC)

⑥ American Society of Civil Engineers(ASCE)

2) 부지 관련 자료

① 기상자료 : 강우량(강우강도), 적설량(적설하중)

② 지하수위 : 지하수위에 의하여 구조물과 구조물 기초에 미치는 횡압력 및 양압력을 고려하여야 한다.

③ 동결깊이 : 기초의 하단부는 동결심도 이하로 근입한다.

④ 대기온도

⑤ Wind Speed

⑥ Seismic Zone

⑦ Soil Investigation Report

3) Design을 위해 필요한 관련 분야 Information
  ① Vendor Drawing(or Engineering Drawing)
    Vendor Drawing에는 기계의 형상, 치수, Loading Data, Anchor Bolt에 관련된 사항을 포함
  ② Plot Plan(Equipment Layout Drawing)
    Plot Plan에는 Equipment Location, Supporting Elevation 등과 관련된 사항을 포함
  ③ Underground Drawing
    대구경 Pipe의 Main Line과 Foundation의 간섭 Check에 필요한 Information (Branch Line, Small Line 등과의 Interference를 피하기 위해서는 Foundation의 Footing Top Elevation을 일정 깊이 이상으로 유지하는 방법이 유효함)

(6) Design Load의 정의
  1) 고정하중(사하중, Dead Load)
    구조물 및 기초에 의한 자중과 구조물에 영구적으로 설치된 부착물에 의한 자중을 말한다.

  2) 활하중(Live Load)
    활하중이란 상시 이동하거나 혹은 이동 가능한 물체에 의하여 발생하는 하중을 말한다. 기계의 작용하중, 배관의 유체하중 등은 별도로 고려한다.

  3) 배관하중(Piping Load)
    배관하중은 배관의 무게, Fittings, Valve류, Insulation(보온재) 등과 배관 내부의 유체하중을 포함한다.

  4) 온도하중(Thermal Load)
    온도하중은 구조물의 수명기간 중 변화하는 온도차에 의해 발생되며 주로 다음의 경우 적용한다.
    ① 배관이나 기계의 Anchor Point
    ② 온도변화로 인한 팽창, 수축작용에 의한 Sliding Plate에서의 마찰력
    ③ 적용의 경우
      ㉠ Horizontal Vessel

$$\text{Thermal Force} = a \times P$$

여기서, a : Coeff. of Friction(Spec.을 따름)
P : Reaction Force on Pedestal

ⓛ Pipe Rack

Friction Load＝Live Load×Coeff. of Friction(Spec.을 따름)

Anchor Force of Piping

5) Bundle 인발하중(Bundle Pulling Force)

Bundle의 교체가 가능한 Heat Exchanger는 Cleaning 또는 Maintenance 기간 중 Inspection을 위하여 Bundle을 빼내는 경우가 발생하는데, 이때 비교적 큰 Horizontal Force가 발생한다. 이 Horizontal Force를 Bundle Fulling Force라고 하고 계산식은 다음과 같다.

$$\text{Bundle Pulling Force} = a \times WT$$

여기서, a : Coeff. of Friction between Shell and Tube＝0.5~1.0

WT : Weight of Tube Bundle

6) 부력(Buoyancy)

지하수위에 의해 발생되는 부력에 대하여 안전성을 고려해야 한다.

7) 기계하중(Equipment Load)

① Erection Weight
  - 기계 조립/설치 시의 중량
  - Fabricated Weight＋Internals, Platform, Piping 등

② Empty Weight
  - 기초에 기계 설치 후 가동 전 내화/단열재 등을 시공한 후의 중량
  - Fabricated Wt＋Internals, Platform, Piping, Insulation, Fireproofing 등

③ Operating Weight
  - 기계 가동 시의 무게(공장 정상가동 중의 중량)
  - Empty Weight＋Operating Liquid, catalyst

④ Test Weight
  - 기계 거치 후 수압 Test를 실시할 때의 중량(일반적으로 수직하중은 가장 무거움)
  - Empty Weight＋Water Required for Hydrostatic Test

8) 풍하중(Wind Load)

① Wind Loads는 기계팀으로부터 Inform을 받아 토목설계를 진행하는 것이 일반적이다.

② 기계팀으로부터 적시에 Information을 접수하지 못하여 직접 계산 시에는 해당 프로젝트의 Specification에 따라야 하며, 참고로 설계 시 일반적으로 많이 이용되고 있는 ASCE 7 Code에 따른 Wind Load 계산법을 소개하면 다음과 같다.

- ASCE 7−02의 경우

$$F = q_z \times G \times C_f \times A_f$$

$$q_z = 0.00256 \times K_z \times K_{zt} \times K_d \times V^2 \times I$$

$$\text{[in SI]} \ q_z = 0.613 \times K_z \times K_{zt} \times K_d \times V^2 \times I$$

여기서, F : Wind Force

q_z : Wind Velocity Pressure(lb/ft²)

V : Wind Speed(3−sec Gust Speeds)

G : Gust effect factor from section 6.5.8 of ASCE 7−02

C_f : Net force coefficients from Figure 6−18 through 6−22 of ASCE 7−02

A_f : Projected area normal to the wind except

where Cf is specified for the actual surface area, ft²(m²)

I : Important Factor

K_d : Wind directionality factor(0.95)

K_z : Exposure Coefficient(C)

K_{zt} : Topographic Factor, $K_{zt} = (1 + K_1 \times K_2 \times K_3)^2$

where, K_1, K_2, K_3 are given in Figure 6−4 of ASCE 7−02.

9) 지진하중(Seismic Load)

① Seismic Loads는 기계팀으로부터 Inform을 받아 토목설계를 진행하는 것이 일반적이다.

② 기계팀으로부터 적시에 Information을 접수하지 못하여 직접 계산 시에는 해당 프로젝트의 Specification에 따라야 한다.

③ 참고로 설계시 일반적으로 많이 이용되고 있는 'UBC' Code 및 국내 규정 중 '건축물 하중기준 및 해설'에 따른 Seismic Load 계산법을 소개하면 다음과 같다.

- UBC 97의 경우

$$\text{Base Shear}(V) = (C_v \times I \times W)/(R \times T)$$

However, $V_2 \leq V \leq V_1$

V_1(Max. seismic load limit)$= (2.5 \times C_a \times I \times W)/R$

V_2(Min. seismic load limit)$= 0.56 \times C_a \times I \times W$

여기서, Seismic Zone : 1, 2A, 2B, 3, 4(Table 16−I of UBC 97)

Soil Profile : SA(Hard Rock)~SE(Soft Soil Profile)

C_a, C_v : Seismic Coefficient(Table 16−Q, R of UBC 97)

I : Importance Factor(Table 16−K of UBC 97)

R : Numerical Coefficient(Table 16−N of UBC 97)

$T = C_t \times (h_n)3/4$: Fundamental Period of Vibration(sec)

C_t : Numerical Coefficient

$C_t = 0.035$(ft) (in SI, 0.0853) for steel moment resisting frame

$C_t = 0.030$(ft) (in SI, 0.0731) for reinforced concrete moment$-$

resisting frame and eccentrically braced frames

$C_t = 0.020$(ft) (in SI, 0.0488) for all other buildings

h_n : Height

W : Design Vertical Load

• 건교부 제정 건축물 하중기준 및 해설(2000)의 경우

$$\text{Base Shear}(V) = (A \times IE \times C \times W)/R$$

여기서, A : 지역계수(0.11 or 0.07)

IE : 중요도계수(특, I, II/도시계획구역, 그 외 구역으로 구분)

C : 동적계수(Max. 1.75), $C = S/(1.2 \times T1/2)$

S : 지반계수

T : 구조물의 기본진동주기, $T = C_t \times (h_n)3/4$

($C_t = 0.085$, 0.073 or 0.049)

h_n : 구조물의 높이

R : 반응수정계수

10) 하중조합(Load Combination)

구조물이나 구조부재는 가장 불리한 재하조건을 고려하여 계산된 외력에 대하여 설계되어야 한다. 가장 불리한 재하조건은 기초의 저면에 Max. Bearing이 발생하는 경우뿐만 아니라 Min. Bearing(Up−Lifting)이 발생하는 경우에도 발생할 수 있으므로, 충분한 Case에 대한 검토가 필요하다.

하중조합을 적용할 때는 해당 Project의 Specification 혹은 발주처에 의해 요구된 Design Code에 따라 설계에 적용해야 한다. 또한 Design Code별 하중조합은 조금씩 차이가 있으므로 주의하여야 한다.

Design Code 중, UBC 97 경우의 하중조합을 소개하면 아래와 같다.

① Load combinations Using Allowable Stress Design

for Stability Check(Soil Bearing, Sliding, Overturning) of Foundation

• UBC 97의 경우(Section 1612.3 of UBC 97)

• $D+L$

• $D+W$

• $D+L+(T+H)$

• $D+L+(W \text{ or } E/1.4)$

• $0.9D \pm E/1.4$

여기서, D : Dead Load, L : Live Load, W : Wind Load, E : Seismic Load,
T : Thermal Load, H : Soil & Water Pressure

② Load combinations Using Strength Design

   for Calculation of Reinforcement for Footing & Pedestal

- UBC 97의 경우(Section 1909.2 of UBC 97)

> - $1.4D + 1.7L$
> - $0.75(1.4D + 1.7L + 1.7W)$
> - $0.9D \pm 1.3W$
> - $1.1(1.2D + 0.5L + 1.0E)$
> - $1.1(0.9D \pm 1.0E)$
> - $1.4D + 1.7L + 1.7H$
> - $0.75(1.4D + 1.7L + 1.4T)$
> - $1.4D + 1.4T$

여기서, D : Dead Load, L : Live Load, W : Wind Load, E : Seismic Load,
T : Thermal Load, H : Soil & Water Pressure

(7) 주요 토목구조물(Foundation)

1) Vertical Vessel Foundation

① Pedestal Design

   ㉠ 경제성/시공성을 고려하여 B.C.D(Bolt Circle Diameter)의 크기에 따라 Square, Octagon 또는 Circle Type으로 Pedestal 형상을 Design한다.

   ㉡ Pedestal의 Outside Diameter는 Anchor Bolt와 Re-bar 사이의 Clear Distance가 Concrete Aggregate의 Max. Size 이상이 되도록 설계한다.

   ㉢ Anchor Bolt가 M36을 초과하는 경우에는 Shear Bar, Tension Bar의 설치 여부를 검토한다.

   ㉣ Pedestal의 Top Side가 넓은 경우에는 Crack Resistant용 Re-bar 또는 Wire-mesh로 보강한다.

② Footing Design

   ㉠ 가급적 지반 반력은 Tension이 발생하지 않도록 설계한다.

   ㉡ 부득이 Tension을 허용할 경우 : Non-pile Foundation의 경우는 실제로 (−) Bearing 값을 보정하고 Pile Foundation의 경우는 Pile & Footing 사이에 Tension Connection이 되도록 설계한다.

   ㉢ Footing Size가 많이 커지는 경우에는 주위의 Foundation과 Combined시키면 더 유리해지는 경우가 있으므로 Combined Foundation Type을 고려해 볼 수 있다.

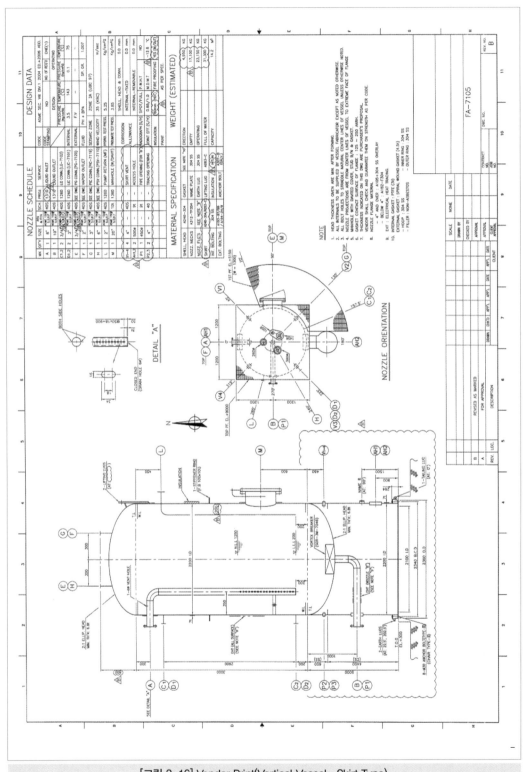

[그림 2-16] Vendor Print(Vertical Vessel - Skirt Type)

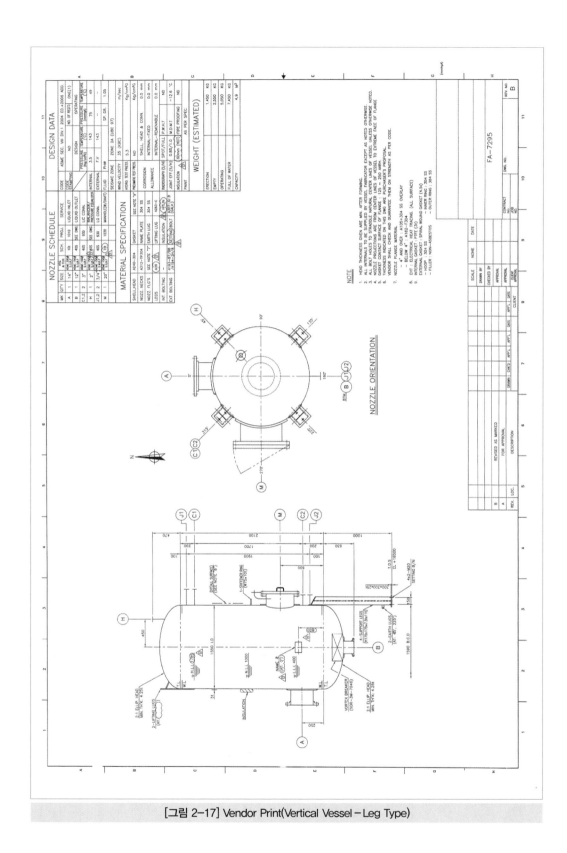

[그림 2-17] Vendor Print(Vertical Vessel – Leg Type)

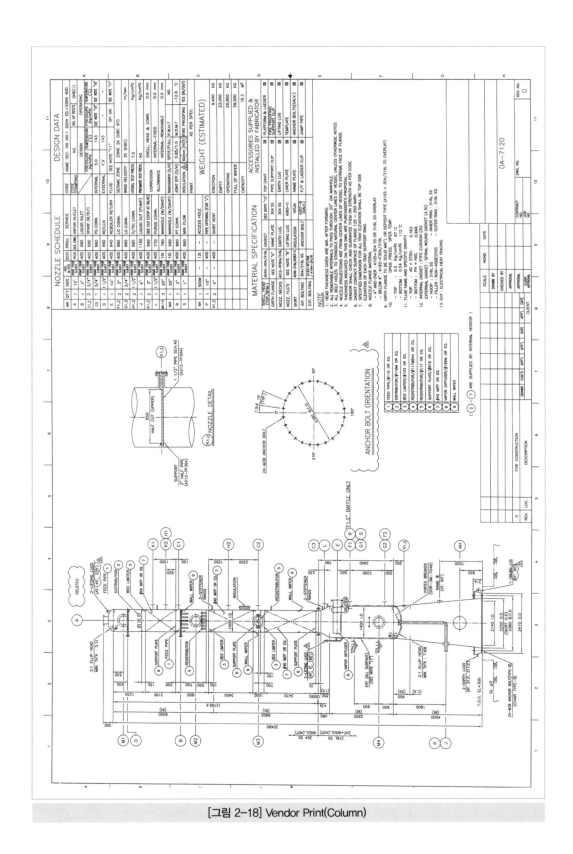

[그림 2-18] Vendor Print(Column)

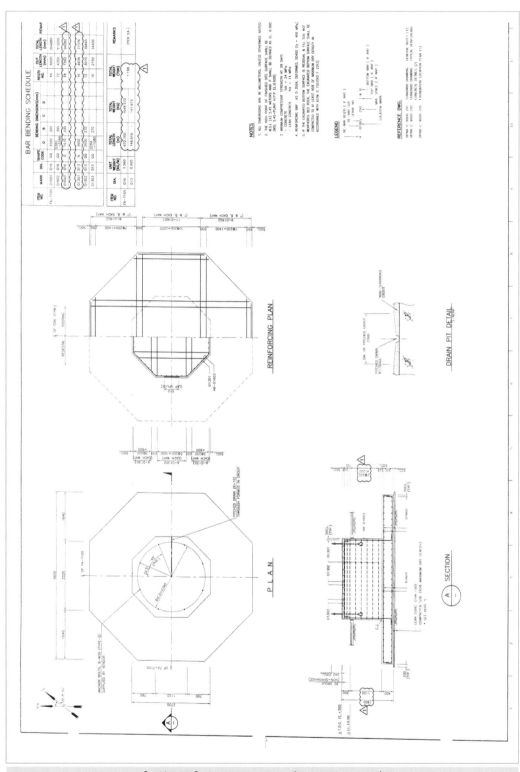

[그림 2-19] Civil Detail Drawing(for Vertical Vessel)

2) Horizontal Vessel Foundation
　① Pedestal Design
　　㉠ Equipment의 Saddle Distance와 Base Plate Size 및 Anchor bolt와 Re－bar의 Clear Distance를 고려하여 Pedestal Size를 결정한다.
　　㉡ Pedestal 주변의 Nozzle 위치를 확인하여 Pedestal과의 Interface를 Check해야 한다.
　　㉢ Grouting Thickness를 결정할 때는 Sliding Plate의 두께를 고려하여 결정한다.(보통 30~50mm)
　　㉣ H－Vessel이 100ton 이상으로 Heavy할 경우에는 Friction Force를 줄이기 위해 Teflon의 설치 여부를 Mechanical Discipline과 사전협의한다.
　② Footing Design
　　㉠ Footing Type을 결정할 때는 경제성을 고려하여 Individual 또는 Common Type으로 설계한다.
　　㉡ Footing Depth는 Underground Piping과의 Interface를 고려하여 결정한다.
　　㉢ 기계의 Thermal Extension에 의한 Friction Load를 설계에 고려해야 한다.
　　㉣ Heat Exchanger의 경우 Bundle Weight를 확인하여 Bundle Pulling Force를 설계에 반영한다.

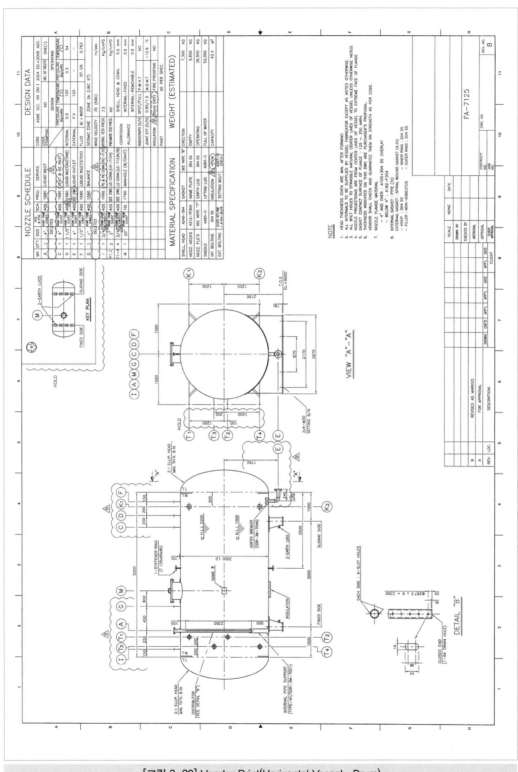

[그림 2-20] Vendor Print(Horizontal Vessel – Drum)

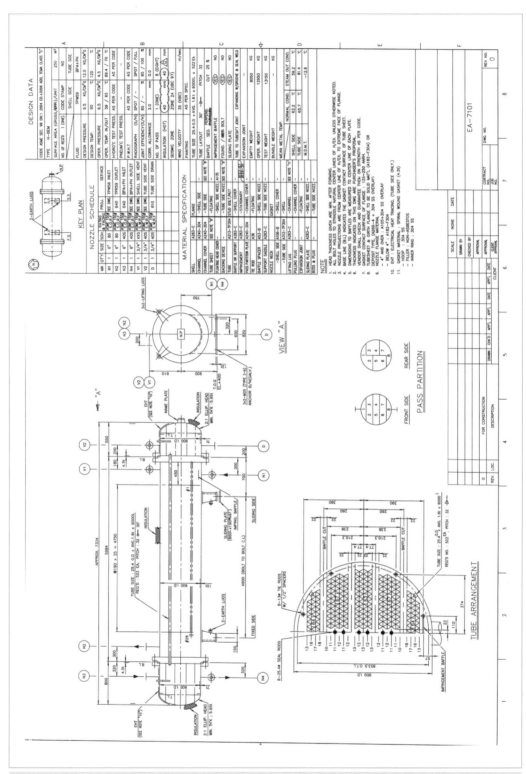

[그림 2-21] Vendor Print(Horizontal Vessel – Heat Exchanger)

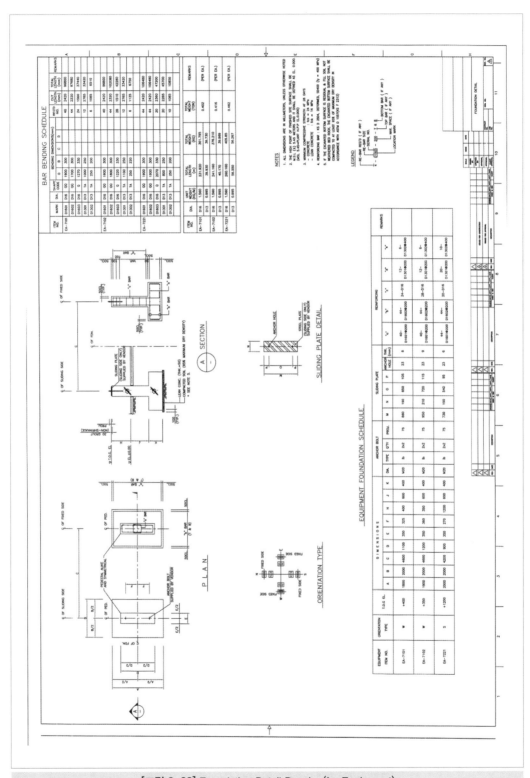

[그림 2-22] Foundation Detail Drawing(for Equipment)

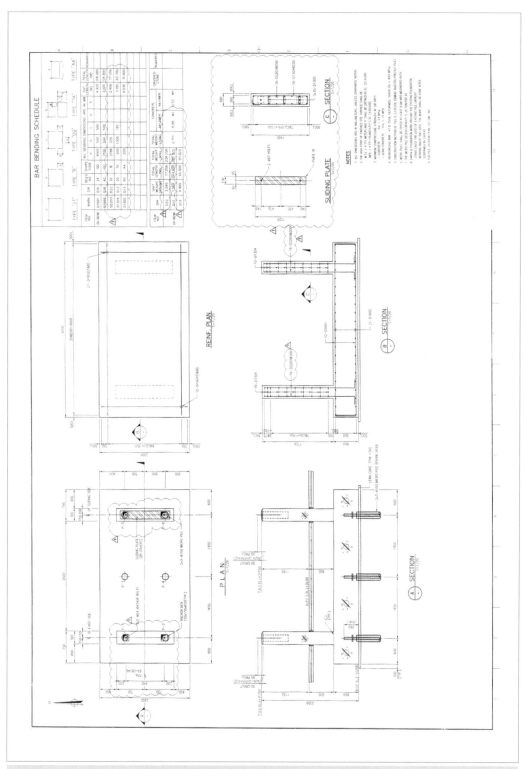

[그림 2-23] Civil Detail Drawing(for Horizontal Vessel)

3) Tank Foundation

① 개 요

- ㉠ 일반적으로 지상 저유탱크가 설치되는 지반의 종류는 지반조건이 양호한 절토지와 부지 및 지형 여건에 따라 사질토지반, 점성토지반 그리고 편절 편성토의 지반으로 구분되고, 지반조건에 따라 기초지반을 개량할 경우와 개량하지 않을 경우로 구분한다.
- ㉡ 통 원유 저장탱크는 기초지반이 풍화암 이상의 절토부와 같은 양호한 토층에 배치하고 있으며 지반조사 결과를 분석하고 안정성ㆍ시공성 및 경제적인 측면을 고려하여 기초형식을 선정한다.

② 기초형식 분류

- ㉠ 일 반

  유류 저장 탱크의 상부 기초형식은 상재탱크의 구조적 특징 및 그것을 지지하는 지반 조건에 따라 좌우되는데 대별하면 다음과 같다.

  ⓐ 철근 콘크리트 Ring Wall 기초

  ⓑ 성사기초(Crushed Stone Ring Wall 기초)

    기초 지반이 연약할 경우 지반특성에 따라 지반개량을 시행하는데 종류는 다음과 같다.

    - 치환공법
    - 말뚝공법
    - 동다짐 공법(Dynamic Compaction 공법)
    - 동치환 공법(Dynamic Replacement 공법)
    - 모래다짐 말뚝공법(Sand Compaction Pile 공법)
    - 수직배수 공법(Vertical Drain 공법)

    탱크기초지반의 특성과 상부 탱크 구조물의 특성을 고려하여 탱크기초형식을 선정한다.

- ㉡ 기초형식 선정 시 고려사항

  대규모 저장탱크를 지지하기 위한 탱크기초 선정 시 고려할 사항은 다음과 같다.

  - 유류저장탱크는 대단히 가요성(Flexible)이 풍부한 구조물
  - 중규모는 대단히 커서 유류저장탱크의 상재하중은 대략 $25ton/m^2$ 정도
  - 탱크부지는 대부분 절성토 혼재지역으로 부지조건에 따른 기초지반 상황
  - 지하수위의 변동에 따른 지반의 지지력 감소 여부
  - 시공성 및 경제성

- ㉢ 기초형식 분류

  일반적으로 원유 저장탱크의 기초형식은 Earth Type, Ring Wall Type, Ring Wall＋Mat Type으로 분류된다. 이는 지지지반 조건에 따라 구분되며, 각 공법별 시공방법 및 특징은 다음과 같다.

ⓐ Earth Type

지지 지반이 양호한 경우에 적용되는 기초형식으로서 지지 지반상에 입도가 양호한 혼합골재(ϕ40mm 이하)를 쌓아서 하중을 균등하게 지반에 전달하는 형식이다.

이 형식은 가장 경제적인 기초형식이지만 탱크 Shell 중량을 지지하는 데 따른 국부적인 침하 및 탱크 측판부의 전단강도 집중으로 부분 파괴를 유발할 수 있으므로 기초 Founding 재료에 대한 정밀한 시공성이 요구된다. 또한 탱크 기초 주변 배수문제 등에 별도의 보강대책이 필요하고 소요면적이 Ring Wall 기초보다 넓게 필요하다.

ⓑ Ring Wall Type

Earth Type에 Tank Shell 부분을 기초보강한 형식으로 Shell 부분에 Concrete Ring Wall을 설치하는 형식이다.

이 형식은 대형탱크나 측판이 높은 탱크에 적용되며 측판변형을 고려하여 Floating Roof Type 탱크는 Ring Wall 기초를 주로 사용하여 API 650에서는 이 형식의 적용을 권장하고 있으며 특징은 다음과 같다.

• 탱크 측판부의 응력 집중을 분산하여 국부적인 지반파괴를 방지한다.

• 탱크 Shell 시공 시 정확한 수직도를 유지할 수 있으며 외부에서 탱크 저판 내부로 우수 침투를 방지하여 탱크 저판의 부식 및 기초쇄석층에 세굴을 방지할 수 있다.

ⓒ Ring Wall + Mat Type

기초지반이 지하수위가 높은 경우, 탱크 저판의 부식을 심화할 우려가 있는 경우 및 기초지반이 깊은 연약지반으로 구성되어 치환공법 등의 적용이 불리할 경우 Pile 기초와 병행하여 적용한다.

이는 Concrete Ring Wall 형식에 Mat Foundation을 조합함으로써 지하수위 상승 방지효과 및 탱크하중의 Pile 상단 응력집중 방지를 위한 형식이다.

③ Tank Foundation 설계 시 고려사항

㉠ Tank Base가 Anchor Bolt에 의해 결속되는 경우는 Concrete Foundation으로 설계되어야 하나, Anchor Bolt가 없고 Soil Bearing Capacity가 좋을 때는 Earth Foundation을 고려할 수 있다.

㉡ Ring Wall Type으로 설계할 경우 Hoof Tension에 의한 Stress를 고려하여 Ring Wall을 Design한다.

㉢ Soil Condition이 좋지 않고, Tank가 Dia.에 비해 Height가 클 경우에는 Ring Wall과 Footing이 결합된 Concrete Foundation으로 주로 설계한다.

㉣ Tank의 Bottom Plate 아래 부분은 일반적으로 Base Bed로서 Oily Sand를 사용하며, 그 아래에는 Granular Material로 Bedding을 하여 하부의 불균등한 Soil Bearing에 의한 Tank Bottom Plate의 손상과 침투수(Infiltration)에 의

한 부식(Corrosion)을 방지한다.

ⓜ Oily Sand는 Tank Bottom Plate를 균등하고 안정적으로 지지하는 데 유리하며, 어느 정도의 방수역할도 한다. 또한 Granular는 모세관현상(Capillary)을 방지하고 배수를 좋게 한다.

ⓗ Tank Type에 따라서는 Tank의 Drain System이 Ring Wall 내부에 있는 경우도 있으므로, Footing부와 Interface가 생기지 않도록 Foundation 설계에 유의하여야 한다.

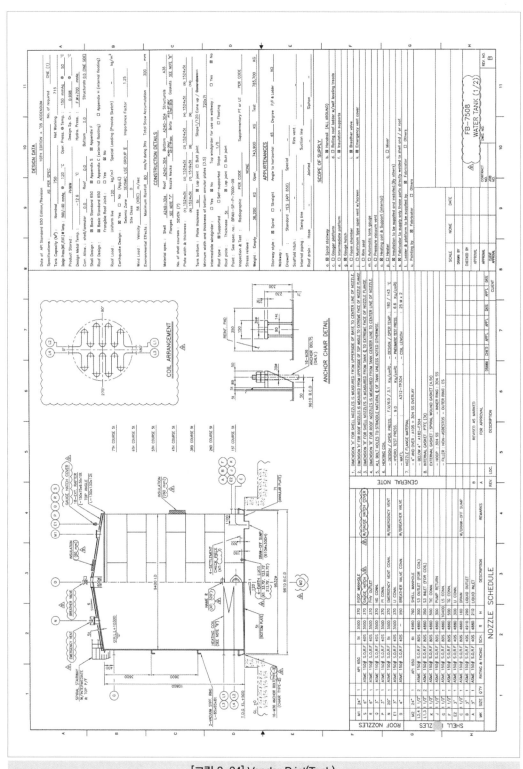

[그림 2-24] Vendor Print(Tank)

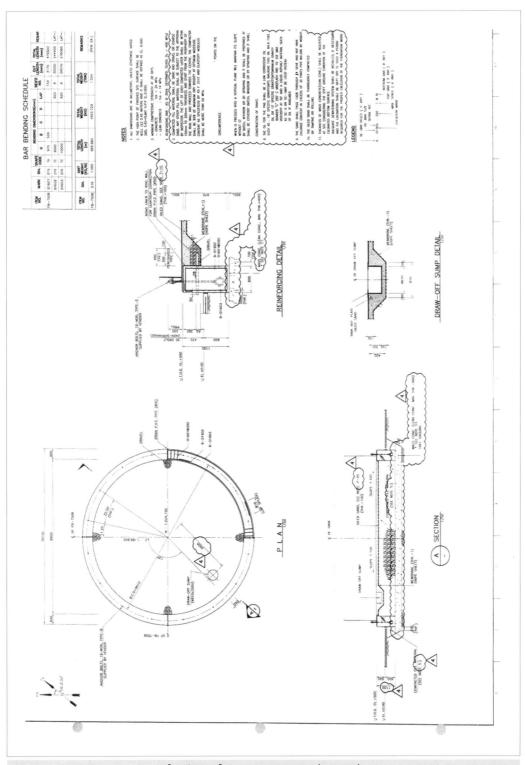

[그림 2-25] Civil Detail Drawing(for Tank)

4) Compressor & Pump Foundation

① Compressor Foundation Design

ㄱ Compressor Foundation은 Dynamic Analysis로 설계하는 것을 원칙으로 하되, Small Compressor의 경우 Pump Foundation Design 방식을 따를 수도 있다.

ㄴ Dynamic Analysis 결과 Foundation Volume이 매우 클 때에는 Concrete Block 내부를 Concrete 대신 Sand로 채우는 방법을 고려한다.

② Pump Foundation Design

ㄱ Design Specification에 규정이 없는 경우에 별도의 Dynamic Analysis를 하지 않고 Foundation Weight가 Pump Total Weight의 Minimum 3배 또는 5배가 되도록 설계한다.(정확한 규정은 프로젝트 규정을 따른다.)

• Centrifugal Pump, Small Compressor, Mixer 등 : 3배

• Reciprocating Pump or Large Heavy Centrifugal Pump 등 : 5배

ㄴ Anchoring 방식은 대부분 Block-out Type을 적용하고, Filling Material은 Non-shrinkage Grout를 사용하되, Vendor Requirement가 있는 경우 Epoxy Grout를 사용하기도 한다.

ㄷ Rotating Equipment Foundation에 Pile을 쓰는 경우는 Pile 허용하중의 60% 이하로 설계한다.

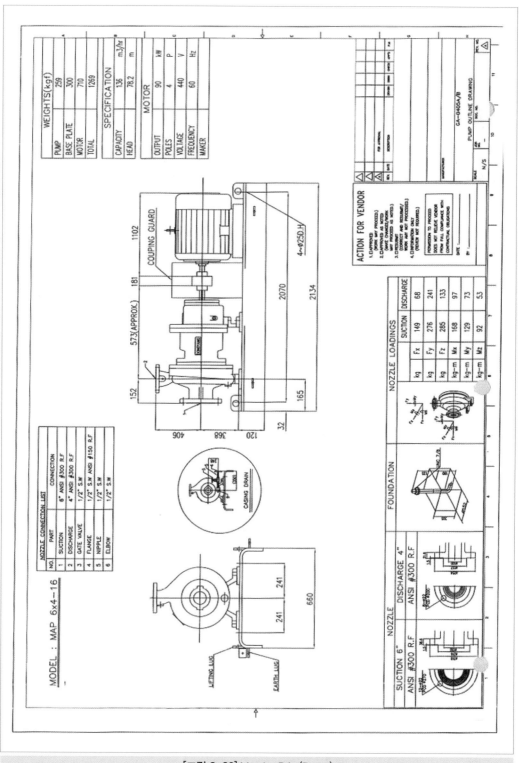

[그림 2-26] Vendor Print(Pump)

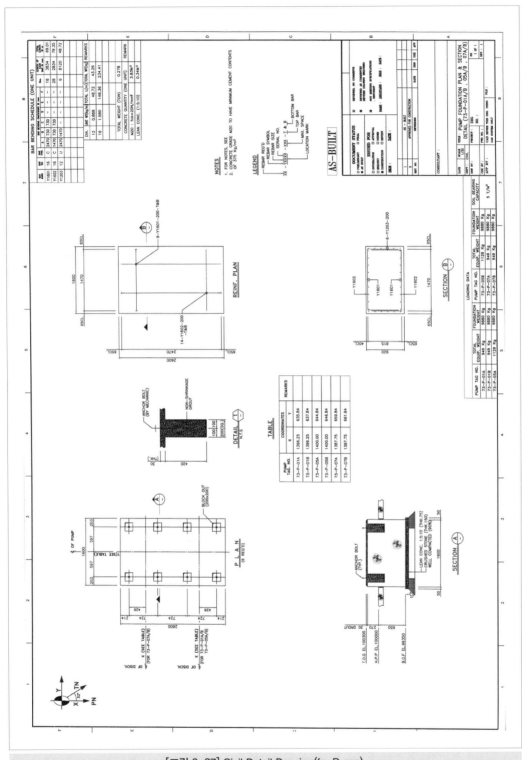

[그림 2-27] Civil Detail Drawing(for Pump)

8. Pit Type 구조물 설계

(1) Pit Type 구조물의 종류

Pit란 일반적으로 Drainage Water, Waste Water, Sea Water 및 Oily Water 등을 저장할 목적으로 설치되는 구조물로서 크게 Underground Type과 Aboveground Type으로 나눌 수 있다.

| 표 2-25 | Pit Type Structure의 종류

Underground Pit	Aboveground Pit
Drum Mounted Pit, Pump Pit, Pond, etc.	WWT Basin, Cooling Tower Basin, etc.

1) Underground Pit

① Drum Mounted Pit

Drum형식의 Equipment가 Pit 내부에 위치하며, Catch Basin 또는 Sump Pit를 통하여 모인 Oil, Oily Water 등을 재처리 시설로 송출 또는 배수할 목적으로 설치되는 지하 구조물로서, 덮개의 유무에 따라 Opening Type과 Closing Type으로 구분된다.

㉠ Opening Type

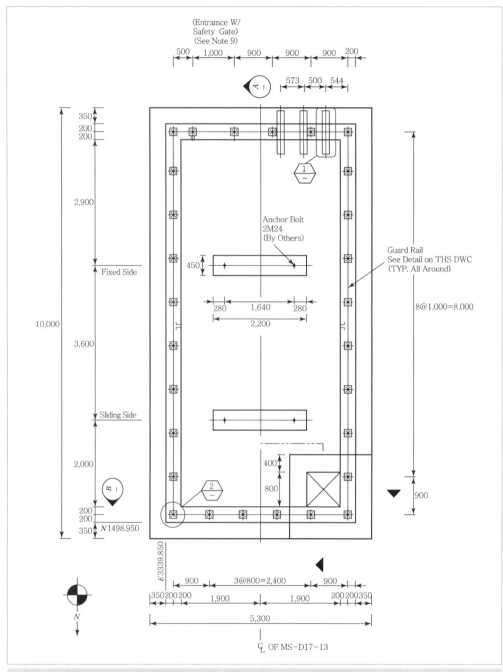

[그림 2-28] Drum Mounted Pit - Plan(Opening Type)

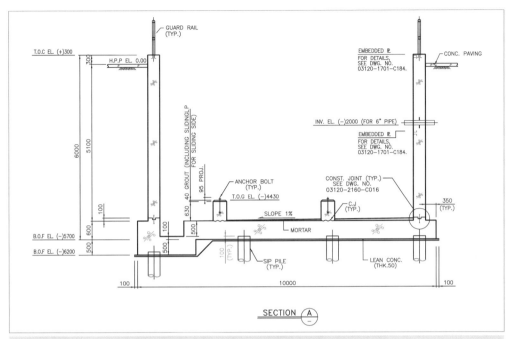

[그림 2-29] Drum Mounted Pit – Section A(Opening Type)

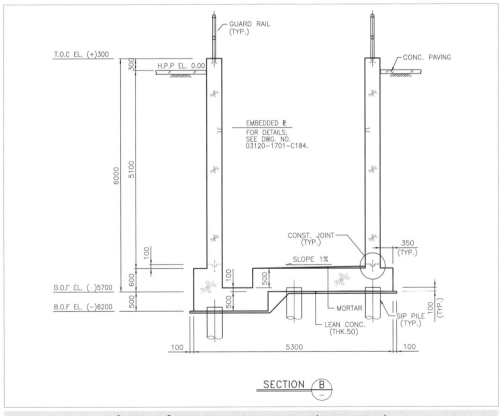

[그림 2-30] Drum Mounted Pit – Section B(Opening Type)

㉡ Closing Type

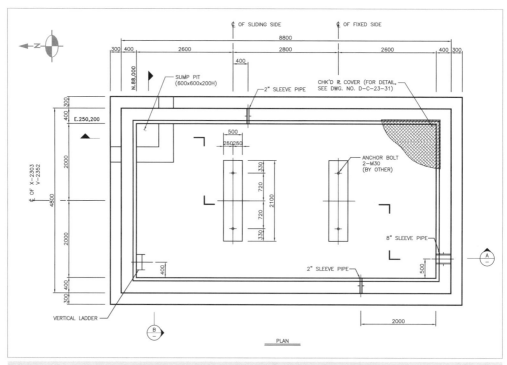

[그림 2-31] Drum Mounted Pit – Plan(Closing Type)

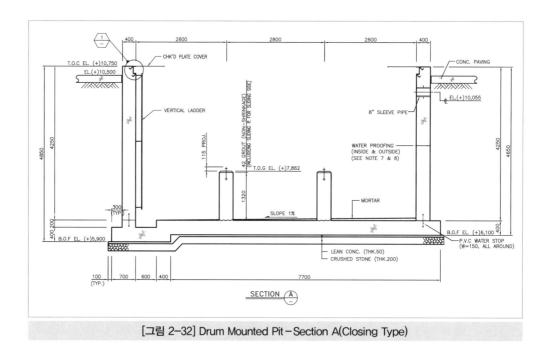

[그림 2-32] Drum Mounted Pit – Section A(Closing Type)

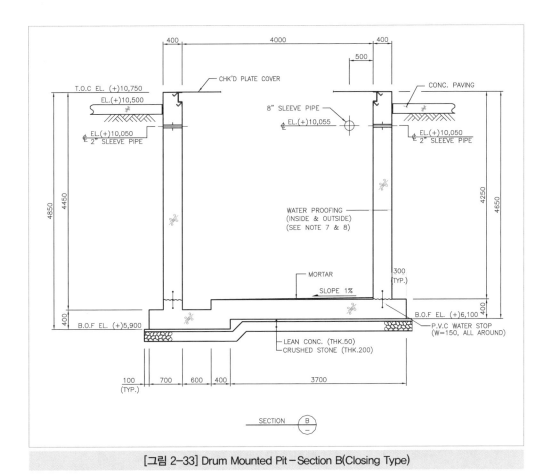

[그림 2-33] Drum Mounted Pit−Section B(Closing Type)

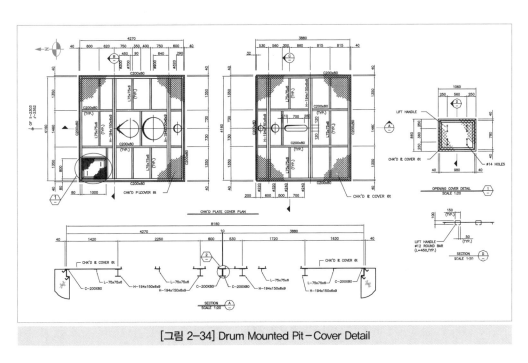

[그림 2-34] Drum Mounted Pit−Cover Detail

② Pump Pit

Pit 상부에 Pump가 위치하며, Pit 내 저장물 또는 Piping을 통해 받은 유체를 가압 Pumping 용도인 대형 Pump를 설치하기 위한 Pit 구조물이다. 이 구조물은 일반적으로 지중에 설치되며, 바닥슬래브에는 배수를 위한 Drain Pit를 설치하고 송출 내용물에 따라 내부 벽면의 Coating 재료가 결정된다.

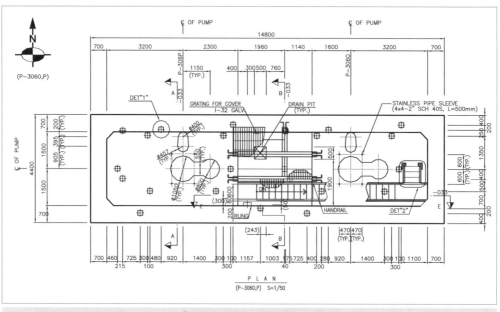

[그림 2-35] Pump Pit-Plan

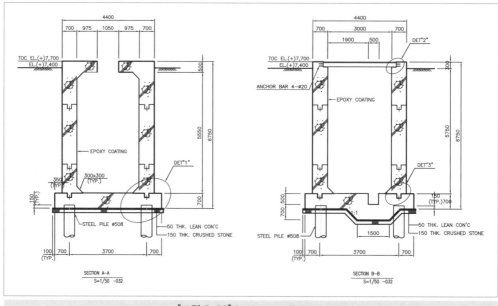

[그림 2-36] Pump Pit-Section

③ Sump Pit

Pipe Line을 통해 Pit에 저장된 유체는 Pit 상부에 위치한 Pump에 의하여 압송되며 Pit 내부에 벽체를 설치하여 저장공간이 분리되는 구조로서 일반적으로 지중에 설치되는 구조물이다.

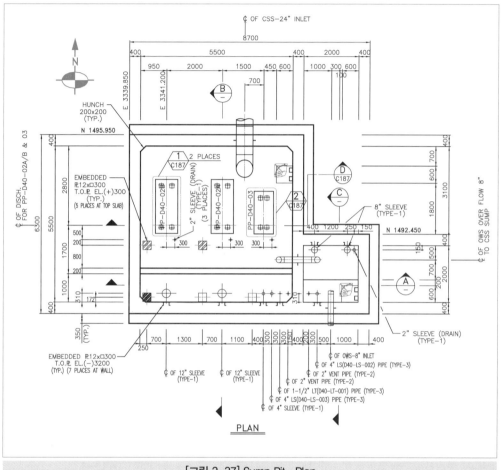

[그림 2-37] Sump Pit - Plan

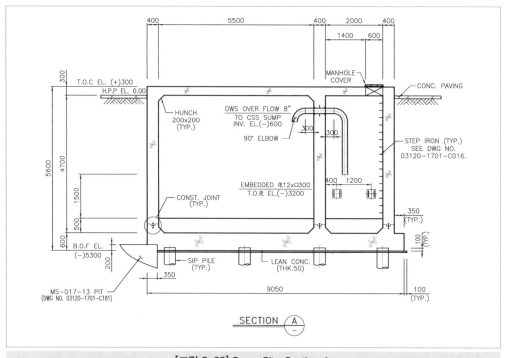

[그림 2-38] Sump Pit – Section A

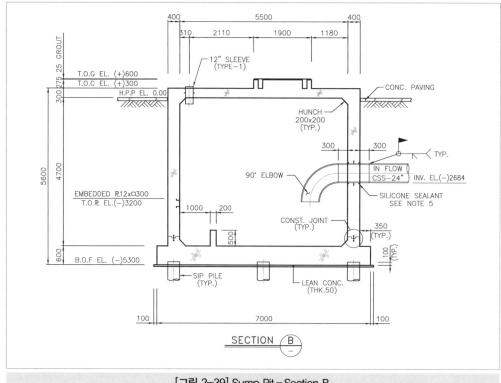

[그림 2-39] Sump Pit – Section B

④ Pond

Earth Type의 제방으로 둘러싸인 공간 내부에 저장된 유체를 Pipe Line을 따라 중력식으로 자연 유하시킬 목적으로 설치되는 일반적으로 지중에 설치되는 구조물이다.

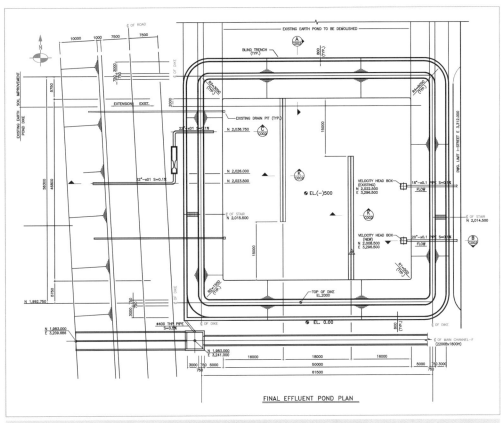

[그림 2-40] Effluent Pond – Plan(Earth Type)

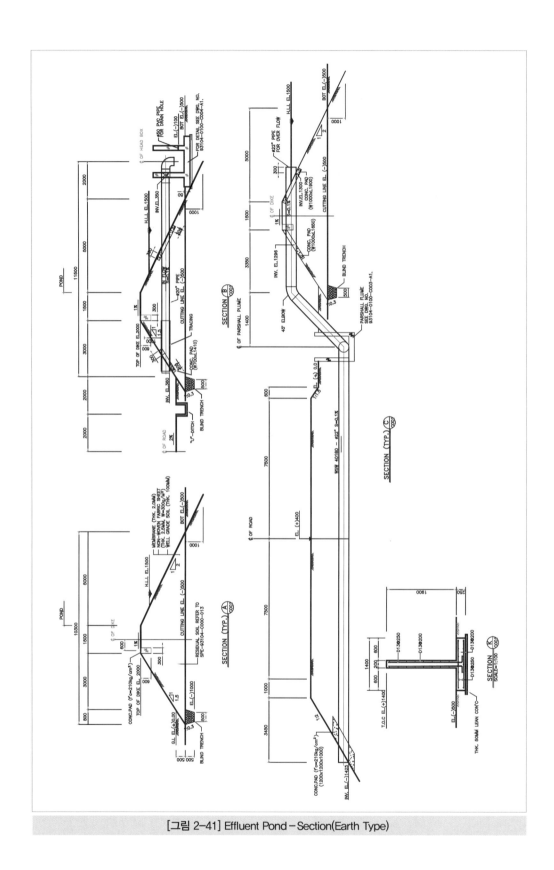

[그림 2-41] Effluent Pond – Section(Earth Type)

2) Aboveground Pit

① WWT(Waste Water Treatment) Basin

각종 Equipment로부터 발생하는 Oily Water를 한곳에 모아 저장 및 처리하는 구조물로서 바닥슬래브에 Sump Pit이 설치되는 일반적으로 지상 및 지중에 설치되는 구조물이다.

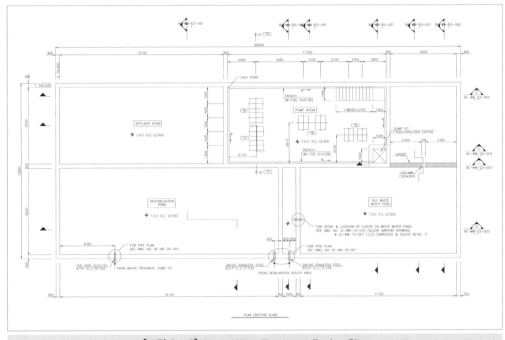

[그림 2-42] Waste Water Treatment Basin – Plan

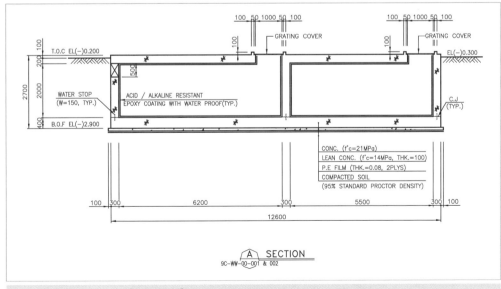

[그림 2-43] Waste Water Treatment Basin – Section A

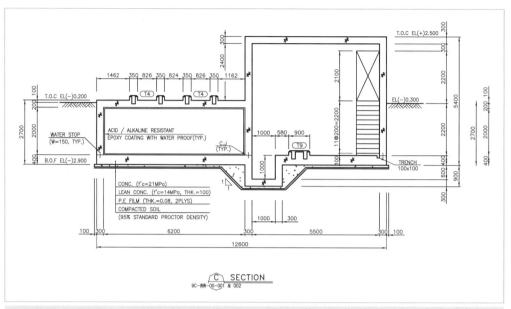

[그림 2-44] Waste Water Treatment Basin – Section C

② Cooling Tower Basin

　　Cooling Tower로부터 발생하는 유체를 저장하며 내부에 기둥 및 Sump Screen 등이 설치되는 구조물로서 일반적으로 지상에 설치된다.

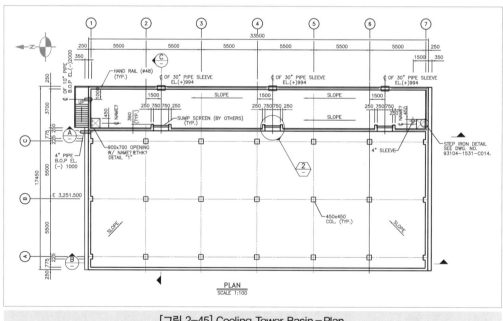

[그림 2-45] Cooling Tower Basin – Plan

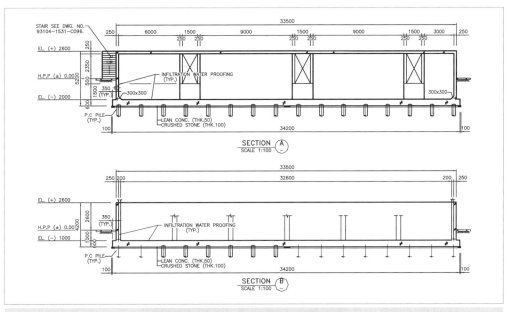

[그림 2-46] Cooling Tower Basin – Section

(2) Pit 구조물 설계 시 고려사항

1) Concrete Structure Design

① 지중에 매설되는 Pit인 경우에는 반드시 양압력 및 부력(Buoyancy Load)에 의한 Concrete Pit의 부상(Uplift) 여부를 검토해야 한다.

② 발주자의 요구사항이 없더라도 공정상 Water Proofing이 중요한 Pit(황산탱크, LNG 저장 Pit, WWT Pit 등)의 경우에는 균열검토를 실시하여 철근을 충분히 보강해 주어야 한다.

③ 균열을 방지하기 위해서는 같은 철근량이라도 철근의 직경을 줄이는 대신 배치간격을 촘촘히 하는 것이 효과적이다.

2) General Review of Pit Structure

① Pit 덮개의 필요 유무를 공정 및 배관담당자와 함께 검토한다.

② 덮개는 밀폐의 필요 정도에 따라 Grating Cover, Checkered Plate Cover, Concrete Cover를 사용할 수 있다.

③ Concrete 덮개의 경우 유지관리를 위한 Manhole을 두어야 하며 Manhole 뚜껑은 가급적 Precast 제품을 사용하는 것이 좋다.

④ 모든 Pit는 내부 배수를 위하여 Pit 바닥에 Drain Pit를 설치하여야 한다.

⑤ 깊이가 1.0m 이상(일반적으로)이 되는 모든 Pit에는 Ladder 또는 Step Iron 등을 설치하고, 덮개가 없는 Pit에는 Handrail을 설치하여야 하며, 설치높이는 관련 규정에 의거한다.

⑥ Pit 구조물에는 Inlet/Outlet 배관, Gage Support, Pump 설치, Inside/Outside Coating 등이 포함될 수 있으므로 관련 Discipline의 담당자와 사전에 협의하여야 한다.

❸ PLANT 토목 관련 업무영역

1. Site Survey Type

(1) Preliminary and General Investigation
   1) 토목설계, 시공 등 예상되는 문제점을 사전 예시하는 목적
   2) ITB에서 제공하는 기초 자료를 토대로 Site Survey를 통한 개략적인 확인 차원의 조사 방법
   3) 회수 및 방법은 문제점 및 주요 조건에 부합하도록 하여야 함
   4) 주로 Proposal 수행 기간 중 적용

(2) Detailed Investigation
   1) 위 조사방법의 보강방안
   2) 토목설계 중 주로 지하시설물 규격 결정 및 시공분야까지 확대한 조사
   3) 대형 Project의 Proposal 경우 위 조사방법보다 확대 적용

(3) Verification Survey
   1) Project Award 이후 ITB 제공 기초 자료의 검증 차원에서 수행
   2) Verification 결과에 대한 통보가 필요함
   3) 설계 수행 전 Project 초기 단계에서 시행 필요

(4) Clarification Survey
   ITB 제공 기초자료와 Verification을 통한 자료의 Deviation이 발생 및 이에 따른 공사 금액 증가가 예상될 경우를 예상하여 추가적인 Survey Claim 성격이 큼

(5) Survey 적용 Item
   1) Investigation/Survey 항목은 다음과 같다.
      ① Geotechnical Investigation : Soil Substratum & Rocky Substratum
      ② Geodetic and Topographical Survey
      ③ General Geological Survey

④ Hydrological and Environmental Data Collection

⑤ Hydraulic Survey(River, Canal, Lake and Sea)

⑥ Pollution Survey

2) Minor Project 경우 위 사항 중 많은 부분을 축소 시행할 수 있다.

(6) Site 선정 결정을 위한 조사기준

1) Topography : Available Area, Variation in Ground Elevation, 지표수, Obstacles, Road, River, etc.

2) Geology/Geotechnics : Seismic Risk, Presence of Faults/Cavities, Bearing Capacity, Settlement and stability(Short & Long Term), Earth Moving Requirements, Borrow Pit and Quarry Resources, Chemical Properties/Stability, Durability, Substratum/Subsoil 풍화 정도, etc.

3) Geo-hydrology : Groundwater Table and Variation, Groundwater Flow/Permeability, Groundwater의 Chemical Properties, Surface Run-off, Drainage Requirements, etc.

4) Meteorology : Air 및 Water의 Ambient Temperature, Wind, Pollution, etc.

5) Hydrography : Waves, Currents, Tides, etc.

(7) Report

Site 선정을 위한 Report 작성은 다음 사항이 포함되어야 한다.

1) 수집한 모든 Data/Information의 출처

2) Site Visit Report

3) Site Physical Condition에 대한 평가

4) 각 단계별 Investigation/Survey에 대한 연관성

5) 필요한 지역의 추가 조사항목

6) Future Extension Area에 대한 제고

7) 최종 결론

8) Hydrography : Waves, Currents, Tides, etc.

2. 기초 조사

(1) 개요

1) Site Survey 에 의하여 부지가 선정되면 설계 기초자료인 측량 및 지반조사 등을 실시하여야 한다.

2) Site Investigation 역무는 다음의 특징을 갖고 있다.

① 토목설계에 직접적인 영향을 끼치는 Site Condition의 여러 Physical Parameter와 관련된 Data 확보에 그 목적이 있다.

② 여기에서는 조사 단계부터 설계, 시공, 그 이후 공장의 Operation 기간 동안의 관련 여러 Plant(Oil Refinery, Chemical Plant, Gas Plant, Storage Facilities 및 Terminal)에 국한하여 적용한다.

③ Project가 속해 있는 국가의 별도 관련 Regulation이 있는 경우는 Project 관련 Spec.과 비교하여 더 Stringent한 것이 우선하여야 한다.

④ Site Investigation 업무로부터 수집된 Data를 기준하여 설계에 적용할 경우 경제성, 안전성 및 Local Practice 범주를 벗어나지 않는 범위 내에 최적의 결정이 요구된다.

⑤ 관련 Spec.과 Local Regulation의 Deviation 예상 시 관련 당국과 협의 조정을 원칙으로 하나, 가급적 Project Spec.을 준수토록 노력하여야 한다.

⑥ Site Investigation 업무에서 얻어지는 모든 Data는 Minimum Requirements이다.

(2) 측량(Topographic Surveying Work)

1) 활용범위

① 세부설계 기초자료

② Plant 부지 Setting Out 설정

③ 사업주 제공현황과 실현황과의 Deviation 검토

④ 공사 중 현황 변화에 대처할 수 있는 기초자료

2) 시행방법

① 토목에서 Inquiry 작성 및 현지 전문업체 간의 Cost, Experience

② 현황 숙지 여부 정도

③ 기술력

④ Tool 보유 정도 등을 종합적으로 비교 평가하여 선정

3) 업무범위

① 현지 조사

② 삼각 측량

③ 수준 측량

④ 현황 및 지형 측량

⑤ 장애물 조사

⑥ 종 · 횡단 측량

⑦ Bench Mark 설치

(3) 지반조사(Geotechnical Investigation)

1) Code and Standard

관련 Project의 Specification을 최우선이며, 적용 Code는 ASTM 및 BS 적용을 많이 받는다.

Site Investigation 역무는 다음의 특징을 갖고 있다.

① 토목설계에 직접적인 영향을 끼치는 Site Condition의 여러 Physical Parameter와 관련된 Data 확보에 그 목적이 있다.

② 본 교재는 조사단계부터 설계, 시공, 그 이후 공장의 Operation 기간 동안의 관련 여러 Plant(Oil Refinery, Chemical Plant, Gas Plant, Storage Facilities 및 Terminal)에 국한하여 적용한다.

③ Project가 속해 있는 국가의 별도 관련 Regulation이 있는 경우는 Project 관련 Spec.과 비교하여 더 Stringent한 것이 우선하여야 한다.

④ 본 Site Investigation 역무로부터 수집된 Data를 기준하여 본 설계에 적용할 경우 경제성 · 안전성 및 Local Practice 범주를 벗어나지 않는 범위 내에 최적의 결정이 요구된다.

⑤ 관련 Spec.과 Local Regulation의 Deviation 예상 시 관련 당국과 협의 조정을 원칙으로 하나, 가급적 Project Spec.을 준수토록 노력하여야 한다.

⑥ Site Investigation 역무에서 얻는 모든 Data는 Minimum Requirements이다.

2) Field Work

① Boring

㉠ Soil Type, Laboratory 및 Site 시험 재료 채취 및 Penetration Test 결과의 연관성, Groundwater의 Information을 목적으로 한다.

㉡ Boring에서 채취한 Sample은 ASTM Standard 기준에 준하여 보관이 필요하다.

② Groundwater Sampling

㉠ Chemical Analysis 목적

㉡ 시험방법 및 절차는 관련 Specification 기준 준수 필요

③ Dutch Cone Penetration Test(DCPT)

Boring Test의 보완방법으로 주로 이용

④ Groundwater Level Measurements

Stand Pipe로 Level 결정

⑤ Soil Sampling Test

㉠ Sand 및 Silty Soil의 Grain Size 분포

㉡ Sandy 및 Silty Soil 내 Silt Content

㉢ Soil의 Unit Mass

㉣ Clay와 Silty Soil의 Atterberg Limit

⑥ Factual Report

   ㉠ Final Report 전 Field Report 및 Preliminary Report로 구성

   ㉡ Field Report 경우 Boring Report에 대한 Information 및 DCPT Testing Information 기록

   ㉢ Preliminary Report 경우 Boring 및 DCPT Test 결과의 연관성 등 필요

⑦ Final Geotechnical Investigation Report

   ㉠ Factual Information 기록

   ㉡ Geotechnical Engineering 평가

   ㉢ Boring 및 DCPT Log 기록

   ㉣ Laboratory Test 기록

3) 활용

① 활용범위

   ㉠ 구조물 및 건물 구조계산 기초자료(지지력, 내진설계, 토압 등)

   ㉡ Asphalt 포장 및 Concrete 포장두께 산정 기초자료

   ㉢ 절·성토 사면구배 설정을 위한 사면안정 계산자료

   ㉣ 법면 보호 대책설정

   ㉤ 연약지반 대책공법 및 주요구조물 침하량 계산자료

   ㉥ 공사용 골재 활용가능성 및 가설공사 기준자료

   ㉦ 기초구조물의 Corrosion Protection Class 결정

   ㉧ 기초형식 설정

   ㉨ 지하수위 영향 범위 및 Buoyancy 검토

   ㉩ 전기비저항탐사에 의한 지층구조 검토

   ㉪ 암선 추정

② 기초구조물(Foundation)

   ㉠ Structural Shallow Foundation

     • Allowable Soil Bearing Capacity 추정

     • Settlements(Total and Differential) 예측

     • Time/Settlement Behavior

   ㉡ Tank Foundation

     • Bearing Capacity

     • Tank Shell 및 Center 부의 Total and Differential Settlement 예측

     • Time/Settlement Behavior

   ㉢ Deep Foundation(Pile Foundation)

     • Pile Type 선정

     • Pile Bearing Capacity 추정

- Single/Group Pile에 대한 Total/Differential Settlement 예측
- Driveability
- Negative Skin Friction
② Vibrating Machinery Foundation
- Cross Hole/Down Hole Test에 의한 Soil Data 확보
③ Others
㉠ Earthwork
- Soil Replacement/Improvement Data
- Soil Slope Stability Check Data
- Embankment and Structural Material 유용 여부
㉡ Temporary Work
- Shoring/Underpinning Soil Data
- Excavation Slope
- Dewatering, Deep Well
㉢ Others
- Buried Pipeline
- Structure 주변 영향 검토
- Future Site Elevation 예측
- Cathodic Protection Design Data
- Substructure Corrosion Protection Data

3. Site Preparation(부지 조성)

부지 지형 현황 자료를 기준으로 Plot Plan에 명시한 각 도로 및 Process Unit의 Finished Grade Elevation 또는 HPP(High Point Paving) Elevation 각 부의 포장 세목을 근거로 토공 직업에 필요한 도면 및 수량을 작성하며, 세부 Activity는 다음과 같다.

(1) Setting Out Plan
측량 기준인 Bench Mark에 대한 좌표, 표고차 등을 기입한 설계도면

(2) Grading Plan
토공작업을 위한 설계도면이며, 최적 공사비를 위하여 성토 및 절토의 토공량 Balance 확보가 중요한 사안임

(3) Cross Section
토공작업을 위한 세부 설계도면으로서 성 · 절토의 범위, 토량 면적 등이 표기됨

(4) Fence & Gate Location Plan & Details

Guard House, Watch Tower 등을 포함한 전체 Security Plan을 작성 Plant의 Security 수준 향상을 위하여 Main Gate 경우 Motorized & Crash Rated Sliding Gate를 설치하는 경우도 많다.

(5) Retaining Wall, Outdoor Concrete Stair, Slope Protection

부지조성 공사에 포함되는 각종 토목 기반 구조물 도면을 작성한다.

특히, Terrace 형식으로 조성되는 Plant Site 경우, 도로 및 부지의 사면으로 인한 Dead Space가 많이 발생되므로 Process Unit의 적정 유효면적 확보에 주의를 기울어야 한다.

4. Underground Composite Plan

Plant 토목에 일정관리에 영향을 주는 가장 중요한 설계도면이다. 설계 전 부서의 Data를 접수하여 Underground 내 일종의 교통정리를 하는 도면이며, 각종 시설물 또는 Line 간의 Interference 검토를 위하여 3Dimensional CAD(PDS/PDMS)를 이용하는 추세에 있으며, 각 구성 Product별 개요는 다음과 같다.

(1) Storm Drainage System(Clean Sewer)

Gravity Flow System이며 토목자체 내의 Storm Hydraulic Calculation에 의하여 Size 를 결정하며, Item은 Catch Pit, Manhole, Sand Trap, Pipe Culvert, Box Culvert, R.C Channel, R.C Pipe 등으로 구성되는 것이 일반적이며, 별도의 처리시설 없이 Sea 또는 외곽 기존 Storm 시설물과 연결한다.

특히, Road Crossing 부는 Unit 간의 Hydraulic Sealing 처리를 위해 역 Siphon 형식의 Fire Trap 설치가 필요하며 이 경우 양단에 설치되는 Sump 구조물에는 Desander를 설치하는 경우가 일반적이다.

(2) Domestic Sewer System(Sanitary Sewer)

Gravity Flow System이며, 각 건물별 Soil & Drain의 용량에 의하여 Hydraulic Calculation에 의하여 관경을 결정하며 최종적으로 Sewage Treatment에서 처리하거나 주변 Main Line에 연결 또는 간이식으로 Septic Tank를 설치하는 방법도 있으며, 구성 요소로는 Gully Trap, Inspection Chamber, Manhole, Linepipe가 있으며, Linepipe 의 재질은 V.C, P.E, R.C, GRP 등 Non-metallic Pipe를 주로 사용한다. Gravity Flow 가 지형적으로 곤란한 경우 중간 Lift Pump를 이용하여 Pressurized 형식으로 변환할 수 있으며, 중동지역 일원에서는 Sewage Treatment 처리 이후 Irrigation용 Treated Effluent Water로 사용한다.

(3) Fire Fighting Water System

설비에서 제공받은 Data를 기준하여 타 시설물 및 Utility와의 간섭영향을 확인 후 최종적으로 Line Route, 부속시설물 위치, 보호방법 등을 U/G Composite Plan 도면에 최종 확정하며 구성요소는 Linepipe, Valve Pit, Fire Hydrant, Fire Monitoring, Hose Box 등이 있다.

(4) Oily Sewer System

배관에서 제공받은 각 Equipment별 Funnel Location Data를 기준하여 타 시설물 및 Utility와의 간섭영향을 확인 후 최종적으로 관경 및 Network을 구성하여 U/G Composite Plan 도면에 확정하며 구성요소는 Funnel, Clean Up, Sealed Manhole, Linepipe 등이 있으며 최종 Oil Removal Treatment 시설을 거친다.

(5) Sea Water Intake 및 Return Line

Plant 특성에 따라 Underground/Aboveground로 분리되며, Underground 경우 Composite Plan 도면에 명기한다.

대체적으로 관경이 매우 큰 편이므로 타 시설물과의 Interference를 고려한 Route Study 가 선행되어야 한다.

(6) Process/Chemical Sewer System

해당 System은 Chemical Storage 내 Bunded Area의 Chemical Sewer, Turbine 및 Desalination Unit의 Discharge Cleaning Water, Waste Caustic Soda Drain, Sour Water, Off Spec. Steam Condensate, Amine Drain, Glycol Drain, Hydrocarbon Drain 등 Plant 특성에 따라 매우 다양하며, P&ID에 확정된 관경 및 재질을 기준 배관에서 개략적인 Individual Route Study 후 토목 Underground Composite Plan에 명기하며, 대다수가 Effluent Treatment 시설을 거친다.

(7) Contaminated Sewer System

Potentially 및 Accidentally Contaminated Sewer로 구성하며, Process 또는 Utility Unit 내의 Storm Drain 및 Fire Water 중 Governing Case를 설계에 적용한다. System 구성은 Storm Drainage와 유사하며, 최종 Surge Basin를 통하여 Oily Removal Treatment 시설을 거친다.

(8) Irrigation System

중동 일원에만 적용하며, 주로 Oil Removal 또는 Sewage Treatment에서 처리한 Treated Effluent Water를 Landscaping용으로 공급한다.

구성요소는 Irrigation Header 및 Branch Line, Flexible Line, Solenoid Control Valve, Emitter 등이 포함되어 있다.

(9) Potable, Plant Water

Underground로 구성할 경우 배관에서 제공받은 Data를 기준하여 주변 시설물 및 타 Utility Line들의 상호 간섭영향을 배제한 최적 Route를 Composite Plan에 최종적으로 확정한다.

Potable Water 경우 주로 건물 또는 Shelter와 연결되므로 관련 상세도면을 통한 정확한 위치 확인이 필요하다.

(10) U/G Electric Cable Trench

전기에서 제공받은 Electric Cable Data를 기준으로 Direct Buried Section, Concrete Cable Trough, Duct Bank, Draw Pit 등으로 구분하여 최종적으로 Underground Composite Plan에 명기한다. Road Crossing 부는 Lighting Cable Duct Bank도 포함한다.

(11) U/G Instrument Cable Trench

계장에서 제공받은 Instrument Cable Data를 기준하여 Direct Buried Section, Concrete Cable Trough, Duct Bank, Draw Pit 등으로 구분하여 최종적으로 Underground Composite Plan에 명기한다.

5. Drainage, Road & Paving Plan

- 일종의 Surfacing Plan Drawing으로서 토목설계의 가장 기준이 되는 도면이며, 설계 초기 단계에서 확정되어야 하나, 공사는 마지막 단계에서 수행한다.
- 도면에 명기되는 부분은 각종 Paving Classification을 근간으로 Surface Drainage, Manhole, Pit 등의 시설물과 Road 및 Area Paving 등 Surfacing Paving 전체를 Elevation 포함하여 명기한다. 특히 Process/Utility Unit 내의 Concrete Paving인 경우 Traffic Load 제한 기준인 Heavy, Medium & Light Duty에 따라 Paving 두께를 달리하며, Surface Flow 표시와 함께 High Point & Low Point Paving Elevation 표기 및 Expansion, Contraction 및 Isolation Joint를 함께 표기한다.
- 따라서 Site Preparation Detail, U/G Utility Details, Drainage Details, Road & Paving Details 등 기타 모든 토목설계 부분을 망라한다. 특히, 지역환경 및 지형형상에 따라 토목설계의 Portion 폭이 증가할 수도 있다.

6. Foundation Location Plan

- U/G Composite Plan 도면과 마찬가지로 공사 조기 착수 여부에 가장 큰 영향을 주는 도면일 뿐 아니라 도면 출도 시기 여부에 따라 공사기간의 영향을 많이 받는다.
- 도면에 명기되는 Item은 Plant 내의 구조물 Foundation 전체를 포함한다.
  특히 지반조건에 따라 Shallow Foundation(직접기초) 및 Deep Foundation(Pile 기초 등) 2가지로 구분할 수 있으며, Turn Key Project의 경우 공사 초기 단순 공정인 기초공사에 있어 가급적 Primary Foundation인 경우 Bottom Elevation을 일률적으로 적용하여 공사 기간의 단축 등을 고려한 설계가 필요할 수도 있다.
- 일반적으로 Foundation과 Pile Location Plan을 병행하여 함께 도면에 명시되어야 하나, Fast Track Project 경우 공사 선점을 위하여 분리하여 도면을 작성하는 경우도 많다.

(1) Equipment Foundation & Civil R.C Structure Details

Rotating & Static Equipment Foundation, Cooling Tower Structure, Water Retaining Basin, Sleeper Foundation, Local Support Foundation 등 전체 Foundation Detail 도면을 포함하며, 설계방법은 기 시행한 기초자료를 기준으로 해당 부서별로 접수한 Vendor Print 또는 각종 기술 Data를 근거로 구조계산을 시행 이후 공사용 도면을 작성한다.

7. 기타 Plant 토목설계

Petrochemical, Gas/Oil Plant 외 간헐적으로 다음의 특수 Civil 구조물 또는 업무가 예상될 수 있다.

① Offshore Structure Design
② Sea Water Intake/Return Design
③ Cross Country Pipeline Design(Gas 및 Oil Transmission Line)
④ LPG/LNG Double Wall Tank Design
⑤ R.C Stack Design

8. 토목구조물 기초설계

(1) 얕은 기초설계

1) 얕은 기초의 정의

① 상부 구조물의 하중을 직접 지반으로 전달시키기 위해 지반 위에 놓이는 기초구조 또는 근입 깊이 D_f와 기초의 최소폭 B의 비로 판단
② 구조물의 하중을 소위 접지압으로 지지하는 기초

③ 구조물의 무게가 비교적 작고 지지력이 큰 양호한 지반이 지표 가까이에 있는 경우 선택
④ 세장기초, 확대기초, 전면기초 등

💬 깊은 기초
- 말뚝이나 Caisson 등을 통하여 상부하중이 지중으로 전달되게 하는 기초 구조
- 구조물 하중이 선단 지지력과 주면 마찰력으로 지지하는 형태의 구조

2) 얕은 기초의 조건
① 구조물 하중에 대하여 지반의 지지력이 충분
② 침하량이 구조물의 허용침하량 이내
③ 구조물의 포함한 지반 전체의 안정(사면에 있는 구조물)
④ 구조물의 수평하중을 지반으로 전달

(2) 깊은 기초설계
1) 정의
- 기초(Deep Foundation)는 얕은기초(Shallow Foundation)의 상대적인 의미를 갖는 기초형식으로서 깊은기초와 얕은 기초의 구분에 대한 명확한 정의는 없다.
- 기초의 폭(또는 직경, B)에 대한 근입 깊이(D)의 비(D/B)가 4 이상이면 깊은 기초로 간주하고 그 이하인 경우에는 얕은 기초로 구분한다.
- 기초의 근입 깊이가 3m 이상이면 깊은 기초로 정의한다.
- 깊은 기초로서 일반적으로 사용되는 것은 말뚝(Pile)과 피어(Pier), Caisson이다.

① 재료에 따른 분류
㉠ 나무 말뚝
㉡ 콘크리트 말뚝
  ⓐ Pre-cast(PHC)　　　　ⓑ 현장타설(Cast In place)
㉢ 강말뚝 : 가장 큰 하중지지. 가볍고, 취급 용이, 큰 타입력에 견딤, 주로 단지지 말뚝으로 사용. 부식 문제(0.05mm/yr)
② 목적에 따른 분류
㉠ 단지지 말뚝
㉡ 마찰 말뚝 : 실제 말뚝은 이와 같이 명확히 구분되지 않으며 그 끝에서 지지력뿐만 아니라 마찰에 의해서 지지됨
㉢ 인장 말뚝(Tension Pile)
㉣ 경사말뚝(Batter Pile)
㉤ 다짐말뚝
㉥ 널말뚝(Sheet Pile)

2) 설계 시 고려사항

① 지지력과 변위에 대한 검토

㉠ 말뚝기초의 연직 및 수평지지력이 작용하중에 대해 충분한 안전율을 확보해야 한다.

㉡ 말뚝기초의 연직 및 수평변위가 상부구조에 유해한 영향을 주지 않아야 한다.

② 허용응력에 대한 검토

㉠ 말뚝에 발생하는 압축인장 전단휨응력이 모두 허용응력 범위 안에 있어야 한다.

㉡ 말뚝과 기초푸팅의 연결부 말뚝의 이음부 등이 확실히 시공되어야 한다.

③ 기초의 내구성에 대한 검토

㉠ 말뚝의 부식 풍화 화학적 침해 등에 대한 적절한 대책이 있어야 한다.

㉡ 침식 세굴 또는 인접지반의 굴착, 지하수 변동 등에 대한 검토와 대책이 있어야 한다.

④ 시공법에 대한 고찰

㉠ 말뚝을 소정의 지지층까지 완전히 관입시킬 수 있는 공법

㉡ 소음진동 등 공해 유발 요인에 대한 검토

㉢ 지반의 액상화 현상 가능성에 대한 검토

㉣ 소요강도를 확보할 수 있는 공법

⑤ 경제성 검토

⑥ 기타

말뚝기초설계는 위에 나열된 사항 외에도 아래의 사항을 검토해야 한다.

㉠ 지지층 선정

㉡ 말뚝배열 및 간격 결정 등

㉢ 적당한 말뚝종류 선택

㉣ 시공장비 선택

9. 설계를 위한 업무분장

(1) L/E(Lead Engineer) - A

1) 수행업무

① 설계업무 지시 및 감독

㉠ 설계계산서 및 도면 검토

㉡ 물량산출 확인 및 감독

㉢ Design Criteria 작성

㉣ 설계검토회의 참여

② Coordination 수행

㉠ 사업부 설계팀, 구매팀

㉡ 공사팀

　　　　　ⓒ 사업주 또는 PMC

　　　　　ⓔ Interface 예상 타 Contractor

　　③ 설계업무 수행 조직표 작성

　　④ 설계 Manhour 및 인력동원계획 수립

　　　　　㉠ 설계 본사 인력의 Manhour 산정

　　　　　㉡ 설계 협력사 예상 Manhour 산정

　　　　　ⓒ Field Engineer Manning Plan 작성

　　⑤ 설계 품질 및 환경 측면 이행

　　　　　㉠ 품질 및 환경 계획 수립

　　　　　㉡ Assignee 교육 시행

　　⑥ 설계도서 Control Sheet 작성 및 관리

　　　　　㉠ 설계도면　　　　　㉡ 설계 및 시공 Specification

　　　　　ⓒ 계산서　　　　　　ⓔ BM/BQ

　　⑦ 설계 입력 및 출력 Document 관리

　　⑧ Design Plan 작성

　　⑨ 현장 Technical Support

　　⑩ 주 · 월간 보고서 작성 및 관리

　　⑪ 설계 · 시공 문제점 사례 정리

　　⑫ Value Engineering 수행

　　⑬ Engineering Data Base 구축

　　⑭ Risk Management 관리

　　⑮ Close Out Report 작성(설계백서)

　　⑯ 기타 L/E로서 필요한 업무

2) 자격 여건

　　① L/E-B 경험

　　② 경력을 갖추고 5개 이상의 EPC T/K Project 이상 참여자

　　③ 해외 Plant 현장경험 1년 이상 보유자

(2) L/E(Lead Engineer)-B

　1) 수행 업무

　　대부분 수행 업무는 L/E-A 업무와 동일

　2) 자격 여건

　　① Sub L/E 수행 경험

　　② 3개 이상의 EPC T/K Project 이상 참여자

(3) Sub L/E

    1) 수행 업무

        대부분 수행 업무는 L/E-A 업무 보조

    2) 자격 여건

        ① Sub L/E 수행 경험

        ② 3개 이상의 EPC T/K Project 이상 참여자

(4) Engineer

    1) 수행 업무

        ① 설계 계산서 작성

        ② BM/BQ 산출

        ③ 도면 검토 및 관리

        ④ 문서 관리

        ⑤ Sub L/E 부재 시 업무 대행

        ⑥ 기타 Engineering 업무

(5) Designer

    대부분 Drafting 업무는 설계 협력사에서 수행

10. Field Engineer Guideline

(1) 일반사항

    Field Engineer의 일반적인 Procedure는 다음을 원칙으로 함

    1) EPC T/K Project에서 시공 중 Quality 증진을 최우선하여야 함

    2) 모든 업무처리는 현장 중심 기준

    3) 사업주로부터 승인을 득한 Procedure를 준수하여야 함

(2) 선발기준 및 숙지사항

    1) 가급적 설계 Assignee를 우선 선발하여 제반 설계업무의 Familiarization이 되도록 함

    2) 해당 국가 또는 유사 Project 경험자를 선발하여 업무의 효율성 극대화

    3) 선발 시 성실성, 책임감 및 협력성 등을 중시

    4) 본사 설계팀과 기술적인 Communication Channel을 구축하여 Technical Back up 을 받아야 함

    5) 정확한 업무 Scope 및 업무 내용 숙지

6) 현장 시공 공정표를 검토 정확한 Dispatching Schedule을 확정

7) 필요시 Construction Superintendent Role 병행

(3) 책임사항

1) Project Manager와 토목설계 Lead Engineer로부터 정확한 Information 및 Design Data를 수집 배분

2) 공사 Staff과 유기적인 협조체제 구축

3) 각종 Field Engineer의 Document 관련 Review 필요

4) Dispatching 전 관련 Project의 설계도서 숙지

5) Field Change Notice(FCN) 관리

6) As-Built Drawing 관리

(4) 업무 구분 및 정의

1) AFC 도면과 현장의 Deviation 이해 및 조정

2) Technical Design Document에 대한 Revision 수행의 Originator

3) 공사 Subcontractor의 각종 Technical 사항 Leading

4) 현장 구매 Material에 대한 Technical Advice

5) As-Built Drawing Condition 제공 및 확인

6) 타사와의 Interface 발생 시 Technical Advice

7) FCN Originator

11. 업무절차서

(1) 입력자료 입수 및 검토

1) Proposal 시 ITB 기술 Document 관련 서류

2) 계약서

3) 설계 및 시공 Specifications

4) 사업부에서 작성한 사업수행 계획서

5) Project Coordination Procedure

6) Site Survey Report

7) Fundamental Data(지반조사 및 측량자료)

(2) 설계 계획

1) Design Plan 작성

① 설계업무조직표

② 동원인력계획표

③ 업무 Scope

④ 문서 목록

⑤ 적용 설계기준 및 사용 S/W 확인

⑥ 설계문서 검토 및 검증 계획

2) Document Control List 작성

3) Design Criteria

4) 설계 협력사 선정 및 운영 계획

5) 설계에 필요한 교육계획 수립

(3) 초기 설계 검토

1) Plot Plan Review

① Site Setting Out

② Site Preparation

③ Security Plan

④ Paving Classification

⑤ 주요 구조물 위치

⑥ Surface Run off Drainage

2) Project Master Schedule Review 및 초기 선행작업 설계도면 계획

① Site Grading Plan & Details

② Pile/Fdn Location Plan & Details

③ U/G Composite Plan & Details

④ Drainage, Road & Paving Plan & Details

⑤ Standard Drawings

3) 설계 입력

① 설계 관련 Discipline 간 Incoming/Outgoing Inform/Data 계획

② 각 Discipline별 설계입력자료 관리

③ Vendor Print 관리

4) 타 Discipline 주요 설계 검토

① P&ID 및 PFD

② Plot Plan

③ Process HAZOP Study

④ 각 단계별 3D Model Review

⑤ HSSE Review

⑥ 기타 요청 시

5) 설계출력 문서 작성

① 설계입력 접수 및 Schedule에 따라 설계출력(계산서, 도면, Specification, etc.) 작성

② 각 승인 단계별 Document 관리

③ Hold List 계획

6) 설계출력 문서 검토 및 검증

① 설계출력 문서의 Q/C 계획

② 승인 Procedure 이행

③ 설계출력 문서별 Check List 활용

④ 검증결과의 유지관리

7) 설계 변경

① 변경 주최 및 사유에 대한 확인 및 이행

② 관련 BM/BQ 산출계획

③ 설계도면 반영 여부 및 시기 조율

8) 설계 문서의 관리

9) 각종 Correspondence 관리

(4) 설계구조 계산서 작성 Procedure

1) Design Condition

2) Assumed Dimension

3) Loading Analysis

4) Stability Check

① Overturning

② Sliding

③ Soil Bearing

④ Buoyancy

5) Structural Analysis

① Modeling

② Sectional Properties

6) Analysis

7) Result of Analysis

8) Stress Check

9) Drawing

(5) 설계계산서 작성 시 주의사항

    1) ITB Requirements

    2) Code, Regulation & Standard

    3) Information/Data Source

    4) S/W and 사용공식 출처

    5) 설계 가정

    6) Sketch 또는 Vendor Print

12. 물량 산출(BM/BQ)

(1) 단계적 BM/BQ 산출

    1) Proposal 단계

        ① Proposal 시 수주를 위하여 ITB Document 및 In House Data를 기준 산출

        ② 자체 내 검증을 통한 적정 BM 산출

        ③ 필요시 Alternative 관련 BM 산출

    2) Project 수행 초기단계

        ① Proposal 시 작성한 BM/BQ를 기준하여 공사 Subcontracting을 위한 BM/BQ 수정

        ② Provisional Unit Rate 형식의 Subcontracting이 수행하므로 예상되는 모든 Civil Work Item 발굴이 필요함

        ③ Local Practice에 의한 타 공사 변환 Item 확인(기계, 전기 등)

        ④ Local Material 조사 및 반영

        ⑤ 공사 예산 확보 측면을 고려 Accuracy 확보 필요

        ⑥ 공사 물량에 따른 Labor, Equipment 등 Mobilization 계획 수립

    3) Project 수행 중간단계

        ① 설계진도율 80% 이상 및 공사진행률 30% 이상 시점에서 최종 설계도면을 기준 BM/BQ 산출

        ② 전반적인 공사 예산 Trend 확보

        ③ Re-work 등 Contingency 사항 확보

        ④ 사업주 Changing Order에 의한 추가 BM/BQ 산출 및 별도 관리

        ⑤ Proposal/Subcontracting 대비 Balance Table 작성

4) Project 수행 마지막 단계
  ① 최종 공사 완료 후 Subcontracting 정산용 BM/BQ 산출
  ② 통상 Subcontractor에서 작성한 BM/BQ를 검증절차에 의하여 확정
  ③ 최종 BM/BQ와 Proposal BM/BQ의 Evaluation Table 작성 및 가·감 Item에 대한 원인 분석
  ④ Database화

(2) 물량(BM/BQ) 산출 시 고려사항
  1) Site Investigation
    ① 대상 항목은 측량 및 지반조사, 지장물 조사, 해양조사 등 조사항목을 포함
    ② 필요시 설계 제경비항에 일식 포함 처리 가능

  2) Temporary/Demolition Work
    ① 대상 항목은 기존 시설물의 Demolition, Dewatering, 공사용 Access Road 축조, Temporary Fence, Laydown Area 토목공사, Shoring 등 직접공사 제외
    ② Cost Estimator와 BM Take off 전 사전 협의를 통한 적정 Cost 산출 필요
    ③ Check List 및 표준 BM/BQ 표준양식 적용

  3) Site Preparation
    ① 대상 항목은 Site Grading, Soil Replacement/Improvement, Landscaping, Fence & Gate, Embankment Slope Protection 등 포함
    ② 사업주에 의하여 Early Contractor가 Site Grading Work를 직접 수행할 경우 추가 Additional Grading Work 및 Handover Package 주의 필요

  4) Piling Work
    ① 기초 지반이 연약하여 깊은 기초인 Pile 공법을 적용할 경우 해당
    ② Pile 형식 선정에 필요한 인자(경제성, 시공성 등)의 비교·검토 이후 최종 형식 선정 필요
    ③ Pile Unit은 Length와 수량을 함께 표기하여 적정 Cost가 산출되도록 함
    ④ 부수 Item은 Pile Head Treatment, Splice, Test Pile(Compression, Lateral & Uplift) Routine 및 Initial Test를 모두 포함
    ⑤ 건물 Pile도 함께 Summary 필요

  5) Road Work
    ① Subgrade Trimming Work부터 포장(Flexible/Rigid)까지 전체를 포함
    ② Shoulder부 및 Parking Area 등 부대시설도 포함
    ③ Road 부속시설인 Traffic Sign & Marking, Traffic Barrier, Guard Rail 등 포함

6) Area Paving

① Process/Utility 및 Open Area를 포함하여 각종 Paving 항목을 뜻함

② Paving에 대한 Classification 기준은 Maintenance, Operating 편의성, Future Consideration 등을 고려하여 결정

③ 통상 위 기준에 따라 Heavy Duty, Medium Duty, Light Duty별 Concrete Paving과 특별히 대형 Crane Access를 위한 Extraordinary Heavy Duty Concrete Paving도 예상할 수 있음

④ Open Area 경우 ITB Requirement에 따르나, 통상 Gravel Mulch 형식의 Paving이 많음

⑤ Paving과 연계하여 Tankage Area의 Bund Wall, R.C Dyke, Spill Wall, Humper, Footpath, Curb Stone 등도 본 항목에 포함하는 것이 일반적임

⑥ Paving 구조 세목은 ITB Requirement를 따르나, Verification이 필요한 경우 별도 대상 하중 및 Soil Reaction을 기준 별도 산출도 가능함. 또한 Rigid Paving에 포함되는 각종 Joint(Expansion, Contraction 등)도 포함되어야 함

⑦ 일부 특정 Chemical Storage Area 경우 특수 Paving 마감처리가 필요할 수도 있음

⑧ Future Consideration Area 경우 Grade 자체로 유지할 수도 있으나 중동 일원 일부 경우 Sand Stabilizing 처리를 요구할 수도 있음

7) Storm Drainage and Surface Run－Off Drain

① U/G Pipe, Road Crossing Pipe or Box Culvert, Road & Curb Gully, Road Side Ditch 등 항목을 포함

② Downstream 부의 Retention Pond, Soakaway Pit 등의 Storm Drainage 시설물도 포함

8) U/G Pipe & Other Facilities

① U/G Pipe의 구성은 Gravity Sewer 및 Pressurized Line으로 구분된다.

② Pipe Material은 Metallic과 Nonmetallic으로 구분할 수 있으며, Metallic 계통은 CSP, CIP, DIP 등이 있으며, Nonmetallic Pipe는 PVC 계통, PE 계통, GRP 계통, R.C 계통, VC 계통 등 다양한 재질로 구성되어 있다.

③ 통상 Nonmetallic Pipe 중 Gravity Sewer 계통은 토목공사에서 수행하고, 기타 Gravity Sewer Line 중 Metallic 및 Pressurized Pipe 경우는 기계공사에서 수행하는 것이 일반적이다.

④ U/G Pipe와 Appurtenance는 Manhole, Catch Pit, Valve Pit, Clean Up, Water Stop, Coating 등이 있으며, 위 Appurtenance에는 Cover, Step Iron, Venting 등 다양한 BM이 형성되어 있다.

⑤ U/G Pipe 중 Gravity Sewer Line 중 기계공사로 전환하는 경우 토목 설계팀에서 Material Take off 이후 Pipe 공동구매를 위하여 배관 설계팀으로 전환하는 경우가 일반적이다.

9) Civil Structure & Equipment Foundation

① Plant 토목공사의 Major 항목으로서 본 BM 물량의 크기에 따라 전체 토목공사의 Schedule을 작성 가능

② Foundation은 각종 Structure 및 Equipment를 망라한 전체를 포함하며, 특히 Foundation Concrete Volume에 따라 대 · 중 · 소를 구분하여 산출하는 것이 효율적

③ 본 항목에는 R.C Superstructure, U/G Basin Structure, Pipe Steeper, Local Support 등도 포함 필요

④ 각 Foundation에 포함하는 BM 항목은 Body Concrete, Lean Concrete, Formwork, Grouting, Anchor Bolt, Embedded Steel Item, Corrosion Protection Item인 P.E Sheet, Bituminous Coating 및 Earthwork를 포함하며, 해당 국가별 Practice에 따라 Excavation은 깊이별로 구분하여 산출 필요

⑤ 진동기기기초의 Epoxy Grouting 경우 매우 고가이므로 BM 산출에 상당한 신중 기여 필요

⑥ U/G Basin Structure에 포함되는 Handrail, Ladder, Platform, Pipe Penetration 등의 Miscellaneous Steel Work도 본 항목에 포함

10) Other Civil Works

위 언급 이외 각 국가별 Local Practice에 의하여 추가 Civil 항목을 설정할 수 있으며, 특히 Gas/Oil 및 Petrochemical Plant 외 Power/Energy Plant 및 Crosscountry Pipeline 또는 Offshore Structure의 경우 별도의 BM/BQ 항목을 설정하여야 한다.

13. Material Requisition(M/R)

(1) 일반 사항

M/R은 특수한 토목 자재의 구매를 위한 견적 요청서 및 구매 계약서에 첨부되는 것으로 Vendor가 정확하게 견적할 수 있도록 충분한 자료와 가격 산정을 위한 공급 범위를 명확하게 하여 작성하여야 한다.

(2) Technical Bid Evaluation(TBE) 작성

1) Vendor가 제출한 Quotation에는 Commercial과 Technical Proposal이 있으며, Commercial Proposal은 구매팀에서 견적 평가를 수행하고 Technical Proposal은 토목설계 담당자가 평가업무를 수행한다.

2) 평가작업은 정확하고 객관적으로 이루어져야 하며, 불명확한 사항은 Vendor와 Clarification을 통하여 확인 및 보완하고 그 근거를 회의록 등을 작성하여 근거를 유지할 필요가 있다.

3) TBE 과정 중에 기술 사양서 또는 견적서 등에 언급되지 않은 설계 내용 및 견적 범위 등을 면밀히 검토, 확인 후 완벽한 평가를 위하여 계약 후 설계변경, 공급 범위 등에 의한 가격 증가와 납기 지연 등의 영향이 없도록 하여야 한다.

4) M/R에 포함된 기술 사양서의 요구사항을 맞추지 못하거나 이에 대한 예외사항을 제시한 Vendor의 Deviation/Exception List를 면밀히 검토하여 그 적합성 여부를 판단하여야 한다.

5) M/R에 요구된 기술 사양서와 비슷한 자재의 납품 실적(Experience List) 및 Work Load를 감안하여 해당 Vendor의 제작 능력, 품질, 공기 등 적합 여부를 판단하여야 함

6) 견적서 내용 중 불확실하거나 미비한 사항은 전부 Clarification Meeting 등을 통하여 확인 후 TBE를 완료하여야 한다.

7) TBE 완료 후 그 결과를 Summary Sheet에 간략히 정리하고 Vendor의 최종 선정 및 Commercial Nego. 시, 특히 고려할 사항이 있으면 함께 List Up하고 사내 승인절차에 따라 최종 처리한다.

14. Engineering Data 구축

(1) 일반사항

Project 및 Proposal 수행 완료 후 담당 L/E는 적정 기준에 따라 Engineering Data를 확보하여야 한다.

(2) Project 성과품 List

1) BM/BQ 및 Proposal 대비 비교표와 증 · 감 사유
2) As-Built 도면 및 3D CAD Product 일체
3) 주요 계산서(구조, 수리 및 기타)
4) 지반조사 보고서
5) EPC 설계 · 시공 문제점 사례
6) Cost 관련 자료
7) Material 관련 자료
8) Q.C Plan, Project 수행계획서, Design Plan
9) 설계 및 시공 Specifications
10) 설계 백서
11) Document Control Sheet
12) Risk Management List 및 V.E List
13) 기타 Data Base화에 필요한 Documents

(3) Proposal 성과품 List

1) BM/BQ, BM Basis 및 유사 Project BM 비교표

2) Technical Write Up 및 Clarification List

3) Proposal Execution Plan

4) Execution Manhour 및 Document List

5) Site Survey Report

6) ITB Drawing & Specifications

7) 기타 Data Base화에 필요한 Documents

15. Fast Track Project 지원체제

(1) Site Preparation Works

1) 현황

① 일부 Grass Roots Project에 국한

② 통상 사업주는 Local Contractor에 의하여 수행하는 경우가 일반적임

③ 해당 도면 : Site Setting Out Plan, Grading Plan & Details

2) 사전 설계준비 및 검토사항

① 기초자료 수행 및 결과 분석

② 적정 지반 안정화공법 선정

③ 일반 Plant 설계 Flow와 별도 수행 가능

④ 조기 설계 수행

⑤ Schedule 및 Cost 개념 확립

⑥ Local Practice 및 Material 조사

⑦ Process/Utility Unit별 Grade Formation Height 조기 설정

⑧ Integration 우수계획 조기 Set Up

⑨ Hinterland Condition, Spoil/Borrow Pit, Quarry Pit 등 사전조사

⑩ Earthwork Moving에 필요한 Hauling Road 구축

⑪ Embankment Material 유용 여부, Specification 적합 여부 등 검토

⑫ 후속 공정 연계성

⑬ 조기 공사용 도면 승인

3) 주요 문제점

① 기초자료 분석, 설계 및 공사 착수 시점까지 전체 공정 Flow를 Leading하는 전문가 Assign

② 시공성, 경제성 및 Local Practice를 고려한 적정 Soil Improvement/Replace- ment 공법 선정

③ 선정 공법에 대한 사업주 설득

④ 설계 수행팀 이원화

4) 설계 지원 방안

① 대형 지반 안정성 공법 선정 시 선진 전문사와 Collaboration 추진

② 주요 Activity별 BM 산출 및 공사계획 수립

③ 측량 및 지반조사 조기 수행

(2) U/G 공사

1) 현황

① 전체 공사 기간에 미치는 영향이 매우 큼

② 토목 공종 외 기계 및 전기/계장 공사 혼재

③ 설계 및 시공 각 분야별 Interface/Coordination Point가 많고 설계 단축이 매우 곤란

④ 조기 공사 착수를 위한 Staged Design 개념 도입 및 이에 따른 Revision 횟수 증가 필연

⑤ U/G Pipe & Fitting Material 조기 확보 필요

⑥ 해당 도면 : U/G Composite Plan & Details

2) 사전 설계 준비 및 검토사항

① Preliminary Conceptual Design 조기 Set Up

② Sewer Main Header에 대한 Hydraulic 계산 조기 수행

③ Delivery Lead Time을 고려한 U/G Pipe & Fitting의 구매 계획

④ 1st MTO에 대한 계획

⑤ 타 Contractor Interface 검토

⑥ U/G 부속 시설물의 Precast 극대화

⑦ Dewatering, 연약지반 보강방안 등 검토

⑧ Road Crossing 등 특수구간 통과계획 검토

3) 주요 문제점

① 조기 Information/Data 확보를 위한 선행 설계팀 협조 부재

② 1st MTO 이후 Surplus Material, Shortage Material에 대한 Balance

③ 타 Contractor Interface 관리 부재

④ 설계 확정분/공사 Sequence 불일치

⑤ 사업주 조기 도면 승인 지연

4) 설계 지원 방안

① Routine U/G 부속물에 대한 표준화 극대화

② Precast Maximize

③ AFC 도면 출도 계획/Construction Sequence 일치

④ Staged Design 개념 도입 및 w/Hold 처리

⑤ U/G 3D CAD 조기 Running에 의한 설계 품질 향상

⑥ 각 U/G 시설물에 대한 우선 순위 결정

⑦ U/G 시설물에 대한 Numbering System, Schedule Sheet 조기 확정

(3) Foundation 공사

1) 현황

① Plant 토목공사의 주 공정

② 설계도면 작성에 필요한 Vendor, 타 Discipline Information/Data 접수 필수사항

③ 전체 Concrete Volume에 따른 공구 분할 및 Mobilization Plan 수립 필요

④ Plot Plan 조기 Set Up 절대사항

⑤ 해당 도면 : Foundation Location Plan & Details

2) 사전 설계 준비 및 검토사항

① 기초자료 분석 및 최적 기초형식 결정

② Equipment List, Loading Data, Plot Plan 등 Information/Data 필요

③ 관련 Specification 및 Special Item 사전 검토

④ 월별 Concrete 타설계획에 따른 AFC 도면 출도 준비

⑤ 주요 공사 공정 검토(Batch Plant 운영계획, Local Material 검토, 주 자재 Delivery 계획, Laboratory 운영 등)

3) 주요 문제점

① Foundation 설계를 위한 Information/Data 부족 및 Plot Plan Set Up 지연

② Construction Sequence/AFC 도면 출도 계획 불일치

③ 주요공사 자재 준비 미흡

④ Subcontractor Quality 저하, Work Load 심화

4) 설계 지원 방안

① AFC 도면 출도 계획/Construction Sequence 일치

② 조기 Area/Unit Wise BM 산출 및 공사팀 공유

③ 설계 및 공사팀 합동공사계획 수립

④ 기초 및 근입 깊이 등 표준화/단순화 지향

⑤ 초기 Workfront 확보를 위한 대형, 깊은 구조물 조기 AFC 도면 출도 노력

⑥ Schedule 단축을 위한 Precast Item Maximize

(4) Pile 공사

1) 현황

① 타 공정과 병행 공사가 불가능

② 전체 공기에 미치는 영향이 큼

③ 관련 Information/Data 접수 지연에 의한 예측 설계 필요

④ Pile Type 및 수량, 동원 Rig 계획, Test Pile 기준 등 주요 인자

⑤ 해당 도면 : Pile Location Plan & Details

2) 사전 설계 준비 및 검토사항

① 기초자료 및 관련 Specification 숙지

② Test Pile 적용 기준, 수량 및 시행 기간 등 숙지

③ Local Practice, 경제성, 시공성 및 안정성을 고려한 조기 Pile Type 선정

④ Pile Rig Mobilization Plan, Performance 등 검토

⑤ 설계도면 조기 출도계획 수립

3) 주요 문제점

① Pile 설계를 위한 Information/Data 부족 및 Plot Plan Set Up 지연

② 이중 구조 계산

③ Over Design에 대한 부담

4) 설계 지원 방안

① 지역별 Area Zoning

② Information/Data 접수 및 설계 완료 Area부터 도면 출도 계획 설정

③ Pile Type Standard화(Diameter, Length, Type, Cut off Elevation 등)

④ Pile 설계를 위한 간이계산 및 도면 작성

⑤ 유사 Project 경험자료 이용

⑥ Information/Data 제공 설계팀과 합동회의를 통한 Consensus 도출

플랜트 토목 기초 연약지반 설계

1 연약지반의 개요

1. 연약지반의 생성

연약지반은 대부분 현세에 퇴적된 새로운 지층으로 충적층으로 구성되어 있으며, 약 5000년 전부터 퇴적되어 침식, 재퇴적, 지하수위의 변동 및 지진 등의 외력 또는 화학적 변화 등을 별로 겪지 않은 연약한 점토, 실트, 유기질토 또는 느슨한 사질토층으로 구성되어 있다.

해안이나 하안지역에 발달된 충적층 하부에는 홍적토 또는 기반암으로 된 육상과 같은 골짜기가 이루어져 있으며, 이것은 홍적세 말기에 해수면이 현재의 해수면보다 100m 저하되어서 육지화된 부분에 하천이 연장되어 세굴됨에 따라 형성된 것으로 추정된다.

충적층은 이 골짜기를 메운 형태로 퇴적되어 있고, 특히 최심부에는 유수에 의하여 운반된 사력이 퇴적되어 있는 것이 보통이다. 이로써 충적층이 퇴적되기 전에 이미 골짜기가 형성되었음을 알 수 있다.

이 충적층은 하천에서 이동되는 토사나 침식된 돌출부의 토사가 연안류나 파랑에 의하여 해안의 내부로 운반·퇴적된 것으로서, 연약지반이 생기기 쉬운 지형적 특징으로는 완경사 하천하구의 삼각주지대, 자연제방 배후의 습지, 본류의 퇴적으로 출구가 막힌 지류 등을 들 수 있다. 따라서, 연약지반의 생성은 토사의 유입이 적은 해안부에서 비교적 약한 지층으로 된 구릉지의 돌출부가 파랑에 의하여 침식, 토사가 연안류에 의하여 운반되어 유속이 느린 만구부에 퇴적되어서 연약지반을 형성하거나 본류의 퇴적으로 출구가 막혀 이루어진 소택지에 토사가 퇴적되는 것 등에 의한다.

2. 연약지반의 토질

연약지반을 구성하고 있는 충적토는 대부분 연약한 점토, 실트 등의 세립토, 유기질토 등이며, 지하수위가 높아 지표면과 거의 일치하는 경우가 많다.

일반적으로 연약토라고 부르는 흙은 주로 점성토로 구성되어 있고, 해성이나 호성층에는 패류가 섞여 있으며, 표토나 유기질토에는 다량의 초근류가 함유되어 있다.

일반적으로 연약지반은 압축성이 크고 지지력이 작아 역학적으로 불안정한 상태를 나타내므로 지반상에 성토 또는 굴착작업을 수행하는 경우 지반침하 및 파괴가 발생하여 대책공법의 수립이 필요한 지반이다.

일반적으로 연약지반에서 토립자의 비중은 이탄토가 2.3 이하, 유기질토는 2.3~2.65, 점토 및 점성토는 2.65~2.75, 사력·모래 또는 사질토는 2.60~2.70의 범위이다. 단위중량은 점성토가 $1.4\sim1.7\mathrm{gf/cm^3}$, 사질토 $1.6\sim2.0\mathrm{gf/cm^3}$, 이탄토 $1.05\sim1.1\mathrm{gf/cm^3}$의 범위가 일반적이다. 압축성 면에서는 연약지반상에 성토나 구조물을 시공하면 그 하중에 의하여 토중의 간극수가 서서히 배출되어 장기간에 걸쳐 압밀침하가 일어나며, 하중을 제거하면 토중에 서서히 간극수가 침투하여 장기간에 걸쳐 흙이 팽창된다. 따라서 연약지반상에 구조물을 축조할 때는 지지력에 대한 검토뿐만 아니라, 침하에 따른 변형에 세심하게 유의할 필요가 있다.

3. 연약지반의 정의

일반적으로 연약지반이라고 하면 상부구조물을 지지할 수 없는 상태의 지반을 말한다. 예컨대, 연약한 점토, 느슨한 사질토, 유기질토 등이 이에 속한다.

연약한 점성토나 유기질토로 구성된 지반 위에 도로, 교량, 건물 등을 그대로 놓으면 침하량이 과대해지고, 지지력이 부족하여 안전상의 문제가 발생한다.

느슨한 사질토의 경우에는 지진이나 폭파와 같은 진동이 전달될 때 갑작스러운 침하 또는 활동이 생길 수 있다. 이런 문제들이 예상되면 구조물을 안정하게 축조하기 위해서는 어떤 조치를 취하지 않으면 안 된다.

최근에 와서 쓰레기가 중요한 환경문제가 되었을 뿐만 아니라, 이것을 매립하여 이루어진 지반 또한 도로 또는 건축물의 기초로 이용하지 않을 수 없게 되었다.

이러한 지반에서도 과도한 침하와 지지력의 부족이 예상되므로 연약지반으로 분류하는 것이 당연하다 할 것이다.

연약지반이라 하더라도 상부구조물을 지지할 수 있느냐의 여부는 그 지반이 받는 하중의 크기에 달려 있다.

연약지반상에 놓인 하중이 작을 때에는 그것을 지지할 수 있는 경우도 있기 때문이다.

따라서 연약지반상에 놓인 구조물의 하중에 따라 예상되는 지지력의 크기와 침하 등이 그 구조물에 어떠한 영향을 끼치는지 면밀히 검토해야 한다.

4. 연약지반 판단기준

일반적으로 연약지반의 의미는 연약토로 이루어진 지반을 말하며, 연약점토는 자연함수비가 높고 전단강도가 작으며 압축 또는 팽창하기 쉬운 흙을 의미한다.

즉, 이러한 지반은 연약지반에 재하되는 상재 하중에 의해 결정된다고 볼 수 있으며, 연약지반에 대한 판단은 연약지반의 심도, 연약지반상에 축조되는 구조물의 규모 및 하중강도에 따라 변화하기 때문에 상대적인 의미로 해석하는 것이 바람직하다고 할 수 있다.

| 표 2-26 | 연약지반의 판단기준

구 분	이탄질 지반	점토질 지반	사질토 지반	비 고
층 두 께	10m 미만	10m 이상	–	
N치	4 이하	6 이하	10 이하	q_u : 일축압축강도
q_u(kN/m²)	60 이하	100 이하	–	q_c : Dutch Cone 지수
q_c(kN/m²)	800 이하	1,200 이하	4,000 이하	

5. 연약지반의 문제점

지반공학의 관점에서 보면 어떤 특정한 지반을 연약지반이라고 할 수가 없다. 왜냐하면 어떤 지반이 연약한지는 지반 자체가 가지고 있는 강도와 가해지는 외력에 의해 상대적으로 정해지는 것이기 때문이다. 이 경우 외력에는 재하 조건도 포함된다. 단, 물리적 조건이 같을 경우에도 여기에 건설하는 구조물의 설계조건 또는 중요도에 의해서 달라진다. 같은 구조물이어도 침하나 변형에 대한 조건이 달라질 수 있고, 지반파괴로 의한 구조물이 파괴될 때도 그 구조물의 파괴가 주변에 주는 영향에도 상이점이 있을 수가 있다. 따라서 설계 시 물리적 검토와 사회적 검토가 함께 이루어져야 한다.

연약지반에서 발생하는 문제는 크게 다음의 4가지로 구분할 수 있고, 시공 중 및 시공 후에 생기는 문제 가운데 주요 사항들에 대하여 특히 유의하여야 한다.

연약지반 개량공법의 목적은 이러한 여러 문제에 대해 지반조건을 개선해서 적절한 대책을 강구하는 것이라 할 수 있다.

(1) 침하의 문제

지반에 하중이 가해지면 지반은 침하를 일으키는데 이로 인해 구조물의 안정에 영향을 미친다.

(2) 지반의 파괴문제

자연지반의 지표면 재하를 하면 지반 속의 전단응력이 증가되어 원지반의 전단강도 이상으로 되면 지반 전체가 파괴된다.

(3) 지하수위의 영향문제

지반 내에 우물을 파고 펌프를 사용하여 양정을 실시하면 지하수위가 하강하게 되고 이때 지반 침하와 침투력에 의한 지반파괴 문제가 발생한다.

(4) 액상화 문제

사질지반은 일반적으로 조건이 양호한 지반으로 되어 있으나, 그 유일한 약점은 지진 시에 액상화 현상이 발생하여 파괴되는 것이다. 물로 포화된 사질지반은 액상화 발생 가능성이 크다.

| 표 2-27 | 연약지반을 대상으로 한 공사의 문제점

구분	침 하	지지력, 안정	기 타
재하 공사	• 구조물 성토 및 그 공정부에 생기는 전침하 또는 부등침하 • 구조물 기초에 미치는 부마찰력 • 성토 또는 구조물 하중에 의한 측방지반의 압밀침하 • 광역지반침하	• 기초지반 전단에 의한 성토파괴 • 구조물 기초의 지지력 부족 • 편재하중 및 토압에 의한 구조물 변위와 파괴 • 성토 또는 구조물 하중에 의한 측방지반의 융기	• 교통하중 등에 의한 주변지반의 진동 • 지진 시에 있어서의 기초지반의 액상화 • 댐, 제방 등의 기초지반의 누수
굴착 공사	• 굴착에 의한 측방 또는 상부지반의 침하 • 지하수위 저하에 의한 지반의 압밀침하	• 굴착사면의 붕괴 • 굴착저면의 히빙 • 응력해방, 편압, 이완 및 팽창 등에 수반하는 토압의 증가	• 침투수의 침출 • 퀵샌드, 파이핑

2 연약지반의 지반조사

1. 지반조사의 목적

연약지반에서의 건설프로젝트를 계획하고 수행하는 데 필요하게 되는 정보는 건설대상지역의 지반상황이나 지반 조건에 따라서 대상구조물의 건설이 매우 곤란하고 불가능할 경우도 있다. 또한 대상구조물의 건설이 가능할지라도 연약지반의 상황에 적절한 설계를 행하여 시공법을 선정하는 것이 필요하고, 지반상황에 대응하는 적절한 계획의 수립 여부가 해당 프로젝트의 공사비 및 공사기간을 크게 좌우한다.

지반조사 단계에서 예측하고 계획해야 할 주요사항은 다음과 같다.

• 구조물에 적합한 기초의 형태와 깊이 결정
• 기초의 지지력 계산
• 구조물의 예상침하량 산정
• 지하수위 파악
• 지반조건에 따른 시공법의 결정

지반조사를 계획하고 실시하는 데 중요한 것은, 무엇을 위하여 지반조사를 행하는가를 명확히 인식하고 그 목적을 실현하기 위해서는 어떠한 순서로 어디에 중점을 두고 조사를 해야 되는지를 명확히 하는 일이다. 이러한 연약지반 공사에서 실시되는 토질조사의 목적은 공사의 종류나 단계에 따라서 다소 다르지만 대개 다음과 같이 요약할 수 있다. 즉, 공사 중 또는 공사 후에 지반과 흙구조물 또는 기초 구조물의 상호거동을 예측하고 그 대책을 수립하기 위해 해석에 필요한 지반의 구성과 상태 및 각 토층의 토질정수를 명확히 알기 위한 것이다. 지반의 구성이란 연약지반을 구성하는 연약층의 깊이와 범위 및 성층과 두께이며 지반의 상태란 지형이나 지하수 등에 의한 생성환경과 퇴적상태 및 퇴적 후의 이력 등이다. 또 각층의 토질정수는 연약층을 구성하는 각 단위 토층마다의 흙의 성질을 규정하는 정수의 총칭이다.

공사를 실시하는 실무의 입장에서 필요로 하는 지반구성이나 토질정수는 순수하게 토질 역학적 측면과 달리 해석이 가능하도록 이상화된 지반구성이나 토질정수이다. 따라서 지반조사의 최종목적은 해석에 필요한 지반구분이나 토층구분을 명확히 하고 각 토층 또는 지반을 대표하는 설계 토질정수를 구하는 것이다.

2. 지반조사의 단계

(1) 예비조사

1) 자료조사

지질도, 농경도, 수리학적 자료, 시공에 관한 토질시방서, 공사기록 등 자료를 수집한다.

2) 현지답사

① 지표조사 : 관찰(지형, 지질, 폐기물 더미, 인접건축물의 형태, 벽에서의 균열 등)
② 지하수 조사 : 지하수위 조사

3) 개략조사

Boring, Sounding, 물리학적 조사(탄성파탐사, 음파탐사, 전기탐사), Sampling, 실내 토질시험 등을 하여 현지지반을 개략적으로 조사한다.

(2) 본조사

1) 정밀조사

Boring, 원위치시험, 실내토질시험 등을 실시하여 기초의 설계, 시공에 필요한 모든 자료를 얻는다.

2) 보완조사

정밀조사의 보완조사

3. 지반조사의 종류

(1) Test Pit(시험굴조사)

① 간단하면서 가장 확실하게 지표 부근의 지반형상을 알 수 있다.(2~3m 깊이에서 가장 경제적이다.)
② 도로공사를 위한 지반조사에 적합하여 시험굴의 바닥에서 Sounding을 하여 깊은 지반의 강성을 조사할 수 있다.

(2) Boring(시추조사)

보링공 자체의 상태를 파악하는 것 이외에도 보링공을 이용하여 샘플링과 원위치시험을 하기 위한 예비적 보조수단이 된다. 시추조사의 목적은 다음과 같다.

① 지반의 구성상태 파악
② 지하수위 파악
③ 토질시험을 위한 불교란시료의 채취(Sampling)
④ 보링공 내에서의 원위치시험

(3) 표준관입시험(SPT ; Standard Penetration Test)

1) N값의 정의

표준관입시험은 1902년 미국인 Charles Gow가 당시에 일반적으로 시행되고 있던 수세식 보링에 따른 토질조사를 대신하여 임의 깊이의 시추공저에 1인치 직경의 튜브샘플을 넣고, 시료를 채취함과 동시에 이 튜브샘플을 110파운드의 해머로 타격하면서 관입저항을 측정하여 토질주상도에 기록한 것에서 시작되었으며, 1927년 Ramond Concrete Pile 사에서 140파운드(63.5kg)의 해머와 30인치(약 76cm)의 낙하높이를 기준화하여 Spoon Sampler를 착안하였다. 그 후 Terzaghi와 Peck은 1948년에 그들의 저서 "Soil Mechanics in Engineering Practice"에서 이전의 관입시험형태를 표준화하여 현재의 형태와 같은 표준관입시험을 제안하였다. 또한 Parsons는 1954년 매 15cm마다 타격수를 측정하도록 제안하였다.

ASTM의 N값의 측정을 위한 규정 D 1586에서는 "중량 63.5kg의 해머를 76cm 높이에서 자유낙하시켜 Split Barrel Sampler가 15cm 관입되는 데 필요한 타격수를 측정하고 이를 3회 반복하여 두 번째와 세 번째 15cm의 관입타격수를 합하여 N값으로 한다."라고 규정하고 있으나 해머의 종류와 낙하시스템을 따로 정하지 않고 있다.

국내에서는 1966년 KS F2318에 '스플릿 배럴 샘플러에 의한 현장관입시험 및 시료채취방법', 한국산업규격 KS F2307(1997년)에 '흙의 표준관시험방법'이라 규정되어 있으며 N값은 "중량 64kg의 해머를 76cm 높이에서 자유낙하시켜서 로드 꼭대기에 부착된 노킹헤드를 타격하여 로드 앞 끝에 부착된 표준관입시험용 샘플러를 지반에 30cm 박아 넣는 데 필요한 타격수"라 정의되어 있다.

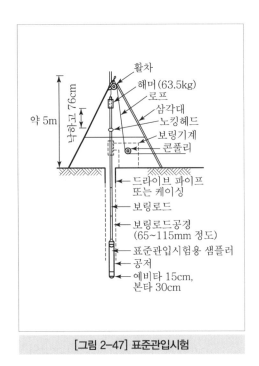

[그림 2-47] 표준관입시험

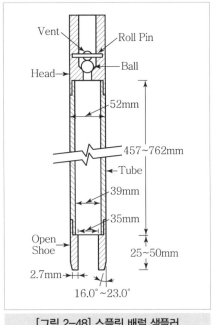

[그림 2-48] 스플릿 배럴 샘플러

2) N값의 보정과 강도정수의 상관성

표준관입시험은 보링과 동시에 이루어지므로, 토층 판별이 가능한 것은 물론 그 결과로부터 얻는 N값과 시료를 이용하여 여러 가지 토질정수를 추정 또는 산정할 수 있다. 그러나 N값이 4 이하인 점성토 지반에서는 정확한 시험결과를 기대하기 어렵다. 표준관입시험에서 N값의 측정 시 측정값의 오차에 영향을 미치는 측정방법상의 요소들을 다음과 같이 요약할 수 있다.

| 표 2-28 | 표준관입시험 측정시 오차에 영향을 미치는 요소(Kulhawy, 1995)

원 인	영 향	N치의 변화
해머의 무게가 부정확	해머의 에너지가 변화(일반적으로 5~7%)	증가 또는 감소
보링공 내의 적당한 수두 유지 실패	보링공의 하부가 예민해짐	감소
해머 타격 시 로드에 편심	해머 에너지 감소	증가
보링공이 깨끗하지 못함	샘플러 타격 시 장애 발생	증가
샘플러를 케이싱 바닥 위에 타격	시료가 다짐·교란됨	매우 증가
표준화되지 못한 샘플러 사용	표준 샘플러와의 상호관계가 무효	증가 또는 감소
굵은 자갈이나 호박돌에서 실시	샘플러가 막히거나 저항을 받음	증가
휘어진 드릴 로드 사용	샘플러에 타격에너지가 완벽히 전달이 안 됨	증가

측정방법상의 문제와는 별도로 측정결과 해석에 있어서의 문제점은 아래와 같다.

① 시험기의 형상이 표준규격으로 세부까지 규격화되어 있지 않다.

② 해머의 낙하방법

③ 시험자의 개인편차

④ 지반의 상태에 따른 N값의 변화

⑤ 로드 길이에 따른 영향과 그 보정방법

⑥ 상재압의 크기에 의한 영향과 그 보정방법

따라서, 현장에서 계측된 N값은 적절히 보정하여 설계용 N값으로 사용하게 되는데, 이들의 보정에 관한 방법을 요약하면 다음과 같다.

① 로드 길이 수정

　심도가 깊어지면 타격에너지 손실로 실제보다 크게 나오므로 다음과 같이 수정한다.

$$N = N'\left(1 - \frac{x}{200}\right)$$

여기서, N : 수정값
N' : 측정값
x : 로드 길이

② 토질 수정

　표준관입시험은 항타가 신속하게 이루어지므로 관입 시 지반에는 비배수상태에서 파괴가 발생하게 된다. 이때 N값이 15 이상일 때는 관입 시 부($-$)과잉간극수압이 발생하게 되어 유효응력관점에서 N값이 과대평가된다. 따라서, N값이 15 이상일 때는 15 이상인 부분을 절반으로 줄여서 보정하며, N값이 15 이하일 때는 안전 측 이므로 보정하지 않는다.

$$N = 15 + \frac{1}{2}(N' - 15)$$

③ 상재압 수정

　지표 부근에서는 실제보다 적게 나오므로 다음과 같이 수정한다.

$$N = N'\frac{5}{1.4p + 1}$$

여기서, p : 유효상재하중($\leq 2.8\text{kgf/cm}^2$)

Terzaghi – Peck $\phi = 0°$일 때 점성토층에서의 실험결과 N값과 일축압축강도와의 사이에 다음과 같은 상관성이 있음을 제안하였다.

$$q_u = \frac{N}{8}\,(\text{kgf/cm}^2)$$

또한 비배수전단강도와는 다음의 관계를 제안하고 있다.

$$C_u = \frac{q_u}{2} = \frac{N}{16}\,(\text{kgf/cm}^2)$$

사질토에서 N치와 전단저항각 ϕ 관계는 다음과 같다.

① Dunham 공식
  • 입자가 둥글고 입도분포가 불량한 모래

$$\phi = \sqrt{12N} + 15$$

  • 입자가 모나고 입도분포가 양호한 모래

$$\phi = \sqrt{12N} + 25$$

  • 입자가 둥글고 입도분포가 양호하거나 입자가 모나고 입도분포가 불량한 모래

$$\phi = \sqrt{12N} + 20$$

② Peck 공식

$$\phi = 0.3\text{N} + 27$$

③ 오자키 공식

$$\phi = \sqrt{20\text{N}} + 15$$

(4) 베인시험(Vane Test)

깊이 10m 미만의 연약한 점토지반의 전단저항(점착력)을 지반 내에서 직접 측정하는 시험이다.
전단강도 식은 다음과 같다.

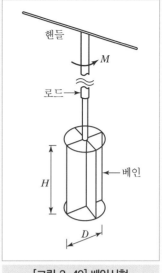

$$C = \frac{M_{\max}}{\pi D^2 \left(\dfrac{H}{2} + \dfrac{D}{6} \right)}$$

여기서, C : 점착력(kgf/cm²)

$M_{\max}$: 날개 회전 시 최대 비틀림 모멘트(kgf · cm)

H : 날개의 높이(cm)

D : 날개의 폭(cm)

[그림 2-49] 베인시험

(5) Piezo Cone 관입시험

현장의 지반조사에 널리 사용되는 정적 콘관입시험(CPT)에 간극수압을 측정할 수 있도록 트랜스듀서(Transducer)를 부착한 것을 Piezo Cone이라 한다.

1) 시험방법

전기식 Cone을 Rod 선단에 부착하여 지중에 2cm/sec 속도로 관입시키면서 저항치를 측정한다.

2) 연속적으로 측정하는 저항치

① 선단 Cone 저항(q_c)

② 마찰저항(f_s)

③ 간극수압(u)

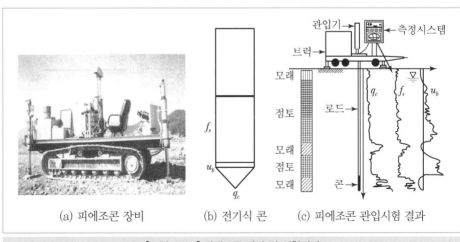

(a) 피에조콘 장비   (b) 전기식 콘   (c) 피에조콘 관입시험 결과

[그림 2-50] 피에조콘 장비 및 시험결과

(6) 현장재하시험

| 표 2-29 | 시험명칭별 시험내용

시험명칭	토질정수	시험결과의 내용
평판재하시험(PBT)	지반반력계수(k_v) 변형계수(E)	지반의 지지력 구조물의 침하량 지반반력 계산 노반 다짐관리
현장 CBR	CBR	노상, 노반의 지지력 포장두께의 결정 노반 다짐관리
공내 수평재하시험	횡방향 지반반력계수(K_h)	지반의 횡방향 지지력 횡방향 지반반력과 변위계산
공내 연직재하시험 (심층재하시험)	지반반력계수(K_v) 변형계수(E)	지반의 지지력 구조물의 침하량 깊은 지반의 지반반력 계산

4. 채취시료의 토질실험

(1) 개요

시료는 불교란 시료와 교란 시료 두 종류가 있으며 구조물의 설계 시에는 역학적 성질이 중요하므로 불교란 시료를 채취해야 한다. 일반적으로 연약점성토의 시료채취는 신월 샘플러 또는 호일 샘플러를 이용하여 채취하며, $N=15$ 정도의 점성토 또는 심층 $N=10$ 정도의 점성토는 데니슨형 샘플러, $N=10$ 이하의 느슨한 모래는 샌드 샘플러로 채취한다. 이러한 연약지반의 조사에서는 다음과 같은 목적으로 보링 및 샘플링을 실시하고 있다.

① 흙의 분류판별시험이나 역학시험을 하는 데 필요한 교란되지 않은 흙의 시료를 지반내에서 채취한다.

② 연약지반을 구성하는 토층성상의 변화나 층두께를 확인하고, 아울러 지하수위 등을 조사한다.

③ 표준관입시험이나 베인시험 혹은 간극수압의 측정 등을 실시한다.

(2) 실내시험

토질시험은 흙의 성질을 판단함과 동시에 설계에 필요한 자료를 얻기 위해서 현장토질조사시에 채취한 시료에 대해 다음과 같은 시험을 한다.

1) 물성시험

비중, 입도, 단위중량, 자연함수비, 액성한계, 소성한계 등

2) 역학시험

연약지반상의 성토 또는 구조물 시공 시 지반의 지지력 및 압밀침하가 중요하므로 시료채취 후에 전단시험과 압밀시험을 해야 한다.

실제의 설계에서는 역학시험, 압밀시험, 다짐시험결과 등을 이용하나 흙의 성질과 분포는 복잡하여 전 구역의 분포상황을 상세히 조사하기는 쉽지 않고 역학시험만으로 흙의 성질을 모두 규정할 수 없으므로 될 수 있는 한 물리시험을 많이 실시하여 토질을 종합 판단하여 대표적인 시험치를 결정하여 설계에 적용해야 한다.

여기에서는 공학적 안정과 관련한 지반조사 항목과 이를 구하기 위한 적정 시험법 및 시험종류에 대하여 나타내었다.

(3) 지반공학적 문제점과 지반조사 시험법

| 표 2-30 | 지반공학적 문제점에 다른 시험법

구분	문 제 점	주요한 실용지반정수	지반조사 시험법
점성토	지지력, 활동파괴	점착력	• 콘, 베인 일축압축시험 • 삼축압축시험
	압밀침하	• 압밀 e - log P곡선 • 압밀계수, 배수층 • 과잉간극수압	• 간극수압 측정 • 압밀시험
	장기압밀	이차 압밀계수	압밀하중 장기압밀시험
	근접지반 변형	• 변형계수, 초기지압 • 지하수위	• 공내수평재하시험 • 밀도측정, 삼축압축시험
	지중작용 토압	초기지압, 주동 · 수동토압	• 밀도측정 • 일축압축시험, 삼축압축시험
	기초말뚝의 수평저항력	변형계수	공내 수평재하시험
	반복하중에 의한 침하	동적하중 압밀특성	반복 삼축압축시험
	융기	• 피압수압, 습윤밀도 • 전단강도	• 피압대수층의 일축압축시험 • 수압측정
	지진 시의 지반 변형	동적전단변형 특성	PS 검측, 동적 변형시험
사질토	지지력	내부마찰각	N값, 삼축압축시험(CD)시험
	압축침하	변형계수	공내재하시험, N값
	지중작용토압	초기지압, 주동 · 수동토압	N값
	기초말뚝의 수평저항력	변형계수	공내 수평재하시험
	파이핑	수압, 간극비, 투수계수	현장투수시험, 입도분포, N값
	지진 시의 액상화	• 지하수위, 다짐비율 • 입도구성, 액상화저항력	지하수위 측정, N값, 입도분석, 교란되지 않은 시료의 동적 액상화시험

❸ 연약지반 개량공법의 개요

1. 연약지반 개량공법의 목적

토목 건축공사가 연약지반에 실시될 때에 원지반을 그대로 이용하면 구조물 등에 안정상의 문제가 발생할 수 있다. 이와 같은 경우에 지반에 공학적 성질을 개선하여 그 안정성을 증대하는 것을 지반개량이라고 한다. 일반적으로 연약지반 개량공법의 목적은 크게 다음의 4가지로 나뉜다.

- 강도특성의 개선 : 지반의 강도는 지반의 파괴에 대한 저항성을 나타내며, 지반의 파괴에 대한 저항성은 흙의 전단강도에 의존하고 있다.
- 변형특성의 개선 : 지반의 변형은 흙의 체적변화와 형상변화로 구분된다. 이와 같은 특성을 개선하기 위해서 압축성을 저하시키거나 전단 변형계수를 증대한다.
- 지수성의 개선 : 공사 중 또는 공사 완료 후에 토층수가 이동하면 유효응력의 변화에 의해서 여러 가지 문제가 생기는데, 이 문제는 지반의 지수성 개선에 의해서 방지될 수 있다.
- 동적 특성의 개선 : 느슨한 사질토 지반에서는 지진이나 지반의 동적 거동에 의해서 간극수압이 상승하여 유효응력 감소에 의한 액상화 현상이 일어날 수 있으므로 액상화 방지를 위해서는 액상화 저항을 증대하여야 한다. 액상화 저항은 지반을 구성하는 흙의 밀도, 입도 분포, 골격구조, 포화도, 초기 유효응력에 관련되기 때문에 액상화에 대한 저항을 증대하기 위해서는 과잉간극수압의 신속한 소산, 주변에서의 과잉간극수압의 공급차단을 통해 지진 시의 전단변형을 감소하는 방법이 있다.

연약지반을 개량하여 여러 가지의 문제점을 완전히 해결한다는 것은 공사기간 및 공사비 등이 충분하여야 하므로 실제적으로는 곤란하다. 그러므로 연약지반의 개량공사는 어느 정도의 문제점을 허용하여 계획되고 실시되는 것이 일반적이다. 연약지반상 여러 가지의 문제점을 어느 정도 허용할 수 있는가 없는가의 판단에 대한 기본적 방침은 구조물의 사용목적 및 중요성, 공사기간, 경제성, 환경조건 등과 관련되므로 일괄적으로 표현할 수 없다. 연약지반 개량공사 필요 유무의 판단은 구조물의 기능, 기초형식, 공기 등을 고려하여 종합적인 판단을 한 후 결정하여야 한다.

2. 연약지반 개량공법의 종류

연약지반 개량공법의 종류에는 외국에서 도입되어 우리나라에서도 많은 시공경험을 보유하고 있는 프리로딩공법, 수직 드레인공법, 샌드콤팩션공법 등과 최근 들어 그 사용빈도가 증가하고 있는 동다짐공법 및 특수한 목적에서 사용되다가 최근 국내에 도입되기 시작한 진공압밀공법 등 다양한 공법들이 있다.

3. 연약지반 개량공법의 선정

연약지반상에 구조물을 건설하기 위해서는 우선 대상이 될 지반의 지층상태와 각 층의 역학적 성질을 올바르게 조사하여 연약지반 대책을 하지 않은 경우의 여러 가지 기초공법의 비교를 포함하여 설계검토를 한 후, 시공 도중의 안정성, 공기의 적절성, 완성 후 구조물의 안정성, 장래의 침하 및 액상화 등 구조물 기능을 저해할 우려가 있는 경우에 연약지반 대책을 세운다. 그리고 대책의 목적, 대상 지반의 성질, 공기, 주변의 영향 등을 고려한 공법을 선정하여 소기의 목적을 달성할 수 있는지 비교·검토한 후에 최종적으로 경제적인 관점에서 최적공법을 선택한다.

(1) 공법 선정 시의 유의사항

연약지반 대책은 안정하고 경제적인 구조물을 만들기 위해서 수립되며, 구조물 전체의 수명이 끝날 때까지 기능을 구조물 착공시기에 보증하는 것과 같은 고도의 대책을 필요로 하는 것이 아니라 정기적인 유지·보수를 전제로 한 구조물의 대책공법과의 적절한 조화를 말한다.

지반개량은 반드시 하나의 원리에 입각하여 존재하는 것이 아니라, 복수의 원리에 의해 혼합병행공법으로 적용하는 경우가 많다. 그러므로 지반개량공법의 선정 시 개량의 목적을 명확히 하여야 하며, 대상토 지반의 성질, 하중조건, 시공여건, 공사기간, 주변 자연환경과 주변에 미치는 영향 등 제반 조건을 감안하여 개량목표와 원활한 시공, 경제성을 고려한 적합한 공법을 수립하여야 한다.

| 표 2-31 | 공법 선정에 따른 유의사항

유 의 사 항	내 용
구조물 특성	구조형식, 규모, 기능, 중요도
연약지반의 특성	연약층의 종류, 연약층의 범위, 심도, 지반 전체의 지층상태, 지지층의 심도와 경사, 각 층의 공학적 특징
개량의 필요성	가설적 개량, 영구적 개량
개량 목적	강도증가, 침하촉진, 침하 및 액상화 방지, 지수
지반개량공법의 특성	설계의 정도, 시공능력, 시공의 난이도, 시공기계나 재료입수의 난이도, 효과 판정의 난이도
공기나 환경에 따른 제약	공기, 오염, 진동, 소음
종합적인 경제성	기타 공법과 비교
기타	설계 변경의 난이도, 장래계획의 연계성

(2) 구조물과 연약지반의 특성

연약지반상에 구조물을 축조할 때에는 구조물의 종류, 규모 등을 확정하여 공학적인 관점에서 연약지반의 여부를 판단해야 한다. 이는 지반조사, 현장조사 그리고 실내시험 결과로부터 대상 구조물에 대한 허용지지력 및 허용침하량을 계산하여 비교·검토함으로써 가능하다.

허용 지지력 및 허용 침하량은 구조물의 성격, 용도, 해당 구조물의 관련 규정에 따라 다르며, 공사계획단계에서 연약지반의 적용 여부를 판단하는 데 개략적인 연약지반 판단기준을 사용하기도 한다.

연약지반의 특성은 먼저 구조물 조건과의 조합으로 대책공법 실시의 유무를 판단하기 위해서 원지반 조건에서의 설계검토가 필요하다.

대책이 필요하다고 판단되는 경우에는 대책공법의 선정이 필요하다.

따라서, 이에 따른 각각의 대책공법은 지반의 조건에 맞는 대책공법을 선정해야 한다.

(3) 연약지반 대책의 목적

설계검토 결과 원지반에 대해서 무엇이 문제가 되는지, 대책의 목적과 대책의 정도 등을 명확히 할 필요가 있다. 예를 들면, 침하가 문제로 되어도 허용 잔류침하량의 크기에 따라 프리로딩의 크기와 재하기간이 달라진다.

(4) 공사기간이나 환경의 제약

공사기간은 공법의 선정 폭을 좌우하는 요인이 된다. 예를 들면, 프리로딩 공법의 경우는 개량비도 타 공법에 비해 비교적 저렴하고, 시공기술에 있어서도 비교적 용이하나 소정의 개량 효과를 얻기 위해서는 장시간이 소요되므로 장시간의 공사기간이 허락되는 두꺼운 점토층에서는 효과적이다.

공사기간의 제약이 엄격한 경우에는 버티컬 드레인보다는 치환율이 높은 샌드콤팩션 파일이나 수주일 내에 효과를 얻을 수 있는 심층혼합처리공법을 선정하는 것도 가능하다.

최근의 건설공사에서는 환경에 대한 배려가 큰 문제가 되고 있다. 따라서, 인접하는 기존 구조물에 대해 영향을 주지 않아야 하는데, 원지반을 강제적으로 배제하는 다짐공법이나 생석회 말뚝공법에서의 타설 방향 등은 인접한 기존 구조물에 변형을 가져올 수 있고, 압밀에 의한 인접 구조물의 잔류침하 영향을 고려해야 한다.

또한 약액주입공법에 의한 지하수 오염의 문제도 고려해야 하며, 공사 시에 발생하는 과도한 소음과 진동도 무시할 수 없는 문제가 되므로 현장의 주위 환경과 선정공법과의 적절한 조화가 필요하다.

4 연약지반 개량공법의 종류

연약지반 개량공법은 점토지반, 모래지반에 따라 구분되고, 일시적인 개량인 경우 및 기타 공법으로 분류된다.

| 표 2-32 | 점토지반의 개량공법

공법의 종류	내 용
치환공법	연약 점토지반의 일부 또는 전부를 조립토로 치환하여 지지력을 증대하는 공법
Preloading 공법	구조물 시공 전에 미리 하중을 재하하여 압밀을 미리 끝나게 하여, 지반의 강도를 증가시키는 공법
Surcharge 공법	계획높이 이상으로 재하하중을 증가시켜, 예상 이상의 침하 또는 강도증가를 도모하는 공법
Sand Drain 공법	연약 점토지반에 모래 말뚝을 설치하여 배수거리를 단축하고 압밀을 촉진하여 압밀시간을 단축하는 공법
Plastic Board Drain 공법 (PBD 공법)	모래말뚝 대신에 합성수지로 된 Card Board를 땅속에 박아 압밀을 촉진하는 공법
Pack Drain 공법	Sand Drain의 결점인 모래 말뚝의 절단을 보완하기 위하여 합성 섬유로 된 포대에 모래를 채워 만든 공법
생석회 말뚝 공법	생석회가 수분을 흡수하면서 발열반응을 일으켜 체적이 팽창하면서 탈수, 건조, 화학반응, 압밀효과 등에 의해 지반을 강화하는 공법

| 표 2-33 | 모래지반의 개량공법

공법의 종류	내 용
다짐말뚝 공법	말뚝을 땅속에 여러 개 박아서 말뚝의 체적만큼 흙을 배제하여 압축함으로써 간극을 감소시켜 강도를 증진하는 공법
다짐모래말뚝 공법 (SCP 공법)	다짐말뚝공법과 원리가 같지만, 충격 또는 진동타입에 의해서 지반에 모래를 압밀하여 모래 말뚝을 만드는 공법
바이브로 플로테이션 공법	Vibrofloat 끝에 설치된 노즐로부터 물분사와 수평방향의 진동작용을 동시에 일으켜서 지반 내에 생긴 빈틈에 모래나 자갈을 채워서 지반을 개량하는 공법
폭파다짐 공법	다이너마이트의 폭발 시 발생하는 충격력을 이용하여 느슨한 모래지반을 다지는 공법
약액주입 공법	지반 내에 응결재료를 주입하여 고결시킴으로써 요구되는 목적에 따른 지반개량을 하는 공법
동다짐 공법	개량하려는 지반에 크레인 등을 이용하여 10~20ton의 중추를 10~40m 높이에서 낙하시켜 지표면에 가해지는 충격에너지로 지반의 심층부까지 다지는 공법

| 표 2-34 | 일시적 개량공법

공법의 종류	내 용
Well Point 공법	굴착을 요하는 지역에 Well Point라는 흡수관을 타입하고 이를 흡인관으로 연결하여 진공펌프로 배수하는 강제 배수공법
Deep Well 공법 (깊은 우물 공법)	$\phi 0.3$~1.5m 정도의 깊은 우물을 판 후 Casing을 삽입하여 지하수를 펌프로 양수함으로써 지하수위를 저하시키는 중력식 배수공법
대기압 공법	기밀막을 지표면에 씌운 다음 진공 Pump를 작동하여 내부의 압력을 저하시켜 대기압으로 압밀을 촉진하는 공법
동결 공법	동결관을 땅속에 박고 이 속에 액체질소 등 냉각제를 넣어서 주위의 흙을 일시적으로 동결하는 공법

| 표 2-25 | 기타 개량공법

공법의 종류	내 용
JSP 공법 (Jumbo Special Pile 공법)	200kgf/cm²의 Air Jet로 경화제인 시멘트 풀을 이중관 로드의 하부 노즐로 회전분사(배출치환)하여 원지반을 교란 절삭하고 Soil–Cement 고결말뚝을 형성시켜 연약지반을 개량하는 지반고결제의 주입공법
SGR 공법 (Space Grouting Rocket System)	이중관 Rod에 Rocket(특수 선단장치)을 결합한 후 Gel 상태의 약액 또는 약액과 시멘트 혼합액을 연약지반에 Grouting하여 연약지반을 개량하는 공법
토목섬유 (Geosynthetics)	Geotexile를 이용하여 배수재, 필터재, 분리재, 보강재 등으로 흙을 보강하는 공법
혼화제를 사용한 안정처리 공법	세립토에 혼화제(석회, 석회–fly ash, 시멘트, 아스팔트)를 첨가하여 흙을 안정 처리하는 공법
압성토 공법	성토의 활동 파괴를 방지할 목적으로 사면 선단에 성토하여 성토의 중량을 이용하여 활동에 대한 저항모멘트를 크게 하여 안정을 유지시키는 공법

[1] 점토지반의 개량공법

1. 치환공법

연약점토지반의 일부 또는 전부를 제거한 후 양질의 사질토로 치환하여 비교적 단시간 내 지반을 개량하는 공법으로 공기를 단축할 수 있고, 공사비가 저렴하므로 지금도 많이 이용된다.

| 표 2-36 | 치환공법의 종류

공 법		적 용
굴착 치환공법	전면굴착 치환공법	연약지반이 얕은 경우에 적용
	부분굴착 치환공법	연약지반이 깊은 경우에 적용
강제 치환공법	성토자중에 의한 치환공법	매우 연약한 지반에 적용
	폭파 치환공법	

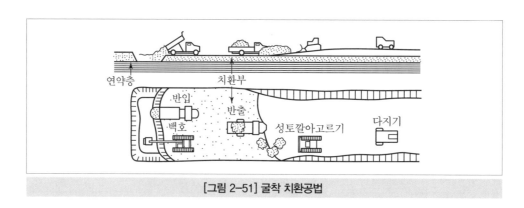

[그림 2-51] 굴착 치환공법

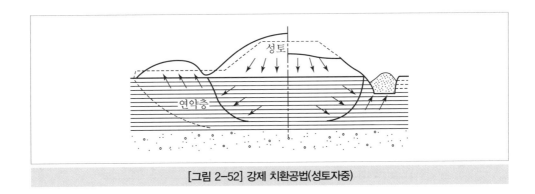
[그림 2-52] 강제 치환공법(성토자중)

2. 동치환공법(Dynamic Replacement Method)

크레인으로 무거운 추를 낙하시켜 연약지반상에 미리 포설하여 놓은 쇄석 또는 모래, 자갈 등의 재료를 타격하여 지반으로 관입시켜 대직경($\varPhi$ 0.6~1.0m)의 쇄석기둥을 지중에 형성하는 공법이다.

(1) 적용

① 점성토
② 연약층의 심도가 얕은 경우

(2) 특징

① 쇄석기둥 내에 큰 전단강도가 생긴다.
② 쇄석기둥 사이의 토사층도 강도가 증가된다.
③ 주변 흙의 과잉간극수압 배출통로가 형성된다.

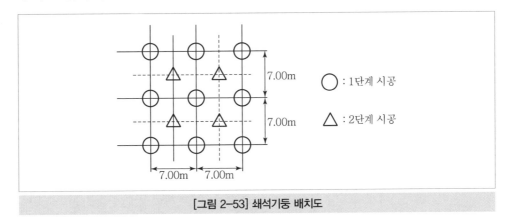
[그림 2-53] 쇄석기둥 배치도

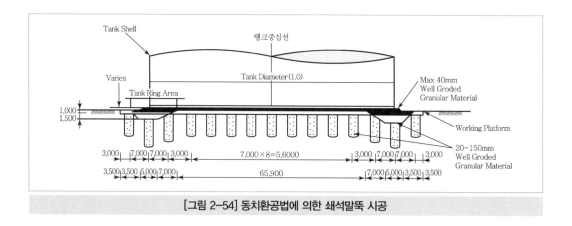

[그림 2-54] 동치환공법에 의한 쇄석말뚝 시공

(3) 시공한계

① 점성토 연약지반에 실시할 경우 심도 4.5m까지 가능하다.

② 심도 4.5m 이상의 연약지반개량에는 Menard Drain 공법과 병용한다.

3. 강제압밀공법

(1) Preloading 공법

구조물을 축조하기 전에 미리 재하하여 하중에 의한 압밀을 미리 끝나게 하는 공법이다.

1) 목적

① 압밀침하 촉진

② 시공 후의 잔류침하 감소

③ 공극비를 감소시켜 전단강도 증진

2) 특징

| 표 2-37 | Preloading 공법의 장단점

장 점	단 점
• 공사비가 저렴하다.	• 공기가 길다.
• 압밀효과가 균등하다.	• 재하용 성토재료의 확보가 필요하다.

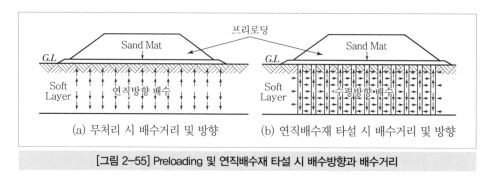

[그림 2-55] Preloading 및 연직배수재 타설 시 배수방향과 배수거리

(2) Surcharge 공법(여성토공법)

계획높이 이상으로 재하중을 증가시켜 예상 이상의 침하 또는 강도증가를 도모하는 공법이다.

1) 특징
① 잔류침하량이 작아진다.
② Preloading 공법보다 압밀소요시간이 줄어들기 때문에 공기가 단축된다.

2) Surcharge 공법의 시공

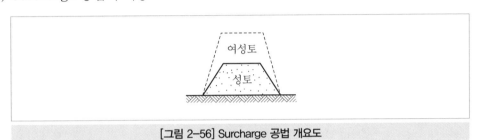

[그림 2-56] Surcharge 공법 개요도

4. Vertical Drain 공법

(1) Sand Drain 공법

연약점토층이 두꺼운 경우 연약한 점토층에 주상의 사주(모래기둥, Sand Pile)를 다수 박아서 점토층의 배수거리를 짧게 하여 압밀을 촉진함으로써 단기간 내에 연약지반을 처리하는 공법이다. 미국의 Barron에 의해 이론이 체계화되었다. 점토층이 두껍거나 Preloading으로는 장시간이 소요될 때는 Sand Drain 공법 또는 Plastic Drain 공법을 사용하며, 이 공법은 치환공법과 더불어 점성토지반 개량공법의 주류를 이루고 있다.

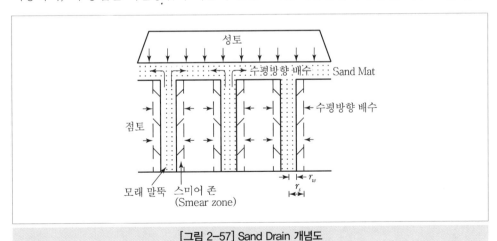

[그림 2-57] Sand Drain 개념도

1) 시공법

① Sand Mat 부설

㉠ Sand drain을 박기 이전에 약 50cm(양질의 모래가 아닌 경우에는 50~100cm) 정도의 모래를 포설하는데 이를 Sand Mat라 한다.

㉡ 역할

- 점토 중의 간극수를 측방으로 배수
- 시공기계의 주행성(Trafficability) 확보

② Sand Drain의 설치

㉠ Mandrel법(타입식 케이싱법, 압축공기식 케이싱법)

- 선단 Shoe를 달고 소정의 위치에 놓는다.
- 해머로 케이싱을 타격하여 지반에 관입시킨다.
- 케이싱 내 모래를 투입한다.
- Sand Drain 타설을 완료한다.

㉡ Water Jet식 케이싱법

2) Sand Drain의 설계

① Sand Drain 배열

㉠ 정삼각형 배열 : $d_e = 1.05d$

㉡ 정사각형 배열 : $d_e = 1.13d$

여기서, d_e : drain의 영향원 지름

d : drain의 간격

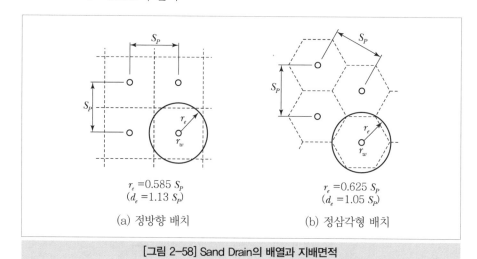

$r_e = 0.585\,S_P$
$(d_e = 1.13\,S_P)$

(a) 정방향 배치

$r_e = 0.625\,S_P$
$(d_e = 1.05\,S_P)$

(b) 정삼각형 배치

[그림 2-58] Sand Drain의 배열과 지배면적

② 수평, 연직방향 투수를 고려한 전체적인 평균압밀도

$$U = 1 - (1 - U_h) \cdot (1 - U_v)$$

여기서, U_h : 수평방향의 평균압밀도
U_v : 연직방향의 평균압밀도

③ Sand Drain의 간격이 길이의 1/2 이하인 경우에 연직방향 투수를 무시한다.
④ Sand Drain의 크기
　㉠ 지름 : 0.3~0.5m
　㉡ 간격 : 2~4m
　㉢ 길이 : 15m 이하에서 효과적(20m 이상이면 공사비가 매우 비싸다.)

(2) Plastic Board Drain 공법(PBD 공법)

Sand Drain 공법과 원리가 동일하며, 모래말뚝 대신에 합성수지로 된 Card Board를 땅속에 박아 압밀을 촉진하는 공법이다.

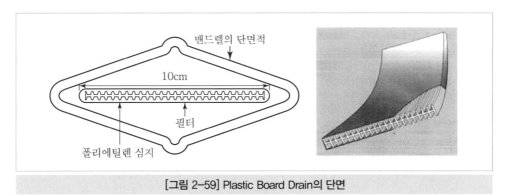

[그림 2-59] Plastic Board Drain의 단면

1) Plastic Board Drain 공법의 특징(Sand Drain 공법과 비교)

① 굴착이 필요 없기 때문에 시공속도가 빠르다.(약 2배 정도)
② 배수효과가 양호하다.
③ 타입 시 교란이 없다.
④ Drain 단면이 깊이에 대하여 일정하다.
⑤ 공사비가 싸다.
⑥ 장기간 사용 시 Smear 현상 및 Well Resistance로 인하여 배수효과가 감소한다.

2) 시공법

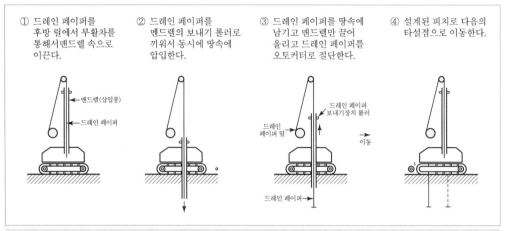

① 드레인 페이퍼를 후방 릴에서 부활차를 통해서맨드렐 속으로 이끈다.

② 드레인 페이퍼를 맨드렐의 보내기 롤러로 끼워서 동시에 땅속에 압입한다.

③ 드레인 페이퍼를 땅속에 남기고 맨드렐만 끌어 올리고 드레인 페이퍼를 오토커터로 절단한다.

④ 설계된 피치로 다음의 타설점으로 이동한다.

[그림 2-60] PBD 공법의 타설순서

3) Plastic Board Drain의 구비조건

① 주위 지반보다 투수성이 클 것
② 습윤강도가 클 것
③ 투수성에 변화가 없을 것
④ 전단강도, 파단의 신장률의 변형이 없을 것

4) Plastic Board Drain의 설계

$$D = \alpha \cdot \frac{2A + 2B}{\pi}$$

여기서, D : Plastic Board Drain의 등치환산원의 지름
A, B : Plastic Drain의 폭과 두께(cm)
α : 형상계수(=0.75)

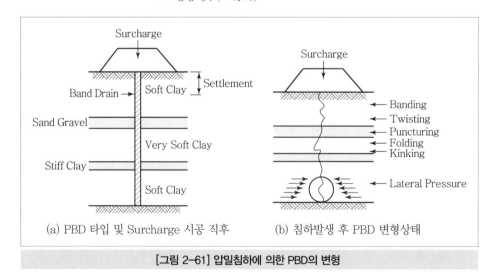

(a) PBD 타입 및 Surcharge 시공 직후   (b) 침하발생 후 PBD 변형상태

[그림 2-61] 압밀침하에 의한 PBD의 변형

(3) Pack Drain 공법

Sand Drain의 결점인 절단, 잘록함을 보완하기 위해 개량형인 합성섬유로 된 포대(Φ 12cm)에 모래를 채워 만든 포대형 Sand Drain 공법이다.

1) 특징

| 표 2-38 | Pack Drain 공법의 장단점

장 점	• 강인한 포대 속에 모래를 채워서 Drain하기 때문에 Drain이 절단되지 않게 연속적으로 유지할 수 있다. • 타설 후 포대형 Drain이 지면에서 50~100cm 정도 위로 나오기 때문에 설계대로 시공되었는지 간단하게 판단할 수 있고 시공관리가 용이하다. • 지름 12cm의 작은 Sand Drain을 시공하므로 사용 모래의 양이 적어 경제적이다. • 4본을 동시에 시공할 수 있으므로 시공기간이 단축된다.
단 점	• 연약지반 심도변화에 따른 타설심도 조절이 어렵다. • 동절기 공사 시 초기 항타가 어렵다. • 동절기 공사 시 모래의 품질관리가 어렵다. • 장비규모가 커서 작업능률의 저하 및 안전관리가 어렵다. • 장비 적기 수급이 어렵다.

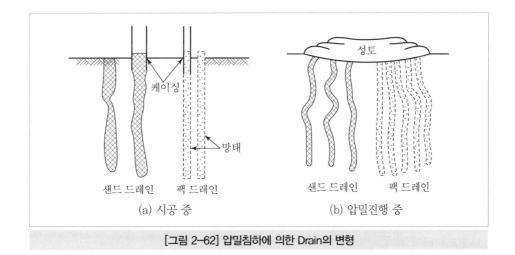

[그림 2-62] 압밀침하에 의한 Drain의 변형

2) 시공순서

① 케이싱 타설

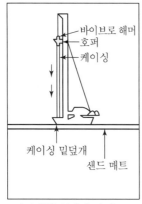

바이브로 해머
호퍼
케이싱

케이싱 밑덮개
샌드 매트

시공계획 위치에 바이브로
해머를 이용하여 타설

② 포대관입

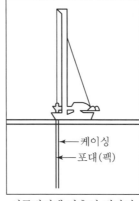

케이싱
포대(팩)

시공길이에 맞추어 절단된
포대를 넣고 호퍼에 고정

③ 모래충진

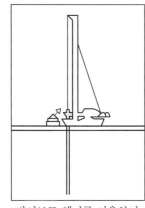

바이브로 헤머를 이용하여
진동을 가하면서 모래 투입

④ 케이싱 인발

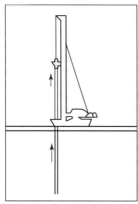

모래 투입이 완료된 후
위덮개를 달고 압축공기를
주입하면서 인발

⑤ 모래말뚝 형성 완료

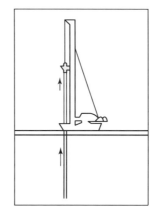

⑥ 완성된 모래말뚝

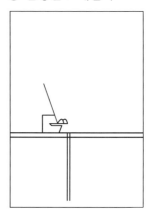

5. Sand Mat 공법

연약지반상에 0.5~1.0m 정도의 모래 또는 자갈 섞인 모래를 부설하여 연약지반 표층부를
개량하는 공법이다.

Sand Mat의 역할은 다음과 같다.

① 연약지반 상부의 배수층 형성 : 압밀촉진효과
② 성토 내 지하배수층 형성 : 지하수위 저하효과
③ 시공기계의 주행성(Trafficability) 확보

6. 생석회 말뚝 공법

생석회가 물을 흡수하면 발열반응을 일으켜서 소석회가 되며, 이때 체적이 2배로 팽창하는 원리를 이용하여 연약점성토 중에 생석회 말뚝을 박아 지반을 개량하는 공법이다.

(1) 효과
① 탈수효과 : 생석회가 소화하는 데 필요한 물의 양은 생석회 중량의 0.32배로서 수분을 빨아들이는 힘(Suction)이 있어 탈수효과를 나타낸다.
② 건조효과 : 생석회가 소화할 때의 발열량은 276kcal/kg으로, 이 열량의 일부는 지반의 온도상승에 소비되어 전도, 복사, 대류 등에 의해 외계로 없어지지만 일부는 물의 증발을 촉진하여 건조효과를 나타낸다.
③ 팽창효과 : 생석회는 소화와 동시에 체적이 약 2배로 팽창되며 흙의 체적을 압축 · 탈수하여 점성토를 압밀한다.

(2) 특징
① 생석회의 수분흡수에 의해 연약지반 내 간극수압 발생 억제
② 생석회와 연약토의 화학반응에 의해 말뚝 주변 흙을 고결화
③ 생석회의 팽창에 의한 연약지반의 압밀
④ 말뚝 자체에도 어느 정도의 강도를 기대할 수 있으며, 말뚝에 하중을 부담시킬 수도 있다.
⑤ 연약한 점토, 실트질 지반의 개량에 적합하다.

[2] 사질토 지반의 개량공법

1. 다짐말뚝공법

나무말뚝이나 RC, PC말뚝 등을 땅속에 다수 박아서 말뚝의 체적만큼 흙을 배제하여 압축함으로씨 간극비를 감소시켜 사질토 지반의 전단강도를 증진하는 공법이다.
① 역사적으로는 오래된 공법이지만 현재로서는 주로 보조적인 방법으로 사용되고 있다.
② 재료비가 비싸서 비경제적이다.

2. 다짐모래말뚝공법(SCP ; Sand Compaction Pile 공법)

다짐말뚝공법과 원리가 같지만 나무 또는 RC, PC말뚝을 박는 대신 충격, 진동타입에 의해서 지반에 모래를 압밀하여 잘 다져진 모래말뚝을 만드는 공법이다.

(1) 적용

모래가 70% 이상인 사질토지반에서 효과가 현저하며, 경제적이다.

(2) 공법의 종류

| 표 2-39 | 다짐모래말뚝공법의 종류

Hammering Compozer 공법	Vibro Compozer 공법
• 전력설비가 없어도 시공이 가능하다. • 충격시공이므로 소음 · 진동이 크다. • 주변 흙을 교란시킨다. • 낙하고의 조절이 가능하므로 강력한 타격에너지를 얻는다. • 시공관리가 힘들다.	• 시공상 무리가 없으므로 기계고장이 적다. • 충격, 진동과 소음이 작다. • 균질한 모래기둥을 만들 수 있다. • 진동은 모래의 다짐에 유효하지만 지표면은 다짐 효과가 적으므로 Vibro Tamper로 다진다. • 시공관리가 쉽다.

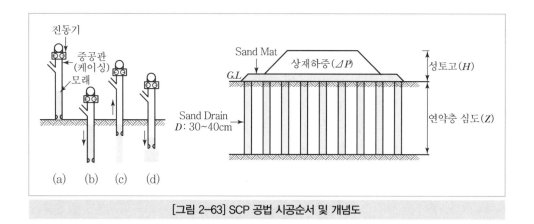

[그림 2-63] SCP 공법 시공순서 및 개념도

(3) 시공법

① 모래기둥의 지름 : 보통 $60 \sim 80$cm
② 모래기둥의 간격
  • 사질토지반 : $1.8 \sim 2.2$m
  • 점성토지반 : $1.2 \sim 1.6$m

3. 바이브로 플로테이션(Vibro Floatation)

수평방향으로 진동하는 봉상(Φ 약 20cm)의 바이브로 플로트(Vibro Float)로 사수와 진동을 동시에 일으켜서 생긴 빈틈에 모래나 자갈을 채워서 느슨한 모래지반을 개량하는 공법이다.

(1) 적용

느슨한 사질토의 $20 \sim 30$cm 깊이까지 시공이 가능하며, 각국에서 널리 사용되고 있다.

(2) 특징

① 수평방향의 진동이므로 지반을 균일하게 다질 수 있고, 강도의 분산이 적다.

② 깊은 곳의 다짐을 지표면에서 할 수 있다.

③ 지하수위의 영향을 받지 않는다.

④ 공기가 빠르고 공사비가 저렴하다.

⑤ 상부 구조물이 진동하는 경우 특히 효과가 적다.

⑥ 느슨한 모래지반의 액상화 방지에 효과적이다.

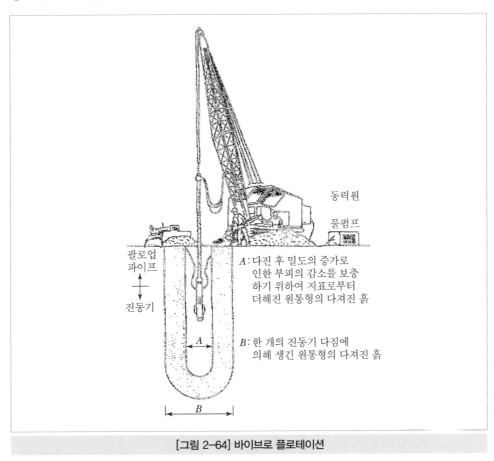

[그림 2-64] 바이브로 플로테이션

4. 폭파다짐공법

Dynamite를 폭파하거나 인공지진을 일으켜서 느슨한 사질지반을 다지는 공법이다.

(1) 적용

① 광범위한 연약 사질토층의 대규모 다짐에 적용한다.

② 표층 1m 정도는 다짐효과가 없어 Vibro Tamper로 다진다.

(2) 시공관리

① 인접구조물 피해, 인명 피해가 없도록 한다.

② 폭파는 개량의 중심에서 외측으로 행한다.

③ 시험시공을 하여 폭약의 종류, 위치, 다짐도 등을 평가한다.

5. 약액주입공법

지반 내에 주입관을 삽입하여 약액을 압송 · 충진하여 일정시간(Gel Time) 경과 후 지반을 고결시키는 공법이다. 최근에는 고압분사공법, 혼합처리공법, 콤팩션 주입공법(CGS공법)도 주입공법으로 발전하였다.

(1) 목적

① 차수   ② 지반의 강도 증가

③ 투수계수 감소   ④ 압축률 감소

(2) 특징

① 소음, 진동이 적다.

② 점토, 모래, 자갈, 암반 등 적용지반이 다양하다.

③ 작업이 간편하고 소규모로 시공할 수 있다.

④ 공사비가 비싸다.

⑤ 점토질인 경우에는 주입재의 침투 주입이 되지 않고 맥상 주입이 되므로 침투주입공법은 좋지 않고, 고압분사공법 또는 혼합처리공법이 바람직하다.

(3) 공법의 종류

| 표 2-40 | 약액주입공법 종류

주입방식	종 류	목 적
침투주입공법	LW, SGR	차수
고압분사공법	• 2중관 분사(JSP) • 3중관 분사(RJP, SIG)	• 고강도($30\sim150kgf/cm^2$) • 차수 목적 시 비경제적이다.
혼합처리공법	• 천층 혼합처리공법 • 심층 혼합처리공법(SCW)	• 차수 • 중간 정도 강도($10\sim60kgf/cm^2$)
콤팩션주입공법	CGS	• 고강도($30\sim150kgf/cm^2$) • 부등침하 복원

(4) 적용 공사

약액주입공법은 비싼 공법이지만 강도적으로는 다른 공법보다 효과가 기대되므로 다음과 같은 각종 공사에 널리 쓰인다.

① 댐, 터널, 지하철, 흙막이공 등의 지수, 방수공사
② 기초지반의 지지력 강화
③ 기존 기초의 보강 : Underpinning
④ Tunnel 굴진 시 막장의 붕괴방지
⑤ Tunnel 굴진 시 저부의 Heaving 방지
⑥ Shield 굴진 시

(5) 주입약액의 종류와 특징

① 현탁액형

| 표 2-41 | 현탁액형의 종류 및 특징

종 류	특 징
시멘트계	• 강도를 증가시킬 수 있는 경제적이고 가장 일반적인 주입재이다. • 굵은 모래지반의 강도의 증진에만 사용된다.
점토계(Bentonite)	강도의 증진효과는 없고, 지수목적으로만 쓰인다.
아스팔트계	

② 용액형 : 현탁액형의 결점을 보완한 것이다.

| 표 2-42 | 용액형의 종류 및 특징

종 류	특 징
물유리계	• 차수효과가 크다. • 용액의 점성이 커서 투수계수가 작은 지반에서 사용이 곤란하다. • 연한 농도의 용액을 사용하면 고결되었을 때 강도가 감소한다.
크롬리그닌 (Chrome-lignin계)	• 강도 증대효과가 크다. • 경화시간 조절이 가능하다. • 수중에서 고결능력이 약하다. • 독성이 있다.
아크릴아미드 (Acrylamide)계	• 물유리계, 크롬리그린계보다 침투성이 좋다. • 수중에서 팽창, 수축이 없어 완벽한 방수, 지수가 된다. • 취급이 용이하다.
요소계	• 강도효과가 가장 좋다. • 지수는 아크릴아미드계보다 뒤떨어진다.
우레탄계	• 물과 접촉하는 순간에 급속히 고결한다. • 유속이 빠른 지하수의 차수효과가 대단히 좋다. • 독성이 있다.

(6) 주입관 설치법

① Boring에 의한 방법
② 타설에 의한 방법
③ Water Jetting에 의한 방법

6. 동다짐공법(Dynamic Consolidation Method)

개량하려는 지반에 크레인을 이용하여 10~20ton의 중추를 10~40m 높이에서 낙하시켜 지표면에 가해지는 충격에너지로 지반의 심층부까지 다지는 공법이다.

(1) 적용
① 모래, 자갈, 사질점토
② 폐기물 등 광범위한 토질에 적용된다.

(2) 특징
① 지반 내 장애물이 있어도 가능하다.
② 타격에너지를 대폭 증가시켜 깊은 심층부까지도 개량이 가능하다.
③ 전면적에 고르게, 확실한 개량이 가능하다.
④ 불균일성 지반은 타격을 더하는 개량을 촉진한다.

(3) 설계
① 타격방법
1회 타격에너지와 총 소요에너지의 크기를 비교하여 전 면적에 고르게 필요한 에너지를 공급하도록 격자망을 짜서 타격한다.

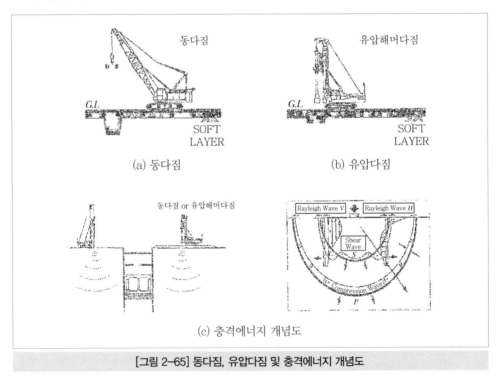

(a) 동다짐

(b) 유압다짐

(c) 충격에너지 개념도

[그림 2-65] 동다짐, 유압다짐 및 충격에너지 개념도

② 타격횟수

- 단위면적당 소요에너지 $= \dfrac{\text{타격에너지} \times \text{타격 횟수}}{\text{면 적}}$

- 타격횟수 결정 : 단위면적당 소요에너지가 항상 타격에너지를 상향하도록 타격횟수를 결정한다.

③ 개량심도와 타격에너지

$$D = C \cdot \alpha \sqrt{WH}$$

여기서, D : 개량심도, C : 토질계수, α : 낙하방법계수
W : 추의 무게, H : 낙하고

(4) 문제점 및 대책

| 표 2-43 | 동다짐공법 문제점 및 대책

문제점	대 책
지표면의 충격에 의한 진동 발생	깊이 1.5~2.5m의 구덩이를 파서 구덩이 내에 충격에너지를 가한다.
인접건물의 침하 및 균열 발생	충격지점과 구조물 사이에 깊이 1.5~2.5m의 Trench를 파서 완충지역을 만들어 진동을 차단한다.

[3] 일시적 지반개량공법

1. Well Point 공법

Well Point(Φinch, 길이 1m)라는 흡수관을 지하공사 시공지역의 주위에 관입하여 지하수위를 저하시켜 Dry Work를 하기 위한 강제배수공법이다.

(1) 특징

① 실트질 모래지반까지도 강제배수가 가능하다.(점토지반에서는 적용이 곤란)
② 사질토에서 굴착 시 Boiling 방지
③ 점성토에서 압밀촉진효과
④ Dry Work 작업 가능

(2) 설계법

① Well Point의 간격 : 1~2m
② 배수가능 심도 : 6.0m이며, 6m 이상일 때는 2단 또는 2단 이상으로 설치한다.

(3) 시공법

① Well Point에 Riser Pipe를 연결한 후 Water Jet에 의해 지중에 관입한다.

② Filter 층 형성

③ Header Pipe를 통해 진공 Pump와 연결한다.

④ 진공 Pump 작동

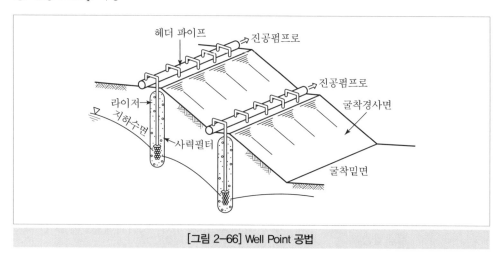

[그림 2-66] Well Point 공법

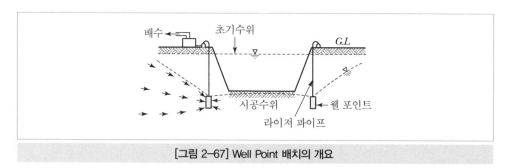

[그림 2-67] Well Point 배치의 개요

2. Deep Well 공법(깊은 우물 공법)

$\Phi 0.3 \sim 1.5\mathrm{m}$ 정도의 깊은 우물을 판 후 Strainer를 부착한 Casing(우물관)을 삽입하여 지하수를 펌프로 양수함으로써 지하수위를 저하시키는 중력식 배수공법이다.

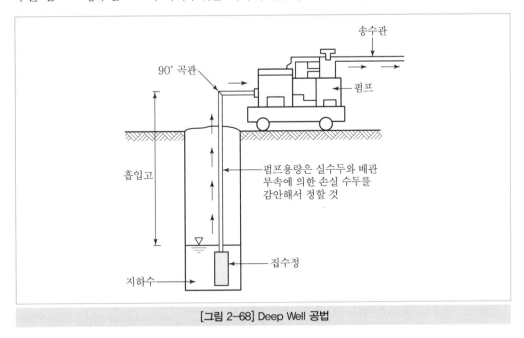

[그림 2-68] Deep Well 공법

(1) 적용
① 용수량이 매우 많아 Well Point의 적용이 곤란한 경우
② 투수계수가 큰 사질토층의 지하수위 저하 시
③ Heaving이나 Boiling 현상이 발생할 우려가 있는 경우

(2) 특징
① 양수량이 많다.
② 고양정의 Pump 사용 시 깊은 대수층의 양수가 가능하다.

(3) 시공순서
① 소정의 깊이까지 우물 굴착
② Strainer를 부착한 Casing(우물관) 삽입
③ 펌프 설치 후 작동

3. 대기압공법(진공압밀공법 : Menard Vacuum Consolidation 공법)

지표면을 비닐 Sheet 등의 기밀한 막으로 덮은 다음 진공 Pump를 작동하여 내부의 압력을 내려 재하중으로서 성토 대신 대기압으로 연약점토층을 탈수에 의해 압밀을 촉진하는 공법이다.

① 대기압을 이용하므로 재하중이 필요 없다.

② 압밀 완료 후 철거시간과 Cost가 필요 없다.

③ 공기가 짧다.

④ Vertical Drain 공법과 병용하면 깊은 심도까지 압밀효과가 확실하다.

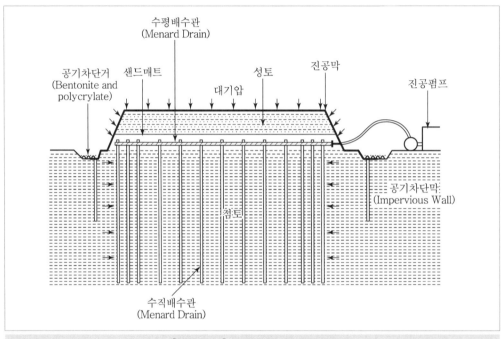

[그림 2-69] 진공압밀공법의 개요도

4. 동결공법

동결관($\Phi 1.5 \sim 3.0$inch)을 땅속에 박고 이 속에 액체질소 등의 냉각제를 흘러 넣어서 주위의 흙을 일시적으로 동결하여 지반의 강도와 차수성을 높여 가설공사에 일시적으로 이용하는 공법이다.

| 표 2-44 | 동결공법의 장단점

장 점	단 점
• 모든 토질에 적용이 가능하다.	• 동해현상의 피해가 수반된다.
• 동결토의 강도가 대단히 크다.	• 지하수가 흐르고 있을 때는 동결이 늦고 지하수의
(원지반토보다 수배~수백 배)	유속이 빠를 때는 동결이 불가능하다.
• 완전한 차수성이다.	• 공사비가 고가이므로 타 공법으로 시공이 곤란한 경
• 콘크리트와 암반과의 부착강도가 크며, 부착도 완벽	우 혹은 공기가 부족한 경우에 한정된다.
하다.	

[4] 기타 공법

1. JSP(Jumbo Special Pile) 공법

JSP 공법은 200kgf/cm²의 Air Jet로 경화제인 시멘트풀을 이중관 로드의 하부 노즐로 회전분사(배출치환)하여 원지반을 교란 절삭시켜 Soil-Cement 고결말뚝을 형성하여 연약지반을 개량하는 지반고결제의 주입공법이다.

(1) 용도

① 기초지반 보강
② 구조물 기초보강
③ 차수

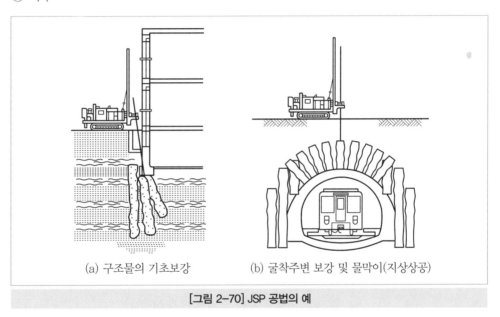

(a) 구조물의 기초보강   (b) 굴착주변 보강 및 물막이(지상상공)

[그림 2-70] JSP 공법의 예

(2) 특징

| 표 2-45 | JSP 공법의 장단점

장 점	단 점
• 적용되는 지반의 범위가 넓다.	• 공사비가 고가이다.
• 확실한 시공효과를 기대할 수 있다.	• 공과 공 사이의 연결부가 취약하다.
• 지반강도와 차수효과를 높이는 이중효과가 있다.	• 재료의 손실률이 크다.
• 별도의 토류벽이 필요 없다.	• 슬라임 발생이 많다.

(3) 시공순서

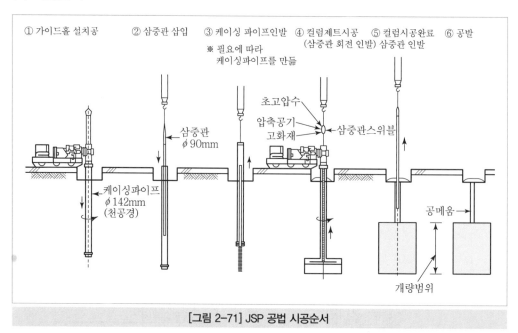

[그림 2-71] JSP 공법 시공순서

2. SGR 공법(Space Grouting Rocket System)

이중관 Rod에 Rocket(특수선단장치)을 결합한 후 Gel 상태의 약액 또는 약액과 시멘트 혼합
액을 연약지반에 Grouting하여 연약지반을 개량하는 공법이다.

(1) 특징

| 표 2-46 | SGR 공법의 장단점

장 점	단 점
• 주입압력이 적어 지반의 교란이 적다. • 유도공간을 형성하여 균일한 작업효과를 얻을 수 있다. • 주입관의 회전 없이 Step 주입으로 확실한 주입이 가능하다. • 급결성, 완결성 Grouting의 연결적인 복합주입이 용이하다.	• 점토층에서는 액상으로 주입된다. • 차수효과는 양호하나 토류벽으로서의 강도는 없다.

(2) 시공순서

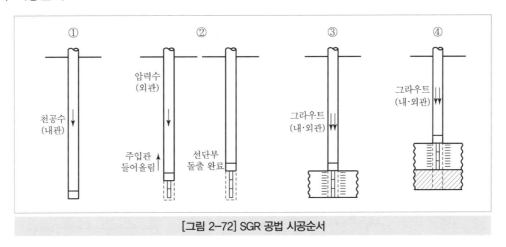

[그림 2-72] SGR 공법 시공순서

3. 토목섬유(Geosynthetics)

토목섬유는 흙을 보강하는 데 사용되는 투수성 섬유를 부르는 일반적인 명칭으로서 Geotextile 의 Filter 기능을 이용하여 Piping 방지목적으로 사용하다가 최근에는 배수재, Filter재, 분리 재, 보강재 등으로 사용하고 있다.

(1) 토목섬유의 기능

① 배수기능(Drainage Function) : 섬유가 조립토와 세립토 사이에 놓일 때 섬유는 물이 조립토에서 세립토로 자유롭게 흐를 수 있게 한다.

② 여과기능(Filtration Function) : 섬유가 세립토에서 조립토로 세굴되는 것을 막아 준다.

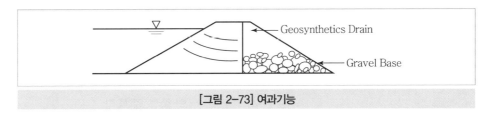

[그림 2-73] 여과기능

③ 분리기능(Separation Function) : 섬유가 여러 토층으로 분리된 상태로 유지해 준다.

[그림 2-74] 분리기능

④ 보강기능(Reinforcement Function) : 토목섬유의 인장강도가 토질의 지지력을 증가시킨다.

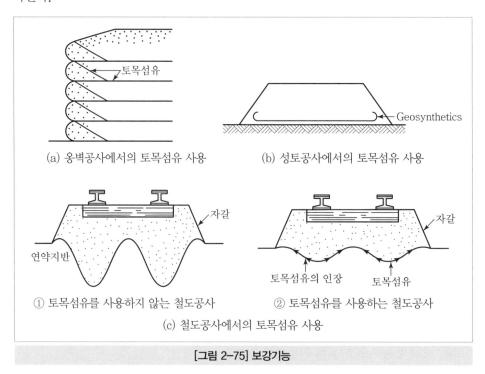

(a) 옹벽공사에서의 토목섬유 사용

(b) 성토공사에서의 토목섬유 사용

① 토목섬유를 사용하지 않는 철도공사

② 토목섬유를 사용하는 철도공사

(c) 철도공사에서의 토목섬유 사용

[그림 2-75] 보강기능

⑤ 차수기능(Moisture Barrier Function)

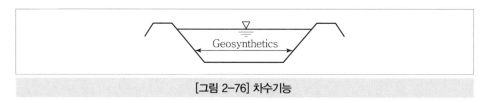

[그림 2-76] 차수기능

(2) 토목섬유의 종류 및 특징

| 표 2-47 | 토목섬유의 종류 및 특징

종 류	특 징
Geotextile	토목섬유의 주를 이룬다.
Geomembrane	차수기능, 분리기능
Geogrid	보강기능, 분리기능
Geocomposite	배수, 여과, 분리, 보강기능

(3) Geotextile의 종류 및 제조방법

| 표 2-48 | Geotextile의 종류 및 제조방법

종 류	제 조 방 법
직포	평직(平織), 능직(綾織)
단섬유 부직포	니들펀칭(Needle Punching)
장섬유 부직포	스펀본드 니들펀칭(Spunbonded Needle Punching)
복합포	니들펀칭(Needle Punching)

4. 혼합제를 사용한 안정처리공법

세립토에 혼화재(석회, 석회-fly ash, 시멘트, 아스팔트 등)를 첨가하여 흙을 안정처리하는 공법이다.

(1) 목적
① 흙의 개량
② 급속시공
③ 흙의 강도와 내구성 개량

(2) 종류
① 석회 안정처리 : 5~10% 정도의 석회를 세립토에 첨가하면 여러 가지 화학반응이 일어나는데, 이러한 반응으로 점토의 구조를 변화시킬 수 있다.
  ㉠ 액성한계 감소
  ㉡ 소성지수 감소
  ㉢ 수축한계 감소
  ㉣ Workability 증가
  ㉤ 강도의 증가
② 시멘트 안정처리
  ㉠ 도로, 흙댐 건설 시 많이 사용된다.
  ㉡ 사질토, 점성토의 안정처리에 사용된다.
③ 석회-fly ash 안정처리 : 도로의 노반과 노상을 안정처리하는 데 사용된다.
④ 아스팔트 안정처리 : 최근에 자주 사용하지 않는다.

5. 압성토공법

성토의 활동파괴를 방지할 목적으로 사면선단에 성토하여 성토의 중량을 이용하여 활동에 대한 저항모멘트를 크게 하여 안정을 유지시키는 공법이다.

(1) 특징
① 측방유동을 방지할 수 있다.
② 압밀에 의한 강도가 증가한 후에는 압성토를 제거할 수 있다.
③ 압성토에 필요한 부지를 확보해야 한다.

(2) 압성토의 시공

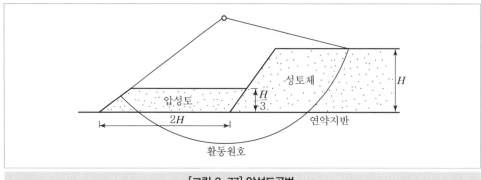

[그림 2-77] 압성토공법

03 플랜트 건축설계

1 기본설계 개요

기본설계는 설계에 필요한 조사 및 계획안에 근거하여 부여된 조건에 대해 최적의 건축물을 설계하기 위해 기본적인 계획을 구체적인 구상으로 정리하는 단계이다. 통상 몇 가지 기본설계를 수행하고 비교·검토하여 가능성이 큰 설계안을 종합적인 관점에서 정리하면서 하나의 설계안으로 통합하게 된다.

| 표 2-49 | 기본설계의 작업내용

설 계 항 목	검 토 사 항	작성할 설계도서
배 치 계 획	• 블록 구성과 배치 • 환경조건과의 관계	• 배치도 • 평면도 • 입면도 • 단면도 • 상세도 • 면적표 • 구조도 • 구조개요도 • 설비개요자료 • 투시도 • 모형
공 간 계 획	• 인·물품의 동선계획 • 환경조절의 방법 • 공간의 성격 조성·상호관계 • 공간구성(조닝, 연속과 분리, 유닛 공간)	
구 조 계 획	• 구조방식(구조종별, 구조형식) • 구조부재의 구성(스팬·층높이) • 내진요소의 형식·배치(입체적·평면적) • 기초구조(기초의 종류·지지지반·지정공법) • 이질인 구조부분의 일체화 및 분리 • 골조부재단면(모양·크기)	
설 비 계 획	• 에너지공급시스템 • 각종 설비방식 및 제어방식 • 기계실과 코어의 위치 • 각 기기·덕트·파이프의 위치·크기	
생 산 계 획	• 주요 부재의 생산방식(현장, 공장, 기성품 또는 주문품) • 교통 및 수송방법 • 공해방지 대책	
코 스 트 계 획	• 코스트 비교 • 코스트 배분	

1. Plant 건축물의 기본설계 시 주의사항

(1) 전체 Layout에 대한 고려
① 자재, 제품, 인원 등의 동선
② 관리부문과 생산부문의 분리
③ 종업원에 대한 후생복리시설

(2) 건축물 내의 동선 고려
① 원료 및 제품의 반입 · 반출
② 인원의 움직임

(3) Space 이용도
① 적정한 Span 및 층고
② 과부족 없는 바닥면적

(4) 장래 확장 및 전용에 대한 고려
① 동일 건축물의 증설방법과 별동으로 증설방법
② 건축물의 확장에 대한 용이도
③ 다른 용도로의 사용 가능성

(5) 보수 및 생산관리
① 장치의 용이한 관리방식
② 생산공정, 품질에 대한 관리의 용이
③ 제품생산에 대한 고려(공조, 방진, 방수 등)
④ 건축물의 유지관리

(6) 작업환경
① 안전한 작업환경의 확보(진애, 진동, 악취, 한기)
② 능률 향상을 위한 실내환경의 확보(소음, 온도, 습도, 조명, 색채)
③ 휴식에 대한 배려

(7) 건설자재에 대한 고려
① 현지 조달재와 수입재(해외현장인 경우)
② 시공법과 Schedule의 검토

(8) 경제성의 추구

① 내구 연수의 고려

② 표준화

③ Module의 사용

④ 건축물의 유지관리비 절감

(9) 자연조건 및 주위환경과의 조화

(10) 선전효과 및 기업이미지 향상

(11) Plant 관련 제 법규

(12) 방재

① 화재, 폭발

② 홍수, 고조 등 자연현상

2 Master Plan

대지 활용계획에 따라 건축물, 공작물, 도로, 녹지, 주차공간 등의 기본적 배치를 하는 작업으로 공장 전체의 Image, 환경조건, 장래증축 등의 공장계획 원칙에 따른 사업방침 등이 반영되어야 한다.

1. 대지의 종합적 분석

계획 대지 내의 효율적 이용을 위해서 대지 및 그 주위의 환경조건 등을 다각적으로 분석하는 것으로 다음과 같은 사항이 있다.

- 대지 위치도 및 입지 분석
- 기존 토지 이용 현황
- 지질, 지형 및 경사도 분석 · 배수 분석
- 기후 및 수계 분석
- 시각적 특성 분석도
- 단지 조성 후 주위환경 분석

(1) 기온 및 습도

환기, 공조 및 공사계획에 대한 기본조건, 구조물의 온도응력의 검토(Expansion Joint), 기온이 영하로 갈 경우 구조재(철골)의 재질결정에 영향을 준다. 단, 지반이 동결하는 경우는 동상력, 동착력의 척도가 필요(일반적으로 지중구조물의 기초는 동결선보다 낮추어야만 한다고 생각하고 있으나 이것은 잘못된 것이며 토질, 하중의 조건에 따라 동착력이 탁월한 경우에는 지중구조물이 올라온다.) 결로 및 동결에 따른 피해를 고려해야 한다. 또한 한랭지에서의 동기공사인 경우, 동기대책(Winterization)이 필요하며 옥외공사를 적게 하여 옥내에서 작업(例 PRE-FAB. 작업, 옥내 마감 공사 등)을 많이 하도록 하는 스케줄 조정이 필요하다.

(2) 강우량

연간 강우량만으로는 배수계획을 수립할 수 없으며 강우강도(강우지속기간 10~15분간의 강우량[mm/hr])가 필요하다. Roof Drain 계획(우량이 많으면 지붕의 형상에도 영향을 준다), 특히 아열대, 열대지방에서는 우기대책이 필요하며, 가설·본설 배수계획을 충분히 검토하며 본설 배수구의 Over Flow 방지 등에 주의가 필요하다.

(3) 적설

구조계획상의 하중(한쪽의 하중, 지붕구배에 의한 저감) 배치 및 평면계획상, 적설의 낙하에 의한 피해(즉, 높은 지붕의 눈이 그보다 낮은 지붕 위에 낙하하여 지붕을 파손하거나 건물의 이동간격의 관계로 낙하한 눈이 벽면을 파손하거나 하는 등과 같은 것)가 없도록 배려가 필요하다.(출입구와 지붕구배의 관계, 건물에 부속하는 옥외 구조물 기기와 지붕과의 관계, 드물게는 침하에 따른 인장강도의 Check(다설지)가 필요하다.)

(4) 풍력 및 풍향

구조계획상의 외력, 방진(사막), 드물게 지붕면의 적재하중을 예상할 필요가 있는 경우도 있다.(염해(해안), 환기·공조계획)

(5) 지진력

구조계획상의 외력

(6) 지하수위

지하실 피트 등의 방수계획. 지하 구조물에 대한 수압·부력 계산, 지하수의 수질(부식)

(7) 지반

지중 및 지상구조물의 구조계획상 중요한 조건. 직접 지지지반, 개량에 의해 얻은 지지지반, 지지층까지 Pipe를 타설하는 지반 등에 의해 각각 필요 Data가 달라진다. 토질(부식, 굴삭), 암반, 연약지반, 특수모양(유산염, 유기질, 팽창성 검토 등)에 대한 대책이 필요하다.

2. 배치계획 시 고려사항

(1) 작업공정 및 운반의 경로와 방식 기타 동선을 고려하여 건물의 배치나 방향을 정할 것
  ① 비생산부문 중, 특히 생산부문과의 관련이 밀접한 부문, 예를 들면, 사무소, 창고, 공구 실 등의 배치는 종합적인 흐름의 한 단위로서 신중하게 고려할 필요가 있다.
  ② 재료 창고는 작업의 시점 및 각 작업장에 접근시킨다.
  ③ 제품 창고는 작업의 최종점에 접근시키고 반출이 용이하도록 배치한다.
  ④ 하역장은 작업 완료 장소 혹은 작업장과 제품 창고의 중간에 설치한다.
  ⑤ 반제품 적치장은 작업장에 근접시키고, 반입, 반출에 편리한 위치에 설치한다. (노천 재 료 적치장도 같음)
  ⑥ 외부의 교통기관과의 연락을 충분히 고려하고, 재료의 반입, 제품의 반출 외에 작업원 의 통근 등도 고려한다.
  ⑦ 사무소는 작업장의 일부 혹은 별동으로 분리하여 설치한다.
  ⑧ 본사무소는 정문 가까이 있는 것이 좋다.
  ⑨ 가솔린 등의 저장고는 물론 차고에 근접시킨다.
  ⑩ 소음, 진동 등을 발생시킬 우려가 있는 것은 대지의 중앙에 설치하는 게 좋다. 그것이 불가능한 경우는 다른 건물을 방음벽 대신에 배치하는 것도 효과적이다.
  ⑪ 자동차 주차장은 공장의 종업원 출입구에 근접하여 설치하는 것이 출입 시 관리가 용이 하다.
  ⑫ 자전거 보관은 주로 종업원의 출입구에 근접하여 설치한다.
  ⑬ 화장실, 세면실, 욕실, 갱의실은 작업장과 분리하여 설치하고 통로 등으로 구획한다. (단, 어느 것이나 너무 작업장과 떨어지지 않도록 하는 게 필요하다.)
  ⑭ 보일러실, 변전실 등의 Utility 관련 설비는 공급 편리뿐만이 아니라 화재 시도 고려하 여 그 위치를 결정해야 한다.

(2) 장래 확장을 고려하여 배치, 즉 공장의 최종계획을 건설 시에 미리 결정해 두고 이에 적응 하는 배치로 해 두는 것이 필요하다.

(3) 인동간격을 고려한다.
  ① 채광상 적어도 인접 건물의 높이만큼은 취할 필요가 있다. 직사광선을 받기 위해서는 남측의 건물고의 2배 간격을 필요로 한다.
  ② 적치장의 이용 등을 고려한다.
  ③ 화물차의 출입 등이 있을 경우 그 통로 등을 고려한다.

(4) 건물의 방향은 채광, 온도, 환기, 소음, 진애, 풍향, 강우, 강설의 방향 및 기능 등을 종합적 으로 검토하여 결정한다.

(5) 건물 규모의 결정에서는 기계설비, 작업의 상태, 조건 및 작업인수 등을 충분히 고려해야 한다.

(6) 건물 배치 시 중량이 큰 공장에서 바닥 하중을 고려해야 하며 지반이 연약한 곳에 대규모 설비는 피할 수 있게 고려해야 한다.

3. 공장 종류별 배치계획

(1) 가공조립형 공장의 배치계획

가공조립형 공장에서는 일반적으로 주요한 생산을 위해 필요한 면적이 보조 작업 · 유틸리티 부분의 면적에 비해서 매우 크다. 주생산공장 내에서는 부품 제작에서 조립완성까지 일련작업을 하는 경우가 많고 하나로 모아 면적도 커진다. 이것은 각 작업장의 성격이 비교적 닮고 있다는 것, 장치 공업형의 작업장이 포함되어 있어도 규모가 작고 격리하기 쉬운 것, 토지가 유효하게 이용되는 것 등에 의한다. 또한 역으로 건물을 분해하는 편이 유리한 이유로 생산품목이 확실히 다를 것, 면적이 너무 커서 관리하기 어려울 것, 증설 계획의 형편에 의할 것 등이 있다.

① 중요한 생산을 맡은 주공장이 중심이 되고, 부품공장, 이종의 생산설비를 갖은 공장 등이 부속하고 있다.

② 주강 부품을 쓴 기계의 일괄생산공장으로 주조 작업장과 가공조립 작업장의 다른 작업장 때문에 2개의 건물로 대별하고 있다.

③ 정밀전자 기기 공장인데, 광대한 녹음이 많은 완만한 경사지를 살려서 공장 외에도 연구 · 설계 등의 부문과, 후생 · 주거 시설도 설치하고 있다. 각 구역은 독립성과 환경보전에 노력하고 있다.

(2) 장치공업형 공장의 배치계획

① 독립형 배치

1~2동 또는 수동의 독립한 생산공장과 부속의 보조 건물로 되는 것으로 소규모의 공장에 예가 많다. 이 형은 기본적으로는 다음에 표시하는 연결형 혹은 분해형이어야 할 것이 생산규모가 작기 때문에 독립형이 된 것과 생산설비가 비교적 단순하기 때문에 기초적으로 독립형인 것과 2종류가 있다. 전자는 주류 · 분해 · 합성 각 프로세스형의 일관제조공장에 많이 보이나, 공장 내부는 생산설비 · 건축설비 · 구조 등이 복잡하게 되기 쉽다. 후자는 전 생산공장 중에서 한정된 공정만을 담당하는 것으로 단순 · 소규모인 것이 많다.

• 콘크리트제 말뚝 · 판 등의 제조공장으로 제조동 외에 제품의 양생 · 저장 때문에 넓은 옥외장소가 필요하다.

• 실을 잣는 방적공장과 제사공장으로 나뉘어 있고 부지 내에 여자종업원용 숙사를 설치하고 있다.

② 연결형 배치

단위의 생산공장마다 독립된 건물을 설치하고 전체 생산공정 순으로 연결 배치한 것으로 주로 프로세스형이 많다.

각 생산공정마다 형식·구조 등이 다른 건물을 제품의 이동 편의 때문에 차례로 직접 연결한 것이며 펄프 제조·시멘트 제조·판유리 제조공장 등도 이 형식이 많다.

③ 분해형 배치

부지를 수개지역으로 나누어, 각 지역마다 단순 생산설비를 모아서 배치하는 것으로 지역 전체가 하나의 건물로 점유하는 경우도 있다. 분해 프로세스형의 경우는 분해공정마다로 지역이 나누어지고, 합성프로세스형의 경우는 제품종별로 나누어지는 예가 많다.

- 합성프로세스형의 제품별 지역에 하나의 건물로 모여 있다. 유기·무기화학 제조공장, 철강 일관제조공장 등도 이 형식이 많다.
- 분해 프로세스형으로 각 지역마다 원료와 분해된 제품제조, 처리장치가 모여 있다.

❸ 공간설계

공간 구성의 순서는 단위 공간의 구성에서 전체의 공간 구석으로 진행된다. 평면적인 구성에서 단면적인 구성, 입체적인 공간의 구성으로 이어지며 공간계획은 전체에서 부분에, 부분에서 전체에의 검토를 반복하여 그 형태를 정리한다. 여러 활동을 위한 단위공간(실공간)은 그 활동에 포함되고 인간의 동작치수, 관련되는 가구 및 기기 치수 등을 기초로 해서 결정된다. 공간의 구성방법에는 이것들의 단위공간을 여러 활동의 유기적인 연결을 바탕으로 해서 상호의 독립성이나 접촉성을 얻도록 평면적 혹은 입체적으로 결합해 나가는 방법과 우선 전체의 공간 모양이나 크기를 정하고 그곳에 필요한 단위공간을 분할하는 방법이 있다. 어느 방법을 택하는가는 그 설계조건에 따라서 선택히어야 할 것이다.

1. 평면계획

공간의 특성에 따라 Grouping한 후 제품, 사람의 동선, Utility의 흐름, 정보의 흐름 등을 고려하여 공간의 특성과 제약 조건에서 필요로 하는 근접성의 평가를 기준으로 각 공간의 기능 관련도를 작성하여 공간의 위치관계를 정한다. 다음은 Space Program을 통하여 공간의 규모와 마감 등을 선정한 후 계획설계에서 대지조사 및 Design 요소분석을 통해서 Study한 내용을 기본 Concept로 하여 평면작업에 들어간다.

참고 Space 이용도

건축물이란 어떤 공간을 구획하여 건축된 것으로 평면은 원래부터 입체적인 Space를 고려해야 한다. 창고, 작업장 등과 같이 대규모 건축물일수록 Space 유효이용이 필수조건이 된다. 예를 들면 요소비료 창고에 대해 생각해 볼 경우 비료의 유식각, 천장의 컨베이어 등을 고려하여 지붕, 벽 등의 면적 및 공간을 가능한 한 작게 설계할 필요가 있다. 이것은 직접 공사비뿐만 아니라 공조(제습) 및 유지관리 등 운전 COST도 절감할 수 있기 때문이다. 공장의 평면계획 시는 각 작업실에 따라 성격이 다르므로 생산설비의 개요와 작업자의 작업내용을 확인하여 생산설비능력의 충분한 발휘와 작업원을 쾌적한 환경 등이 만족되도록 해야 한다. 다음은 생산 설비에 의한 실내 환경의 영향이 큰 열, 가스, 소음 등 각 생산설비별로 영향 요소를 검토한 것이다.

| 표 2–50 | 생산설비별 실내환경의 영향 요소

영향요소	영향을 주는 생산설비 또는 작업내용	주요 공장 예
열	화학기계(반응기, 열교환기, 건조기, 노 등), 회전기, 각종 산업기계, 금속가공, 제품냉각, 용접, 열간압연	화학, 석유제품, 제조공장, 유리, 제철소, 금속제품, 제조공장
수증기	화학기계(반응기, 증발기, 건조기 등), 세청기, 제품냉각, 열간압연	화약약품 제조공장, 열간압연 공장
매연, 분진	화학기계(노, 분리기, 혼합기, 분쇄기 등), 주조, 샌드블라스트의 취급 매연발생시설 : 보일러, 각종 가열로, 반응로, 소각로 분진발생시설 : 코크스로	제철소, 주철제조공장, 비철금속 제련공장, 제철소, 벽돌제조공장, 도자기 제조공장
악취	축산, 수산품처리, 점분제조	축산품, 수산품가공공장, 사료, 비료제조공장, 화학공장, 먼지처리장
소음	화학기계(혼합기, 분쇄기), 금속·목재 공작기, 합성수지 성형기, 내연기관, 모터 연소음	금속가공 판금공장, 금속제품 제조공장
진동	금속가공기, 압축기, 인쇄기, 합성수지용 롤	금속가공 판금공장, 금속제품 제조공장
유해물질	화학기계(반응기, 노 등), 도금, 도장	화각공장, 석유제품 제조공장, 도금공장, 도장공장

생산설비와 작업내용에 따라 각 작업실의 성격이 정해진다. 일반적으로 장치 공업형의 작업실에서는 생산설비를 위한 특수한 환경이 요구되고 작업원 때문에 그 악영향을 어떻게 적게 하느냐가 문제가 되며 가공조립형 작업실에서는 비교적 작업원이 많아 작업원의 쾌적한 환경유지가 문제가 된다. 일반적으로 공장 건축 시 고려사항은 다음과 같다.

① 사람, 원료, 제품 및 Utility 동선의 분리
② 생산, 관리, 연구 및 후생 등의 각 부문별 구분을 분명히 하고 유기적으로 결합할 것
③ 자동화 설비의 수용
④ 장래 증설 계획
⑤ 법규 관계 적용 등

📬 장치공형 공장의 고려사항

장치공업은 물리적 · 화학적 변화가 주로 장치기계류 중에서 이루어지고, 일정의 프로세스마다 특정 장치기기를 중심으로 구성된다. 또 계장장치에 의해 자동제어 작업원이 재료에 직접 손을 대지 않고 장치류가 그대로 생산수단이 되고 있다. 일련의 장치류를 공정 순으로 건물 내외에 배치하고 장치 간의 제품 반송은 파이프나 컨베이어 등에 의해 자동적으로 이루어진다. 장치기기류 물리처리를 하는 분쇄, 분류, 혼합, 조립기류와 화학적 처리를 하는 반응, 증발, 증류, 열교환 장치류에 분류된다. 공장건물은 장치기기류와 반송용 파이프류의 형상, 크기, 중량, 성능 등에 크게 영향되고, 실내작업은 유지관리만의 것이 많다. 따라서 실내환경은 장치류의 운전조건에 의해 정해지나 작업원을 위한 환경도 고려할 필요가 있다. 또한 외부에 대해서 공해방지, 화재, 폭발 등에 대한 대책이 필요하다.

📬 가공조립형 공장의 고려사항

가공조립형 공장의 생산 대상은 고체로 1개 단위이고 개별처리이며, 가공은 물리적 외형 변화가 주이다. 또한 생산 대상물, 설비기계의 대소에 의해 중가공업, 경가공업으로 나뉜다. 중가공업은 대형생산기계, 중량물 운반기계, 기타 주조에서는 노로의 장치도 필요하게 되고 생산설비가 건물계획에 큰 영향을 주고 있다. 경가공업은 가내공업과 같은 소규모인 것은 융통성이 있는데 자동화된 것이나, 컨베이어에 의한 흐름작업의 것은 생산설비에 의한 건물에 영향이 크다. 생산설비계획에 따라 생산설비, 기계의 효율, 운반시설의 경제성, 작업원의 안전과 환경, 관리효과 등을 종합적으로 고려하고 최적화를 기본으로 해서 건물계획을 진행한다.

2. 동선계획

단위공간과 공간의 연계성, 즉, 흐름을 공간의 성격과 특성에 따라 분류하는 작업으로서 사람, 원료, 반제품, 완제품 Utility 등의 각각의 흐름을 알기 쉽도록 구분하는 계획을 말한다. 공장의 형태와 각 작업공간의 배치는 재료나 제품의 이동이 원활하면서 최단거리가 되도록 한다. 그러나 작업의 성질에 따라서는 이 원칙에 맞추는 것이 불가능한 경우도 있을 수 있다. 예를 들면, 정밀을 요하는 작업과 진동 · 진애를 발생하는 작업과 근접되는 것은 피해야 하며, 또 폭발 등 위험성이 있는 작업은 방호된 시점에서 실시되어야 한다. 작업공간 배치 시 흐름이 있는 작업 등은 이상적인 형태를 변경하는 일 없이 공장 내 좋은 위치에 배치한다. 열처리나 도장 등은 작업의 성질상 차단하거나 별실 혹은 별동으로 하는 경우가 많으므로 그 공정의 빈도를 높은 작업을 근접시키도록 한다. 동선계획 시 고려사항은 다음과 같다.

① 교차동선의 방지
② Process상 작업의 일관성

③ 사무능률 재고를 위한 동선의 경제성 고려
④ 근무를 위한 최적 환경의 창출
⑤ 근접성 검토

3. 운반계획

운반계획상 필요하게 되는 것은 운반대상물의 성상(性狀)을 아는 것이다. 다음에 운반장소와 시간관계를 조사하고, 운반수단을 선정한다. 운반설비, 기계 종류에 의해 계획상 건물에 영향이 큰 것도 있고, 건물의 구조보강이나 바닥 피트가 필요한 경우도 있다. 운반방식은 다음과 같이 분류된다.

① 달아올려 주행식 : 주행크레인, 엘리베이터, 덤웨이트, 모노레일, 호이스트, 리프트 등
② 차량에 의한 수평운반 방식 : 포크리프트, 스크레이퍼, 유타카
③ 연속운반 방식 : 컨베이어류
④ 인력중심 운반 방식 : 테이블리프트, 손수레, 드럼리프트, 핸드마크레버, 굴림대 등

4. 통로계획

처음 전체 레이아웃으로 주 통로의 구획을 하고 세부 레이아웃에 의해 보조통로를 정해 간다. 각 작업장 간을 잇는 주 통로는 직선으로 병행해서 바둑판같이 구획되는 것이 바람직하다. 이것은 운반, 사람출입, 관리, 안전, 미관상의 요구이다.

5. 증축계획

건축물은 일단 건설된 후라도 그 사용목적의 변경, 생산설비의 변경, 개조에 따라 전용 또는 확장이 필요해지는 경우가 많으므로 장래 그 같은 필요성이 발생할 시 용이하게 대처할 수 있도록 기본설계의 단계에서 고려해 두는 것이 바람직하다. 확장, 전용을 위한 공사를 할 경우에도 기설치된 공장이 조업하고 있거나 휴업을 하더라도 단기간 휴업하는 조건하에서 공사를 수행해야만 하는 경우가 많다. 특히, 수직방향의 확장의 경우는 기초 및 주체 구조부의 보강을 동반하는 경우가 많으므로 기본설계의 단계에서 충분히 검토해 둘 필요가 있다. 수평방향 확장은 수직증축에 비해 비교적 방향이 용이하지만 Cutter 및 Bracket 등은 미리 고려해 두어야 한다.

4 입면 및 단면설계

1. 입면설계

건물의 외관을 구성하는 것으로 외부 마감재료의 선택, 창호계획, 입구 계획 등을 수반하며, 건물의 Image 표출 및 건물의 조형에 중요한 요소가 된다. 산업이 발달함에 따라 사업주는 보다 좋은 건물과 환경을 요구함으로써 공장에서의 입면계획은 계획적 비중이 높아가고 있다. 이때 사업주의 취향 및 주변 환경과의 관계가 의사결정의 요소가 되며, 때에 따라서 법규에 의거 건축심의의 대상이 되기도 한다.

(1) 입면설계 시 고려사항

① 외벽의 형식결정(Bearing Wall, Curtain Wall 등)
② 평면구성과 외부 표출과의 관계   ③ 외벽 창호 및 출입구의 형태
④ 옥탑 및 Parapet의 처리   ⑤ 주위 환경과의 조화
⑥ 자재의 질감 및 색채

(2) 입면구성 요소

1) Column

기둥을 외부로 노출할 경우 입면에 많은 영향을 미친다.

2) Beam

외부로 노출되는 경우는 많지 않지만 Slab와 함께 노출하여 입면을 계획하는 경우도 있다.

3) Curtain Wall

Curtain Wall의 경우는 입면에 결정적 영향을 주기 때문에 신중한 계획이 필요하다. 초기에는 Al Bar에 Glass를 쓰는 경우가 대부분이었으나 최근에는 PC판에 Glass를 쓰는 경우가 많다.

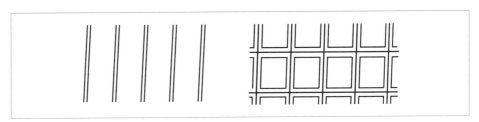

4) Bearing Wall

Wall 자체가 하중을 받는 구조재이므로 개구부의 설치에 제한을 준다. 따라서, 일반사무용 Bld'g에서는 별도 사용되고 있지 않으며 주택 등의 소규모 건축에 많이 쓰인다. 그러나 Control Bld'g 등 방폭지역에 있는 경우는 Con'c Wall로 설계하여 방폭에 대비해야 한다.

5) Roof

지붕의 형태는 입면 구성 시 중요한 요소이나 일반 Bld'g을 Flat Slab로 처리하는 예가 많다. 창고나 Truss를 사용하는 Bld'g은 박공지붕으로 많이 처리한다.

6) Stair

계단실이 노출되는 경우는 입면구성의 중요한 Point가 된다.

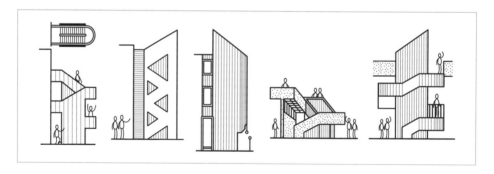

7) Step

출입구의 경우 대부분 계단을 이용하게 된다.

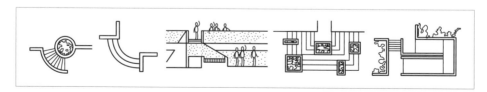

8) Window Form

창문의 형태는 입면의 구성에 많은 영향을 주므로 내부 실의 기능과 관련하여 검토해야 한다.

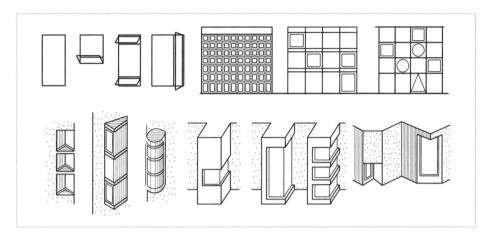

9) Balconies & Handrail

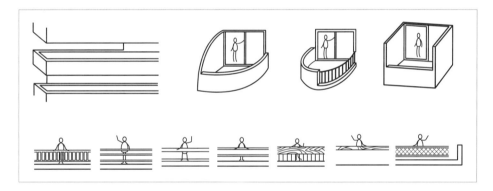

10) Canales & Water Bins

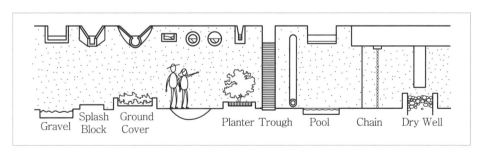

Gravel　　Splash　　Ground　　　　　　Planter　Trough　　Pool　　　Chain　　Dry Well
　　　　　　Block　　Cover

2. 단면계획

단면설계 시는 부분 단면과 전체 단면으로 나누어 생각할 수 있는데, 부분 단면설계 시는 각 실의 기능에 따른 천장고와 설비 Space에 따라 달라지며 Ceiling이 없는 경우는 구조체가 노출되므로 실의 환경에 주의를 요한다. 또한 입면과의 관계를 고려하여 외벽의 단면설계는 함께 고려되어야 한다. 전체 단면설계 시는 건물 전체의 높이를 고려하여 대지와의 관계도 함께 검토되어야 한다. 단면 설계 시는 다음과 같은 사항이 고려되어야 한다.

(1) 층고 및 천장고

| 표 2-51 | 공장

천장고(m)		Door Size(mm)		
구분	Ceiling Height	구분		Size($W \times H$)
생산 Zone	3.3 이상 (단, Clean Room 등 첨단 기기공장이나 작업자가 불필요한 생산 Line에서는 본 지침 제외)	주 출입구	Double Door	2,000×2,500
공용 Zone	2.7 이상		Single Door	1,000×2,500
Lobby	3.3 이상 (단, 출입구 Hall 외 천장고는 2.7m 이상)	일반실	Double Door	1,900×2,400
			Single Door	950×2,400

| 표 2-52 | 사무소

천장고(m)			Door Size(mm)		
구분	Ceiling Height		구분		Size($W \times H$)
일반 Zone	기준층 바닥면적 100평 미만	2.5 이상	주 출입구	Double Door	2,000×2,500
	100평 이상 300평 미만	2.6 이상			
	300평 이상	2.7 이상			
Lobby	Lobby 면적 50평 미만	3.3 이상		Single Door	1,000×2,500
	50평 이상 100평 미만	3.6 이상			
	100평 이상 200평 미만	4.0 이상			
	200평 이상	4.5 이상			
근린생활 시설(지하)	3.0 이상		일반실	Double Door	1,900×2,400(2,330)
화장실	2.5 이상			Single Door	950×2,400(2,330)

단, Door 및 Door Frame이 Wood인 경우 일반실의 Door Leaf 높이는 2,330mm 이상이어야 한다.

| 표 2-53 | 기숙사

천장고(m)			Door Size(mm)		
구분	Ceiling Height		구분	Size($W \times H$)	
침실	• 좌식 • 입식(1단침대)	2.5 이상	주 출입구	Double Door	1,900×2,400
	• 입식(2단침대)	2.8 이상			
복도	2.5 이상		부 출입구	Double Door	1,900×2,400
				Single Door	950×2,400
후생 Zone	2.5 이상		침실, 사무실, 휴게실	Double Door	1,700×2,200
출입부 Hall	2.7 이상				
공용 화장실	2.5 이상				
탈의실	2.5 이상			Single Door	850×2,200

(2) 구조방식

R.C조의 경우는 Span이 커지면 Girder의 Size 등이 커서 층고에 영향을 주며, 설비 Duct 나 전기, Pipe 등이 Girder나 Beam의 하부에 설치되나 철골조의 경우는 R.C조에 비해 Span을 더욱 확장할 수 있으며 Girder나 Beam에 설비, 전기 등의 Pipe가 관통될 수 있는 허니콤 보가 있어 단면설계 시 Ceiling과 구조재의 Space를 줄일 수도 있다.

(3) 입면의 형태

창호의 Type과 설비공조관계를 어떻게 처리하느냐에 따라 단면이 달라지며 Curtain Box 및 Parapet의 단면처리 등은 입면의 형태와 함께 고려되어야 한다.

(4) Canopy

Canopy는 외부공간과 내부 Lobby 등과의 한계를 고려하여 단면설계 시 표현되어야 하며 높이 등은 Lobby의 채광과 함께 의장적 효과를 고려하여 설정한다.

(5) 개구부의 크기와 채광

실의 채광 관계는 외부 창호의 Size에 따라 달라지며 실의 깊이와도 관계되고 인공조명도 함께 고려된다.

(6) 바닥, 천장, Wall의 자재

단면설계 시는 바닥, 천장, Wall의 자재와 Joint 부위가 함께 고려되어야 한다.
Ceiling은 Curtain Box, 창호 및 Door Frame 및 상하부 인방 등의 Detail 등도 함께 고려되어야 하며 바닥은 마감재에 따라 Slab의 Down 관계도 고려되어야 한다.

(7) 설비 및 전기, 통신 System

설비는 공조방식에 따라 Ceiling 내부의 Size가 달라지며 전기의 경우는 통신과 함께 Access Floor의 사용 여부 등이 고려되어야 한다.

(8) 외부공간과의 조화

단면 설계 시는 외부공간과 Level 등이 함께 표현되므로 외부공간의 환경과 함께 조화를 고려하여 설계되어야 한다.

5 경제성의 검토

재료와 공법 면에서 경제성 추구의 요점을 정리해 둔다.

(1) 법규

법규나 기준으로 성능이 결정되는 경우는 조건을 만족시키는 재료를 선택한다. 즉, 선택을 잘못하여 후일 재손질하는 등 필요 없는 공기나 예산을 줄이도록 한다.

(2) 강도와 경량화

Plant의 대형화가 진전됨에 따라 고강도이며 경량부재를 선택할 필요가 발생한다. 고장력강이나 Prestressed 등의 채용을 검토한다.

(3) 표준화, 통일화

재료의 종류를 적게 하며 치수의 통일을 도모하고 접합부 등 공법의 표준화를 시행하여, 현장의 공기기간을 단축하여 공사비가 감소되도록 한다. 이에 따라 재료비의 증가가 있어도 노무비의 감소를 가져올 수 있고, 해외현장의 경우 특히 유효하다. 이 경우는 노무비의 전 공사비에 대한 비율이 클수록 표준화의 장점이 살아난다.

(4) 내구연수

플랜트 구조물의 재료는 법규로 규정된 강도 성능을 지키는 것은 당연하지만 Plant의 내용연수를 상회하는 과잉재료 선택은 비경제적이므로 주의해야 한다.
장래 용이하게 해체 가능할 수 있도록 생각해 둘 필요가 있다.

(5) 지역적 조건

지역별 재료단가나 노무비를 고려하여 기능은 만족시키면서 지역적 조건을 가미한 재료를 선택한다.
재료의 구입난이, 가격, 특히 구조재의 가격차가 커서 경제성을 좌우하므로 해외공사에서는 세밀한 조사가 필요해진다.

(6) 보수 · 점검 · 수리

보수 · 점검을 필요로 하는 개소는 작업이 용이한 재료 · 공법의 선택이 필요하다. 역으로 보수 · 점검이 곤란한 개소나 부식하기 쉬운 환경에서는 사용 강재 두께를 증가시키거나 도장하기 쉬운 또는 도장면적이 작은 부재를 선택하는 것이 필요하다. 초기의 시공비가 다소 증가해도 내용연수를 통해 경제성을 검토해야 한다.

(7) 노무비

노무비의 전 공사비에 대한 비율이 클 경우 공장 생산에 의한 조립식 공법이 유리한데, 이를 위해서는 표준화가 진행되어야 하고, 수송비와 관련하여 경제성을 판단해야 한다. 해외공사인 경우, 조립식 공법으로 하면 전문직종인이 현지에 가지 않아도 타 직종으로 공사를 할 수도 있으므로 해외 파견 인원이 감소한다.

(8) 화기 사용

강구조물은 화기 사용의 여부에 따라서 공법이 달라진다. 화기 사용이 가능한 때는 용접구조가 경제적인 경우가 많지만 옥외에서 용접하는 경우가 많으므로 한랭지에서는 용접부의 품질을 확보하기 위해 공사 Schedule을 검토해야 한다. 용접 사용이 불가능한 때는 고력볼트 등을 선택하게 된다.
용접구조도 현장 용접공의 소요인원 확보가 곤란할 때는 공정상 지장을 초래하므로 고도의 숙련이 필요하지 않은 볼트 구조와 비교 검토를 할 필요가 있다.

(9) 수송

공사비는 수송의 방법에 따라 상당히 좌우된다. 크게 조립하여 수송하면 현장 공사비가 감소하거나 가공도가 낮은 재료를 현장에 반입하여 현장 공사에 의존하거나 수송의 난이도와 관련하여 검토한다.
해외공사인 경우는 용적 톤수가 공사비에 많은 영향을 주므로 소량이 되도록 노력한다.

(10) 특수한 성능

내약품성, 내화성, 방청성능, 내마모성, 접촉성, 무수축성, 특수한 성능이 필요한 재료는 그 조건을 잘 조사 · 정리하여 선택에 차질이 없도록 한다. 또한 불필요한 고급 · 고가 재료를 선택하지 않도록 특수한 재료를 사용하는 범위를 극소화한다.

(11) 건설 시점에서 구입 난이 가격의 추이

건설 재료의 가격은 시기에 따라 변동이 격심한 것이 있다. 건설 시점에서 입수가 용이한 싼 재료를 추정하여 선택하고 설계에 채용한다. 극단적으로 가격 변동이 있을 때는 상세설계의 변경에 응할 수 있는 태도가 요망된다.

(12) Cost에 영향

1) 건축 Cost에 영향을 주는 요인

① 건물의 계획상 요인 : 건물의 형, 통로 Space, 계단, 구조방식, Pre-Fab, 부지이용, Maintenance

② 공사계약에 관련된 요인 : 계약방식, 수량표, 단가

③ 경영상의 요인 : 투자효율 등

이들 요인과 Cost와의 관련을 충분히 파악하고 그들 간의 중요성을 인식함에 따라 개략적인 견적을 위한 지식을 습득하는 한편, 경제적인 Balance가 잡힌 계획안을 얻기 위해 필요한 Cost와 Design 사이의 원칙을 얻을 수 있다. 기술적인 Cost Control은 적절한 Cost를 파악하고 건물의 설계를 진전하면서 동시에 부가하여 설계의 제 요인을 'Cost 의식화'하여 작업함에 따라 가능한 것이다. Cost를 좌우하는 요인은 상호 관련하에 있다. 예를 들면, Detail이 간단하면 건설이 용이해지고 단축하게 된다. 현장에서의 시공기간은 공사계획을 기술적으로 하여도 단축이 가능하다. 절약된 비용 중 효과를 높이는지를 정확하게 파악하기는 곤란하지만 대략적 경향을 아는 것만으로 설계상 크게 도움이 되는 것이며 대략 견적에 참고가 되기도 하는 것이다.

2) 건물의 형태

① 건물의 형과 외주 벽·칸막이벽·차량·지붕 등이 같은 건물 A와 B는 면적은 같지만 외주 벽의 길이는 B(60m)가 A(48m)의 125%로 한다.

만약, 건물 A의 외주 벽의 Cost를 전 Cost의 20%로 가정했을 때, 형 이외의 조건은 같다고 하면 건물 B의 Cost는 건물 A의 Cost에 비해 5% 증가하게 될 것이다.

② 평면의 형태와 배관공사의 Cost : 평면의 형태가 단순한 것에서 복잡해짐에 따라서 급배수의 배관관계 Cost는 커진다. 외주 벽이 길어지면 배관의 길이는 길어지고 배수 계통은 넓어지며 족장 등 현장의 경비도 일반적으로 늘어난다. 이들 경비는 대체적으로 외주 벽의 길이에 비례하여 늘어난다.

③ 평면의 형태가 가설비에 미치는 영향

단순한 형태의 건축물은(특히, 단순한 가구의 조합이나 반설이 많을 때) 가설비가 낮다. 설계에서 복잡한 형태나 소구획 벽을 피하도록 배려하면 현장에서의 시공기계 재료의 운반이나 철골의 공사 때문에 크레인이나 호이스트의 효율을 좋게 사용하여 공기를 단축하고, 시공기계의 손료도 절약할 수 있다. 크레인을 가장 효율적으로 움직이게 하려면 1대로 모든 장소에 미치도록 콤팩트하게 정리한 형태로 하면 경제적이다. 특히, 보나 바닥판 혹은 외장 패널 등 Precast Con'c의 부재를 만들어 내어 손쉽게 지어낼 때, 이것은 중요한 비용저감 사항이 된다.

④ 전체 Cost에 대해 대체적으로는 다음과 같이 된다. 즉, 단순한 평면에 비해 복잡한 형태의 평면은 외주 벽의 Cost가 전체 Cost에 접하는 비율보다 5~10% 증가한다.

3) 건축물의 높이

층고가 변하면 전체 Cost가 바뀐다. 이것은 수평의 성분인 바닥이나 지붕 Cost는 바뀌지 않지만 수직 성분인 기둥, 벽, 칸막이 등의 Cost에 영향을 준다. 2층 이상의 건축물에서는 대략적으로 수직 성분의 Cost가 전체 Cost의 $\frac{1}{4} \sim \frac{1}{3}$로 간주되므로 예를 들면 층고를 1할 낮게 하면 전체의 Cost는 2.5~3.3% 낮아진다.

4) 표준화

동일 건축물에서 사용하는 각 부재의 크기와 타입의 종류를 가능한 한 적게 하면 공장에서 Cost를 낮게 억제할 수 있고 경제적이 된다. 특별히 디자인한 문이라도 완전히 동일한 같은 것을 100개 제작한다면 Type이나 크기가 다른 보통의 Door 100개보다 Cost는 작다. 또한 표준설비에 따라 대량생산하면 Cost를 한층 낮게 억제할 수 있다. 건물 각 부재의 대부분이 Standard Module로 설계되어 있으면 경제성이라는 점에서 효과가 있다. Cost를 적게 하려면,

① 특수한 크기와 종류를 가능한 한 적게 하여 생산비를 떨어뜨린다.
② 각종 재료나 부재가 용이하게 접합되도록 치수를 표준화하고 현장에서의 작업량을 적게 한다.

5) 생산성을 고려한 설계

생산성을 높이기 위해 설계 시 다음 사항에 주의한다.

① 단순성 : 작업공정을 단순화하기 위해 작업량과 작업의 종류를 가능한 한 적게 한다. 각종 작업이 동시에 겹치지 않도록 한다.
② 연속성 : 공장 작업원과 현장 작업원이 계속적으로 일을 할 수 있도록 현장에서의 작업과 공장 조립의 작업을 명확히 구별하고 기계 설비를 지속적으로 사용할 수 있도록 한다.
③ 반복성 : 반복을 최대한으로 이용할 수 있도록 계획한다. 작업의 대부분이 작업장에서 완성되도록 한다. 반복성을 증가시키면 MR만큼 경제성을 크게 할 수 있다. 예를 들면, 주택 건설에 관한 분석으로 7번째의 조가 끝나기까지 블록당 M/H가 30% 낮게 되는 것을 알 수 있다. 그 이상이 되면 블록당 M/H는 일정해진다.

(13) 건설 자재에 대한 고려

국내 현장인 경우는 건축물의 용도에 따라 건설용 자재도 결정되는 경우가 많은데 해외 현장의 경우는 계약, 내용 등에 따라서도 다르며, 현지 조달 가능 자재에 대해 충분한 조사를 실시한 후에 환경 시공방법 및 공사 Schedule 등도 고려하여 수입자재 및 현지조달 자재의 분담을 결정할 필요가 있다. 이 경우, 현지 조달 자재는 그 성능뿐만 아니라 납기 및 Rent에 대해 고려할 필요가 있고, 수입 자재는 현장의 환경에 Match하거나 수송비 및 수송에 따른 파손 등을 고려하여 결정할 필요가 있다. 수입과 현지 조달의 분담은 통상 2~3의 Case

Study를 실시하여 여러 각도에서 검토하여 결정하는 방법을 따른다. ALC판인 경우 등 재료 제조 메이커의 라이선스와의 관계에서 그 재료를 수입할 수 없는 나라도 있으므로 주의를 요한다. 또한 과거의 소련, 동독, 중국 등에서 경험으로 보면, 건축 공사를 발주처가 수행하는 경우에는 건축 자재 모두가 현지에서 공급되는 경우가 많다. 이들 나라에서는 Con'c 플랜트 부재를 사용하는 경우가 많고 표준화가 진전되고 있다. 또한 부재의 종류가 적으므로 Planning에 대한 Flexibility가 제한되는 예가 많으므로 Con'c 플랜트업 부재의 조합방법 등을 충분히 연구하고 나서 기본설계에 착수할 필요가 있다.

6 List of Abbreviations

| 표 2-54 | 약어 종류 및 정의

No.	Abbreviation	Definition	Description	Remark
1	ACI	American Concrete Institute	미국콘크리트학회	
2	AE	Assistant Engineer		
3	AEM	Assistant Engineering Manager		
4	AFC	Approved For Construction		
5	ANSI	American National Standard Institute	미국 내에서 기술표준 개발을 육성하기 위해 설립된 제1차 기관	
6	AP	Advanced Payment	선급금	
7	AP Bond	Advanced Payment Bond		
8	ASME	American Society of Mechanical Engineers ASME 원자력인증위원회는 원자력발전소의 핵심 기자재인 원자로, 증기발생기, 핵연료제어봉 구동장치 등에 대한 기자재 설계 및 제작에 대한 기술기준 개발과 품질 인증을 주관하는 기구이다. 특히, 설계, 제작 과정에서 발생하는 기술분쟁에 대한 의사결정을 하는 기구로 실질적으로 원자력 분야에서 가장 영향력 있는 기구이다.		미국기계기술자 협회
9	ASTM	American Society of Testing Materials		미국재료협회
10	BM	Bill of Material/Bench Mark		
11	BOM	Bill Of Material		
12	BOP	Bottom Of Pipe/Plate	Balance Of Plant	
13	BOQ	Bill Of Quantities		
14	CCB	Central Control Building		
15	CCPP	Combined Cycle Power Plant	복합화력	
16	CCR	Central Control Room		
17	CIF	Cost Insurance & Freight		
18	CM	Construction Manager/Management		

No.	Abbreviation	Definition	Description	Remark
19	CO	Change Order		
20	CPT	Core Penetration Test		
21	CPM	Critical Path Method		
22	CTC	Central Tender Committee		
23	DCC	Document Control Center		
24	DCN	Design Change Notice		
25	DCS	Distribution Control System		
26	DOR	Division Of Responsibility		
27	EBL	Engineering Base Location		
28	EDMS	Electronic Data Management System		
29	EL	Elevation Level		
30	EPC	Engineering, Procurement & Construction		
31	FOB	Free On Board	본선인도가격	
32	FCR	Field Change Request		
33	FEED	Front End Engineering Design		
34	FFW	Fire Fighting Water		
35	FGD	Flue Gas Desulfurization		
36	FL	Finishing Level		
37	GL	Ground Level		
38	GA	General Arrangement		
39	GT	Gas Turbine		
40	GTPP	Gas Turbine Power Plant		
41	HVAC	Heat, Ventilation & Air Conditioning		
42	HV	High Voltage		
43	HSE	Health, Safety & Environment		
44	HSSE	Health, Safety, Security & Environment		
45	IBC	International Building Code		
46	ICSS	Integrated Communication Switching System/Intcgrated Control & Safety System		
47	IFA	Issued For Approval		
48	IFC	Issued For Construction		
49	ITB	Invitation To Bid		
50	ITP	Inspection & Test Procedure		
51	ITT	Invitation To Tender		
52	JV	Joint Venture		
53	LA	Letter of Award		
54	LE	Lead Engineer		
55	LNG	Liquified Natural Gas		
56	LOA	Letter Of Agreement		

No.	Abbreviation	Definition	Description	Remark
57	LOI	Letter Of Intent		
58	LPG	Liquified Petroleum Gas		
59	LV	Low Voltage		
60	M/H	Man Hour/Man Hole/Model House		
61	MCC	Motor Control Center		
62	MOU	Memorandum Of Understanding		
63	MSL	Mean Sea Level		
64	MR	Material Requisition		
65	MTO	Material Take Off		
66	NDT	Non Destructive Testing		
67	NFPA	National Fire Protection Association		
68	NGL	Natural Gas Liquid	천연가스액화	
69	P&ID	Piping & Instrument Diagram		
70	P-Bond	Performance Bond		
71	PCM	Project Coordination Manager		
72	PD	Project Director		
73	PEFS	Process Engineering Flow Scheme		
74	PJ	Project		
75	PM	Project Manager		
76	PMC	Project Management Consulting		
77	PMP	Project Management Professional		
78	PO	Procurement Order		
79	PQ	Pre Qualification		
80	PTW	Permit To Work		
81	QA/QC	Quality Assurance/Quality Control		
82	QMS	Quality Management System		
83	RCP	Reinforced Concrete Pipe		
84	RFQ	Request For Quotation		
85	SOW	Scope Of Work		
86	SBM	Strategic Business Manager		
87	SBU	Strategic Business Unit		
88	SHE	Safety, Health & Environment		
89	SOP	Standard Operating Procedure		
90	SWL	Safety Working Load		
91	SPEC	Specification		
92	ST	Steam Turbine		
93	TBA	To Be Announced/Assigned		
94	TBD	To Be Determined		
95	TBE	Technical Bid Evaluation		

No.	Abbreviation	Definition	Description	Remark
96	TBM	Temporary Bench Mark		
97	TCR	Tender Clarification Request		
98	TOC	Top Of Concrete		
99	TOS	Top Of Steel/Surface		
100	TR	Transmittal		
101	UBC	Uniform Building Code		
102	UPS	Uninterruptible Power Supply		
103	VE	Value Engineering		
104	VO	Variation Order		
105	VP	Vender Print		
106	WBS	Work Breakdown Structure		
107	WT	Water Treatment		
108	WWT	Waste Water Treatment		

장치기기 이해

1 Pump

[1] Pump의 정의 및 규격 소개

1. Pump의 정의 및 분류

Driver(구동기)의 동력을 이용하여 비압축성 유체를 이송하거나 압력을 높여 주는 회전기계로, 주로 원료 공급, 순환(Recycle), 제품출하(Product), 약액주입(Injection) 등의 목적에 사용된다.

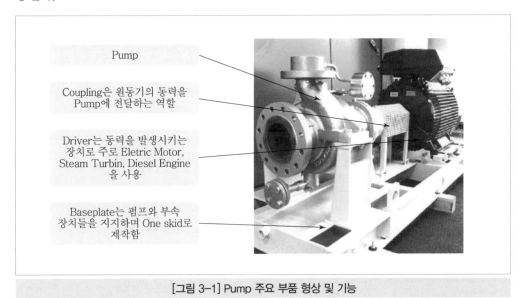

Pump

Coupling은 원동기의 동력을 Pump에 전달하는 역할

Driver는 동력을 발생시키는 장치로 주로 Eletric Motor, Steam Turbin, Diesel Engine 을 사용

Baseplate는 펌프와 부속 장치들을 지지하며 One skid로 제작함

[그림 3-1] Pump 주요 부품 형상 및 기능

펌프는 회전 또는 왕복운동 등의 방법으로 유체에 에너지를 부가하여 유체를 목적하는 곳까지 이송하는 유체기계로서, 크게 동력학적 펌프, 용적식 펌프(Positive Displacement Pump) 및 특수펌프로 분류된다.

(1) 작동원리에 따른 분류

1) 동력학적(Dynamic/Kinematic) 또는 터보형(Turbo) 펌프

2) 용적식 펌프(Positive Displacement Pump)

(2) 안내깃 유·무에 따른 분류

1) 볼류트 펌프(Volute Pump)

2) 디퓨저(터빈) 펌프(Diffuser or Turbine Pump)

(3) 흡입에 의한 분류

1) 단흡입(Single Suction) 펌프
2) 양흡입(Double Suction) 펌프

(4) 흐름방향에 따른 분류

1) 반경류(Radial Flow) 펌프
2) 축류형(Axial Flow) 펌프
3) 혼류형(Mixed Flow) 펌프

(5) 단(Stage) 수에 따른 분류

1) 단단(Single Stage) 펌프
2) 다단(Multi Stage) 펌프

(6) 회전차 형상에 따른 분류

1) 개방형 회전차(Open Impeller)
2) 밀폐형 회전차(Closed Impeller)
3) 반개방형 회전차(Semi-Open Impeller)

(7) 케이싱 형상에 의한 분류

1) 수직 분할형 케이싱(Radial Split Casing)
2) 수평 분할형 케이싱(Axial Split Casing)
3) 원통형 케이싱(Cylinderical Type Casing)

(8) 펌프축의 방향에 따른 분류

1) 수평 펌프(Horizontal Pump)
2) 수직 펌프(Vertical Pump)

| 표 3-1 | 펌프의 종류

동역학적 (Dynamic /Kinematic Pump)	반경류식(Radial Flow)	• Volute Pump • Diffuser(or Turbine) Pump
	혼류식(Mixed Flow)	Mixed Flow Pump
	축류식(Axial Flow)	Propeller Pump
용적형 (Positive Displacement Pump)	회전식(Rotary)	• Gear Pump • Lobe Pump • Screw Pump • Vane Pump

용적형 (Positive Displacement Pump)	왕복식(Reciprocating)	• Piston Pump • Plunger Pump • Diaphragm Pump
특수형	특수 펌프	• 마찰 펌프(Cascade Pump) • Jet Pump(분사 Pump) • 기포 Pump(Air Lift) • 수격 Pump(Hydraulic Ram, 무동력) • Vacuum Pump

2. Pump의 규격(Standard)

(1) 국가 및 협회별(KS, JIS, ISO, API, ANSI, HIS, ASME, NFPA)

| 표 3-2 | 주요 표준 규격

KS	한국공업진흥청 표준규격
JIS	일본 공업 표준규격
ISO	국제 표준화 기구(International Organization For Standardization)
API	미국석유정제협회(America Petrochemical Institute)
ANSI	미국국가표준(America National Standard)
ASME	미국기계학회(The American Society Of Mechanical Engineers)
HIS	Hydraulic Institute Standard
NFPA	National Fire Protection Association

(2) KS 펌프 규격(JIS)

| 표 3-3 | 펌프 KS 규격

KS 규격	규격명	JIS 규격
KS B 6301	원심 펌프, 사류, 축류 펌프 시험 및 검사방법	JIS B 8301
KS B 6302	핌프 토출량 측정방법	JIS B 8302
KS B 6303	보일러 급수용 원심 펌프 시험 및 검사방법	JIS B 8303
KS B 6305	자흡식 원심 펌프 시험 및 검사방법	JIS B 8305
KS B 6306	기름용 원심 펌프 시험 및 검사방법	JIS B 8306
KS B 6308	왕복동 펌프의 시험 및 검사방법	JIS B 8311
KS B 6318	양쪽 흡입 원심 펌프	JIS B 8322
KS B 6319	수봉식 진공 펌프	JIS B 8323
KS B 6325	모형에 의한 펌프 성능 시험방법	JIS B 8325
KS B 7501	소형 볼트류 펌프	JIS B 8313
KS B 7505	소형 다단 원심 펌프	JIS B 8319

(3) 해외 규격(ISO)

| 표 3-4 | 해외 규격(ISO)

규격 번호	규격명
ISO 13709	Centrifugal Pumps For Petroleum, Petro Chemical And Natural Gasinustries(2003)
ISO 2548	• 원심, 사류 그리고 축류 펌프의 시험 허용 Code – Class C • Centrifugal, Mixed And Axial Pumps(Class C)
ISO 2858	• 편흡입 원심펌프(16 Bar) 외형치수 규정 • End – Suction Centrifugal Pumps(Rating 16 Bar) • Designation, Normal Duty Point And Dimensions
ISO 5199	• 원심펌프의 기술 사양 – Class II • Techanical Specifications For Centrifugal Pumps – Class II
ISO 3555	• 원심, 사류 그리고 축류 펌프의 시험 허용 코드 – Class B • Centrifugal, Mixed And Axial Pumps • Acceptance Tests – Class B

(4) 해외 규격(API)

API : Heavy duty pumps are commonly used in refinery applications. This pumptype is suitable for critical, hazardous, or "heavy duty" service including chemicals, refining, and producing services.

| 표 3-5 | API 규격

규격 번호	규격명
API 610	Centrifugal Pumps For Petroleum, Heavy Duty Chemical And Gas Industry Services
API 682	Shaft Sealing Systems For Centrifugal And Rotary Pumps
API 611	General Purpose Steam Turbines For Refinery Services(612 Special Purpose Steam Turbines)
API 614	Lubrication, Shaft Sealing And Control Oil Systems For Special Purpose Application
API 670	• Non Contacting Vibration And Axial Position • Monitoring Systems
API 671	Special Purpose Coupling For Refinery Services
API 674	Positive Displacement Pumps – Reciprocating

(5) 해외 규격(기타)

ANSI/ASME : General and chemical pumps are commonly used in non – critical, non – hazardous services. 과거 ANSI 규격이었으나 ASME로 통합

| 표 3-6 | 해외 규격(기타)

규격 번호	규격명
ANSI/ASME B 73.1	Specification for horizontal end suction centrifugal pumps for chemical process.
ANSI/ASME B 73.2	Specification for vertical in-line centrifugal pumps for chemical process.
HIS	Hydraulic Institute Standard.
NFPA 20	National Fire Protection Association(소방용 펌프의 특성 및 주변기기 시스템까지 포괄적으로 규정)

[2] 펌프의 적용이론

1. Centrifugal Pump의 적용이론

펌프는 '회전차를 케이싱 내에서 회전시켜 액체에 에너지를 주는 기계'로 정의되고 있다. 펌프 내에 물을 가득 채우고 회전차를 회전시키면 물은 그 원심력에 의해 바깥으로 고속으로 비산된다. 이것을 케이싱이 모아서 외부로 토출하며, 이 과정에서 속도에너지가 압력에너지로 바뀌어 높이 물을 올릴 수 있게 되는 것이다.

> 베르누이(Jakob Bernoulli 1654~1705)의 정리
> 속도에너지 + 압력에너지 + 위치에너지 = 일정

회전차에서 나오는 물의 속도는 동일하지만, 케이싱의 단면 면적이 토출 측으로 가면서 점점 넓어지므로 속도가 저하하게 되고, 속도에너지가 압력에너지로 바뀌게 된다.

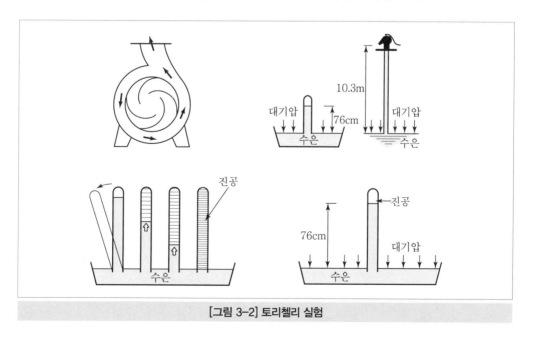

[그림 3-2] 토리첼리 실험

① 회전차를 회전시키면 액체에 원심력을 주어 실험과 같이 펌프 내의 압력을 높여 주고, 연속적으로 외부로 액체를 내보내게 되는 것이다.

② 펌프는 어떻게 물을 빨아올리게 되는지를 생각해보면, 토리첼리(Evangellsta Torricelli)는 길이 1m의 유리관을 수은이 담긴 용기에 세우고 유리용기 상부에 진공을 걸면 수은은 관을 따라 올라와서 일정 높이를 유지하는 것을 알게 되었다. 이것은 관 내의 수은과 외부에서 눌러주는 대기압이 균형을 이루기 때문이다.

③ 관 내에 절대진공을 걸면 수은은 76cm까지 올라가며, 대기압은 76cmHg의 압력을 갖고 있는 것을 알 수 있다. 같은 방법으로 비중이 낮은 물로 시험을 하면 1기압으로 10.3m까지 높이 올라가게 된다.

(1) Head(양정, 수두)

양정의 기본 의미는 토출 양정과 흡입 양정의 차이로 말할 수 있으며, 일반적으로 흡입 양정은 대기압 이하인 흡상 조건과 이상인 가압 조건 두 가지로 생각할 수 있다. 양정을 결정하는 방법은 다음과 같다.

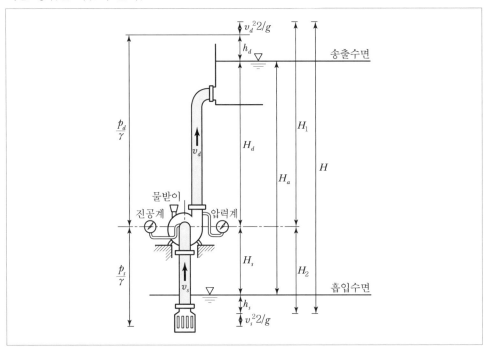

[그림 3-3] 펌프 Head 계산

① 실양정(H_a : Actual Head) : 양수장치에서 펌프를 중심으로 하여 흡입액면으로부터 송출액면까지의 수직 높이를 실양정이라고 하는데, 펌프의 중심선으로부터 흡입액면까지의 수직 높이를 흡입 실양정 H_s(Actual Suction Head), 중심선으로부터 송출액면까지의 수직 높이를 송출 실양정 H_d(Actual Discharge Head)라 한다. 그러므로 식으로 표현하면 $H_a = H_s + H_d$가 된다.

② 계기양정(H_m : Manometric Head) : 앞에서 기술한 실양정은 단순히 펌프가 유체를 이동시킨 결과만을 이야기한 것이며, 실제로 유체가 흡입관과 송출관 속을 흐르기 때문에 마찰 저항을 이겨낼 만한 동력을 펌프가 부담해야 하고 또한 송출관으로부터 수조에 방출하여 손실에 상당하는 잔류 속도 수두도 펌프가 감당해야 할 동력이 된다. 이러한 것을 고려한 것이 펌프를 중심으로 가능한 한 가까운 위치에 흡입관 측에 진공계기, 송출관 측에 압력계기를 부착하여 각 계기의 결과값으로 양정을 결정하는 방법인 계기양정이다.

③ 전양정(H_t : Total Head) : 펌프를 포함한 양수장치 전체의 계에 대해서 양정을 생각해 보면 흡입액면과 송출액면에 작용하는 압력을 각각 P_{I}, P_{II}, 흡입관과 송출관에서의 평균 유속을 각각 v_{I}, v_{II}, 흡입관 및 송출관로 내의 전체의 손실 수두를 h_l, 실양정을 H_a라 하면, 이러한 양수장치 계에 유동이 이루어지게 하는 데 필요한 전양정은 다음과 같다.

$$H_t = \frac{P_{\mathrm{II}} - P_{\mathrm{I}}}{\gamma} + \frac{v_{\mathrm{II}}{}^2 - v_{\mathrm{I}}{}^2}{2g} + H_a + h_l$$

(2) Pump Characteristic Curve(특성곡선)

펌프뿐만 아니라 여러 기계들은 그 기계의 성능에 대한 작동 상태를 판단할 수 있도록 나타낸 선도를 가지고 있는데 이것을 성능곡선(Performance Curve) 또는 특성곡선(Pump Characteristic Curve)이라 한다. 펌프에서는 회전차의 회전수를 일정하게 하고 횡축에 유량을 잡고 종축에 양정, 효율, 축동력의 값을 잡는다. 최고 효율점을 100%로 하여 무차원이 되도록 백분율로 나타낸 선도를 성능곡선(특성곡선)이라 한다. 일반적으로 성능곡선은 아래의 그림에서 보는 것과 같이 $Q-H$, $O-L$, $Q-\eta$ 곡선으로 표시된다. 이들의 곡선은 보통의 펌프 장치에서 회전수를 일정하게 유지하면서 펌프의 송출 밸브를 조정하여 관로에 저항을 줌으로써 구한다. 양정 곡선, 즉 $Q-H$ 곡선의 종축과의 교점, 다시 말해 $Q=0$일 때의 양정을 H_0로 표시하고 이것을 체절양정(Shut Off Head)이라고 한다.

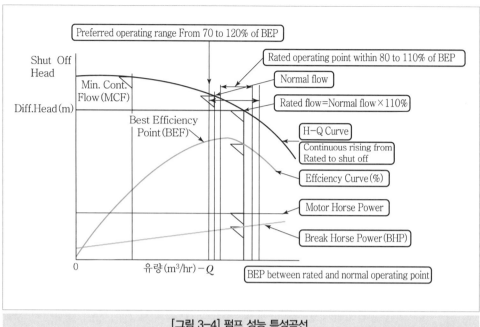

[그림 3-4] 펌프 성능 특성곡선

(3) 펌프의 동력 및 효율

1) 수동력(L_w, Water Horsepower)

펌프 내의 회전차의 회전에 의하여 펌프를 통과하게 되는 유체에 주어지는 동력을 수동력이라고 한다. 펌프의 송출 유량을 $Q(\mathrm{m^3/min})$, 양정을 $H(\mathrm{m})$, 액체의 비중량을 γ $(\mathrm{kg/m^3})$라 하면 수동력은 다음과 같이 표시된다.

$$L_w = \frac{\gamma Q H}{75 \times 60}[\mathrm{PS}] \qquad L_w = \frac{\gamma Q H}{102 \times 60}[\mathrm{kW}]$$

2) 축동력(L_S : Shaft Horsepower)

원동기가 펌프를 구동하는 데 드는 동력을 축동력(L_S)이라 한다. 펌프의 수동력의 축동력에 대한 비를 펌프의 전효율(Total Efficiency ; η_p) 또는 효율이라 한다.

$$\eta_p = \frac{L_w}{L_S}$$

(4) Head Rise

펌프성능곡선이 지나치게 편편하거나 가파른 것은 바람직하지 않기 때문에 유량변화에 따른 압력변동량(곡선기울기)을 적절하게 규제할 필요가 있다.

일반적으로 규격서에서는 Continuos Rising to Shut−off한 성능곡선을 요구하고 있고, Shut−off Head를 Rated Head 대비 다음과 같이 제한하고 있다.

① Horizontal Centrifugal Pump : $(1.1 \sim 1.2) \times$ Rated Head

② Vertical Centrifugal Pump : $(1.3 \sim 1.5) \times$ Rated Head

Pumps that have the continuous head rise to shutoff are preferred for all applications and are required if parallel operation is specified. If parallel operation is specified, the head rise from rated point to shutoff shall be at least 10%. If a discharge orifice is used as a means of providing a continuous rise to shutoff, this use shall be stated in the proposal.

(5) Series and Parallel Operation of Multiple Centrifugal Pumps

> 💬 **병렬 · 직렬 운전**
> - 병렬 · 직렬 운전의 선정 조건 → 저항곡선의 양상에 따라 결정
> - 병렬 · 직렬 운전의 한계점 → 병렬, 직렬 연합특성의 교점 a
> - 병렬 운전이 유리한 경우 → 저항곡선이 R_2보다 낮은 R_1과 같은 경우
> - 직렬 운전이 유리한 경우 → 저항곡선이 R_2보다 높은 R_3와 같은 경우
> - 실양정 및 관로 저항의 변동이 광범위한 System의 경우 2대의 펌프를 조합하여 병렬 · 직렬 변환운전

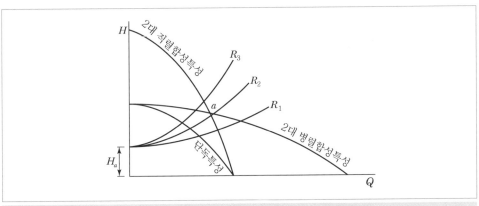

[그림 3-5] 동일 성능인 펌프 2대의 병렬 · 직렬 운전

(6) 상사법칙(Affinity Law)

서로 기하학적으로 상사인 펌프라면 회전차 부근의 유선방향, 즉, 속도 삼각형도 상사로 되어 두 개의 펌프의 성능과 회전수, 회전차 외경의 사이에 다음 관계가 성립한다.

토출량비 $\quad \dfrac{Q'}{Q} = \dfrac{n'}{n} \times \left(\dfrac{D'}{D}\right)^3$

전양정비 $\quad \dfrac{H'}{H} = \left(\dfrac{n'}{n}\right)^2 \times \left(\dfrac{D'}{D}\right)^2$.

동력비 $\quad \dfrac{L'}{L} = \dfrac{Q' \times H' \times \eta_p}{Q \times H \times \eta_p'} \times \left(\dfrac{n'}{n}\right)^3 \times \left(\dfrac{D'}{D}\right)^5 \times \left(\dfrac{\eta_p}{\eta_p'}\right)$

여기서, L : 소요동력

n : 펌프 회전수

D : 대표치수(예를 들면, 회전차 외경)

η_p : 펌프 효율

주) 펌프의 회전수 변화에 따라 기계손실의 비가 다르게 되지만, 근사적으로 $\eta_p'/\eta_p = 1$이 성립된다.

(7) 비속도(Specific Speed)

한 회전차를 형상과 운전상태를 상사하게 유지하면서 그 크기를 바꾸어 단위 송출량에서 단위 양정을 내게 할 때 그 회전차에 주어져야 할 회전수를 기준이 되는 회전차의 비속도 (Specific Speed) 또는 비교 회전도라고 한다.

$$\eta_S = \frac{NQ^{1/2}}{H^{3/4}}$$

위 식에서 H, Q는 일반적으로 특성 곡선상에서 최고 효율점에 대한 값들을 각각 나타내게 되어 있다. 또한 양흡입일 경우에는 위 식에서 Q 대신 $Q/2$, 단수가 2인 다단 펌프의 경우에는 H 대신 $H/2$를 대입하여 사용한다.

비교 회전도 η_S는 무차원 수가 아니므로 H, Q, N의 단위를 잡는 방법에 따라 값이 달라진다. 또한 η_S는 회전차의 형식 및 효율을 결정하는 데 중요한 요소이다.

(8) 펌프의 형식과 비속도

비속도는 앞에서 언급한 바와 같이, 세 개의 요소(H, Q, N)에 의해 결정되고, N_S가 정해지면 이것에 해당하는 펌프의 형상은 대략 정해진다고 보아도 된다.

일반적으로는 양정이 높고 토출량이 적은 펌프에서는 대체로 N_S가 낮아지고, 반면에 양정이 낮고 토출량이 큰 펌프에서는 N_S가 높게 된다.

또한 토출량, 양정이 같아도 회전수가 다르면 N_S가 달라져 회전수가 높을수록 N_S가 높아진다. 근래에 들어 펌프 관련 설계, 제작 및 해석기술의 발달과 함께 고속 경량화의 추세에 따라 펌프 형식에 따른 비속도의 추천범위도 다양하게 변하므로 펌프형식에 대응하는 비속도를 일관성 있게 추천하기는 곤란하지만 대체로 다음과 같이 나타낼 수 있다.

| 표 3-7 | 펌프 비속도와 특징

회전차의 형식							
η_s의 범위	80~120	125~250	250~450	450~750	700~1,000	800~1,200	1,200~2,200
η_s가 잘 사용 되는 값	100	150	350	550	880	1100	1500
흐름에 의한 분류	반경류형	반경류형	혼류형	혼류형	사류형	사류형	축류형
전양정 [m]	30	20	12	10	8	5	3
양수량 [m³/min]	8 이하	10 이하	10~100	10~300	8~200	8~400	8 이상
펌프의 명칭	고양정 원심 펌프	고양정 원심 펌프	중양정 원심 펌프	저양정 원심 펌프	사류 펌프	축류 펌프	축류 펌프
	터빈	터빈 볼류트	볼류트	양흡입 볼류트			

(9) 흡입비속도(Suction Specific Speed)

흡입비속도(N_{ss})는 회전차 비속도에서 양정(H) 대신에 필요흡입수두($NPSH_r$)를 대치하여 펌프의 흡입성능을 판단하는 기준이 된다. 펌프의 안정적 운전과 직결되므로 펌프 선정 시 고려하며, 계통 운전상 흡입 조건이 좋지 못한 경우 펌프 구매 시 중요한 요건으로 고려한다.

$$N_{ss} = \frac{\text{rpm} \times \sqrt{Q}}{NPSH_r^{\frac{3}{4}}} \qquad NPSH_r = \left(\frac{\text{rpm} \times \sqrt{Q}}{N_{ss}}\right)^{\frac{4}{3}}$$

(10) 필요흡입수두($NPSH_r$)

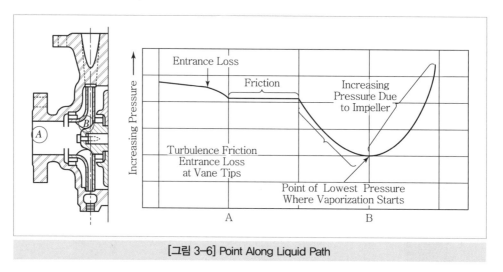

[그림 3-6] Point Along Liquid Path

펌프 회전차 입구 부근까지 유입된 액체는 회전차에 의해서 가압되기 전에 일시적인 압력강하가 발생하는데 이에 해당하는 수두값을 필요흡입수두(NPSH Required)라고 한다.

(11) 유효흡입수두($NPSH_a$)

펌프 그 자체와는 무관하게 흡입 측 배관 또는 시스템에 따라서 정해지는 값으로 시스템 설계 시 설계자에 의하여 계산이 가능하며 계산값을 고려하여 펌프를 선정하지 않으면 안 된다.

대기압이 흡수면에 작용하는 일반적인 경우에 대하여 아래와 같이 $NPSH_{av}$ 값을 구한다.

$$NPSH_{av} = P_a/\gamma - h_s = P_v - \sum h_l$$

여기서, P_a/γ : 수면에 작용하는 압력, 즉 대기압(약 10.33m)

h_s : 흡수면에서 펌프 기준면까지의 높이(m)로 가압 시 +값

P_v : 유체 온도에 해당하는 포화 증기압(상온 시 약 0.24m)

$\sum h_l$: 흡입 측 배관의 총 손실수두(m)

따라서, 설계 시 펌프의 설치 높이만 결정되면 상기 공식에 따라 $NPSH_a$ 값을 구할 수 있으며 펌프 선정 시 참조해야 한다.

통상적으로 $NPSH_r$은 공장시험 시 3% Head Drop을 사용하여 결정되므로 모든 운전범위에 대하여 $NPSH_a = NPSH_r$ + 마진이며, 이때의 마진은 일반적인 경우 약 30%이나 펌프흡입 측의 불안정 상태를 고려하여 더 크게 할 수도 있다.

즉, $NPSH_a \geq 1.3\, NPSH_r$

(12) 캐비테이션(Cavitation)

유로 변화로 인하여 펌프 흡입구에서 압력강하가 생기며, 이때 저압부(특히, Impeller Eye 부분)에 Cavity가 형성된다. 이 부분의 압력이 그 온도의 포화증기압(Pumping 액체의 Vapour Pressure)보다 낮아지면 표면에 증기가 발생되고 액체와 분리되어 기포로 나타나는데 이 현상을 Cavitation이라 한다.

Cavitation으로 인하여 발생된 기포는 펌프 고압부로 이동하여 순간적으로 파괴되면서 심한 충격을 주어 진동과 소음을 유발한다. 특히, 기포가 파괴될 때 압력파의 에너지는 매우 커서 Impeller 부위를 침식(Erosion)시키게 되는데 이는 Liquid 내 고형물질에 의한 침식과 구별되어 점 침식(Pitting)이라고 표현한다. Cavitation은 소음, 진동, 점 침식뿐만 아니라 펌프성능 저하 및 효율 저하를 유발한다.

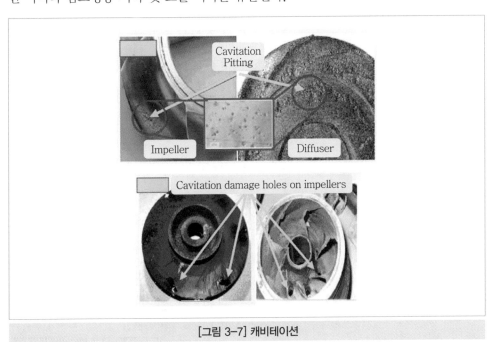

[그림 3-7] 캐비테이션

(13) 캐비테이션(Cavitation) 방지

① 펌프 설치높이를 최대로 낮추어 흡입양정을 짧게 한다.

$$NPSH_{av} > 1.3 \times NPSH_{re}$$

② 펌프 회전수를 낮추어 흡입비속도(N_{ss})를 작게 한다.

③ Double Suction Type Pump를 사용한다.

④ 흡입관 손실수두를 작게 하기 위하여 관 지름을 키워 유속을 낮게 유지하고, 불필요한 Valve 및 Tee, Elbow, Reducer 등 Fitting류 수량을 최소화한다.

⑤ 실양정이 크게 변동하여 송출량이 과다해지는 경우에는 토출밸브를 조절한다.

(14) NPSH Calculation

💬 유효흡입양정($NPSH_{av}$) 계산방법

① 흡상배관의 경우(액면에 대기압이 작용하고 있을 때)

$$NPSH_{av} = \frac{10}{\gamma} \times (P_a - P_v) - h_s - h_l$$

여기서, P_a : 대기압($1.03\mathrm{kgf/cm^2 \cdot abs}$)
P_v : 액체의 포화 증기압($\mathrm{kgf/cm^2 \cdot abs}$)
γ : 액체의 비중량($\mathrm{kg/L}$)
h_s : 흡입 실양정(m)
h_l : 흡입 배관 손실(m)

② 가압되는 배관의 경우(액면에 대기압이 작용하고 있을 때)

$$NPSH_{av} = \frac{10}{\gamma} \times (P_a - P_v) + h_s - h_l$$

| 표 3-8 | NPSH 계산 사례

구분	Case 1	Case 2	Case 3
Pump Installation Condition	Open to ATM	내압	포화증기압
Liquid	Water	Water	Hot Water
① Suct. Press.(kgf/m²A)	1.033×10^4	2.0×10^4	2.0245×10^4
Temperature(℃)	20	20	120
② Vapor Press.(kgf/m²A)	0.0238×10^4	0.0238×10^4	2.0245×10^4
③ Density(kgf/m³)	998.2	998.2	943.1
④ Liquid Elevation(m)	3	5	5
⑤ All Friction Loss(m)	0.5	0.7	0.7
⑥ $NPSH_a$(m) ①/③+④-(②/③+⑤)	$10.35-0.24+3$ $-0.5=12.61\mathrm{m}$	$20.04-0.24+5$ $-0.7=24.1\mathrm{m}$	$21.47-21.47+5$ $-0.7=4.3\mathrm{m}$

[3] 펌프 Type별 분류 및 특성

1. 원심펌프의 분류 및 Type별 특성

| 표 3-9 | 원심펌프 Type 분류 및 특성

■ API 610 Pumps

Pump Type			Orientation		Type Code
Centrifugal Pumps	Overhung Pump	Flexibly Coupled	Horizontal	Foot Mounted	OH1
				Centerline Supported	OH2
			Vertical in-line with bearing bracket		OH3
		Rigidly Coupled	Vertical in-line		OH4
		Closed Coupled	Vertical in-line		OH5
			High Speed intergrally geared		OH6
	Between Bearing	1-and 2-Stage	Axial Split		BB1
			Radially Split		BB2
		Multi Stage	Axial Split		BB3
			Radially Split	Single Casing	BB4
				Double Casing	BB5
	Vertically Suspended	Single Casing	Discharge Through Column	Diffuser	VS1
				Volute	VS2
				Axial Flow	VS3
			Separate Discharge	Line Shaft	VS4
				Cantilever	VS5
		Double Casing	Diffuser		VS6
			Volute		VS7

(1) OH1

| 표 3-10 | Capacity of OH1

Head/Capa,	15~180m/11~790m^3/hr
Temperature	120℃
Speed Range	Up to 3,600rpm

OH1 :
Single stage Overhung Impeller
ASME or ISO(Foot Mounted)

- Light Duty(일반 Chemical/Water Service)에 사용
- Dimensionally Standard화하여 호환성 좋음
- Foot Mounted Support

(2) OH2

| 표 3-11 | Capacity of OH2

Head/Capa.	15~244m/23~2,270m³/hr
Temperature	175~430℃
Speed Range	Up to 3,600rpm

OH2 :
Single stage Overhung Impeller
API 610(Centerline Mounted)

- Heavy Duty(석유정제/가스) 공정에 많이 사용
- Centerline Mounted Support
- 접속된 배관의 해체 없이 보수 가능
- 매우 다양한 유량과 압력에 적용 가능하여 가장 많이 사용
- OH1에 비해 가격이 높음

(3) OH3

| 표 3-12 | Capacity of OH3

Head/Capa.	180m/680m³/hr
Temperature	120℃
Speed Range	Up to 3,600rpm

OH3 :
Single stage Overhung Impeller
Vertical In-Line Separate Bearing Bracket
API 610

- 설치 면적이 작음
- 흡입/토출 노즐이 일직선상에 위치
- 일반적으로 Baseplate나 설치 기초가 불필요
- Pump 내에 별도의 Bearing Bracket이 장착됨
- OH4/OH5에 비해 가격 비쌈

(4) OH4

| 표 3-13 | Capacity of OH4

Head/Capa.	180m/680m^3/hr
Temperature	120℃
Speed Range	Up to 3,600rpm

- 설치 면적이 작음
- 흡입/토출 노즐이 일직선상에 위치
- 일반적으로 Baseplate나 설치 기초가 불필요
- Bearing Bracket이 없고 Rigid Coupling이 장착됨

OH4 :
Single stage Overhung Impeller
Vertical In-Line Rigidly Coupled
API 610

(5) OH5

| 표 3-14 | Capacity of OH5

Head/Capa.	180m/680m^3/hr
Temperature	120℃
Speed Range	Up to 3,600rpm

- 설치 면적이 작음
- 흡입/토출 노즐이 일직선상에 위치
- 일반적으로 Baseplate나 설치 기초가 불필요
- Motor Shaft를 Pump Shaft와 공유하므로 별도의 Alignment가 필요 없음
- Coupling이 없어 현장 Alignment가 필요 없으나, Seal 등 교체 시 Motor를 분리해야 함

OH5 :
Single stage Overhung Impeller
Vertical In-Line Closed Coupled
(Motor Shaft = Pump Shaft)
API 610

(6) OH6

| 표 3-15 | Capacity of OH6

Head/Capa.	0~1400m/0~180m³/hr
Temperature	200℃
Speed Range	Up to 15,000rpm

- 설치 면적이 작음
- 흡입/토출 노즐이 일직선상에 위치
- Pump 내 Gear를 이용하여 고속회전 가능
- 저유량/고헤드 공정을 위해 미국 Sundyne Co.에 의해 특별히 개발됨
- Pump 내 유체 흐름 개선을 위해 Inducer 장착
- OH2에 비해 고가이나, Multi-Stage Pump에 비해 저렴

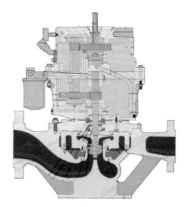

OH6 :
Single stage Overhung Impeller
Vertical In-Line High Speed Integrally
Geared So Called "Sundyne Pump"API 610

(7) BB1

| 표 3-16 | Capacity of BB1

Head/Capa.	6-300m/230-11,350m³/hr
Temperature	120℃ Recommended
Speed Range	Up to 3,600rpm

- $NPSH_r$ 특성이 낮음
- Thrust force가 균형을 이룸
- Cooling Water Supply Pump로 주로 사용됨
- Pump 사이즈가 크고 가격이 높음

BB1 :
Axially Split Casing Between Bearing
Impeller 1 or 2 Stage Pump
API 610

(8) BB2

| 표 3-17 | Capacity of BB2

Head/Capa.	$6 - 300m/230 - 11,350m^3/hr$
Temperature	120℃ Recommended
Speed Range	Up to 3,600rpm

- BB1과 동일

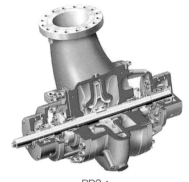

BB2 :
Radially Split Casing Between Bearing
Impeller 1 or 2 Stage Pump
API 610

(9) BB3

| 표 3-18 | Capacity of BB3

Head/Capa.	$6 - 2,135m/25 - 1,135m^3/hr$
Temperature	120℃ without cooling 200℃ with Cooling
Speed Range	Up to 7,000rpm

- Assembly와 Inspection에 유리
- Balanced Axial Thrust Force
- API 610에 Axial Split Casing에 대한 사용 제한이 있음

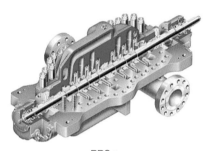

BB3 :
Axially Split Casing Between Bearing
Impeller Multi-Stage Pump
API 610

(10) BB4

Impeller를 추가하기 용이하나, Impeller를 추가할수록 안정성이 저하되어 Leak될 확률이 높음

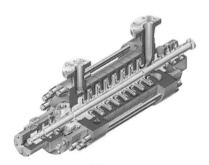

BB4 :
Radially Split Casing Between Bearing
Impeller Multi-Stage Pump So Called "Ring
Section Pump" API 610

(11) BB5

Head/Capa.	$0 - 3,050m/25 - 1,135m^3/hr$
Temperature	450℃
Speed Range	1,800~7,000rpm

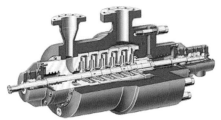

- 외부 Casing에 배관이 연결되어 있어, 배관의 해체 없이 보수가 가능
- 내압부가 원통형으로 온도변화와 압력변화에 변형이 균등하여 운전범위가 넓음
- 일정 Stage 이상의 Impeller 추가가 어려움
- 매우 고가

BB5 :
Radially Split Casing Between Bearing
Impeller Multi-Stage Pump So Called "Double
Casing Pump" API 610

(12) VS

VS1
Wet Pit, Vertically
Suspended single
Casing Diffuser with
Discharge Through the
Column

VS2
Wet Pit, Vertically
Suspended Single
Casing Volute with
Discharge though
the Column

VS3
Wet Pit, Vertically
Suspended Single
Casing Axial Flow
Discharge
through the Column

VS4
Vertically Suspended
Single Casing Volute
Line-Shaft Driven Sump
Pump

VS5
Vertically Suspended
Cantilever Sump Pump

VS6

Vertically Suspended Double Casing Diffuser with Discharge Through the Column(VS1+Eternal Can)
Suitable for Extreamely Low NPSHa
(Pump 깊이만큼 Head의 확보 가능)

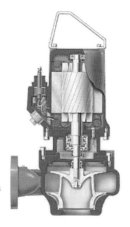

Submersible Pumps

(13) Magnetic Drive Pumps

Magnetic drive pumps utilize standard horizontal electric motors which are coupled to the pump bearing housing which supports a rotating magnet. The rotating magnet rotates or "pulls" the impeller rotor supported by product-lubricated, carbon bushings inside a sealed case. Like canned motor pumps, these are available in sizes up to 150kW, 450m^3/hr, and 185 m of head and cost considerably more than conventional centrifugal pumps with seals.

(14) Canned Motor Pumps

Canned pumps have a special electric motor operating under pressure in a liquid-filled chamber adjacent to the pump case. The motor chamber is filled with the liquid pumped. The bearings are usually carbon, lubricated by liquid pumped. These pumps are available in sizes up to 110kW, 340m^3/hr and 180m of head; however, they cost considerably more than pumps with stuffing boxes or seals.

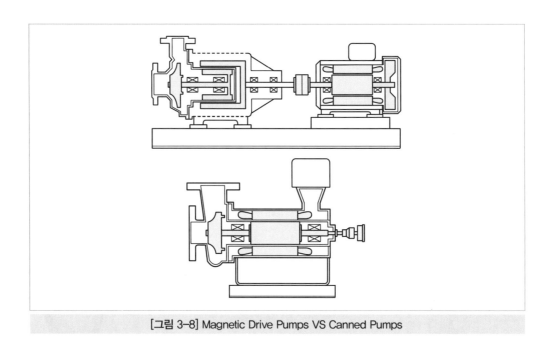

[그림 3-8] Magnetic Drive Pumps VS Canned Pumps

2. 용적식 Pump의 분류 및 특성

[그림 3-9] 용적식 펌프 분류

- 용적식 펌프(Positive/Displacement Pump)는 왕복 또는 회전운동을 할 때 유체의 체적변화에 의하여 압력을 높이는 유체기계
- 구동방식에 따라 왕복식(Reciprocating)과 회전식(Rotary)으로 구분
- 왕복운동에 의해 불연속적으로 유체가 배출되는 특성이 있음

(1) Reciprocating Pumps

Reciprocating pump is a positive displacement machine. It traps a fixed volume of liquid at near－suction conditions, compresses it to discharge pressure, and pushes it out the discharge nozzle. There are two types of reciprocating pumps : power pumps and direct－acting pumps. The driver for a power pump has a rotating shaft such as a motor, engine, or turbine. Power pumps reciprocate the pumping element with a crank or camshaft.

Direct－acting pumps are driven by pressure from a motive gas. Direct－ acting pumps were originally known as steam pumps because steam was the motive fluid.

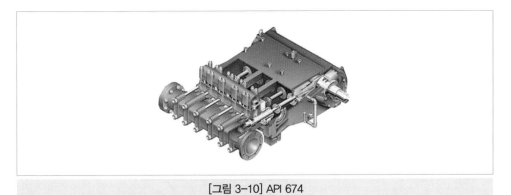

[그림 3-10] API 674

Reciprocating pumps are typically classified by :

1) Type of drive

   ① Direct－acting, gas－driven

   ② Crank－driven(power pumps)

2) Cylinder orientation

   ① Horizontal

   ② Vertical

3) Liquid end arrangement

   ① Plunger(outside packing)

   ② Piston(inside piston rings and packing on the piston rod)

4) Number of pistons or plungers

   ① Simplex

   ② Duplex

   ③ Triplex

   ④ Quintuplex, etc.

5) Type of action

① Single—acting(delivers on either forward or backward stroke, not both)

② Double—acting(delivers on both forward and backward strokes)

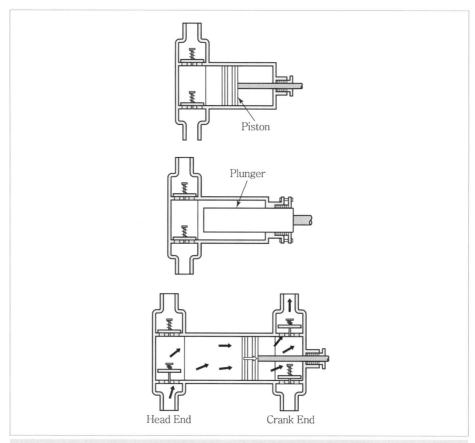

[그림 3-11] Horizontal Piston Simplex Double Acting Type

(2) Metering Pumps(Controlled Volume Pumps, Proportioning Pumps)

Metering pumps deliver accurate quantities of liquid into a process or system. They usually handle a small discharge volume (typically between 3liter/h and 2.5m^3/hr) and high discharge pressure (up to 20,000barg). The volume must be infinitely controllable between limits and virtually independent of discharge pressure.

Applications are Chemical Injection, etc.

API 675

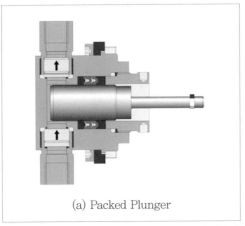

(a) Packed Plunger

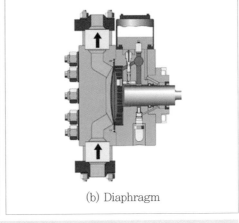

(b) Diaphragm

[그림 3-12] Liquid End Type

| 표 3-20 | Metering Pump Application

Liquid End Type	Recommended for	Not Recommended for
Packed Plunger	• Very High Discharge Pressure • Temperature Over 250°F • Low Vapor Pressure Fluids	• Corrosive Fluids • Abrasive Fluids • Applications whose tracd contamination of pumpage with packing lubricants is not permitted
Single Diaphragm (hydraulic drive)	• Corrosive Fluids • Applications Requiring High Reliability	• High discharge pressure (>1,500psi) • Temperatures over 175°F (Elastomer Diaphragm) • Over 250°F(Teflon Diaphragm)
Double Diaphragm	• Very Corrosive or Hazardous Fluids • Abrasibe Fluids • Duties Requiring Guaranteed Isolation from Drive Oil • Applications Requiring Early Warning of Diaphragm Failure	High Discharge Pressure (>1,000psi)

3. Rotary Pump의 분류 및 특성

Rotary Pumps의 분류

Rotary pumps are positive displacement pumps, but unlike reciprocating pumps, have relatively steady, non-pulsating flow. Rotation of the rotor(s) within the casing traps pockets of liquid at suction conditions, elevates the fluid pressure, and then pushes the fluid out the discharge.

(1) Screw Pumps

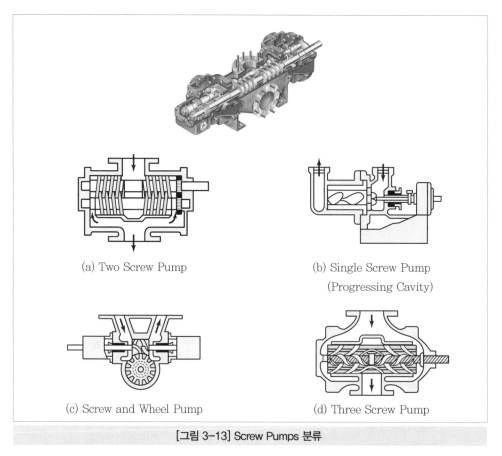

(a) Two Screw Pump

(b) Single Screw Pump
(Progressing Cavity)

(c) Screw and Wheel Pump

(d) Three Screw Pump

[그림 3-13] Screw Pumps 분류

(2) Gear Pumps

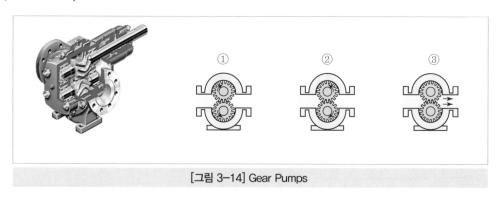

① ② ③

[그림 3-14] Gear Pumps

(3) Lobe Pumps

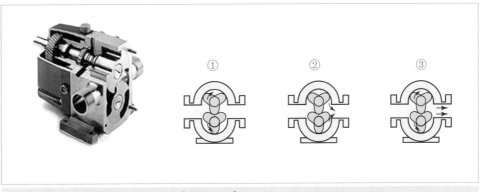

[그림 3-15] Lobe Pumps

① Applications
② Food Processing
③ Beverages(음료)
④ Dairy Product(유제품)

(4) Vane Pumps

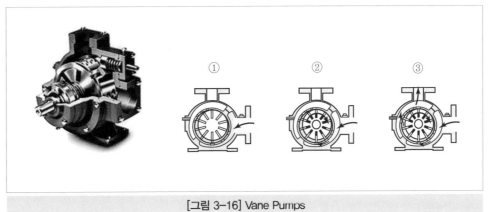

[그림 3-16] Vane Pumps

① Applications
② Aerosol/Propellants(연료)
③ Fuels, Lubes, Refrigeration Coolants
④ Barge Unloading
⑤ Chemical Process Industry

[4] Pump의 구조 및 설계기준

1. Centrifugal Pump 구조

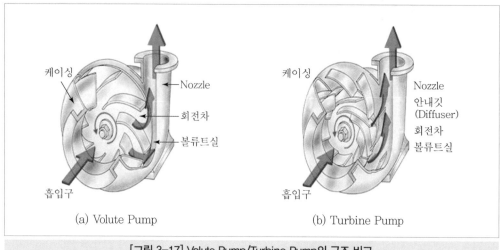

[그림 3-17] Volute Pump/Turbine Pump의 구조 비교

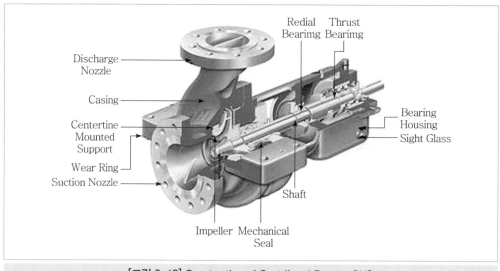

[그림 3-18] Construction of Centrifugal Pump − OH2

2. Centrifugal Pump 설계기준

💬 Basic Design Requirements of API 610(10th ed.)

① Min. service life of 20 years(excluding normal-wear parts)

② At least 3 years of uninterrupted operation.

③ At least 5% head increase at rated conditions.

④ The NPSHR based on water at the rated flow and rated speed shall be specified on data sheet.

⑤ If parallel operation is specified, the head rise from rated point to shut off shall be at least 10%.

⑥ Pump shall have a preferred operating region of 70% to 120% of BEP. Rated flow shall be within the region of 80% to 110% of BEP.(excluding small pump and high specific speed pump)

⑦ The BEP point for the pump should preferably be between the rated point and the normal point.

■ API 610 적용 Pump는 통상 heavy duty pump라고 하여 3년간 무고장 연속운전 및 20년간 사용 가능 하도록 설계되어야 함. 고가이므로 일반 화학공장용, 산업설비용, Utility용 등 가혹한 운전조건이 예상 되지 않는 Process의 경우 ASME B73.1M 적용 Pump를 사용할 수 있음

3. 축추력

편흡입 회전차에서 전면측벽(Front Shroud)과 후면측벽(Back Shroud)의 정압차에 의한 축 방향 추력

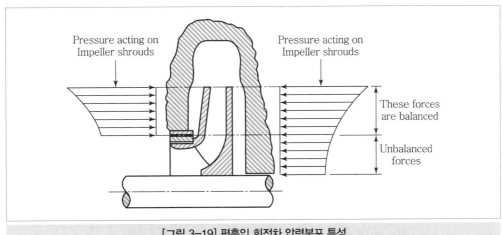

[그림 3-19] 편흡입 회전차 압력분포 특성

4. 축봉장치

일반적으로 펌프축이 케이싱을 관통하는 부분에서의 유체의 과도한 누설을 막기 위한 장치를 축봉장치라 하며, 그랜드 패킹, 메커니컬 실, 교축 부싱(Throttled Bushing) 등이 있다. 이러한 축봉장치는 펌프 케이싱의 끝단에 있는 스터핑 박스에 설치된다. 적절한 축봉장치의 선택을 위해서는 유체의 온도, 압력, 성질 및 기타 변수들이 고려되어야 한다.

(1) 글랜드 패킹(Gland Packing)

원심 펌프에 사용하는 글랜드 패킹은 압축형이며 글랜드로 스터핑 박스 내의 패킹을 소여서 밀봉하고, 마모나 누설 증가를 보정하기 위하여 자주 압축력을 조정하여야 한다. 글랜드 패킹은 일정량의 외부누설을 허용함으로써 과열과 소손, 축 또는 슬리브의 긁힘을 방지하여야 한다. 패킹에 일정량의 윤활유체를 흘려 주기 위하여 통상적으로 패킹의 중앙부위에 랜턴링을 설치하며, 외부로부터의 냉각 겸 윤활유체를 공급할 때에는 스터핑 박스 압력보다 10 내지 15psig 정도가 더 높아야 한다.

(2) 메커니컬 실(Mechanical End Face Seals)

① 메커니컬 실은 글랜드 패킹에 대비하여 외부로의 누설을 완전히 차단하는 밀봉장치로서 케이싱에 고정되는 시트 및 시트 링, 주축과 함께 회전하는 피동링, 시트와 피동링의 미끄럼면의 틈새를 작게 하도록 밀어 주는 스프링, 스프링을 고정하고 주축과 함께 회전하는 스토퍼 또는 리테이너 등으로 구성된다.

② 메커니컬 실은 초기 설치 시에 결함이 없으면 장기간 사용될 수도 있으나, 글랜드 패킹은 자주 조정 및 보수를 하여야 하는 번거로움이 있다.

③ 회전하는 축과 축이 통과하는 고정된 Housing 사이로 유체가 누설하는 것을 방지하기 위해 수직한 두 개의 원반형 섭동면이 벨로즈에 누설되는 유체를 밀봉하는 장치이다.

④ 과거 Packing을 사용했으나, 현재는 대부분의 원심 펌프에 기본적으로 적용되고 있으며, API 610과 API 682에서 Cartridge Design으로 적용하도록 규정되어 있다.

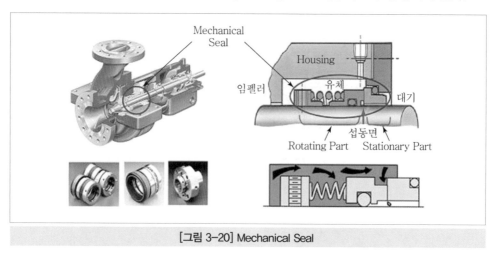

[그림 3-20] Mechanical Seal

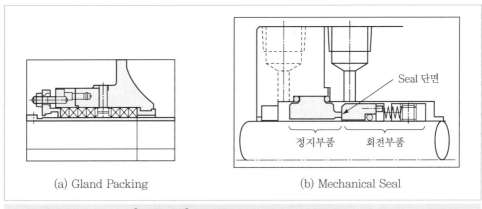

(a) Gland Packing   (b) Mechanical Seal

[그림 3-21] Gland Packing & Mechanical Seal

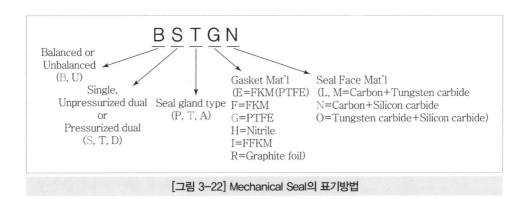

[그림 3-22] Mechanical Seal의 표기방법

	패킹	메커니컬 실
구조	간단	복잡
분해 · 조립	용이	불편
누설량	300~1,200cc/hr	3cc/hr
슬리브 마모	큼	없음
수명	정기적 교환(3~6개월)	1~2년
일반적 용도	일반펌프	고온, 고압, 특수액

[그림 3-23] 패킹과 메커니컬 실 특성 비교

[5] Pump 설계 업무 절차

1. 엔지니어링 설계 업무 절차

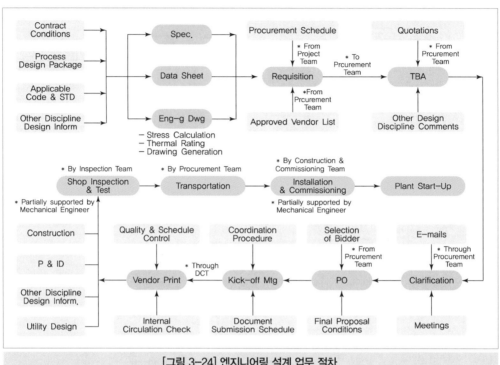

[그림 3-24] 엔지니어링 설계 업무 절차

2. Data Sheet 작성

(1) Data Sheet의 종류

① ASME B73.1M & MFR's Standard

② API 610(첨부 Data Sheet 참조)

－ 총 5page로 구성되며, Pump Type별 Data Sheet가 다름

(2) Data Sheet 작성 시 주의사항

① Data sheet는 가장 직접적으로 Pump의 사양을 나타내는 것으로 가능하면 모든 요구 사항을 상세히 표현하여야 하며, 특히 특수한 운전조건이나 발주처(또는 Lisensor) Specification상의 Process 조건이 누락되지 않도록 하여야 한다.

② P&ID를 검토하여 구매하려는 Pump의 역할을 정확히 이해하여야 한다.

③ 공정팀에서는 정확하게 확인되지 않은 Data는 절대로 기입하지 말아야 한다.

④ 업체의 확인이 필요한 Data의 경우 "Vendor to Advise" 등으로 명확하게 명시하여야 한다.

⑤ 제작자 공급 범위에 대한 명확한 지침을 명기하고, Option 사항이 있을 경우에도 명확히 명시하여야 한다.

(3) Data Sheet 작성("Data Sheet의 주요 항목별 검토사항" 참고)

① Process Data, 즉 유량(Flowrate)과 양정조건(Head), 온도(Pumping Temp), $NPSH_a$, 점성(Viscosity) 등 Pump 선정에 영향을 주는 Process Data를 면밀히 검토하여 Data Sheet에 표기하고, 의문점 발생 시 공정팀에 확인하여야 한다.

② P&ID 검토, Start/Stop 방식, Min. Flow의 제어방식 등을 검토하고 필요시 명기하도록 한다.

③ 성능 및 가격을 고려하여 Pump Type을 명기한다.(Vendor 추천 가능)

④ Nozzle data 및 Flange Facing Type을 명기한다.

⑤ API 610의 Material Code(Table H.1)를 기준으로 Pump Material을 명기한다.(H₂S 적용 여부 확인)

⑥ Mechanical Seal 관련 내용이 발주처 Specification에 있을 경우 명기한다.

⑦ 기타 Utility(Cooling Water, N₂, Air, Electrical Power) 공급조건을 명기한다.

| 표 3-21 | Data Sheet의 주요 항목별 검토사항(구매자)

Items	Description
LIQUID	Handling Liquid Name을 명시함
FLOW RATE	NOR./Rated를 모두 명시함. NOR.은 정상적인 운전점이고 Rated는 Pump의 Design Base
P. DISCH.	Pump Discharge Nozzle에서의 압력을 표시함
P. SUC.	Pump Suction Nozzle에서의 압력을 표시함
PT.	Fluid의 운전 온도로 NOR./Max.를 가능한 한 모두 명기한다. Max. 값은 Pump 설계 시에 Cooling 여부에 영향을 줌
DIFF. PRESS.	Discharge P.와 Suction P.의 Difference로 Suction P.는 Rated 값을 적용함
HEAD	DIFF. Press.를 압력 단위에서 길이 단위로(액체높이) 환산한 값이며 System에서 요구하는 Total Head임. 계산방법은 [DIFF. P./액비중(SP. GR.)]×10
VAP. PRESS.	Fluid의 증기압으로 SEAL.의 설계에 중요함
$NPSH_a$	Process에서 계산된 $NPSH_A$ 값을 명시함 $NPSH_a = 10(P_s - P_v)/S.G \pm H - H_f$
CORR./EROS. (CAUSED BY)	Material 선정에 영향을 줌. H₂S Service 시 NACE Requirement를 적용함
SOLID SIZE	Soild Sizesolid가 함유된 Pumping Liquid에 대하여 명시함 Impeller의 Type이 Non Clogging으로 되어야 하는 것인지 결정됨
API MATERIAL CLASS	API 610의 Table H-1에 Material Class가 명시되어 있으며 Class Code만 지정하면 Pump의 각 Parts에 대한 Materials이 결정되어 별도로 각 Parts에 대한 Materials을 명시하지 않아도 됨 참고 : API 610Table H-1

3. TBE 검토사항 및 작성

(1) TBE(Technical Bid Evaluation) 시 주의사항

① 견적서 접수 단계에서는 충실한 견적 Document 접수가 관건이므로, 견적서 접수 시 Document가 접수되었는지 확인해야 한다.

    ㉠ Pump Data Sheet

    ㉡ Performance Curve

    ㉢ Dimensional Outline Drawing

    ㉣ Scope of Supply and Work

    ㉤ Aux. Equipment(Mech. Seal, Coupling, Motor, Baseplate, Instrument 등) 관련 Document

    ㉥ API 및 Project Specification에 대한 Deviation

    ㉦ Spare Parts & Special Tools List

② Pump 업체의 경우 국내뿐만 아니라 세계적으로 많은 업체가 있으므로 견적 접수 후 TBE 진행 가능 업체의 수를 줄이는 작업을 하여야 하며, 이때 구매팀이나 사업팀과 미리 협의한다.

③ 견적 업체의 Pump 사양 및 Data에 대하여, Pump 사양을 변경하여도 구매자(Purchaser) 필요사양을 만족하지 못할 경우에 대비하여 "Not Acceptable" 항목들을 내부적으로 규정한다.

(2) 업체의 견적서(Quotation) 검토

① 적용 Code의 검토

② Process Data의 검토

③ 적용된 Material의 검토(API Material Table 이용)

④ $NPSH_a$와 $NPSH_r$의 Margin 검토

⑤ Suction Specific Speed의 적합성 검토

⑥ Curve 검토를 통한 Operation 범위의 적정성 검토

⑦ Impeller Margin, Head Margin, Shut-off Pressure 검토

⑧ 구매자(Purchaser)와 Connecting되는 배관의 규격 및 Size 검토

⑨ Motor 용량 및 BHP와의 Margin 검토

⑩ Mech. Seal, Cooling Plan의 적합성 검토

⑪ Max. Allowable Working Pressure & Hydro. Test Pressure의 검토

⑫ Sub-Vendor가 Project Vendor List에 있는 업체인지 검토

⑬ Deviation의 타당성 검토

② 장치기기

1. 장치기기(Static Equipment)의 개요

석유화학 플랜트에서의 장치기기는 보통 Static Equipment 또는 Stationary Equipment라고 통칭한다. 이 용어는 기기 내에 움직이는 구동부분이 없기 때문에 붙여진 이름으로, 펌프(Pump)나 컴프레서(Compressor)와 같은 회전기기(Rotating Equipment)와 구분지어 사용되고 있다. 장치설계 엔지니어는 압력용기(Pressure Vessel), 반응기(Reactor), 탑류(Tower), 열교환기류(Heat Exchanger), 여과기(Filter), 저장탱크(Storage Tank) 및 Tower Internal과 같은 기타의 부속물에 대한 설계 및 제작 관련 업무를 담당하고 있으며, 주요 장치기기의 개요는 다음과 같다.

(1) 압력용기(Pressure Vessel)

넓은 의미의 압력용기는 증발, 흡수, 증류, 건조, 흡착 등의 화학공정에 필요한 유체(액체 또는 기체)를 저장, 분리, 이송, 혼합할 때 사용되는 설비로서 탑류(증류탑, 흡수탑, 추출탑 및 감압탑), 반응기, 열교환기류(가열기, 냉각기, 응발기 및 응축기 등) 및 저장용기 등을 말한다.

(2) 반응기(Reactor)

용기 내에서 화학반응을 행하는 용기를 총칭한다. 반응효율을 높이기 위하여 전열과 교반 등의 여러 가지 방법이 고안되고 있다. 반응기는 Column 또는 Tower 형식으로 제작된 것과 형상에 따라 Batch type, Tubular type, Jacket type 등이 있다.

(3) 탑류(Column or Tower)

액체 혼합물에서 각 성분의 증기압의 차를 이용하여 고비점 성분과 저비점 성분을 분리하는 증류탑(Distillation Tower), 충전물이 내장된 충전탑(Packing Tower), 트레이(Tray)를 갖춘 트레이 타워(Tray Tower) 등이 있다.
또한 증류탑은 증류방식에 따라 상압증류탑(Atmospheric Tower), 감압증류탑(Vacuum Tower), Stripper, Stabilizer, Adsorption Tower, Absorption Tower 등으로 나뉜다.

(4) 열교환기(Heat Exchanger)

열교환 방식에 따라 냉각기, 가열기, 응축기, 증발기 등이 있고, 형태에 따라 다관형, Double Pipe, Block Type, Plate Type, Spiral Type, Air Cooler 등이 있다.

(5) 저장탱크(Storage Tank)

장치의 전후에 공급되거나 생산되는 원료, 중간제품, 제품 혹은 부대설비 등의 가스상태 또는 액체를 저장하는 대형 용기이다. 원료유를 저장하는 저조(Storage Tank)와 구형용기(Ball Tank) 등이 있다.

2. 압력용기(Pressure Vessel)의 개요

압력용기는 압력을 가진 유체(액체 또는 기체)를 저장, 반응, 분리 등의 목적으로 만들어진 용기로서 압력에 견딜 수 있도록 설계ㆍ제작된 용기를 말한다. 그리고 운전 중에 연소하고 있는 고체 혹은 화염 등을 취급하는 것을 Fired Pressure Vessel, 화기를 취급하지 않는 것을 Unfired Pressure Vessel이라고 한다.

압력용기는 적용 규격(Code) 및 국가별 적용 법규에 따라 다소 상이하게 정의되고 있으며, 참고로 ASME(American Society of Mechanical Engineers)의 Pressure Vessel Code Section VIII Div.1에 따르면 설계압력이 15psig 이상이고, 용기의 내경(Inside Diameter)이 6inch 이상인 경우를 압력용기로 정의하고 있다.

(1) 압력용기 구성 및 각부 명칭

압력용기의 본체(Body)는 원통형의 동체 및 원통형 양단의 Head로 구성되어 있고, 이 본체 Skirt, Leg, Lug, Saddle과 같은 Support 위에 지지되어 있다.

압력용기의 본체에는 배관 Line과 연결하기 위한 Bolted Flange Type의 Nozzle들이 설치되어 있으며, 운전 중의 압력과 온도 등을 측정하기 위한 많은 게이지 Nozzle도 설치되어 있다. 또한 제작과정이나 Maintenance 기간 중 작업자들이 용기 내에 들어가기 위한 용도로 Manhole이 설치되어 있다.

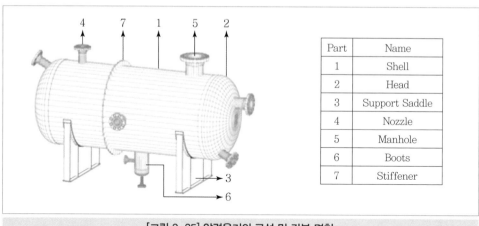

Part	Name
1	Shell
2	Head
3	Support Saddle
4	Nozzle
5	Manhole
6	Boots
7	Stiffener

[그림 3-25] 압력용기의 구성 및 각부 명칭

(2) 장치기기의 지지방법(Supporting Methods)

장치기기의 본체를 지지하는 방법에 따라, Skirt Support Type, Leg Support Type, Lug Support Type 및 Saddle Support Type으로 구분할 수 있다.

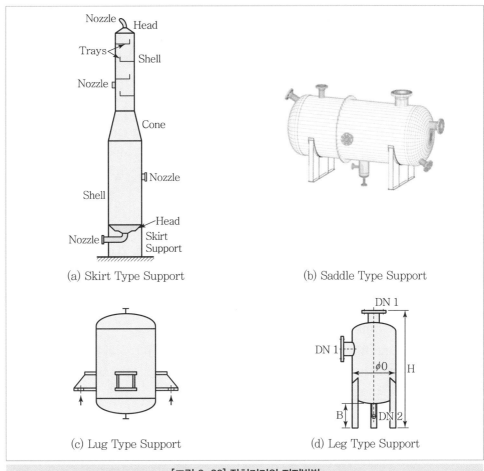

(a) Skirt Type Support

(b) Saddle Type Support

(c) Lug Type Support

(d) Leg Type Support

[그림 3-26] 장치기기의 지지방법

1) Skirt Support Type

① 기기의 직경이 크고 Plate 재질이며 Support의 높이가 긴 경우에 주로 사용된다. Skirt의 상단부분은 주로 기기 본체와 같은 재질을 사용하며, 하단부는 일반 탄소강을 사용하는 것이 일반적이다. Skirt부는 바람이나 지진에 의한 전도모멘트(Overturning Moment) 및 기기의 운전 중량(Operating Weight)으로 인한 압축하중으로 Skirt에 발생하는 Stress를 검토하여 두께가 결정된다. 특히, 높이가 높은 Tall Tower의 경우는 바람에 의한 기기 전체의 횡방향 처짐량을 검토하여 처짐이 규제치 이하가 되도록 설계하여야 하며, 규제치를 초과할 경우 Skirt의 두께를 증가시켜서 변형량을 줄이는 것을 고려할 수 있다.

② Skirt의 하단부는 지반(Foundation)에 기기를 고정하기 위한 Anchor Bolt 설치를 위해 Base Block을 설치한다. Base Block의 형상은 크게 Top Ring이 있는 경우, Anchor Chair가 있는 경우 및 Base Plate에 Gusset만 부착되는 경우 등 세 가지로 나뉜다. 각각의 강도 계산방법은 다르며 Bolt Load에 따라 Base Plate 두께가 결정되는 경우도 있으므로 Bolt 개수가 정해지지 않은 경우는 직경이 큰 적은 수의

볼트보다는 직경이 작은 많은 수의 볼트를 쓰는 것이 유리한 경우도 있다. 용기의 처짐(Deflection)이나 진동(Vibration)이 문제되거나 Base Block의 Anchor Bolt 간의 이격 거리가 충분치 않는 경우는 Skirt의 상부보다 하부의 직경이 큰 Flare 형태의 Skirt를 사용하기도 한다.

2) Leg Support Type

본체의 직경이 작은 기기를 지지하는 경우에 주로 사용되며, 보통 Angle, Channel, H-Beam과 같은 형강류를 사용하여 지지한다. 앞서 설명한 Skirt Type과 같이 운전 중량에 의한 압축 하중과 풍압이나 지진에 의한 전도모멘트를 고려한 강도검토를 통해 부재의 크기를 결정하며, Leg의 강도검토는 AISC의 규준에 따라 설계를 수행한다.

3) Lug Support Type

본체가 Steel Structure의 구조물 위에 설치되는 경우 사용하며, 설계하중으로 인해 Lug가 설치되는 지점의 반력에 의한 기기 본체의 국부응력(Local Stress)을 WRC 107 방법으로 검토하여야 한다.

4) Saddle Support Type

Horizontal Type의 기기를 지지하는 경우에 사용된다. 본체의 설계하중에 의해 발생하는 반력에 의한 기기 본체의 Local Stress를 검토하여야 하며, L. P. Zick Method에 의해 국부응력(Local Stress)을 검토한다.

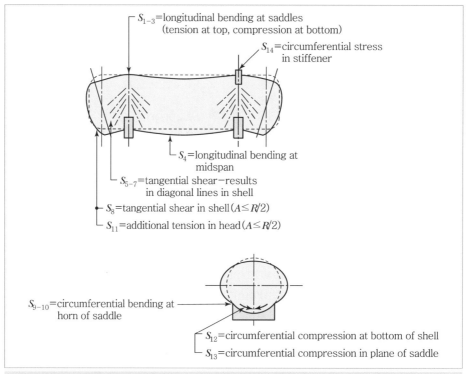

[그림 3-27] Stress diagram for saddle supported horizontal vessel by L. P. Zick Method

3. 압력용기의 설계(Design)

(1) 기본 사양(Basic Specification)

압력용기의 설계 및 제작을 위해서는 기본적으로 적용 규격(Code)과 Local 법령에 따라야 하며, 무엇보다도 사업주의 상세 사양서(Specification) 및 Standard Drawing에 따라 설계 · 제작이 이루어져야 한다. 그리고 상세한 설계를 위한 자료로는 아래사항이 우선 확인되어야 한다.

1) 압력부(Pressure Part)를 위한 설계 자료
① 장치기기의 기본 형상 및 치수
② 설계압력 및 설계온도
③ Liquid Density, Liquid Level
④ Wind 및 Seismic Load, 기타 하중 조건
⑤ 재료(Material) 및 부식여유(Corrosion Allowance)
⑥ 방사선 검사(Radiographic Test) 정도

2) 비압력부(Non-Pressure Part)를 위한 설계 자료
① 부재 형상 및 치수
② 각종 하중조건 및 재료의 선택
③ 제작성, 안전성, 경제성 등 검토

(2) 재료 선정

1) 재료 선정 시 고려사항
① 기계적 강도(Mechanical Strength) : 재료는 화학적 성분에 따라 기계적 및 물리적 성질이 다르다. 기계적 성질 중 인장강도 및 항복강도는 압력용기 강도 계산 시 허용응력(Allowable Stress)에 대한 기준이 되므로 특히 중요하다. 재료의 허용응력은 설계온도에 따라 달라지며, 고온에서는 크리프 강도(Creep Strength)에 의해 허용응력이 결정된다. 허용응력값이 높은 고강도 재료(High Strength Material)를 사용할 경우 용기 본체의 사용 두께를 얇게 할 수 있는 장점이 있다.
② 인성(Toughness) : 일반 탄소강의 경우는 상온에서 연성거동을 하나, 저온에서는 충분한 변형 없이 갑작스럽게 파괴되는 취성거동을 한다. 따라서, 재질을 선택할 때에 저온에서의 취성 파괴(Brittle Fracture)를 방지하기 위하여 압력용기가 운전 중 노출될 수 있는 최저 온도(MDMT ; Minimum Design Metal Temperature)를 고려하여야 하며, MDMT에서 충분한 인성이 있는지 파악하기 위해 충격시험(Impact Test)을 수행하여야 한다.

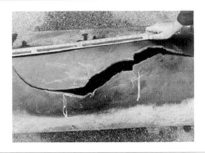

[그림 3-28] Brittle fracture of vessel shell and pipe during hydrotest

충격시험의 수행 여부는 ASME Sec. VIII, Div. 1의 UCS-66에 따라 검토를 하며, 주요 내용은 사용하는 재질의 Material Group, MDMT, 사용 두께에 따라 충격시험 실시 여부에 대해 규정하고 있다.

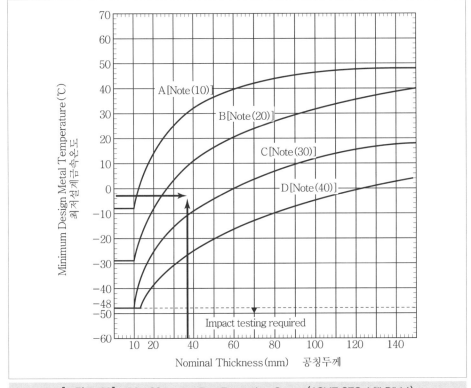

[그림 3-29] UCS-66 Impact Test Exemption Curves(ASME SEC. VIII DIV.1)

주어진 MDMT와 사용 두께가 만나는 점이 Curve의 하단부에 위치하는 경우 Impact Test를 수행하여야 한다.

재질 Group은 인성이 비슷한 재질끼리 묶어 놓은 것으로 UCS-66에서 구분된 Group별 재질은 다음과 같다.

| 표 3-22 | Group별 재질 분류

Material Group	Applicable Materials
Curve A	(a) All carbon and all low alloy steel plates, structural shapes, and bars not listed in Curves B, C and D below ; (b) SA−216 Grades WCB and WCC if normalized and tempered SA−217 Grade WC6 if normalized and tempered
Curve B	(a) SA−216 Grade WCA if normalized and tempered SA−216 Grades WCB and WCC for thicknesses not exceeding 2 in.(50 mm), if produced to fine grain practice and water−quenched and tempered SA−217 Grade WC9 if normalized and tempered SA−285 Grades A and B SA−414 Grade A SA−515 Grade 60 SA−516 Grades 65 and 70 if not normalized SA−612 if not normalized SA−662 Grade B if not normalized SA/EN 10028−2 Grades P295GH and P355GH as−rolled ; (b) Except for cast steels, all materials of Curve A if produced to fine grain practice and normalized which are not listed in Curves C and D below ; (c) All pipe, fittings, forgings and tubing not listed for Curves C and D below ; (d) Parts permitted under UG−11 shall be included in Curve B even when fabricated from plate that otherwise would be assigned to a different curve.
Curve C	(a) SA−182 Grades F21 and F22 if normalized and tempered SA−302 Grades C and D SA−336 F21 and F22 if normalized and tempered SA−387 Grades 21 and 22 if normalized and tempered SA−516 Grades 55 and 60 if not normalized SA−533 Grades B and C SA−662 Grade A ; (b) All materials listed in(a) and(c) for Curve B if produced to fine grain practice and normalized, normalized and tempered, or liquid quenched and tempered as permitted in the material specification, and not listed for curve D below.
Curve D	SA−203 SA−508 Grade 1 SA−516 if normalized or quenched and tempered SA−524 Classes 1 and 2 SA−537 Classes 1, 2 and 3 SA−612 if normalized SA−662 if normalized SA−738 Grade A

재질 Group으로부터 알 수 있는 점은 Group A에서 Group D로 갈수록 Notch Toughness가 우수한 재질이며, 동일 사양을 갖는 강재라 하더라도 인장강도가 우수한 자재가 인성 측면에서는 좋지 못하며, 동일 사양의 강재 중에 Normalized 강제가 인성 측면에서 우수하다는 것이다.

충격시험을 실시하여야 할 경우 시편의 모양이나 수행 절차, 충격값은 UG-84에 따라 검토하고, 추가의 사업주의 요구사항이 Specification에 있다면 함께 검토되어야 한다.

③ 제작성 검토 : 압력용기는 용접작업을 통해 제작이 이루어지기 때문에 재료 선정 시 탄소 함량 및 탄소당량(Carbon Equivalent), 고장력강의 경우에는 용접균열감수성지수(P_{cm}) 등의 용접성에 대한 검토가 수행되어야 한다. 아울러 규격(Code)이나 사업주의 Specification에 의해 요구되는 열처리 요건 등도 재료선정 시 함께 고려되어야 한다.

④ 내식성 : 압력용기 내부는 운전 중 내부 액체에 접촉하고 있으므로 부식성을 고려하여야 한다. 부식의 종류에는 응력부식균열, 전기화학적 부식 등이 있다. 또한 수분에 의한 부식, 부식성 산성·알칼리성 화합물에 의한 부식, 귀금속과 비금속 간의 전자이동에 의한 부식(Corrosion), 수소취화(Hydrogen Embrittlement), 수소유기균열(Hydrogen Attack), 뜨임취화(Temper Embrittlement), 황화물 응력부식균열(Sulfur Stress Corrosion Cracking) 등 다양한 형태의 부식이 발생할 수 있다. 이러한 부식성을 고려하여 설계 시 부식여유(Corrosion Allowance)에 따른 사용두께를 결정하거나 내식성이 있는 재료로 용기 내부를 라이닝(Lining)하거나 클래딩(Cladding)하는 경우도 있다.

⑤ 경제성 검토 : 고강도 재료를 사용할 경우, 압력용기의 두께를 얇게 쓸 수 있는 장점은 있으나, 재료에 대한 가격을 같이 고려하여야 한다. 아울러 시장에서 쉽게 구할 수 있는 재료를 선정하는 것도 납기를 고려할 경우 경제적인 선택이 될 수 있다. 앞의 예와 같이 내식성 있는 재료를 라이닝 또는 클래딩하여 사용하면 경제적으로 제작이 가능하나, 사업주와 협의가 이루어져야 한다.

2) 설계온도 및 용도에 따른 재료의 선택

다음 표는 설계온도에 따라 사용 가능한 재질 사양을 Product Form(Plate, Pipe, Forging, Fitting, Bolt/Nut)별로 제시한 것이다. 그러나 이 표는 일반적인 Guide Line이며, 실제 Project 수행 시에는 사업주의 Specification에 제시되어 있는 재질 선정기준에 따라 재료가 선정되어야 한다.

| 표 3-23 | 설계온도 및 용도에 따른 재료의 분류

Design Temperature(℃)	Material	Plate	Pipe	Forging	Fitting	Bolting
−254〜−196	Stainless Steel	SA 240 − 304, 304L, 347, 316, 316L	SA312 − 304, 304L, 347, 316, 316L	SA182 − 304, 304L, 347, 316, 316L	SA403 − 304, 304L, 347, 316, 316L	SA320 − B8 WITH SA 194 − 8
−195〜−102	9% Nickel	SA353	SA333 − 8	SA522 − 1	SA420 − WPL3	
−101〜−60	3 1/2 Nickel	SA203 − D,E	SA333 − 3	SA350 − LF3	SA420 − WPL3	SA320 − B7 WITH SA194 − 4
−59〜−46	2 1/2 Nickel	SA203 − A				
−45〜−30	Carbon Steel	SA537 − CL 1 SA516 (Impact)	SA − 333 − 6	SA350 − LF2	SA420 − WPL6	
−29〜−16		SA516 − ALL	SA333 − 1 or 6			SA193 − B7 WITH SA194 − 2H
−15〜0		SA285 − C				
1〜16		SA516 − ALL SA515 − ALL	SA53 − B SA106 − B	SA105 SA181 − 60,70	SA234 − WPB	
17〜422						
413〜468	C − 1/2Mo	SA204 − B	SA335 − P1	SA182 − F1	SA234 − WPL1	
469〜537	Cr − 1/2Mo	SA387 − 12 − 1	SA335 − P12	SA182 − F12	SA234 − WP12	
	1 1/2Cr − 1/2Mo	SA387 − 11 − 2	SA335 − P11	SA182 − F11	SA234 − WP11	
538〜593	2 1/4Cr − Mo	SA387 − 22 − 1	SA335 − P22	SA182 − F22	SA234 − WP22	SA195 − B5 SA194 − 3
594〜815	Stainless Steel	SA204 − 347H	SA312 − 347H	SA182 − 347H	SA403 − 347H	SA193 − B8 WITH SA194 − 8
	Incoloy	SB424	SB423	SB425	SB366	
815〜	Inconel	SB443	SB444	SB446	SB366	

3) 재료의 분류(철강 재료)

① 탄소강(Carbon Steel) : 탄소강은 경제적인 압력용기 재료로 가장 많이 사용되는데, 탄소의 함량에 따라 탄소함유량이 0.3% 이하인 것을 저탄소강이라 하며, 압력용기에 사용되는 탄소강은 용접성을 고려하여 탄소량이 0.35% 이하인 것을 사용한다. 탄소강은 가격면에서 다른 재료에 비해 경제적이지만 저온, 고온에서 취성, 강도저하를 초래하고 알칼리에서는 안정적이나 산 분위기에서는 부식하기 쉽다. 대표적인 재료로는 ASME 규격의 SA285 − C, SA515 − 60/70, SA516 − 60/70, SA537 − CL.1/2 등이 있다.

② 저합금강(Low Alloy Steel) : 탄소강에 망간, 몰리브덴, 니켈, 크롬 등 합금원소를 소량 첨가하여 강도 또는 내식성을 증가시킨 것을 말한다.

㉠ Mo강 : Mo강은 페라이트조직을 강화하고, 강도 개선, 내크리프성을 증가시킨 것이다. Mn − 1/2Mo강, C − 1/2Mo강이 있으며, 500℃ 이하에서 고온강도, 내크리프성이 필요한 것에 사용된다.

ⓛ Cr-Mo강 : 크롬(Cr)이 함유된 강종은 내산화성이 우수하고 강도 및 내크리프성이 향상되는 경향이 있다. 또한 수소 침투에 대한 저항성이 우수하지만 Cr 증가에 따라 용접성이 나빠져 용접균열이 일어나기 쉬우므로 용접 시 예열 및 후열처리를 잘하여야 한다. 고온용 재료로서 ASTM 규격의 재료로는 1% Cr-1/2Mo의 A387-12, 1.25% Cr-1/2Mo의 A387-11, 2.25% Cr-1Mo의 A387-22 등이 있다.

ⓒ Ni강 : 니켈(Ni)을 첨가하여 조직이 미세화되어 강도 및 인성이 증가하고, 특히 저온에서의 Notch Toughness가 우수하여 저온용 재료로 많이 사용한다. ASTM 규격의 재료로는 3.5% Ni강으로 분류되는 A203-D or E, 9% Ni강으로 분류되는 A353 등이 있다.

③ 고장력강(High Tensile Steel) : 강에 Mn, S, Cr, Ni, Mo, V 등의 합금원소를 소량 첨가한 저합금강으로서 인장강도, 항복점, 인성, 용접점을 향상한 것을 말한다. 고장력강은 보통 항복점 또는 내력이 36kgf/cm² 이상인 것을 말하며, 강도가 우수하기 때문에 두께가 얇아져 고압, 대형 압력용기, 저장탱크에 등에 많이 사용한다. 용기 제작 시 용접이 대단히 중요하므로 예열, 후열, 용접봉 선정, 건조 등을 철저히 하여야 한다.

④ 고합금강(High Alloy Steel) : 여러 종류가 있으나 일반적으로 고합금강은 스테인리스강이 대부분을 차지한다. 스테인리스강제 압력용기 선택기준은 ASME SEC. VIII. div.1 Part UHA(Requirement for Pressure Vessels Constructed of High Alloy Steel)에 잘 나타나 있다. 이 재료는 입계부식, 응력부식 균열, 시그마상취화, 475℃(885℉) 취화 등에 유의해야 한다.

㉠ Austenitic Stainless Steel : 18Cr-8N강(AISI 300계통)으로 비자성이며, 열처리 경화성이 없고, 절연성이 우수하다. 저온, 고온에서 강도 및 내식성이 우수하며, 용접성이 좋으므로 압력용기 재료로 널리 사용되나 430~870℃ 사이에 일정시간 이상 노출되면 예민화 현상(Sensitization)이 발생하여 입계부식(Intergranular Corrosion)의 문제가 생긴다. 입계부식에 대한 방지책으로, Low Carbon Content를 갖는 304L, 316L Grade의 재질을 사용하거나, 321이나 347과 같은 안정화 스테인리스강을 사용하거나, Solution Annealing을 실시하여야 한다. ASTM 규격으로 304, 316, 309, 310 등이 있으며, 탄소의 함량이 0.03% 이하인 저탄소 계열로는 304L, 316L 등이 있다.

㉡ Martensite Stainless Steel : 13Cr이 대표적인 강종이며, AISI type으로 T410계열이 이에 속한다. 담금질 경화성을 가지며 내식, 내산화성이 우수한 합금이다. 열전도율이 탄소강에 비해 1/2 정도밖에 되지 않으며, 인장강도가 크므로 고압, 고온증기용에 적당하고 500℃ 이상이면 크리프강도가 급격히 저하한다. 압력용기용 재료로는 드물게 사용하기도 하나 대부분은 클래드강이나 내부용 재료로 사용된다.

ⓒ Ferritic Stainless Steel : 18Cr이 대표적인 강종이며, AISI type으로 T430계
열이 이에 속한다. 내식, 내산화성이 우수하며 Martensitic계와 물리적 성질은
큰 차이가 없으나 400~500℃에서 장시간 가열하면 475℃ 취하가 발생한다.
이것을 방지하기 위해 12Cr(T405)에 알루미늄(Al)을 첨가하기도 한다. 내부식
성, 저온 인성 Austenitic계열보다 떨어지기 때문에 동체에서는 사용하지 않으
며 클래딩이나 내부용 Tray 등의 재료로 사용된다.

(3) 강도 계산(Strength Calculation)

1) 설계자료

① 적용규격(Applicable Code)

압력용기의 설계, 제작 및 검사는 각 국가별로 적용되는 규격에 따라 수행되고 있
다. 각국의 압력용기 규격은 미국의 ASME SEC. VIII, 영국의 BS5500, 독일의
AD－Merkblatter, 프랑스의 CODAP, 일본의 JIS B 8270 그리고 한국의 KS B
6733 등이 있으며, 사업주의 사양에 따라 적용 규격을 결정하는데, 현재 가장 많이
사용하는 규격은 ASME SEC. VIII이다.

② 설계압력(Design Pressure)

용기의 설계 압력은 운전조건 형상에서 용기의 최상부 지점에서의 설계상 필요한 게
이지 압력(Gauge Pressure)으로 정의한다.
Internal Pressure(내압)는 용기의 두께를 결정하는 주요한 인자가 되며 각 규격별로
내압에 대한 제한을 두기도 한다. External Pressure(외압)는 최대 Full Vacuum 또
는 Half Vacuum 등이 있으며 때로는 Jacketing되는 Vessel이나, Combination
Vessel(복합압력용기)에서는 압력의 차이가 외압으로 작용할 수도 있다.

③ 설계온도(Design Temperature)

일반적으로 최대설계온도(Max. Design Temperature)를 기준으로 허용응력값을
구하여 계산 두께를 구하기 때문에 반드시 필요하다. 아울러 재질의 선정과 충격시
험(Impact Test) 여부를 결정하기 위하여, 해당 기기의 MDMT(Minimum Design
Metal Temperature)를 고려하여야 한다.

④ 주요 치수(Dimension)

압력용기의 최소요구두께(Minimum Required Thickness)를 계산을 위해서는
동체의 내경, 외압이 작용할 경우 동체의 길이 그리고 비압력부인 지지부의 형상 및
치수 등이 있어야 한다.

⑤ 부식여유(Corrosion Allowance)

부식여유는 운전 중 최대로 발생할 수 있는 부식에 대한 여유이므로 강도계산에는
제외되며 부식여유 대신에 사용하는 라이닝(Lining), 클래드강 또한 강도계산에서
제외하고 계산한다.

⑥ 허용응력(Allowable Stress)

허용응력은 설계온도에 따라 결정되며, 각국의 규격에 따라 다른 값이 주어진다. ASME Section VIII로 설계되는 경우는 ASME Section II, Part D에 따라 설계온도에 따른 허용응력값을 적용한다.

⑦ 용접이음효율(Joint Efficiency)

용접부위의 방사선시험(Radiographic Test) 정도에 따라 신뢰성을 부여하는 것으로서 방사선시험이 Full인 경우 100%, 방사선 시험이 Spot인 경우는 85%, 방사선 시험을 하지 않을 경우는 70%만의 이음효율을 적용하고 각각에 대해 Joint Efficiecy는 1.0, 0.85, 0.7로 사용한다. 참고로 아래의 그림은 압력용기의 Joint Category를 표현한 것으로, 각 Joint Category별로 용접 접합방법(Joint Type)에 따라 적용되는 Joint Efficiency가 다르다.

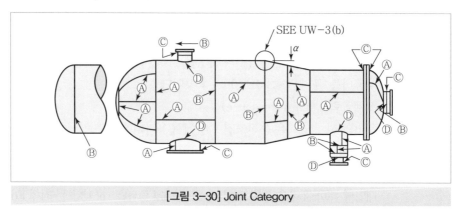

[그림 3-30] Joint Category

| 표 3-24 | 방사선 검사방법에 따른 이음효율

Joint Type	Acceptable Joint Categories	Degree of Radiographic Examination		
		Full	Spot	None
1	A, B, C, D	1.00	0.85	0.70
2	A, B, C, D(See ASME Code for Limitations)	0.90	0.80	0.65
3	A, B, C	NA	NA	0.60
4	A, B, C(See ASME Code for limitations)	NA	NA	0.55
5	B, C(See ASME Code for Limitations)	NA	NA	0.50
6	A, B(See ASME Code for Limitations)	NA	NA	0.45

⑧ 기타 하중(Load)

설계압력(내압 및 외압) 이외에 압력용기에 작용하는 기타의 하중은 아래와 같은 것이 있으며, 설계 시 설계압력과 동시에 작용하는 것으로 고려하여 강도검토를 수행한다.

㉠ 수두압 : 운전 중 용기 내부에 존재하는 Liquid의 자중에 의한 하중으로 동체의 두께 계산 시 내압에 의한 설계압력에 더하여 계산에 반영하여야 한다.

ⓛ Wind Load : 바람에 의한 하중은 주로 적용되는 Basic Wind Speed와 그 용기 주변의 조건, 즉 지형지물의 조건 그리고 용기의 형상에 따라 결정되고 이것을 계산하는 규격은 ASCE−7, UBC 등이 대표적이며, 각 국가별로 별도의 적용 규격을 달리하는 경우가 있다.

ⓒ Seismic(Earthquake) Load : 지진에 의한 하중은 주로 지진등급과 현지의 지반조건에 따라 Load값이 달라지며 이것을 계산하는 규격은 ASCE−7, UBC 등이 있으며, 이 또한 각 국가별로 적용 규격을 달리하는 경우가 있다.

ⓡ External Load : Piping Load, Platform Load 그리고 기타 구조물에 의한 국부적인 하중이 이에 속하며, WRC 107이나 WRC 297, FEM(Finite Element Method) 등의 방법을 통하여 Local Stress를 분석한다.

ⓜ Cyclic and Dynamic Load : 운전 중에 온도나 압력이 주기적으로 변경되면서 가해지는 하중이 이에 속한다. 이러한 하중이 작용하는 경우에는 피로해석(Fatigue Analysis)을 통하여 압력용기의 건전성을 평가하여야 하며, 평가방법은 ASME Sec. Ⅷ. Div. 2에 따라 유한요소 해석을 수행해야 한다.

ⓗ Thermal Gradient : 압력용기의 구성품(Component) 간의 온도 구배가 있는 경우, 열팽창 차이가 있는 경우에는 압력용기의 건전성을 평가하여야 하며, 평가방법은 ASME Sec. Ⅷ. Div. 2에 따라 유한요소 해석을 수행해야 한다.

2) 압력부(Pressure Part) 계산

압력부 동체의 두께 계산은 규격별로 Formula가 다르게 주어져 있으며 압력부에서의 Nozzle 주위의 국부 응력 해석은 WRC Bullentin No. 107 & 297, BS 5500이나 FEA 방법으로 계산되어야 하고, Column이나 Tower와 같은 압력용기는 Weight, Wind & Earthquake Load 및 External Load에 의해서 Shell에서 생기는 Combined Stress를 검토하여 사용 두께를 선정하여야 한다.

그때의 식은 $S = f(\text{Pressure}) \pm f(\text{Moment}) - f(\text{Weight})$의 기본식으로, 인장과 압축에 의한 Stress를 계산하여 허용응력보다 낮도록 설계하여야 한다.

다음은 ASME SEC. Ⅷ div. 1의 내압에 대한 두께 계산식이다.

💬 ASME CODE에서 요구하는 내압에 의한 두께 계산

① 내압에 의한 원통형 동체의 최소요구두께

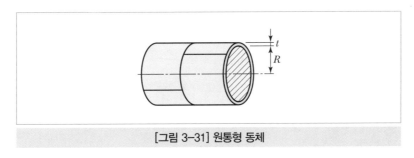

[그림 3-31] 원통형 동체

• 원주방향의 응력에 의한 최소요구두께(길이 이음부)

$$t = PR/(SE - 0.6P) + C$$

여기서, P : 설계내압(kg/cm²)
  R : 부식후의 동체 반경(mm)
  S : 최대 허용 인장응력(kg/cm²)
  E : 동체 이음부의 이음효율(Factor : 1.0~0.7)
  C : 부식여유(mm, Corrosion Allowance)

• 길이방향의 응력에 의한 최소요구두께(원주이음부)

$$t = PR/(2SE + 0.4P) + C$$

원통형 동체의 설계두께는 위 두 식에서 구한 두께 중 두꺼운 것을 사용한다.

② 내압에 의한 Head 및 Conical Section의 최소요구두께
압력용기의 Head 부는 2 : 1 Ellipsoidal, Hemi-spherical, Torispherical Type 등 여러 가지 형태를 할 수 있으며 계산식은 아래와 같다.

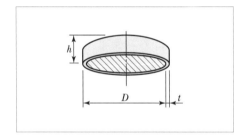

[그림 3-32] 2 : 1 Ellipsoidal Head

[그림 3-33] Hemi-spherical Head

 2 : 1 Ellipsoidal Head 계산

$$t = PD/(2SE - 0.2P)$$

여기서, D : 부식 후 경판의 내경

Hemispherical Head

$$t = PL/(2SE - 0.2P)$$

여기서, L : 부식 후 경판의 반경

💬 Conical Section

$$t = PD/(2\cos\alpha(SE-0.6P))$$

여기서, α : 원추형 경판의 경사각

위 식은 원추형 경판의 경사각(α)이 30°를 넘지 않는 경우에만 사용할 수 있으며 경사각이 30°를 초과할 경우에는 Knuckle을 설치하여 Toriconical Head로 설계하거나 APPENDIX 1-5(g)의 요구사항을 추가로 만족시키도록 설계해야 한다.

③ 비압력부(Non-pressure Part) 강도계산

비압력부의 계산은 Vertical Vessel의 Skirt(Base block), Leg, Lug 그리고 Horizontal Vessel의 Saddle과 같은 지지 구조부의 계산과 Lifting/tailing Lug, Skirt Bracing과 같은 Erection 장치 계산 그리고 Internal/External Beam, Platform, Pipe Support Clip, Vessel Davit 등의 계산이 있다.

㉠ Skirt 및 Base Block 계산

• Skirt 계산 : Skirt 두께 계산은 Moment와 Weight를 고려하여 실시하고 Skirt에 Access Opening을 고려하여 Skirt의 단면적에서 Opening이 차지하는 Section Area나 Section Modulus만큼을 제하고 계산하여야 한다. Bottom Head와 부착하는 부위의 설계가 이루어져야 하며 그 단관은 Bottom Head의 설계 온도로 계산되어야 한다. 그리고 나머지 단관의 Skirt는 상온을 적용한다.

• Base Block 계산 : Base Block 형상은 크게 3가지로 나눌 수 있는데, Top Ring이 있는 경우, Anchor Chair가 있는 경우와 Base Plate에 Gusset만 부착되는 경우가 있다. 각각의 계산방법은 다르며 Bolt Load에 따라 Base Plate 두께가 결정되는 경우도 있으므로 Bolt 개수가 정해지지 않은 경우에는 직경이 큰 적은 수의 볼트보다는 직경이 작은 많은 수의 볼트를 쓰는 것이 유리한 경우도 있다. Base Plate는 위쪽 부분의 작은 Load 변화에도 큰 Moment 변화로 영향을 받는 경우가 많고 Erection 시 Base Block 강도도 고려하여야 하므로 다소 Margin을 갖고 설계하는 것이 필요하다.

㉡ Lifting lug/Tailing lug 계산

• Lifting Lug 계산 : Lifting Lug는 대표적으로 Trunnion Lug와 Flat Lug로 나누고 설치는 Specification이나 사용자의 Standard에 따라 결정하기도 하지만 설계자의 Design에 의해 대부분 결정된다. Trunnion Lug는 보통 300ton 이상의 무게에서 사용하고 그보다 가벼운 것에는 Lifting Lug가 많이 사용된다. 강도계산은 Lug 자체의 강도와 용접부에 대한 강도계산이 있으며 국부응력을 계산하여야 한다. Impact Load를 고려하여 충분한 Margin을 갖는 것이 필요하다.

- Tailing Lug 계산 : Lug 자체의 강도 계산도 중요하지만 Lug가 부착된 Base Block 자체의 강도도 확인하여야 한다. 필요에 따라 Skirt Bracing을 설치하는 경우와 Skirt 내부에 Stiffener Ring을 부착하는 경우도 고려하여야 한다.

(4) 재료 구매(Material Purchase)

강도계산이 끝나면 필요한 자재의 두께, 종류 및 생산능력과 구매 가능한 크기 범위에서 가장 경제적인 Size를 결정하여 자재를 구매하여야 한다. 특히, 압력용기용 자재는 특별한 요구조건 및 규제 조건이 많으므로 POS(Purchase Order Specification)에 반드시 언급하여야 한다. 아래에는 구매사양서 작성에 관해 ASME 기준으로 언급하였다.

💬 원자재 구매사양(Purchase Specification)

① 적용 규격(Applicable Code)과 표준(Standard)

재료 규격은 Code 종류를 반드시 표기하여야 하며 적용 규격의 발행연도 및 Addenda 등을 명기하여야 한다. 또한 Standard의 발행연도도 지정하여야 한다.(ASME SECT.Ⅷ DIV.1 2010 ED., ASTM SECT.1 VOL.01.01 1998 ANNUAL BOOK 또는 ASME SEC.Ⅱ PART A 2010 ED.)

② 용접 후 열처리(PWHT)의 Simulation

Shop이나 Field에서 열처리할 것인지를 검토한 후 적용 규격에 따라 시편에 Simulation할 조건을 결정하여야 한다. 조건에는 Holding time, Holding temperature, Heating rate, Cooling rate, PWHT 횟수 등이 있다.

③ 충격시험(Charphy V Notch Impact Test)

Applicable Specification에서 따로 언급하지 않으면 ASME SEC. VIII div.1인 경우는 UG – 20, UG – 84, UCS 66(Carbon Steel)에 따라 충격시험 여부를 결정하고 시험온도, 시편의 방향, 충격흡수에너지의 값(3개 시편 평균과 1개 시편의 최소값)을 지정하여야 한다.

④ UT, MT 적용

Ultrasonic Test는 적용 Code와 Acceptance Level을 규제하여야 하며 통상 A435(강판의 수직빔), A577(강판의 사각빔), A578(특수형 평면형 강판 및 크래드강판 수직빔), A388(대형 단조품), A629(주강품) 등의 규격을 적용한다.

Magnetic Test는 강판의 Edge 부분에 대한 검사를 하는 것이나 통상 원자재에는 적용하지 않으며 가공품 등에 주로 적용한다.

⑤ 경도시험(Hardness Test)

용접 후에 경도를 측정하여 요구조건을 만족해야 하면 원자재의 경도를 규제하여야 한다. 보통 용접 후의 요구되는 경도에 비해 SA516 – 70의 경우는 30BHN, SA516 – 60인 경우는 40BHN만큼 더 낮게 요구하여야 한다.

⑥ Hot forming(열간가공) Simulation

일반적으로 Hot forming과 Cold forming의 경계점은 특별히 규정하는 것은 없지만 Tcrit − 100℉(ANSI/ASME B31.1 CODE, Tcrit : 저변태점＝Ac1)로 정의되어 있으므로 이것을 참고로 할 때, 이 온도보다 높은 온도에서 열간가공을 할 때는 시편에 Simulation을 실시하여야 하며, 그때의 Holding time, Holding Temp., Heating rate, Cooling rate를 규정하여야 한다.

⑦ 기타

Vacuum Treatment, Product Analysis, Addition Tension Test, Hot Tension Test, Bend Test, HIC Test, Limit of Carbon Content, Limit of Carbon Equivalent Content 등에 대한 요구를 하여야 하며, Clad Steel인 경우는 Shear Test가 추가되어야 한다.

(5) 도면 작성(Drawing)

도면 작성에 앞서 다음의 Data가 계산 및 Standard에 의해 확정되어야 한다.

Seam Plan, Shell & Head의 두께 및 Size, Nozzle 형상 및 치수, 지지구조부의 치수 (Skirt, Leg, Lug, Saddle), Skirt Type의 Base Block의 치수, Erection용 Lug, Welding Procedure Specification(WPS), Insulation Support, Pipe Support, Platform, Ladder 그리고 Internal의 Tray와 Support Ring 등의 상세한 자료가 필요하다.

1) 도면의 종류(Vessel의 일반적인 경우)

① General Assembly Drawing
② Body(Part Detail) Drawing
③ Nozzle Detail Drawing
④ Weld Map Drawing
⑤ Accessory Drawing(Davit, Manhole and Lifting Lug etc)
⑥ Internal Support for Tray & Packing Drawing
⑦ External Support & Platform & Ladder & Pipe support Drawing
⑧ Name Plate
⑨ Template or Shipping Saddle

2) 도면의 작성

① General Assembly Drawing

기본도(Engineering Drawing or Basic Drawing) 및 도면 작성에 필요한 Data 및 Standard 도면을 기준으로 조립형상 및 설계조건 등을 기재한다. 그리고 적용 Specification과 Nozzle의 방위(Orientation)와 길이(Projection) 등을 기재한다.

② Body Drawing

Body 도면에서는 다음의 사항이 표기되어야 하며 Seam Plan, 용접 Joint 형상, 용접 Process(WPS), Joint No. 등이 이미 결정되어야 한다.

㉠ Shell, Head, Skirt(Saddle, Leg, Lug)의 Size, Seam 형상 및 Joint 형상

　　㉡ Skirt Opening류

　　㉢ Base Block

　　㉣ Stiffener Ring

　　㉤ Lifting Lug(Trunnion Lug) & Tailing Lug

💬 Seam Plan

동체 및 경판을 만들기 위한 자재의 크기 결정 및 용접 Seam의 배치를 나타내는 것으로서 도면 및 자재 구매에 가장 중요하다. Plate의 폭은 제작 능력과 원자재 공급업체의 능력을 고려하여 결정하여야 하고 판의 길이 또한 동체의 내경과 제작 능력(Bending Roller), 구매 가능 치수를 고려하여 1 또는 2, 3Seam으로 결정하여야 한다.

경판의 경우는 Seamless와 1, 2개의 Seam이 있는 경우, 대형 Hemi. Head나 대형의 타원형 경판에는 여러 개의 Seam이 있는 경우가 있기 때문에 제작성, 구매가능성 그리고 Nozzle 등에 간섭이 되지 않게 Seam을 배치하여야 한다. 용접 Seam이 Manway나 Nozzle 또는 기타 Local Load가 집중되는 부위와 간섭이 생기지 말아야 하며, Spec.에 따라서는 용접부 간 거리가(50mm, 2×동체두께) 중 큰 값 이상의 간격을 둘 것을 규제하고 있다.

③ Manhole Drawing

　　Manhole type 및 부착위치, Pad 유무로 분류 · 작성한다. D joint의 용접형상 및 길이에 신경을 써서 작성하여야 하며, 특히 크래드강일 경우에는 용접형상에 유의하여야 한다.

④ Nozzle Drawing

　　Flange 및 Nozzle Type, 부착위치, Pad 유무, Internal 혹은 External 연결 유무로 분류하여 작성한다. 그리고 Clad Part의 Nozzle과 C.S Part의 Nozzle과 구분하여 제작 시 쉽게 구분할 수 있도록 작성한다.

⑤ Internals Drawing

　　Internal Baffle, Internal Pipe, Demister Support, Tray Support 및 일반 Internal 부품(Tray, Demister, etc)

⑥ Accessory Drawing

　　Accessory 도면에는 Insulation Support, Fireproofing Clip, Internal Ring, Pipe Support Clip 등을 작성하여야 한다.

⑦ Weld Map

　　JointNo., WPS No., NDE 방법 등이 표기되어야 한다.

3) 용접방법(Welding Process Specification) 결정

용접부마다 용접 Process는 제품의 기본설계를 바탕으로 회사의 장비 및 기술 수준과 인력현황, 재질, 용접재료의 수급 난이도, 각 용접법별 생산성과 자세한 제한 특성, 부품의 제작 장소, 회전 가능성 등을 고려하여 가능한 한 생산성이 높고 작업이 용이한 용접법을 결정하여야 하며, 보통 SMAW(Shielded Metal Arc Welding), SAW(Submerged Arc Welding), GTAW(Gas Tungsten Arc Welding), FCAW(Flux Cored Arc Welding), GMAW(Gas Metal Arc Welding) 중에서 용접 Process를 결정하여 Weld Map에 표기하여야 한다. 그리고 용접법이 결정 나면 개선방법, 용가재 종류, 용접절차 인증 시험, 용접사 기량 시험 등을 결정한다.

4) 도면의 검토

도면이 완전히 작성되면 제작하기 전에 먼저 다음의 사항을 다시 한 번 점검하고 제작에 착수하여야 한다.
① Basic 도면과 Standard 도면 그리고 설계 Data, Specification과 일치하는지 비교한다.
② 강도계산상의 치수와도 일치하는지 계산서와 비교하고 발주된 재료의 사양과도 비교하여 일치 여부를 확인하여야 한다. 즉, 도면, 강도계산, 자재발주 이 세 가지의 Data가 일치하여야 한다.
③ 전개도를 가지고 부재 간의 간섭사항을 점검한다.

4. Shell and Tube 열교환기

열교환기란 공정의 Flow를 구성하는 고정장치물로서, 기−액상의 원재료, 반제품 또는 제품의 유체가 포함하고 있는 열을 Tube 또는 Plate 형태를 지닌 전열면을 통해 Cooling water, air, 원재료, 반제품, 제품 유체 상호 간에 열전달을 일으켜 Heating, Cooling, Condensing 등의 기능을 수행하는 장치이다.

사용 목적에 따라 Heater, Pre−Heater, Super−Heater, Vaporizer, Reboiler, Cooler, Chiller, Condenser 등으로 분류할 수 있으며, 구조상으로 Shell and Tube Heat exchanger, Air Cooler, Plate 열교환기 등으로 나눌 수 있다.

(1) 열교환기의 설계

Shell & Tube 열교환기는 설계 · 제작에 최소 요구사항을 규정한 TEMA(Tubular Exchanger Manufacturers Association) Standard와 HEI(Heat Exchanger Institute) Standard가 있으며, TEMA Standard는 전 산업에 널리 사용되고 있고, HEI는 주로 발전소용 열교환기에만 적용되는 Standard이다.

TEMA Standard는 열교환기 사용처에 따라 "R", "C", "B" Class로 분류하여 적용되는데 설계자는 적용 Class의 최소 요구사항을 사전에 확인하고 설계에 임하여야 한다.

💬 TEMA Class의 정의

- "R" Class : The TEMA Mechanical Standards for Class "R" heat exchangers specify design and fabrication of unfired shell and tube heat exchangers for the generally severe requirements of petroleumand related processing applications.
- "C" Class : The TEMA Mechanical Standards for Class "R" heat exchangers specify design and fabrication of unfired shell and tube heat exchangers for the moderate requirement of commercial and general process applications.
- "B" Class : The TEMA Mechanical Standards for Class "R" heat exchangers specify design and fabrication of unfired shell and tube heat exchangers for chemical process service.

(2) Shell & Tube 열교환기의 주요 구성 및 각부 명칭

열교환기는 아래의 그림과 같이 Front End Head, Shell, Rear End Head, Tube Sheet 및 Tube Bundle(Tube and Baffle Assembly) 등으로 구성되어 있다.

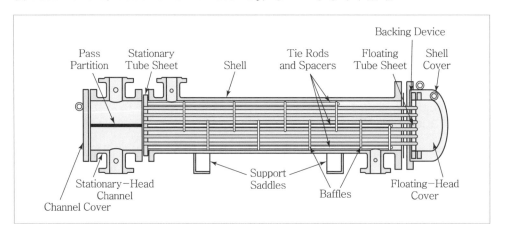

[그림 3-34] Shell and Tube 열교환기의 구성

1) Shell & Tube 열교환기의 각부 명칭(TEMA 기준)

① Stationary Head—Channel
② Stationary Head—Bonnet
③ Stationary Head Flange—Channel or Bonnet
④ Channel Cover
⑤ Stationary Head Nozzle
⑥ Stationary Tube Sheet
⑦ Tubes
⑧ Shell
⑨ Shell Cover
⑩ Shell Flange—Stationary Head End
⑪ Shell Flange—Rear Head End
⑫ Shell Nozzle
⑬ Shell Cover Flange
⑭ Expansion Joint
⑮ Floating Tube Sheet
⑯ Floating Head Cover
⑰ Floating Head Cover Flange
⑱ Floating Head Backing Device
⑲ Split Shear Ring
⑳ Slip—on Backing Flange
㉑ Floating Head Cover—External
㉒ Floating Tubesheet Skirt
㉓ Packing Box
㉔ Packing
㉕ Packing Gland
㉖ Lantern Ring
㉗ Tierods and Spacers
㉘ Transverse Baffles or Support Plates
㉙ Impingement Plate
㉚ Longitudinal Baffle
㉛ Pass Partition
㉜ Vent Connection
㉝ Drain Connection
㉞ Instrument Connection
㉟ Support Saddle
㊱ Lifting Lug
㊲ Support Bracket
㊳ Weir
㊴ Liquid Level Connection
㊵ Floating Head Support

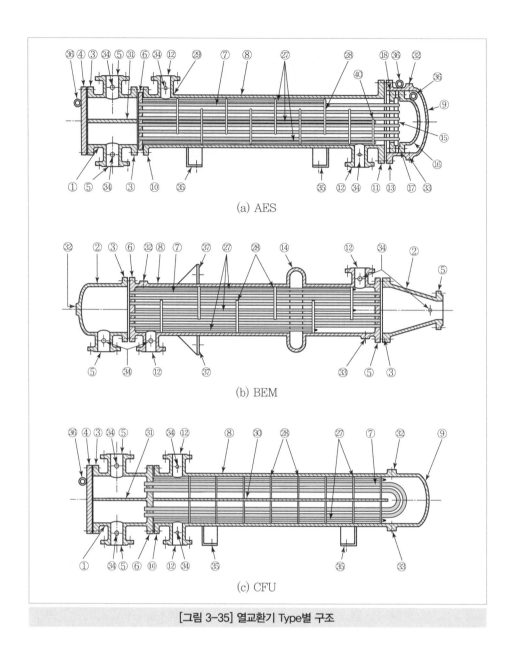

(a) AES

(b) BEM

(c) CFU

[그림 3-35] 열교환기 Type별 구조

(3) Shell & Tube 열교환기의 종류

1) 고정 관판형(Fixed Tube Sheet Type)

① 관판(Tube Sheet)은 Shell의 양쪽에 용접 및 Flange로 고정되어 있고, 전열관
(Tube)은 고정 관판에 확관, 용접 등의 방법으로 부착되어 있다. 이 형식은 구조적
으로 간단한 형식이어서 제작비가 싼 장점이 있으나, 동체 측(Shell Side)과 전열관
측(Tube Side) 유체 온도 차이가 클 경우 열팽창 차이에 의해 동체나 전열관에 과
다하게 발생하는 응력을 완화해 주기 위하여 필요시 신축이음(Expansion Joint)
을 설치하여야 한다.

② 동체 측은 청소(Mechanical cleaning) 및 점검이 곤란하므로, 오염(Fouling)이 적 거나 부식성이 작은 유체가 동체 측을 통과할 경우 적합한 열교환기이다.

2) U-Tube Type

U자형의 전열관을 사용한 형식으로 전열관은 동체와 관계없이 유체의 온도에 의한 신축 이 자유로우며, Tube bundle을 빼내어 Cleaning 및 점검이 가능하지만, Tube 내부의 청소는 U-bend 부로 인해 효과적으로 Cleaning 작업을 하기 어렵다. 따라서, Tube Side 유체는 오염도가 작은 유체를 넣어 사용한다. 구조상 Tube Sheet가 하나만 있어도 되고, Shell flange가 적어도 되므로 제작이 간단하고 제작비도 싼 장점이 있다.

3) Floating Head Type

Tube Bundle의 한쪽 Tube Sheet를 동체의 한쪽 플랜지에 고정하고, 다른 쪽 Tube Sheet는 아무런 구속도 하지 않는 열교환기로서, Shell과 Tube는 열팽창에 자유로우 며, Tube bundle은 분해할 수 있고 청소하기 쉽다. Fixed Type 및 U-Tube Type의 단점을 전부 해결한 형태이나 구조가 복잡하고 제작가격이 비싸다.

4) Kettle Type

Tube side에 가열원을 넣고 Shell side에서 유체를 비등(Boiling)시킴으로써 증기를 얻을 목적으로 Kettle Type의 Reboiler가 사용된다. Reboiler로서는 구조가 가장 간 단하며 Bundle은 U-Tube Type, Floating Type 등이 있다.

(4) TEMA TYPE

열교환기는 Front Head, Shell, Rear Head 부분으로 구성되며, TEMA에서는 각 구성 에 대해 아래의 그림과 같이 알파벳으로 Type을 표기하였다. TEMA에 따른 열교환기의 명명법은 아래 예와 같다.

① BEU : Bonnet Channel을 사용하고, Shell은 One Pass이며, U-bundle을 사용
② AES : Chanel Cover를 사용하고, Shell은 One Pass이며, Floating Head 사용

| 표 3-25 | 열교환기의 TEMA Type 표기

Front End Stationary Head Types	Shell Types	Rear End Head Types
A Channel And Removable Cover	E One Pass Shell	L Fixed Tube Sheet Like "A" Stationary Head

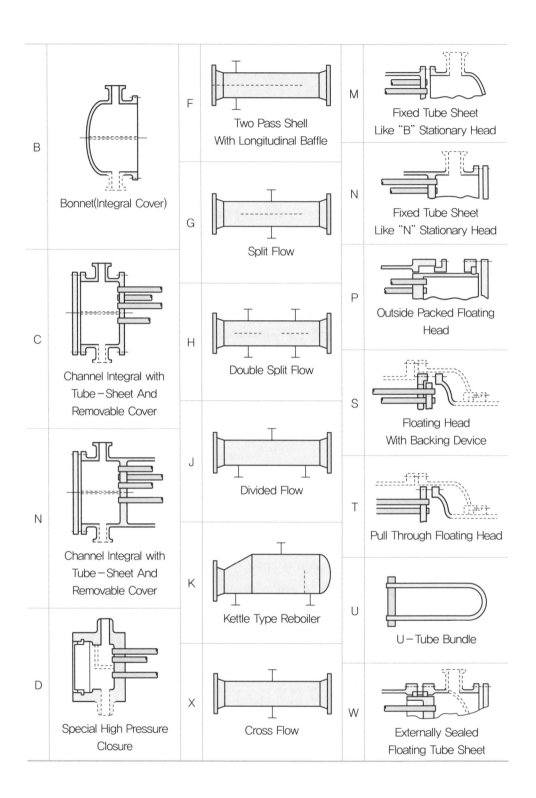

B	Bonnet(Integral Cover)	F	Two Pass Shell With Longitudinal Baffle	M	Fixed Tube Sheet Like "B" Stationary Head
C	Channel Integral with Tube – Sheet And Removable Cover	G	Split Flow	N	Fixed Tube Sheet Like "N" Stationary Head
N	Channel Integral with Tube – Sheet And Removable Cover	H	Double Split Flow	P	Outside Packed Floating Head
		J	Divided Flow	S	Floating Head With Backing Device
		K	Kettle Type Reboiler	T	Pull Through Floating Head
				U	U – Tube Bundle
D	Special High Pressure Closure	X	Cross Flow	W	Externally Sealed Floating Tube Sheet

(5) Tube 배열 및 Tube Pitch

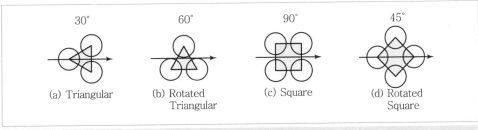

[그림 3-36] Tube 배열 및 Pitch

Tube의 배열방법에는 30°, 60°의 3각 배열과 45°, 90°의 4각 배열이 있으며 유체 흐름의 방향에 대한 각도를 표시한다. 60°, 90° 흐름보다 30°, 45°의 흐름이 열효율은 높아지지만 압력 손실은 크게 된다. 또한 Shell side에 오염이 적은 유체는 3각 배열로 하고, Shell side 오염이 많은 유체는 Bundle Removal이 가능한 Type으로 하면서 사각배열로 하여 청소가 가능하도록 한다. Reboiler와 같이 Shell side에 Vapor를 발생시키는 경우에는 유효 전열면적을 감소시키는 침전물 등을 최소화하기 위하여 90° 배열을 사용한다.
Tube Pitch는 Tube의 중심 간의 거리를 의미하며, TEMA에서는 Shell Side의 Mechanical Cleaning을 위하여 Cleaning Lane을 최소한 0.25″를 주도록 되어 있고, Tube 외경의 1.25배 이상 거리를 두도록 하고 있다.

(6) Baffle and Baffle Cut

Baffle은 Shell Side 유체를 강제로 좌우 또는 상하로 흐르게 하여 유체와 Tube 간 접촉시간을 증가시키고, 난류 효과를 일으키며, Baffle 간격을 조정하여 유속을 높여 줌으로써 전열효과를 높인다. 또한 Tube Bundle을 지지하고 진동을 방지하는 역할을 한다.
유체의 성질에 따라 Baffle Cut의 방향을 조정하는데, 주로 단상(Single Phase)의 경우는 유체가 상부에서 하부로, 하부에서 상부로 흐르도록 Horizontal Cut을 사용하며, 오염이 크거나 2상(Two Phase) 유체인 경우에는 좌우로 유체가 유동하도록 Vertical Cut을 한다.

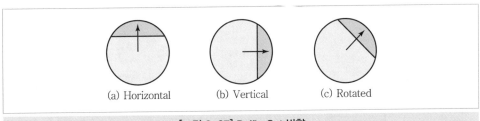

[그림 3-37] Baffle Cut 방향

Baffle Cut은 Cut된 부분의 높이 대 Shell의 내경(Inside Diameter)의 비율로 나타내며, Cut된 부분의 면적비율로 표시하는 경우도 있다. Baffle Cut율이 너무 작거나 크면 Segmental Baffle에서는 Recirculation Eddies가 발생되기 때문에 오히려 열효율은 감소한다. 일반적으로 Cut율은 20~35%로 추천되고 있다.

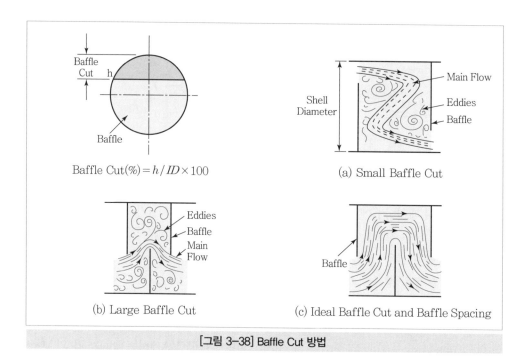

Baffle Cut(%) = $h / ID \times 100$

(a) Small Baffle Cut

(b) Large Baffle Cut

(c) Ideal Baffle Cut and Baffle Spacing

[그림 3-38] Baffle Cut 방법

Single Segmental Baffle의 경우는 전열효과는 좋은 반면 압력손실(Pressure Drop)이 크기 때문에 허용 압력손실을 맞추기 위하여 압력손실이 적은 Double Segmental, 혹은 Triple Segmental Baffle을 사용하는 경우가 있다. Central Baffle Space가 같다고 하면, Single Segment Baffle의 압력손실을 1로 할 때, Double Segmental은 1/3, Triple Segmental은 1/5로 감소한다.

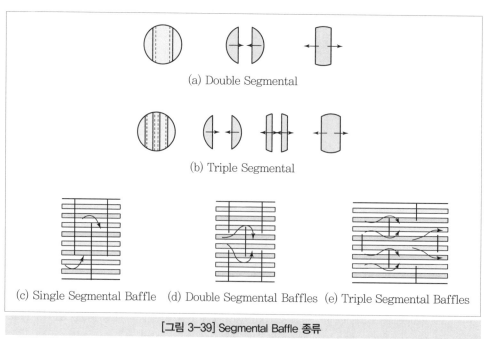

(a) Double Segmental

(b) Triple Segmental

(c) Single Segmental Baffle　(d) Double Segmental Baffles　(e) Triple Segmental Baffles

[그림 3-39] Segmental Baffle 종류

5. Air Cooled Heat Exchanger의 개요

Finned Tube 내부에는 공정 유체가 흐르며, 외부로는 Fan을 이용하여 공기를 강제 통풍하여 Process 유체를 원하는 온도까지 냉각하여 Cooling 또는 Condensing을 목적으로 하는 열교환기이다. 전열면적을 넓히기 위하여 Tube 외면에 Fin이 설치되어 있으며, 일반적으로 넓은 설치면적을 요구하기 때문에 주로 Pipe rack 상부에 설치한다.

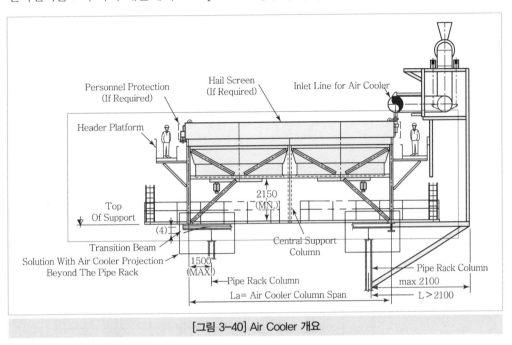

[그림 3-40] Air Cooler 개요

(1) Air cooler의 형식

① Air cooler는 전기 Motor를 사용하여 Fan을 가동하며 Fan에 의해 발생되는 많은 양의 공기흐름은 Finned Tube를 가진 Bundle로 통과시키면서 Tube 내에 흐르는 유체를 냉각하는 장치로, 이때 Fan의 위치에 따라 흡입 통풍형(Induced Draught Type) 및 압입 통풍형(Forced Draught Type)으로 분류할 수 있다.

② Forced Draught Type의 Fan은 Bundle의 하부에 위치하여 Fan의 구동장치가 하부에 설치되기 때문에 유지 및 정비가 쉽고, 구동축이 짧아 진동이 작으며, 공기의 출구 온도를 높을 수 있는 장점이 있다.

③ Induced Draught Type에서는 상대적으로 공기의 흐름이 비교적 균일하게 이루어지며, Bundle 위의 Plenum Chamber가 태양열이나 비, 우박과 같은 기상조건에 의한 성능의 급격한 변동을 막아 주고 배출되는 뜨거운 공기온도를 고려하여 Fan에 대한 재질을 선정하여야 하며, 이로 인해 출구 온도에 제한이 있는 경우가 있다.

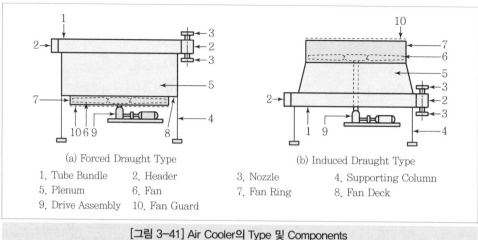

(a) Forced Draught Type   (b) Induced Draught Type

1. Tube Bundle   2. Header   3. Nozzle   4. Supporting Column
5. Plenum   6. Fan   7. Fan Ring   8. Fan Deck
9. Drive Assembly   10. Fan Guard

[그림 3-41] Air Cooler의 Type 및 Components

(2) Tube Bundle, Bay, Unit의 정의

① Tube Bundle : Header, Tube, Tube support, Frame으로 구성된다.

② Bay : 1개 이상의 Tube Bundle과 2개 이상의 Fan으로 구성되며, Structure, Plenum 그리고 그 밖의 보조기기로 구성된다.

③ Unit : 각각의 Service에 1개 이상의 Bay가 있으며, 1개의 Bay에는 1개 이상의 Tube Bundle이 있다.

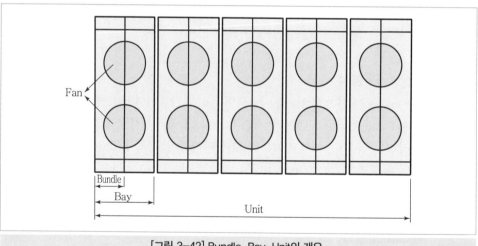

[그림 3-42] Bundle, Bay, Unit의 개요

(3) Fin Type

Air Cooler에는 공기와의 접촉면적을 넓히기 위해 Finned Tube를 사용한다. Air Cooler Tube의 Fin은 Bare Tube 전열면적의 15~20배 정도 큰 전열면적을 공급함으로써 낮은 공기의 열전달 계수를 보상하기 위해 사용되는데 이러한 Fin들은 Tube와 Bonding 하는

방법에 따라 Embedded, Extruded, L Footed Fin 등으로 나눌 수 있다. 일반적으로 가장 많이 사용되는 Fin Tube는 Carbon Steel Tube에 Aluminum Fin으로 Tension Wound된 Foot Fin이다.

참고로 API661에서 추천하는 최대 운전 온도별 Fin Type은 아래와 같다.

| 표 3-26 | 최대 운전 온도별 Fin Type

Fn	Maximum Process Temperature
Embedded fins	400℃(750°F)
Externally bonded(Hot-dip galvanized steel fins)	360℃(680°F)
Extruded fins	300℃(570°F)
Footed fins(single L) and overlap footed fins(double L)	130℃(270°F)
Knurled footed fin, either single L or double L	200℃(390°F)
Externally Bonded(-welded or brazed fins)	> 400℃(750°F)

■ Except where stated otherwise, the above limits are based on a carbon steel core tube and aluminium fins ; different materials for the core tube and/or the fins may result in a different temperature limit and the manufacturer shall be consulted.

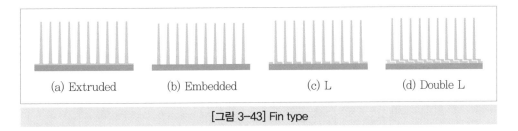

   (a) Extruded   (b) Embedded   (c) L   (d) Double L

[그림 3-43] Fin type

(4) Header Box

Header는 유체를 각 Tube로 공급하는 역할을 하는 것으로 출입구 Nozzle과 기타 다른 연결구를 가지고 있으며 내부에는 Pass 수에 따라 여러 개의 Pass Partition Plate를 가진다. Header의 형태는 Removable Cover Plate Type, Removable Bonnet Type, Plug Type 등으로 나눌 수 있으며 각각의 특징은 아래와 같다.

① Cover Plate Type : 이 형태는 배관의 연결을 분리하지 않고도 Flat Cover Plate를 분리할 수 있는 구조이고, 오염물이나 발생하는 Fouling을 제거하기 쉽기 때문에 큰 오염계수(Fouling Factor)를 가진 경우에 주로 사용한다. Plug Type보다는 압력이 높을수록 고가이다.

② Bonnet Type : 이 형태는 Tubesheet에 Bonnet을 Bolting으로 결합한 구조로, 가격은 저렴하지만 청소 시 인접 배관의 연결을 분리하여야 하는 단점이 있다. 오염계수가 작은 경우에 사용한다.

③ Plug Type : 이 형태는 가장 널리 사용되고 있는 구조로서 오염 정도가 작은 경우 사용하며 가격은 상대적으로 저렴하다.

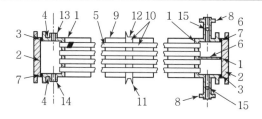

(a) Removable Cover Plate Header

1. Tube Sheet
2. Cover Plate
3. Bonnet
4. Top and Tottom Plates
5. Tube
6. Pass Partition
7. Gasket
8. Nozzle
9. Side Frame
10. Tube Spacer
11. Tube Support Cross-member

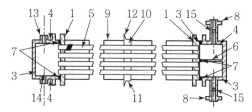

(b) Removable Bonnet Header

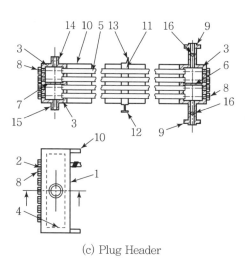

(c) Plug Header

1. Tube Sheet
2. Plug Sheet
3. Top and Bottom Plates
4. End Plate
5. Gasket
6. Pass Partition
7. Stiffener
8. Plug
9. Nozzle
10. Side Frame
11. Tube Spacer
12. Tube Support Cross member
13. Tube Keeper
14. Vent
15. Drain
16. Instrument Connection

[그림 3-44] Header Box 상세

6. Plate Heat Exchanger

Plate 열교환기는 그림과 같이 2개의 사각 Head Plate 중 하나는 고정되고 다른 하나는 이동이 가능하도록 되어 있다. 중간에는 얇고 주름진(Corrugated) 여러 장의 전열판(Plate)이 겹쳐져 있으며 Plate와 Plate 사이에는 가열(加熱) 유체와 수열(受熱) 유체가 교대로 흐르도록 되어 있다.

이 유체의 누수를 방지하기 위해서 Plate 주변으로 Gasket을 넣은 다음 Clamp로 밀착시킨 것으로 두 유체가 이 Plate를 통하여 열을 전달하는 장치이다.

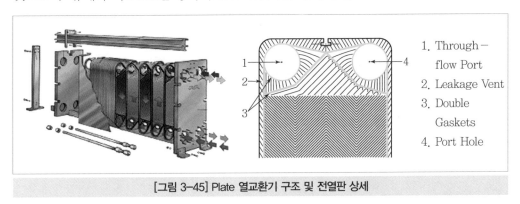

1. Through-flow Port
2. Leakage Vent
3. Double Gaskets
4. Port Hole

[그림 3-45] Plate 열교환기 구조 및 전열판 상세

Plate 열교환기가 적용될 수 있는 경우는 작은 온도차에서도 높은 전열효율이 요구될 때, 유체나 공정 특성상 비교적 비싼 재질이 요구되는 경우, 경량이며 작은 공간에 설치가 요구될 때 등이다.

전열판의 주름이 아주 낮은 Reynold No.에서도 난류를 유도하기 때문에 Shell and Tube 열교환기보다 두 유체의 열전달 계수가 크고 상대적으로 높은 속도로 유체가 흐르므로 오염계수를 줄일 수 있는 장점이 있다. 이 밖에 Plate 열교환기는 용량면에서 최초 설계된 Frame에 Plate 본수를 늘려서 용량을 확대할 수 있다.

7. 저장탱크(Storage Tank)

액체를 저장하는 여러 장치기기 중 지반에 지지되고 밑판이 평평하며 얇은 두께로 만들어진 직립원통형의 액체저장탱크는 저장액체에 의한 내압을 지지하는 데 매우 효과적이기 때문에 석유화학, 정유, 가스, 산업설비, 환경, 발전 등 다양한 플랜트 분야에서 널리 사용되고 있다. 최근 플랜트 규모가 대형화되고, 고강도 강재의 개발에 힘입어 저장탱크의 용량 및 크기도 점차 대형화 추세를 보이고 있다.

저장탱크는 현장에서 제작 · 설치가 이루어지는 특수성을 고려할 때, 설계 초기단계에서 설계 규준 및 사양을 정확하게 반영하지 못하면 공사 중 물량이 많이 증가하게 되고, 이러한 물량의 증가는 자재비뿐만 아니라 Shop에서의 Pre-fabrication 물량, 현장까지의 운송비용, 현장 제작에 투입되는 Manpower 및 현장 Erection 장비 등에 영향을 미치게 되어 결국 프로젝트의 공기 지연 및 추가 공사비 부담을 초래할 수 있다. 따라서 설계 초기에서부터 시공성(Constructability), 설계규준 및 설계사양 등을 고려한 최적의 설계가 이루어 져야 하며, 특히 대규모 Tank Farm Project의 경우에는 최적의 물량산출이 Project의 성패를 좌우하는 주요 인자가 된다.

* Dome Roof Tank 전경 (왼쪽 상단)
* Floating Roof Tank 전경 (왼쪽 하단)
* 측판의 용접작업(가운데)
* Truss 제작(오른쪽 상단)
* Floating Roof 제작 (오른쪽 하단)

[그림 3-46] 저장탱크

(1) 저장탱크의 종류

저장탱크는 지붕(Roof)의 형상 및 지붕을 받치고 있는 구조물의 형태에 따라 다음과 같이 여러 가지 형태로 구분할 수 있다. 일반적으로 사업주로부터 정해진 사항 혹은 Datasheet의 명시사항을 따른다.

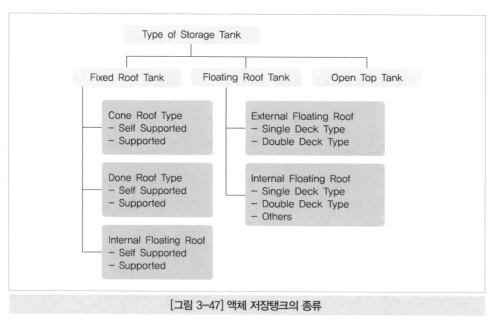

[그림 3-47] 액체 저장탱크의 종류

1) Fixed Roof Type

Fixed Roof Type은 Tank의 상단 Shell에 Roof가 고정되어 있는 형태의 구조를 가지고, Roof의 형상에 따라 Cone Roof Tank(CRT) 및 Dome Roof Tank(DRT)로 구분할 수 있으며, Roof Plate를 지지하는 구조물 여부에 따라 Self Supporting Type 및 Supported Type으로 나눌 수 있다.

① Self Supported Roof

지붕판(Roof Plate) 자체 강도 및 강성만으로 지붕에 작용하는 설계하중(Live Load, Dead Load, Snow Load, Vacuum Load 등)을 지지하는 구조로 Self Supported Cone Roof 및 Self Supported Dome Roof Type이 있다. Tank의 직경이 작은 경우에 적용이 가능하다.

② Supported Roof

Tank의 직경이 큰 경우에는 Roof Plate만으로는 지붕에 작용하는 설계하중을 견딜 수 있도록 설계하는 것이 불가능하다. 이 경우에는 Roof Plate를 지지할 수 있도록 Tank 내부에 별도의 Supporting Structure를 설치하여야 하며, 일반적으로 적용되는 Support Type은 아래와 같다.

㉠ Rafter Supported Type

Column 없이 Rafter로만 지지되는 Cone Roof, Dome Roof로서 흔히 Internal Rafter의 형식을 사용하나, 부식성이 큰 내용물을 저장하는 경우에는 External Rafter로 설계할 수도 있다.

㉡ Trussed Roof

직경이 큰 탱크 내부에 Support Column 없이 Roof를 지지해야 할 경우 이 형태의 지지 구조를 사용하며, 직경 15m 이상에서부터 60m까지 적용 가능하다. 구조는 다음 그림과 같다.

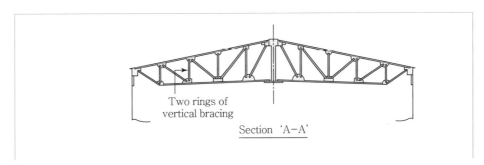

Section 'A-A'

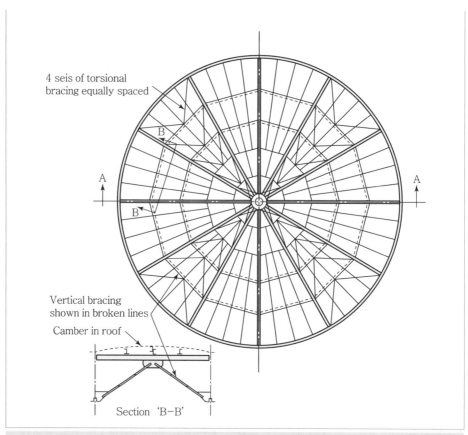

4 seis of torsional
bracing equally spaced

B

A — A

B

Vertical bracing
shown in broken lines

Camber in roof

Section 'B-B'

[그림 3-48] Truss Roof Structure의 구조 예

이 형태는 Tank의 직경에 따라 Bay의 수량, Truss의 배열 및 주요 치수가 달라질 수 있으며, 설계 시 다음 사항이 검토되어야 한다.

- Purlin/Rafter의 강도 및 처짐
- Truss의 좌굴 강도
- Truss 상현재의 압축 및 굽힘
- Truss 하현재와 저장액체의 접촉 여부

ⓒ Rafter, Girder and Column Supported Type

Column에 의해 지지되는 다각형 모양의 Girder에 Rafter를 배열하여 Roof를 지지하는 구조로 대략 직경 10m 이상에서부터 80m 이상까지 고정지붕형 탱크의 경우는 이 형태의 지지가 일반적이며, 구조는 다음 그림과 같다.

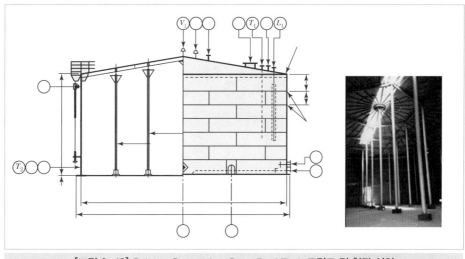

[그림 3-49] Column Supporting Cone Roof Tank 조립도 및 현장 설치

이 형태는 Column의 위치 및 배열 형태에 따라 다양한 설계가 가능하며, 설계 시 다음의 사항이 검토되어야 한다.

- Rafter 간의 간격
- Appendix R에 의한 설계하중 조합
- Rafter/Girder/Column의 세장비
- Rafter/Girder의 횡좌굴, 강도 및 처짐
- Column의 좌굴
- 강도 및 처짐 계산 시 부식여유

2) Floating Roof Type

Floating Roof Tank는 Roof가 Tank의 내용물 위에 떠 있는 형태의 구조를 가지며, Open Top Tank에 Floating Roof가 설치된 External Floating Roof Tank(EFRT) 및 Fixed Roof Tank 내부에 Floating Roof가 설치된 Internal Floating Roof Tank(IFRT)로 나눌 수 있다.

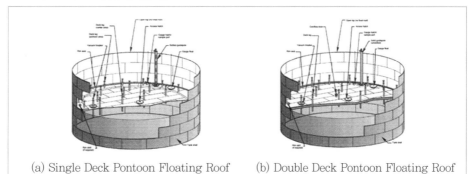

(a) Single Deck Pontoon Floating Roof   (b) Double Deck Pontoon Floating Roof

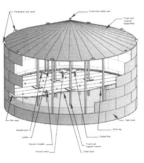
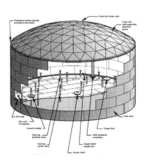

(c) Internal Floating Roof Tank
with internal Column

(d) Internal Floating Roof Tank
without internal Column

[그림 3-50] External/Internal Floating Roof Tank의 구성 개념도

① External Floating Roof

형상 및 구조에 따라 아래와 같은 형태의 Floating Roof가 설치될 수 있다.

㉠ Single Deck Pontoon Floating Roof

Roof 주변으로 부력을 유지할 수 있는 Pontoon이 설치되어 있고, 중앙에는
Plate를 이용하여 Deck가 설치되어 있는 구조이다.

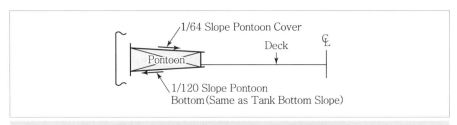

[그림 3-51] Single Deck Pontoon Floating Roof

㉡ Double Deck Pontoon Floating Roof

Single Deck와는 달리, Roof의 중앙부에 Deck를 2단으로 설치를 하여 강성을
증가시킨 구조이다.

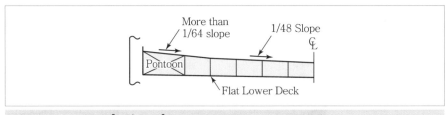

[그림 3-52] Double Deck Pontoon Floating Roof

② Internal Floating Roof

Fixed Roof Tank 안에 아래와 같은 구조를 갖는 Internal Floating Roof가 설치
될 수 있다.

- Metallic Pan Roof
- Metallic Bulkheaded Roof w/Open-Top Bulkhead
- Metallic Bulkheaded Roof w/Closed Pontoon
- Metallic Double-Deck Roof
- Metallic Roofs On Floats, Which Have Their Deck Above The Liquid
- Metallic Sandwich-Panel Roofs
- Plastic Sandwich-Panel Roofs

(2) 저장탱크의 설계

저장탱크는 다양한 설계규준(Design Code), 설계사양(Design Specification)과 제작사의 Engineering Practice가 적용되어야 하는 등 상세 설계에 많은 기술력이 필요하다.

1) 설계규준

저장탱크의 설계 및 제작, 검사에 적용되는 규준은 설계조건에 따라 API 650 또는 API 620 Standard에 의하며, API 650 및 API 620의 적용기준 및 Tank 각 부분별로 적용되는 Standard 또는 Code의 내용은 아래의 표와 같다.

| 표 3-27 | 액체 저장탱크 적용 설계규준

Design Part	Applicable Design Code	
Code	API 650 Code	API 620 Code
Design Pressure	0~2.5psi	2.5~15psi
Design Temperature	Up to 90 deg.C 90 deg.C~260 deg.C(App. M)	-167 deg. C~(App. Q) -51 deg.C~4 deg.C(App. R)
Shell	One-Foot Method Variable Design Method App. M for Elevated Temperature App. S for Stainless Steel	API 620 Appendix Q Appendix R Appendix S for Stainless Steel
Roof Plate & Top Angle -Unsupporting Cone/Dome -Supporting Cone/Dome	API 650/API 620	API 620
Roof Structure -Rafter/Column Supporting -Truss Supporting	AISC ASD Method and API 650 AISC ASD Method and API 650	AISC ASD and API 620 AISC ASD and API 620
Bottom and Annular	API 650	API 620
Wind Stiffener Design	API 650	API 620

Floating Roof -Sing Deck Pontoon -Double Deck Type -Center Pontoon Type	App. C in API 650 and Engineering Practice	Not Applicable
Wind Design	UBC 1997 ASCE 7-88/92/95/97/02/05 Shell DEP Specification	
Seismic Design	UBC 1997(up to API 650 10thEd.Addendum[3]) ASCE 7-02(from API 650 10thEd.Addendum[4])	
Anchor Bolt & Anchor Chair Design	API 650 and AISI E-1, Volume II, Part VII	
Venting Capacity	API 2000	

2) Tank 부분별 상세 설계

① Shell Design(측판 설계)

㉠ API 650에서 Tank Shell의 설계방법으로 One-Foot Method 및 Variable Design Point Method가 있으며, One-Foot Method는 Tank Diameter를 61m 미만까지 적용 가능하고, Variable Design Point Method는 Tank Shell 의 두께를 얇게 설계할 수 있는 장점이 있다. One-Foot Method에 의한 Shell 두께 계산 방법은 뒷장을 참고한다.

㉡ One-Foot Method는 Tank Shell 각 단(Course)의 하단부에서 1ft(0.3m) 위의 지점에서 작용하는 설계수두압(Design Pressure+Liquid Static Head)에 의한 강도 검토를 하여 두께를 결정하게 된다. 강도 검토는 설계 조건 및 충수시험(Hydrostatic Test) 조건에 대해 모두 수행을 하며, Shell plate의 사용 두께는 두 조건 중 큰 계산 두께값 이상을 사용하여야 한다.

㉢ 특히, 내부 설계압력이 있는 경우는 아래 표와 같이 설계압력에 의한 Uplift 하중과 설계된 Roof 및 Shell의 중량을 비교하여 충수수압시험 압력 및 시험액위(Test Liquid Level)를 결정하고, 이 충수시험 조건으로 측판 두께를 재검토해야 한다.

| 표 3-28 | Uplift 하중과 수압시험 조건

구분	Uplift 하중 < Roof 중량	Uplift 하중 < Roof 중량 +Shell 중량	Uplift 하중 > Roof 중량 +Shell 중량
Applicable Code	API 650 Para 7.3.5 for Testing of the Shell API 650 Para 7.3.7 for Testing of the Roof	Tank without Anchor Bolt (API 650 Appendix F.4.4)	Tank with Anchor Bolt (API 650 Appendix F.7.6)

	다음 중 택일 • Maximum Design Liquid Level • Roof to Shell Junction(Top Angle)+ 50mm, for Gas – Tight Tank • Overflow Nozzle 위치, Internal Floating Roof, Freeboard 등을 고려한 높이	다음 중 택일 • Design Liquid Height • Top Angle	Design Liquid Height
Test Liquid Level Height			
Test Pressure	적용하지 않음	Design Pressure까지 압력을 가한 후(Holding Time 15Min) 0.5× Design Pressure까지 감압함	1.25×Design Pressure까 지 압력을 가함

저장탱크의 여유고(Freeboard)는 내진설계(Appendix E) 조건에 따라 재검토하며, 필요에 따라 측판두께 또는 저장탱크의 높이가 재조정되는 반복계산을 수행한다.

📝 One Foot Method 수식 및 계산 예

1. API 650의 탄소강으로 제작된 저장탱크의 One – Foot Method는 아래와 같은 계산식으로 Shell의 각 단(Course)에 대한 강도 검토 후 두께가 결정된다.

> Design Shell Thickness : $T_d = 4.9D(H-0.3)G/S_d + C.A$
> Hydrostatic Test Shell Thickness : $T_t = 4.9D(H-0.3)/S_t$

여기서, T_d : Design Shell Thickness(mm)
T_t : Hydrostatic Test Shell Thickness(mm)
D : Nominal Tank Diameter(m)
H : Design Liquid Level(m)
G : Design Specific Gravity of The Liquid Stored
$C.A$: Corrosion Allowance(mm)
S_d : Allowable Stress for The Design Condition(MPa)
S_t : Allowable Stress for The Hydrostatic Test Condition(MPa)

2. 여기서, 재료의 허용응력(S_d, S_t)은 API 650에 따르며, 설계조건에서는 항복강도(Yielding Stress)의 2/3 및 인장강도(Tensile Strength)의 2/5 중 작은 값을 사용하고, 충수시험 조건에서는 항복강도(Yielding Stress)의 3/4 및 인장강도(Tensile Strength)의 3/7 중 작은 값을 사용한다.

3. 탄소강의 경우 설계온도가 93℃를 초과하는 경우에는 API 650 Appendix M의 규정에 따라 허용응력 값을 재료의 항복응력 값에 따라 일정 부분 작은 값으로 보정하여 사용하여야 하며, 설계온도 260℃까지 설계가 가능하다.

4. 오스테나이트 스테인리스스틸강으로 제작된 Tank의 경우는 API 650 Appendix S에 따라 설계를 하며, 강도 설계수식에 용접이음 효율이 추가로 고려되고, 허용응력에 대한 기준도 또한 항복강도(Yielding Stress)의 90% 및 인장강도(Tensile Strength)의 30%를 사용하는 등 앞서 설명된 내용과는 일부 상이한 부분이 있으니 설계 시 유념하여야 한다.

5. 참고로 Tank Diameter 39m 높이 27.7m Tank에 대해 각 Shell Course별 계산 예제는 아래와 같다. 아래의 계산 예에서와 같이 측판(Shell)의 아랫단에서 윗단부로 갈수록 계산두께가 얇아지고, 이에 따라 사용하는 두께도 얇아지는 것을 확인할 수 있는데 이는 각 단에 작용하는 수두압이 다르기 때문이다. 만일 측판의 Plate 폭이 변경되면 Tank 최상단에서부터 각 단에 작용하는 수두압도 같이 변경되므로 계산두께 및 사용두께의 변경 가능성에 주의해야 한다.

| 표 3-29 | Tank Height별 두께 계산

구분	Width(mm)	Height(mm)	t.design(mm)	t.hydro.(mm)	t.min(mm)	tsc.(mm)
1	2,440	20,700	27.30	21.60	27.30	28
2	2,440	18,260	24.40	19.02	24.40	25
3	2,440	15,820	21.49	16.43	21.49	22
4	2,440	13,380	18.58	13.85	18.58	19
5	2,440	10,940	15.67	11.26	15.67	16
6	2,440	8,500	12.77	8.68	12.77	13
7	2,020	6,060	9.86	6.10	11	11
8	2,020	4,040	7.45	3.96	11	11
9	2,020	2,020	5.04	1.82	11	11

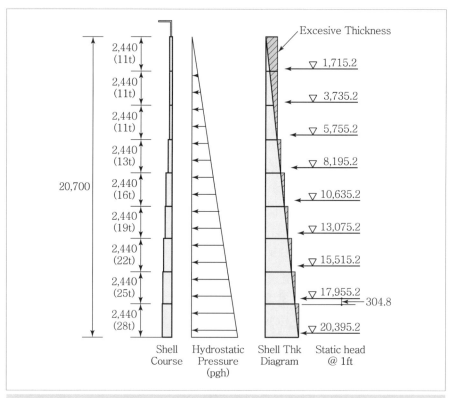

[그림 3-53] Tank Shell Course에 작용하는 Static Head 및 1-Foot Method 개념도

② Bottom Plate 및 Annular Plate Design

Bottom Plate는 여러 장의 Plate를 Fillet 용접을 통하여 연결하는 구조로 되어 있으며, 단순한 Liquid Tight Membrane의 기능을 하는 것으로 별도의 강도검토를 수행하지 않고 부식 여유를 고려한 최소 요구두께(Minimum Required Thickness) 이상을 사용하면 된다.

Annular Plate는 Tank의 Shell이 놓이는 부분으로 국부적으로 큰 하중이 작용하고, 풍압이나 지진에 의한 전도 모멘트(Overturning Moment)에 견뎌야 하므로 Annular Plate 두께와 폭은 강도검토를 통해 결정되어야 한다. 일반적인 구조는 아래 그림과 같다.

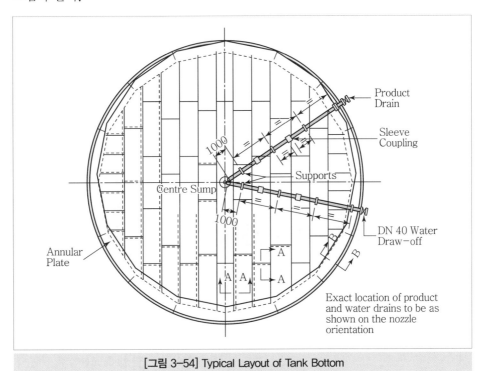

[그림 3-54] Typical Layout of Tank Bottom

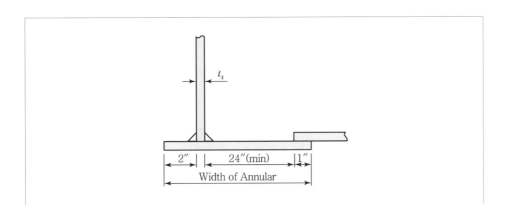

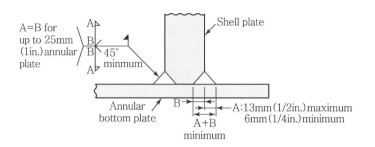

Notes :
1. A=Fillet weld size limited to 13mm(1/2 in.) maximum.
2. A+B=Thinner of shell or annular bottom plate thickness.
3. Groove weld B may exceed fillet size A only when annular plate is thicket than 25mm(1in.).

[그림 3-55] Tank Bottom Plate Layout 및 Annular Plate의 상세

③ Wind Girder Design

Wind Girder는 바람에 의해 Tank의 Shell에 좌굴(Buckling)이 발생하는 것을 방지해 주기 위한 목적으로 설치된다.

[그림 3-56] Tank Damaged by Wind and Internal Vacuum Pressure

API 650에서 규정하고 있는 Wind Girder는 아래의 형상과 같이 형강이나 절곡된 Plate를 사용하는 것으로 Tank Shell의 중간 및 최상부에 용접작업으로 설치된다.

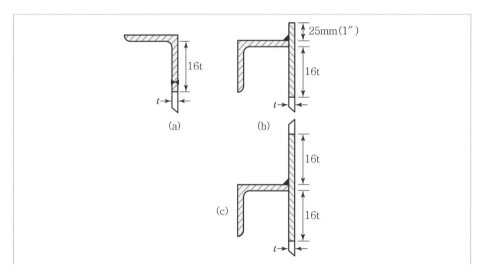

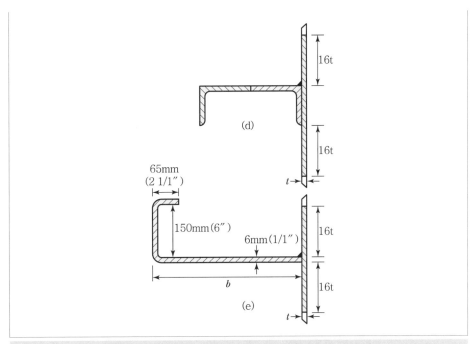

[그림 3-57] Typical Stiffening Ring Sections for Tank Shell

Wind Girder 설계 시 고려사항에는 Wind Girder의 필요 유무, Stiffener Ring의 설치 개수, 설치위치 및 API 650에 따른 Stiffener Ring의 Size 설계 여부 등이 있다.

④ Roof to Shell Joint(Top Angle 및 Compression Ring) Design

Tank의 Shell 및 Roof를 연결하는 부분을 Top Angle 또는 Compression Ring이라 한다. 이 부분은 아래 그림과 같이 탱크 Shell 내부 및 Roof 하부에 작용하는 압력에 의해 Roof to Shell Junction 부분에 압축하중이 발생하게 된다. 따라서 이 부분은 좌굴에 의한 파손을 방지하기 위해, 발생하는 압축하중에 충분히 견딜 수 있을 만큼 큰 단면을 갖도록 설계하여야 한다.

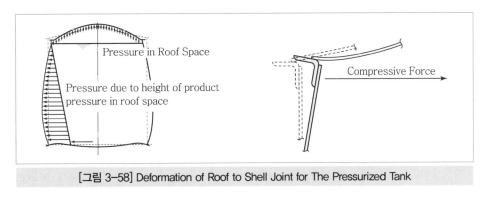

[그림 3-58] Deformation of Roof to Shell Joint for The Pressurized Tank

API 650 Standard에서 규정하고 있는 Roof to Shell Junction은 아래 그림과 같이 여러 가지의 형태로 설계가 가능하여, 내압(Internal Pressure)이 있는 Tank의 경우는 빗금으로 표시된 부분의 Area가 Code에서 요구하는 최소 Compression Area 이상이 되도록 부재의 크기를 결정하여야 한다.

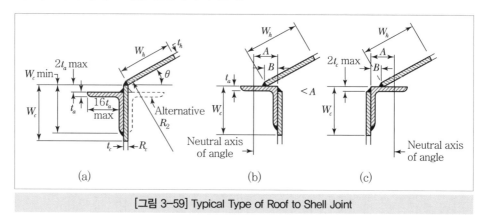

[그림 3-59] Typical Type of Roof to Shell Joint

⑤ Anchorage Design

　㉠ 바람에 의한 하중 및 지진에 의한 하중으로 Tank가 전도(Overturning)되는 것을 방지하기 위해 Anchor Bolt를 설치하여야 한다. 아울러 내압이 큰 탱크의 경우는 압력으로 인해 바닥판이 들리는 현상(Uplift)을 방지하기 위해 Anchor Bolt를 설치해야 한다.

　㉡ Wind에 의한 하중 시에는 탱크의 Shell에 작용하는 하중 및 Tank Roof에 작용하는 Uplift 하중을 고려하여 저장탱크가 밀리거나(Sliding), Overturning Moment 되는지 검토를 수행하여야 하며, 검토 결과에 따라 Anchor Bolt의 필요 유무 및 Anchor Bolt의 크기 및 수량을 결정하여야 한다.

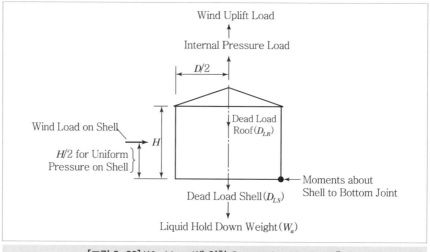

[그림 3-60] Wind Load에 의한 Overturning Moment 예

ⓒ 아울러 Anchoring을 하기 위해 설치되는 Anchor Chair에 대한 강도 검토 및 Anchor Chair가 부착되는 Shell 하단 주변의 국부 응력도 AISI E−1에 따라 검토되어야 한다.

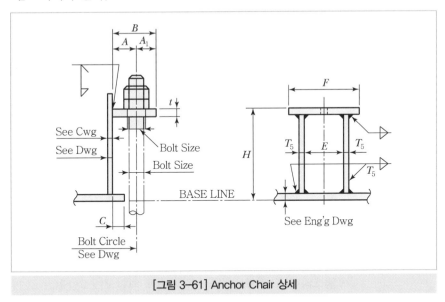

[그림 3−61] Anchor Chair 상세

⑥ Seismic Design

지진에 의한 저장탱크의 피해사례는 아래의 그림과 같이 다양한 파괴모드가 관찰되고 있고, 이러한 파괴모드는 내진 설계 측면에서 주요한 검토사항이다.

(f)　　　　　　　　　　(g)　　　　　　　　　　(h)

[그림 3-62] 저장탱크 피해 사례

㉠ 설계 시 지진의 파괴모드별 반영사항
- 전도모멘트에 의한 측판하단의 수직압축응력에 의한 좌굴 검토(그림 a, b)
- 내부 유체의 출렁임(Sloshing)에 의한 내부유체의 Overflow 검토(그림 c)
- 내부 유체의 출렁임(Sloshing)에 의해 탱크 측판에 가해지는 Impulsive 및 Convective Force에 의한 Hoop Stress 검토(그림 d, e)
- 탱크의 전도 검토 및 밑면 전단력에 의한 기초의 Sliding 검토(그림 f, g)
- 미정착 탱크(Unanchored Tank)의 수직 방향 변위(Uplift) 검토(그림 h)

저장탱크가 지진하중을 받을 때, 저장액체의 진동운동은 두 가지의 형태(Mode)로 나뉜다. 첫째, Impulsive Mode로 정의되는데 탱크 구조물의 운동과 조화되게 움직이는 액체의 관성 및 반작용에 의한 운동이다. 둘째, Convective mode로, 탱크 내부 내용물의 출렁임(요동, Sloshing)에 의한 운동이다.

💬 API 650 Appendix E에서 두 가지 Mode에 의해 발생하는 Tank Base에서의 전단력 및 전도 모멘트

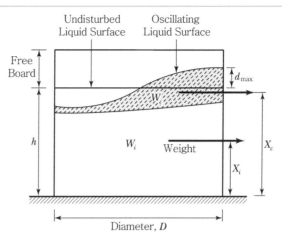

1. Force
   $F = A \times$ Effective Weight

2. Base Shear Force
   $V = \sqrt{V_i^2 + V_c^2}$
   $V_i = A_i(W_s + W_r + W_f + W_i)$
   $V_c = A_C W_c$

3. Overturning Moment
   $M_{rw} = \sqrt{[A_i(W_iX_i + W_sX_s + W_rX_r)]^2 + [A_c(W_cX_c)]^2}$
   $M_s = \sqrt{[A_i(W_iX_{is} + W_sX_s + W_rX_r)]^2 + [A_c(W_cX_{cs})]^2}$

[그림 3-63] Base Shear and Overturning Moment Caused by Seismic

ⓛ 그 밖에 설계 시 지진의 영향에 따른 고려사항
  • Annular Plate 폭 검토
  • Local Shear Stress at Shell to Bottom Joint
  • Sliding 검토

⑦ Floating Roof Design
  ㉠ API 650에서 FRT(Floating Roof Tank)의 설계조건
    ⓐ Roof의 부력검토 시 Tank 내용물의 비중은 최대 0.7을 적용한다.
    ⓑ Roof Drain System이 고장이 날 경우를 가정하여, 빗물이 Roof 위에 250mm(10 inch) 쌓여 있을 경우에도 Roof는 충분한 부력을 유지해야 한다.(External Floating Roof의 경우)

ⓒ Internal Floating Roof 및 그 부속물의 자중의 합에 2배의 하중에도 충분한 부력을 유지해야 한다.(Internal Floating Roof의 경우)

ⓓ 인접해 있는 두 개의 Pontoon Compartment가 파손되어도 충분한 부력을 유지해야 한다.

ⓛ Floating Roof의 부양능력을 평가하기 위해서는 Pontoon과 Deck 부분 및 Roof에 설치되는 부속물(Rolling Ladder, Sealing System, Roof Drain System, Roof Manhole)의 정확한 중량 예측이 필요하다. 주어진 설계조건에서도 충분한 부양능력을 유지하고, Pontoon은 좌굴을 방지할 수 있는 강도가 유지되는지를 검토하며, 만족하지 못하는 경우에는 설계자가 설계변수인 Pontoon의 폭이나 부재의 Size를 변경하여 설계조건을 맞출 수 있도록 설계하여야 한다.

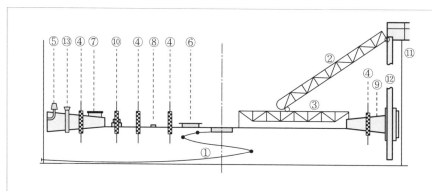

Elevation

1. Roof Drain
2. Rolling Ladder
3. Ladder Runway
4. Support Legs
5. Rim Vent
6. Deck Manhole
7. Pontoon Manhole
8. Drain Plug
9. Foam Dam
10. Auto Bleeder Vent
11. Auto Level Indicator
12. Roof Guide Pole & Manual Dipping Tube
13. Sample Hatch

[그림 3-64] Typical List of External Floating Roof Fittings

ⓒ 그 밖에 Floating Roof Tank 설계 시 고려사항
- Pontoon의 부양능력 검토(Under 10inch Rainfall Case)
- Pontoon의 부양능력 검토(Two Pontoons Puncture Case)
- Pontoon의 Stability 검토(Under 10inch Rainfall Case)
- Deck Post/Pin 강도 검토
- Roof Drain System Size 검토
- Automatic Bleeder Vent/Rim Vent Size 검토
- Stem System의 검토

플랜트 배관 설계 및 Plant Layout

1 배관 설계

- 배관 설계의 사전적 의미
  - Pipe를 배치한다는 의미
  - 실제로는 "정해진 기기와 기기를 연결하는 작업"을 의미
- 배관 설계의 실제
  - 일정한 Rule이나 지침보다는 Case by Case로 수행되는 경우가 많음
  - 대단히 복잡하고 다양한 과정을 거침
- 배관 설계의 실존적 의미
  - 일정 Process를 가지는 Plant 설계 시 가장 기초 도면인 공장 배치도 작성(Plot Plan)
  - 연관된 타 부문과의 실질적 종합 조정자(Coordinator) 역할
  - 배관 설계에 의해 해당 Plant의 경제성, 조작성, 미관성, 공사 용이성이 좌우됨

1. 배관 설계 업무분장

(1) Design Part
① Project의 전반적인 배관 설계 업무 총괄
② 도면 등의 Product 생산
③ Lead Engineer가 소속됨

(2) Material Part
① Material Specification 작성 및 Material Selection
② Material Requisition 작성 및 Technical Evaluation

(3) Stress Part
① Thermal Stress Analysis 및 그에 따른 Support 선정
② Expansion Joint 선정

(4) F/F & HVAC Part
① 소방 Concept 및 소방 설비 설계
② Building의 공기 조화 설계 업무

2. 배관 설계 업무 흐름도

(1) 전반적인 배관 설계 업무 흐름을 표시
(2) 각 Product를 생산하는 데 필요한 Input 자료 표시
(3) 각 Product를 생산 후 그에 따른 발생 Inform 등의 Output 자료 표시
(4) 전반적인 Project 흐름과 일치시킴

3. 주요 배관 도면의 종류

(1) Plot Plan
　　① 전체 Plant의 Layout을 확인할 수 있는 개괄적인 도면
　　② 전체 부문의 Detail Design의 밑바탕이 되는 도면

(2) Equipment Arrangement Drawing
　　① Plot Plan을 Unit별로 분리하여 좀 더 자세히 표현
　　② 구체적인 철골, 건물, Equipment Location, Name 등의 Detail 표현

(3) Piping Routing Study
　　주요 배관의 실제 Routing을 위한 Study 도면(정식 제출 도면은 아님)

(4) Piping Arrangement Drawing(Piping Plan)
　　모든 배관 및 기기의 Plan View Drawing

(5) Piping Isometric Drawing
　　① 모든 배관을 Line별로 Isometric View로 표현한 도면
　　② 시공의 기초가 되는 도면
　　③ Final 자재 산출에 기본이 되는 도면

4. Plot Plan Drawing

(1) Input
　　1) ITB(Introduction to Bidder : 입찰 초청서)
　　2) BEDD(Basic Engineering Design Data)
　　3) Owner Requirement
　　4) 사업수행 계획서

(2) Output

    1) Plot Plan

    2) Plot Plan Review Meeting 회의록

참고   Preliminary Plot Plan 작성

       Plot Plan Review Meeting ⇨ 모든 관련자 참석

5. Equipment Arrangement Drawing

(1) Input

    1) P&ID, PFD

    2) Site Preparation Inform

    3) Equipment Data Sheet

    4) Equipment List

    5) Area Classification

    6) Central Control Room, Sub−Station Inform

    7) Stress Report

    8) Regulation

(2) Output

    1) Equipment Arrangement Drawing

    2) Comment for Drawing

6. Piping Routing Study Drawing

(1) Input

    1) P&ID, PFD

    2) Engineering Drawing

    3) Equipment Data Sheet

    4) Equipment List

    5) Line Index

    6) Fire Fighting Conceptual Drawing

    7) Vendor Print

    8) Stress Report

    9) Cable Layout

(2) Output

1) Nozzle Inform

2) Support Clip Inform

3) Steel Structure Inform

4) Drip Funnel Inform

5) U/G Piping Inform

6) Loading Data

7) 1st B/M

7. Piping Arrangement Drawing

(1) Input

1) P&ID, PFD

2) Engineering Drawing

3) Equipment Data Sheet

4) Building & Structure Drawing

5) Line Index

6) Vendor Print

7) Stress Report

8) Cable Layout

(2) Output

1) All Inform Up−Dating

2) Piping Isometric Drawing

3) Opening Hole Inform

4) 2nd B/M

8. Piping Isometric Drawing

(1) Input

1) P&ID, PFD(AFC)

2) Engineering Drawing

3) Equipment Data Sheet

4) Line Index

5) Vendor Print

6) Stress Report

7) In-line Instrument Vendor Print

(2) Output

1) Electrical Tracing Isometric Drawing Inform

2) Final B/M

9. Miscellaneous Drawings

(1) Geometric Drawing

Stress Analysis 대상 배관의 응력 해석을 위한 도면

(2) Hook-Up Drawing

Typical하게 적용할 수 있는 내용에 대한 도면 : Install Guide

(3) Steam Tracing Drawing

Heat Conservation을 위해 Steam Tracing을 해야 하는 배관을 위한 도면

(4) Support Standard Drawing

배관의 Support를 위한 Standard Drawing

10. Line List

(1) P&ID에 표현된 Pipe Line에 고유한 번호를 부여

(2) 해당 Line의 모든 특성을 나타냄

(3) 표현 요소

① Line No.

② Fluid

③ From/To

④ Size

⑤ Piping Class

⑥ 유체 밀도

⑦ Line Condition(운전온도/압력, 설계온도/압력) : 공정 Engineer 협조

⑧ Test 유체 종류/압력

⑨ 보온/보랭

11. Information Drawing

    (1) Steel Structure Inform(To 건축)

    (2) Nozzle Orientation Inform(To 장치)

    (3) Equipment Clip Support Inform

    (4) U/G Conceptual Drawing(Commented Only)

    (5) Opening Hole Inform(Horizontal & Building)

    (6) Drain Funnel Location Inform

2 Plant Layout

1. 목적

Plant Layout 설계는 공장 산업 설비의 Engineering 단계에서 중요한 역할을 한다. 여기에서는 Plant Layout Designer의 역할과 책임 및 Project Data를 사용하는 방법에 대하여 설명한다. 또한 여러 단계의 설계 활동의 착수 시점과 배관 설계에 접근하는 기본적인 방법 및 배관 설계와 관련되는 기술 용어에 대하여 설명한다.

2. Plant Layout 설계

Plant Layout Design은 기본적으로 기기의 배치 및 각 설비를 연결하는 배관 설계 기술을 의미하며, 배관 설계 시 Plant 설비의 배치와 관계된 각종 문제의 해결능력과 상식적인 판단력을 갖추어 기술적인 능력을 발휘할 수 있는 기회를 갖게 된다. Process 설비들은 짧은 시간 내에 유지 보수, 안전, 품질규정에 적합한 Engineering이 이루어져야 하며 설계에는 시공성, 경제성 그리고 운전의 편리성이 고려되어야 한다. 이러한 목적을 달성하기 위한 도구들이 연필을 이용한 수작업으로부터 Computer Graphic으로 바뀌었다 해도 Plant Design의 책임과 역할은 변하지 않았다.

Plant Layout Designer는 Project 개념을 정하는 검토 단계에서 Layout에 관련된 각종 자료를 준비하고 정리해 나가야 한다. 이를 위해서 다음과 같은 역량이 뒷받침되어야 한다.

    (1) 기본상식 및 이론에 관한 설명 능력

    (2) 특정 Plant 설계에 관한 지식

    (3) 기기의 유지 보수 및 운전에 대한 일반적 이해

    (4) 주어진 시간 내에 시공성과 원가절감을 고려하여 안전하고 효율적인 Layout을 할 수 있는 능력

    (5) 창의적인 사고 능력

(6) 시장에서 구할 수 없는 부품의 적용을 피할 수 있는 충분한 경험

(7) 타 부서 설계의 기본적인 역할에 대한 이해 및 이들 부서들로부터의 설계자료를 활용할 수 있는 능력

(8) 불분명하거나 의심이 되는 자료를 명확히 해석하여 적용할 수 있는 능력

(9) Project를 위한 최선의 선택을 할 수 있도록 기여하는 대안 제시 능력

(10) 분명하고 간결한 문서를 작성할 수 있는 능력

(11) 외부로부터 문제가 제기될 때 자신의 설계를 방어할 수 있는 능력

3. Plant layout Interface

(1) Plant Layout Design은 Engineering 전 단계에서 관계를 가지고 일을 풀어 나가야 할 사람, 부서, 요소를 보여 주고 있다. Project의 Engineering Cost의 핵심요소가 될 Plot Plan, 기기의 배치, 배관 설계의 주요 활동은 Project 관리, 시공, Engineering 기타 지원부서의 핵심 관리 영역이 되고 있다.

(2) Layout의 결정은 종합적인 견지에서 행하지 않으면 안 된다. 따라서 담당자만으로 전반에 걸친 자료를 수집 · 분석 · 검토하는 것은 상당히 어려우므로 관계자의 협력이 필요하다.

① 같은 형의 Plant 경험자에게 정보수집

② 같은 환경(같은 고객, 같은 나라)의 경험자에게 정보수집

③ Process Engineer, Operator에게 정보수집

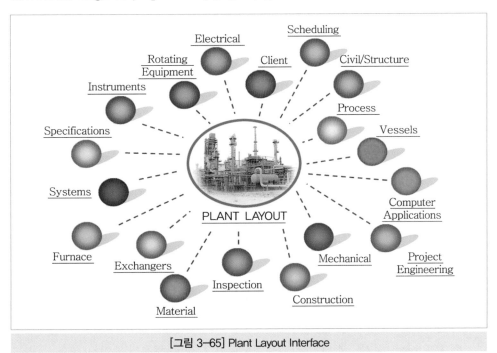

[그림 3-65] Plant Layout Interface

(4) 안전성, 경제성, 조작성의 3가지 기본이 Balance가 잘 고려되어 있어야 하는데, 지나칠 정도의 경제성 추구로 Operation 통로를 없애거나 기기의 Repair를 불가능하게 하거나 소음이 심한 것에 Silencer를 설치하지 않는다고 하는 것은 Balance가 맞지 않아 좋은 Layout라고 말할 수 없다.

4. 주요 내용

Plant Layout Design의 주요 내용은 초기의 개념적인 Process Unit 배치 및 기기의 배열과 이를 점차적으로 완성해 나가는 것을 포함한다. 이 과정에서 주요 지상 배관의 배열 및 지하 시설의 배치를 고려하며 기기의 배치에 따라 관련되는 구조물 및 부대설비의 배치를 포함하여야 한다. Plot Plan은 주요 Unit 및 해당 Unit 내의 기기의 배치와 이를 위한 구조물의 위치를 나타내게 된다. 제대로 설계된 공장 설비라 함은 Client가 요구한 사양, 법령의 구비 요건 그리고 Engineering 관행에 맞는 제반 요건을 갖춘 것을 말한다.

Plot Plan을 구상할 때 다음의 기능이 Plant Layout Design에 포함되어야 한다.
(1) 모든 기기의 위치 결정 : 기기 위치의 결정을 위해서는 대형 기기의 설치와 관련된 특별한 사항, 시공 순서 등을 고려하여 반영하여야 한다. 기기 위치 결정 시 Center Line, Tangent Line 또는 기기 Base Plate 기준 등 표시 방법은 선택의 문제지만 적어도 기기의 남북 좌표와 Elevation이 주어져야 한다.
(2) 구조물과 이에 부수되는 계단, 사다리 및 Platform의 설계 : 일반적으로 Designer는 기기의 운전, 유지 보수, 안전을 보장할 수 있도록 기기 접근 방법 및 공간 확보를 고려하여야 한다.
(3) 설비의 유지 보수를 위한 설비의 접근에 장애가 생기지 않는 공간을 확보하여야 한다.
(4) P&ID 및 Instrument의 요구사항을 만족시킬 수 있도록 기기 노즐의 위치를 확정하여야 한다.
(5) 소화 전 Monitor 및 Safety Shower 등 안전 설비의 위치를 선정한다.

이러한 역할 수행과정에서 비용을 발생시키는 작업을 없애고 일정 기간 내에 적정한 설계를 수행하기 위하여 프로젝트에 관여하고 있는 타 부서 설계자 및 시공 담당자와 긴밀한 관계를 유지하여야 한다.

5. Project Input Data

(1) Project를 수행하는 동안 방대한 양의 Input 자료가 있으나, 이러한 자료는 다음의 세 가지 종류로 크게 나누어진다.
　① Project 설계도서 : Client 또는 Project Team으로부터 주어진다.

② Vendor 자료 : 기기 및 특별한 Bulk Item이 이에 포함된다.

③ Project 내부에서 만들어진 Engineering 자료

(2) Project 설계도서에는 Plant의 위치 및 주변 도로, 철로, 수로 등 지리적인 자료와 해당 국가의 법령, 지형조건, 기후조건 등이 포함된다. Project 설계 자료는 부지가 기존 시설에 있는지, 신설부지에 있는지를 나타내며 이 자료는 Plot Plan을 정하는 데 일반적으로 필요하다.

(3) Preliminary Vendor 자료는 배관 Layout을 위해 필요하나 최종 제작 승인도면은 상세 설계 단계 이전에는 일반적으로 필요하지 않다.

(4) Project 내부에서 만들어진 Engineering 자료는 Design 조직 내의 지원 부서에서 제공한다. 이 자료는 Vendor 자료가 입수되면 Vendor 자료로 대체되며 Project 초기 단계에서 사용하기에 불편이 없다.

6. Project 설계 진행

Plant 설계는 일반적으로 Conceptual, Preliminary 또는 Study, 상세 설계의 3단계로 진행된다.

(1) 1단계 : Conceptual Design은 Sketch 등을 이용한 최소의 자료를 이용하여 Plot Plan 또는 배관 Layout 개념도가 작성될 때 행해진다.

(2) 2단계 : Preliminary 또는 Study 설계 단계에서는 확인되지 않은 자료를 이용하여 설계가 진행되며, 이 단계의 설계는 추후의 상세 설계 또는 기기 구매를 위하여 제작자의 확인용으로 사용된다.

(3) 3단계 : 상세설계에서는 구조물 등 관련 부서로부터 시공용으로 확정된 자료를 접수하여 사용되며 유체역학상의 문제가 해결되고 확정된 Vendor 자료를 이용하여 설계를 진행하게 된다.

최적의 Plant를 건설하기 위한 Plant Layout Design의 역할의 중요성은 Preliminary 또는 Study 단계에서 결정된다. 아래 그림에서 설명하고 있는 개념도는 단계별 역할의 연관 관계를 나타내며, 각 단계별로 타 부서로부터 접수해야 할 자료와 배관 Designer가 제공해야 할 자료를 나타내주고 있다.

Project 일정에 따라 이러한 단계별 시행은 여러 가지 사유로 불가피하게 생략할 수밖에 없는 변수를 안고 있지만 각 담당자의 효과적인 시간 활용을 위해서는 최적의 조건임을 설명하기 위하여 예시한 것이다.

Study 단계에서 Project가 성사되기도 하고 Cancel되기도 한다. 이러한 단계별 접근이 합리적이기는 하나 지나치게 단계별 적용을 고수하면 불필요한 노력의 반복 투입으로 상세설계 단계에서 회복 불능 상태를 초래하기도 한다.

Project 진행은 속도와 품질을 고려하여 일을 한번에 올바르게 시행하는 것이 이상적인 Project의 운용이라 하겠다.

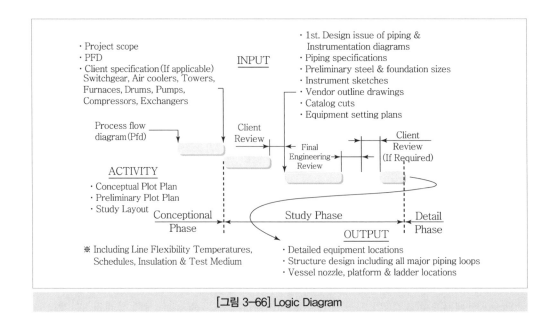

[그림 3-66] Logic Diagram

7. Plant Layout 시 고려사항

(1) 안전성

안전에는 Plant 내에 대한 것과 Plant 외에 대한 것이 있다.

1) Plant 내의 안전대책

① 도로, 조작용 통로의 확보(폭 및 높이)

② Ladder, 계단, Platform의 확보(구조 및 Size)

③ 각 장치, 기기 간의 적정 간격(Min. 이격 거리)

④ 방폭벽, 방유제의 설치(구조 및 Size)

⑤ 소방설비의 설치(위치 및 종류)

2) Plant 외의 안전대책

① 주거지 등에 대한 제한(폭발, 화재, 지진 등에 대한 Min. 거리)

② Plant 면적의 규제(면적률)

③ 소음 규제(음량 제한)

④ 배출 Gas 규제(성분 및 함량)

⑤ 배출액의 규제(성분 및 함량)

이상의 항목에 대한 수적 기준은 각종 법규에 의해 정해져 있다.

(2) 입지 및 기상

① 입지조건(고지대 또는 저지대, 사막, 해안 등)을 고려한다.

② 기상조건(온도, 강우량, 적설, 풍속 및 풍향, 지진 등)을 고려한다.

Plant Layout 및 건물 설계 시 지역의 기상조건을 고려하여야 한다.

아래 그림은 항풍(Prevailing Wind)을 고려한 Layout이다.

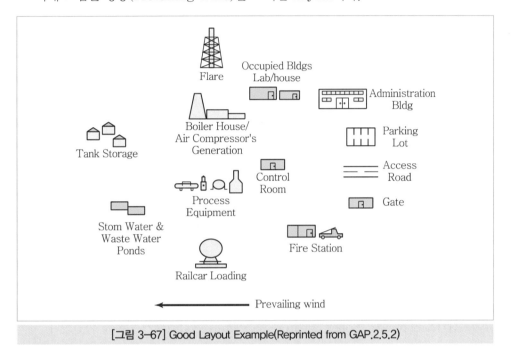

[그림 3-67] Good Layout Example(Reprinted from GAP.2.5.2)

(3) 공정(Process)

① 합리적이고 효율적인 Process가 되기 위한 Plot Plan을 구상한다.(초기에는 Process Flow Diagram(PFD)에 의하여 Preliminary Plot Plan을 구상)

② 원료의 반입과 제품의 반출이 Battery Limit 내·외부로 운반되는 방법 등을 고려한다.

③ 공성상 Equipment의 실치 높이 관계를 고려한다.(예 Gravity Flow)

④ Fluid 특성상 최소거리를 요하는 Equipment 간의 거리를 고려한다.(예 고형화)

⑤ 인접하여 있어야 할 Equipment는 어떤 것인지 파악하여 적절한 배치가 되도록 고려한다.

⑥ Continuous Flow Operation이나 Batch Operation에 따른 구상을 한다.

⑦ 온도와 압력이 가장 높은 곳이 어느 부분이고, 얼마나 높은지 파악하여 반영한다.

⑧ 인체에 해로운 유해 물질에 대한 대책을 고려한다.

⑨ 공해(폐수, 폐가스, 소음 등) 대책을 고려한다.

⑩ 발화물질 및 폭발물질이 있는 경우 이에 대한 대비책을 고려한다.(방폭벽, 방유제의 설치)

⑪ 특히, Flare Stack과 Cooling Tower의 경우 Wind Direction을 고려하여 Equipment 배치 등을 구상한다.

⑫ 근무인원 및 작업 빈도 등을 고려하여 Layout를 구상한다.

(4) 토목, 건축

① Plant 설치 시 부지 내 토양의 상태, 경사도 및 하천 유무 등을 감안하여 Plant의 방향을 설정하고 Plant North를 결정한다.

② 인접 Plant 또는 저장설비, 공용 도로 또는 시설 및 추후 건설예정 시설 등을 고려하여 Plant의 방향 및 Plant 내부의 Block 구분을 결정한다.

③ Ground Level의 기점, 즉 Datum Mean Sea Level(DMSL)로부터 기준점을 결정한다.

④ Process Unit들은 동일 Block 및 Level에 설치하며, 저장 시설 및 폐기물 처리 시설보다 높은 지역에 설치한다. 불가할 경우에는 Process Unit은 별도의 배수 설비 설치를 고려한다.

⑤ Underground Storm Sewer Planning의 방향 계획을 고려한다.

⑥ 입지조건 및 기상조건을 고려하여 Office나 Control Room의 배치 및 구조를 결정한다.

⑦ Pipe Rack의 배치 및 통과 차량을 고려한 높이를 검토한다.

⑧ Structure의 층별 높이 및 Roof의 필요 여부를 검토한다.

(5) 기계적

① Compressor, Boiler, Heater 등 큰 Unit Facilities가 있는지 확인한다.

② Major Equipment의 적절한 배열을 고려한다.

③ Vessel과 Heat Exchanger는 Horizontal 또는 Vertical 중 어느 것이 타당성이 있는지 검토한다.

④ Rotating Machine의 Type 등을 검토하여 어떻게 배치할 것인가를 고려한다.

⑤ Equipment의 Maintenance Space 및 중장비의 진입로를 고려한다.

⑥ Stand By Equipment를 확인하여 적절한 배치를 고려한다.

⑦ Tower나 Vessel 등의 Platform 필요 유무를 검토하여 거리의 적절한 배치를 고려한다.

⑧ Motor가 부착된 Equipment는 Motor 방향, 배열 등을 고려한다.

⑨ Vibration이 큰 Equipment를 파악하여 인접 Equipment에 영향 여부를 검토하고 기초 등에 대해서도 고려한다.

(6) Electric/Instrument

① Control Room의 위치를 고려한다.

② Substation의 위치를 고려한다.

③ Motor를 갖는 Equipment의 배치를 고려한다.

④ Electric/Instrument Duct의 예상 폭을 고려한다.

(7) 경제성

① 설계상 Process Flow 이동이 적고, 취급의 간소화를 기한다.
- 임의로 Plant를 소구획으로 구분하지 않는다.
- Plant Area는 최소로 한다.
- Critical Pipe를 짧게 한다.(합금강, 대구경 배관, Gravity Flow Line, Pump Suction Line 등)

② Running Cost를 절감하기 위하여 원료에서 제품에 이르는 과정의 교차나 혼란을 없애고 Process Flow의 순서에 따라 배치한다.

③ 공간을 유용하게 활용하기 위하여 Air Cooler, Silencer, Head Tank 등은 건물의 옥상 또는 Pipe Rack 상단에 위치토록 고려한다. 최근 국내 · 외 Project의 경우 부지 면적률이 낮아 법규에 의하여 많은 제한을 받고 있으므로 공간이용, 즉 다층형 Layout을 고려해야 한다.

(8) Owner의 요구

① Existing Plant와의 조화를 고려한다.
② Owner의 별도의 설계절차서가 있는지 확인한다.
③ Future Expansion Plant를 확인한다.

(9) 관계 법규

① 국내 Project의 Plant 설계 시 지역과 지역 간의 안전거리와 각 기기 간의 이격거리 및 보유 공지를 규정하는 법규가 있으므로 이에 대한 적용을 검토해야 한다.

② 검토대상 국내 법규
- 고압가스 안전관리법/시행령/시행규칙/통합고시
- 액화석유가스의 안전관리 및 사업법/시행령/시행규칙/통합고시
- 도시가스사업법/시행령/시행규칙/통합고시
- 산업안전보건법(산업안전공단 KOSHA Code)
- 소방법/시행령/시행규칙/기술기준

③ 해외 Project의 경우, Plant 설계 시 적용해야 하는 해당 국가의 법규사항을 검토한다.

8. Plot Plan 작성 Flow Chart

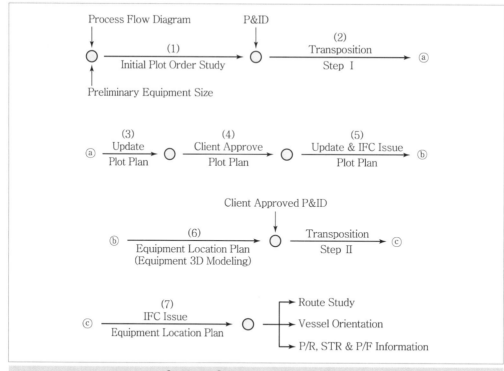

[그림 3-68] Plot Plan 작성 Flow Chart

① PFD와 Preliminary Equipment Size를 토대로, 필요하다면 타 부서의 자문을 받아 Initial Plot Plan을 작성한다.
② 중요 Line들을 짧고 경제적으로 설계하면서 Transposition Step 1 DWG를 작성한다.
③ Squad Check 후, Comment들을 반영한다.
④ Client Review용으로 Issue한다.(REV.A)
⑤ Client Comment 접수 후, 관련되는 타 부서들과 같이 검토한 후 필요한 수정을 하고 IFC용으로 Issue한다.(REV.0)
⑥ Equipment Location Plan 작성을 시작한다.(IFR Issue)
⑦ Transposition Step II 과정을 거쳐 Equipment Location Plan을 IFC용으로 Issue하고 필요하다면 Plot Plan을 Update한다.

9. Layout 기본 계획

(1) Site 기본 개념

① Plant는 일반적으로 Onsite와 Offsite로 구분하여 배치 계획을 수립한다.
② Onsite는 Process Unit을 기준으로 배치한다.

③ Offsite에는 Storage Tanks, Cooling Tower, Loading & Unloading Facilities, Steam Generation, Electrical Power Generation, Electrical Transformer, Substation, Flare Stack, Waste Disposal Facilities, Buildings, Plant Road 등을 기준으로 배치한다.

④ Process Unit은 다른 Facilities와 적당한 관계가 될 수 있도록 위치하며, 평지(Plat Site)를 택한다.

⑤ Offsite는 전체 Plant 부지의 약 75~80% 정도 면적을 보유하게 되나 Client의 요구나 Cost Down을 고려하여 배치한다.

⑥ Site Condition에 따라 Offsite와 Process Unit의 Level에 차이가 많은 경우 가능한 한 비슷한 Level로 정지 작업을 한다.

(2) Plant Block Break 계획

① Plant의 Plot Limit을 확립한다.

② Process Unit 및 기타 요구되는 Area를 규정짓는다.

③ Offsite Storage Dike Area를 산정한다.

④ Plant Expansion이 있는지 여부를 고려하여 Future Area를 정한다.

⑤ Waste Water Treating Facilities는 가장 낮은 위치로 정한다.

⑥ Process Unit은 지질조건이 가장 좋은 위치로 배치한다.

⑦ 각 Block의 크기는 Plant 규모에 따라 다르나 일반적으로 가로, 세로를 각 50~100m 이내를 기준으로 한다.

⑧ Process Unit 근처로 중간 Product Storage Area를 정한다.

⑨ Product Sales를 위한 Truck Rail 및 Pipe Line이 설치될 Sales Area는 Road, Railroad 가까이로 정한다.

⑩ Sales Area 근처에 Product Blending Area를 계획 배치한다.

⑪ Product Blending Area 근처에 Product Storage Tank를 배치한다.

⑫ Block을 Plotting할 때 Plant Road 배치를 염두에 두고 배치한다.

⑬ Utility Generation은 가능한 한 Process Unit 가까이 배치한다.

⑭ Cooling Tower, Flare Stack 등은 바람이 부는 방향 등을 고려하여 Process Unit과 일정한 거리를 유지한다.

⑮ Process Unit과 각 Block을 배치할 때 Pipe Rack Route를 염두에 두고 배치한다.

(3) 도로 배치 계획

① Plant 내 도로는 각 Block 사이에 Main Road를, 각 Block 내에는 Subroad를 기준으로 배치한다.

② 각 Block 간의 Road 폭은 Main Road는 5m 이상, Block 내 Subroad는 4.5m 이상, Pathway는 1.2m 이상을 기준으로 배치한다.

③ Main Road 및 Subroad는 소방도로를 겸할 수 있도록 4.0m 이상으로 기준 배치한다.

④ Road Corner 부는 직각, Cross(교차로) 및 T형 도로 모두 6m 이상의 반경으로 Corner 를 만들고 보통 Pathway와 같은 소도로는 4m 이상의 반경이나 또는 직각 모서리로 할 수도 있다.(아래 그림 참조)

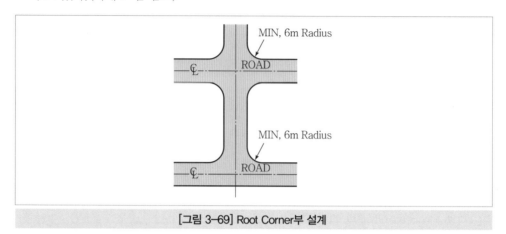

[그림 3-69] Root Corner부 설계

⑤ Plant 내 Road는 Asphalt 또는 Concrete Paving을 한다.

⑥ 도로면의 경사도(Slope)는 Asphalt Paving 경우 2%, Concrete Paving 1.5%를 기준 으로 한다.

⑦ 도로 양측에 배수로를 두어 홍수 등에 대비할 수 있도록 배치한다.

⑧ 도로 양측에 시설물을 설치할 경우 도로 끝면에서 5~6m 간격을 유지하여 구조물 또는 Equipment를 설치하며, 그 사이에 배수관이나 냉각수관 등을 지하에 매설한다.(아래 그림 참조)

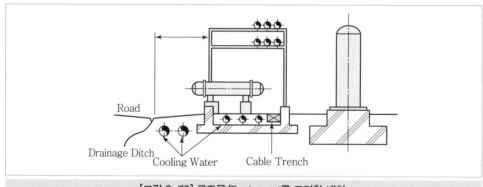

[그림 3-70] 구조물/Equipment를 고려한 배치

⑨ Plant의 규모, 용도 및 크기에 따라 원료 및 제품의 운송 방법을 검토하여 Plant 내에 Rail Road를 적당한 위치에 배치한다.(아래 그림 참조)

⑩ Road 및 Rail Road는 관련 법규를 검토하여 위배되지 않도록 한다.

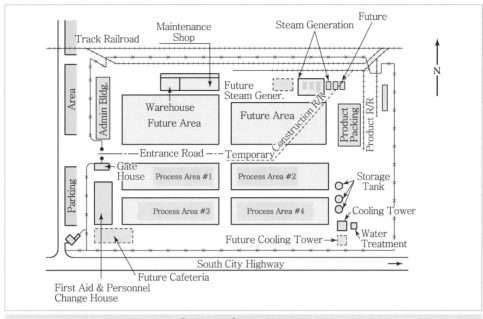

[그림 3-71] Rail Road 위치

⑪ Solid Handling System에서 Ware House 주위의 15m 길이 Trailer Access를 위한 Road는 15m 이상의 반경으로 Corner를 만들고, Trailer 회전을 위한 Space는 아래 그림을 참조한다.

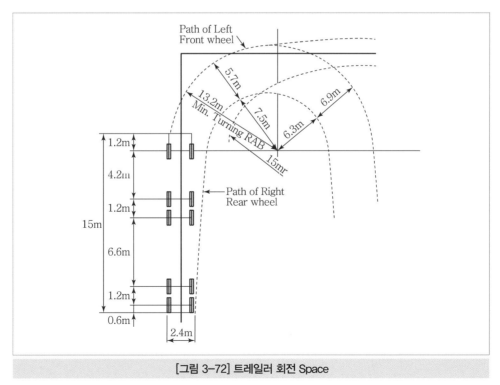

[그림 3-72] 트레일러 회전 Space

(4) Area Classification 적용 계획

① Plant의 종류에 따라 Flammable Gases 또는 Liquid 등의 Plant는 Classification을 National Electric Code(NEC) 또는 API RP 500 Code 등 관련 법규의 규정을 검토하여 Layout한다.

② Plant 내에 설치될 기기들이 상기 ①과 같은 Plant에 포함될 경우, Area Classification을 검토하여 Hazardous Area와 Non Hazardous Area로 구분하여 기기들을 배치한다.

③ Flammable Gas 또는 Liquid 등과 관련된 Unit에서 폭발 위험이 있는 Source 주위는 Area Classification Class 1에 상당한 Hazardous Area로 기준을 설정하여 배치를 검토한다.

④ 방폭 지역을 설정할 때는 Hazardous가 발생 가능한 Source로부터 반경을 Minimum 15.3m 이상으로 기준하고, Extension Hazardous Area는 Hazardous Area 외곽에서부터 Minimum 30.5m를 기준으로 하나, 관련 Group과 반드시 Coordination을 한다. (아래 그림 참조)

⑤ Office Building, Administration BLD'G, Utility BLD'G, Warehouse, Control Room, MCC, Transformer, Substation 등은 Hazardous Area를 벗어난 Non Hazardous Area에 배치한다.

⑥ Hazardous Area 내에 위치한 모든 기기들은 방폭기기로 사용한다.

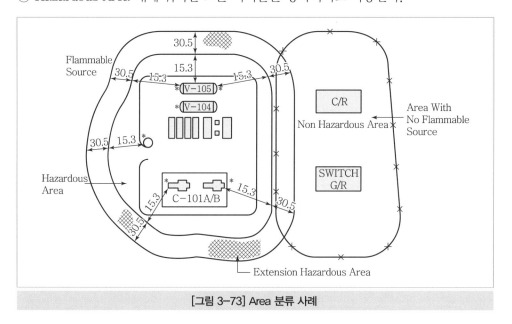

[그림 3-73] Area 분류 사례

(5) Sewer System 배치 계획

① Plant 내의 모든 배수는 자연 구배로 하여 인접 배수구로 흡수될 수 있도록 요소에 배치되어야 한다.

② 각 Block마다 일정한 구배를 주어 가장 낮은 곳에 배수구를 위치시킨다.

③ 도로 양쪽에 배수구를 배치하여 인접 배수를 흡수하도록 한다.

④ 배수구는 지역의 우수량을 검토하여 낮은 지역이 침수되지 않도록 고려한다.

⑤ Plant 내의 Sewer System은 Sewer Box를 기준으로 일정한 경사도를 유지한다. (아래 그림 참조)

⑥ Diked Tank Farm Area 내 Site는 Gravity Flow가 될 수 있도록 Drainage System을 고려한다.

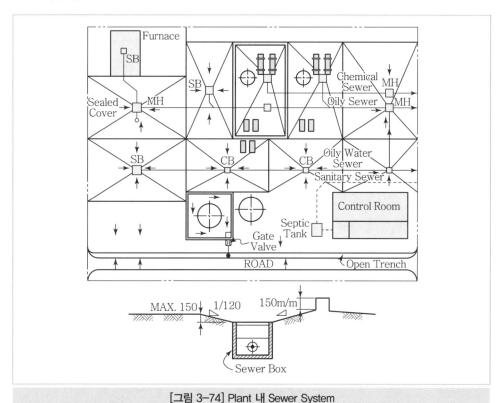

[그림 3-74] Plant 내 Sewer System

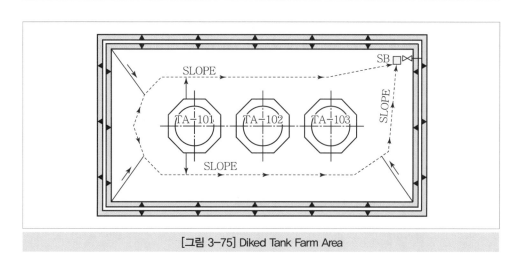

[그림 3-75] Diked Tank Farm Area

(6) 안전거리, 이격거리 및 보유공지

1) Process Industry Practice(PIP) Code에 따른 이격거리

① 이격거리 요구조건은 PIP에 제시된 Offsite Equipment Spacing 및 Process Unit Equipment Spacing에 따른다.(Process Industry Practices(PIP), PIP PNE00003 참조)

② 이격거리를 줄이기 위해서는 아래의 추가적인 안전 조치가 필요하다.

　㉠ 이격거리 축소 결과에 대한 별도의 안전성 해석이 필요하다.

　㉡ 이격거리 축소로 증대된 위험요소를 보상하기 위하여 Fireproofing, Automatic Water Spray System, Emergency Shutdown System 또는 추가 소방장비 등의 별도의 안전장치를 설치한다.

　㉢ 이격거리 축소에 따른 추가 안전장치는 Owner 및 안전관련법에 따라 검토되어야 한다.

　㉣ 이격거리는 Table에 있는 각각의 장치, Unit, 설비 등의 표면 또는 인접도로의 끝으로부터의 최단 거리이며, 장치 또는 기기 사이에 두 개 이상의 기준간격이 존재할 경우에는 큰 쪽을 기준으로 한다.

2) 국내 법규에 따른 안전거리, 이격거리 및 보유공지

국내 Project의 Plant 설계에 있어서 고압가스 안전관리법, 소방법 등 국내 법규에 의거하여 지역과 지역 간의 안전거리와 각 기기 간의 이격거리 및 보유공지를 유지하여야 한다. 안전거리, 이격거리 및 보유공지에 대한 각 법규별 규정사항은 아래에 규정되어 있다.

① 고압가스 안전관리법 시행규칙

- 별표 2 보호시설(제2조제1항제23호 관련)
- 별표 4 고압가스 제조(특정제조 · 일반제조 또는 용기 및 차량에 고정된 탱크 충전)의 시설 · 기술 · 검사 · 감리 및 정밀안전검진기준(제8조제1항제1호 관련)
- 별표 5 고압가스자동차 충전의 시설 · 기술 · 검사 기준(제8조제1항제2호 관련)
- 별표 8 고압가스 저장 · 사용의 시설 · 기술 · 검사 기준(제8조제1항제5호 관련)
- 별표 9 고압가스 판매 및 고압가스 수입업의 시설 · 기술 · 검사 기준(제8조제1항제6호 관련)

② 액화석유가스의 안전관리 및 사업법 시행규칙

- 별표 4 액화석유가스 충전의 시설 · 기술 · 검사 · 정밀안전진단 · 안전성평가 기준(제12조제1항제1호 관련)
- 별표 5 액화석유가스 일반집단공급 · 저장소의 시설 · 기술 · 검사 · 정밀안전진단 · 안전성평가 기준(제12조제1항제2호 관련)
- 액화석유가스안전관리기준통합고시

③ 산업안전보건법
- 화학설비 및 시설의 안전거리에 관한 기준(노동부고시 제 93 – 16호)
- 방유제 설치에 관한 기술지침
- 기체수소 저장시설의 안전기준
④ 소방법

💬 기술기준에 관한 규칙
제2절 위험물 제조소
제3절 위험물 저장소
제4절 위험물 취급소
- (별표 10) 위험물제조소등의 안전거리의 단축기준
- (별표 11) 지정과산화물
- (별표 12) 지정유기과산화물 옥내저장소의 안전거리
- (별표 13) 지정유기과산화물 옥내저장소의 보유공지

⑤ 국내법규에 따른 안전거리 비교표

(7) Platform, Stair 및 Ladder 설치 시 고려사항

① Stair는 40° 이하로 설치한다.(단, 건축설계팀 Confirm 필요)
② Stair의 높이(h) 및 발판 폭(g)은 $600 \leq g + 2h \leq 660$(mm)의 공식에 적합해야 한다.
(한국산업안전보건공단 기준)
③ Stair의 폭은 750mm를 기준으로 한다.(주 계단은 900mm 이상)
④ Platform은 지상에서 3,600mm 이상 필요한 곳에 설치한다.
⑤ Platform 폭은 1,000mm 이상을 기준으로 한다.
⑥ Building, Structure 등과 같은 구조물에 Stair를 설치 시 Max. 4,000mm를 초과할 때는 중간 Platform을 둔다.

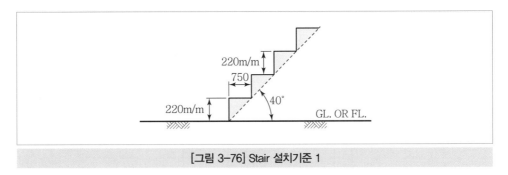

[그림 3-76] Stair 설치기준 1

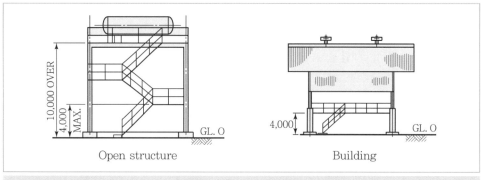

[그림 3-77] Stair 설치기준 2

⑦ Ladder의 설치는 다음과 같게 한다.

　㉠ Plant의 Building, Equipment 등을 위해 Operation, Maintenance 또는 안전 등을 고려 최소한의 Space를 확보하여 Layout에 반영한다.

　㉡ Ladder의 폭은 400mm를 기준으로 한다.

　㉢ 아래 그림과 같이 Ladder 주위에는 배관을 설치하지 못한다. 단, 계장용 Line은 Ladder 좌우에 설치가 가능하다.

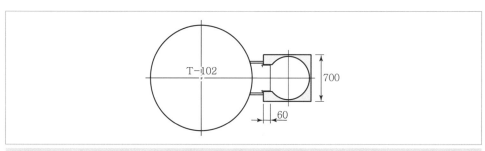

[그림 3-78] Ladder 설치 평면도

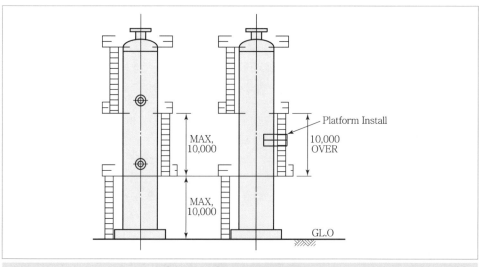

[그림 3-79] Ladder 설치 정면도

- Ladder의 최대 높이는 Max. 10,000mm를 초과하지 않고 10,000mm 초과 때마다 Platform을 바꾸어 설치한다.
- 지상 3,600mm Level 이하에서 Equipment Accessories 등을 Operation 또는 Maintenance 할 때는 Temporary Ladder 또는 Stage를 이용할 수 있도록 Space 확보를 고려한다. Plant의 Building, Equipment 등을 위해 Operation, Maintenance 또는 안전 등을 고려 최소한의 Space를 확보하여 Layout에 반영한다.
- Ladder의 높이가 4,000mm 이상일 때는 안전을 위해서 2,500mm 이상부터 Cage 를 설치한다. Cage의 크기는 350mm 반경으로 한다.
- Horizontal Vessel 등과 같이 단독 구조물과 Platform을 설치하는 경우 아래와 같이 Minimum 2개소의 Stair 및 Ladder를 설치한다.(비상시 Safety 측면)

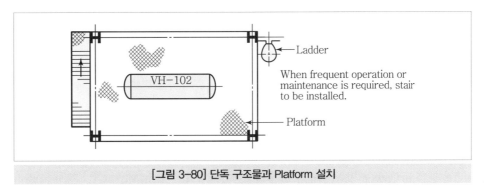

[그림 3-80] 단독 구조물과 Platform 설치

- 운전 및 보수 점검의 횟수가 많은 경우 원칙으로 Stair를 설치한다.
- 구조물 및 Building 주위의 Stair는 건축설계팀과 협의 설치한다.

(8) 지하 매설관

1) 지하에 매설할 수 있는 Pipe

① Oily Sewer Line

② Chemical Sewer Line

③ Storm Sewer

④ Sanitary Sewer

⑤ Fire Fighting Line

⑥ Cooling Water Line

⑦ Potable Water Line

2) 매설관의 깊이

매설관은 동파에 견딜 수 있도록 아래와 같이 일정한 깊이를 유지해야 한다.
(동결 심도는 지역에 따라 차이가 있을 수 있다.)

① Pipe Size 4″ 이하 : 관 상부까지 900mm 이상

② Pipe Size 6~36″ : 관 상부까지 1,200mm 이상

③ Pipe Size 36″ 이상 : 관 상부까지 1,500mm 이상

3) 매설관의 관경

매설관은 관경이 작으면 막힐 위험이 있으므로 아래와 같이 Minimum Size를 유지한다.

① 배수관 : Min. 4″

② 기타 Utility Pipe Line : Min. 2″

(9) 기초(Foundation) 및 기준면 높이

① Plant의 지반 기준 높이는 GL±0로 사용한다. 단, 토목 도면상에는 실제 해발 기준 높이를 표기하기도 한다.

② 각종 기초 높이는 일반적으로 아래와 같은 기준으로 한다.

ㄱ 포장(Paving) 높이(Concrete) Max. EL+150mm

ㄴ 포장(모래, 자갈) Max. EL+100mm

ㄷ Pump 기초 Min. GL. EL+300mm

ㄹ Compressor 및 Rotating Equipment 기초 Min. GL. EL+300mm. 단, 대형 Compressor인 경우는 Concrete Column을 세워 Foundation(or Slab)을 높인다.

ㅁ Tower 및 Vertical Vessel 등 일반기기의 기초 Min. GL. EL+300mm

ㅂ Heat Exchanger 기초 Min. GL. EL+600mm 이상

ㅅ Horizontal Vessel & Drum 기초 Min. GL. EL+600mm 이상

ㅇ Cone Roof Tank 기초 Min. GL. EL+300mm 이상

ㅈ 일반 건축물 기초 Min. GL. EL+300mm

ㅊ 기기 Support용 기초 및 계단 기초 Min. GL. EL+200mm

ㅋ 1단 Structure용 기초 Min. GL. EL+200mm

ㅌ 일반 Support용 기초 Min. GL. EL+200mm

③ 기초의 Grouting 높이는 25~30mm로 하며, Grouting 높이를 포함하여 기초 높이를 정한다.

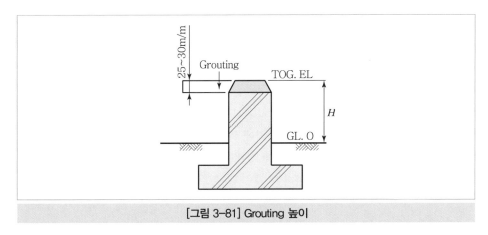

[그림 3-81] Grouting 높이

④ 기초(Foundation)의 깊이는 지지물의 중량 및 형태에 따라 다르나 일반적인 경우 1.5m 정도 지하로 묻힌다.

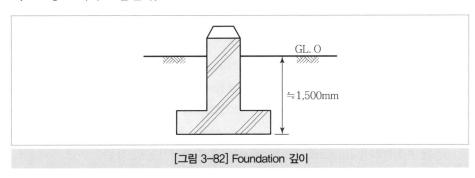

[그림 3-82] Foundation 깊이

3 배관지지대(Pipe Rack)

1. 배관지지대의 정의

배관계의 건전성을 유지시켜 주기 위하여 배관계에서 발생되는 배관의 자중, 얼펭창에 의한 변형, 유체의 진동, 및 기타 외부충격 등으로부터 배관계를 지지 및 보호하기 위하여 설치하는 장치이다.

2. 배관지지대 설계

(1) 적용규격 및 표준

배관지지대 설계에 관련된 기술기준 및 규격은 ASME III Div.1, Subsec. NF, AISC, AWS, MSS의 SP-58/69/89 등이 참고가 된다.

① ASME III Class 1,2,3 배관 : ASME III NF
② ASME B31.1 배관 : AISC

(2) 설계 개요

배관 및 배관계통의 과도한 처짐 및 과도한 응력을 방지하고 기기노즐의 허용하중을 만족시키기 위해 설계지침 및 관련 규격에 의거, 배관을 지지하여 배관계통의 안전성을 도모하는 일체의 기술행위를 배관지지대 설계라고 할 수 있다. 따라서 배관지지대의 올바른 설계절차에 따라 설계하여야 한다.

(3) 주요 설계업무

1) Hanger/Support Location 및 Type 검토
2) Interference Check
3) 설계 하중 및 배관 변위 검토
4) 설계 하중 Data 전달(Civil/Architecture)
5) Hanger/Support Component Sizing
　　하중 및 변위에 따른 지지대물 구성품 선정
6) 보조강재(Supplementary Steel Structure) 선정
　　하중 Data에 따른 적정한 철골부재 선정
7) 용접부착물(Integral Attachment)에 대한 국부응력 검토
8) Hanger/Support Drawing Sketch
9) Hanger/Support Drawing Preparation
　　2D CAD 프로그램을 이용한 도면 작성

(4) 도면 작성 시 참고도면

① Piping Plan Drawing
② 배관 Stress Analysis Output
③ Civil Structural Drawing
④ Cable Tray Drawing
⑤ Equipment Vendor Drawing
⑥ Hanger/Support 제작자 Catalog
⑦ 철골부재 Data 자료
⑧ Design Guide(설계지침서)
⑨ 기타 필요한 자료

(5) 지지대 설계 흐름도

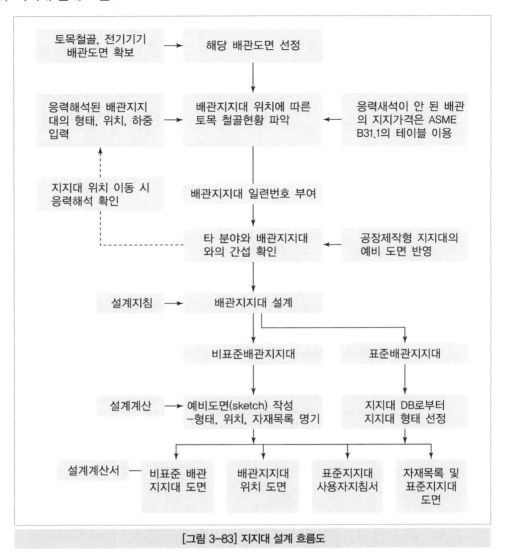

[그림 3-83] 지지대 설계 흐름도

3. Pipe Rack 배치계획

(1) Rack 기본계획

① Pipe Rack은 Plant의 형태를 좌우할 정도로 중요한 역할을 하므로 Block Break이나 Process Unit을 결정함과 아울러 배치 계획을 수립한다.

② Pipe Rack 배치는 Block 간의 연결이나 Road Crossing을 고려하여 배치한다.

③ Pipe Rack은 Plant의 규모(Capacity) 등을 파악하여 Pipe Rack 형태, 폭의 크기 및 높이를 감안하여 배치한다.

④ Pipe Rack을 기준하여 좌우로 Equipment를 배치할 수 있게 한다.

⑤ Pipe Rack은 여러 개의 Process Unit과 Utility Unit을 연결하여 조화할 수 있는 배치를 구상한다.

(2) Rack 상세 Layout

① Pipe Rack은 Plant 규모에 따라 다음 4가지 형태로 배치할 수 있다.

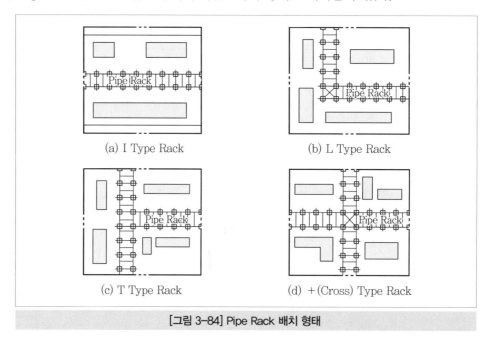

(a) I Type Rack   (b) L Type Rack

(c) T Type Rack   (d) +(Cross) Type Rack

[그림 3-84] Pipe Rack 배치 형태

② Pipe Rack은 Plant의 규모에 따라 1단, 2단 혹은 3단 이상으로 사용할 수 있으며 배치 전에 Pipe Rack을 이용할 Pipe Line, Electric/Instrument Duct 등을 충분히 검토하여 Rack의 폭 및 단수를 결정한다.

③ 1단 Pipe Rack은 비교적 Plant가 작은 경우에 사용하며 Pipe Rack 구성은 다음 그림과 같게 한다.

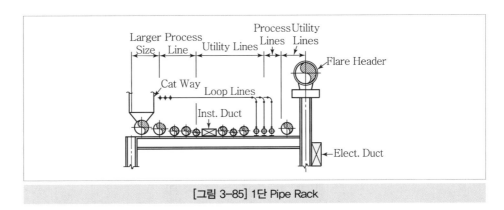

[그림 3-85] 1단 Pipe Rack

④ 2단 Pipe Rack은 비교적 Plant가 큰 경우에 사용하며, 하단에 Process Line과 상단에는 Utility Line을 설치하므로 Equipment나 Unit과 Unit 간의 연결 등을 검토하여 Rack 배치를 한다.

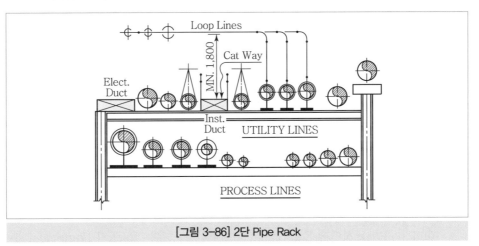

[그림 3-86] 2단 Pipe Rack

⑤ Pipe Rack 폭은 Plot Plan 작성 시에 대략적인 크기를 결정하여 배치하고 일반적으로 많이 사용하는 폭 Size는 4,000, 6,000, 9,000 그리고 12,000mm로 할 수 있으며, 실제로 계산할 때는 아래 그림과 같은 방법으로 한다.

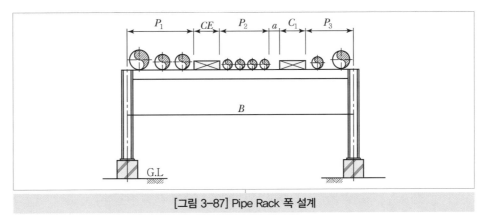

[그림 3-87] Pipe Rack 폭 설계

⑥ Pipe Rack 높이 결정은 Unit 내의 기기높이 관계, Rack 하단에 설치하는 기기높이, 도로 횡단높이 등을 고려하며 Plant 내의 높이는 일반적으로 4,500, 6,000mm 등으로 한다.

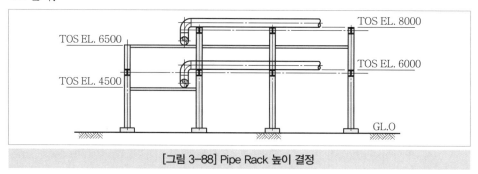

[그림 3-88] Pipe Rack 높이 결정

⑦ Pipe Rack 각 단 간의 사이 높이(H)는 각 단에 위치하는 Pipe Size에 따라 다르겠으나 일반적으로 1,500, 2,000 그리고 3,000mm 등으로 한다.

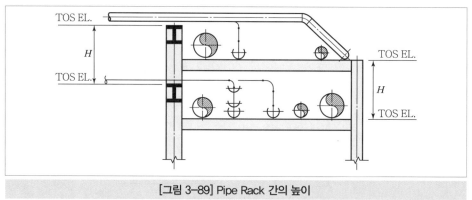

[그림 3-89] Pipe Rack 간의 높이

⑧ Pipe Rack 하단에 Equipment를 설치하는 경우는 Rack과 Equipment 부속물 간의 Minimum Space 이상을 유지하여 Plant Layout한다.

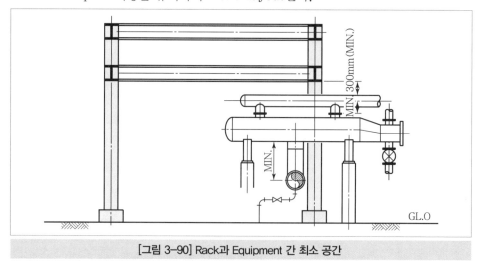

[그림 3-90] Rack과 Equipment 간 최소 공간

⑨ Pipe Rack의 Span은 6,000mm를 기준으로 3의 배수로 늘어나며, Pipe Size 및 도로 통과 폭 등에 따라 다소 다르다.

⑩ Pipe Rack이 Plant 내의 Main 도로를 통과하는 경우는 Bridge로 계획 배치할 수도 있다.

⑪ Pipe Rack에 대한 Fire Proofing의 경우에는 내화피복을 1단 Rack 높이까지 한다.(Job Specification에 언급이 없을 때)

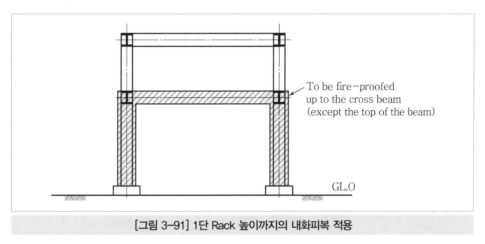

To be fire-proofed
up to the cross beam
(except the top of the beam)

GL.O

[그림 3-91] 1단 Rack 높이까지의 내화피복 적용

(3) 배관지지대의 종류

1) Constant Spring

Spring을 이용하여 배관의 열팽창으로 인한 수직방향의 변위를 수용하면서 자중을 지지하도록 작동하는 지지대이다.

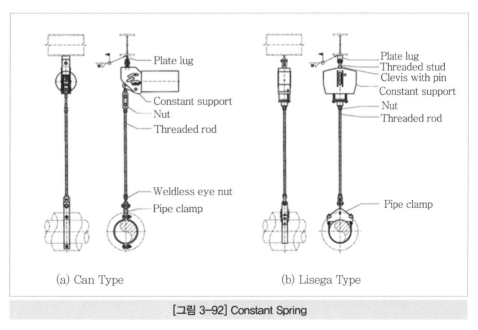

Plate lug
Constant support
Nut
Threaded rod

Weldless eye nut
Pipe clamp

Plate lug
Threaded stud
Clevis with pin
Constant support
Nut
Threaded rod

Pipe clamp

(a) Can Type

(b) Lisega Type

[그림 3-92] Constant Spring

2) Sway Strut

수직 및 수평방향의 모든 방향을 지지할 때 사용한다.

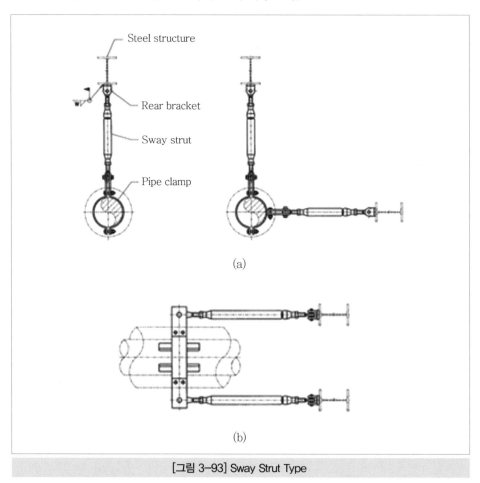

[그림 3-93] Sway Strut Type

3) Structure Type

수직 및 수평방향을 Component 혹은 Steel을 이용하여 사용한다.

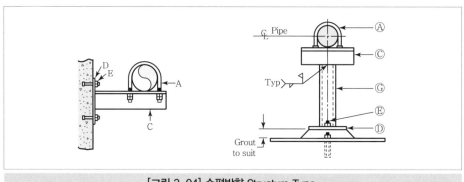

[그림 3-94] 수평방향 Structure Type

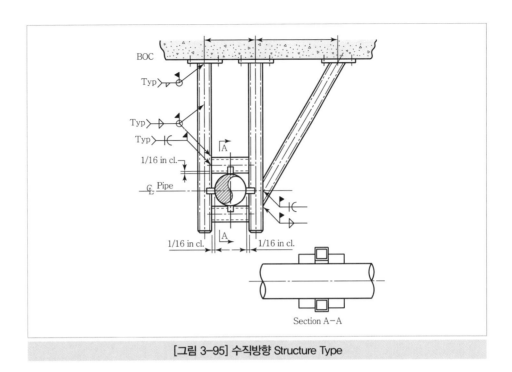

[그림 3-95] 수직방향 Structure Type

4) Anchor Type

배관의 변위(Displacement), 회전(Rotation)을 모든 방향에 대하여 구속하는 지지대로서 Force와 Moment가 동시에 발생한다.

$$\Delta X = \Delta Y = \Delta Z = 0$$
$$\theta x = \theta y = \theta z = 0$$

배관응력 해석상의 가상 앵커(Virtual Anchor)로서 기기 노즐, Sleeve, 분기관이 분기되는 지점 등이 고려된다.

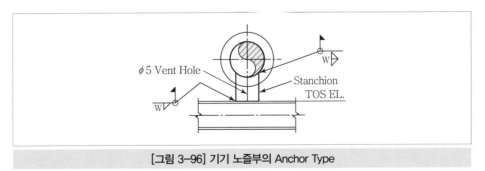

[그림 3-96] 기기 노즐부의 Anchor Type

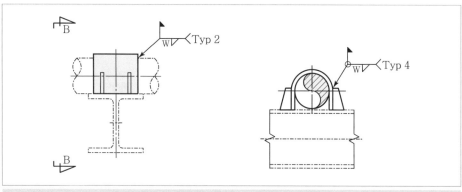

[그림 3-97] 기기 Sleeve의 Anchor Type

5) Snubber

배관의 운동이 정해진 가속도 또는 속도 이상이 되면 그 방향의 운동이 구속되도록 하는 지지대로서, 지진하중, Hammering 하중, 진동하중 등의 임시하중을 지지한다. 열에 의한 변위를 허용하는 반면에 자중하중과 열하중을 지지하지 못한다.

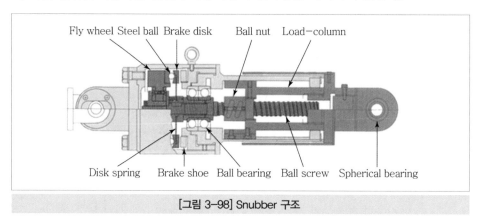

[그림 3-98] Snubber 구조

[그림 3-99] Snubber 형상

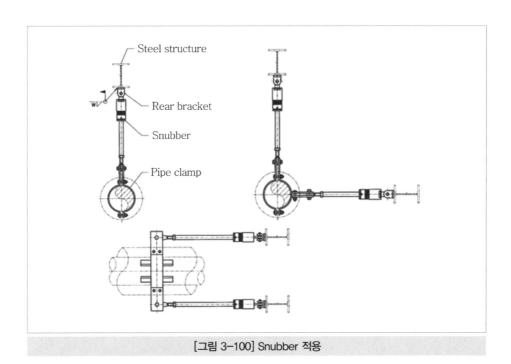

[그림 3-100] Snubber 적용

6) Support Component

(a) Type PCHS : Hanging Type
(Single Bolt)

(b) Type PCHD : Hanging Type
(Double Bolt)
Type PCD : Dynamic Clamp

(c) Type PCHY : York Type

(d) Type PCHD−R : Hanging
Type with Rib
Type PCD : Dynamic Clamp

[그림 3-101] Various Types of Pipe Clamp

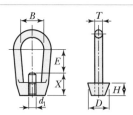

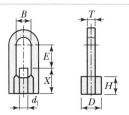

(a) Forged   (b) Machined

Type	Load(kN)	E	d_1	X	B	H	D	T	Weight(kg)
EN−M12	5.0	35	M12	25	38	20	35	13	0.28
EN−M16	8.0	35	M16	25	38	20	35	13	0.28
EN−M20	12.0	40	M20	30	38	20	35	13	0.91
EN−M24	22.0	40	M24	30	50	26	50	20	0.83
EN−M30	36.0	55	M30	40	65	35	60	26	1.59
EN−M36	52.0	55	M36	40	65	35	60	26	1.53
EN−M42	70.0	120	M42	70	72	60	100	40	8.67
EN−M48	90.0	120	M48	70	72	60	100	40	8.60
EN−M56	120.0	120	M56×4P	70	82	60	100	40	8.33
EN−M64	150.0	130	M64×4P	100	82	70	105	40	8.80
EN−M68	165.0	130	M68×4P	100	100	70	110	40	9.30
EN−M72	180.0	100	M72×4P	150	100	120	125	50	27.00
EN−M80	230.0	120	M80×4P	160	100	140	140	60	41.80

[그림 3-102] Eye Nut(EN Type)

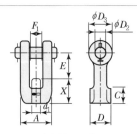
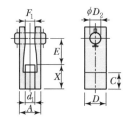

(a) Forged   (b) Machined

Type	Load(kN)	E	d_1	X	A	F_1	C	D	ϕD_1	ϕD_2	Weight(kg)
CP−M12	5.0	50	M12	20	32.5	12	15	25	12.5	24	0.20
CP−M16	8.0	50	M16	30	42	17	20	33	16.5	32	0.40
CP−M20	12.0	55	M20	35	55	20	25	40	20.5	46	1.00
CP−M24	22.0	65	M24	45	65	22	30	46	24.5	53	1.60
CP−M30	36.0	100	M30	60	64	38	35	60	33	75	2.70
CP−M36	52.0	100	M36	60	64	38	35	60	40	75	4.40
CP−M42	70.0	145	M42	90	85	55	50	80	46	90	7.20
CP−M48	90.0	145	M48	90	85	55	50	80	51	90	10.40
CP−M56	120.0	145	M56×4P	95	105	65	60	90	61	125	14.80
CP−M64	150.0	130	M64×4P	100	150	60	70	150	70.5	−	24.40
CP−M68	165.0	130	M68×4P	100	150	60	70	150	70.5	−	24.40
CP−M72	180.0	130	M72×4P	110	150	56	80	150	80.5	−	42.00
CP−M80	230.0	140	M80×4P	120	164	64	90	165	90.5	−	80.00

[그림 3-103] Eye Nut(CP Type)

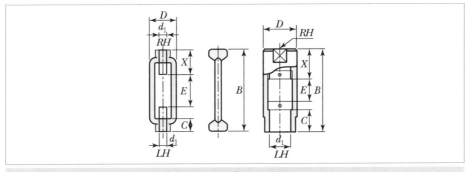

[그림 3-104] Turnbuckle

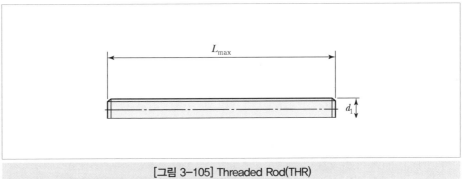

[그림 3-105] Threaded Rod(THR)

7) Miscellaneous Items

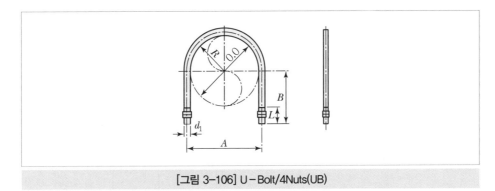

[그림 3-106] U-Bolt/4Nuts(UB)

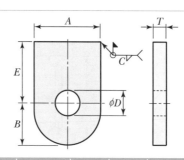

Type	O.D(mm)	ND(inch)	A	B	$d_1 \times L$	R	Weight(kg)
UBX − 15 − M10	21.3	1/2″	34	45	M10×43	11.7	0.17
UBX − 20 − M10	26.9	3/4″	39	45	M10×43	14.5	0.17
UBX − 25 − M10	33.7	1″1	46	50	M10×48	17.9	0.19
UBX − 32 − M10	42.4	1/4″	55	55	M10×55	22.2	0.20
UBX − 40 − M10	48.3	1 1/2″	61	60	M10×55	25.2	0.21
UBX − 50 − M12	60.3	2″	76	70	M12×65	31.7	0.31
UBX − 65 − M12	73.0	2 1/2″	88	80	M12×65	38.0	0.35
UBX − 80 − M12	88.9	3″	104	90	M12×65	46.0	0.39
UBX − 100 − M16	114.3	4″	133	100	M16×90	58.7	0.80
UBX − 125 − M16	139.7	5″	160	130	M16×90	72.2	0.93
UBX − 150 − M16	168.3	6″	187	140	M16×90	85.7	1.03
UBX − 200 − M20	219.1	8″	244	170	M20×100	111.6	2.02
UBX − 250 − M20	273.1	10″	297	200	M20×100	138.5	2.38
UBX − 300 − M20	323.9	12″	353	230	M20×100	166.5	2.74
UBX − 350 − M24	355.6	14″	386	240	M24×120	180.8	4.29
UBX − 400 − M24	406.4	16″	437	275	M24×140	206.2	4.82
UBX − 450 − M24	457.2	18″	488	300	M24×140	231.6	5.29
UBX − 500 − M24	508.0	20″	538	330	M24×140	257.0	5.78
UBX − 550 − M24	558.8	22″	589	350	M24×140	282.4	6.21
UBX − 600 − M30	609.6	24″	648	400	M30×190	308.8	10.96
UBX − 700 − M30	711.2	28″	750	450	M30×190	359.6	12.40
UBX − 750 − M30	762.0	30″	800	475	M30×190	385.0	13.12
UBX − 800 − M30	812.8	32″	851	500	M30×190	410.4	13.28
UBX − 900 − M30	914.4	36″	953	555	M30×190	464.2	15.33

[그림 3-107] Weld On Eye Plate(WP)

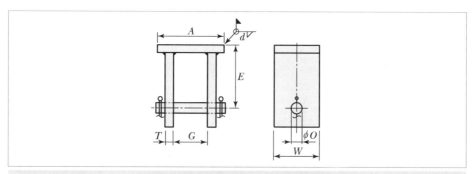

[그림 3-108] Weld Beam Attachment(BAD)

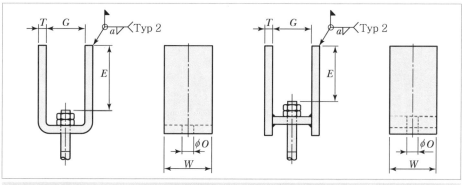

[그림 3-109] Welding Rod Attachment(BAU)

CHAPTER

04

플랜트
전기/계장 설계

계측제어 설계 및 DCS 설계

1 계측제어 일반

[1] 계측제어

1. 계측제어

'계장＝계측제어'란 말은 영어의 인스트루멘테이션(Instrumentation)을 일본에서 번역한 말이다. 사전적인 의미로는 오케스트라의 기악 편성 법, 즉 오케스트라에서 적절한 음악 편성을 하기 위한 최대의 효과를 낼 수 있는 수법을 뜻한다. 원어의 Instrument에는 원래의 뜻인 악기 이외에 기구, 기계, 도구, 계기라는 의미가 있어 1950년경 미국에서 공업 관계 분야에 Instrumentation이란 말을 사용할 수 있었고 악기 → 계기, 오케스트라 → 공장(Plant), 곡목 → 공정(Process)이라고 바꿔보면 계장이란 '공장에서 최대의 효과를 올리는 일을 목적으로 각 공정에 적절한 계기를 장비하는 일'이라고 정의할 수 있다.

그러나 시대와 함께 그 의미가 변해 현재는 공업계기를 장비하는 것뿐만 아니라 컴퓨터, 통신 등 정보처리의 시스템으로까지 포괄적으로 생각하고 있다.

2. 계측제어의 변천

온도, 유량, 압력과 같은 공업량을 측정하고 이것을 자동적으로 제어하는 이른바 자동제어는 1920년대 미국의 석유정제 프로세스에서 시작되었다. 당시에는 대형 기계식 조절계를 현장에 장치하는 국소적인 계장이었다. 그 후 계장 기술은 각종 공정의 필요와 공업계기의 진보가 밀접하게 서로 얽혀 발전해 왔다.

(1) 1950~1960년대

1950년대 이후 계장 기술은 정유, 석유화학, 화학섬유, 철강 등의 프로세스 산업을 중심으로 한 경제 부흥과 더불어 크게 발전했다. 이 당시의 계장은 1루프마다 아날로그 연산 처리하는 조절계를 다수 편성해서 제어 시스템을 구성하는 것이 주체였다. 당초에는 공기압을 구동원으로 하는 공기식 조절계로 시작해서 일렉트로닉스의 진보와 프로세스의 대규모화에 대응하여 제어 장치도 공기식에서 전자식으로 변천했다.

1960년대에 들어서면서 프로세스 제어용 컴퓨터가 계장 세계에 등장했는데, 처음에는 프로세스 운전의 감시와 기록 작성을 주로 하였다. 이를테면 데이터 로깅(Data Logging)하여 사용하는 방법 또는 컴퓨터의 연산 능력을 활용해서 프로세스 운전의 최적 조건이나 안전 조업 조건을 계산하고, 이것을 컴퓨터로부터 조절계에 설정값을 부여하는, 이른바 SPC(Set Point Control)로 사용하는 방법이 주가 되었다.

이어서, 컴퓨터의 연산 기능을 유효하게 이용해서 아날로그 조절계나 연산기에서 행하고 있는 기능을 대체하도록 하는 생각에서 컴퓨터에 직접 디지털 제어를 행하게 하는 DDC(Direct Digital Control)가 실용화되었다. 당시에는 1대의 컴퓨터에 수십 루프에서 수백 루프까지의 제어를 행하는 집중형 DDC였다. 이 때문에 만일 컴퓨터의 고장이 플랜트 운전의 정지로 이어지는 것에서부터 CPU의 2중화를 꾀하기도 하고, 백업(Backup)기기를 두는 등 용장화 설계도 도입되었다. 그러나 비경제적이고 신뢰성 저하의 문제로 인해 이 집중형 DDC는 아날로그 제어 시스템의 교체를 크게 일으키지는 않았다.

(2) 1970~1980년대

1970년대의 마이크로프로세서(Microprocessor)의 등장은 계장의 관련 분야에 일대 변혁을 가져왔다. 경제적인 이유로 1대의 컴퓨터에 제어를 집중시킨 형태에서 제어 기능마다 또는 지역마다에 마이크로프로세서를 분산 배치하고, CRT 디스플레이에 의해 집중 감시를 조작하여 분산된 기능을 통신에 의해 결합하는 분산형 계장 제어 시스템, 이른바 DCS가 (미)하니웰 사에 의해 처음으로 등장했다. 이후에는 고기능과 융통성의 요구에서 배치 제어(Batch Control), 시퀀스 제어(Sequence Control)로 그 응용 범위가 넓어졌다.

계장 기술의 발전과정에서 또 하나 중요한 점으로 인터페이스(Interface)의 표준화를 들수 있다. 복수의 기구를 상호 접속해서 계장 루프를 구성하기도 하고 그 위에 대규모의 계장 시스템을 구축할 때에 기기 간의 인터페이스 신호가 통일화되어 있는 것이 대단히 중요하다. 이와 같은 표준화의 움직임은 먼저 1950년 미국의 SAMA(Scientific Apparatus Makers Association)에서 공기압 신호가 3~15psi(0.2~1.0kg/cm²)로 통일되어, 이것이 세계적으로 사용되기에 이르렀다.

게다가 1970년대에는 IEC(International Electrotechnical Commission)에서 전기 신호가 4~20mA의 전류 신호로 통일되었다. 이로써 아날로그 공업계기는 다른 메이커 간의 것이 자유로이 접속되어 계장의 발전에 기여했다.

(3) 1990년대~현재

오늘날 계장기기가 점점 디지털화되고 기기 간의 인터페이스가 아날로그 신호에서 정보량이 많은 디지털 통신으로 이행되고 있으므로 이 표준화는 중요하다. 1990년대 이후 표준화 문제는 크게 개방형 시스템(Open System)과 필드버스(Field Bus)로 발전하고 있다.

1) 개방형 시스템

개방형 시스템은 컴퓨터 및 통신의 표준화를 말하며 표준제품은 어떤 것이라도 공통적으로 접속될 수 있어야 한다. 시스템과 시스템이 상호 데이터를 공유할 수 있으며 운영체계나 응용 소프트웨어가 어떤 구조에나 다 맞아야 한다.

기존의 DCS는 폐쇄형 시스템으로 이 기종 간에 연결할 수 없고 서로의 정보를 교환할 수도 없었다.

이러한 체계하에서는 하드웨어, 소프트웨어에 대한 비용을 증가시키며, 신규 설비투자 시 공급업체 외에는 확장이나 유지보수가 불가능하여 사용자 입장에서 쉽게 제품을 변경할 수 없는 애로사항이 있다.

이러한 문제점을 극복하기 위한 대안 중의 하나가 개방형 시스템인데, 이것은 결국 Network의 표준화는 통신 프로토콜을 통일하자는 것으로 Network의 표준화를 의미한다. 이를 위하여 전 세계적으로 ISO(International Standardization Organization)라는 위원회가 조직되어 OSI(Open System Interconnection) 7 layer 모델을 만들어 표준화할 규격을 제정하고 있으나 아직 큰 성과를 보지 못하고 있다.

2) 필드버스

1992년 등장한 필드버스는 현장기기와 제어기기를 디지털 직렬방식의 쌍방향 통신용 link로 연결하여 현장정보의 신뢰성 향상과 계측제어 시스템의 고속처리화를 실현하는 데 목적이 있다. 이런 필드버스는 호스트 컴퓨터에 연결하여 CRT로 보는 것인데, 표준화가 실현되면 기존의 DCS의 하드웨어 부분이 대폭 줄어들어 프로세스와 관련된 노하우, 즉 소프트웨어 Application이 중요한 부분으로 자리잡게 될 것이다.

향후 DCS는 프로세스 산업의 경제원리 추구에 일치하고 안정된 생산과 그 관리의 한 분야로 단순한 생산 목적을 위한 장치산업의 DCS보다는 각 장비 간의 정보교환을 이루어 Human Interface, Database, Process I/O를 공유하여 최적제어 시스템을 위한 발전으로 제어의 분리, 감시에서 발생하는 데이터 관리의 어려움을 극복하여 플랜트 가동의 안정화와 관리 기능을 포함한 컴퓨터 통합 시스템(CIM)으로 발전할 것이다.

[2] 프로세스 제어

FA(Factory Automation), LA(Laboratory Automation), OA(Office Automation), HA(Home-Automation)와 그 외 오토메이션이 각 분야에 걸쳐 널리 행해지게 되었다. 그중에서도 정유, 석유화학, 철강, 정밀화학 등의 프로세스 산업에서의 PA(Process Automation)는 역사가 깊고 일찍부터 본격적인 자동제어가 도입되어 프로세스 제어로서 발전해 왔다. 여기에서는 프로세스 제어의 중심이 된 피드백 제어로부터 최근의 분산형 제어 장치에서는 피드백 제어와 융합해서 사용되도록 된 시퀀스 제어(Sequence Control)까지 프로세스 제어의 개요에 관해서 설명한다.

1. 개요

(1) 제어 루프의 기초

① 피드백 제어란 공업 프로세스 계측 제어의 전문용어로서 '피드백에 의해 제어량과 목표값을 비교해서 그것들을 일치시키도록 정정 동작을 행하는 제어'로 설명된다. 예를 들면, 공조와 실내 온도(제어량)를 검지해서 설정된 온도(목표값)와 비교하여 차이(제어편차)가 있으면 그것이 0이 되도록 전원(조작량)을 On, Off함으로써 압축기를 회전 또는 정지시킨다(정정동작).

② 다음 그림은 프로세스 제어에서 일반적인 피드백 제어계의 블록도를 나타낸 것이다. 프로세스 제어에서는 제어량을 검출부로 꺼내어 프로세스 변량(PV ; Process Variable)으로서 조절계에 가한다. 조절계는 설정값(SV ; Setting Value)과 비교하고 편차를 조절부에서 연산하여 조작신호(MV ; Manipulate Variable)를 조작부에 상당하는 조절밸브에 간한다. 조절밸브는 조작신호에 따라 밸브를 개폐하고 조작량을 조정한다. 이에 따라 외란에 의해 나타난 제어편차를 정정한다. 여기서 주의해야 하는 것은 제어편차가 감소하는 방향으로 밸브를 개폐하는 것으로, 다시 말해 피드백이 부궤환으로 되어 있다는 것이다.

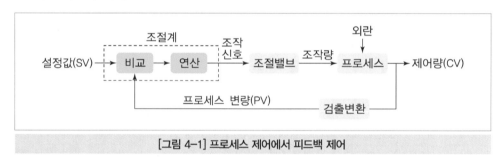

[그림 4-1] 프로세스 제어에서 피드백 제어

(2) 제어의 종류

1) 단일 루프 제어계

① On – Off 제어

On – Off 조절계는 다음 그림과 같이 편차의 극성에 따라 출력을 On, Off하므로 2위치 조절계라고도 부른다. On일 때, Off일 때의 조작량은 제어량을 목표값으로 보유하는 데 너무 크거나 너무 작으므로 Cycling이 생기게 된다.

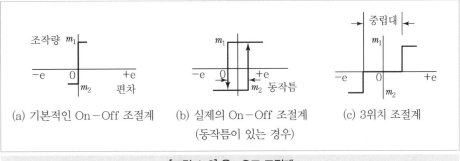

(a) 기본적인 On-Off 조절계   (b) 실제의 On-Off 조절계   (c) 3위치 조절계

(동작틈이 있는 경우)

[그림 4-2] 온·오프 조절계

실제의 On-Off 조절계에서는 [그림 4-2] (b)에 나타낸 것과 같이 동작틈을 기다리게 하고 있다. 동작틈이 없으면 조절계는 목표값의 근방에서 빈번하게 On, Off를 되풀이하여 기구의 수명이 짧아진다.

Bimetal Thermostat일 때에 어느 정도 동작 틈을 본래 갖고 있는 것도 있다면 On-Off 조절계와 같이 동작틈을 일부러 설치한 것도 있다. [그림 4-2] (c)는 3위치 조절계에서 중립대를 설치하고 있다. 동작틈이 있으면 Cycling의 주기는 길어지나 일반적으로 진폭도 크게 된다. 또 On-Off 조절계에서는 On일 때와 Off일 때의 꼭 중간의 조작량으로 제어량이 목표값에 일치하지 않고 평균값이 목표값으로부터 떨어져 Offset(비례제어 참조)을 발생시킨다.

프로세스가 큰 하나의 시정수를 가지고 다른 시정수나 데드타임의 존재가 문제되지 않을 때는 On-Off 조절계로도 어느 정도 충분한 제어가 가능하다.

② PID 제어

    ⊙ 비례동작 : 입력에 비례하는 크기의 출력을 내는 제어동작을 비례동작(Proportional Action) 또는 P동작이라고 부른다. 비례동작의 기본식은

$$Y(s) = K_c X(s)$$

여기서, K_c는 비례게인이지만 실제의 조절계에서는 비례게인 대신에 비례대가 사용된다. 비례대를 PB(Propotional Band)로 하면

$$PB = \frac{1}{K_c} \times 100 [\%]$$

즉, 다음 그림에 나타낸 것과 같이 비례대는 출력이 유효 변화폭의 0~100% 변화하므로 필요한 입력의 변화폭을 퍼센트로 나타낸 것이다.

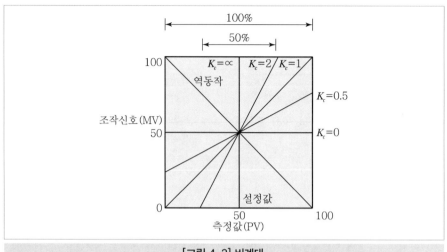

[그림 4-3] 비례대

비례 제어계의 스텝응답에서 충분히 시간이 경과해서 제어편차가 일정값으로 안정되었을 때의 제어편차를 Offset 또는 정상편차라 부른다. 비례 제어에서는 조절계의 출력값은 제어편차에 대응해서 특정값을 가지므로 편차가 0일 때의 출력값에 상당하는 조작량에 따라 제어량이 목표값에 일치하지 않는 한 Offset이 생긴다.

ⓛ 적분동작 : 적분동작(Integral Action)은 I동작 또는 Reset 동작이라고도 부르며, 입력의 시간 적분값에 비례하는 크기의 출력을 낸다.

$$Y(s) = \frac{1}{T_1 S} X(s)$$

여기서, T_1 : 적분시간

편차가 없어질 때까지 출력은 증가 또는 감소를 계속하므로 비례 제어에서 생기는 Offset을 제거할 수 있는데 이것이 Reset 동작이라고 불리는 이유이다. 적분동작의 크기는 적분시간으로 나타내고 적분시간이 짧을수록 적분동작은 강해진다. 단위는 보통 분이나 초가 사용된다.

비례 제어에서 비례게인을 올리면 Offset은 감소하나 동시에 전 주파수 대역에서 게인이 상승하므로 불안정하게 된다. 따라서 적분동작은 저주파 대역에서만 게인을 올려 Offset을 제거한다.

한편, 위상지연은 전 주파수 대역에서 90°가 되므로 제어의 안정상 바람직하지 않다. 거기서 통상은 비례동작과 조합한 비례＋적분, PI동작으로서 사용된다.

$$Y(s) = K_c \left(1 + \frac{1}{T_1 S} \right) X(s)$$

다음 그림은 PI 동작의 스텝응답과 보드선도를 나타낸다. 스텝응답에서 비례동작만에 의한 출력과 적분동작만에 의한 출력이 동일하게 되기까지의 시간이 적분시간이다.

(b)에서 $W = 1/T_1$에서 위상지연은 $45°$로 감소하고 주파수가 올라감에 따라서 0에 가깝게 되는 것을 알 수 있다.

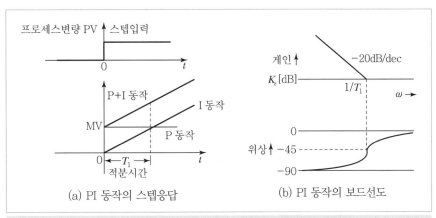

(a) PI 동작의 스텝응답

(b) PI 동작의 보드선도

[그림 4-4] PI 동작의 스텝응답과 보드선도

참고 Reset Windup

적분동작에서는 제어편차의 시간 적분값이 출력되므로 배치제어의 제어정지기간과 같이 편차의 어느 상태가 장시간 계속되면 적분동작에 의해 출력이 포화한다. 이것을 Reset Windup(적분포화)이라 부른다. 다음 그림은 반응 Batch Process의 제어상태를 나타낸다. Batch가 Start할 때 부내온도가 상승함과 더불어 편차는 감소해서 0이 되나 출력은 적분에 의해 포화한 그대로이다.

다음에 편차의 극성이 변화해서 처음 출력은 감소하기 시작한다. 그러나 일반적으로 조절계의 출력은 0~100%를 다소 넘는 출력이 나오도록 되어 있으므로(조절밸브의 완전 폐를 확실히 한다) 실제로 조절밸브가 움직이기 시작하기까지 더욱 늦어지고 이 때문에 Reset Overshoot가 발생한다. 따라서 배치제어에서는 출력을 적당히 스위치로 교체해서 Batch Switch부 조절계나 적분동작을 일시적으로 멈춰서 비례제어를 행하는 조절계 등이 사용된다.

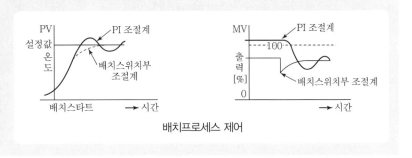

배치프로세스 제어

ⓒ 미분동작 : 미분동작(Differential Action)은 D동작 또는 Rate 동작이라 하며 입력의 시간미분값(입력변화의 비율, 즉 Rate)에 비례하는 크기의 출력을 낸다.

$$Y(s) = T_D s X(s)$$

여기서 T_D : 미분시간

미분동작은 입력의 변화속도에 비례한 출력을 내는 동작이므로 단독으로 사용될 수 없고 반드시 비례 또는 비례+적분동작과 조합해서 사용된다. [그림 4-5], [그림 4-6]은 각각 비례+미분동작의 램프응답 및 보드선도를 나타낸 것이다. 램프응답에 있어서 비례에 의한 출력과 미분시간이 길수록 미분동작은 강하게 된다. 단위는 보통 분 또는 초가 사용된다. [그림 4-6]과 같이 $W = 1/T_D$에서 위상은 45°로 진행하여 주파수가 상승함과 더불어 90°까지 진행한다. 이에 따라 프로세스의 위상지연을 보상해서 제어의 안정성을 증가시킬 수 있다.

한편, 절점 주파수를 초과하면 게인은 20dB/dec의 점근선에 따라 상승한다. 이 때문에 약간의 설정값 변경, 측정값 변화나 잡음에 대해서도 출력이 크게 변하여 바람직하지 못하다.

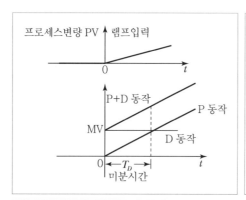

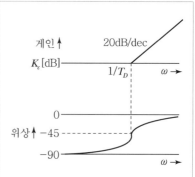

[그림 4-5] 비례+미분동작의 램프응답   **[그림 4-6] 비례 P+완전 미분 D 동작의 보드선도**

실제의 조절계에서는 미분에 1차 지연계를 부가한 불완전 미분이 사용될 수 있다. 미분항을 추출하면 다음과 같다.

$$Y(s) = \frac{T_D s}{1 + T_d s} X(s)$$

여기서, T_d : 미분시정수

T_D / T_d : 미분진폭(보통 10 전후의 값이 선택됨)

ⓔ PID 동작 : 비례, 적분, 미분의 세 동작을 조합한 것이 PID 동작이다. PID 동작의 기본식은 다음 식과 같이 표현된다.

$$Y(s) = K_c\left(1 + \frac{1}{T_1 s} + \frac{T_D s}{1 + T_d s}\right)X(s)$$

PID 동작의 스텝응답은 [그림 4-7]과 같다.

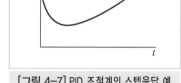

[그림 4-7] PID 조절계의 스텝응답 예

ⓜ PID의 효과

　ⓐ 비례동작의 효과 : 비례대를 좁게 할수록
　　• 오프셋이 감소한다.
　　• 진폭감쇠비가 크게 되면 결국은 발산한다.
　　• 진동의 주기가 짧아진다.

　ⓑ 적분의 효과 : 적분시간을 짧게 할수록
　　• 오프셋이 없어지고 리셋할 때까지의 시간이 짧아진다.
　　• 폭감쇠비가 크게 되며, 결국 발산한다.

　ⓒ 미분의 효과 : 미분시간을 길게 할수록
　　• 오프셋량은 변하지 않는다.
　　• 진폭감쇠비는 작게 되고 다시 크게 된다.
　　• 진동의 주기는 짧게 된다.

앞에서 설명한 각 동작의 효과 및 최적상태로 제어한 각각의 경우 PID의 값을 비교함으로써 비례제어에는 오프셋이 남고 적분동작을 가하면 오프셋을 제거하는 것이 가능하지만 안정성이 다소 악화된다. 따라서 미분동작을 가하면 안정성이 증가하고 응답도 빨리 되는 것을 알 수 있다.

ⓗ 최적 조정 : 제어응답은 PID의 값으로부터 여러 가지로 변화하지만 그 프로세스의 평가기준을 만족하듯이 PID의 값을 구하는 것을 최적 조정, 최적 설정 또는 튜닝이라고 한다.

참고　PID의 값을 구하는 방법

① 폐루프 특성을 이용한 방법 : 제어루프의 닫은 상태의 응답으로부터 PID의 값을 구하는 방법으로 통상 평가기준은 진폭감쇠비이다.

② 프로세스 특성을 이용한 방법 : 개루프의 상태로 프로세스의 응답을 조사하고 PID의 값을 구한다. 제어면적 또는 응답시간을 평가기준으로 하는 것이 많다. 또한 이하에 서술하는 최적 설정방법은 외란, 설정값 변경 어느 것에서도 미분, 비례도 편차에 대해서 움직이는 것을 상정하고 있으므로 미분선행이나 2자유도 PID 등의 경우는 설정값 변경에 대한 최적 설정값은 다른 값으로 된다.

2) 복합 루프 제어계

① 캐스케이드 제어

피드백 제어계에서 하나의 제어장치(1차 조절계)의 출력신호에 의해 다른 제어장치(2차 조절계)의 목표값을 변화시켜 행하는 제어를 캐스케이드 제어(Cascade Control)라 부른다. 캐스케이드 제어계를 짠 목적은 2차 조절계에 의해 2차 제어루프에 들어가는 외란이 1차 프로세스에 주는 영향을 없애는 것이다.

② 비율 제어

2개 이상의 변량 사이에서 비례관계를 지키는 제어를 비율 제어(Ratio Control)라 한다. 연소로의 공연비 제어 등 일반 유량 간의 비율을 제어하는 데 사용된다. 다음 그림은 비율제어의 기본적인 개념을 나타낸 것으로, 2개의 유량 비율을 할산기로 구해서 목표 비율을 설정한 조절계로 한쪽의 유량을 조작한다.

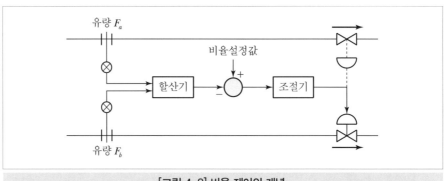

[그림 4-8] 비율 제어의 개념

③ 선택 제어

선택 제어(Selective Control)에는 측정값의 선택제어와 하나의 조작량에 대하여 제어량이 다른 2개의 조절계의 출력을 선택하는 오버라이드 제어방식이 있다. 다음 그림은 측정값(PV) 선택 제어의 예이다.

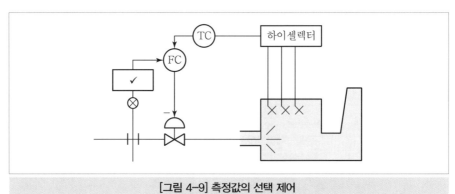

[그림 4-9] 측정값의 선택 제어

[그림 4-10]은 Buffer Tank의 오버라이드 제어의 예를 나타낸다. 이 Buffer Tank의 목적은 탱크가 비지 않는 범위에서 다음 단 프로세스로 피드양을 일정하게 유지하는 것이다. 액위가 설정값 이상인 경우에는 유량제어계가 선택되고 피드량을 일정값으로 유지하나 액위가 설정값에 달하면 액위제어계가 선택되어서 액위가 설정값보다 내려가지 않도록 제어한다. 제어결과는 [그림 4-11]과 같다. 이 예로 조절밸브에 역동작(Air to Open)의 것을 사용하면 유량조절계는 역동작, 액위조절계는 정동작으로 되고 Selector는 Low Selector로 된다(조절밸브가 정동작할 때는 High Selector).

선택되어 있지 않은 제어루프는 편차가 있고, PI 조절계의 적분동작에 의해 Reset Wind up을 일으킨다. 이것을 피하기 위해 외부궤환형의 조절계가 이용된다.

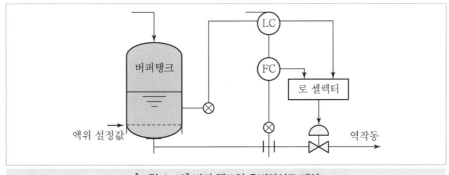

[그림 4-10] 버퍼 탱크의 오버라이드 제어

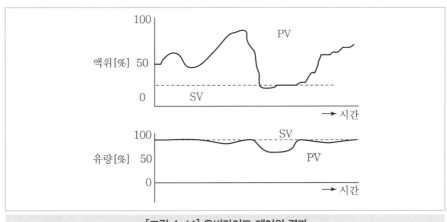

[그림 4-11] 오버라이드 제어의 결과

3) 제어계의 평가

제어계는 안정성, 속응성 그리고 오프셋의 크기 등으로 평가된다. [그림 4-12] (a)의 설정값이 스텝변경에 대해 4개의 응답 예를 나타낸 것이기 때문에 (b)는 이상적인 응답이지만 실제로는 실현되지 않는다. (c), (e) 중간에 있는 (d)가 보통 바람직하지만 프로세스로부터의 평가가 반드시 한결같지는 않다.

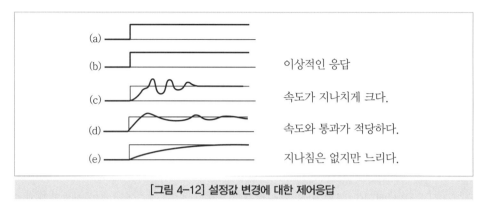

[그림 4-12] 설정값 변경에 대한 제어응답

지금까지 서술해 온 것은 프로세스의 연속제어에 관한 것이었지만 연속제어와 함께 시퀀스 제어가 프로세스 제어의 일부를 나타낸 경우가 많다. 여기에서는 시퀀스 제어에 관하여 설명한다.

4) 시퀀스 제어

① 시퀀스의 정의

시퀀스 제어(Sequence Control)는 '미리 정해진 순서에 따라 제어의 각 단계를 순차 진행하는 제어'라고 정의하고 있다. 여기에 해당하는 우리 주변의 시퀀스 제어에는 전자동 세탁기나 엘리베이터 등이 있다. 프로세스제어에는 중합부, 결정부 등 배치프로세스의 시퀀스 제어, 상수도의 여과지세정 시퀀스 제어 등을 들 수 있다. 또 연속 프로세스에서도 Start Up이나 Shutdown일 때는 수동, 자동을 불문하고 시퀀스 제어를 하지 않으면 안 된다.

② 시퀀스 제어의 종류

시퀀스 제어는 다음의 2개로 분류할 수 있다.

㉠ 프로그램 제어(공정형) : 미리 설정된 프로그램(공정)에 따라 제어를 진행해 나간다.

• 프로그램제어의 예 : 앞에서 말한 전자동 세탁기를 들 수 있다. 세탁물, 세제를 세탁조에 넣고 수도꼭지를 열어 Start Button을 누르면 급수−세탁−헹굼−탈수와 수위신호나 타이머, 카운터로부터의 신호와 함께 미리 설정된 프로그램에 따라 전처리를 진행하고 최후에 차임(Chime)을 울려서 종료한다.

㉡ 조건 제어(감시형) : 내부 · 외부 상태를 감시하고 그 조건에 따라 제어를 행한다.

• 조건제어의 예 : 엘리베이터가 해당한다. 외부의 상태에서는 호출하고 행선지정 등이 있으며 내부상태에서는 케이지의 상태, 즉 현재의 층수, 정지, 운전, 승객의 유무 등이 있다.

또 엘리베이터가 여러 대 있을 경우에는 다른 케이지의 상태도 조건의 하나로 되고 이들 조건에 따라 운전이 진행되고 있다.

시퀀스 제어에서는 프로그램 제어와 조건 제어가 혼재되어 있는 경우도 많다.

③ 시퀀스 제어의 기술방식

시퀀스 제어의 동작을 기술하는 방식은 다음과 같다.

　　㉠ 릴레이회로 : 시퀀스 제어회로는 오래전부터 릴레이, 타이머 등을 사용해서 실현되어 왔으므로 그 릴레이 회로도가 기술형식으로 사용되고 있다.

　　㉡ 논리회로 : 논리기호를 사용해서 기술하는 것으로 회로의 기호에는 KS, MIL 등으로 규정된 것이 사용되고 있다.

　　㉢ 플로차트 : 컴퓨터 프로그램 작성과 같이 플로차트를 사용해서 기술하는 방식이다.

　　㉣ 타임차트 : 시간의 추이에 따라서 시퀀스 제어 기간의 상호 동작을 그림으로 나타내는 방식이다.

　　㉤ Decision 테이블 : 조건과 그에 대응하는 조작을 테이블상에 매트릭스 상태로 표시하는 방식이다.

이처럼 시퀀스 제어에는 각종 기술방식이 있고, 각각의 장단점을 가지고 있다. 프로그램 제어에는 플로차트 방식이, 조건 제어에는 릴레이회로나 논리회로가 적합하다. Decision 테이블은 양쪽 상태로 사용할 수 있다. 즉, 실용상 사용하는 시퀀스 제어기기의 프로그램 방식에 따라 기술방식을 채용하는 것이 일반적이다.

(3) 측정 및 전송

석유, 화학, 제철, 섬유, 제지 등의 프로세스 공업에서 그 생산설비에 원료를 공급하고 에너지를 가하면 소정 환경의 작업에 의해 원료가 물리적·화학적으로 처리되어 제품이 생산된다. 이러한 프로세스 공업에서는 프로세스의 각 부의 상태에 관한 모든 양, 예를 들면 온도, 압력, 유량, 액위, 조성, 품질 등의 계측과 제어가 행해지고 있다.

한편, 자동차나 전기기계의 생산 등과 같이 물건의 가공, 조립, 검사 등의 기계적 가공을 중심으로 한 기계공업에서 취급대상은 고체이고, 제어량으로서 예를 들면 위치, 형태, 치수, 자세 등의 계측과 제어가 행해지고 있다.

이러한 공업의 생산과정에서 행하는 계측이나 원료의 수입, 제품의 출하검사 등과 같이 생산에 관계하고 있는 계측을 공업계측이라 한다. 공업계측이나 제어에서 대상으로 하는 측정량을 공업량이라 부르기도 한다.

🗨 특성에 따른 공업량 분류

- 상태량 : 온도, 압력, 유량, 액위, 습도, 열량, 점도, 밀도 등
- 기계적 양 : 길이, 각도, 변위, 위치, 형상 등
- 역학적 양 : 질량, 힘, 시간, 회전수, 속도, 진동 등
- 성분량 : 가스성분, 액체성분, 고체성분 등
- 전기적 양 : 전압, 전류, 전력, 주파수, 자기 등

이들의 공업량의 측정에 사용되는 검출단에는 여러 가지가 있지만 여기에서는 현재 사용되고 있는 대표적인 것에 대해 설명한다.

1) 온도 측정

공업계측 중 온도 측정이 많이 사용되며 여러 종류의 검출방식이 있다. 가장 많이 이용되고 있는 것은 열전온도계와 저항온도계이며, 그 외에 피측정체에 접촉하지 않고 측정하는 방사온도계가 있다.

이러한 전기식 검출단에 더하여 액체의 열팽창을 응용한 것 또는 고체의 열팽창을 응용한 bimetal 등 기계적인 검출방법도 있다. 이들은 원거리 전송에 적당하지 않으므로 현장설치용으로 이용되는 일이 많다.

① 열전온도계

㉠ 측정원리 : 다음 그림과 같이 다른 종류의 금속 A, B를 n점에 접합하고 다른 단을 m점으로 개방하면 n점의 온도 T_2와 m점의 온도 T_1과의 온도차$(T_2 - T_1)$가 발생한다. 금속 A, B를 열전대, m점을 기준접점 또는 냉접점, n점을 측온접점 또는 열접점, 기전력 $E_{AB}(T_2, T_1)$ 사이에는 일정한 관계가 있으므로 어느 열전대를 사용하고 기준접점온도 T_1을 일정하게 하면 열기전력 $E_{AB}(T_2, T_1)$를 측정함에 의해 측온접점온도 T_2를 알 수 있다.

열기전력 측정을 위해 도선 C에서 m점을 기전력측정기에 접속하나 같은 종류의 금속이므로 이 사이에는 열기전력은 발생하지 않는다. 또 전류가 흐르지 않도록 입력저항이 높은 측정기를 사용할 필요가 있다.

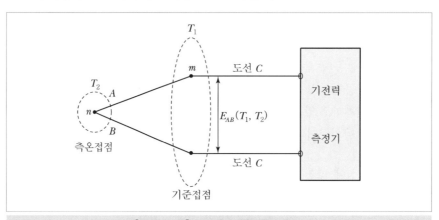

[그림 4-13] 열전대에 의한 온도 측정

㉡ 열전대의 종류 : 열전대는 용도에 따라서 많은 종류가 있으나 KSC1602에는 7종류의 열전대를 정하고 있다. 열전대는 귀금속 열전대와 비금속 열전대로 크게 구별되고 기호의 B, R, S는 전자, K, E, J, T는 후자에 속한다. 귀금속 열전대는 일반적으로 내식성에는 뛰어나지만 비금속 열전대에 비교하면 열기전력이 작다.

선의 지름이 커지게 되면 그만큼 사용한도, 과열사용한도는 높아지고 저항은 작아진다.

  ⓒ 열전대의 요구조건
    • 내식성이 좋고 가스 등에 대해 견고할 것
    • 열기전력이 클 것
    • 내열성이 좋고 고온에서도 기계적 강도가 보호될 것
    • 장기간 사용해도 열기전력이 안정하고 열전대의 소모가 적을 것
    • 같은 종류의 열전대에서는 항상 동일 특성의 것을 얻을 수 있고 호환성이 있을 것

② 저항온도계
금속의 전기저항과 온도 사이에는 일정한 관계가 있으므로 전기저항을 측정하면 그 온도를 알 수 있다. 금속으로 백금(Pt), 니켈(Ni), 구리(Cu)가 사용되며 그 온도와 저항비의 특성은 사용하는 재질로서 다음의 조건이 필요하다.

• 사용온도 범위에서 온도와 전기저항의 관계가 연속적으로 일의적이다.
• 저항값의 경시변화나 다른 조건에 의한 변화가 없다.
• 저항값의 온도에 의한 이력 현상이 없다.
• 내식성이 있어서 안정되고 있다.
• 고유저항, 저항온도계수가 크다.
• 호환성이 있다.
• 가공이 용이하다.

이들 조건에 가장 적합한 재료는 백금이며 KS에 백금측온저항체가 규정되어 있고, 그 측정온도범위는 $-200°C \sim 500°C$이다.

💬 저항온도 측정법의 특징(열전온도 측정법과 비교 시)
• 감도가 크다.
• 진동이 적은 환경에서 사용하면 오랜 기간에 걸쳐 안정하다.
• 형태가 크기 때문에 응답이 느리다.
• 최고 사용온도가 $500 \sim 600°C$로 낮다.
• 좁은 저항 소선을 사용하고 있기 때문에 기계적 충격이나 진동에 약하다.

열전대에서는 전류를 흘리지 않고 측정하는 데 비해 측온저항체에서는 전류를 흘려서 측정하는 점이 본질적으로 다르다.
저항소자의 측온저항체의 단자를 접속하는 도선을 내부도선이라 하며 다음 그림과 같이 2도선식, 3도선식 및 4도선식이 있다. 여기서 S는 저항소자를 나타내고 A 및 B는 단자기호를 나타낸다.

2도선식은 변환기와 측온저항체를 접속하는 외부도선의 배선비용은 싸지만 전류 공급도선과 전압 검출도선이 병용으로 되어 있기 때문에 도선의 온도에 의한 저항값 변화의 영향을 직접 받아서 오차가 크다. 외부도선 저항의 영향을 작게 하기 위해 교환기를 측온저항체의 가까이에 설치하는 경우에는 교환기의 내열 및 방폭의 문제가 생긴다. 3도선식은 공업계측기용으로서 가장 많이 사용되는 방식으로 측온저항체 – 변환기 간의 거리가 길어져도 3개 도선의 저항이 같다고 하면 그것이 외기온 등의 변화에 의해 변해도 오차를 일으키지 않고 온도를 측정할 수 있다. 오차를 완전히 없게 하기 위해서는 4도선식을 이용한다. 4도선식에서는 전압검출도선이 전류 공급도선과 독립되어 있으며 전압검출도선에 전류를 흐르지 않도록 하여 전압을 측정하면 측온저항체의 저항값을 정확하게 측정할 수 있다. 이 방식은 표준기나 정밀 측정 등에 이용된다.

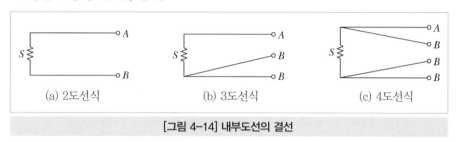

(a) 2도선식   (b) 3도선식   (c) 4도선식

[그림 4-14] 내부도선의 결선

2) 유량 측정

유량의 측정은 프로세스 공업에서는 널리 사용되며 그중에서도 조리개 기구를 사용한 차압식 유량계는 오래전부터 사용되고 있다. 이 외 유량 측정에는 면적식, 용적식, 전자식, 초음파식 등 원리적으로 다른 각종의 것이 있다. 이들은 필요한 측정정밀도, 유량의 크고 작음, 측정대상(액체, 기체 등), 유체의 성질(온도, 압력, 점도, 부식성의 유무 등)에 따라 사용이 구분되고 있다. 유량계의 종류는 다음과 같다.

① 차압식 유량계

차압식 유량계(단속유량계라고도 한다)는 관로 내에 조리개기구를 설치하고 유량의 크기에 따라 그 전후에 생긴 차압을 측정하여 유량을 구하는 것이다. 구조가 간단하며 액체, 기체, 증기의 어느 것이나 적용할 수 있으므로 예부터 공업용 유량계로서 넓은 분야에 가장 많이 사용되고 있다. 즉, 조리개기구에 따라 유량 측정을 적정하게 할 수 있도록 KS로 규격화되어 널리 이용되고 있다.

② 면적식 유량계

수직으로 설치된 Taper관의 사이를 측정유체가 밑에서 위로 흐르면 Taper관 내에 설치된 Float는 유량의 변화에 따라 상하로 이동된다. 이 Float 움직임을 검출하여 유량을 구하는 것이 Float형 면적식 유량계이다.

③ 용적 유량계

회전자나 피스톤 등의 가동부와 그것을 둘러싼 케이스 사이에 형성되는 일정 용적의 공간부를 되(곡물, 액체의 양을 재는 그릇)모양으로 그 안에 유체를 가득 채워 그것을 연속적으로 유출구로 내보내는 구조로, 계량 회수로부터 용적 유량을 측정하는 것이다. 외국에서는 Positive Displacement Flow Meter(PD 미터)로 불리고 있다.

④ 터빈 유량계

원통상의 유로 속에 설치된 로터(회전날개)에 유체가 흐르면 통과하는 유체의 속도에 비례한 회전속도로 로터가 회전한다. 이 로터의 회전속도를 검출하여 유량을 구하는 방식의 유량계이다. 일반적으로 공업계측용에는 회전부의 기계적 마찰이나 유체 저항력이 작은 축류식(로터가 흐르는 중심을 축으로 흐르며 직각 방향으로 회전한다)의 높은 정밀도를 가진 터빈 유량계가 사용된다.

⑤ 전자 유량계

전자 유량계는 패러데이(Faraday)의 전자유도 법칙을 이용한 것으로 자계중을 가로로 잘라서 흐르는 도전성의 유체에 유기된 전압을 검출하여 유량을 측정하는 것이다. 공업계측용으로서 구경 2.5mm의 미소유량계에서 2,000mm 이상의 초대구경의 유량계까지 실용화되어 있다.

⑥ 소용돌이 유량계

흐름에 수직으로 주상물체(소용돌이 발생체)를 눌러 끼우면 그 물체의 양쪽에서 서로 역회전의 소용돌이가 교대로 발생하고 하류에 이른바 카르만 소용돌이열이 형성된다. 이 소용돌이의 단위 시간 주변의 발생수, 즉 소용돌이의 주파수는 어느 레이놀즈수의 범위에서 유속에 비례하는 특성을 가지고 있기 때문에 소용돌이 주파수를 검출하는 것으로부터 유량을 측정할 수 있다.

⑦ 초음파 유량계

관로의 외부에서 유체의 흐름에 초음파를 방사하고 유속에 따라 변화를 받은 투과파나 반사파를 관 외에서 받아들여 유량을 구하는 것이다. 현재 주로 물을 측정대상으로 한 것이 실용화되고 있다. 측정원리로부터 크게 구별해서 실용화되어 있는 대표적인 방식이 두 가지가 있다. 예를 들면, 그 하나는 전반시간차방식이라 부르며 비스듬하게 서로 마주 보며 관벽에 설치된 검출기 간의 초음파 펄스의 도달시간차에서 유속을 구하는 방법이다. 다른 하나는 도플러 효과를 이용한 방식으로 유체 중의 혼입물에 따라 반사해서 돌아오는 반사파와 송신파의 주파수의 차이에서 혼입물의 이동속도, 즉 유체의 유속을 측정하는 것이다.

3) 압력 측정

프로세스 공업에서의 압력은 그 자체가 측정의 대상이 되며 온도, 유량, 액위 등 다른 측정변량이 압력에 따라 간접 측정되는 경우도 많다. 그 의미에서 압력은 가장 기본적인 측정변량이 된다.

압력의 단위는 국제단위계(SI)에서는 Pa(파스칼) 및 Pa과 병용 가능한 bar가 규정되어 있다. 압력전송기 등에서 압력을 검출하기 직전의 압력 표현 방법에는 절대압, 차압 및 게이지압이 있다. 절대압은 진공상태를 기준으로 측정한 압력으로서, 압력과 다른 변량과의 사이 관계식 등에서는 이 절대압을 이용한다. 차압은 기준의 압력에서의 차를 나타낸다. 게이지압은 대기압을 기준으로 측정한 압력이다. 따라서 게이지압에서 나타낸 압력을 절대압으로 표현하기 위해서는 그때의 대기압을 가산한다. 압력이 절대압인지 게이지압인지를 명확히 할 필요가 있는 경우에는 압력값 뒤에 절대압은 'abs', 게이지압은 'G'의 기호를 붙인다.

4) 액위 측정

① 플로트식 액위계

Float식 액위계는 액면상에 뜨게 한 Float 위치를 직접 측정함에 따라서 액위를 아는 방법으로 댐, 정수장 등에서의 액위 측정에 적합하다. 플로트의 상하 움직임은 와이어로프를 이용해서 풀리의 회전각에 변환되어 지시된다.

② 차압식 액위계

차압식 액위계의 원리는 액중의 임의의 점에서 움직이지 않는 정압이 그 점에서 액면까지의 거리와 밀도와 중력가속도의 곱에 동등한 것으로부터 밀도와 중력가속도를 알고 있다면 압력에 따라서 액면까지의 거리, 이를 테면 액위를 아는 방법이다. 대상이 되는 탱크는 개방형, 밀폐형에 따라서 도압방법이 다르다.

③ 디스플레이서식 액위계

디스플레이서식 액위계는 원통상태의 디스플레이서식 역검출기가 조합된 것이다. 디스플레이서에 걸리는 부력은 그것이 배제한 액의 중량과 같아지고 따라서 디스플레이서의 단면적이 축방향에 관해서 일정하다면 부력과 액위는 직선관계가 된다. 따라서 부력을 측정해서 액위를 아는 것이 가능하다.

④ 기포식 액위계

기포식 액위계는 부식성의 액체 부유물을 포함한 액체나 고점도의 액체 또는 개설 탱크나 지하탱크 등과 같이 도입관을 부착하기 곤란한 경우에 사용한다.

5) 신호 변환

① 신호 변환의 목적

프로세스 제어 시스템에는 물리량을 측정할 목적으로 각종 검출기가 이용되며 각각의 검출기에는 여러 가지 신호가 발신된다. 이들 신호를 다른 요소, 예를 들면, 기록계나 조절계 또는 컴퓨터 등과 접속하기 쉬운 형으로 변환하는 것이 필요하게 된다. 이 때문에 다음에 기술하는 바와 같은 각종의 변환을 행한다.

㉠ 신호 레벨 변환 : 검출기에서 발신된 아날로그신호에는 낮은 레벨에서 높은 레벨까지 전압레벨의 것이 있다. 이들 신호는 증폭기를 통과함에 따라 일정신호레벨로 변환한다. 프로세스제어 시스템에서 잘 사용되는 전압신호로는 1~5V DC, 0~10V DC가 있다.

㉡ 신호 형태의 변환 : 신호의 형태를 다른 신호로 변환하여 쉽게 처리할 수 있다. 예를 들면, 저항값의 변화로 나타나는 신호는 전압신호로 변환함에 따라 증폭이나 전달이 용이하게 된다. 검출기와 수신기의 거리가 먼 경우에는 전류신호로 변환함에 따라 전송도중의 신호의 감쇠를 없앨 수 있다. 일반적으로 전류 신호로는 4~20mA DC 신호가 사용된다.

㉢ 직선화(리니어라이즈) : 검출기의 입·출력 특성은 비선형인 것이 많다. 예를 들면, 열전대, 측온저항체나 차압유량계 등에 의한 검출신호의 비선형성을 신호변환기로 직선화한 후에 지시계나 기록계에 전함으로써 프로세스의 상태를 알 수 있다.

직선화의 원리를 [그림 4-15]에 나타내었다.

여기서, P : 검출대상의 프로세스양(예를 들면 압력을 나타낸다.)

$\quad\quad V_X$: 검출기에서 발신된 전압신호

$\quad\quad V_Y$: 변환기의 출력신호

검출기의 입력특성이, 예를 들면 $V_X \propto P_2$의 관계에 있을 때 증폭기의 궤환 요소의 특성을 다음 식과 같이 정의하면,

$$f(V_Y) = V_Y{}^2$$

증폭기의 입력전류의 평형조건에서

$$\frac{V_X}{R} + \frac{V_Y{}^2}{R} = 0$$

따라서

$$V_Y = -\sqrt{V_X} \propto P$$

즉, 이 변환기를 통과함에 따라 압력에 비례하는 신호 V_Y를 얻는다.

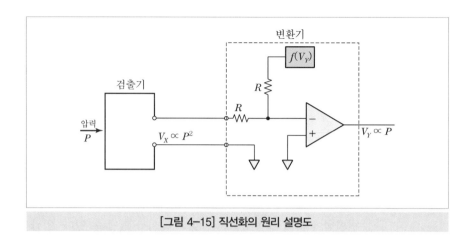

[그림 4-15] 직선화의 원리 설명도

6) 필터링

프로세스 제어 시스템에서는 전동기나 전자 밸브 등 큰 전력을 소비하는 기기와 미소 신호를 다루는 측정기기를 병용하는 것이 많다. 따라서 50Hz나 60Hz의 전원주파수에 동기한 잡음이나 펄스성 잡음이 존재하는 것이 많고 이 같은 잡음에 의한 수신계의 오동작을 방지하는 것도 신호변환기의 역할이다.

콘덴서와 저항을 조합한 1차 지연 필터에서 50~60Hz 이상의 잡음 성분을 제거한다.

7) 신호

① 신호절연

컴퓨터 시스템을 비롯해서 다수의 입력 신호를 동시에 처리하기도 하고 하나의 신호를 다른 시스템에서 동시에 이용할 때 신호 상호 간을 절연함에 따라 주변 포함 전류에 의한 오동작을 방지한다. 절연방식에는 트랜스를 이용하는 방법이나 포토 커플러를 이용해서 전기적으로 절연하는 방식 등이 있다.

② 열전대의 신호의 변환

낮은 레벨 신호를 증폭하는 예로서 열전대에서 온도를 검출하는 예를 나타낸다. 열전대의 기전력 특성은 다음 그림과 같다. 열전대의 종류에 따라서 다소의 차이는 있으나 어느 경우도 발생하는 기전력은 수 mV에서 수십 mV로 대단히 낮은 전압신호이다. 열전대의 임피던스는 작은 값이나 열전대에 전류를 흘리지 않고 측정하는 것이 중요하다. 따라서 높은 입력 임피던스의 측정회로를 이용할 필요가 있다. 종래에는 증폭기의 직류 드리프트에 의한 영향을 막기 위해 열전대에서 신호를 초퍼에 위해 교류신호로 변환해서 증폭한 후 다시 정류해서 직류로 되돌리는 방식이 채용되었으나 현재는 낮은 드리프트에서 고 임피던스 특성을 가진 IC화 연산증폭기가 이용되고 있다.

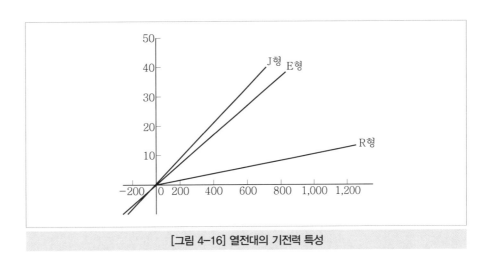

[그림 4-16] 열전대의 기전력 특성

열전대는 고온에 닿게 되므로 주위의 가스나 금속과 반응했을 때의 노화가 빠르다. 따라서 열전대의 노화나 단선을 염두에 두고 계측제어시스템을 설계하는 것이 중요하다. 변환기는 단선을 검출했을 때 출력신호를 상하한에 국한시키는 기능, 이른바 Burnout 기능을 붙인다.

열전대는 전기로의 온도 측정 등에 자주 이용되나 절연이 노화한 경우에는 히터에 인가되어 있는 전압이 코먼모드 잡음으로 되어 열전대에 가해진다. 변환기의 출력 측이 접지되어 있으면 이 잡음전류가 입력 측에서 출력 측으로 흘러 변환기의 오동작이나 회로파괴를 초래할 수 있다. 따라서 열전대용 변환기에서는 입·출력 간을 절연하는 것이 일반적으로 행해진다.

③ 저항 신호의 변환

브리지의 한 변에 측온저항체를 접속하고 저항값의 변화에 의해 생긴 불평형전압을 증폭하는 방법이다.

④ 2선식 신호전송

검출기까지의 거리가 길 경우에는 2선식 전류전송방식을 이용한다. 변환기와 검출기의 사이를 2개의 선으로 접속하고, 변환기 측에서 전원을 공급함과 동시에 신호 성분을 전류의 변화로 전하는 방식이다.

물리량의 변화 0~100%에 대응해서 4~20mA DC 혹은 10~50mA DC의 전류신호로 변환해서 전송한다. 검출기는 전류신호의 바이어스분 4mA 또는 10mA의 범위 내에서 작동하도록 설계된다. 전압신호가 필요한 때에는 전류경로의 도중에 저항기를 삽입해서 그 양단에서 꺼낸다. 프로세스 제어시스템에서 쓰이는 전류신호는 4~20mA DC로 통일되기 때문에 I_{max}를 20mA로 한다.

⑤ 펄스 신호의 변환

유량계 중에는 펄스 신호를 출력하는 것이 많이 사용되고 있다. 이 펄스 신호를 계수함에 따라 유량을 계측할 수 있으나 유량계에서의 펄스 신호는 높은 레벨의 전압

신호에 있기도 하고 릴레이 접점을 이용한 펄스 때문에 채터링이 있기도 하므로 직접 컴퓨터 등에 입력할 수 없다.

다음 그림은 펄스 신호 변환기의 예로, 펄스 입력은 파형 정형 후 포토커플러에서 입·출력 전원을 취하며 출력 회로에 유도된다. 트랜지스터 접점 신호의 형식으로 출력되므로 컴퓨터와의 접속이 용이하다.

입력 신호로서 릴레이 접점, 트랜지스터 접점 및 전압 펄스 어느 것이든 수신할 수 있다. 릴레이 접점일 때는 필터 스위치를 On으로 해서 채터링을 제거한다.

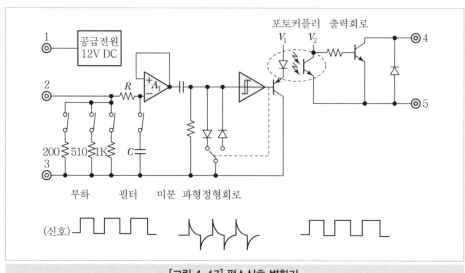

[그림 4-17] 펄스신호 변환기

⑥ 컴퓨터로의 입력장치

컴퓨터를 이용한 프로세스 제어 시스템에서는 다수의 아날로그 입력 신호를 처리한다. 열전대 입력의 경우를 예로 들어 컴퓨터의 입력처리계의 구성을 나타내면 다음 그림과 같다. 다수의 입력신호는 멀티플렉서로 교체하면 AD로 변환된다.

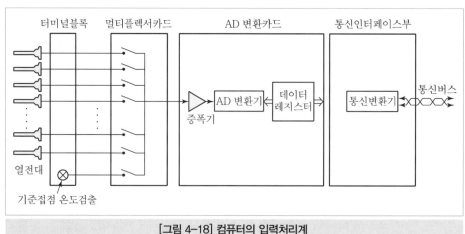

[그림 4-18] 컴퓨터의 입력처리계

전환 속도가 1초당 1점에서 10점 정도인 경우에는 릴레이로 교체해도 좋으나 그 이상의 빠른 속도가 되면 반도체 스위치를 이용하게 된다.

(4) 기록계

대규모 계장에서는 CRT 표시를 하여 그들을 Print Out하는 방법이 많이 쓰이므로 기록계 단체의 우선도는 어느 정도 저하되어 가고 있으며 기록계의 기술도 전자기술의 응용에 의해 급속히 진전하고 있다.

공업용 기록계는 프로세스의 측정신호의 시간적 변화를 감시하기도 하고 기록을 남겨서 테이터 관리를 행하는 경우에 이용된다.

1) 기록계의 기능

기록계의 기능은 다음 그림과 같이 측정, 처리, 기록으로 분류할 수 있다. 자동평형 기록계는 측정과 기록은 주로 서보기구에 의해 행하고 기록지 보냄 및 타점기구는 동기 전동기에 의해 동작한다. 이것은 구성이 단순하게 완성된 방식이나 그 외에 많은 기능, 예를 들면 인자, 표시, 연산, 원격제어 기능 등을 요구하면 회로적ㆍ기구적으로 복잡하게 된다.

한편, 입력신호를 AD 변환해서 디지털 정보로 하고 마이크로프로세서로 제어함에 따라 비교적 용이하게 여러 기능을 실현할 수 있다.

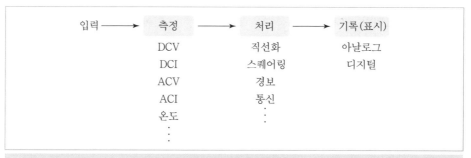

[그림 4-19] 기록계의 기능

① 기록 : 입력의 장기적인 경향을 파악하는 데 편리한 아날로그 기록에 더해 측정값, 시각, 눈금값 등의 디지털 인자를 기록한다(하이브리드 기록). 각 채널마다 Zone을 선정하고 기록하는 Zone기록이나 중요한 부분을 확대해서 기록하는 부분압축, 확대 기록을 행하는 것도 할 수 있다. 또한 각 채널의 범위, 태그 번호, 단위, 경보조합 센서, 일시, 기록지 보냄 속도 등의 설정조건을 리스트 인자하기도 하고 이들의 정보를 기록지 위에 일정 간격마다 인자하는 정각인자기능도 가능하다.

② 표시 : 각 채널의 측정값, 연월일시를 표시하는 디지털 표시 외에 측정값, 경보 설정 값, 경보시 점멸 표시하는 막대그래프 표시를 한다.

③ 연산 : 각 채널 간의 차연산, 전압신호 입력의 공업량 변환(스퀘어링), 리니어라이즈 연산, 개평연산이 가능하다. 또 메모리를 활용해서 각 펜 간의 offset을 보정하

기도 하고 라스타스캔 방식에 의해 많은 점의 고속 기록이나 인자가 행해진다. 이 외에 얼마간의 이벤트(Event)가 발생했을 때 그 전후의 입력 데이터를 전용의 메모리로 보존하고 지령에 의해 재생 기록하는 Event 기록 기능도 가능하게 된다.

④ 경보 : 각 채널마다 2점에서 6점의 경보가 설정되며 종류로는 상한, 하한 외에 변화율 하강한, 차상한, 차하한 등이 있다. 이들은 표시, 기록하는 외에 Relay를 개입시켜 출력한다.

⑤ 통신 : GP-IB, RS232C 등의 통신기능을 가짐에 따라 컴퓨터와의 통신이 가능하게 되고 컴퓨터의 출력장치로서도 활용할 수 있다.

이같이 Microprocessor의 활용에 의해 다기능화를 꾀한 기록계를 중심으로 다음에서 그 동작원리, 구성요소에 관해서 설명한다.

2) 펜 기록식 기록계

기록 펜 수로는 1~3펜형이 주로 제품화되고 있다.

측정 신호는 미리 설정한 측정범위에 따라 증폭된 후 적분형 AD 변환기에 의해서 디지털 신호로 변환된다. 변환된 디지털 신호는 연산 제어부에서 직선화 또는 경보처리 등의 연산을 행한 후 표시용 데이터로서 일시기억소자 RAM에 기억된다. 그리고 이 데이터는 기록 장치에 대응한 기록 데이터로 변환된다. 이 데이터는 DA 변환기에 의해 다시 아날로그 신호로 돌려 서보 증폭기에 보내어 위치 궤환소자로 얻은 펜 위치신호와 비교된다. 양자의 편차출력은 모터 컨트롤용 IC에 의해 전력 증폭되며 서보모터를 회전시킨다. 위치 궤환 소자로서는 기계적 접점을 갖지 않은 초음파 위치 변환기, 서보모터는 얇은 형태의 브러시리스 직류 전동기를 채용해서 신뢰성이 높은 비접촉 서보계를 구성하고 있다.

또 리스트 인자 또는 정각인자 등의 문자인자는 서보기능과는 독립으로 동작하는 소형 XY 플로터에 의해 행해진다. 플로터의 제어는 전용 원칩 CPU(마이크로프로세서)가 행한다.

3) 다점 기록계

① 아날로그부, 연산제어부, 기록부 및 키보드부로 구성되어 있다.

② 아날로그부는 릴레이 스캐너와 프로그래머블 증폭기로 구성된 다점 측정회로와 4, 1/2 자리의 분해능을 가진 펄스폭 변조 적분형 AD 변환회로로 구성되어 있다. 연산 제어부는 2개의 마이크로프로세서와 ROM, RAM 및 주변회로가 있다. 한편의 프로세서는 아날로그부, 키보드부 및 통신 인터페이스를 제어하고 다른 편은 기록부의 제어를 행한다.

③ 기록부는 와이어도트식 하이브리드 인자헤드, 종이, 이송 기구, 전동기 구동 장치 등으로 구성된다. 또 키보드부는 각종 설정키와 LED 표시기로 구성된다.

④ 30점의 직류전압 및 온도의 입력신호는 스캐너에 의해 1점씩 순차 선택되며 미리
설정된 측정 레인지에 따라 아날로그부에서 AD 변환된다. 이 데이터는 연산제어부
로 보내져 입력의 종류에 따라서 직선화, 스퀘어링, 경보연산 등의 처리를 받아 표
시용 데이터와 기록용 데이터로 변환되어 RAM에 보존된다. 기록용 데이터는 아날
로그와 인자가 각각 기록위치에 대응하도록 변환된다.

(5) 조절계

조절계는 공기식 조절계를 비롯한 아날로그 전자식 조절계, 디지털 조절계 그리고 CRT
표시, 통신기능을 가진 제어 시스템기기로 전개되어 가고 있는데, 여기서는 단일 루프 조
절계로 한정하고 아날로그 전자식 조절계 및 디지털 조절계를 비교하면서 조절계의 기능
에 관해서 기술한다.

컴퓨터에 의한 디지털제어에서는 8루프, 16루프 또는 32루프라 하는 방식에 다수의 프로
세스를 1대의 조절계로 제어하는 멀티루프형 조절계도 사용되고 있다.

1) 공기식 조절계와 전자식 조절계

공업계기 발전의 역사 중에서 자세히 설명한 것과 같이 일렉트로닉스 발전과 함께 공
기식에서 전자식으로 이행하고 컴퓨터가 프로세스 계장 중에서 사용되고 있는 것같이
되면 조절계의 전자화가 일단 진전한다. 다음 그림은 유량 프로세스를 대상으로 한 공
기식과 전자식의 루프 구성도이다. 공기식은 폭발성 가스의 위기 중에서도 사용할 수
있는 점이 최대의 특징이나 컴퓨터를 이용한 프로세스용 집중감시 또는 디지털 제어가
번창하게 된 최근에는 컴퓨터와의 결합성의 양호성이 중시되어 전자식 조절계가 많이
사용되고 있다.

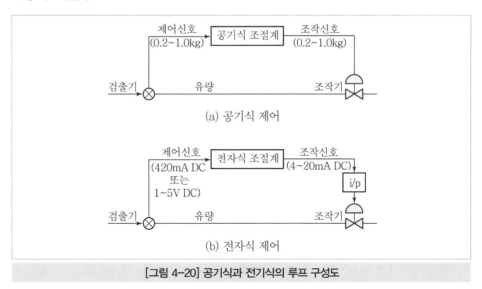

[그림 4-20] 공기식과 전기식의 루프 구성도

2) 아날로그 전자식 조절계

다음 그림은 조절계의 기본 구성도이다. 조절계의 동작은 수동(M), 자동(A), 캐스케이드(C)의 세모드로 바꿀 수 있다.

'M'모드일 때는 수동 조작부에서 직접 출력 신호(조작량)를 조작할 수 있다. 'A'모드에서는 조절계 자신에서 설정한 목표값과 현재의 입력신호(제어량)를 비교해서 그 편차가 제로로 되도록 조절 연산부가 움직이고 조작부에 출력신호(조작량)를 미치게 한다. 'C'모드에서는 목표값이 조절계의 외부에서 부여되는 점만이 'A'모드와 다르다. 목표값 설정 및 수동조작은 그림과 같이 계기 전면에서 소삭할 수 있도록 배치되어 있으나 그 외 제어정수의 설정 기능은 측면에 놓는 것이 일반적이다.

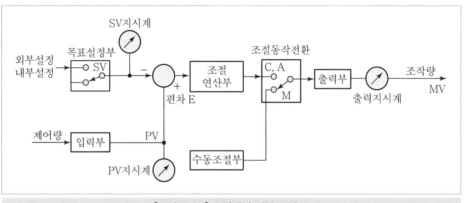

[그림 4-21] 조절계의 기본 구성도

목표값과 출력값의 변경조작의 방법에는 가변저항기 등을 이용해서 위치형에서 설정하는 것과 누르는 버튼스위치 등을 이용해서 현재 값에서 변화분을 가하는 속도형으로 설정하는 방법이 있다.

3) 디지털 조절계

① 프로세스 제어용 컴퓨터를 이용한 DDC(Direct Digital Control)는 수십 루프~수백 루프를 일괄 컨트롤하고 있으나 마이크로컴퓨터의 발달에 따라 수 루프 또는 단일 루프라도 가격적으로 아날로그 조절계와 충분히 대항할 수 있도록 디지털 조절계가 실용화되고 있다.

② 마이크로프로세서를 이용한 디지털 조절계에서는 비율 제어, 캐스케이드 제어, Feed Forward 제어, 비선형 제어 등 종래의 아날로그 조절계에서는 실현하기가 어려웠던 제어 알고리즘이 용이하게 실현되는 것 외에 입력신호의 전처리나 상위 시스템과의 데이터 전송, 자기 진단 기능 등을 장비하는 것이 가능하게 되었다.

③ 다음 그림은 마이크로프로세서에 이용한 디지털 조절계의 구성 예이다. 조절계의 모든 동작은 시스템 ROM(Read Only Memory) 중에 프로그램된다. 먼저 아날로그 입력신호는 멀티플렉서를 통하여 차례로 AD 변환해서 디지털 양의 형태로 마이

크로프로세서에 거두어 들이며, 디지털 방식에서 제어연산을 실행한 후 DA 변환기에서 다시 아날로그 신호로 되돌려서 출력하는 방식이다. 이같은 일련의 동작이 0.1초 주기나 0.2초 주기에서 반복 실행되며 출력된 신호는 다음의 주기에서 갱신될 때까지 일정값을 유지한다.

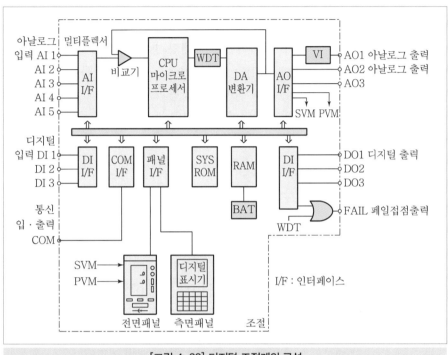

[그림 4-22] 디지털 조절계의 구성

④ 이 방식은 샘플링 제어방식이지만 샘플링 시간을 프로세스의 시정수와 비교해서 10배 이상으로 빠르게 함에 따라 아날로그 조절계와 거의 동시에 처리할 수 있다. 게다가 조절계에 필요한 각종 제어 연산기능은 모두 마이크로프로세서의 프로그램으로 실현되기 때문에 다양화하는 제어방식에 대응하기 쉬운 특징이 있다. 디지털 조절계에서 사용하는 AD 변환기는 12비트 이상의 분해능이 있고 수 ms 이하에서 변환할 수 있는 방식이 바람직하다. 일반적으로 축차 비교방식이 많이 이용되고 있고 마이크로프로세서의 프로그램으로 변환 순서를 제어함에 따라 회로를 간략화하는 것도 행해지고 있다.

4) 프로그래머블 조절계

아날로그 조절계에서는 연산기능이 하드웨어와 일대일로 대응하고 있기 때문에 복잡한 제어연산을 실행하는 것은 곤란하나, 마이크로프로세서를 응용한 조절계에서는 소프트웨어에 의해 제어연산기능이 실현되기 때문에 기본적인 PID 연산 외에 각종의 연산 모듈을 준비해 놓고 필요에 따라 그들을 소프트웨어 결합함에 따라 복잡한 제어연산을 용이하게 실현할 수 있다. 다음 그림은 프로그래머블 조절계를 유량 비율제어에 응용한 예이다. A라인의 유량과 B라인의 유량을 일정비율로 지키는 제어에서는 A라인의 유량(차압)을 측정하고 개평연산, 비율승산, 바이어스 가산을 행하고 B라인의 제어의 목표값으로 하고 있다. 따라서 제어연산기능 외에 개평연산기능, 승산기능, 가산기능을 결합할 필요가 있다.

💬 프로그래머블 조절계의 프로그래밍 방법
　　① 테이블 기술방식(FIF ; Fill In the Form) : 테이블에 사용연산 모듈의 지정사항을 기입함에 따라 결합하는 방법
　　② 스텝 기술방식(수속언어, 협의의 Problem Oriented Language) : 실현하려는 기능을 명령에 따라 기술한 방법

① 스텝 기술방식의 연산원리
　프로그래머블 조절계의 동작은 입력의 인터럽트, 연산, 출력의 추출 3개의 기능으로 성립되어 있다. 이 동작을 명령으로 기술할 수 있도록 한 것이다. 연산은 모두 공통의 연산 레지스터 S로 행한다. 연산기의 신호의 접속, 즉 S레지스터의 입력은 LOAD 명령(LD라고 기술)으로 행한다. S레지스터는 S1~S5의 스택 구조로 되어 있고 LD 명령으로 입력할 때마다 데이터는 S1에서 S2로 Push Down된다. 입력한 데이터로 연산을 행하는 Function 명령을 사용한다. 제어연산에서 필요한 모듈이 준비되어 있고 +, −, /, * 등의 기호를 기술한다. 연산은 필요한 수의 S레지스터 내의 데이터를 사용하며 결과는 S1레지스터에 저장된다.
　연산결과를 뽑아내어 출력하는 데는 STORE 명령(ST와 기술)을 사용한다.

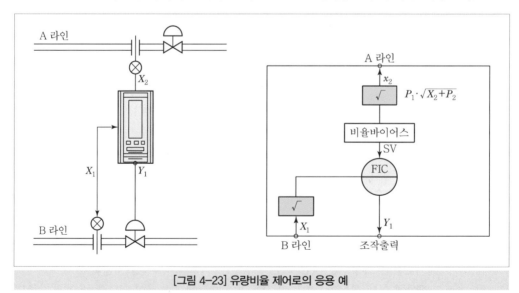

[그림 4-23] 유량비율 제어로의 응용 예

② 스텝 기술방식의 연산 제어 기능

프로그래머블 조절계가 가지고 있는 연산제어 기능의 예는 다음 표와 같다.
기본 PID 조절 기능은 BSC, 2대의 조절계를 직렬로 접속한 캐스케이드 조절기능
은 CSC로서 각각 하나의 함수로 정의되어 있다. 따라서 프로그래머블 조절계를 단
지 PID 조절계로 동작시키기 위한 프로그램은 다음과 같이 단순하게 된다.
LD X_1, BSC, ST Y_1, END

| 표 4-1 | 프로그래머블 조절계의 함수 예

항 목		명 령
4칙 연산		+ − * /
신호 변환	절대값	ABS (Absolute)
	루트개평	SQT (Square Root)
	꺾은선 함수	FX (f(x))
셀렉터	고	HSL (High Selector)
	저	LSL (Low Selector)
리미터	고	HLM (High Limiter)
	저	LLM (Low Selector)
	변화율	VLM (Velocity Limiter)
동적	1차 지연	LAG (Lag)
	미분	LED (Lead)
	Dead Time	DED (Dead)
	변화율	VEL (Velocity)
	타이머	TIM (Timer)
아날로그 조건판정	비교	CMP (Compare)
	상한경보	HAL (High Alarm)
	하한경보	LAL (Low Alarm)
시퀀스 연산	AND	AND (AND)
	OR	OR (OR)
	NOT	NOT (NOT)
	조건 점프	GIF (Go If)
제어기능	기본 제어	BSC (Basic Control)
	캐스케이드 제어	CSC (Cascade Control)
	셀렉터 제어	SSC (Selector Control)
기타 입·출력	아날로그 입·출력	LD (Load)
	디지털 입·출력	ST (Store)
	점프	GO (Go to)
	종료	END (End)

[3] 컨트롤 밸브(Control Valve)

1. 컨트롤 밸브

Controller로부터의 조작량(MV)을 기계적인 양으로 변환하여 제어대상을 움직이는 부분을 말한다.

(1) 컨트롤 밸브의 주요 기능

① 제어계의 최종 제어구성요소로서 유량, 압력, 속도를 조절
② 유체의 방향 전환, 유체 유송 및 차단 역할을 담당

(2) 컨트롤 밸브의 구성

본체(Body), 조작부(Actuator), 보조기(Accessary)로 구성

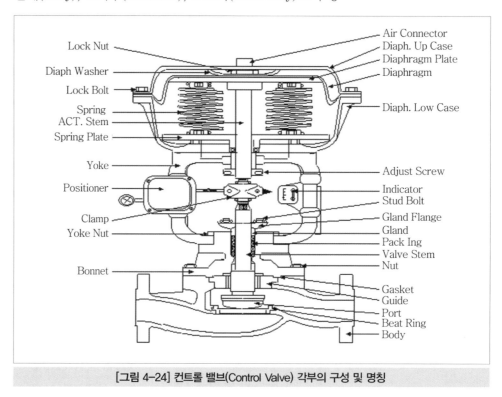

[그림 4-24] 컨트롤 밸브(Control Valve) 각부의 구성 및 명칭

2. 컨트롤 밸브의 종류

- 컨트롤 밸브의 종류는 프로세스 요구에 따라 여러 형태의 것들이 만들어지고 있음
- 분류하는 방법은 일반적으로 모양, 압력, 재질, 작동방법 등이 있고, 이 밖에도 개폐부의 움직이는 형태에 따른 분류와 제어 목적에 따른 분류, 조작신호에 따른 분류 등이 있음

(1) 개폐부(Trim)의 동작 형태에 따른 분류

1) 직선 운동형(Linear Motion Valve)

게이트 밸브, 다이어프램 밸브, 핀치 밸브, 앵글 밸브, 글로브 밸브 등

2) 회전 운동형(Rotary Motion Valve)

버터플라이 밸브, 볼 밸브, 플러그 밸브 등

(2) 개폐부 모양에 따른 분류

게이트 밸브, Y Type 밸브, 다이어프램 밸브, 앵글 밸브, 글로브 밸브, 버터플라이 밸브, 볼 밸브, 플러그 밸브

(3) 유체의 제어 목적에 따른 분류

이 분류방법은 일반적인 밸브 형태를 기준으로 한 것이며, 특별히 개폐부(Trim)의 모양을 변경할 때에는 On-Off 밸브라도 유량조절을 할 수 있음

① 유체흐름을 개폐(On-Off) : 게이트 밸브, 플러그 밸브, 볼 밸브
② 유체 흐름량을 조절·제어(Throttle) : 글로브 밸브, 버터플라이 밸브
③ 유체 흐름의 방향을 제어 : 3-Way 밸브, 4-Way 밸브, 앵글밸브

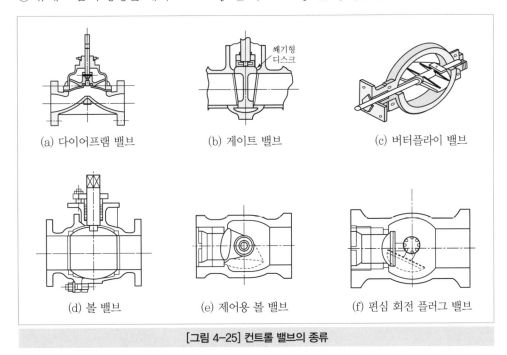

(a) 다이어프램 밸브　　(b) 게이트 밸브　　(c) 버터플라이 밸브

(d) 볼 밸브　　(e) 제어용 볼 밸브　　(f) 편심 회전 플러그 밸브

[그림 4-25] 컨트롤 밸브의 종류

(4) 작동방법에 따른 분류

① 수동식 밸브(Manual Valve) : Hand Wheel Type, Hand Lever Type, Warm Gear Type

② 자동식 밸브(컨트롤 밸브) : 공기작동형, 유압작동형, 전기작동형, 전기 유압식, 솔레노이드 밸브

③ 자력식 밸브(Self Actuating Valve) : 감압변, 감온변 등

| 표 4-2 | 밸브의 종류별 특징

밸브 명		장점	단점
글로브 밸브	단좌	• 제어범위가 넓다. • 누설이 적다. • 정, 역 설치가 가능하다. • 소형에 적합하다.	• 큰 구동 토크가 필요하다. • 저압 회복 특성이 있다.
	복좌	• 단좌에 비해 대용량이다. • 제어범위가 넓다. • 작은 구동 토크를 사용한다. • 정역설치가 가능하다. • 대형에 적합하다.	• 폐쇄 시 누설이 있다. • 저압 회복 특성이 있다. • 누설에 의해 고압에서 침식이 발생한다. • 고속에는 적합하지 않다.
앵글 밸브		• 좋은 제어 특성을 갖는다. • 대용량에 적합하다. • 침식이 적다. • 슬러리 액체에도 사용이 가능하다.	2인치 이상에만 적합하다.
버터플라이 밸브		• 대용량에 적합하다. • 경제적이다. • 압력손실이 작다. • 설치공간이 좁다.	• 구동에 큰 토크가 필요하다. • 회전식으로 60도 정도까지 가능하다.
다이어프램 밸브		• 대용량이고, 저렴하다. • 가격이 저렴하다. • 슬러리 액체에 좋다. • 압력이 낮으면 기밀이 좋다. • 부식성 화학장치에 좋다.	• 제어성능이 나쁘다. • 제어범위가 좁다. • 다이어프램 수명이 짧다. • 응답속도가 느리다. • 온도에 따라 다이어프램 사용이 제한된다.
볼 밸브		• 대용량이다. • 제어성능 및 범위가 넓다. • 적정한 가격이다. • 슬러리 액체에 좋다.	• 동작 압력이 제한된다. • 고압에는 좋지 않다.

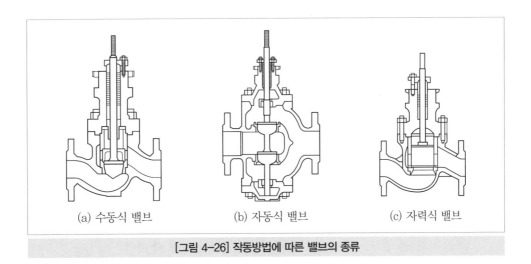

(a) 수동식 밸브   (b) 자동식 밸브   (c) 자력식 밸브

[그림 4-26] 작동방법에 따른 밸브의 종류

(5) 동작방식에 따른 분류

1) 공기식

공기압에 비례한 0.2~1.0kg/cm²의 공기압 신호로 동작되며 신호를 그대로 밸브 구동부에 사용

① 응답성을 빠르게 하면서도 히스테리시스를 작게 하기 위해 보조기기인 Positioner를 사용하는 경우가 많음

② 신뢰도가 높고 비교적 염가로서 보수가 용이

③ 방폭성을 구비(POSCO 화성공장 등에서 사용)

2) 전기식

① 4~20mA 전류신호로서 작동하는 밸브임

② 전동밸브나 전자밸브의 조작에는 전기 펄스신호를 사용하여 펄스모터를 구동하여 유압식 조작기구를 조작하거나 On – Off 신호로 솔레노이드 밸브나 펌프를 조작하는 경우임

③ 전류신호를 사용하는 경우 전기 신호로서 직접 구동부를 조작하는 경우는 거의 없고 보조기기인 Positioner를 통해 구동부를 조작함

3) 유압식

① 구동부의 응답이 양호한 것과 큰 조작력이 장점임

② 전기/유압 포지셔너를 개입시켜 구동부를 조작함

3. 컨트롤 밸브 선정

- 배관의 유체 제어 방법
- 가압펌프, 용량펌프, 컨트롤 밸브 등에 의해 실현
- 컨트롤 밸브에 의한 유량제어는 정밀하고 제어범위가 크며 제어 속도가 빠름

(1) 컨트롤 밸브 선정 시 조건

프로세스 중에서 중요한 역할을 지닌 컨트롤 밸브가 소기의 목적에 알맞은 기능을 발휘하기 위해서는 컨트롤 밸브 전체 사양 결정뿐만 아니라 이에 관계되는 많은 조건을 충분히 감안하여 선정하여야 한다.

1) 대상프로세스
① 컨트롤 밸브를 포함한 프로세스의 전체적인 이해 및 파악
② 프로세스 자체의 스타트업, 셧다운 및 긴급 이상 시 상태

2) 사용목적
① 유체 자체의 프로세스 변수를 제어
② 유체의 흐름 차단 또는 개방

3) 응답성
프로세스 제어 및 안전상 응답성이 요구되는 경우 조작신호에 대한 응답속도 및 밸브 자체가 가지는 응답속도를 확인

4) 프로세스 특성
프로세스 특성상 자기 평형성의 유무, 필요 유량변화 범위, 응답속도 등 확인

5) 유체조건
① 유체명 – 성분, 조성 – 유량 및 압력(밸브 입구와 출구)
② 온도 – 점도 – 밀도(비중, 분자량)
③ 증기압 – 과열도(수증기) 등

6) 유체 성상(性狀) 및 특성
① 위험성 : 인체에 대한 위험성, 특정 물질과의 반응성, 폭발성 등
② 부식성·마모성 : 부식조건, 내식재료, 사용금지재료 등
③ 폐색성 : 슬러리의 유무, 협잡물의 내용, 폐색 방지대책 등
④ 응고성 : 응고조건, 응고 방지대책 등

7) 레인지 어빌리티(Range Ability)
① 컨트롤 밸브의 실용상 만족해야 하는 최대와 최소의 밸브용량 비율
② 밸브 한 대로 필요한 레인지 어빌리티를 얻을 수 없을 때는 다음 방안을 검토
- 컨트롤 밸브를 두 대로 함
- 레인지 어빌리티가 큰 밸브로 변경

8) 밸브 차압 설정

밸브 상·하류 측의 차압을 계산하여 반영하고 프로세스 중에서 조절밸브에 의한 압손을 구하는 것으로 일반적으로 0.3~0.5로 함

9) 셧 오프(Shut-Off) 압력

밸브 차단 시 차압의 최대값은 구동부 선정, 조절밸브 각부의 강도설계 등에 필요한 데이터임. 실제 사용조건을 고려하여 셧 오프 압력을 정하여 적절한 밸브의 사양이 정해지도록 하여야 함

10) 밸브 시트 누설량

① 차단 시 밸브 시트 누설량이 어느 정도까지 허용될 수 있는지 확인
② 표현방식 : ANSI B16 104 규정(컨트롤 밸브의 정격 C_v 치×%로 표시)

| 표 4-3 | 밸브 시트 누설량

Class	Test Fluid	허용 누설량
Class I	–	규정하지 않음
Class II	3.5Bar의 물 또는 공기	정격 C_v의 0.5%
Class III	3.5Bar의 물 또는 공기	정격 C_v의 0.1%
Class IV	3.5Bar의 물 또는 공기	정격 C_v의 0.01%
Class V	실제 차압의 물	$5 \times 10^{-4} \times D \times \Delta P_\infty / min$
Class VI	3.5Bar의 공기	별도 표기

11) 밸브 동작조건

① 밸브 동작은 안전확보를 위한 동작과 입력신호 변화에 대한 동작의 2가지 목적이 있음
② 입력신호 또는 동력원 유실 시 플랜트의 안전확보 측면으로 동작
③ 입력신호 증가에 따라서 밸브가 닫히는 정동작(Air to Close)
④ 반대의 경우인 역동작(Air to Open)형으로 구분

12) 환경조건

밸브 설치공정의 온도, 습도, 염분, 부식가스, 먼지, 진동조건 등 고려

13) 소음

밸브에서 발생하는 소음 한계치를 정하고 저감대책을 수립

14) 방폭 성능

가연성 가스가 존재하는 곳에 설치되는 경우 밸브와 함께 사용하는 스위치류 등은 등급구분에 적합한 방폭 성능 구비

15) 동력원

① 공기를 동력원으로 사용하는 경우 Valve 기능이 손상되지 않도록 수분, 유분, 먼지 등을 제거하여 청정도 확보

② 조작력을 충분히 확보하기 위한 조작압력 및 용량 확보

16) 배관사양

밸브가 설치되는 배관 사양 검토

① 배관 호칭경 – 배관규격

② 재질 – 접속방식 등

17) 기타 사항

바이패스 밸브 설치 여부, 밸브의 보수성 · 경제성 등 고려

4. 컨트롤 밸브 선정 절차

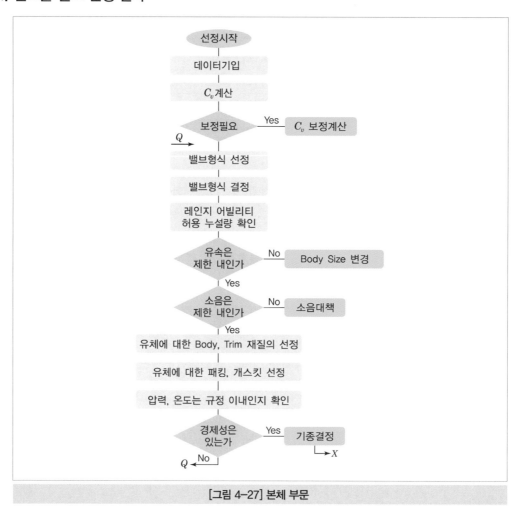

[그림 4-27] 본체 부문

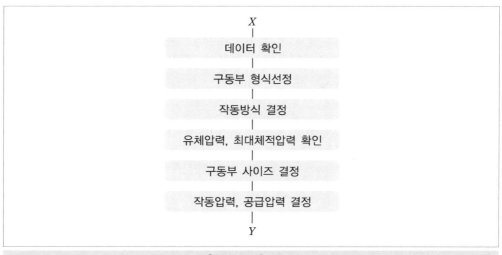

[그림 4-28] 구동부

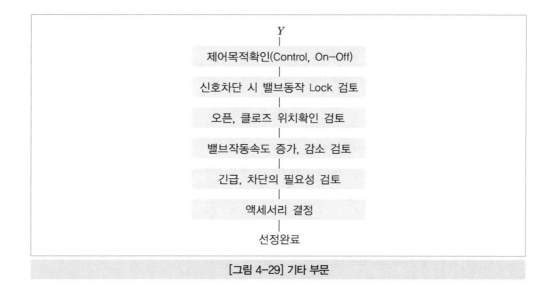

[그림 4-29] 기타 부문

(1) 밸브 사이징

- 정의 : 밸브를 통과하는 유체조건으로부터 컨트롤 밸브 정격 C_v값을 산출하여 밸브를 선정하는 것을 말함
- 가장 실용적이고 취급이 쉬운 FCI(Fluid Control Institute)식을 사용하며 필요시 ISA(Instrument Society of America) 방식에 의한 보정 실시
- 일반적으로 현장에서는 FCI식을 사용하여 C_v를 계산하며 이때는 1~10%의 오차가 발생. 실제로 주어지는 유체에 대한 조건이 정확하게 주어지지 않는 경우나 간이 계산식으로 계산 시에는 밸브 C_v보다 최대 80% 이내로 선정

① C_v 정의

컨트롤 밸브의 용량을 표시하는 수치로 밸브의 개도를 일정하게 하고 그 전후 차압을 1psi로 유지하였을 때 60°F(15.6℃)의 물이 1분간 흐르는 양을 US 갤런(1galon＝3.785L)으로 표시한 값

② C_v 계산식

FCI(Fluid Control Institute) 방식－ISA(Instrument Society of America) 방식

- C_v : Valve 용량계수
- G_1 : 액체 비중
- G_2 : GAS 비중
- Q_1 : 액체 용적유량(m^3/h)
- Q_2 : 기체 용적유량(Nm^3/h)
- Q' : 기체 용적유량(표준상태 15℃ 1atm)
  - [기체유량 환원식 : Nm^3/h＝273/288m^3/h]
- W : 증기 중량유량(kg/h)
- $\triangle P$: 차압($P_1 - P_2$)(kgf/cm^2 Abs)
- P_1 : Valve 입구압력(kgf/cm^2 Abs)
- P_2 : Valve 출구압력(kgf/cm^2 Abs)
- t : 사용상태 온도(℃)
- t' : 과열도(℃)
- P_{VC} : 축류부 압력(Vena－Contracta)(kgf/cm^2 Abs)
- FL : 압력회복계수
- Y : 팽창계수
- Z : 압축계수
- T_1 : 절대온도로 표시한 사용온도(273＋t℃)
- d : Valve의 입구경(mm)
- m : 점도 cP＝C.S×G
  - －cP : Centipoises
  - －C.S : Centistokes
- C_{v1} : 액체부분에서만 계산한 C_v
- C_{vg} : 기체부분에서만 계산한 C_v
- F_m : GAS 용적비에 의한 수정계수
- M_a : 면적비에 의한 수정계수(실개구면적/밸브전개구면적)
- M_p : 압력강하비($\triangle P/P_1$에 의한 수정계수)
- X : 압력강하비($\triangle P/P_1$)

(2) 유량특성

① 종류 : 5가지 특성(● : 이용되는 특성)

- ● 퀵오픈 특성(접시형)　　　　　○ 스퀘어루트 특성(V – Notch 특성)
- ● 리니어 특성　　　　　　　　　● 이퀄퍼센트 특성
- ○ 하이퍼볼릭 특성

② 고유유량특성 : 밸브차압이 일정하게 유지되고 있는 경우의 특성

③ 유량특성의 선정 : 밸브가 배관에 설치된 상태에서는 유량변화에 따라서 밸브 차압이 바뀌어 고유유량특성과는 다른 특성으로 됨(유효유량특성)

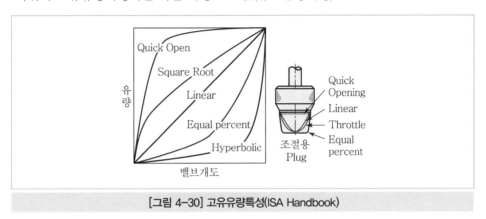

[그림 4-30] 고유유량특성(ISA Handbook)

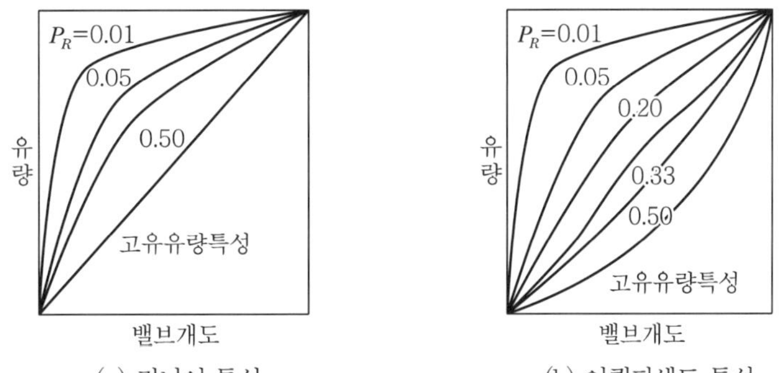

[그림 4-31] 유효유량특성(ISA Handbook)

(3) 적정 밸브 개도 선정 및 예

① C_v 계산 완료 시 계산된 C_v 치와 기선정 완료된 밸브 사이즈의 정격 C_v 치 비교 후 자동 제어 가능한 범위 내에서 사용할 수 있도록 선정해야 함

② 컨트롤 밸브는 이론적으로는 밸브 개도가 0~100%까지 조절되나 정상운전 상태 유량은 밸브 개도가 60~80% 상태, 최소일 때 10% 이상, 최대일 때 90% 이하로 하는 것이 이상적임

(4) 유체속도(Velocity)

- 밸브를 선정할 때 밸브 출구 측 유체속도를 가장 주의해야 함
- 유속이 일정치 이상 빠르면 밸브진동이 심하여 대단한 소음이 일어나며, 캐비테이션 및 침식 현상이 발생하여 밸브 포트뿐만 아니라 본체도 심한 마모현상 발생
- 따라서 유속을 계산하고 유체에 따른 제한속도 범위 내의 속도를 선택해야 하며, 속도가 빠를 때는 본체 사이즈가 큰 것을 선택

1) 유체속도 계산식

① 액체 속도 : $v = 354(Q/D^2)$

② 가스 속도 : $v = \dfrac{Q}{D^2} \cdot \dfrac{t+273}{288} \cdot \dfrac{1033}{P_2} = 1.27 + \dfrac{Q(t+273)}{D^2 P_2}$

③ 증기 속도 : $v = 354(QC/D^2)$

여기서, v : 유속(m/s²)

Q : 유량(액체 : m³/h, 증기 : kg/h, 가스 : m³/h(15℃, 1atm)

c : 출구 측 비용적(m³/kg)

D : 밸브 구경(mm)

t : 출구 측 온도(℃)

P_2 : 출구 측 압력(kg/cm²)

5. 보조기기

(1) 역할

필요시 컨트롤 밸브에 부착하여 Valve의 성능 및 효율을 향상하고 조업 및 정비에 필요한 정보 제공

(2) 종류

- Positioner
- Air Set(Regulator, Filter)
- Limit Switch
- Position Transmitter
- Solenoid Valve 등

(3) I/P Positioner 개요

1) 역할

① Controller 출력신호(4~20mA)를 공기신호로 변환, 상응하는 힘을 Valve Stem에 가하여 Valve Plug 개도를 일정하게 유지

② 다음의 경우는 일반적으로 Positioner를 사용
- Actuator가 15Psi를 초과하는 공기압 요구 시(=Pressure Amplification)
- Valve가 분할된 개도 범위에 있을 시(=Splitter, Valve1 : 4~12mA, Valve 2 : 12~20mA)
- 불감대(Dead band)가 신호범위의 5%(0.6Psi 또는 0.8mA)를 초과 시
- 안전상 필요시

2) 구조 및 동작원리

① Controller 출력신호가 Magnet을 자화(磁化), Flapper를 움직여 Nozzle과의 간극을 조정
② 이 간극에 의한 배압이 Actuator 공급압이 되어 Stem을 움직이게 함(이때 Pilot 장치에서는 Nozzle−Flapper에 의해 응답된 압력의 크기로 공급 공기량을 많게 하여 Actuator를 무리 없이 동작시킴)
③ Stem이 움직이게 되면 Feedback Spring을 통하여 Flapper가 Feedback, Flapper가 Nozzle로부터 약간 떨어져 Nozzle 압력이 떨어지고 Pilot Valve는 닫혀 압력균형

6. Cavitation & Flashing

(1) 발생 Mechanism

① 유속의 증가 및 압력의 감소 : 액체가 밸브의 Trim 부에 도달하게 되면 유속 V는 증가하고 압력 P는 감소 시작
② 증기압에 따른 기포발생 : 저하하는 압력이 액체 증기압 P_v 이하가 되면 액체 일부가 증발하여 기포 발생
③ 기포의 소멸(Cavitation) : Trim 부를 통과 시 저하된 압력은 통과 후 압력회복에 의해 Body 내벽 부위에서 기포 소멸
④ 압력회복에 의한 에너지 발생 : 기포가 소멸히면서 압력이 급격하게 회복되고 이때 발생된 에너지가 Valve Body 부나 배관 내벽에 충돌
⑤ 충돌에 의한 Erosion의 심화 : 충돌할 때 발생하는 힘은 국부적으로 수천 kg/cm^2(약 $70kg/cm^2$)에 달하게 되어 진동을 일으키고 15~10,000Hz의 소음이 발생하는데, 이와 같은 현상을 Cavitation Erosion이라 부름

(2) 압력 손실과 회복 상태

상태		Normal	Flashing	Cavitation
상태도				
발생압력		$P_2 > P_v$ and $P_{vc} > P_v$	$P_2 > P_v$	$P_2 > P_v$ and $P_{vc} > P_v$
상태 판별 기준액	유색 조건	주어진 유사조건에서 P_2, P_v, P_{vc}를 구한 다음에 상기의 발생압력조건을 계산하면 그 유체의 Normal, Cavitation, Flashing 상태를 판별할 수 있다.		
	FL 이용	$\Delta P < FL^2 (P_1 = P_{vc})$	$\Delta P \geq PL^2 (P_1 - P_{vc})$	$\Delta P \geq FL^2 (P_1 - P_{vc})$
		Valve의 고유 FL 계수를 이용하여 계산하면 그 Valve의 적격 여부를 판별할 수 있다.		
적용 계산식		$C_v = 1.17 \times Q \times \sqrt{\dfrac{G}{\Delta P}}$	$Cv = 1.17 \times \dfrac{Q}{FL} \times \sqrt{\dfrac{G}{P_1 - P_{vc}}}$	좌식 동일

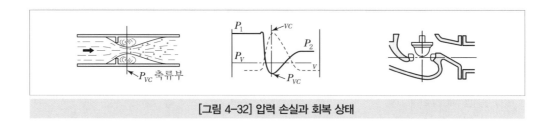

[그림 4-32] 압력 손실과 회복 상태

(3) Cavitation & Flashing 영향

① Cavitation 영향 : 발생하면 Inner Valve(Trim) 및 Valve Body 부의 Erosion, 즉 기계적 마찰 침식과 소음발생의 원인

② Flashing 영향 : Cavitation만큼 큰 에너지의 방출이 없어서 Erosion 및 소음발생은 Cavitation보다 적지만 증발에 의한 체적의 팽창으로 Valve 용량을 감소시킨다. 또한 Cavitation과는 무관하지만 포화온도 혹은 그 온도에 가까운 액체는 Trim 부(Seat)를 통과할 때 압력이 강하되고 액체의 일부가 증발해서 체적이 팽창하기 때문에 Valve 용량을 감소시킨다.

7. 설치

(1) 설치공사 시 주의사항

① 포장을 푼 상태에서 먼지, 티끌 등이 많은 장소에 설치하면 작동불량 및 패킹부의 누설 등이 발생하는 경우가 많음

② 장기간 방치 시 패킹 체결 너트를 풀어서 패킹을 보관

③ 배관에 설치 시는 수평, 수직, 동심 등 배관의 중심을 맞추어 밸브파괴의 원인이 되지 않도록 함

④ 배관에 설치 전 배관 내의 이물질을 반드시 제거

(2) 설치위치

① 유지보수가 용이한 곳에 공간을 확보

② 화물운반통로와 근접한 곳을 피할 것

③ 주위온도 : 상온에 가까운 곳, 연속적인 진동이 걸리는 곳은 피함

④ 펌프, 엔진, 컴프레서 등에 인접해서 설치 시 밸브 전후에 지지대 설치(볼트, 너트의 풀림, 각부의 마모원인)

(3) 설치방법

① 원칙적으로 수평배관에 구동부를 위로해서 수직으로 설치

② 일반적으로 바이패스라인을 설치

③ 바이패스라인을 생략하는 경우에는 가능한 수동핸들을 부착

8. 유지보수

(1) 일상점검 항목

① 유체 누설 : Gland 패킹부 및 유체와 접하는 부위에서 누설 여부 확인. 특히, 보디부 누설은 대부분 재질 침식 및 부식에 의한 것으로서 이 정도를 사전 검토

② Stroke와 입력신호의 관계 및 밸브 Stem 동작의 원활도, 스토크와 입력신호가 규정대로인지 또 스템동작이 원활한지 확인

③ 주유기에는 Grease가 충분한지 확인

④ 본체부에 이상음이 발생되고 있는지 확인

(2) 정기점검 항목

① 보디부 내벽 : 유체가 직접 충돌하는 부분은, 특히 차압이 높은 밸브 등에서는 침식이 크게 됨

② 밸브시트 : 밸브시트 풀림, 나사로부터의 누설에 의한 침식, 내면 부식 등에 주의

③ Inner 밸브 : 각부의 침식, 마모, 부식의 정도, 특히 차압이 클 경우는 각부 균열 발생 여부 검토

④ 구동부의 스프링, 다이어프램, 오링 : 이러한 부품의 분해 시에는 노화도, 탄성, 균열의 유무 등을 확인

⑤ 각부의 패킹, 개스킷 : 밸브 수리 시(정기 점검 및 분해)마다 신품으로 교체

[4] 정보 통신 시스템

1. 데이터 통신 기초개념

(1) 데이터 통신의 정의
① 2진부호로 표시된 정보를 목적물로 하는 통신
② 정보의 수집, 가공, 처리, 저장, 분배 등의 기능을 수행하는 기계와 기계 간의 통신

(2) 통신의 서비스별 분류
① 문자통신 : 전신, 인쇄전신, 텔렉스, 텔레팩스
② 음성통신 : 전화, 방송, 무선호출, 무선전화
③ 화상통신 : 팩시밀리, TV, 비디오텍스, 케이블 TV, 영상회의
④ 데이터통신 : 컴퓨터 – 컴퓨터통신
  ㉠ 컴퓨터 – 단말기통신
  ㉡ 단말기 – 단말기통신
  ㉢ 지역통신망(LAN) – DCS, PLC

(3) 통신의 특징
① 거리와 시간의 극복
② 대형 컴퓨터의 공동 이용
③ 자료의 공동 이용

| 표 4-5 | 종류에 따른 통신의 특징

분류방식	종류	특징
동기방식	• 비동기식 • 동기식	• 저속도(대개 1,200bps 이하)의 비동기식 단말기에서 사용 • 중속도(2,400bps 이상)급 이상의 단말기에서 사용
사용거리	• 근거리 모뎀 • 장거리 모뎀	• 수 km 이내의 근거리에서 사용되며, 저속에서 고속까지의 전송 가능 • 일반 전화선을 이용하는 모뎀
전송속도	• 저속모뎀 • 중속모뎀 • 고속모뎀	• 1,200bps 이하의 전송 속도 • 1,200~9,600bps의 전송 속도 • 9,600bps 이상의 전송 속도
사용회선	• 교환 회선용	• Dial – up 기능을 제공하는 모뎀 • 2선식 혹은 4선식의 전용회선을 이용하는 모뎀
변조 방식	• 진폭 편이 변조(ASK) • 주파수 편이 변조(FSK) • 위상 편이 변조(PSK) • 진폭위상 편이 변조(QAM)	• 변조 시 진폭변조(Amplitude Modulation)방식 사용, 구조가 간단하고 저렴 • 저속, 비동기식에 주로 사용되며, 통신회선의 레벨 변동에 강하고 주파수 변동이 적음 • 중고속 모뎀의 동기식 전송에 사용 • 9,600bps의 고속모뎀에 사용
포트 수	• 단일 포트 모뎀 • 멀티 포트 모뎀	• 하나의 통신 포트만을 가지는 모뎀 • 보통 고속의 모뎀에 적용되며 복수 개의 포트를 가짐
설치장소	• 내장형 • 외장형	• 컴퓨터 내부에 카드 형식으로 삽입 • 모뎀의 단독으로 구성

(4) 데이터 전송의 구성요소

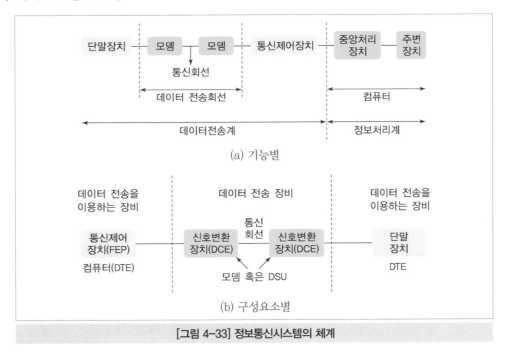

(a) 기능별

(b) 구성요소별

[그림 4-33] 정보통신시스템의 체계

(5) 신호변환장치

통신회로의 끝에 위치하여 단말장치로부터 직류 2진 신호를 규정된 통신회선의 신호로 변환하거나 반대로 통신회선으로부터 신호를 적당한 신호로 변환하는 장치

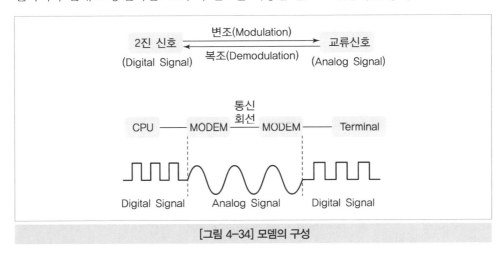

[그림 4-34] 모뎀의 구성

2. 정보전송 기초

(1) 신호의 종류 및 변환

1) 아날로그(Analog) 신호
연속적으로 변화하는 신호를 전송하는 방식

2) 디지털(Digital) 신호
문자나 부호화된 2진 펄스 형태의 전기신호로서 1 또는 0의 2가지 상태로 표시되는 2진 신호를 전송하는 방식

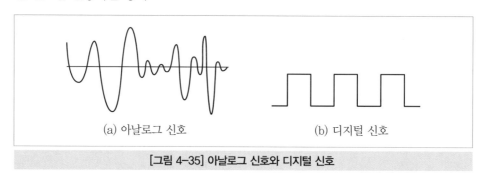

(a) 아날로그 신호   (b) 디지털 신호

[그림 4-35] 아날로그 신호와 디지털 신호

(2) 변조와 복조
변조는 전달하고자 하는 정보(음성, 영상, 데이터 등)가 고주파인 반송파(Carrier)에 실리는 과정을 말하며, 데이터 통신에서의 변조란 컴퓨터(단말기)에서 나오는 디지털 신호를 아날로그 신호로 변환하는 과정이며 복조란 선로에서의 아날로그 신호를 디지털 신호로 변환하는 과정을 말한다.

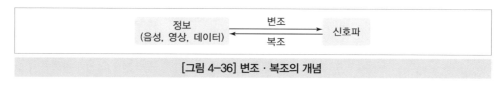

[그림 4-36] 변조 · 복조의 개념

1) 아날로그 신호와 디지털 신호 변환과정
① 표본화(Sampling) : 연속적으로 변화하는 아날로그 신호를 일정 시간 간격마다 신호값을 뽑아낸다.
② 양자화(Quantization) : 뽑아낸 표본값을 미리 정하여진 값에 가장 가까운 값으로 변환한다.
③ 부호화(Coding) : 양자화한 값을 2진 디지털 부호로 변환한다.
④ 복호화 : 수신 측에서의 표본펄스열을 복원한다.
⑤ 여파 : 본래의 입력신호를 얻는다.

2) PCM 전송

① PCM(Pulse Code Modulation)의 원리

PCM 방식은 펄스부호 변조방식으로 음성과 같은 아날로그 정보를 디지털 정보인 펄스부호로 바꾸어 전송하고, 수신 측에서는 이것을 다시 아날로그 정보로 바꾸어 통신하는 방식이다.

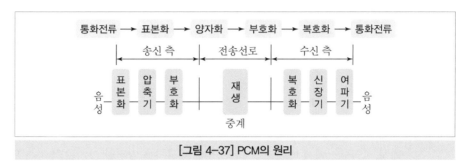

[그림 4-37] PCM의 원리

② PCM의 특징

- 방해에 강하고 저레벨의 전송로도 사용할 수 있다.
- 전송로에 의한 레벨변동이 없다.
- 매우 넓은 주파수 대역을 사용한다.
- 다량의 정보를 처리할 수 있다.
- 단국의 장비가격이 저렴하고 소형화 특성이 있다.

3. 통신속도와 통신용량

(1) 통신속도의 단위

1) 비트와 보

데이터 전송의 통신속도는 단위시간에 전송되는 정보의 양으로 표시되는데 전송되는 기본 단위는 2진수(Binary Digit), 즉 비트(Bit)이다. 보(Baud)는 매초당 신호변화의 상태가 몇 개의 다른 상태가 있었는지 나타내는 통신속도의 단위이다.

① 비트(Bit) : 정보를 표현하는 최소단위로서 컴퓨터의 경우 '1' 또는 '0'으로 표시한다. 1초 동안에 전송된 비트 수를 bps(bits per second)라 한다.

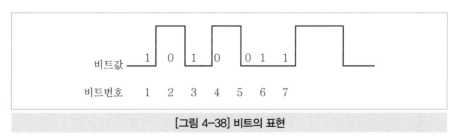

[그림 4-38] 비트의 표현

② 보(Baud) : 1초간의 신호 개수 혹은 1초간의 상태 변화를 나타내는 신호속도의 단위이다. 한 비트가 한 신호단위로 쓰이는 경우에는 보속도와 bps가 동일하다. 두 개의 비트가 한 개의 신호단위를 이룬다면 보속도는 bps의 1/2이 되며, 이때 신호단위는 디비트(Double Bit)이고, 00, 01, 10, 11의 네 가지 비트조합 형태가 있다. 보와 bps의 관계는 다음과 같다.

$$보속도 = \frac{bps}{단위신호당\ 비트\ 수}$$

트리비트(Tribit)는 000, 001, 010, ……, 111의 8가지 비트조합이 가능하다.

2) 패킷

패킷 교환방식에서 데이터를 전송할 때 메시지를 일정한 크기로의 블록 단위로 분할하여 전송단위로 사용하는데, 이때 분할된 블록 단위를 패킷(Packet)이라고 부른다. 즉, 패킷이란 데이터의 전송제어신호를 포함한 비트의 한 개 그룹이다. 대개 한 패킷은 128바이트(1,024bit) 또는 256바이트(2,048bit)이다.

$$1패킷 = 1KB = 128byte(128octet) = 1,024bit$$

※ 64자(64octet = 512bit) : 1Segment

(2) 전송속도의 종류

부호를 어느 정도의 속도로 전송하는지 나타내는 척도는 단위시간(1초)에 전달되는 정보의 양으로 표시되며 다음의 3종류가 있다.

- 변조 속도
- 데이터 신호속도
- 데이터 전송속도

1) 변조속도(baud)

변조속도는 신호의 변조과정에서 1초간에 몇 회의 변조가 행해졌는가를 나타내는 것이며 단위는 보(baud)이다. 변조된 파형은 진폭, 주파수 또는 위상이 변화된 순간에 정보를 가지고 있으며(이를 유의 시간이라고 함), 이 변화점과 변화점 사이의 가장 짧은 간격을 T초라 하면,

$$B = \frac{1}{T} \ (baud)$$

로 변조속도 B가 표현된다. 결국 진폭 변조나 주파수 변조에서 '1' 또는 '0'의 상태를 표시하는 교류신호의 1비트분의 시간이 5ms이면 이때의 변조 속도는 1/0.05, 즉 200보가 된다.

2) 데이터 신호속도

부호를 정하는 비트 수가 1초 동안에 얼마나 전송되었는가를 표시하는 것으로 그 단위는 bit/sec(bps : bit per sec)이다. 직렬전송의 경우, 변조된 교류신호 중 하나의 변환점으로는 1비트분의 정보밖에 전송되지 않기 때문에 변조속도와 데이터 신호속도는 같게 된다. 그러나 병렬전송인 경우 하나의 변환점으로 여러 비트를 전달하고 있기 때문에 변조속도와 같지 않다.

3) 데이터 전송속도

데이터 회선을 통하여 보내지는 문자(Character) 수 또는 블록(Block) 수 등의 속도이다. 단위로는 데이터량 Bit, Character, Block 등을 시간 단위인 초, 분, 시 등과 조합하여 쓰는데 일반적으로 Character Minute가 많이 사용된다.

4. 전송방식의 종류와 특성

(1) 직렬전송과 병렬전송

1) 직렬전송

전송 측과 수신 측 사이에 하나의 전송로만 설치되어 있는 방식으로, 1바이트를 전송하기 위해서는 8번의 비트 전송이 순서적으로 일어나야 한다.

2) 병렬전송

여러 비트를 동시에 전송하는 방식으로 각 비트에 하나씩의 전송로가 할당되어 있어야 한다.

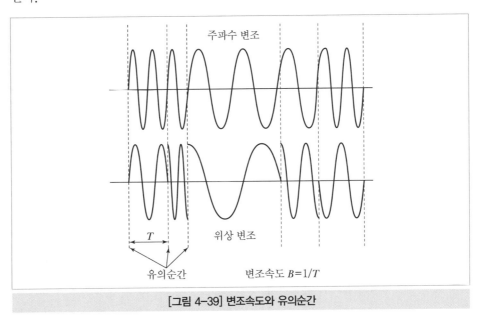

[그림 4-39] 변조속도와 유의순간

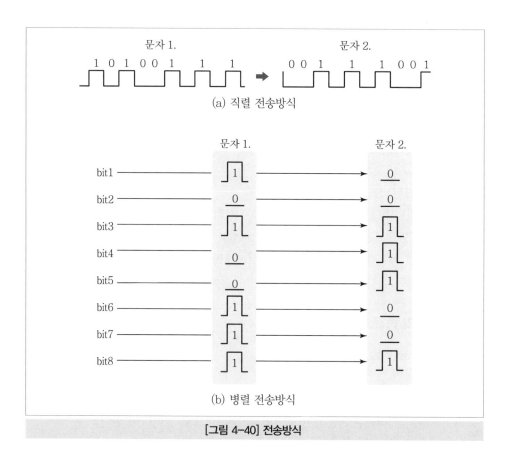

(a) 직렬 전송방식

(b) 병렬 전송방식

[그림 4-40] 전송방식

(2) 전송부호 구성방식

데이터 전송 시 중요한 고려사항 중 하나가 동기(Synchronization)이다. 송신 측에서는 보내려는 데이터의 블록을 bit 단위로 전송한다. 이때 블록을 여러 문자로 구성되어 있는 임의의 데이터 단위로 생각할 수 있다. 수신 측에서는 비트단위의 전송된 데이터를 다시 문자로 조합하고 이를 다시 원래의 블록으로 구성해야 한다. 이 과정에서 송신 측과 수신 측은 데이터의 전송속도, 데이터 블록의 시작 위치와 간격, 각 문자의 시작 위치와 간격, 각 비트의 시작 위치와 간격을 서로 알고 있어야 한다. 이것이 같지 않은 경우 수신 측에서 는 엉뚱한 데이터를 구성하게 되는 것이다. 이를 동기라 하며, 데이터 전송에서 동기를 맞추기 위한 방법으로는 동기식과 비동기식 전송방법이 있다.

1) 비동기식 전송(Asynchronous)

비동기식 전송을 잘못 해석하면 동기가 없이 전송한다는 의미가 될 수 있다. 데이터 전송에서 동기가 맞지 않으면 정상적인 수신이 불가능하다. 비동기식 전송이란 동기식 전송이 데이터를 블록단위로 전송하는 데 비하여 하나의 문자 단위로 전송하는 방법을 의미한다. 이를 Start-stop 전송이라고 하고 한 번에 한 문자씩 전송되며 글자의 앞쪽에 1개의 Start bit를 가지며 뒤쪽에 1~2개의 Stop bit를 갖는다.
2,000bps 이하의 속도에서 사용된다.

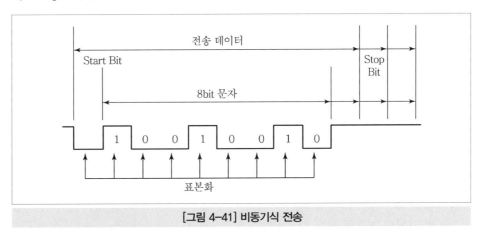

[그림 4-41] 비동기식 전송

2) 동기식 전송(Synchronous)

한 글자의 단위가 아니라 미리 정해진 글자열을 한 묶음으로 만들어 일시에 전송한다.
송수신 양쪽에 설치된 변복조기가 타이밍 신호(Clock)를 보내어 정확한 전송이 되도록
하는데, 타이밍 신호는 터미널 자체 혹은 Modem, FEP, 다중화기 등이 공급한다.
한 블록 내에는 휴지시간(Idle Time)이 없고 보통 2,000bps 이상에서 사용한다.

3) 혼합형 동기식 전송

각 글자가 비동기식 경우처럼 스타트 비트와 스톱 비트를 가지고 있으며, 동기식의 경
우처럼 송신 측과 수신 측이 동기상태에 있도록 하는 전송이다. 비동기식보다 더욱 정
확한 동기 및 빠른 속도의 전송이 가능하다.

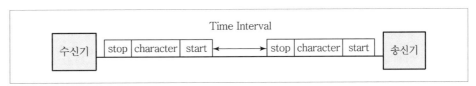

5. 전송회선의 종류와 특성

(1) 가공나선(Open Wire)

유선을 이용한 전기통신에 최초로 사용되었던 전송로이며 외부의 영향을 많이 받고 선로 자체의 손실이나 문제점이 많았다. 선은 구리로 만들어지거나 철에 구리를 입혀 만들어졌으며 직경은 보통 3.25mm 정도이다.

(2) 와이어 페어 케이블(Wirepair Cable)

가공나선의 개량형으로 두 줄의 전선을 한 단위로 하여 바깥 부분을 절연체로 감싼 페어 케이블(Pair Cable)이 사용된다. 페어 케이블을 일정하게 꼬아서 만든 케이블로 전선 간의 전자기적 유도현상을 줄였다. 피복된 여러 쌍(2pair – 24pair)의 도선들이 하나로 묶여 케이블을 이룬다. 전화 회선과 건물 내의 통신회선용으로 많이 사용되며, 아날로그 전송과 디지털 전송에 모두 사용된다.

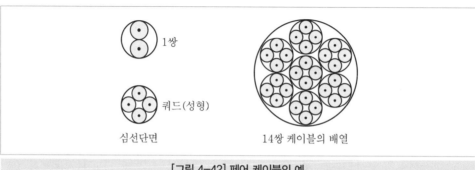

[그림 4-42] 페어 케이블의 예

(3) 동축 케이블(Coaxial Cable)

동축 케이블은 근거리 통신망(Local Area Network)으로, 10마일 미만의 근거리에 주로 사용되며 꼬임선과 같이 두 개의 도체로 구성된다. 하나의 도체는 연필심 형태로 케이블의 중심에 위치하며, 다른 하나의 도체는 밖을 감싸는 형태로 되어 있다. 내부 도체와 외부 도체 사이에는 절연물이 들어 있으며, 외부 도체는 피복으로 보호되어 있다. 동축 케이블의 특성은 다음과 같다.

① 용량이 커서 많은 음성신호를 보낼 수 있다.(1개의 와이어 페어는 12개 혹은 24개의 음성채널을 전송할 수 있는 데 반해, 동축 케이블은 3,600~10,800개의 음성신호를 전송할 수 있다)

② 와이어 페어 케이블보다 높은 주파수를 전송할 수 있다.

③ 케이블 간의 혼선은 무시될 수 있다.

④ MHz 이상의 고주파 장치 사이의 접속에 쓰이는 코드(동축코드), 안테나급 전선에 쓰인다.

(4) 해저 케이블

해저 케이블에 사용되는 동축 케이블은 일반 동축 케이블보다 내부 도체와 외부 도체 사이의 공간이 넓으며 신호의 감쇄가 심하다.

(5) 광통신 케이블

광통신 케이블은 광섬유를 이용하는데 광섬유는 유리나 플라스틱으로 만들어진 지름이 0.1mm 정도의 구부릴 수 있는 선로이다. 다른 전송로와는 달리 전기 신호가 아닌 빛을 이용한다는 특징을 가지고 있다. 사실, 빛을 이용하여 신호를 전달하는 것은 예전부터 사용하여 오던 방법이 었다. 그러나 광섬유를 이용한 통신이 가지는 가장 큰 특성은 빛을 광섬유를 통하여 전달하면 손실(Loss)이 거의 없어 적은 에너지의 사용으로도 장거리를 전송할 수 있다는 것이다. 이는 전기 신호 방식에서 어쩔 수 없이 발생하는 전자기 간섭으로부터 자유로울 수 있으며, 따라서 초고속의 데이터 전송이 가능함을 의미한다.

1) 광통신의 원리

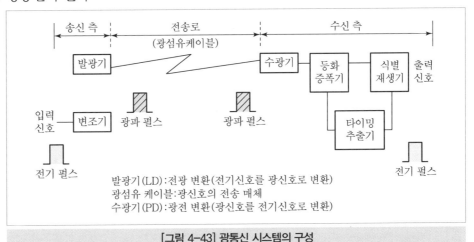

[그림 4-43] 광통신 시스템의 구성

빛을 이용하여 정보를 전달하는 기술로서, 전기신호를 발광소자인 반도체 Laser와 발광 Diode(LED)에 의해 전광 변환(E/O Converter)을 하여 광파를 만들고, 광신호로 변환된 것을 광섬유 케이블에 의해 수신 측에 전달하면 수신 측에서는 수광소자인 포토다이오드(PD : Photo Diode)와 APD(Avalanche Photo Diode)에 의해 광전변환을 한 다음 원래의 신호로 재생하여 통신한다.

2) 광통신 시스템의 구성소자

① 발광기(LD(Laser Diode)와 LED(Light Emitting Diode)) : 전기신호를 광신호로 변환

② 광섬유 케이블 : 광신호의 전송매체

③ 수광기(PD ; Photo diode와 APD ; Avalanche Photo Diode) : 광신호를 전기신호로 변환

④ 광중계기 : 중계 전송

⑤ 광커넥터(Connector) : 광케이블 접속 시 연결

3) 광통신의 특징

① 세심 경량성 : 직경이 가늘어 다대화 가능

② 광대역성 : 광파를 반송파로 이용하므로 광대역에 사용

③ 고속성 : 광파를 이용하므로 고속의 대용량 정보 전송 가능

④ 저손실성 : 전송손실이 극히 적음

⑤ 전기적 무유도성 : 전자유도의 영향이 없고 누화가 없음

4) 광섬유 케이블의 심선구조

① 코어(Core) : 광섬유의 중심 물질로서 레이저 광선이 잘 통하는 부분이다.

② 클래딩(Cladding) : 코어 외부에 밀접해 있는 물질로서 레이저 광선이 누설되는 것을 막아 주는 역할을 한다.

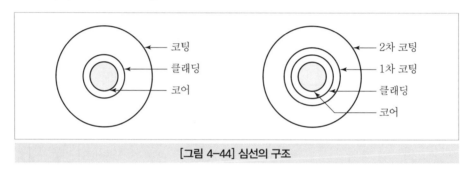

[그림 4-44] 심선의 구조

이상의 여러 케이블 간의 전송특성을 비교해 보면 다음 표와 같다.

| 표 4-6 | 전송로의 전송 특성

전 송 로	데이터 전송률	대 역 폭	중계기 설치 간격
페어 케이블	1Mbps	250kHz	2~10km
동축 케이블	500Mbps	350MHz	1~10km
광섬유	1Gbps	1GHz	10~100km

컴퓨터의 근거리 통신망에서도 광통신을 이용한 시스템이 사용되고 있으며, 꿈의 통신망으로 불리는 ISDN에서도 광섬유를 이용한 통신 시스템이 필수적이다.

(6) 위성통신

인공위성이 통신용으로 이용된 것은 1965년 상용 통신위성 INTELSAT 1호가 발사된 이후부터로, 위성통신은 이 통신위성을 이용해서 지상의 지구국과 인공위성 간에 전파를 중계하는 무선통신방식을 사용한다.

(7) 무선통신

무선통신이란 공간을 전송매체로 하는 통신으로 송신 측에서 정보신호를 전자파에 실어서 공간에 방사하고, 수신 측에서는 공간을 거쳐 전송되어 올 전자파를 수신하여 원래의 신호를 검출하는 방식의 통신이다. 이미 라디오, TV, 무전기 등의 무선통신이 일상생활화되어 있으며, 최근에는 국내에서도 무선호출기, 휴대폰 등의 이동통신 기기가 각광을 받고 있다. 무선통신에서는 사용주파수가 중요한 의미를 갖는다. 이는 주파수가 같으면 신호를 구별할 수 있다는 기본적인 특성 외에도 주파수 대에 따른 전송특성이 많이 다르기 때문이다. 다음은 무선통신에 사용되는 전파의 주파수 대역에 따른 용도이다.

| 표 4-7 | 전파의 주파수 대역과 용도

분 류	기 호	주 파 수	용 도
장 파	VLF(Very Low Frequency)	3~30kHz	선박, 장거리 통신
	LF(Low Frequency)	30~300kHz	
중 파	MF(Medium Frequency)	300~3,000kHz	선박, 항공, 중파방송
단 파	HF(High Frequency)	3~30MHz	단파방송, 국제통신, 선박전신
초단파	VHF(Very High Frequency)	30~300MHz	TV방송, 이동통신
	UHF(Ultra High Frequency)	300~3,000MHz	TV방송, 이동통신
극초단파	SHF(Super high Frequency)	3~30GHz	레이더
	EHF(Extra High Frequency)	30~300GHz	국내 무선

6. 정보통신망과 근거리통신망(LAN)

(1) 정보통신망의 개념

① 정보통신망이란 공간적 거리에 관계없이 문자, 언어, 데이터, 영상 등의 정보를 효과적으로 송수신할 수 있도록 정보통신 장비들이 유기적으로 결합된 것이다. 정보통신망은 기본적으로 전화기, 전신기, 컴퓨터 단말기 등 단말기끼리의 접속을 위하여 정보의 교환이 가능하도록 경로를 설정하는 교환장치와 보내려는 정보를 전기적 신호로 변환하여 전송하는 통신선로로 이루어지는데, 이것이 조직화되면서 통신망체계를 형성하게 된다.

② 지금까지의 정보통신망은 단순한 신호 및 개별정보를 전달하는 수단으로만 사용되었으나, 컴퓨터 기술의 발달로 각종 정보를 좀 더 빠르고, 다양하게 전달해 줄 수 있도록 새로운 정보통신망이 생겨나고 있다.

③ 새 통신망은 여러 가지의 정보를 한 회선에 보낼 수 있는 전송기술의 발전과 컴퓨터와 통신의 결합을 가능하게 한 전자 기술의 발전으로 음성, 데이터, 영상 등 각종 형태의 정보를 하나의 정보통신망 내에서 처리하는 종합 정보통신망으로 발전하고 있다.

(2) 정보통신망의 분류

통신망은 컴퓨터와 단말기, 컴퓨터와 컴퓨터를 회선을 이용하여 공간적으로 구성하는 것에 의해 여러 가지로 분류된다.

1) 스타(Star)형

중앙에 하나의 컴퓨터가 위치하고 그 컴퓨터와 다른 단말기가 일대일로 연결되어 있는 형태를 의미한다.

2) 트리(Tree)형

중앙에 중심국이 있고 일정지역 단말기까지는 하나의 통신회선으로 연결하며 그 이웃에 있는 단말기로부터 다시 연장되는 형태이다.

3) 망(Mesh)형

이 형태는 모든 단말기들의 통신회선으로 다음과 같은 특징이 있다.
① 보통 공중 데이터통신 네트워크에 이용되고 있다.
② 통신회선의 총경로가 다른 네트워크 형태 중 가장 길다.
③ 통신회선의 장애 시 다른 경로를 통하여 데이터 전송을 수행할 수 있는 장점이 있다.

4) 링(Ring)형

루프(Loop)형이라고도 하며 링형 통신망에서 직접 또는 중계기를 통하여 컴퓨터를 통하여 컴퓨터와 단말기들을 서로 이웃한 기기끼리만 연결한 형태이다. 데이터 전송은 제어용 컴퓨터의 폴링에 의한 방법과 토큰(Token)에 의한 데이터 전송권을 결정하는 방식이 있다.

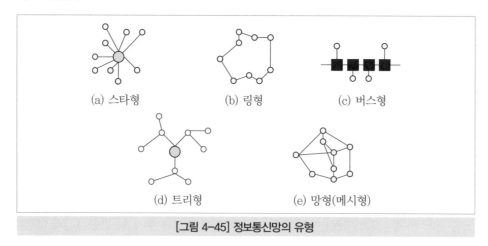

(a) 스타형   (b) 링형   (c) 버스형

(d) 트리형   (e) 망형(메시형)

[그림 4-45] 정보통신망의 유형

5) 버스(Bus)형

1개의 통신회선에 여러 개의 단말기를 접속하는 형태이다. 버스형의 장단점은 다음과 같다.

| 표 4-8 | 버스형의 장단점

장 점	단 점
• 하나의 통신회선을 사용하므로 구조가 간단하다. • 단말기의 추가 및 제거가 용이하다. • 일부 단말기의 고장이 전체 시스템에 영향을 주지 않는다. • 브로드캐스팅 형태의 데이터 전송이므로 메시지의 경로제어가 필요 없다.	• 모든 단말기가 통신 회선상의 데이터를 수신할 수 있으므로 기밀 보장이 어렵다. • 통신회선의 길이에 제한이 있다. • 각 단말기가 통신제어기능을 가지므로 통신처리를 위한 처리량이 많아진다. • 송신 시 충돌이 일어나기 쉽다.

(3) 정보교환망의 종류와 특성

1) 회선교환방식

회선교환(Circuit Switching)방식은 송신과 수신 측 단말기 사이에 통신을 수행할 때 기존의 음성전화를 위한 교환기와 통신회선을 그대로 이용하는 공간분할 방식과 시분할 회선교환 방식이 있다.

① 공간분할 회선교환방식

전화를 위한 전자 교환기와 통신회선을 이용하는 방식으로 저속의 데이터를 전송하는 데 사용되며, 오류율이 높다. 이 방식은 연결 접속시간이 길고 속도와 부호의 교환이 어렵다.

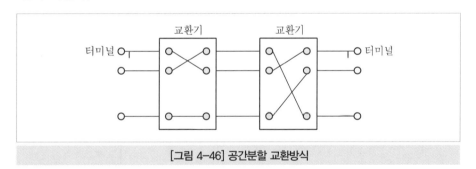

[그림 4-46] 공간분할 교환방식

② 시분할 회선교환방식

송신 측에서 발생하는 여러 속도의 데이터를 DSU(Digital Service Unit)에서 디지털 신호로 변환하여 집선 다중화 장치에 입력하면 집선 다중화 장치는 여러 개의 DSU에서 입력되는 디지털 신호를 시분할 다중화하여 고속의 디지털 통신을 통해 디지털 교환장치에 입력한다. 이 교환장치는 입력되는 신호를 이미 설정된 경로를 통해 수신 측 다중화 장치에 전송하여 DSU를 거쳐 원래 형태의 데이터로 복원하여 수신 측 터미널에 전달한다.

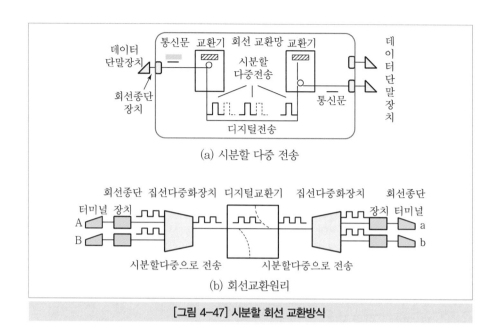

(a) 시분할 다중 전송

(b) 회선교환원리

[그림 4-47] 시분할 회선 교환방식

2) 메시지 교환

메시지 교환방식과 패킷 교환방식은 축적교환(Store and Forward)방식을 사용한다.

① 원리

입력 회선에서 메시지를 받아 기억장치에 저장한 후 메시지 처리 프로그램은 메시지와 그 주소를 확인한 후 출력회선을 결정한다. 회선이 사용 가능하면 그 메시지는 전송규약(Protocol)에 의해 출력회선으로 전송한다.

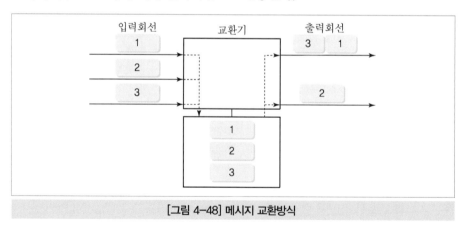

[그림 4-48] 메시지 교환방식

3) 패킷 교환

① 패킷

일정한 길이로 분할한 데이터 앞에 주소정보, 오류제어정보, 순서번호 등 전송에 필요한 정보를 포함하는 헤더를 가진다.(헤더가 붙은 데이터블록)

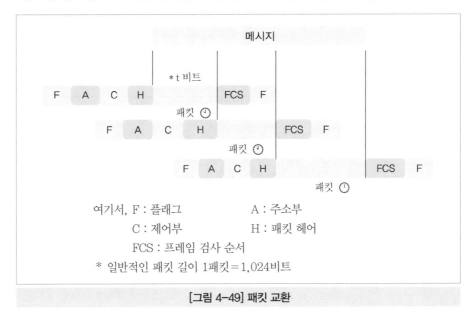

[그림 4-49] 패킷 교환

② 원리

㉠ 데이터를 패킷으로 나누어 전송하는데 우편 시스템과 같이 저장 및 전송과정을 거치면서 패킷 교환기에서 전달한다. 즉, 패킷 교환기의 기억장치 속에 임시 저장되면서 서비스 정보의 검색에 의해 선택된 적당한 출력링크에서 대기(Queue)한 후 전송 목적지까지의 경로상에 놓은 다음 패킷 교환기로 전송한다.

㉡ 패킷 전송을 하기 위해선 단말기가 메시지를 패킷으로 분해하고, 수신된 패킷들을 하나로 합치는 기능이 있어야 한다. 그러나 이러한 기능을 갖지 않는 단말기가 있으면 다른 기기가 이 기능을 수행하여야 한다.

㉢ 이를 PAD(Packet Assembler and Disassembler)라고 하며 단말기에 연결되거나 교환기에 그 기능이 포함되기도 한다.

㉣ 패킷 교환망에서는 패킷단위의 전송과 교환이 이루어지게 되므로 각각의 패킷에는 헤더부분에 행선지 주소, 에러제어정보, 순서정보 등의 정보가 포함되어야 한다.

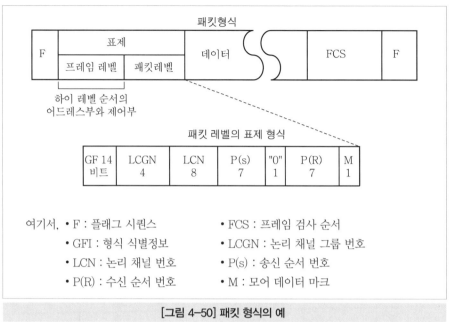

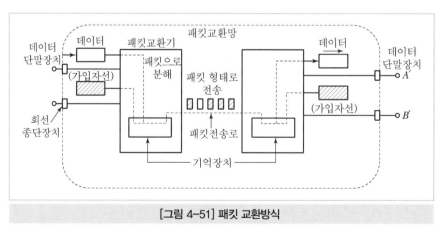

여기서, • F : 플래그 시퀀스   • FCS : 프레임 검사 순서
       • GFI : 형식 식별정보   • LCGN : 논리 채널 그룹 번호
       • LCN : 논리 채널 번호   • P(s) : 송신 순서 번호
       • P(R) : 수신 순서 번호   • M : 모어 데이터 마크

[그림 4-50] 패킷 형식의 예

③ 패킷 교환망

    ㉠ 패킷 교환망(PSDN ; Packet Switched Data Network)은 다음 그림과 같이 패킷 교환기(PSE), 패킷 다중화 장치(PMX), 회선 종단장치(DSE) 등의 교환망 구성장치와 통신회선으로 구성된다. 여기에 접속되는 단말기(DTE)는 패킷형 단말기(PT ; Packet mode Terminal)와 일반형 단말기(NPT ; Non-Packet mode Terminal)로 구분할 수 있다.

    ㉡ 패킷형 단말기는 패킷 교환기에 직접 접속되며, 일반형 단말기는 패킷 다중화 장치를 거쳐 패킷 교환기에 연결된다. 패킷 교환기에서 패킷 다중화 장치의 역할을 제공하는 경우에는 직접 연결되기도 한다.

[그림 4-51] 패킷 교환방식

(4) 근거리통신망의 개요

① 근거리통신망(LAN ; Local Area Network)은 빌딩이나 공장, 학교 구내 등 일정 지역 내에 설치된 통신망으로서 약 10km 이내의 거리에서 1~100Mbps 정도의 빠른 속도로 데이터 전송이 수행되는 시스템이다. 이와 같이 근거리통신망은 광역통신망과는 달리 일정지역 내에 분산된 각종 PC, 주변기기, 워크스테이션, 보조기억 장치 등을 상호 유기적으로 결합하여 독자적으로 통신망을 구축할 수 있다.

② 근거리통신망의 정의는 여러 가지가 있다. IEEE 컴퓨터 표준 위원회에서는 "다수의 독립된 컴퓨터 기기를 상호 간에 통신이 가능하도록 하는 데이터 통신 시스템"으로, 스톨링(Willian Stallings)은 좁은 지역 내에서 다양한 통신 기기들의 상호 연결을 가능하게 하는 통신망으로 정의하고 있다.

(5) LAN의 분류

통신망을 망영역과 전송속도에 따라 분류하면 여러 가지 형태로 나눌 수 있다.

1) 네트워크 형상에 따른 LAN 분류

| 표 4-9 | 네트워크 형상에 따른 LAN 분류

구분	버스형	링형	루프형	스타형
형태				
특징	• 소규모이므로 시스템을 경제적으로 구성할 수 있다. • 신호는 버스 위를 양방향에 전송한다. • 노드의 고장은 그 노드에만 제한되고 다른 영향을 미치지 않는다. • 망 전체를 제어하는 장치가 없기 때문에 송신권이 부딪히는 문제가 생긴다.	• 채널 할당 등의 통신제어는 루프 내의 장치에 분산해서 맡겨진다. • 총선로장을 짧게 할 수 있다. • 루프 내의 장치고장에 의해 시스템이 다운된다. 단지 루프백, 바이패스 동작에 의해 부분고장으로 국한하는 것은 가능한다.	• 채널 할당 등의 통신제어는 루프제어 장치가 행한다. • 총선로장을 짧게 할 수 있다. • 루프제어장치 고장은 시스템 다운의 원인이 된다. • 루프 내의 다른 장치의 고장이라도 시스템 다운이 된다. 단지 이 경우에는 루프백, 바이패스 동작에 의해 부분고장으로 국한하는 것이 가능하다.	• 중앙장치가 모든 통신을 집중 제어한다. • 단말기당 제어가격을 싸게 할 수 있다. • 중앙장치가 고장을 일으킨 경우 시스템 다운이 된다.
액서스 방식	토큰 CSMA/CD	토큰 TDMA	토큰 TDMA	
전송매체	동축 케이블	동축 케이블, 페어 케이블 광섬유 케이블	동축 케이블 페어 케이블 광섬유 케이블	페어 케이블 광섬유 케이블

2) LAN의 액세스 제어방법

① CSMA/CD(Carrier Sense Multiple Access with Collision Detection) 다중액세스/충동검출 방식

동축 케이블에 접속된 PC 및 Workstation 등의 단말을 서로 자유롭게 접속시키는 방식이다. 채널을 사용할 때 먼저 다른 사용자가 채널을 이용하는지의 여부를 감청(Listen)한 다음 사용 중이면 일정 시간만큼 지연하였다가 다시 채널 상태를 살핀 뒤 전송을 시도한다. 채널이 사용 중이 아닌 것으로 판단되면 전송을 시작하는데 이 때 다른 사용자가 동시에 전송을 시작하면 전송된 프레임은 충돌에 의해 깨지므로 충돌을 검출(Collision Detection)하여 일정 시간 후 다시 전송한다. 접속되어 있는 단말기는 언제 어느 단말기로도 통신할 수 있다. 2대 이상의 단말이 동시에 송신되면 충돌이 발생하지만, 각 단말은 충돌 검출기구를 갖고 있으므로 이를 검출하여 중단시키고, 다시 송신하게 되어 있다.(먼저 사용하는 사람에게 우선권이 있음)

② 토큰 패싱(Token Passing)

CSMA/CD 방식에 대해서 각 단말이 순서대로 통신하는 방식을 토큰 패싱방식이라 한다. [그림 4-52]와 같이 네트워크를 버스 형태로 한 토큰 패싱 버스(통상 토큰 버스방식이라 함), 링 형태로 한 토큰 패싱 링방식(통상 토큰링방식이라 함)의 두 가지 네트워크 형태가 있다.

토큰 버스방식은 공장용 LAN 프로토콜로 급부상한 MAP(Manufacturing Automation Protocol)에 사용하는 방식으로 유명하다.

🔲 토큰 패싱의 동작순서

- 물리적 매체를 따라 논리적으로 링을 먼저 구성한 다음, 하나의 제어토큰을 생성한다.
- 토큰은 데이터를 이용한 이용자가 수신할 때까지 논리적 링을 따라 전달한다.
- 이용자가 토큰을 소유하게 되면, 대기 중인 데이터를 물리적 매체를 이용하여 전송한 다음, 논리적 링의 다음 이용자에게 제어토큰을 전달한다. 논리적인 링을 구성하여 어드레스 번호순인 A → B → C → D → E로 토큰(송신권)을 순회시킨다.

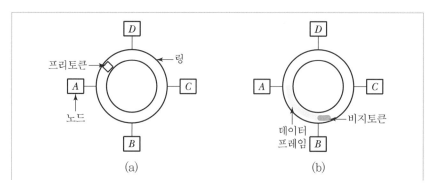

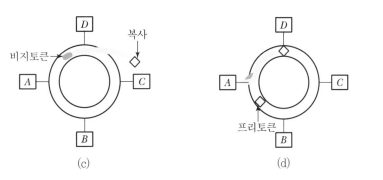

- 송신하고 싶은 노드는 프리토큰(Free Token)이 오는 것을 감시한다.
- 자기에게 오는 데이터를 수신한다.
- 비지토큰(Busy Token)이 링 내를 한 번 돌아 신 노드에 오면 프리토큰을 생성하여 송신한다.
- 프리토큰이 오면 비지토큰으로 하여 데이터를 첨가 송신한다.

[그림 4-52] 토큰 패싱방법

③ CSMA/CD와 토큰패싱의 비교

| 표 4-10 | CSMA/CD와 토큰패싱의 비교

구분	장 점	단 점
CSMA/CD	• 토큰과 같은 키가 되는 제어정보가 존재하지 않기 때문에, 장해 처리가 극히 간단한 데이터 충돌이 일어났을 때처럼 쉽게 된다. • 통신량이 적을 때는 채널 이용률이 높다.	• 회선 사용률이 10% 이상 되면 충돌이 많이 발생하고 망 내 지연시간이 급속히 증대한다. • 일정 길이 이하의 데이터를 송신할 경우 충돌을 검출할 수 없는 것이 있다.
토큰패싱	• 충돌이 일어나지 않으므로 작업 중일 때라도 망 지연시간을 일정치 이내로 줄일 수 있다. • 임의 길이의 데이터를 안전하게 전달할 수 있다.	• 장해(토큰 파기 등)의 검출 및 외부 처리가 매우 복잡해진다. • 링을 일순한 메시지를 제거하기 위한 회로가 필요하다.

3) 베이스 밴드방식과 브로드 밴드방식

CSMA/CD 방식 및 토큰링방식은 베이스 밴드방식을, 토큰버스방식은 브로드 밴드방식을 채택하고 있다. 다음 표에서 알 수 있듯이 베이스밴드 방식은 데이터(정보)를 0.1로 부호화하여 그대로 전송매체로 보내는 방식이다. 이 방식은 하나의 채널에 하나의 신호만을 쌍방향으로 전송하는 원리이므로 모뎀[변복조기, MODEM(MOdulator DEModulator)]이 불필요하기 때문에 비용이 저렴해 지지만 전송거리가 짧은(수 km) 것이 단점이다.

한편, 브로드 밴드방식은 부호화된 데이터(정보)를 변조기에서 아날로그 반송파에 변조하고, 필터 등을 통해서 제한된 주파수 성분만을 동축 케이블 등의 전송매체로 보내는 방식이다.

| 표 4-11 | LAN에서 베이스 밴드방식과 브로드 밴드방식의 비교

구분	베이스 밴드방식	브로드 밴드방식
채널 수	1	20~30
전송속도/채널	1~10 Mbps	1~10 Mbps
케이블상의 신호	디지털(쌍방향 통신)	아날로그(각 채널 한방향 통신)
전송거리	수 km 이내	수십 km 이내
전송매체(케이블)와의 접속기기	트랜스시버(Transceiver) (저가)	모뎀(Modem) (고가)
설치와 보수	쉬움	어려움
응용 분야	소 · 중규모의 데이터 전송중심	대규모/멀티미디어(부호 · 음성 · 영상)의 전송

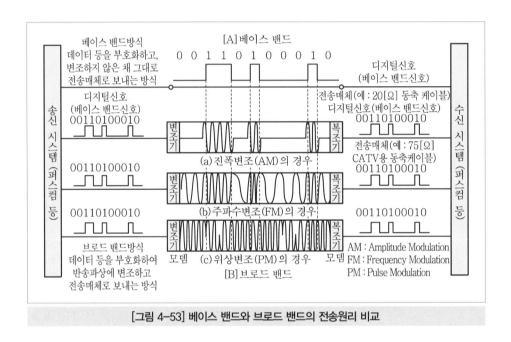

[그림 4-53] 베이스 밴드와 브로드 밴드의 전송원리 비교

2 계측제어 시스템의 설계

[1] 작업 계획

1. 작업의 준비

(1) 프로젝트 개요의 파악

각종 시방서나 자료류를 숙독하여 프로젝트(Project) 규모나 공정 난이도 등을 파악한다. 이로써 프로젝트 처리의 진행 순서, 방법, 목표 품질, 코스트(필요공임) 등의 관리 계획을 세운다.

(2) 수령자료 및 제출자료의 확인

고객에게 수취한 각종 시방서와 계장 메이커가 고객에게 제출하는 각종 시방서가 누락 없이 구비되어 있는지 확인한다.

1) 고객에게 수령할 자료

① 주문서(사본) : 일반 시방서(기기 시방, 프로세스 데이터 시트, 기능 시방, 기기 시방 리스트, 구입품 시방 등)

② 시스템 시방서(시스템 개요, 계장반 시방, 시퀀스 시방, P&I, 프로세스 플로 다이어그램, 유틸리티 시방 등)

③ 컴퓨터 시방서 : 계장 공사 시방서(공장 레이아웃도, 설비 레이아웃도, 계기실 계획도, 플랜트 배관도, 덕트/피트도, 동력 관계 자료 등)

④ 기타(고객 측 규격서, 플랜트 공정, 보안/안전 기준, 기밀유지, 프로젝트 처리 체제 등)

2) 고객에게 제출할 자료

① 견적서

② 일반 시방서(기기 리스트, 기기 외형도, 기기 시방서 등)

③ 시스템 시방서(리스트 구성도, 전체 플로 시트, 패널 외형도, 기능 설명서, 기술 설명서 등)

④ 컴퓨터 시방서

⑤ 기타(보안, 안전에 관한 체제표, 프로젝트 처리 체제표, 협의 의사록 등)

3) 수출 프로젝트

아래 사항에 유의하면서 시방을 마무리한다.

① 적용 법규, 규격

② 환경 조건(기상, 공기 조화, 전원 등의 유틸리티)

③ 출하, 소송, 보관의 조건

④ 제출 도큐먼트의 리스트, 언어, 포맷

⑤ 훈련의 내용, 언어, 장소

⑥ 검수 조건, 시험 방법

⑦ 직무 범위(수주 조건의 확인)

기본 설계 업무를 진행할 때 있어서 고객 또는 다른 회사와의 접점부(관계부)에 관해 그 관장 범위를 명확히 해 둘 필요가 있다. 현지에서의 기기 설치나 공사시공 시에 기기나 재료의 수배 누락이 발견되어 문제가 되는 경우가 많기 때문에 충분한 협의가 필요하다. 확인이 필요한 직무 범위는 주로 다음과 같은 항목이다.

배관의 관계, 전원의 관계, 기기의 설치, 케이블의 수배/부설 범위, 도큐먼트 작성 범위, 기기의 운송 하역(차상 인도) 등

(3) 프로젝트 처리 체제

프로젝트 규모에 따라서 사내 처리 체제를 검토한다. 또한 필요에 따라서 관계 부서에 개요를 설명하고 협력을 요청하는 동시에 프로젝트 처리 체제 확립의 양해를 얻어야 한다. 동시에 고객의 체제 및 관계되는 엔지니어링 회사나 계장 기기 메이커의 체제도 확인해 둔다.

(4) 프로젝트 공정 설정

프로젝트 전체의 공정 및 계장 설비의 공정을 파악하여 엔지니어링 업무 및 사내 생산이 원활히 진행될 수 있도록 공정표를 작성한다. 공정표는 대 공정, 중 공정, 상세 공정 등으로 분류하여 사용하면 좋다. 특히, 설계 업무에서 기기나 공사 공정 이외에는 도큐먼트의 공정을 명확히 파악해 두는 것이 중요하다.

공정표는 주로 각 부서의 공정을 시계열적으로 표현하는 것이기 때문에 필요에 따라서 고객 제출용으로도 이용되므로 미리 이 점을 고려해 작성한다.

(5) 기술 협의 시의 의사록

작업의 사전 준비는 아니지만 엔지니어링을 추진하는 데 중요하기 때문에 아래에 설명한다. 수주 활동 시점에서의 시방은 개략 시방인 경우가 많으므로 수많은 협의에 의해서 상세 시방이 결정된다. 이 과정에서는 시방의 변경, 추가 등 반복되는 것이 보통이다. 이때 자칫하면 기술적인 흥미에 도취되어 공정이나 코스트에 대한 점을 잊어버리기 쉽다. 항상 공정이나 코스트에 관해서도 염두에 두고 기술 협의를 하는 것이 고객과 수주 자를 불문하고 필요한 것이다. 이를 위해서는 쌍방 모두 의제 및 필요한 자료류를 사전에 교환하여 체크하는 등의 준비를 하여 시방의 결정을 늦추지 않도록 노력하는 것이 프로젝트를 원활히 수행하는 데 가장 중요하다. 또한 그 장소에서 관계자와 협의내용을 정리하고 확인하여 의사록을 작성할 것을 권장한다.

[2] 시스템 시방

1. 시스템 구성

시스템 구성이란 계장 시스템에 대한 기본적인 사고방식이나 개념을 발신기, 계장반, 디지털 계장 기기, 컴퓨터 기기 등의 구체적인 시스템 기기로 구성하여 해설한 것을 말한다.

시스템 구성은 일반적으로 '시스템 구성도'와 그에 대한 시스템의 사고방식이나 구성내용을 보충 설명한 '시스템 개요'로 성립된다. 시스템 개요에는 다음을 수록한다.

① 개략의 설명
② 오퍼레이션 : Man-Machine 인터페이스를 중심으로 중앙 계기실 조작, 현장반 조작, 현장 기기 조작 등 정상 시, 이상 시의 경우를 상정하여 오퍼레이터, 정보, 조작 면에서 사고 방식을 명확히 한다.
③ 안전 대책 : 전원이나 공기원, 유압원 이상에 대한 대책, 컴퓨터, DDC의 시스템 다운(시스템 정지)에 대한 사고 방식, 2중화나 백업에 대한 사고방식을 명확히 한다.
④ 정보 관리 : 운전 데이터의 출력과 전송처, 방법, 프로세스 데이터의 관리 등을 명확히 한다.

2. 전체 배치의 확인

공장 전체의 레이아웃도 등을 바탕으로 플랜트 전체 가운데에서 계기실과 현장 계기 그룹과의 관련 및 다른 설비, 조작실, 컴퓨터실, 전기실 등과의 배치 관계를 명확히 한다. 또한 신호 전송로나 전송 수단 등에 관해 검토한다.

3. 계기실의 기기 배치 계획

계기실 계획도, 컴퓨터실 계획도, 전기실 계획도 등을 바탕으로 계장반이나 시스템 기기의 배치를 결정한다. 그때에 조작, 감시, 보수용 스페이스 등의 기능별 배치를 고려한다.

4. 유틸리티 관계

전원 계통도(단선), 공기 조화 설비 계획서, 유틸리티 계획서를 바탕으로 전원 장치(상용전원, 무정전 전원 장치, 배터리, 분전반 등), 계장용 공기원 장치, 공장용 공기원 장치, 공기 조화 설비, 그 밖에 유틸리티(유압원, N_2 가스 등)의 용량, 성질과 상태, 설치 장소 등에 관해 확인한다.

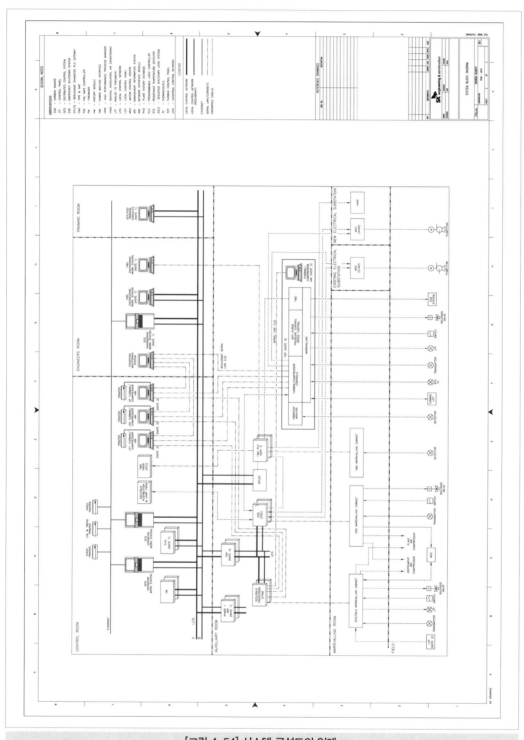

[그림 4-54] 시스템 구성도의 일례

[3] 기기 기능 시방

1. 기기 리스트

계장 설비에 포함되는 모든 기기의 명세표로서 명칭, 태그 넘버, 형식, 제조 메이커, 수량 등을 기재하는 것이다. 이 리스트는 발신기의 설계 제작에 필요한 제원 데이터(프로세스 데이터) 및 간단한 사이징 데이터로서도 사용된다.

[그림 4-55] 기기 리스트의 일례

2. 기기 사이징

오리피스나 조절 밸브 등은 프로세스 데이터를 기초로 한 사이징이 필요하다. 이들은 직접 플랜트나 배관에 설치되어 고온이나 부식성 액체에 접촉되는 부분이 있기 때문에 재질의 선정에도 충분히 주의해야 한다.

3. 구입 기기 시방서

계장 시스템을 구성하기 위해서는 다양한 기기를 조달하기 위한 상세 시방서를 작성해야 한다. 가격, 기기 시방, 성능은 물론이고, 품질 보증, 도큐먼트, 교육, 서비스 등의 부대 조항까지 충분히 고려해야 한다.

#			Units	Max. Flow	Norm. Flow	Min. Flow	Shut-Off
1		TAG No. :			PID No. :		
2	G E N E R A L	Process Fluid :			SERVICE :		
3		Flow Rate	(bbl/d)				-
4		Inlet Pressure	(psi-g)				
5		Delta P	(psi)				
6		Inlet Temperature	deg C (deg F)				
7	P R O C E S S	Density / Sp. Gr. / Mol. Wt					-
8		Viscosity / Spec. Heats Ratio					-
9		Inlet Vapour Pressure	bar-a (psi-a)				-
10		Crit. Press.	bar-a (psi-a)				-
11		Compressibility Factor					-
12	D A T A	* Required Cv (Note 4)	-				-
13		* Travel	%				-
14		Allowable / * Predicted	dBA	85 /	85 /	85 /	-
15		Haz. Area Class	Zone 2 Group IIB T3				

#				#		
16	L I N E	Pipe Line Size — In		53		Type
17		& Schedule — Out		54		* MFR & Model
18		Pipe Line No. & Insulation		55		* Size * Eff Area
19	V A L V E B O D Y B O N N E T	Type		56	A C T U A T O R	On/Off Modulating
20		* Size ANSI Class		57		Spring Action Open/Close
21		* MFR & Model /		58		Max Allowable Pressure bar-g(psi-g)
22		Body/Bonnet Matl		59		Min Required Pressure bar-g(psi-g)
23		Flg Face & Finish		60		Available Air Supply Pressure
24		* Flow Direction		61		Max 8.5 barg(123 psig) Min 4 barg(58 psig)
25		Type of Bonnet Standard		62		* Bench Range /
26		Lub & Iso Valve N/A		63		Actuator Orientation
27		Packing Material		64		Handwheel Type
28				65		* Total Stroke Time
29	T R I M	* Type		66		
30		* Size * Rated Travel		67	P O S I T I O N E R	Input Signal
31		Characteristic		68		Type
32		Balanced / Unbalanced		69		* MFR & Model
33		* Rated * FL * XT		70		Air Connection
34		Plug/ Ball/ Disk Material		71		Gauges Bypass
35		Seat Material		72		Cam Characteristic
36		Cage / Guide Material		73		Haz. Area Certification
37		Stem Material		74	S W I T C H	Type Quantity
38		Bolt & Nut Matl		75		* MFR & Model
39		Gasket Matl		76		Switch Pos
40	S O L E N O I D V A L V E	* MFR & Model :		77		Switch Acting Type & Rating
41		Valve Style :		78		Haz. Area Certification
42		De-energ. : Control Valve		79		Tag No.
43		Air Connection :		80	A I R S E T	* MFR & Model
44		Coil Voltage :		81		* Set Pressure bar-g(psi-g)
45		Haz. Area Certification :		82		Filter Yes Gauge Yes
46		Tag No :		83		
47	A C C E S S O R I E S	Transducer Reqd. : N/A		84	C E R T I F I C A T I O N S	Hydro ANSI B16.34 and B 16.37 / Reqd.
48		Air Volume Booster Reqd. :		85		ANSI/FCI Leakage Class / Reqd.
49		Air Lock Up Kit Reqd. : N/A		86		Haz. Area Certification Reqd.
50				87		NACE MR0175 / ISO 15156 Reqd.
51						
52						

Notes :

INSTRUMENT SPECIFICATION

Control Valve

Sheet   of

No.	By	Date	Revision	Code: 201	Doc. No. :	Rev. :

[그림 4-56] 기기시방서 예시 1

Tag Number							

THERMOMETER BIMETAL TYPE

1	Stem:	Threaded	Plain	Union
		Material - 316 SS		
2	Stem or Union Thread: NPT(M)	1/2"	3/4"	
3	Stem Diameter:	STD.	0.250 in	0.375 in
		Other -		
4	Case Material:	STD.		Other - 316SS
5	Dial Size 150mm (6")		Color - White	
6	Scale Length - STD. (See Note3) Color - Black			
7	Form: Fig. No.		Adjustable Angle	
8	External Calibrator		Herm Sealed Case -	
9	Enclosure Class : IP 65			
10	Accuracy : =/- 1% of Span			
11	Lens : Safety Glass			
12	Manufacturer			
13	Thermometer Model No.			
14	Thermowell Model No. A6110			
15	Serial No.			

THERMOWELL

16	None	Included	By Other
17	Material:		
18	Construction: Tapered	Straight	Drilled
	Built-Up	Other -	

19 P&ID No -
Service -
Fluid State -
Design Max. Temp. ℃ (℉) -
Instrument Range ℃ (℉) -
Oper.Temp. ℃ (℉) -
U Length mm (in) -   T Length mm (in) - 80 (3.2)
Conn. Well -   1/2"NPT-M (Note2)
Process Conn. Size -   Type -
Velocity Collar -
Line No. -   Line Sched. -
Vessel No. -
Oper. Max Density Kg/m3 (lb/ft3) -
Oper. Max Velocity m/sec (ft/sec) -
Oper. Pressure bar-g (psi-g) -

FIG.1	FIG.2	FIG.3
BOTTOM FORM (STRAIGHT)	BACK FORM (ANGLE)	STRAIGHT

FIG.4-5	FIG.6-7	FIG.8-9
BACK		135° RIGHT - LEFT

Notes:

				INSTRUMENT SPECIFICATION			
				Thermometer			
						Sheet of	
No.	By	Date	Revision	Code: 702	Doc. No.:		Rev.:

[그림 4-57] 기기시방서 예시 2

4. 시퀀스 제어

PA(Process Automation)나 FA(Factory Automation)를 계획하는 데 시퀀스 제어 기능은 불가결하며 특히 최근에 생산 설비의 자동화가 진행됨에 따라 그 수요는 점점 증가되고 있다. 시퀀스 제어에 관한 정의나 기본적인 사고 방식에 관해서는 '**1** 계측제어 일반'에서 이미 설명 하였으므로 여기에서는 엔지니어링에서의 시퀀스 시방 결정을 중심으로 설명한다.

(1) 시퀀스 제어 장치의 개요

① 시퀀스 제어를 실현하기 위한 하드웨어 : 릴레이, 반도체, PC(Programmable Controller), 분산제어 시스템, 컴퓨터 등의 각종 방식이 있다.

② PC : 최근에 마이크로컴퓨터의 발달과 함께 각종 PC가 개발되어 많이 사용되고 있다. PC의 특징은 다음과 같다.

- 시퀀스의 작성이나 변경이 용이하고 신뢰성이 높다.
- 소형 경량으로 장치의 소형화에 기여한다.
- 하위 통신이 용이해서 토털 시스템의 확장성이 풍부하다.
- 상위 시스템과의 통신이 용이해서 토털 시스템의 구축이 쉽다.
- 최근에는 산술 연산, 제어 연산 등의 각종 연산 기능을 갖춘 것도 개발되고 있다.

③ 분산제어 시스템

피드백 제어 기능과 시퀀스 제어 기능이 하나의 제어 장치 속에서 실행될 수 있도록 개 발된 것으로서 앞에 설명한 PC의 특징 이외에 피드백 제어와 시퀀스 제어의 정보 교환 이 매우 쉽다는 점이 큰 특징이다. 계장 시스템의 시퀀스는, 예를 들면 탱크 레벨이 규 정값보다 높아지면 배출 펌프를 가동하거나 혼합 탱크의 농도가 규정값에 도달하면 교 반을 중지하여 배출 펌프를 작동하는 등 계측 제어와 시퀀스 제어가 밀접한 관련을 맺 어 운전되므로 피드백 제어 기능과 시퀀스 제어 기능이 동일한 제어 기기로 실현할 수 있다는 것은 계장 시스템 설계를 하는 데 대단히 편리하면서 유효한 것이다.

(2) 시퀀스 시방

시퀀스 시방을 결정하는 데 먼저 대상으로 하는 기계나 장치를 어떻게 작동할지 동작 시방 을 명확하게 결정하는 것이 중요하며, 대상으로 하는 기기, 운전 방안, 필요한 조작·표시 기기, 입·출력 신호 등이 중요한 시방 항목이 된다.

이때, 주의해야 할 것은 이상 처리나 안전대책이다. 정상 시 이외에 이상 시에도 인간 보 호, 플랜트 보호가 확보되도록 계획한다.

(3) 시방의 표현방법

시퀀스 동작을 표현하는 방법은 '**1** 계측제어 일반'에서 상세히 설명한 바와 같이 현재 사 용되고 있는 주된 것으로서는 릴레이 래더(전개 접속도), 논리회로, 플로 차트, 타임 차트, 디시전 테이블 등이 있지만 어느 것이나 일장일단이 있다. 또한 어느 표현법을 채택할 것인가는 업계나 업종, 장치마다 전통이나 관습이 있으므로 이것도 또한 일정하지 않다. 실제로 기술할 때는 이들을 병용하거나 주석을 병기하는 등의 방법으로 엔지니어링이 의도하는 바를 빠짐없이 에러가 없는 방법으로 기술한다.

(4) 안전대책

시퀀스 안전대책은 운전하는 방법, 조작 방법 이외에 장치의 신뢰성까지 포함하여 발생될 가능성이 있는 모든 이상, 외란, 변동 등의 사고나 고장에 대해서 인명 보호도 철저히 한 전체의 안전을 확보함으로써 제어 대상, 운전 조건, 하드웨어의 신뢰성 등 매우 폭넓은 분야에서의 검토가 필요하다. 구체적으로 다음 항목에 관해 검토하여 안전을 확보하는 설계를 한다.

① 전원 이상(계통별 분할 등)
② 정전 복전 처리(정전 시의 안전, 복전 후의 재운전)
③ 시퀀스 제어 장치의 신뢰성(백업, 2중화)
④ 긴급 정지의 조건(중앙 조작, 현장 조작, 기기 조작)
⑤ 오조작 대책(스위치류의 오조작, 인터로크 조건)
⑥ 정보 전달(램프, 버저, 사이렌, 음정 LCD 모니터)
⑦ 보수 점검의 용이성

(5) 시퀀스 시방서

고객 시방서, 기술 협의를 바탕으로 승인용 및 설계용으로 시퀀스 시방서를 작성한다. 시퀀스 시방서는 개략적으로 다음과 같이 구성한다.

① 표지(차례, 목적)
② 프로세스의 개요(시퀀스에 관련된 프로세스의 개요)
③ 프로세스 플로 시트(프로세스의 전체를 파악하기 위한 플로 시트)
④ 전원 계통도(전체의 전원 계통도, 시퀀스 부분의 전원 분할도 등)
⑤ 인터페이스 리스트(입 · 출력 신호의 종류, 상태 시방 등)
⑥ 안전 대책(2중화, 페일 세이프 등)
⑦ 동작 설명(시퀀스 동작 설명, 조작 순서, 플로 차트, 타임 차트 등)

5. 계장반

계장반이란 플랜트에서 계장 시스템을 집중 관리(원격 제어)하기 위해 조절계나 기록계, 각종 표시기, 래크 계기, 조작 스위치 등을 장비한 반(일반적으로 패널 또는 큐비클이라고 부르는 수가 많다)을 말한다.
계장반은 일반적으로 환경이 좋은 계기실에 설치되고 여기에서 유량, 압력, 온도, 액위 등의 계측, 제어를 행하고 조절 밸브의 조작뿐만 아니라 필드의 작동상태를 감시하여 경보 또는 정지의 신호를 출력하는 기능을 지닌다.

계장반의 형상은 그 사용 목적, 설치 장소, 규모, 계장 방식 등에 따라 달라진다. 개별적인 계기류를 주체로 한 계장 방식에서는 일반적으로 오퍼레이터에 대한 정보량, 오퍼레이터의 위치와 동작, 표시의 판독, 긴급 동작, 오조작 방지 등의 조건을 고려하여 계장반의 형상이 결정된다. 최근 주류를 이루고 있는 컴퓨터 주체 또는 분산형 DDC와의 조합에 의한 계장 방식에서는 표시, 감시, 조작의 중심은 LCD 모니터로 이행하고 있으며 자연히 계장반이 해내는 역할도 변해 가고 있다. 또한 이러한 작업에 종사하는 오퍼레이터를 둘러싼 환경도 고려되어 작업성을 고려한 공간의 확보나 거주성이 양호한 실내 디자인(배치, 배색, 조명 등)까지 고려된 정합된 계장반이 요구된다.

따라서, 계장반 설계 시 인간 공학적인 사고방식을 도입한 종합적인 엔지니어링을 해야 한다.

(1) 계장반의 형상

현재 일반적으로 사용되고 있는 계장반의 형상에는 직립형, 벤치형, 콘솔형, 래크형, 현장형, 파이프 스탠드형 등이 있다.

(2) 계장반의 기기 배치의 결정

앞에서 계장반의 형상을 결정할 때에는 조작성이나 보수성을 고려해야 한다고 기술했지만 이 형상에 관련하여 패널면 기기의 배치도 오퍼레이터와 조작성 이상으로 중요한 문제로서 고객과의 협의를 거듭해서 결정하는 항목이다.

(3) 설계 자료(Engineering Data)

계장반의 상세 설계를 하는 데 다음과 같은 자료가 필요하다. 엔지니어링의 단계에서는 계장반의 계획이나 사고방식 등과 조합하면서 이들의 자료 내용을 검토하고 상세 설계의 항목별 세분화를 한다. 필요에 따라서는 기술 협의를 기다려 시방을 마무리한다.

① 일반 시방서 : 계장반의 설계 방침, 니즈, 기준, 규격 등
② 계기 리스트 : 품명, 형명, 메이커명, 태그 넘버 등
③ 계기 계류도 : 계기 간의 루프 구성에 관련되는 것
④ 계장 시스템 입·출력 리스트 : 입·출력 점수, 태그 넘버, 단자 번호 등
⑤ 계장반 배치도 : 반입구, 설치 스페이스, 피트 등
⑥ 외형도, 정면 계기 배치도
⑦ 그래픽 원안도 : P&I, 플롯도 등으로 도안이 그려지는 것
⑧ 공급전원계통, 접지계통도 : 계장반과 분전반의 관계를 알 수 있는 것
⑨ 시퀀스 동작 설명도 : 동작을 명확히 알 수 있는 것, 로직도, 플로 차트, 시퀀스 테이블, 타임 차트 등
⑩ 어넌시에이터(Annunciator) 표시 등의 배열과 기입 문자
⑪ 네임 플레이트 기입 문자

(4) 계장반 시방서의 작성

계장반 시방서는 상세 설계에 필요한 각종 상세 내용을 정리한 것으로 엔지니어링에서는 고객과 협의하면서 이 시방서에 따라 기록하는 가능 방식이 좋은 방법이다. 주된 애용 항목은 다음과 같다.

① 일반 시방서 : 설치 장소, 공기 조화의 유무, 중량 제한, 반입구 제한 등의 설치 상황 확인, 구조 양식, 면수, 치수, 도장 등
② 구조 : 정면판, 측면판, 천장판, 문짝판 등의 재료나 판 두께 및 그 구조, 채널 베이스, 앵커 볼트, 리프팅 볼트 등
③ 배선 : 배선 방식, 공급 전원, 실장되는 전원 장치, 계장반용 분전반, 반내 분전 방식, 배선 재료와 배선색, 전선 규격 등
④ 어넌시에이터 : 표시등의 종류, 경보(버저, 벨), 구성 내용, 동작(논로크인, 로크인, 더블 로크인 등)
⑤ 시퀀스 회로 : 방식, 전원, 시퀀서, 입력 접점, 배선방식 등
⑥ 보조 기기, 부품 : 내부 조명, 팬, 보수용 콘센트, 사용 부품 등

(5) 승인도의 제출

고객에게 수령한 설계 자료에 따라서 상세 설계를 행하고 다음의 각종 도면을 승인도로 제출한다. 고객에게 승인을 받아 되돌려 받은 시점에서 계장반의 제작에 착수하는 것이 일반적이다.(예 계장반 시방서, 채널 베이스도, 외형도, 기기 배치도, 기기 리스트, 반내 기기 배치도, 계기 계통도(루프도), 시퀀스 회로도, 전원 계통도, 전원 스위치 배치도, 외부 단자 배치도, 어넌시에이터 리스트, 네임 플레이트 리스트, 그래픽도 등)

[4] 계측제어 도면

계측제어의 모든 도면은 설계자의 의도에 따라 시공자가 시공이 가능하도록 하는 데 있다. 그러나 도면은 설계자와 시공자의 Communication 수단일 뿐만 아니라, 설계자의 의도가 발주처의 요구사항과 일치 여부를 확인 및 승인하는 수단이면서 준공 후 보수나 증설 시 중요한 기초자료로 활용된다.

1. 계측제어 도면의 특징

계측제어 도면의 특징은 배관, 토목, 건축, 도면과는 다르게 통상 Scale(축척)의 개념이 크게 중요시되지 않는 편이다. 도면의 성격상 Layout Drawing이라 하더라도 계기의 위치나 전선관의 Routing을 정확한 Elevation과 위치를 나타내기 어렵기 때문인데 이로 인한 현장에서의 간섭 발생을 미리 점검 및 예방하기 위한 3D CAD 설계가 대중화되고 있다.

2. 계측제어 도면의 변화

계측제어 기술의 발전에 따라 계측제어 관련 도면도 변화를 해왔다고 할 수 있다. 간단한 예로 Plant 초기 단계인 Pneumatic(공기신호 계기)로 계기를 구성했을 때는 Wiring 도면이 없었고 모두 Pneumatic 신호의 전송과 관련된 도면이 주종을 이루었다. 점차 Electronic Instrument 가 개발되면서 Wiring 관련 도면이 작성되기 시작되었고 방폭에 대한 개념을 도면 및 기타 설계에 반영하는 것이 중요하게 대두되었다. 최근 Digital 기술의 발전으로 계측기기의 획기적 변화 및 설계 Software의 발전에 따라 대부분 EPC 회사는 경쟁력 우위 확보를 위하여 현재의 계측제어 도면도 좀 더 단순화시키고 DB화해야 하는 필요성에 직면해 있다. 아울러 Wireless System의 도입이 현실화되고 있음에 따라 이에 대응할 수 있는 효율적 도면 업무에 대한 방안도 지속적으로 강구되어야 한다.

3. 계측제어 도면의 작성 도구

① Auto CAD
② SP 3D−Intergraph, USA
③ SPI(DB : Operational Base)−Intergraph, USA

4. 계측제어 도면의 종류

(1) Layout Drawing류

① Cable tray Layout
② Main Cable Layout
③ Wiring Layout(Signal and Control, Temperature, Gas Detector)
④ Air Piping Layout
⑤ Control Room Arrangement
⑥ Control Room Wiring Layout

(2) Detail Drawing류

Piping Hook−up

❸ 분산제어 시스템(Distributed Control System) 일반

1960년대에 컴퓨터가 프로세스 제어(Process Control)분야에 도입되어 디지털 제어의 기술은 대폭적인 발전을 이루었다. 그 후 마이크로프로세서 등 전자 디바이스 기술이 비약적으로 발전하고 디지털 통신기술의 발전과 더불어 1975년에는 분산형 제어 시스템이 탄생하고 급속히 보급되어 오늘날에는 프로세스 제어시스템의 중핵을 이루기에 이르렀다. 그 디지털화에 따라서 제어 시스템은 대폭 변모하고 생산 효율 및 품질의 대폭 향상을 가져왔다. 프로세스에 대한 이들의 자동화 시스템을 넓은 관점에서 받아들여 PA(Process Automation)라 부르고 있다.

한편, 조립 가공을 중심으로 하는 디스크리트 프로세스(Discrete Process)의 분야에서도 컴퓨터 기술과 NC 기기나 로봇 등의 소위 자동화기기의 조합에 의해 자동화를 행하며 유연(Flexible)한 생산 시스템을 지향한다. 즉, FA(Factory Automation)화가 최근 급속히 발전하고 있다.

최근에는 공장 전체의 제어 시스템을 네트워크(Network)화하고 생산관리용 컴퓨터를 포함한 시스템의 통합화를 꾀함에 따라 생산에 관계된 정보의 전달을 정확하고 확실하게 행하고 그 정보를 제어시스템과 직결함에 따라 생산의 리드타임을 단축하고 생산 시스템을 유연(Flexible)하게 하며 생산 가격 또한 크게 줄여 다양화의 시대에 맞는 시스템이 되고 있다. 이같이 컴퓨터를 중심으로 통합화된 생산시스템을 CIM(Computer Integrated Manufacturing)이라고도 한다.

[1] 시스템 제어기기의 발전

계장 시스템의 기기는 프로세스 산업의 발전에 따른 니즈(Needs)와 일렉트로닉스 기술, 제어 기술을 유지하면서 진보하고 있다. 프로세스제어(PA)는 연속프로세스(유체나 연속물리량)를 대상으로 한 자동화로서 그 제어시스템은 플랜트 운전의 중추이며 생산성, 품질, 안전성 등에 가장 관계가 깊다. 프로세스 제어장치는 공기식에서 전기식 또는 전자식, 그것에 디지털 컴퓨터의 도입, 디지털 직접제어(DDC), 분산형 DDC 그리고 Single Loop Controller로 변천해왔다. 제어장치가 디지털화함으로써 제어시스템은 여러 가지 면에서 대폭 비약했다.

먼저 제어성으로 제어이론의 발전은 눈부신 것이며 프로세스제어의 분야에도 그 영향이 미치고 있으나 제어 알고리즘의 기본은 현재도 고전제어이론이고 PID 방식이 프로세스 제어의 현장에서 주류를 이루고 있다. 그러나 디지털 연산장치에 의해 복잡한 연산이 가능하여 비선형 제어나 PID 제어 Parameter를 적당히 교체하면서 안정성의 한계를 고려해서 높은 생산성을 구하여 고도의 어드밴스드 제어가 실현되고 있으며 시퀀스 제어기능과 PID 제어 기능을 조합함에 따라 플랜트의 스타트업의 자동화나 배치 프로세스의 완전자동화가 가능하게 되었다.

또한 프로세스 제어는 인간이 주체적으로 제어계를 장악하면서 플랜트 전체의 관리를 행해왔다. 그러나 점점 플랜트의 구조가 복잡화하고 고도화함에 따라 컴퓨터 의존도가 높아지고 제어 장치의 오퍼레이션도 대형계기반에서 LCD 모니터로 완전히 새로운 방식으로 교체되었다. LCD 모니터의 풍성하고 유연(Flexible)한 기능에 의해 표시내용이 그래픽(Graphical)한 것이 되며 경보(Alarm)의 표시가 간단 명료함과 동시에 정확하고 확실하게 되며 조작방법도 One Touch Operation을 기본으로 오조작 방지를 충분히 배려해서 획기적으로 변모했다. 또 그 오퍼레이션 내용도 제어루프의 설정값의 조정 주체에서 점차로 생산품의 이름이나 생산량, 품질 등의 지정을 하는 등 관리 면을 주체로 하는 것으로 변하고 있다. 이후로는 제어 시스템이 통합화되는 경향이 있으므로 그 오퍼레이션은 LCD 모니터를 중심으로 해서 관련하는 다른 시스템의 정보를 계속해서 표시할 수 있는 고기능화, 초고밀도화, 게다가 인공지능의 활용 등 더욱 큰 발전을 해갈 것이라고 생각된다.

한편, 컴퓨터는 그 Cost Performance가 10년마다 1/10이 된다고 할 정도로 대용량화 · 고속 연산화가 진행되며 공업용으로서는 강력한 데이터베이스 관리시스템을 중심으로 생산계획, 공정계획 등의 생산관리나 최적화 연산이나 Process Simulation 등의 Process Line 관리 등 그 분담이 제어보다 관리를 목적으로 한 것이 되며 제어 시스템과의 계층 구성화가 명확히 되었다.

[2] 분산제어 시스템의 개념

분산제어 시스템의 기본적인 Architecture는 [그림 4-58]과 같이 오퍼레이터스(Operators) Station, 제어 Station 및 통신 System에서 구성되고 있다. 오퍼레이션에 관한 정보를 집중해서 그들을 표시, 조작하는 기능을 가지고 있다. 제어스테이션은 DDC 등의 제어기능을 가지며 대상프로세스 유닛의 규모나 종류에 대해서 복수의 스테이션으로 분담, 처리를 하지만 처리하는 제어레벨 수의 차이에 따라 분산도가 달라지며, 8루프, 16루프, 32루프 등의 타입이 있다. 통신 시스템은 오퍼레이터스 스테이션, 제어스테이션 및 다른 시스템 사이의 정보교환을 고속으로 하며, 응답성도 좋게 행하기 위한 것이다.

분산제어시스템은 거듭 같은 그림으로 나타낸 4개의 Interface로 구성된다.
Process Interface는 분산형 제어 시스템과 플랜트(검출단이나 조작단)와의 인터페이스로 각종의 검출단에서 온도, 압력, 유량 등의 측정신호를 받아 각 제어 스테이션마다 마이크로프로세서상에서 설정값과의 편차에 따라 제어 연산을 행하고 조작단에 출력신호를 보내 수정동작을 행한다.

Man-Machine 인터페이스는 분산제어 시스템과 오퍼레이터의 인터페이스로서 강력한 마이크로프로세서와 LCD 모니터나 키보드로 구성되는 오퍼레이터 콘솔을 도와서 플랜트의 집중 감시 조작을 행한다. 다른 시스템 인터페이스는 상위 컴퓨터의 인터페이스와 제어 서브시스템의 인터페이스로 나누어진다. 상위 컴퓨터 인터페이스는 분산제어시스템과 상위 컴퓨터와의 인터페이스로 관리 데이터의 송신이나 조업지령 및 최적 연산 설정값의 수신 등을 행한다. 서브시스템 인터페이스는 분산제어 시스템과 PLC(Programmable Logic Controller)나 분석계 등의 복합 계측기와의 인터페이스로 플랜트 운전의 통합화를 꾀하고 있다. Engineering Interface는 분산형 제어 시스템과 엔지니어의 인터페이스로서 분산제어 시스템의 시스템 구축이나 보전을 행한다. 아래 표는 주요 분산형 제어 시스템을 나타낸다.

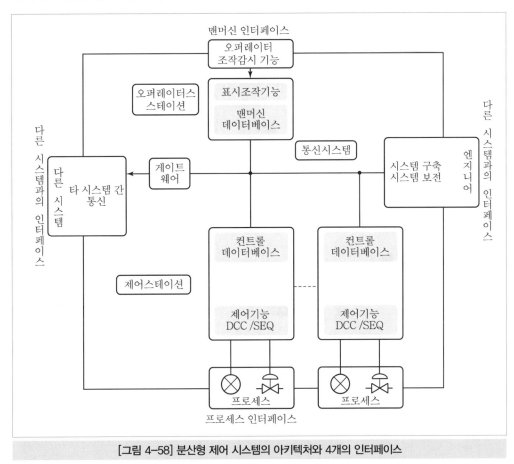

[그림 4-58] 분산형 제어 시스템의 아키텍처와 4개의 인터페이스

| 표 4-12 | 주 분산형 제어 시스템

회 사 명	시 스 템 명
허니웰(HONEYWELL)	TDCS-3000 BASIC/LCN/X, TPS
요코가와(YOKOGAWA)	CENTUM-A/B/C/D//XL/CS,
인벤시스(INVENSYS)	SPECTRUM
에이비비(ABB)	MASTER, MOD300, ADVANT
로즈마운트(ROUSEMOUNT)	PROVOX, RS-3
베일리(BAILEY)	NETWORK-90
도시바(주)	TOSDIC

[3] 분산제어 시스템의 구성요소와 기능

분산제어 시스템은 각각의 모듈들의 조합으로 구성되어 있고, 각 모듈은 시스템의 기본 소프트웨어에 의해 제어되며 유연성 있는 통신 시스템에 의해 서로 연결되어 있다. 통신 시스템은 최신의 디지털 통신 기술을 주 원리로 채택하고 있으며 시스템을 손쉽게 사용할 수 있도록 최신의 소프트웨어 기술을 적용하여 사용하고 있다.

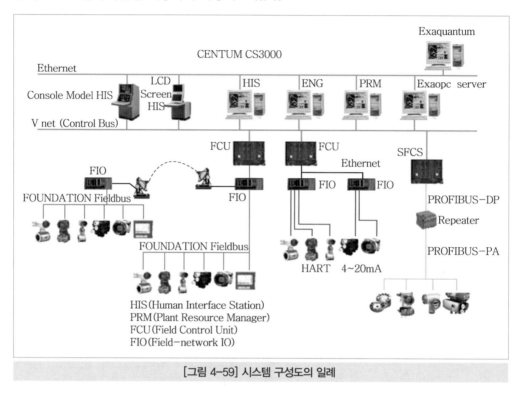

[그림 4-59] 시스템 구성도의 일례

1. 제어 스테이션의 구성

① 제어 스테이션은 [그림 4-60]과 같이 주로 마이크로프로세서나 통신 제어 및 2중화 제어를 행하는 제어 프로세서와 각종 입·출력 인터페이스 카드가 내장되며 그 배후에는 프로세스 필드에서의 각종 신호를 1~5V DC의 통일 신호로 하기도 하고 4~20mA DC의 조작 출력을 행하는 시그널 컨디셔너 카드를 수신하는 Signal Conditioner Nest나 Terminal Board가 필요에 따라 배치된다. 프로세스의 각종 검출단에서의 4~20mA DC신호나 열전대 입력 등 각종 아날로그 신호는 Signal Conditioner Card에서 1~5V DC입력으로 정규화되며 8~16점 단위로 포함되어 커넥터 케이블 경유로 입·출력 카드의 입력으로 된다. 그 신호는 입·출력 카드에서 디지털 값으로 변환되어 통신버스를 거쳐 프로세서로 입력되어 DDC 제어나 경보, 모니터링 등의 입력신호로 된다. 제어연산된 결과는 다시 통신버스를 끼고 입·출력 카드로 전달된다.

② 아날로그 제어 출력의 경우는 4~20mA DC의 출력으로 변환되어 시그널 컨디셔너를 끼고 밸브 등으로 출력된다.

③ 컨트롤 루프의 카드는 고장 시 프로세스 운전에 중대한 지장을 가져오므로 이것을 막기 위해서 2중화 구성을 취하고 있다.

④ 다른 출력도 전류신호나 전압신호로 변환되어 출력된다. 접점입력신호는 터미널 보드를 포함에서 16~32점 단위로 한데 모아져 커넥터 케이블을 경유하여 입·출력 카드에 입력된다. 그 신호는 입·출력 카드에서 디지털 값으로 변환되어 통신버스를 경유해서 프로세서로 입력되어 시퀀스 제어의 입력신호로 된다. 시퀀스 제어 연산 결과는 통신버스를 거쳐 입·출력 카드로 전달되고 입·출력 카드에서 터미널 보드를 거쳐 프로세스로의 접점 출력 신호로 되며 모터의 기동정지나 램프의 점멸 등을 행한다.

⑤ 시그널 컨디셔너 카드는 Field에서의 노이즈에 의해 시스템이 영향을 받지 않도록 절연을 하고 있다. 시그널 컨디셔너 카드 및 입·출력 카드는 카드 단위의 고장에 대해서 같은 네스트의 다른 카드에 영향을 주지 않고 대체 가능한 온라인 메인터넌스(Maintenance)를 가능하게 하고 있다. 프로세서로는 16비트의 마이크로프로세서를 사용하고 메모리는 ROM과 RAM으로 구성되어 있다. ROM에는 DDC 등의 프로그램을 저장하고 RAM에는 시스템 구성정보와 설정값이나 측정값 등이 저장되어 있다. RAM은 정전에 대해서 메모리 기능이 지워지지 않도록 CMOS Battery Backup이 되어 있고 통전 시 제어 스테이션 기능의 자동 스타트가 될 수 있도록 되어 있다. 또 프로세서 부분은 2중화 제어부를 중재해서 다른 Backup 측 프로세서와 접속되고 항상 Backup 측 프로세서의 메모리는 제어 측 프로세서의 메모리와 등치화가 도모되고 있다.

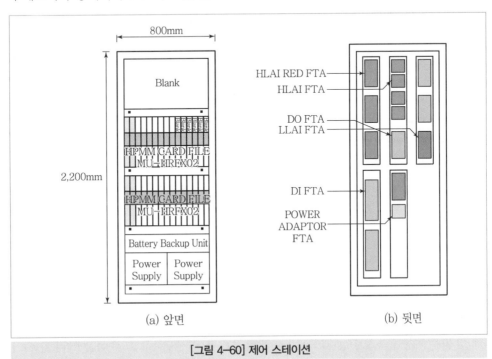

[그림 4-60] 제어 스테이션

⑥ 경보 체크기능은 입력신호의 이상을 검출하고 경보를 발생하고 오퍼레이터 스테이션 화면 상에 표시하기도 하고 인자하기도 해서 오퍼레이터에게 알리는 기능이다. 또 같은 경보체 크 기능에 의한 경보상태는 시퀀스 제어의 공정이행의 판정 조건으로서도 이용된다. 예를 들면, 온도나 압력이 소정의 값에 도달한 것을 판단하는 경우 등이다.

⑦ 경보에는 입력신호 계통의 이상을 알리는 입력 오픈체크와 측정값 입력에 대한 상하한 경 보체크 설정값과의 편차를 체크하는 편차경보 체크 및 일정시간의 변화가 제한값을 넘을지 어떨지를 체크하는 변화율 경보 체크 등이 있다.

⑧ 지시, 조절 기능으로서는 PID 제어기능, Gap부 PID 제어기능 등이 있다. 출력신호 처리기 능은 출력신호계통의 이상체크(출력 오픈 체크)를 행하고 제어 연산 결과의 값에 대한 출력 리미트를 걸어 밸브로 조작량의 출력을 행한다. 출력 리미트는 프로세스 운전을 안전하게 행하기 위해 거는 기능으로 1회의 출력 변화폭을 제한하고 조작량의 급변을 완화하는 출력 허용 변화폭 리미트와 출력값의 상한 설정값 또는 하한 설정값을 넘어서 출력하지 않는 출 력상하한 리미트가 있다. 조작출력에는 4~20mA의 아날로그 출력 이외에 전동밸브를 동 작시키는 펄스폭 출력이나 히터 등의 제어에 이용되는 On, Off 출력 등이 있다.

⑨ 루프 결합 기능은 아날로그 계기에서 배선에 상당하는 기능으로 내부계기의 신호 입력선, 출력선 및 캐스케이드 루프에서 설정원을 정한다. 또 루프 결합 기능에는 캐스케이드 루프 와 하위 루프의 사이에서 루프 스테이터스를 전달하고 Cascade Open/Close 상태 등을 하 위 루프에서도 알 수 있도록 하고 조작성의 향상을 꾀하고 있다.

2. 프로세스용 데이터 하이웨이

데이터웨이는 1개의 동축 케이블 또한 동등한 통신로를 통해 비트 직렬 전송되는 Local Network 의 하나이다. 그리고 제어용으로서 독립의 기능 요구에 기인해서 다음과 같은 특징을 더한 것으로 되어 있다.

① 전송거리 : 공장 내 규모에 맞춰 전송거리는 수 km이다.

② 고신뢰성 · 안전성 : 분산 제어 시스템의 유일한 집중화 부분이다. 전송로나 통신제어 인터 페이스를 2중화함과 더불어 접속되는 스테이션 간의 파급(파급) 방지대책 등이 필요하다.

③ 리얼 타임성 : 데이터웨이상에서는 오퍼레이터 콘솔상의 다이내믹한 데이터 표시를 위해 데이터나 알람 등의 사상구동형 데이터, 정주기 스캔 데이터 등이 전송된다. 예를 들면, 각 스테이션은 20ms 이하로서 4~20byte 정도의 데이터가 수백 회/초로 고빈도로 전송 된다.

④ 내 노이즈성 : 전송로는 플랜트 노이즈 환경 내에 시설된 것이 많다. 내 노이즈 대책이나 재 송회복(재송회복) 등의 제어가 필요하게 된다.

⑤ 확장성 : 플랜트의 증개설책에 의한 시스템의 재구성이 용이하게 하는 일이다.

⑥ 높은 가동률과 보수성 : 고장 개소의 발견을 용이하게 하고 그 수복을 빨리 할 수 있는 것,

고장개소를 따로 떼어 다른 계를 정상으로 동작시킨 대로 보수가 가능하지 않으면 안 된다. 시스템 구성 요소의 자기 진단에 따라 검출된 이상현상은 오퍼레이터 스테이션의 LCD 모니터 및 프린터에 보전정보로서 메시지가 출력되며 신속하고 정확한 보수를 가능하게 하고 있다.

3. 맨 머신 인터페이스

① 알람 발생을 버저 등에 의해 인식한 후 오퍼레이터 콘솔을 조작하고 그 원인을 확인하기 위해 오퍼레이터 콘솔에서 얻는다. 그리고 그대로 방치할지, 처리할지 결정한다. 방치할 경우는 원래의 감시, 인식 상태로 되돌아간다. 처리하는 경우는 오퍼레이터 콘솔을 조작하고 플랜트에 대해서 밸브를 움직이게 하는 등 처리를 행하며 원래의 감시 상태로 돌아간다. 구동 정보는 오퍼레이터 콘솔에서 오퍼레이터에 대해서 주의를 환기하기 위한 정보로서 프로세스 알람 발생 통지, 오퍼레이터 가이드 메시지 발생 통지 등에 이용되며 부저 울림 등 청각을 이용해서 전달한다.

② 상태 정보는 오퍼레이터의 요구에 대해 제공되는 플랜트의 상태 정보로서 LCD 모니터 등 시각을 이용해서 전달한다. 조작은 조작량이 적을수록 좋고, 플랜트 조작은 설정값을 변경하거나 밸브를 조작하는 플랜트 운전에 영향을 주는 조작을 말하며, 오조작 방지기구를 필요로 하는 반면 긴급 정지 시는 목적의 조작을 빠르게 할 필요가 있다. 이상의 각 요소를 조합해서 구성되어 있다.

4. 다른 시스템과의 통신

① 분산 제어 시스템도 요청에 따라 다른 시스템과의 통신을 표준 기능으로 하고 있다.

② 관리용 컴퓨터와의 인터페이스는 RS-232가 사용되며 이 위에 ASCII 문자열을 베이스로 한 태그 넘버 및 공업 단위부 데이터에 의한 표준 프로토콜이 준비되어 있다. 이것은 오퍼레이터 스테이션이 오퍼레이터에 대해서 문자열 정보의 수수를 행하는 것과 완전히 같도록 상위 컴퓨터와 범용성 높게 인터페이스할 수 있도록 한다.

5. PLC(Programmable Logic Controller)

① 시퀀스 제어용으로서 종래의 릴레이 반을 대신하여 최근에 널리 사용되고 있는 제어 장치이다. 릴레이 반에 비해서 변경 증설이 용이하고 유연성이 높으며 소형으로 보존도 용이하다.

② 시퀀스의 제어 순서는 미리 각종 단말장치로부터 입력되어 유저 프로그램 메모리에 저장되어 있다. 제어의 진행 방향은 다음과 같이 행한다. 먼저 입·출력 장치에서 읽고 넣은 입력

신호는 데이터 메모리에 저장된다(입력 처리). 마이크로컴퓨터는 유저 프로그램을 순서로 읽어 내고 프로그램에 따라서 데이터 메모리 내의 입력 신호 상태를 토대로 논리 연산하고 결과를 데이터 메모리에 기억한다(연산 처리). 유저 프로그램의 처리가 모두 완료되면 데이터 메모리에 저장된 연산 결과를 입·출력 장치에 의해 외부로 출력한다(출력 처리).

③ 이 입력 연산출력의 1주기를 1스캔이라 부르며 이것을 사이클링으로 실행해서 시퀀스 제어를 진행한다. 스캔 주기는 PC의 종류, 유저 프로그램의 스텝 수에 따라서도 달라지지만 보통 10~50ms, 고속의 기계 제어 등을 행할 경우는 1~10ms의 속도가 요구된다. 이 점이 보통 1~10s 정도로 행해지는 PA 분야의 시퀀스 제어와 크게 다르게 되어 있다.

④ 유저 프로그램의 표시 방법으로서 릴레이 반의 전개도와, 비슷한 래더 다이어그램이 사용되는 일이 많다. 래더 다이어그램은 릴레이 반에 익숙해진 기술자에게는 이해하기 쉬우나 시퀀스 제어의 매크로한 진행 상황을 나타내는 데는 반드시 적합하지 않은 면이 있어서, 플로 차트 방식, 불대수 방식, Decision 테이블 방식 등 다른 방식도 사용되고 있다.

⑤ 게다가 최근의 FA 보급에 따르는 PC도 아날로그 제어, 데이터 처리 기능, 외부와의 통신 기능 등을 가진 고기능형도 발매되고 있는데, 그 같은 기능을 필요로 하는 용도에는 오히려 다음에 설명하는 FA 컴퓨터가 사용되는 경우가 많으며, PC는 일반적으로 소규모이면서 가격이 저렴한 현장형 컨트롤러로 사용되고 있다.

| 표 4-13 | DCS PLC의 구조적 · 기능적 비교

구분	DCS	PLC
개발목적	원료로부터 제품이 생산되기까지 총괄 감시 제어하기 위한 중대형 컴퓨터설비	단위 공정별 제어(순차제어)에서 활용하기 위해 Relay 대용으로 시작하여 대형화되고 운전을 위한 컴퓨터설비와 접속됨
적용공정	온도, 습도, 압력, 유량 등 아날로그데이터 처리가 주 제어의 목적인 연속공정에 적합(정유, 화학, 발전, LNG, 제지, 공조, 철강 등)	On/Off 등 디지털데이터의 처리가 주 제어의 목적인 불연속 공정에 적합(자동차, 반도체, 전력, SCADA, 조립라인 등)
시스템 구성	단일 개발자에 의해 하드웨어 및 소프트웨어가 개발되어 패키지화되어 있는 구조	감시를 위한 소프트웨어(MMI)와 제어를 위한 하드웨어의 개발자가 다르므로 이원화된 구조
데이터전송	토큰 패싱 기반의 개발자 고유 프로토콜을 사용하여 타 시스템과의 Interface가 폐쇄적이나, 안정적인 데이터 전송이 가능	Modubus 기반의 Serial 또는 CSMA/CD기반의 Ethemet 등 범용의 프로토콜을 사용하여 타 시스템과의 Interface가 매우 용이하나, 안정적인 데이터 전송이 어려움
데이터베이스	Global Database 구조로 한 번의 작업으로 시스템 내 모든 노드에서 인식	이원화 Database 구조로 PLC와 MMI에서 별도의 Database를 구성한 후 Matching해야 함
처리시간	• 아날로그제어를 주목적으로 하여, 비교적 느린 처리(200ms~2sec) • 최근 프로세서 기능 향상으로 50ms까지 처리	고속의 처리를 목적으로 하는 디지털 제어를 주목적으로 1~5ms의 빠른 처리

제어의 신뢰성	Deteministic Control 개념으로 설정된 처리 시간 이내에 반드시 제어 실현	제어 소요 시간에 대한 Define이 불가능하므로, 아날로그 제어 및 복잡한 공장제어 시 로직이나 플로 길이에 따라 소요되는 시간 예측이 불가
이중화	Redundancy Concept으로 상호 간 지속 동기화로 이중화 절체 시 Data 일관성 유지	Back-up Concept로 이중화 절체 시 Data Discrepancy 발생
프로그래밍	Drag-drop으로 프로그래밍 작업을 수행하며, 대부분의 제어 알고리즘이 모듈화되어 구성되어, 일관되고 체계적임	Ladder Logic 방식으로 프로그래밍하며, 요구되는 알고리즘을 개발하여 사용하는 경우가 많으므로, 일관성이 없고 엔지니어의 능력에 따라 달라짐
OS	개발자 OS 또는 Unix를 주로 채택하여 보안성 및 안전성은 높으나, 개발성 및 최신기술로의 전환이 미약. 최근에는 Windows 기반으로 대부분 전환됨	Windows를 기반으로 개방성이 뛰어나고, 최신 기술의 접목에 매우 빠르게 접근하고 있으며, Windows의 취약점인 보안성·안전성도 빠르게 향상되고 있음
개방성	• 개발자 통신 프로토콜 및 OS 적용으로 서브 시스템과의 통합이 어려워 별도의 프로토콜 변환장치를 사용하거나 드라이버를 개발해야 함 • 최근 Windows 및 Ethemet 적용으로 PLC와 동등한 개방성을 보유하게 됨	PLC와 MMI가 별도로 다양한 업체에서 개발되므로 상호 호환성을 최대화하기 위해 범용의 통신 프로토콜과 OS를 적용하여 거의 대부분의 디바이스와 통합이 용이함

4 분산제어 시스템(Distributed Control System) 설계

분산제어 시스템의 엔지니어링도 기본적으로는 일반 계장의 엔지니어링과 다를 바가 없지만 분산제어 시스템은 제어 기능 이외에 종래에는 개별적으로 설계 제작하고 있었던 계장반, 그래픽 패널, 시퀀서, 기록, 장표(로거), 오퍼레이터 가이드, 통신 등의 기능을 다채롭게 포함하고 있기 때문에 엔지니어링 업무가 집중적으로 발생된다. 분산제어 시스템의 니즈나 개발 사상 및 기능 등에 관해서는 이미 앞 장에서 상세히 설명하였다.

엔지니어링 업무로서는 요구시방의 파악, 기본 설계, 상세 설계, 워크 시트의 기술, 하드웨어 제작 시방 및 특수 소프트웨어 설계 등이 주된 것이다. 엔지니어링 공정 이외에 제조 공정으로서는 하드웨어의 제작, 제너레이션(소프트웨어 제작), 기능 검사, 입회 검사 등이 있다.

① 고객 측 시방 정의 : 시방서나 기술 협의를 바탕으로 분산제어 시스템으로 실현하는 범위를 정의한다. P&I, 입·출력 신호 리스트, 실현하고 싶은 기능, 오퍼레이션 범위/방법 등의 정보를 바탕으로 조작성, 제어성, 신뢰성, 안전성, 보수성을 고려하여 그 범위를 결정한다.

② 기본 설계 : 실현하고 싶은 기능을 기능 시방서로서 정리한다. 피드백 제어, 시퀀스 제어, LCD 모니터 화면 계획(조작, 감시, 트랜드, 그래픽, 오퍼레이터 가이드 등), 로깅 항목, 통신(항목, 빈도, 순서), 시스템 구성(그룹 분류, 2중화, 증설·개조) 등이 있다.

③ 상세설계 : 기본설계에 따라 피드백 제어 기능의 루프도나 시퀀스 제어 기능의 플로차트, 로직도, 타임차트, 화면 설계도 등의 상세 설계도를 작성한다.

④ 하드웨어 제작 시방서 : 시스템 구성, 맨머신 기능, 상세 입·출력 신호 리스트, 장치 레이아웃 등의 하드웨어에 관한 제작 시방서를 작성한다.

⑤ 워크시트의 기술 : 상세 설계서에 따라 워크시트의 기술을 한다.

⑥ 제너레이션 : 워크시트에 기술된 내용에 따라 제너레이터를 사용하여 유저가 희망하는 시스템을 구축하는 작업이며, 동시에 고객 제출용 플렉시블 디스크를 작성한다.

⑦ 기능 검사(디버그) : 기능검사는 먼저 단체 검사(오퍼레이터 콘솔, 필드 컨트롤 스테이션 단위)를 실시하고 그 후에 시스템 전체의 종합 검사를 한다. 또한 이러한 검사는 미리 작성한 검사 계획서 및 검사 요령서에 따라 실시하고 검사 기록서를 작성한다.

⑧ 입회 검사 : 입회 검사 요령서에 따라 고객의 입회하에서 시스템 전체 기능의 최종 확인을 하고 입회 기록서를 작성한다.

전력계통 개요 및 분석

1 송전설비의 이해

1. 전력계통(Electric Power System)의 정의

전력에너지를 생산하여 수용가에 전송 및 소비에 이르기까지 관련된 제반 설비, 즉 송전 및 배전선로, 변압기, 개폐기 및 부하는 물론 운용설비들을 유기적으로 결합해서 하나의 거대 시스템으로 구성된 것에 대한 총칭이다.

- 발전설비 : 수력발전소, 화력발전소, 원자력발전소 등
- 수송설비 : 송전선, 변전소, 배전선
- 운용설비 : 급전설비, 통신설비
- 수용설비 : 일반 가정, 공장 등

2. 전력 수송과 분배

(1) 송전

좁게는 발전소에 연결된 배전용 변전소까지를 말하고, 넓게는 일반 가정까지의 전력수송을 뜻한다.

(2) 가공송전과 지중송전

가공송전이란 전선이 공중에 떠 있는 형태로 송전탑, 전봇대 등을 이용하여 송전하는 방식으로 지중송전에 비해 경제적이다.

3. 송전전압과 전력손실

송전 전력량은 저항 때문에 전력의 일부가 손실된다.

$$P_{손실} = I^2 R = \left(\frac{P_0}{V}\right)^2 \times R$$

여기서, P_0 : 발전전력

$P = I^2 R$에서 $P =$ 일정일 때, 전압(V)을 올리면 전류(I)가 작아지고, 전류가 줄어 고전압으로 송전하면 손실이 적다. 단, 고전압은 절연, 변전설비가 많이 필요하다.

4. 고압직류송전(HVDC)

고압의 직류전력으로 변환하여 송전한 후 수전 지역에서 교류전력으로 변환·공급하는 방식 (현재 제주도 적용 중)이며, 직류전압의 최대값은 교류전압의 약 70%이다.

(1) 장점

① 최대 전압이 낮으므로 절연 계급이 낮아 경제적
② 송전 효율 높음
③ 주파수가 없으므로 주파수 다른 계통과 비동기 연계 가능
④ 무효전력이 없으므로 단락용량 경감
⑤ 리액턴스, 위상각 없으므로 안정도 증대
⑥ 1선당 송전 용량이 큼
⑦ 유전체 손실이 없으며 이상 현상 없음

(2) 단점

① 직류 ↔ 교류 변환 시에 고주파 생성되어 필터 필요
② 변환장치가 고가

5. 발전소 – 부하 간 전력 흐름도

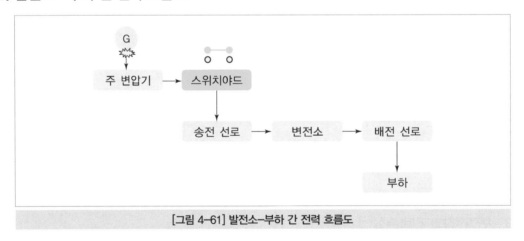

[그림 4-61] 발전소-부하 간 전력 흐름도

6. 발전소 스위치야드(Switch Yard)

생산된 전력을 송전선로로 공급 또는 외부로부터 수전을 위한 전기설비 일체
① 송전용 스위치야드 : 주 변압기가 연결되어 발전기에서 생산된 전력을 송전하는 설비
② 수전용 스위치야드 : 기동변압기가 연결되어 발전소 기동, 정지 시 소내 보조 전력을 수전하는 설비
③ 구성 설비 : 모선, 차단기, 단로기, 피뢰기, 철 구조물 및 애자, 기타 부대설비

④ 스위치야드 구성 전압

　　㉠ 송전용 : 154, 345, 765kV, 수전용 : 154kV

　　㉡ 계통상황에 따라 송·수전 전압을 같게 구성하는 경우도 있음

⑤ 연계 : 송전용과 수전용 스위치야드를 상호 연계하여 안정성을 확보하는 경우가 많음

⑥ 종류 : 옥외식, 옥내식, GIS식

7. 스위치야드의 종류

(1) 옥외식 스위치야드

① 변압기, 모선, 개폐장치 등의 고전압설비는 옥외에, 조작스위치 등의 제어회로는 옥내에 설치함

② 기기를 질서 있게 배치 및 증설이 용이하며 건설비가 적음

③ 상과 상, 도체와 대지 사이 절연 이격이 커야 하므로 설치 면적이 많이 소요됨

④ 환경영향을 줄이기 위해 기기의 절연을 높이거나 애자 세정장치를 설치해야 함

(2) 옥내식 스위치야드

① 변압기, 모선, 개폐장치 등 주요 기기 및 제어회로를 옥내 설치

② 부지 확보에 어려움이 있거나 염진해(鹽塵害)가 심한 경우 채용

③ 옥외식보다 건설비가 많이 들고 증설이 어려움

(3) 가스절연식(GIS ; Gas Insulated Switchgear)

① 모선, 개폐장치를 철제용기에 내장하고, SF_6 Gas를 충진하여 절연을 유지

② 크기가 대폭 축소되고 신뢰성이 향상됨

8. GIS(Gas Insulated Switchgear) 스위치야드

(1) GIS 스위치야드의 특징

① 절연을 위한 상간 간격 단축으로 설치 면적 및 용적이 1/4로 축소된다.

② 운전신뢰성이 향상된다(충전부 오손/산화/부식되지 않음, 환경영향 적음, 내진성 향상).

③ 안전성이 높다(화재, 충전부 밀폐로 감전 우려가 적고, 소음 감소).

④ 운전 정비가 간단하다(정밀점검 주기 옥외식 2배로 긺, 염진해 영향 적음, 지상 점검이 용이).

⑤ 설치비는 옥외식의 1.5배 정도로 높다.

(2) GIS 충진 SF_6 가스의 특징

① 무색, 무취, 무독, 불연성 가스

② 열전도율은 공기 1.6배, 비중은 공기 5배

③ 소호력이 공기의 100배 정도
④ 절연내력은 1기압에서 공기의 2.5~3.5배, 3기압에서 절연유와 같은 절연내력
⑤ 화학적으로 불활성
⑥ 열적 안정성이 우수함(약 500℃까지)
⑦ 액화성 가스로 저온에서 액화(대기압 −62℃, 12기압 0℃ 액화, 15kg/cm² 압력에서 8℃에 액화)

9. 스위치야드 모선(Bus)방식

(1) 스위치야드 모선(Bus)

① 발전 전력 또는 외부전력을 집합하여 송전공급, 수전을 위한 도체
② 구조물에 의해 지지, 구조물과 모선은 애자 절연, 모선 간 상호 이격
③ 연결된 모든 설비의 부하전류를 흘릴 수 있는 충분한 용량으로 설치

(2) 모선(Bus) 구성방식 선정 시 고려사항

• 정전 없이 송수전이 가능할 것
• 고장 시 파급을 최소한으로 억제할 것
• 정비가 용이하고 안전하게 작업할 수 있을 것
• 오조작 우려가 없을 것
• 설비 증설이 쉬울 것
• 경제적일 것

1) 단모선방식

① 모선이 하나로 구성된 방식으로 송전선로가 적고 계통이 중요하지 않은 경우에 채용한다.
② 건설비는 가장 적게 소요되며, 모선 일부 고장 발생 시 계통 전체가 정전된다.
③ 비교적 소규모의 발 · 변전소에 적용한다.

2) 2중 모선방식(종류 : 차단기 수가 1, 1.5, 2차단기 방식)

① 모선 고장에 따른 송수전 기능의 불가능에 대비하여 예비모선을 하나 더 설치하여 운용하는 방식이다.
② 2개의 모선을 효과적, 융통성 있는 운용을 위해 여러 개의 모선 연락용 차단기가 필요하다.
③ 상시나 비상시에 계통의 분리운용, 모선의 보수점검 등 운용 면에서 자유롭다.
④ 154kV 이하 계통의 중요 발 · 변전소에 적용한다.

3) 환상 모선방식(Ring Bus)

① 소요 면적이 작고 모선의 부분 정전 및 차단기 점검이 편리하다.
② 2중 모선만큼 융통성이 없고, 제어, 보호회로가 복잡하다.

③ 한 개의 모선이 고장으로 분리되어도 전 회선 공급에 지장이 없는 방식이다.

④ 회선 수가 4~5개 이하인 경우에 적용되는 것이 일반적이다.

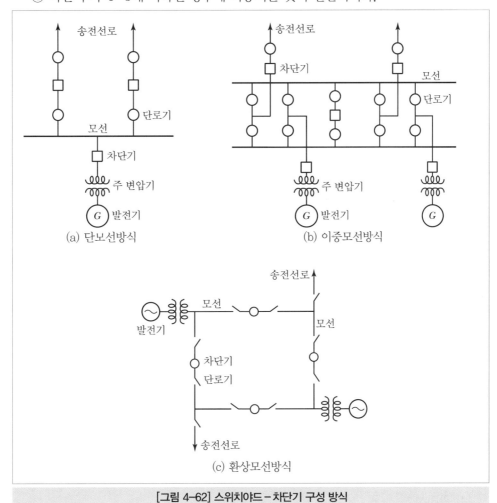

(a) 단모선방식

(b) 이중모선방식

(c) 환상모선방식

[그림 4-62] 스위치야드 - 차단기 구성 방식

| 표 4-14 | 2중 모선방식의 비교

구분	1차단기 방식	1.5차단기 방식	2차단기 방식
모선차단기	가장 적음	1차단 방식×1.5	1차단 방식×2배
건설비 및 신뢰도	• 단모선 방식에 비해 건설비가 많이 소요 • 기기 점검 및 계통 운용에 유리	• 1차단기 방식보다 신뢰성이 있음 • 2차단기 방식보다 건설비가 적게 소요	2중 모선방식 중 모선연락 차단기의 수가 가장 많이 소요
기타	500MW급 표준석탄 화력발전소 수전용 스위치야드 표준	• 차단기 자체 신뢰도 향상으로 모선 사고 시 계통에 영향을 주지 않아 많이 채용 • 500MW급 표준 화력발전소 송전용 표준	• 고장 발생 시 계통에 영향을 주지 않고, 고신뢰도 요구 시 채용 • 1차단 방식에 비해 차단기, 단로기는 2배, 모선 운용 및 보호를 위한 제어 복잡

☑ 플랜트 수변전설비의 이해

1. 수변전설비의 개념

전력공급자에게 전력을 수전하여 변전설비를 시설하여 구내에만 배전하고 구외로 전송하지 않는 설비를 수변전설비 또는 자가용 수변전설비라 한다.

2. 수변전설비 설계의 기본 방향

(1) 기본개념

① 전기설비는 플랜트 및 건축물 구내의 환경만을 다루지 않고 에너지와 정보의 도입에서 폐기물의 배출까지 도시설비(Infra Structure)와 밀접한 관계가 있으므로 이에 대한 사항까지 설계범위에 포함된다.

② 전기설비가 플랜트 및 건축물을 인위적으로 이상적인 환경을 조성하고, 유지 · 관리하는 기술(Engineering)을 전제한다면, 그 설비내용은 적합성, 안전성, 관리성, 경제성과 같은 요소를 고려해야 한다.

(2) 적합성

적합성은 전기설비에 의한 건축공간의 쾌적성과 편리성 추구에 대한 설계로 되어야 하며 플랜트 및 건축물의 목적에 일치해야 한다.

(3) 안전성

안전성은 각종 플랜트 및 건축물 내의 사람과 재산에 대한 안전성과 전기설비 자체에 대한 안정성을 포함하여 고려해야 한다.

(4) 관리성

전기설비는 효율적인 기능 발휘를 위해 적절한 관리가 필요하다. 사용자 입장에서 설비를 생각하고 관리하는 데 편리하여야 하며 사용실적, 유지보수, 수명 등을 고려해야 한다.

(5) 경제성

경제성은 설치까지의 비용인 설비비 그리고 관리 · 유지 · 보수에 따른 운전비가 중요 요소이고, 설비비는 적합성, 안전성에 따른 요소를 고려하여 경제적인 균형이 이루어져야 한다.

3. 수변전 시스템의 설계

(1) 수전 방식설계 방법

① 수전전압과 수전설비 시스템을 선정한다.

② 지중 배전선로에서 전기를 수전하는 경우는 건축물 구내에 개폐기장치 설치공간과 변전실까지의 경로에 맨홀을 설치하여야 한다.

③ 개폐장치 설치공간은 원칙적으로 수용 건축물 부지 내의 옥외로 하며 부득이한 경우는 옥내로 한다.

④ 지중 수전 시 전선로 구성을 위한 공사방법은 전선관(합성수지관, 흄관 등)을 사용한 관로식으로 설계한다.

(2) 수전 전압

수전전압을 제한하는 요소는 전기사업자의 공급전압으로서 다음 표를 참조하여 결정한다.

| 표 4-15 | 계약전력에 따른 공급방식 및 공급전압

계약전력(kW)	공급방식 및 공급전압[V]
100	교류단상 220 또는 교류삼상 380
100 이상 10,000 이하	교류삼상 22,900
10,000 초과 300,000 이하	교류삼상 154,000
300,000 초과	교류삼상 345,000 이상

(3) 수전설비 시스템(수전방식)

수전설비의 시스템 선정은 부하설비의 중요도, 예비전원과 수전전력의 신뢰도, 경제성을 고려한다.

| 표 4-16 | 수전방식별 특징

수전방식		특징
1회선 수전방식		가장 간단하고 신뢰도가 낮으나 경제적
2회선 수전방식	예비전원	배전선 또는 공급변전소 사고 시에 예비변전소로 선환함으로써 정전시간을 단축 가능
	예비선	한쪽의 배전선 사고 시에도 예비선으로 전기공급 가능
	루프방식	• 임의의 구간 사고 시 루프가 끊어지지만 정점이 되지는 않음 • 전압 변동률이 양호하며 배전 손실이 감소 • 루프 회로에 삽입되는 기기는 루프 내의 전 계통용량이 필요
스폿 네트워크 방식		• 무정전 공급이 가능 • 기기의 이용률이 향상 • 전압 변동률이 감소 • 부하 증가에 대한 적응성 향상 • 2차 변전소 수량이 감소 • 고가의 시설

(4) 변압기 모선방식

변압기 모선방식은 단일모선, 이중모선, 루프 모선 방식으로 구분되며, 설계 시 부하의 중요도, 설비용량, 운용방법에 따라 선정한다.

| 표 4-17 | 변압기 모선방식별 특징

방식	특징
단일모선	• 가장 간단하며 경제적 • 모선 사고 시는 모두 정전되고, 모선 점검 시에도 정전이 필요
전환 가능 단일모선	• 간단해서 경제적으로도 무리가 없으며 가장 많이 사용 • 한쪽 뱅크의 모선 사고 시에도 모선 연락 차단기를 개방하고 건전한 뱅크 측에서 부하 공급이 가능
예비모선	• 비상전원 계통으로 하는 경우가 많고 특수 용도에 사용 • 스위치 기어에 수납하는 경우에는 특수설계 처리
이중모선	• 운용에 예비성이 있으며 공급 신뢰도가 높음 • 주 변압기 2차, 모선 연락, 공급전선 등의 차단기가 많아지므로 운용이나 보호 협조 등이 복잡 • 스위치 기어에 수납하는 경우에는 모선의 위치와 분리에 주의할 필요가 있으며 특수설계가 되어 비경제적이므로 설비에서 사용되는 경우가 많음
루프모선	• 간단해서 경제적으로도 무리가 없으며 공급 신뢰도가 높음 • 변압기의 사고 또는 모선 사고의 경우, 보수 점검의 경우에도 운용에 예비성이 있으며 신속히 대응이 가능 • 루프 모선에 케이블을 사용하면 표준적인 스위치기어 적용 가능 • 중요한 설비계통에서 많이 사용

4. 수변전설비의 주요 구성기기

| 표 4-18 | 수변전설비기기의 구성

인입 관련 기기	• 책임 분계점 및 인입 개폐기(ASS, DS, Int S, ABS, ASS, LS 등) • 인입용 케이블, 피뢰기
고압 및 특고압 수전반	차단기, 조작개폐기, 계기용 변압, 변류기, 영상변류기, 계량장치(전력계, 전압계, 전류계, 주파수계) 및 표시등, 보호계전기
고압 및 특고압 개폐기	전력퓨즈(한류형 PF) 고압 및 특고압 컷 아웃 스위치(COS), 유입개폐기(OS)
변압기	단상 변압기, 3상 변압기, 유입변압기, 몰드변압기, 가스절연변압기, 아몰퍼스 변압기
전력용 콘덴서	콘덴서, 방전코일, 직렬리액터, 차단기
저압 배전반	계기용 변압, 변류기, 배선용 차단기, 기중차단기, 누전차단기(ELB)

(1) 차단기(CB ; Circuit Breaker)

회로에 전류가 흐르고 있는 상태에서 그 회로를 개폐하거나 또는 차단기 부하 측에서 단락 사고 및 지락 사고가 발생했을 때 신속히 회로를 차단할 수 있는 능력을 가지는 기기 차단기에 요구되는 기능이다.

• 부하전류의 개폐가 가능할 것

- 고장전류, 즉 사고전류와 같은 대전류에 견디고 통전 또는 차단능력이 있을 것
- 과부하 전류를 안전하고 확실히 차단할 것

1) 차단기의 특징 비교

|표 4-19| 종류별 차단기의 비교

차단기 비교항목		진공차단기 (VCB)	유입차단기 (OCB)	가스차단기 (GCB)	공기차단기 (ABB)	자기차단기 (MBB)
소호원리		10−4Torr 이하의 진공 상태에서의 높은 절연특성과 아크 확산에 의한 소호	절연유의 절연성능과 발생 GAS 압력 및 냉각효과에 의한 소호	SF₆가스의 높은 절연성능과 소호성능을 이용	별도 설치한 압축공기 장치를 통해 아크를 분산, 냉각하여 소호	아크와 차단전류에 의해 서 만들어진 자계 사이의 전자력에 의해서 소호
정격전압[kV]		3.6~36	3.6~300	24~800	12~800	3.6~12
차단전류[kA]		8~40	8~50	20~50	25~100	16~50
차단시간[Hz]		3	3~6	2~5	2~5	5
개폐 서지		최대	중	소	대	최소
개폐 수명	무부하 개폐	10,000~ 30,000	10,000	10,000	10,000	10,000
	단락 개폐	30~50	3~5	10~30	3~5	4~6
차단 성능		우수	보통	우수	우수	우수
소호실, 접촉부 보수점검		불필요	필요	불필요 (SF₆ 가스 보충 필요)	필요	필요
연소성		가연성	난연성	난연성	불연성	불연성
경제성		염가	중간	중간	고가	고가

2) 차단기의 정격 선정방법

① 차단기 정격전압 : 차단기에 인가, 사용할 수 있는 최대허용전압, 3상 선간전압으로 표시

$$정격\ 전압 = 공칭\ 전압 \times 1.2/1.1[V]$$

② 정격전류 : 정격전압, 정격주파수에서 각 부분의 온도 상승 한도를 초과하지 않고 연속적으로 통전할 수 있는 전류의 한도. 보통 회로전류의 120%, 콘덴서 부하는 150% 용량의 차단기 선정

③ 차단기용량 선정

- 차단기용량 : $Q = \sqrt{3} \times$ 정격전압 $\times$ 정격차단전류
$$= \sqrt{3} \times V \times I_s \times 10^{-3}[\text{MVA}] = \frac{100}{\%Z} \times P_n[\text{MVA}]$$
- 변압기용 차단기용량 : $Q_t = \frac{100}{\%Z} \times P_r[\text{MVA}]$

여기서, P_r : 변압기용량[MVA], P_n : 기준용량[MVA]

(2) 전력 퓨즈(PF ; Power Fuse)

고압 및 특별 고압 기기의 단락 보호용 퓨즈이고 소호 방식에 따라 한류형과 비한류형으로 구분한다.

(3) 부하 개폐기(LBS ; Load Breaker Switch)

고압 또는 특별 고압 부하 개폐기는 고압 전로에 사용하는 통상 상태에서는 소정의 전류를 개폐 및 통전하고, 그 전로가 단락 상태가 되어 이상 전류가 투입되면 규정 시간 동안 통전할 수 있는 장치이다. 부하 개폐기는 수변전 설비의 인입구 개폐기로 많이 사용된다.

(4) 자동 고장 구분 개폐기(ASS ; Automatic Section Switch)

수용가 구내에 사고(지락 사고, 단락 사고 등)를 즉시 분리하여 사고의 파급 확대를 방지하고 구내설비의 피해를 최소화하는 개폐기이다.

(5) 변압기(Transformer)

전자유도 작용에 의하여 1차 측 권선으로부터 공급받는 교류 전기에너지를 2차 권선에 동일 주파수의 교류 전기에너지로 변환하는 일종의 정지형 전자 유도장치이다.

1) 변압기의 분류

용도, 구조 등에 따라서 다음과 같이 분류한다.

| 표 4-20 | 변압기의 분류

구 분	종 류
절연방식에 의한 분류	유입변압기, 건식변압기, 몰드변압기, 가스절연변압기
절연종별에 의한 분류 (최고허용온도)	Y종(90[℃]), A종(105[℃]), E종(120[℃]), B종(130[℃]), F종(155[℃]), H종(180[℃]), C종(200[℃]), 220[℃], 250[℃])
냉각방식에 의한 분류	유입자냉식, 유입풍랭식, 유입수랭식, 송유자냉식, 송유풍랭식, 송유수랭식, 건식자냉식, 건식풍랭식
권선의 개수에 의한 분류	단권변압기, 2권선변압기, 다권선변압기
내부구조에 의한 분류	내철형, 외철형
사용전압에 의한 분류	• A종 : 발전기전압에서 고압 또는 특고압으로 승압하는 변압기 • B종 : 특고압에서 다른 특고압으로 승압하는 변압기 • C종 : 특고압 또는 고압에서 다른 고압으로 강압하는 변압기 • D종 : 고압에서 저압으로 강압하는 변압기
상수에 의한 분류	단상변압기, 3상변압기
용도에 의한 분류	전력용 변압기, 배전용 변압기, 전기로용 변압기, 정류기용 변압기, 시험용 변압기
탭절환방식에 의한 분류	무전압 탭절체기(NLTC), 부하 시 탭절체기(OLTC)

2) 변압기의 결선

- 단상 변압기 3대로 3상 전압으로 변환하는 방법 : $\Delta-\Delta$결선, $Y-Y$결선, $\Delta-Y$결선, $Y-\Delta$결선
- 단상 변압기 2대로 3상 전압으로 변환하는 방법 : $V-V$결선

💬 결선방식별 특징

① $\Delta-\Delta$결선

  ㉠ 제3고조파 여자전류가 Δ결선 내를 순환하므로 정현파 교류전압을 유기하여 기전력 왜곡을 일으키지 않는다.

  ㉡ 1대의 변압기에 고장이 생겨도 나머지의 2대로 V결선으로 전력을 공급할 수 있다.

  ㉢ 상전류가 선전류의 $1/\sqrt{3}$이 되어 대전류에 적합하다.

  ㉣ 중성점을 접지할 수 없어 지락 사고의 검출이 곤란하다.

  ㉤ 변압비가 다를 경우 회로 내에 순환전류가 흐른다.

② $Y-Y$결선

  ㉠ 제3고조파의 영향으로 통신선에 유도장해를 준다.

  ㉡ 중성점을 접지할 수 있으므로 단절연방식을 채택할 수 있으며 지락사고 검출이 용이하다.

  ㉢ 상전압이 선간 전압의 $1/\sqrt{3}$이 되어 고전압의 결선에 적합하다.

  ㉣ 변압비, 권선 임피던스가 일치하지 않아도 회로 내에 순환전류가 흐르지 않는다.

③ $\Delta-Y$결선 및 $Y-\Delta$결선

  ㉠ Y측의 중성점을 접지하여 이상전압을 경감할 수 있다.

  ㉡ Δ결선 측에 제3고조파 여자전류를 환류시킬 수 있으므로 1차, 2차 측의 각 상의 기전력에 정현파 전압이 유기된다.

  ㉢ 중성점용 부하시 탭 절환기를 활용할 수 있다.

  ㉣ 3상의 임피던스 또는 변압비에 작은 차가 있어도 Δ의 순환전류는 흐르지 않는다.

  ㉤ 1상이 고장이 생기면 송전을 계속할 수 없다.

  ㉥ 1차, 2차 간에 30°의 위상차를 발생한다.

  ㉦ 1상의 단락은 다른 상을 과여자하는 결과가 된다.

④ 1차 측 Δ결선, 2차 측 Y결선

  ㉠ 장점

    - 1차나 2차 측에 제3고조파 장해를 줄이는 여자전류 통로가 있다.
    - 중성점 접지가 가능하며 단절연과 지락사고 검출이 용이하다.
    - $\Delta-\Delta$결선과 $Y-Y$결선의 장점을 가진다.

ⓛ 단점

- 1차와 2차 전압의 위상 변위가 30°만큼 생긴다.
- 변압기 1대의 고장 시 전원공급이 불가능하다.
- 1선 단락 시 다른 상의 과여자 상태가 된다.

⑤ V−V결선

㉠ $\Delta - \Delta$결선의 1상을 제외한 것으로, 현재는 경부하지만 장래 부하증가가 예상되는 경우 또는 $\Delta - \Delta$의 1상 고장 시의 응급처치로 사용한다. 그러나 이용효율이 나쁘고, 전압상하가 불평형하게 되므로 1차 측에 평형전압으로 가해도 부하 시의 2차 측 전압은 불평형이 된다.

㉡ 변압기 2대로 V결선 시 이용률은 $\sqrt{3}/2 = 0.866$으로 3상 부하의 $\sqrt{3}$ 배의 변압기 용량이 필요하며 변압기 3대 운전 중 1대 고장 시의 이용률은 $\sqrt{3}/3 = 0.577$이 된다.

ⓐ 변압기의 병렬운전 : 2대 이상의 변압기에 의하여 동일한 부하에 전력을 공급하는 운전 방식으로 부하의 증가 또는 경제적인 운전이라는 점에서 활용됨

ⓑ 병렬운전 조건

- 정격 전압(권수비)이 같을 것 : 2차 기전력의 크기가 다르기 때문에 1차 권선에 의한 순환전류가 흘러 권선이 가열
- 극성이 일치할 것 : 2차 권선의 순환 회로에 2차 권선의 합이 가해지고 권선의 임피던스는 작으므로 큰 순환 전류가 흘러 권선이 소손
- %임피던스 강하(즉, 임피던스 전압)가 같을 것 : 부하의 분담이 용량의 비가 되지 않아 부하의 부담이 균형을 이룰 수 없다.
- 내부 저항과 누설 리액턴스의 비가 같을 것 : 각 변압기의 전류가 위상차가 생기기 때문에 동손이 증가
- 2대 변압기의 용량차가 3 : 1 이내에서 운전

(6) 계기용 변성기(MOF ; Metering Out Fit)

전기 계기, 보호 계전기 등을 고압 또는 특고압 회로로부터 절연하여 일정한 전압(보통 110[V]), 전류(보통 5[A])로 변성하여 수전전압, 전류를 계량장치에 적절하도록 변압(PT) 및 변류(CT)하여 DM(Demand Meter : 최대수용 전력량계)에 전달하여 주는 장치이다.

(7) 진상용 콘덴서(SC ; Static Capacitor)

선로에는 기기를 운전하는 유효전류 외에 무효 전류가 동시에 흐른다. 그 무효전류가 크면 클수록 역률이 낮다. 이 역률을 개선하기 위해 진상 콘덴서를 부하와 병렬로 설치한다.

(8) 피뢰기(LA ; Lightning Arrester)

　전력설비의 기기를 낙뢰 또는 이상전압으로부터 보호하는 장치

　　💬 피뢰기의 구비조건

　　　① 이상전압의 침입에 대하여 신속하게 방전특성을 가질 것
　　　② 방전 후 이상전류 통전 시 단자전압을 정격(제한)전압 이하로 억제할 것
　　　③ 이상전압 처리 후 속류를 차단하여 자동 회복하는 능력을 가질 것
　　　④ 반복동작에 대하여 특성이 변화하지 않을 것

③ 전력계통 해석

1. 전력계통 해석(Power System Analysis)의 목적

- 계통의 계획, 설계, 운용방안 등 수립
- 신규 계통 구성방안 수립
- 기존 계통에 대한 구성변경 검토 및 반영방안 수립
- 기기 및 설비의 신규설치, 증설 또는 교체를 위한 계획수립
- 기기설계를 위한 자료수집, 기기 사양의 결정
- 계통 사고예방 제어

전력계통 해석에는 다음과 같은 분야가 포함되며 실무에서는 소프트웨어를 이용한다.

① 전력조류 계산(Load Flow Analysis)
② 고장전류 계산(Short Circuit Analysis)
③ 전동기 기동 해석(Motor Starting Analysis)
④ 과도안정도 해석(Transient Stability Analysis)
⑤ 부하차단 해석(Load Shedding Analysis)
⑥ 고조파 해석(Harmonic Analysis)
⑦ 과도현상 해석(Transient Phenomenon Analysis)
⑧ 보호계전기 협조(Protective Relay Coordination)

| 표 4-21 | 전력계통 해석의 목적 및 필요성

전력계통 해석분야	해석내용	목적 및 필요성
전력조류 계산	전력생산에서 소비에 이르기까지 각 모선 및 각 전력 설비의 전압, 전류, 유효 및 무효전력 계산	• 전력계통 구성 및 운전 모형 • 전압조정 기본 자료 • 과부하 조사 및 해소 대책 수립 • 전력용 콘덴서 위치와 용량 결정 • 전력설비 용량 결정 • 전동기 기동 검토 • 안정도 해석 및 고조파해석 입력자료
고장전류 계산	전력계통의 단락 또는 지락고장 발생 시의 계통 내 각 지점에 나타나는 전압 및 전류를 계산	• 전력계통 구성방안 검토 • 차단기 차단용량, 전력설비의 기계적 강도 및 정격 결정 • 접지 방안 검토 • 보호계전기 정정치 계산 • 고장전류 억제대책 수립
전동기 기동 해석	전동기 기동 시 전압, 전류, 역률, 속도 및 토크 등 계산	• 전동기 기동 문제점 분석 • 전동기 기동방안 선정 • 경제적인 변압기 선정
안정도 해석	전력계통 부하변화, 발전기 탈락, 사고 등의 외란 발생 시 안정도를 판단하기 위한 부하추종성과 주파수 특성을 해석(각 모선의 전압과 주파수, 발전기 속도 및 상차각, 여자기 동특성 등)	• 전력계통 구성 및 운전 모형 • 보호계전 시스템 구성 및 운영 방안 • 모선절체와 같은 설비 조작 방안 • 전동기 기동 문제점 분석 및 기동방안 수립 • 전력계통 안정화 대책수립 • 보호계전기 정정 • 부하차단 방안 수립
부하차단 해석	전원탈락(연계선 개방) 시 계통특성에 따라 급격하게 강하하는 계통 주파수 및 전압에서 단계별 부하차단을 통하여 계통붕괴 없이 정상 회복하는 과정을 동적으로 모의 계산	• 전력계통 구성 및 운전 모형 • 계통 안정화 장치 설계 • 부하 차단방안 선정 • 저주파수 및 저전압 계전기 정정
고조파 해석	전력계통에 발생하는 고조파 전압, 전류 및 전력을 계산하고 고조파에 의한 직/병렬 공진 가능성 계산	• 고조파 영향 분석 • 고조파 억제 전력계통 구성방안 수립 • 필터 설계 • 콘덴서 뱅크 이상 고장 분석
과도현상 해석	뇌격, 개폐기 스위칭 또는 고장 등으로 발생하는 전력계통의 빠른 전압변동 상태를 모의 분석	• 전력품질 저하문제 해석 • 전력품질 향상방안 수립 • 절연협조 • 뇌서지 보호 설비 • 제어설비 분석 및 설계 • 보호설비 분석 및 설계 • 필터 설계
보호계전기 협조	보호설비의 적정 협조를 확인 점검할 수 있도록 보호설비 동작곡선을 TC도면에 작성	• 보호시스템 구성 방안 • 보호계전기 협조 • 변압기, 케이블 등 적정 규격 선정

2. 전력조류 분석(Load Flow Analysis)

(1) 전력조류(Load Flow)

발전소에서 생산된 전력은 송전 및 배전 선로를 통하여 전송되어, 각 부하(소비자)에서 소비된다. 이러한 전력의 흐름을 전력 조류(Load Flow)라고 한다.

(2) 전력조류 분석

정상 상태에서 전력계통에 흐르는 유효 및 무효전력의 크기 전압 및 전류의 분포 등을 계산 분석하는 일련의 전력 계통해석

(3) 전력조류 분석의 목적

① 전력 계통의 전력 손실 최소화
② 전력 계통의 과부화 사전 방지 및 해소
③ 적정 전압 유지를 위한 변압기 최적 탭 선정

(4) 역률(PF)

피상전력(S)에 대한 유효전력(P)의 비율

$$PF = 유효전력(P)/피상전력(S)$$

① 지상(Lagging) 역률 : 계통의 부하가 유도성(Inductive) 부하가 많아 전류가 전압보다 위상차가 늦는 경우의 역률
② 진상(Leading) 역률 : 계통의 부하가 용량성(Conductive) 부하가 많아 전류가 전압보다 위상차가 앞서는 경우의 역률

(5) 부하 종류에 따른 전력 조류

① 지상역률을 가진 부하는 계통으로부터 무효전력을 흡수
② 진상역률을 가진 부하는 계통에 무효전력을 공급

(6) 각 부하 종류에 따른 문제점

1) 무효전력 공급 과잉 시

용량성(진상) 부하 과다로 인하여 계통에 무효전력이 과잉 공급 시 계통 전압이 상승한다.
① E_s를 발전전압, E_r을 계통전압이라 할 때

$$\Delta V = E_s - E_r = I(R\cos\theta + X\sin\theta)$$
$$E_r\Delta V = E_r I(R\cos\theta + X\sin\theta)$$
$$= RP + XQ (단, \ P = E_r IR\cos\theta, \ Q = E_r IX\sin\theta)$$
$$\therefore \ \Delta V = (RP + XQ)/E_r \approx XQ/E_r (단, \ R \ll X이므로)$$

② 전압변화(ΔV)는 무효전력(Q)에만 관계, 즉 용량성(진상) 부하가 많아 계통에 무효전력(Q)가 과잉 공급되면 "$-$"가 된다.

③ "$-$"는 발전전압(E_s)보다 계통전압(E_r)이 크다는 의미므로 ΔV만큼 계통전압이 상승함을 의미한다.

2) 무효전력 공급 부족 시

① 유도성(지상) 부하 과다로 인하여 계통의 무효전력을 과다 소비하여 계통전압이 강하한다.

② E_s를 발전기 전압, E_r을 계통전압이라 할 때

$$\Delta V = E_s - E_r = I(R\cos\theta + X\sin\theta)$$
$$E_r\Delta V = E_r I(R\cos\theta + X\sin\theta)$$
$$= RP + XQ(단, \ P = E_r IR\cos\theta, \ Q = E_r IX\sin\theta)$$
$$\therefore \ \Delta V = (RP + XQ)/E_r \approx XQ/E_r(단, \ R \ll X이므로)$$

③ 압변화(ΔV)는 무효전력(Q)에만 관계한다.

④ 유도성(지상) 부하가 많아 계통의 무효전력(Q)을 과다 소비하면 "$+$"가 된다.

⑤ "$+$"의 의미는 발전전압(E_s)이 계통전압(E_r)보다 크다는 의미므로 ΔV만큼 계통전압이 강하함을 의미한다.

 해결방안

- 무효전력 과잉 공급 → 계통전압 상승 → 발전기 진상 저여자 운전 → 계통의 무효전력 흡수 → 전압 강하
- 무효전력 공급 부족 → 계통전압 강하 → 발전기의 지상 고여자 운전 → 계통 무효전력 공급 → 전압 상승

3. 고장전류 계산(Short Circuit Current Calculation)

전력계통에 고장이 발생하면 대전류가 흐르거나 과전압이 발생하여 기기의 절연을 위협하거나 기기에 심각한 손상을 줄 수 있다. 또한 고장을 신속하게 차단하지 못하면 고장이 전체 계통으로 파급되어 예기치 못한 정전사고로 발전하게 되므로 계통의 어느 지점에서 지락 또는 단락사고 발생하였을 경우를 모의하여 계통 각 지점에서의 단락전류 분포를 분석한다.

① 계통 설비의 단락용량 결정

② 계통 설비의 전기, 기계 및 열적 강도 고려한 사양 결정

③ 보호계전기의 동작시간 등을 결정

전기장치기기의 이해

❶ 예비전원설비

빌딩, 공장 등의 전기설비는 전력회사에서 공급받고 있는 상용전원이 정전되었을 때 미치는 영향이 대단히 커서 최소한의 보안전력을 확보하기 위하여 예비전원으로 자가용 발전설비나 축전지설비가 필요하다.

1. 예비전원설비의 분류

(1) 자가발전설비

사용목적에 따라 상용과 비상용으로 구분하며 상용자가 발전설비는 상용전원과 병렬운전하며 비상용 자가발전설비는 상용전원이 차단된 경우에만 사용하는 것으로 내연기관 또는 가스터빈에 의하여 발전기를 구동하여 부하에 전력을 공급하는 장치로 원동기, 발전기 및 부속장치로 구성된다.

(2) 직류전원설비

수변전 설비의 조작용 전원, 비상 조명의 예비전원 등으로 사용되며 정류장치 및 축전지 설비로 구성된다.

(3) 무정전 전원설비

일반적으로 UPS(Uninterruptible Power Supply System)라고 부르며 정류기, 인버터(Inverter), 축전지, 절체스위치 등으로 구성된다.

| 표 4-22 | 소방법에 따라 설치되는 예비전원설비

소방용 설비의 종류	비상전원 종류	사용시간	비 고
옥내소화전설비	①	20분	
스프링클러설비	②	20분	
물분무소화설비	②	20분	① 자동 절환되는 비상전원, 축전지설비
포말소화설비	②	20분	② 자동 절환되는 비상전원, 축전지설비, 가동펌프에 연결된 내연기관 설치
비상콘센트설비	①	20분	③ 축전지 설비
자동화재탐지설비	①	10분	
유도등설비	③	20분	
비상경보설비	①	10분	

| 표 4-23 | 건축법에 규정된 예비전원설비

방재 피난 설비	예비전원 종류	사용시간	비 고
비상용조명장치	①	20분	① 자동충전장치가 있는 축전지 ② 축전지와 자동 절체되는 예비전원 ③ 예비전원(정전 시 60초 이내 자동 절환)
자동방화셔터	①	30분	
배연설비	②	20분	
비상용 승강기	③	2시간	

2 자가발전설비

1. 자가발전설비의 분류

(1) 사용 목적에 따른 분류
① 비상용 발전기 : 전력회사에서 공급하는 상용전원이 정전된 경우 비상용 전원이 필요한 중요시설에 전원을 공급하기 위한 발전장치
② 상용(常用)발전기 : 평상시 및 비상시 전원을 자체 발전설비로 상시전원을 공급하는 발전설비(예 프랜트 설치용)
③ 열병합(Co-Generation) 발전기 : 전기에너지와 열에너지를 함께 사용할 수 있는 발전장치가 있는 발전설비
④ 피크컷(Peak Cut)용 발전기 : 첨두부하를 대비하여 전력을 분담토록 설치하는 발전기

(2) 엔진 구동방법에 따른 분류
① 디젤 엔진 : 일반적으로 중규모의 용량에 많이 사용
② 가솔린 엔진 : 소용량으로서 단위 발전기 엔진으로 사용
③ 가스터빈 엔진 : 중요한 부하에 적용하는 엔진이며 가격이 다소 비싸지만 기능이 우수하고 대용량에 많이 사용

(3) 설치방법에 따른 분류
① 고정식 : 발전기 실내에 발전장치를 배치하여 빌딩, 공장, 상하수도, 방송통신설비 등의 보안 및 비상용 전력의 공급장치로 사용되며 대부분 냉각수 설비 및 기초설비가 필요하여 고정형으로 설치
② 이동식 : 토목, 건축 도로공사, 방송중계차 등의 임시전력이 필요한 장소의 전원으로 사용되며 200[kVA] 미만의 소용량 발전기에 사용

(4) 회전수에 따른 분류

① 고속형 : 회전수가 1,200[rpm] 이상으로 몸체가 작아 가격, 설치면적이 작아지는 이점이 있으나 소음 · 진동이 커지는 단점이 있다.

② 저속형 : 회전수가 900[rpm] 이하로 소음 · 진동이 작고 전압안정도가 좋으나 가격이 비싸고 설치면적이 커진다.

2. 발전기 용량의 산정

발전기 용량의 산정에는 일반부하에 해당되는 식과 소방용 및 비상부하에 해당되는 식으로 분류한다.

(1) 일반부하의 발전기 용량의 산정방법

소방용과 관계없는 공장이나 창고 등에 적용할 경우 발전기 용량은 다음의 1), 2)에서 큰 값을 선택한다.

1) 발전기에 걸리는 부하의 합계로 계산하는 방법

$$\text{발전기 용량[kVA]} = \text{부하 설비 합계} \times \text{수용률} \times \text{여유율}$$

① 동력부하의 수용률
- 용량이 최대인 전동기 1대 100[%]
- 나머지 전동기 용량 합계 80[%]

② 전등부하의 수용률

발전기 회로에 접속되는 모든 부하 100[%]

2) 부하 중 가장 큰 유도전동기의 시동 시 용량으로 구하는 방법

$$\text{발전기 용량}[\text{kVA}] \geq \left(\frac{1}{\text{허용전압강하}} - 1 \right) \times x'd \times \text{시동}[\text{kVA}]$$

여기서, $x'd$: 발전기의 과도 리액턴스
(불분명한 경우 0.2~0.25 적용)
허용전압강하 : 0.2~0.25 적용
시동[kVA] : 2대 이상이 동시에 시동할 경우 2대의 기동력
[kVA]을 더한 값과 1대의 기동[kVA]의 경우와
비교하여 큰 값을 취한다.

$$\text{시동}[\text{kVA}] = \sqrt{3} \times \text{정격전압} \times \text{시동전류} \times \frac{1}{1,000}$$

(2) 소방용 비상부하에 해당되는 발전기 용량의 산정방법

다음과 같이 세 가지로 계산하여 가장 큰 값을 산정한다.

① 정격 운전상태에서 부하설비에 급전하는 데 필요한 용량(PG_1)

② 부하 중 최대 기동[kVA]를 가지는 전동기를 기동할 때의 허용전압강하를 고려한 용량 (PG_2)

③ 부하 중(기동[kW] − 입력[kW])의 값이 최대로 되는 전동기군을 최후에 기동할 때 용량 (PG_3)

    ㉠ PG_1 : 비상부하로 분류된 발전기부하에 전력을 공급하여 부하설비의 가동에 필요한 발전기 용량[kVA]

$$PG_1 = \frac{\sum P_L}{\eta_L \times P_F} \times \alpha \, [\mathrm{kVA}]$$

    여기서, $\sum P_L$: 부하의 출력 합계[kW]

        η_L : 부하의 종합효율

        P_F : 부하의 종합역률

        α : 부하율, 수요율을 고려한 계수

        전동기부하인 특성이 불분명할 때는 $\eta_L = 0.85$, $P_F = 0.8$, $\alpha = 1.0$으로 한다.

    ㉡ PG_2 : 부하 중 최대의 기동[kVA]을 가지는 전동기를 기동할 때 허용전압 강하를 고려한 경우의 발전기 용량 산정식

$$PG_2 = P_m \times \beta \times C \times X_d{}' \times \frac{100 - \Delta V}{\Delta V} \, [\mathrm{kVA}]$$

    여기서, P_m : 부하전동기 또는 전동기군의 기동[kVA](출력[kW] $\times \beta \times C$)의 값이 최대인 전동기 출력[kW]

        β : 전동기출력 1[kW]당의 기동[kVA](불분명한 경우 7.2 적용)

        C : 기동방식에 따른 계수

        $X_d{}'$: 발전기 정수(발전기 과도리액턴스이며 불분명한 경우 0.20~0.25 적용)

        ΔV : P_m[kW]의 발전기를 투입하였을 때의 허용전압 강하율[%](일반적인 경우 0.25 이하, 비상용 승강기인 경우 0.2 이하 적용)

    ㉢ PG_3 : 부하 중에서(시동[kW] − 입력[kW])의 값이 최대로 되는 전동기군을 최후에 기동할 때 발전기 용량[kW]

$$PG_3 = \left[\frac{(P_L - P_m) \times \alpha}{\eta_L} + P_m \times \beta \times C \times P_{FS} \right] \times \frac{1}{\cos \phi} [\text{kVA}]$$

여기서, P_L : 부하의 출력합계[kW]

P_m : 부하 중에서 (기동[kW] − 입력[kW])의 값이 최대로 되는 전동기 또는 전동기군의 출력[kW]

P_{FS} : P_m[kW]의 전동기의 기동 시 역률(불분명할 경우 0.4 적용)

η_L : 부하의 종합역률

$\cos \phi$: 발전기 역률(불분명한 경우 0.8 적용)

β : 전동기의 출력 1[kW]당의 기동[kVA]

3. 내연기관 출력의 결정

엔진의 출력을 결정할 때 다음 조건을 충족하여야 한다.

① 전부하에서 운전이 가능할 것

② 유도전동기가 시동할 때 과부하에 견딜 수 있을 것

조건 ①은 부하의 운전 입력을 발전기 효율로 나누면 된다. 엔진출력은 보통 마력(PS)으로 표시하며 1[kW] = 1.36[PS]이므로

$$엔진출력 = \frac{전부하\ 운전입력[\text{kW}]}{발전기효율} \times 1.36[\text{PS}] \quad \text{(식 1)}$$

조건 ②는 전동기를 기동할 때 엔진에 가해지는 부하 P 를 말하며 다음과 같다.

$$P = \frac{P_0 + Q\cos\phi}{\eta'} \times 1.36[\text{PS}] \quad \text{(식 2)}$$

여기서, P_0 : 이미 운전 중인 초기부하[kW]

Q : 전동기의 기동[kVA]

$\cos\phi$: 전동기 기동전류의 역률

η' : 전동기 기동 시의 발전기 효율

그러나 전동기의 기동전류가 흐르는 시간은 수초~수십 초 정도이다. 엔진은 이 정도의 시간이면 110~120[%] 정도의 과부하에 견딜 수 있다. 따라서 이러한 단시간에 대한 엔진의 과부하 내량을 K라 하면

$$\text{엔진출력} > \frac{P_0 + Q\cos\phi}{\eta' \times K} \times 1.36\,[\text{PS}] \quad \cdots\cdots\cdots\cdots\cdots\cdots\cdots\cdots\cdots\cdots\cdots\cdots \text{(식 3)}$$

엔진의 출력은 (식 1)과 (식 3)으로 계산한 값 중 큰 값을 채택한다.

③ 축전지설비

축전지는 소방법에 의한 비상전원, 변전기기 및 제어기기의 조작용 릴레이, 감시반 전원으로 사용되고 컴퓨터, 전화교환장치, 비상방송, 전기시계, 화재경보 장치 등의 전원으로 사용된다.

1. 축전지의 종류와 용도

축전지는 연축전지와 알칼리 축전지로 분류할 수 있으며 최근에는 에너지 절약 및 심야전력 활용 방안으로 충전에 의한 심야전력 활용을 위하여 전력 저장용 신형전지가 개발 중이다.

| 표 4-24 | 축전지의 극판 형식과 구조

종 별		연축전지		알칼리 축전지	
형 식		클래드식	페이스트식	포 켓 식	소 결 식
극판구조	양극판	납 합금으로 만든 심 금속에 유리섬유 등의 미세한 구멍이 많은 튜브를 삽입하여 그 속에 양극 작용 물질을 채운 것	납 합금 격자에 양극 작용 물질을 채운 것	구멍을 뚫은 니켈 도금 강판의 포켓 속에 양극 작용 물질을 채운 것	니켈을 주성분으로 한 금속 분말을 소결해서 만든 다공성 기판의 가는 구멍 속에 양극 작용 물질을 채운 것
	음극판	납 합금으로 된 격자에 음극 작용 물질을 채운 것		위에서 설명한 포켓 속에 음극 작용 물질을 채운 것	위에서 설명한 기판 속에 음극작용 물질을 채운 것
전지 구조		양·음극판을 각각 적당한 방 수만큼 조합하고, 두 종의 극판 사이에 세퍼레이터를 넣어 극판군으로 한다. 그리고 전해액과 함께 전해조 속에 넣는다.		양·음극판을 각각 적당한 방 수만큼 조합하고, 두 종의 극판 사이에 세퍼레이터를 넣어 극판군으로 한다. 그리고 전해액과 함께 전해조 속에 넣는다.	
형식 기호		CS(완만한 방전형)	HS(급방전형)	• AL(완만한 방전형) • AM(표준형) • AMH(급방전형) • AH(초급방전형)	• AH(표준형) • AHH(급방전형)

2. 구조에 따른 축전지 분류

① 밀폐형(Sealed Type) : 축전지에서 산이나 알칼리 가스가 나오지 못하는 구조이며 액의 보충이 필요하지 않는 것이다.

② 통풍형(Vented Type) : 연축전지에서는 배기전에 필터를 시설하여 산무가 나오지 못하게 한 구조의 것을 의미하며, 알칼리 축전지에서는 적당한 방말(防沫)장치를 한 배기전을 시설함으로써 많은 가스가 나오지 못하도록 만든 구조

③ 개방형(Opened Type) : 통풍형과 같이 산이나 알칼리 가스의 제거 장치가 없는 구조

| 표 4-25 | 축전지 특성 비교

구 분		연축전지	알칼리 축전지
기전력		약 2.05~2.08[V/셀]	1.32[V/셀]
공칭전압		2.0[V/셀]	1.2[V/셀]
셀 수		100[V]에 대해 42~55개	100[V]에 대해 80~85개
최대방전전류		1.5C	포켓 2C, 소결 10C
전기적 강도		과충방전에 약하다.	과충방전에 강하다.
충전시간		길다.	짧다.
온도특성		열등하다.	우수하다.
수명		10~20년	30년 이상
정격용량		10시간 방전	5시간 방전
가격		싸다.	비싸다.
용도		장시간, 일정전류 부하에 적당	단시간, 대전류 부하에 적당
작용 물질	양극 음극 전해액	이산화납 PbO_2 납 Pb 황산 H_2SO_4	수산화니켈 $NiOH$ 카드뮴 Cd 가성 칼리 KOH
반응식	(충전)	$PbO_2 + 2H_2SO_4 + Pb$	$2Ni(OH)_3 + 2H_2O + Cd$
	(방전)	$PbSO_4 + 2H_2O + PbSO_4$	$2Ni(OH)_2 + Cd(OH)_2$

3. 축전지 용량의 산출방법

(1) 축전지 용량 산출에 필요한 조건

① 허용 최저 전압

② 예상되는 최저 전지 온도의 결정

③ 방전시간 : 예상되는 최대 부하시간으로 한다.(건축법, 소방법에 전원 30분, 발전기 설치시 10분)

④ 방전전류

⑤ 축전지 셀 수의 결정

| 표 4-26 | 연축전지 · 알칼리 축전지의 표준 셀 수

종 류	셀 수	셀의 공칭전압[V]	정격전압[V]
연축전지	54	2.0	2.0×54 = 108[V]
알칼리 축전지	86	1.2	1.2×86 = 103[V]

⑥ 보수율(L) : 축전지는 장기간 사용하거나 사용조건 등이 변경되기 때문에 이 용량 변화를 보상하는 보정치로서 보통 $L = 0.8$을 사용

⑦ 방전종지 전압 : 축전지를 일정한 전압 이하로 방전하면 극판의 열화 등이 발생되므로 방전을 정지해야 할 전압

⑧ 용량 환산 시간 K의 결정 : K는 방전시간, 축전지의 온도 및 허용 최저전압으로 정해지며 연축전지와 알칼리 축전지인 경우에 따라 다르다.

(2) 축전지 용량산출의 일반식

$$C = \frac{1}{L}\left[K_1 I_1 + K_2(I_2 - I_1) + K_3(I_3 - I_2) + \cdots\cdots + K_n(I_n - I_{n-1}) \right]$$

여기서, C : 25[℃]에서의 정격방전율 환산용량[Ah/cohr]
L : 보수율(0.8을 적용)
I : 방전전류[A]
K : 방전시간 T에 따른 전지의 최저온도 및 허용 최저전압에 의하여 결정되는 용량 환산시간[h]
첨자(Suffix) 1, 2, …, n : 방전전류의 변환순으로 번호를 붙인 것임

4. 축전지 충전방식

보통충전, 급속충전, 부동충전, 균등충전, 전자동 전방식 등이 있다.

| 표 4-27 | 축전지 충전방식

종류	개념
보통충전	필요할 때마다 표준 시간은 소정의 충전을 하는 방식
급속충전	비교적 단시간에 보통 충전전류의 2~3배의 전류로 충전하는 방식
부동충전	전초충전 또는 활성화 충전이 끝난 연축전지를 충전기와 축전지 및 부하를 병렬로 회로를 구성하고 만 충전된 축전지 전압보다 약간 높은 정전압으로 충전기에 설정하여 축전지의 자기방전을 보상하여 항상 만 충전상태를 유지해 주는 방식
균등충전	부동충전으로 장기간 축전지를 운영하게 되면 아무리 부동충전 전압을 이상적으로 설정하더라도 각 전지 간에 전압 및 비중이 균일하지 못하고 차이가 나게 됨. 이때 부동 충전 전압보다 약간 높은 정전압으로 충분한 시간 동안 충전해줌으로써 전체 셀의 전압 및 비중 상태를 균등하게 되도록 하기 위한 방식

세류충전 (트리클 충전)	축전지의 자기 방전을 보충하기 위해 부하를 Off한 상태에서 미소전류로 충전 • 정전류법(트리클 충전) → 일정한 전류를 계속하여 공급 • 정전압법 → 일정한 전압을 계속하여 공급
전자동충전	정전압충전의 초기에 대전류가 흐르는 결점을 보완하여 일정전류 이상은 흐르지 않도록 자동 전류 제한장치를 부착하여 충전하는 방법, 즉 회복 충전 시에는 자동 정전류와 정전압 기능을 가지고 충전이 끝나면 자동으로 균등충전으로 변환

4 무정전 전원장치

• 무정전 전원장치 또는 무정전 전원시스템(UPS ; Uninterruptible Power Supply)
• 교류의 정전 또는 입력전원에서 이상상태가 발생하여도 정상적인 전원을 부하 측에 공급하는 설비
• 구성 : 정류기, 인버터, 축전지, 절환스위치
• 용도 : 컴퓨터, 전자교환기, 전력공급의 집중감시제어반, 각종 플랜트 계기 등

1. 무정전 전원장치의 구성

(1) UPS의 기본 구성도

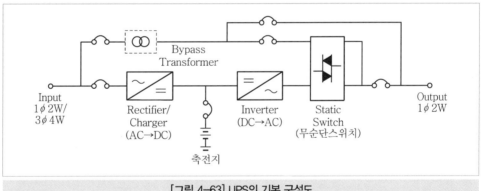

[그림 4-63] UPS의 기본 구성도

① 정류기(컨버터, 충전기) : 외부의 교류전원이나 발전기의 전원을 공급받아 직류전원으로 바꾸어 주는 동시에 축전지를 충전한다.
② 인버터 : 직류전원을 교류전원으로 바꾸어 주는 장치이다.
③ 동기절환 스위치 : 인버터의 과부하 및 이상 시 예비 상용전원으로(Bypass Line) 절체해 주는 장치이다.
④ 축전지 : 정전 시 인버터에 직류전원을 공급하여 부하에 일정 시간 동안 무정전으로 전원을 공급하는 데 필요한 장치이다.

2. 전원장치의 분류

(1) CVCF(Constant Voltage Constant Frequency)

① 일정전압, 일정 주파수를 발생하는 교류전원장치로서 양질의 전력을 부하에 공급할 수 있는 교류전원 시스템이다.

② 구성요소는 UPS의 기본구성에서 축전지 설비와 전환 스위치가 생략된 것이다.

③ CVCF는 정전에 대한 백업 기능이 없고 사용전원에 전압변동이나 주파수변동이 발생되어도 부하에는 항상 안정된 교류전력을 공급할 수 있다.

(2) VVVF(Variable Voltage Variable Frequency)

① CVCF와 마찬가지로 컨버터와 인버터에 의해 가변전압, 가변주파수의 교류전력을 발생시키는 교류전원장치이다.

② VVVF는 주파수 제어에 의한 유도전동기의 속도제어에 많이 사용된다.

③ 유도전동기의 회전속도 N은 모터의 극수 P, 주파수 f, 슬립 S로 하면 다음 식으로 표시된다.

$$N = \frac{120 \times f}{P} \times (1 - S)$$

---

⑤ 배전설비

1. 전압

(1) 전압의 종류

① 저압 : 직류 750[V] 이하의 전압, 교류 600[V] 이하의 전압

② 고압 : 직류 750[V]를 넘고 7,000[V] 이하의 전압, 교류 600[V]를 넘고 7,000[V] 이하의 전압

③ 특별고압 : 직류, 교류 모두 7,000[V]를 넘는 전압

(2) 전압강하

1) 전압강하 기본식

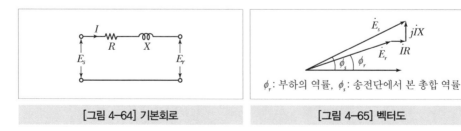

ϕ_r : 부하의 역률, ϕ_s : 송전단에서 본 총합 역률

| [그림 4-64] 기본회로 | [그림 4-65] 벡터도 |

$$e = E_s - E_r = I(R\cos\phi_r + X\sin\phi_r)[\text{V}]$$

여기서, E_s : 송전단 전압, R : 전선 1가닥의 저항, E_r : 수전단 전압
X : 전선 1가닥의 리액턴스, I : 선전류를 나타낸다.

① 단상 2선식

$$e = E_s - E_r = (R \cdot I) \times 2 = \frac{1}{58} \times \frac{100}{97} \times \frac{L}{A} \times I \times 2 \fallingdotseq \frac{35.6 \times L \times I}{1,000A}[\text{V}]$$

여기서, e : 전압강하[V], A : 도체 단면적[mm²], L : 선로길이[m]
표준연동의 고유저항 : 20[℃]에서 1/58[Ω/m－mm²]
동선의 도전율 : 97[%]로 본다.

② 3상 3선식

$$e = E_s - E_r = (R \cdot I) \times \sqrt{3} = \frac{1}{58} \times \frac{100}{97} \times \frac{L}{A} \times I \times \sqrt{3}$$

$$\fallingdotseq \frac{30.8 \times L \times I}{1,000A}[\text{V}]$$

③ 단상 3선식 또는 3상 4선식

$$e' = E_s - E_r = (R \cdot I) \fallingdotseq \frac{17.8 \times L \times I}{1,000A}[\text{V}]$$

| 표 4-28 | 전압강하 및 전선 단면적을 구하는 공식

전 기 방 식	전 압 강 하	전선 단면적
단상 2선식 및 직류 2선식	$e = \dfrac{35.6LI}{1,000A}$	$A = \dfrac{35.6LI}{1,000e}$
3상 3선식	$e = \dfrac{30.8LI}{1,000A}$	$A = \dfrac{30.8LI}{1,000e}$
단상 3선식, 직류 3선식, 3상 4선식	$e' = \dfrac{17.8LI}{1,000A}$	$A = \dfrac{17.8LI}{1,000e'}$

2) 허용 전압강하

$$전압강하율 = \frac{E_s - E_r}{E_r} \times 100[\%] = \frac{전압\;강하}{수전단\;전압} \times 100[\%]$$

여기서, E_s : 송전단 전압[V], E_r : 수전단 전압[V]

전압강하는 간선 및 분기회로에서 각각 표준전압의 2[%] 이하가 원칙이나, 수용가 내에 시설한 변압기에 의하여 공급되는 경우에는 간선의 전압강하를 3[%] 이하로 할 수 있다.

2. 설비의 불평형률

(1) 단상 3선식

설비 불평형률을 40[%] 이하로 제한

$$설비\;불평형률 = \frac{\left(\begin{array}{c}중성선과\;각\;전압\;측\;전선\;간에\;접속되는\\부하설비용량[kVA]의\;차\end{array}\right)}{총\;부하설비용량[kVA]의\;1/2} \times 100[\%]$$

(2) 3상 3선식 또는 3상 4선식

3상 3선식 또는 3상 4선식에서 불평형 부하의 제한은 단상 접속 부하로 계산하여 설비 불평형률을 30[%] 이하로 하는 것을 원칙으로 한다.

예외

① 저압 수전에서 전용 변압기 등으로 수전하는 경우
② 고압 및 특별고압 수전에서 100[kVA] 이하의 단상부하인 경우
③ 특별고압 및 고압 수전에서 단상부하 용량의 최대와 최소의 차가 100[kVA] 이하인 경우
④ 특별고압 수전에서 100[kVA] 이하의 단상 변압기 2대로 역 V결선하는 경우

$$설비\;불평형률 = \frac{\left(\begin{array}{c}각\;전선\;간에\;접속되는\;단상부하\\총설비용량[kVA]의\;최대와\;최소의\;차\end{array}\right)}{총\;부하설비용량[kVA]의\;1/3} \times 100[\%]$$

3. 허용전류

(1) 전선허용전류

① 열로 인하여 절연전선의 피복을 손상하지 않음
② 기계적 강도를 손상하지 않음
③ 연속적으로 통전할 수 있는 전류의 최대한도

1) 전선 및 케이블의 허용전류

① 전선 및 케이블의 종류, 도체의 굵기, 사용조건 등에 의하여 결정
② 전선의 온도가 어느 일정한 값 이상 상승하면 절연체의 열화(劣化) 및 화재의 원인이 되고 전선의 수명이 단축됨
③ 열 발생은 전선에 흐르는 전류의 제곱에 비례
④ 국제전선 규격인 KS C IEC 전선규격이 도입됨에 따라 전선의 허용전류를 규제하여 사용(참고 KS C IEC 60364 : 내선규정 부록)

4. 전로의 절연

(1) 전로의 절연 목적

전로의 전선 상호 간 및 전로와 대지가 충분히 절연되어 있지 않으면 누설전류에 의한 화재 또는 감전 사고, 전력손실의 장해가 발생하므로 전로는 대지로부터 절연하여 사용하는 것이 원칙이다. 그러나 전로의 절연 목적과는 달리 보안상, 구조상 절연할 수 없는 경우 전로의 절연원칙에서 제외한다.

① 변압기 2차 측 접지점
② 계기용 변성기의 접지점
③ 다중접지 중성선의 접지점
④ 중성점의 접지점

(2) 전로의 절연저항

| 표 4-29 | 전로의 사용전압에 따른 절연저항값

전로 사용전압의 구분		절연저항값
400[V] 미만	대지전압(접지식 전로에서 전선과 대지 간의 전압, 비접지식 전로는 전선 간의 전압)이 150[V] 이하의 경우	0.1 [MΩ]
	대지전압이 150[V]를 넘고 300[V] 이하인 경우 (전압 측 전선과 중성선 또는 대지 간의 절연저항)	0.2 [MΩ]
	사용전압이 300[V]를 넘고 400[V] 미만인 경우	0.3 [MΩ]
사용전압 400[V] 이상		0.4 [MΩ]
고압 전로(전기설비기술기준에는 규정되어 있지 않으나 참고사항임)		3 [MΩ] 이상

1) 전선과 대지 간의 절연저항

저압전선로 중 절연부분의 전선과 대지 간의 절연저항은 사용전압에 대한 누설전류가
최대 공급전류의 1/2,000을 넘지 않도록 유지하여야 한다.

$$절연저항 \geqq \frac{사용전압 \times 2,000}{최대공급전류}[\Omega]$$

2) 고압 혹은 특고압용 기기의 절연저항값

① 정지기

$$R = \frac{수전전압[V]}{수전용량[kW] + 1,000}[M\Omega]$$

② 회전기

$$R = \frac{수전전압[V]}{수전용량[kW] + 2,000} + 0.5[M\Omega]$$

(3) 절연내력시험

1) 고압 및 특별고압 전로의 절연내력 시험전압

절연내력 시험은 아래 표에서 정한 시험전압을 전로와 대지 간에 10분간 연속적으로
인가하여 이에 견디어야 한다.

다만, 전선에 케이블을 사용할 때 표에서 정한 시험전압 2배의 직류전압을 연속적으로
10분간 가하여 절연내력을 시험한다.

| 표 4-30 | 고압 및 특별고압 전로기기 등의 절연내력 시험전압

구분	전로의 종류(최대 사용 전압으로 구분)	시험전압	최저시험전압
1	7[kV] 이하의 전로	최대사용전압×1.5	500[V]
2	7[kV]를 넘고 25[kV] 이하의 중성선 다중 접지식 전로	최대사용전압×0.92	
3	7[kV]를 넘고 60[kV] 이하인 전로(2란 제외)	최대사용전압×1.25	10.5[kV]
4	60[kV]를 넘는 중성점 비접지식 전로(PT 접속 포함)	최대사용전압×1.25	
5	60[kV]를 넘는 중성점 접지식 전로(PT를 사용하여 접지하는 것 및 6란과 7란의 것은 제외)	최대사용전압×1.1	75[kV]
6	60[kV]를 넘고 170[kV] 이하의 중성점 직접 접지식 전로	최대사용전압×0.72	
7	170[kV]를 넘는 중성점 직접 접지식 전로	최대사용전압×0.64	

2) 회전기 및 정류기의 절연내력

| 표 4-31 | 회전기 및 정류기의 내압 시험전압

기구의 종류		시 험 할 곳	시 험 전 압	최저시험전압
발전기, 전동기 등의 회전기	권선과 대지 사이	7,000[V] 이하의 것	1.5×최대사용전압	500[V]
		7,000[V]를 넘는 것	1.25×최대사용전압	10,500[V]
회전 변류기		권선과 대지 사이(직류 측)	1×최대사용전압의 교류전압	500[V]
수은 정류기		주 양극과 외함 사이(직류 측)	2×최대사용전압의 교류전압	500[V]
		음극 및 외함과 대지 사이(직류 측)	1×최대사용전압의 교류전압	
기타의 정류기		충전부분과 외함 사이(직류 측)	1×최대사용전압의 교류전압	500[V]

5. 전로의 보호장치

사람과 가축에 대한 감전이나 기계기구에 손상을 주지 않도록 하기 위한 보호용으로 개폐기, 과전류 차단기, 누전 차단기 등을 시설하여야 한다.

(1) 저압 개폐기

- 수용가의 인입구, 전동기의 기동 및 정지 등 전로를 제어하는 장소
- 고장이나 수리 점검 등 전로를 차단할 필요가 있는 곳에 사용

※ 종류 : 커버나이프스위치, 전자개폐기, 배선용 차단기 등

1) 개폐기가 필요한 장소

① 부하전류를 개폐할 필요가 있는 개소

② 인입구 기타 고장, 점검, 측정, 수리 등 개로할 필요가 있는 개소

③ 퓨즈의 전원 측(이 경우 개폐기는 퓨즈에 근접하여 설치할 것)

다만, 분기회로용 과전류차단기 이후의 퓨즈가 플러그퓨즈와 같이 퓨즈 교환 시에 충전부에 접촉될 우려가 없을 경우 개폐기를 생략해도 무방

(2) 과전류차단기

전선 및 기계기구를 보호하기 위한 목적으로 전로 중 필요한 개소에는 과전류차단기를 시설

- 필요한 개소 : 인입구, 간선의 전원 측, 분기점 등의 보호상 또는 보안상 필요가 있는 개소
- 개폐기와 과전류차단기 겸용 배선용차단기를 시설하는 경우는 절연저항을 쉽게 측정할 수 있도록 시설할 것. 단, 측정홀 설치 등 절연저항을 쉽게 측정할 수 있도록 되어 있는 경우는 예외

① 과부하전류 : 부하를 접속한 경우에 발생하는 전류의 과부하 전류(정격전류의 6배 이하)

② 단락전류 : 사고에 의해 회로가 단락된 경우에 발생하는 전류(정격전류의 10배 이상)

(3) 배선용 차단기 (MCCB ; Molded Case Circuit Breaker)

① 정격전류 1배의 전류로는 자동적으로 동작하지 아니할 것

② 정격전류의 구분에 따라 정격전류의 1.25배 및 2배의 전류가 통과하였을 경우, 소정 시간 내에 자동적으로 동작할 것

(4) 누전차단기(Earth Leakage Breaker)

전로에 지락이 생겼을 때 부하기기, 금속제 외함 등에 발생하는 고장전압 또는 지락전류를 검출하는 부분과 차단기 부분을 일체로 조합하여 자동적으로 선로를 차단하는 장치이며, 지락 차단장치에 해당한다.

1) 누전차단기의 동작시간

① 고속형 : 정격감도전류에서 동작시간이 0.1초 이내의 누전차단기

② 시연형 : 정격감도전류에서 동작시간이 1.1초를 초과 2초 이내의 누전차단기

③ 반한시형 : 정격감도전류에서 동작시간이 0.2초를 초과 1초 이내, 정격감도 전류의 1.4배에서 동작시간이 0.1초를 초과 0.5초 이내이며, 정격감도전류의 1.4배에서의 동작시간이 0.05초 이내의 누전차단기

2) 누전차단기의 감도

① 고감도형 : 정격감도 전류가 30mA 이하인 누전차단기

② 중감도형 : 정격감도 전류가 300mA 초과, 1,000mA 이하

③ 저감도형 : 정격감도 전류가 1,000mA 초과, 20A 이하

6. 배전선로의 구성

(1) 배전선로

① 발전변전소 또는 송전선로와 수용설비 사이 또는 수용설비 상호 간의 전선로 및 이것에 부속하는 개폐소, 그 밖의 전기설비를 말한다.

② 일반적으로 배전용 변전소에서 수용가 인입구에 이르기까지의 부분을 말한다.

③ 수많은 수용가로 분기되어 있고, 광범위하게 분포되어 있다.

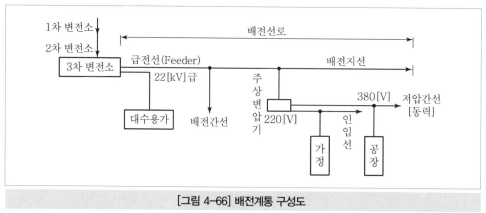

[그림 4-66] 배전계통 구성도

(2) 배전방식의 종류

| 표 4-32 | 배전방식의 비교

구 분	배전방식의 종류	장점 및 단점	부하전류 계산식
단상 2선식	110[V], 220[V]	① 구성이 간단하다. ② 부하의 불평형이 없다. ③ 소요동량이 크다. ④ 전력손실이 크다. ⑤ 대용량부하에 부적합하다.	• 유효전력 : $P = VI\cos\theta\,[\text{W}]$ • 피상전력 : $P_a = \dfrac{P}{\cos\theta}[\text{VA}]$ • 부하전류 : $I = \dfrac{P_a}{V}[\text{A}]$

단상
3선식
	110[V]
	110[V] 220[V]
		① 부하를 110/220[V]
		  동시 사용
		② 부하의 불평형이 있다.
		③ 소요동량이 2선식의
		  3/8배
		④ 중성선 단선 시 이상 전
		  압 발생으로 기기의 손
		  상 우려
			• 유효전력 :
			$P = 2\,VI\cos\theta\,[\text{W}]$
			• 피상전력 :
			$P_a = \dfrac{P}{\cos\theta}[\text{VA}]$
			• 부하전류 : $I = \dfrac{P_a}{2\,V}[\text{A}]$

3상
3선식
	220[V]
	220[V] 220[V]
		① 2선식에 비해 동량이 적
		  고, 전압강하 등이 개선
		  된다.
		② 동력부하에 적합하다.
			• 유효전력 :
			$P = \sqrt{3}\,VI\cos\theta\,[\text{W}]$
			• 피상전력 :
			$P_a = \dfrac{P}{\cos\theta}[\text{VA}]$
			• 부하전류 :
			$I = \dfrac{P_a}{\sqrt{3}\,V}[\text{A}]$

3상
4선식
	380[V]
	380[V]
	380[V]
	220[V]
		① 경제적인 방식
		② 중성선 단선 시 이상
		  전압 발생
		③ 단상과 3상 부하를
		  동시 사용
		④ 부하의 불평형 발생
			• 유효전력 :
			$P = \sqrt{3}\,VI\cos\theta[\text{W}]$
			• 피상전력 :
			$P_a = \dfrac{P}{\cos\theta}[\text{VA}]$
			• 부하전류 :
			$I = \dfrac{P_a}{\sqrt{3}\,V}[\text{A}]$

(3) 간선(Feeder)

건축물 내의 전력계통 중 인입점, 발전기 또는 축전지 등의 전원에서 변압기나 배전반 사이를 접속하는 배전선로 또는 배전반으로부터 동력제어반이나 전등분전반에 이르는 배전선로이다.

1) 사용 목적에 따른 분류

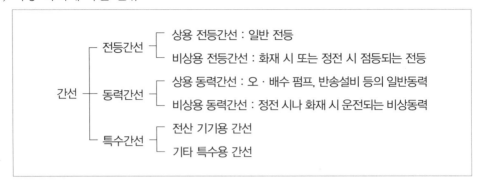

간선
- 전등간선
  - 상용 전등간선 : 일반 전등
  - 비상용 전등간선 : 화재 시 또는 정전 시 점등되는 전등
- 동력간선
  - 상용 동력간선 : 오 · 배수 펌프, 반송설비 등의 일반동력
  - 비상용 동력간선 : 정전 시나 화재 시 운전되는 비상동력
- 특수간선
  - 전산 기기용 간선
  - 기타 특수용 간선

2) 배전방식에 의한 분류

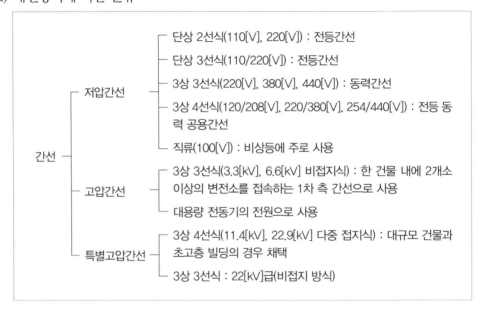

간선
- 저압간선
  - 단상 2선식(110[V], 220[V]) : 전등간선
  - 단상 3선식(110/220[V]) : 전등간선
  - 3상 3선식(220[V], 380[V], 440[V]) : 동력간선
  - 3상 4선식(120/208[V], 220/380[V], 254/440[V]) : 전등 동력 공용간선
  - 직류(100[V]) : 비상등에 주로 사용
- 고압간선
  - 3상 3선식(3.3[kV], 6.6[kV] 비접지식) : 한 건물 내에 2개소 이상의 변전소를 접속하는 1차 측 간선으로 사용
  - 대용량 전동기의 전원으로 사용
- 특별고압간선
  - 3상 4선식(11.4[kV], 22.9[kV] 다중 접지식) : 대규모 건물과 초고층 빌딩의 경우 채택
  - 3상 3선식 : 22[kV]급(비접지 방식)

참고

간선 결정 시 고려사항
① 전선의 허용전류
② 전선의 허용전압강하
③ 전선의 기계적 강도

전선의 최소 굵기
① 저압간선 : 최소 2.5[mm^2] 이상 연동선 사용
② 고압간선 : 35[mm^2] 이상(6.6[kV]), 95[mm^2] 이상(22.9[kV] 이상)

(4) 분전반 및 분기회로

1) 분전반(Pannel Board)

배전반(Switch Board)으로부터 각 간선에서 배선을 분기하는 개소에 설치하여 분기
회로용 개폐기와 자동차단기를 조합한 것이다.

2) 분전반의 종류

벽에 부착하는 상태에 따라 매입형, 반노출형, 노출형으로 나뉜다.

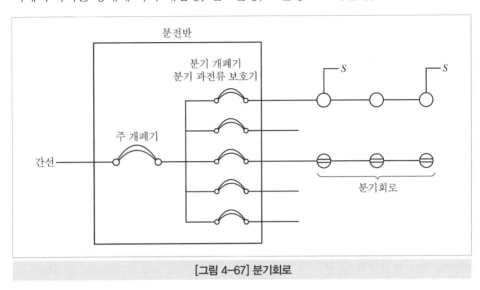

[그림 4-67] 분기회로

3) 분기회로의 최대 수구 수

| 표 4-33 | 분기회로의 최대 수구 수

분기회로의 종류	수구의 종류		최대 수구 수
15[A] 분기 회로 20[A] 배선용 차단기 분기 회로	전등 수구 전용		제한하지 않음
	콘센트 전용	주택 및 아파트	제한하지 않음. 다만, 정격 소비전력 2[kW](110[V] 는 1[kW])를 넘는 대형 전기기계 · 기구를 사용하는 콘센트는 1개로 함
15[A] 분기 회로 20[A] 배선용 차단기 분기 회로	콘센트 전용	기타	10개 이하, 미장원, 세탁소 등에서 사무용 기계기구 를 사용하는 콘센트는 1개를 원칙으로 하고 동일 실 내에 시설하는 경우에 한하여 2개까지로 함
	전등 수구와 콘센트 전용		전등수구는 제한하지 않음. 콘센트는 콘센트 전용에 따른다.
20[A] 분기 회로 30[A] 분기 회로	대형 전등 수구 전용		제한하지 않음
40[A] 분기 회로 50[A] 분기 회로	콘센트 전용		2개 이하

6 접지설비

1. 접지의 목적

① 계통에 고장전류나 뇌격전류의 유입에 대한 기기 보호, 계통의 안전
② 감전사고에 대한 인체보호 목적으로 기기의 외함에 설치
③ 계통회로 전압 유지 및 보호계전기 동작의 안정, 계통보호 및 안전
④ 정전차폐 효과 유지

2. 접지 설계 시 고려사항

(1) 토양의 특성 및 대지 저항률

① 토양의 고유저항이 $300[\Omega \cdot m]$ 이내이면 접지 시공이 가능하며 $300[\Omega \cdot m]$를 초과할 경우 별도의 접지대책이 필요
② 대지고유저항 측정법의 종류
　　Wenner의 4전극법, 전기검층법, 역산법, 콜라우시 브리지법, 접지저항 테스터법 등

(2) 인체의 허용전류

① 지락전류가 인체에 미치는 영향은 인체를 관통하는 전류의 크기, 지속시간 경로 및 인체의 저항에 따라 다르게 나타난다.
② 인체를 통과하는 전류의 크기에 따라 인체가 자극을 느끼면서 경련이 심한 경우에 심실세동 현상까지 발생한다.
③ 인체에 생리적 반응을 일으키는 전류의 크기에 따라 감지전류, 경련전류, 심실세동전류 등으로 분류할 수 있다.

| 표 4-34 | 생리적 반응을 일으키는 전류 크기

	전류 크기	특징
감지전류	0~0.5[mA]	감지할 수 있음
경련전류	5~30[mA]	호흡곤란, 혈압상승, 경련발생 → 수분까지 견딜 수 있음
심실세동전류	30~50[mA]	심장고동 불규칙, 경련 발생 → 수초까지 견딜 수 있음 → 수분 통과 시 심장정지
	50~100[mA]	• 강력한 Shock 현상 • 수초 통과 시 심실세동
	100[mA] 이상	심실세동 발생

(3) 접촉전압과 보폭전압

1) 접촉전압

접지한 도전성 구조물과 구조물 주위 1[m] 이내의 지표상의 전위차이다.

2) 보폭전압

뇌격전류나 지락전류 등에 의한 고장전류가 접지전극으로 유입했을 때 접지전극을 중심으로 주위에 전위차가 발생하는데, 이때 접지극 주위의 두 점 간 거리 1[m]를 기준으로 한 전위차이다.

3. 접지저항 저감대책

접지극을 시설하여 요구하는 접지저항값을 얻을 수 없는 경우에 접지저항 저감대책을 세워야 한다.

(1) 물리적 저감방법

① 접지극의 병렬접속
② 접지극의 치수확대
③ 매설지선 및 평판 접지극
④ Mesh 공법
⑤ 다중접지 Sheet

(2) 화학적 저감방법

① 접지극 주변의 토양 개량
② 접지저항 저감제 사용
③ 접지 저감제 구비조건
　㉠ 전기적으로 양도체일 것
　㉡ 안전할 것
　㉢ 지속성이 있을 것
　㉣ 전극을 부식시키지 않을 것

4. 접지공사의 종류

(1) 시설장소에 따른 분류

| 표 4-35 | 시설장소에 따른 접지공사의 종류

접지공사의 종류	접지 저항값	접지개소
제1종 접지	10[Ω] 이하	고압기기 금속제 외함 등의 접지
제2종 접지	① 150/I[Ω] 이하 ② 300/I[Ω] 이하 ③ 600/I[Ω] 이하 * (I는 변압기 고압 측 1선 지락 전류[A]) ②는 고압과 저압이 혼촉하였을 때 2초 이내 ③은 1초 이내에 전로를 차단하는 경우	고압전로와 저압전로를 결합하는 변압기의 중성점 또는 1단자의 접지
제3종 접지	100[Ω] 이하	400[V] 이하의 저압 금속제 기기 외함 등의 접지
특3종 접지	10[Ω]	400[V] 이상의 저압 금속제 기기 외함 등의 접지

(2) 접지 목적에 따른 분류

1) 계통 접지

주로 변압기의 고전압 혼촉에 의한 재해 방지대책으로 변압기 2차 측에 접지하는 방식으로 전로의 지락사고시 확실한 지락검출 효과를 기대함으로써 신속 정확하게 차단기을 동작시키기 위하여 접지한다.

| 표 4-36 | 중성점 접지방식의 비교

비 교 항 목	직접접지	소호리액터접지	비 접 지
1선지락 시 건전상전압	• 작다. • 정상 시의 1.3배 이하	크다($\sqrt{3}$ 배 정도).	• 크다(약 3배). • 장거리 송전선의 경우 이상전압 발생
절연계급 애자 수 변압기절연	• 감소 가능 – 저감 • 최저 • 저감절연	• 감소 불가 • 최고 • 전절연 (비접지보다 낮음)	• 감소 불가 최고 • 전절연

과도안정도	• 최소
	• 고속차단, 재폐로 동일
	• 향상
		• 크다.
		  –1선지락에도 송전
		• 가능
			• 크다.
			  – 순시송전 가능

1선지락 시 지락전류크기	최대($3I_0$)	최소	작다.
통신선 유도장애	• 최대 • 고속차단, 재폐로 등으로 고장 지속 시간 최소화함	최소	작다.
보호계전기 동작	확실	불가능	곤란

5. 접지선 굵기의 선정

| 표 4-37 | 접지선의 최소 굵기

접지공사의 종류	접지선의 굵기
제1종 접지공사	6[mm²] 이상 연동선
제2종 접지공사	• 특고압에서 저압 변성 시 16[mm²] 연동선 • 고압에서 저압 변성 시 6[mm²] 연동선
제3종 접지공사 및 특별 제3종 접지공사	2.5[mm²] 이상 연동선

6. 접지공사 시공법

① 접지극은 지하 75[cm] 이상의 깊이에 매설
② 철주나 기타 금속체를 따라 시설하는 경우 금속체로부터 1[m] 이상 떨어진 곳에 매설
③ 접지선은 지하 75[cm]~2[m] 이상까지 합성수지관 몰드로 덮을 것
④ 접지선은 절연전선, 캡타이어 케이블 또는 통신용 케이블 이외의 케이블 사용
⑤ 오접속 방지를 위하여 원칙적으로 녹색 표시가 된 것을 사용

7 방재설비

방재설비의 종류에는 화재탐지설비, 피뢰설비, 항공장애등 설비, 방범설비 등이 있다.

1. 화재탐지설비

(1) 자동화재탐지기

1) 설치 기준

소방법 시행령 제29조 제4항－자동화재 탐지설비 시설 규정

① 근린생활시설(일반 목욕탕 제외), 위락시설, 숙박시설, 노유자시설, 의료시설 및 복합 건물로서 연면적 600[m²] 이상인 것
② 일반 목욕탕, 관람집회 및 운동시설, 통신촬영시설, 관광 휴게시설, 지하 판매시설, 아파트(공동주택법 제7조 제1항에 해당하는 시설) 및 기숙사 업무시설, 운수자동차 관련시설, 전시시설, 공장 및 창고시설로서 연면적 1,000[m²] 이상인 것
③ 교육연구시설, 종교시설 및 동식물 관련 시설, 위생등 관련 시설 및 교정시설로서 연면적 2,000[m²] 이상인 것

(2) 감지기

1) 감지기의 종류

① 정온식 감지기 : 실온이 일정한 온도 이상으로 상승하였을 경우 작동하는 것

② 차동식 감지기 : 실온의 상승속도가 큰 경우에 동작하는 것으로 일반적인 화재의 발견에 적합

③ 보상식 감지기 : 차동식과 정온식의 장점을 이용하여 차동성을 가지면서 고온도에서도 반드시 동작되도록 한 것

④ 스포트형 : 일국소의 열효과, 즉 온도상승에 의하여 동작하는 것으로 일명 점재형이라고도 한다.

⑤ 분포형 : 선상 화재 감지기라고 하며, 화재에 의하여 발생한 열이 실내의 넓은 범위로 분산하여 버려도 그 열효과를 누적적으로 감응하도록 한 것

⑥ 연기 감지기

ㄱ 연기 감지기는 화재에 따라서 생기는 연소생성물, 즉 연기를 이용하여 자동적으로 화재의 발생을 감지

ㄴ 연기감지는 이온화식, 광전식의 2종류

2) 감지기의 설치 기준

① 감지기의 하단은 설치면의 아래쪽에서 0.3[m] 이내의 위치에 설치

② 환기구 등의 공기 토출구에서 1.5[m] 이상 떨어진 위치에 설치

③ 감지기는 45° 이상 경사되지 않도록 설치

④ 벽 또는 설치면에서 0.4[m] 이상 돌출한 들보 등으로 구획된 감지구역에 설치

⑤ 5[m] 이상의 천장에 설치하는 경우에는 점검 가능한 방법으로 설치

(3) 발신기

1) 발신기의 종류

① P형 1급 발신기 : P형 1급 수신기(다만 1회선의 것을 제외) 또는 R형 수신기에 접속하여 사용하는 것으로 발신자가 발신한 것을 확인할 수 있는 응답램프가 있고 수신기와 발신기가 상호 간 연락할 수 있는 전화장치를 지니고 있다.

② P형 2급 발신기 : P형 2급 수신기에 연결해서 사용하며 누름단추 기능만 있고 전화연락이 불가능하고 응답표시등이 없다.

③ T형 발신기 : 수동으로 공통의 신호를 수신기로 발신하고 발신과 동시에 통화가 가능하고 그 기능은 송수화기를 들면 수신기로 화재신호가 발신되면서 수신기와 서로 동시 통화가 가능토록 되어 있다.

④ M형 발신기 : 누름단추 작동시 발신기 고유의 신호가 소방관서에 설치된 M형 수신기에 전달되는 것이다. 모든 발신기는 하나의 배선에 의하여 직렬로 접속된다. 접속할 수 있는 발신기의 수는 100개 이하이다. 발신기에서 수신 완료까지의 소요시간은 약 10~20초 정도

2) 발신기의 설치 기준

① 조작이 쉬운 장소에 설치하고 누름스위치는 바닥으로부터 0.8~1.5[m]의 높이에 설치할 것

② 감지기 회로의 끝 부분에 설치할 것

③ 소방대상물의 층마다 설치하되 당해 소방대상물의 각 부분으로부터 하나의 발신기까지의 보행거리가 50[m] 이하가 되도록 할 것

④ 발신기의 위치표시는 발신기의 상부에 설치하되 부착면과 15° 이상의 각도로 10[m]거리에서 쉽게 식별할 수 있는 적색등이나 발광식 또는 축광식 표지로 하여야 한다.

(4) 수신기

1) 수신기의 종류

① P형 수신기

㉠ 감지기 또는 P형 발신기로부터 발하여지는 신호 또는 중계기를 통하여 송신되는 신호를 수신하여 화재의 발생을 해당 소방대상물의 관계자에게 통보하는 것

㉡ 각 경계구역별로 1회선으로 되어 있으며, P형 1급과 2급으로 구분되며 구조는 거의 같다.

㉢ P형 1급 수신기 : 4층 이상의 소방대상물과 연면적이 350[m²]를 초과하는 소방대상물에 설치하여야 한다.

㉣ P형 2급 수신기 : 회선수가 5회선 이하에 적용되고, 회선수가 하나인 것은 단면적이 350[m²]를 초과하는 소방대상물에 설치할 수 없다.

② R형 수신기

㉠ 감지기 또는 P형 발신기로부터 발하여지는 신호를 중계기를 통하여 수신하여 화재의 발생을 소방대상물의 관계자에게 통보하는 기기이다.

㉡ R형 수신기는 P형 수신기와 목적은 동일하나, R형의 경우는 중계기가 접속되어 감지기와 작동하면, 이 신호를 중계기를 통해 수신하는 방식으로, 회선수가 많은 경우 P형 수신기에 비하여 배선을 대폭 줄일 수 있다.

(5) 전기화재 경보기

① 전기화재의 원인이 되는 누전을 신속, 정확하게 자동적으로 알리는 경보기이다.

② 사용전압 600[V] 이하의 전로의 누전을 검출하여 당해 소방대상물의 관계자에게 통보하는 기기이다.

③ 전로의 지락에 의한 누전을 누설전류에 의한 불평형 전류에 의하거나 제2종 접지선에 흐르는 누설전류에 의하여 검출하는 방식이다.

④ 누설전류를 검출하는 변류기, 검출된 누설전류를 증폭하는 수신기 및 경보를 발하는 음

향장치 또는 차단기구의 성능에 따라 1급과 2급으로 구분한다.

⑤ 전기화재 경보기는 누전화재 경보기라고도 한다.

(6) 자동화재 속보설비

특정한 소방대상물의 화재발생을 직접 소방기관에 통보하기 위하여 설치한 것이다.

사람의 힘을 빌리지 않아도 화재가 발생하면 자동적으로 119 화재신고를 기계적으로 접속, 소방관서에 통보하는 시설이다.

(7) 유도등 설비

① 피난구 유도등 : 피난층(지상 1층 또는 이와 동등 이상의 것)에 직접 통하고 있는 계단, 경사로의 출입구, 직접 옥외로 나갈 수 있는 출입구 또는 영화관 등에 있어서는 객석 부분으로부터 직접 복도, 로비로 나가는 출입구에 설치

② 통로 유도등 : 소방대상물 내의 복도, 계단, 경사로 또는 통로에 설치하는 것으로 비상시에 안전하게 또한 신속하게 피난할 수 있도록 해당 바닥면을 조명하도록 하는 것

③ 객석 유도등 : 영화 또는 연극을 상영하는 장소에서는 영사효과나 연출효과 등 때문에 객석 내를 어둡게 하여야 한다. 그러므로 객석 내 통로를 천장으로부터 조명한다는 것은 불가능하기 때문에 객석 내의 통로측 의자 등 하부에 조명기구를 설치 상시 점등시켜 놓아 관객의 출입 시 사고가 발생하지 않도록 하는 것

2. 피뢰설비

보호하고자 하는 대상물에 접근하는 낙뢰를 확실하게 피뢰도선을 통해 대지에 흐르게 함으로써 건축물이 파괴 또는 화재발생을 사전에 방지하기 위하여 설치하는 설비이다.

따라서 피뢰설비는 피보호물의 종류, 구조, 환경 및 입지여건 등을 고려하여 적합하게 설계 · 시공하여야 한다.

(1) 설치기준

1) 법적 설치 대상물

① 높이가 20[m] 이상인 건축물이나 공작물(굴뚝, 광고탑, 고가수조, 옹벽)과 승강기, 비행탑 등의 공작물

② 소방법에서 정하는 위험물 제조소, 옥외탱크저장소 등

③ 총포, 도검, 화약류 단속법에 규정한 화약류 저장소

2) 임의 설치 대상물

① 낙뢰의 가능성이 많은 대상물

㉠ 높은 탑, 굴뚝, 산꼭대기의 건축물 등

ⓛ 뇌격이 많은 지방의 건물 또는 과거에 낙뢰가 있었던 건물 등

ⓒ 평지의 독립가옥

② 낙뢰의 피해가 큰 건축물

ⓐ 사람이 많이 모이는 건축물(교회, 학교, 병원, 백화점, 극장 등)

ⓛ 가축을 다수 수용하는 축사 등

ⓒ 미술상, 과학상, 역사상 귀중한 물건을 수용하는 건축물(박물관 등)

(2) 피뢰설비의 구성

① 돌 침부 : 낙뢰를 포착

② 피뢰도선 : 뇌격전류의 통로

③ 메시(Mesh)도체 또는 접지극 : 뇌격전류를 대지로 방류

(3) 피뢰방식

| 표 4-38 | 피뢰방식

피보호물 \ 피뢰설비방식		수직도체		수평도체		케이지	비고
		돌침	독립피뢰침	용마루 위 도체	가공지선		
일반 건축물	일반건물 (수평면적 150[m²] 이하)	○					
	일반건물 (수평면적 150[m²] 초과)	○		○			병용
	체육관(돔형)			◎			
	학교	○		○			병용
	병원	○		○			병용
	공장(소규모)	○		◎			
	공장(대규모)			○	○		
	고층건물			○			병용
	산꼭대기의 가옥 등					◎	
	절			◎			
위험물 등	굴뚝	◎		○			
	공장	○			◎		
	창고(소규모)	◎			○		
	화약고(옥외)		○		○		
	기름탱크(옥외)	○	○		○		

(4) 피뢰설비의 4등급

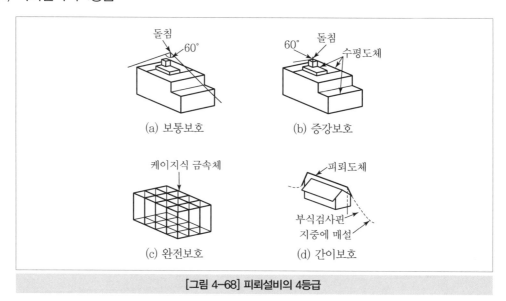

(a) 보통보호

(b) 증강보호

(c) 완전보호

(d) 간이보호

[그림 4-68] 피뢰설비의 4등급

3. 항공장애등 설비

- 야간비행, 저공비행 등 항공기가 안전하게 운항할 수 있도록 설치하는 설비
- 항공의 장애가 되는 설비를 시각적으로 인식시키기 위한 등기구
- 지표면, 수면으로부터 60[m] 이상의 높이인 시설물에 항공장애등과 주간장애 표시등을 설치

(1) 항공장애등

1) 저광도 항공장애등

① 점멸하지 않는 적색등
② 광도 : 20[cd] 이상일 것
③ 광원 중심을 포함한 수평면 아래 15° 상방의 모든 방향에서 식별할 수 있을 것

2) 중광도 항공장애등

① 1분당 20회 내지 60회 점멸하는 적색등
② 광도 : 2,000[cd] 이상
③ 광원 중심을 포함한 수평면 아래 15° 상방의 모든 방향에서 식별할 수 있을 것

3) 고광도 항공장애등

① 섬광하는 백색등
② 실효광도가 배경의 밝기에 따라 자동적으로 변할 것
③ 광원 중심을 포함한 수평면 아래 5° 상방의 모든 방향에서 식별할 수 있을 것

④ 가공선을 지지하는 탑 외에 설치하는 경우는 1분당 40~60회 주기로 섬광하고 2개 이상 설치 시 동시에 섬광할 것

⑤ 가공선을 지지하는 탑에 설치하는 경우 1분당 60회 주기로 중간등 – 상부등 – 하부등 순서로 섬광할 것

(2) 주간장애 표시설비

- 항공기 등이 주간에 비행할 때 사고를 방지하기 위하여 설치하는 설비
- 주간장애 표시설비는 도색기나 표시물로 하여 설치
- 주간장애 표시설비는 골조 구조물, 가공 전선로, 철탑, 기둥, 연통, 기타의 물건으로서 그 높이에 비하여 그 넓이가 좁은 경우에 설치

① 너비가 1.5[m] 미만인 부분과 그 이외의 부분으로 수직방향의 길이가 1[m] 미만 : 적색 또는 황색의 1색으로 도색

② 그 이외의 부분도 칠을 하되
  ㉠ 수평방향의 길이 90[m] 미만의 경우 : 길이를 7등분
  ㉡ 90~180[m]의 경우 : 길이를 9등분
  ㉢ 180[m] 이상의 경우 : 길이를 20[m] 간격으로 구분
  ㉣ 각 부분은 꼭대기로부터 적색과 백색 순서로 번갈아 칠한다.

③ 가공지선의 경우 지름이 0.5[m] 이상의 구형으로 적황색 또는 백색의 항공장애구 표시를 45[m] 간격으로 설치한다.

| 표 4-39 | 항공장애등의 특성

구분	저광도 항공장애등	고광도 항공장애등	위험항공등대
광색	항공적색	항공적색	항공적색
등질	부동광	명멸광(20~60회/min)	섬광(20~60회/min)
광도	20[cd] 이상	2,000[cd] 이상	7,500[cd] 이상
가시범위	광원의 중심을 포함한 수평면에서 15° 위쪽 전 방향		

4. 방범설비

(1) 방범설비의 필요조건

① 쉽게 돌파할 수 없는 침입 저지 기능
② 이상상태의 신속, 정확한 검출
③ 검출 정보의 확실한 전송
④ 정보의 적절한 판단과 피해를 최소화
⑤ 경제적이며 설치 및 유지관리 용이
⑥ 평상시의 안전대책 확보

(2) 단말기의 종류

| 표 4-40 | 감지원리에 따른 단말 검출기의 분류

감지방식	검출기의 종류	감지 방식	검출기의 종류
접 점	리밋 스위치 매트 스위치 푸시버튼 스위치 마이크로 스위치	전자파	초음파 마이크로파 광파 레이더
빛	적외선 ITV 기타	음	집음 마이크 도청기기
		진 동	바이브레이션

(3) 방범설비의 종류

1) 침입방지설비

① 쇄정장치 : 기계적 쇄정장치와 전기적 쇄정장치가 있으며 인터폰, CCTV와 병행설치하면 더욱 효과적이다.

② 입실관리 장치

㉠ 카드키 방식, 비밀번호 누름, 음성판별방식, 지문, 손 형태 판별방식 등으로 입실자 확인 및 통제를 한다.

㉡ 카드키 방식이 주로 적용된다.

2) 침입발견설비

① CCTV 설비 : 연속감시, 순차감시, 영상기록 등으로 보호구역을 감시한다.

② 음성감지 Microphone : 음성은 Monitor 또는 스피커로 청취, CCTV와 병용, 금고실 등 소음이 낮은 곳에 특히 유효하다.

③ 전자개폐기 : Door Contact S/W, 문, 창의 개폐를 검출한다.

④ 리밋스위치 : 기계적 접점을 이용하여 문, 창 셔터의 개폐를 검출한다.

⑤ 진동 검출기 : 유리창 절단 검출기, 기계적 진동검출기, 전기적 진동검출기가 있다.

⑥ 방범선 : 피아노선 양단에 스프링을 설치하고 리밋스위치를 고정한 선이다.

⑦ 적외선 검출기 : 적외선 투광기/수광기를 이용하여 검출하는 기기이다.

⑧ 초음파 탐지기 : 초음파를 발사하여 이동체의 Doppler 효과를 이용하여 탐지하는 기기이다.

⑨ 전파식 검출기 : Doppler 효과를 이용한 단파식 또는 마이크로식 검출기이다.

⑩ Tape Switch : 2개의 동대를 밀봉한 Tape의 인장 압력으로 동작하는 스위치이다.

⑪ Mat Switch : Mat에 중량이 가해지면 동작하며 통로에 설치한다.

3) 방범 연락설비

① 비상통보설비 : 전용전화선, 자동전화 호출로 통보하는 설비

② 인터폰설비

③ 비상벨, 사이렌설비

④ 확성장치 : 관계자에게 통보하고 비상방송 또는 업무용 방송에 이용하는 장치

4) 방범감시반

① 각 단말기에 상태표시, 전기잠금장치의 원방제어, 동작기록, 이상통보 기능과 수위실, 중앙감시실, 방재센터 등에 설치

② 경제적인 계획과 단말기종 및 배치의 적정화, 조작부의 간결명료한 설비, 방재계획과 경비계획의 조정 등이 요구됨

③ 구성 : 상황표시설비, 모니터설비, 제어장치, 기록장치, 통보장치 등으로 구성

5) 종합방범설비 시스템

① 방범설비 적용 시 각각의 시설물을 별도로 설치하는 것은 의미가 없으며 여러 가지 방범시설을 조합하여 서로 유기적인 보완 관계를 가지도록 종합방범설비 시스템을 구축하여 운영하는 것이 바람직하다.

② 방범설비 감시반은 방재센터가 설치되어 있는 경우 빌딩 관리 시스템과 연계하여 구성하면 더욱 효과적이다.

8 전기방식설비(Electrolytic Corrosion Protection)

1. 전기방식의 개요

금속은 물 또는 흙속에 용해되어 있는 염류 등의 전해질에 닿으면 양이온이 되어 용출하며 부식되므로, 금속을 음극으로 항상 약한 전류를 흐르게 하면 철분자가 이온이 되는 것을 막아 금속의 부식을 방지할 수 있다. 이 원리에 의한 부식 방지법이 전기방식이며, 외부 전원방식과 유전 양극(流電陽極)방식이 있다.

(1) 부식의 원리

모든 금속은 땅속, 물속에서 그 환경에 따라 고유의 전위를 가지고 있으며, 그 전위는 재질 자체의 불균일성(성분, 응력, Scale 등)과 환경의 불균일성(비저항, 온도, 습도, 산소농도, 이온량 등)으로 인하여 부분적으로 전위 차이가 발생하며, 이 전위 차이에 의해서 금속의 각 부분에서 수많은 양극부와 음극부가 형성된다. 이때 양극부에서 음극부로 부식전류가 흐르며 이 과정에서 양극부의 금속이 이온상태로 용출되어 점차 전해질 속으로 용해된다.

이러한 전기화학적 반응을 일반적으로 '부식'이라고 말한다. 즉, 토중이나 수중에서 금속이 전류를 방출하면 부식하고 전류를 받으면 방식되며, 부식하는 금속은 전류를 방출하고, 방식되는 금속은 전류를 받는다.

(2) 부식의 조건

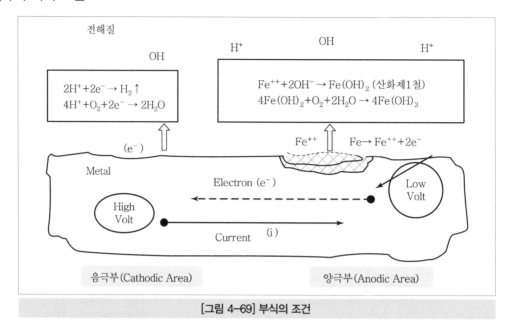

전해질

OH

$2H^+ + 2e^- \rightarrow H_2 \uparrow$
$4H^+ + O_2 + 2e^- \rightarrow 2H_2O$

H^+　　　OH　　　H^+

$Fe^{++} + 2OH^- \rightarrow Fe(OH)_2$ (산화제1철)
$4Fe(OH)_2 + O_2 + 2H_2O \rightarrow 4Fe(OH)_3$

(e^-)

Fe^{++}　　$Fe \rightarrow Fe^{++} + 2e^-$

Metal

Electron (e^-)

Low
Volt

High
Volt

Current　　(i)

음극부(Cathodic Area)　　　　　　양극부(Anodic Area)

[그림 4-69] 부식의 조건

다음 세 가지 조건 중 하나만 없애도 부식은 멈추게 된다.
1) 전해질의 존재
2) 전위차의 존재
3) 양극 – 음극을 연결하는 전기적 금속통로의 존재

(3) 방식의 목적

방식이란 부식을 방지하는 것이지만 크게 생각해 보면 '구조물의 기대하는 수명 기간 중에 부식에 의한 손실과 방식에 필요한 비용의 합을 최소한으로 관리'하는 것이라 말할 수 있다. 즉, 방식은 금속재료의 부식에 의한 소모를 억제하고, 파괴를 막으며, 수명을 연장하는 것을 목적으로 한다.

2. 전기방식의 원리(Principle Cathodic Protection)

피방식체인 금속에 외부에서 인위적으로 전류(방식전류)를 유입시키면 전위가 높은 음극부에 전류가 유입되어 음극부의 전위가 차차 저하되다가 양극부의 전위에 가까워져서 결국 음극부의 전위와 양극부의 전위가 같아진다.

그 결과 금속표면에 형성된 부식전류가 자연히 소멸되고 부식이 정지되어 피방식체인 금속은 완전한 방식상태에 있게 된다.

이러한 원리를 응용한 방법을 전기방식법(Cathodic Protection System)이라 하며 방식전류의 공급방식에 따라 외부전원법 과 희생양극법 두 가지 형태로 대별된다.

(1) 전기방식의 장점

① 방식전류는 도장이 불가능한 환경이나 피방식체의 미세한 부분에 이르기까지 유입되므로 피방식체 전체에 대하여 완벽한 부식 방지 효과를 얻을 수 있다.

② 부식이 진행된 기존 시설물에 전기방식법을 적용하면 더 이상 부식이 진행되지 않는다.

③ 도장, 도금 등 다른 형태의 부식방지 비용보다 훨씬 저렴한 비용으로 더욱 큰 효과를 얻을 수 있다.

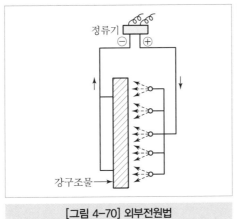

[그림 4-70] 외부전원법

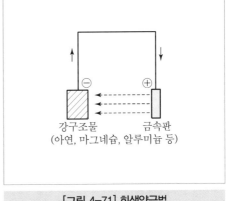

[그림 4-71] 희생양극법

(2) 외부전원법(Impressed Current Method)

피방식체가 놓여 있는 전해질(해수, 담수, 토양 등)에 양극을 설치하고 여기에 외부에서 별도로 공급되는 직류전원에 (+)극을, 피방식체에 (−)극을 연결하여 피방식체에 방식전류를 공급하는 방법을 외부전원법이라 하며, 직류전원장치로는 일반적으로 정류기를 사용한다.

1) 외부전원법의 특징

① 별도의 외부전원이 필요하다.

② 타 인접 시설물에 간섭현상이 야기될 수 있다.

③ 부분적으로 방식전위가 다르게 나타날 수 있다.

④ 양극전류의 조절이 수월하여 대용량에 적합하다.

⑤ 토양비저항이 높은 곳에서도 적용이 가능하다.

⑥ 유효전위를 필요에 따라 조절할 수 있다.

⑦ 주기적인 유지보수가 필요하다.

2) 외부전원법의 적용

① 모든 종류의 대용량 시설물

② 장거리 파이프라인

③ 대용량 저장탱크의 외부

④ 물 저장탱크의 내부와 온수 탱크

⑤ 한 지역에 있는 여러 시설물의 보호

⑥ 콘크리트 지중 구조물과 우물 케이싱

⑦ 열교환기와 콘덴서(발전소계통)

⑧ 해상구조물

(3) 희생양극법(Sacrificial Anode Method)

피방식체보다 저전위의 금속을 피방식체에 직접 또는 도선으로 연결하면 양 금속 간에는 전지반응이 형성되고 저전위의 금속에서 금속이온이 용출되며 피방식체로 전류가 흐르게 된다. 이때 저전위의 금속은 피방식체 대신 희생적으로 소모되어 피방식체의 부식은 완전히 정지하게 되는데, 이러한 전기방식법을 희생양극법 또는 유전양극법이라 한다.

1) 희생양극법의 특징

① 별도의 외부전원이 필요 없다.

② 인접 시설물에 간섭현상이 거의 없다.

③ 전류분포가 균일하다.

④ 양극전류가 제한되어 대용량에 부적합하다.

⑤ 토양비저항이 높은 곳에서는 비경제적일 수 있다.

⑥ 유효전위가 제한되어 있다.

⑦ 양극 수명 동안 유지보수가 거의 필요 없다.

2) 희생양극법의 적용

① 소규모 저장탱크의 내부와 외부

② 지하 매설관

③ 좁은 지역에 설치된 시설물

④ 전원공급이 불가능할 때

⑤ 방폭지역

⑥ 제한된 지역(콘덴서 등)

⑦ 해양구조물

⑧ 수압엘리베이터 케이싱

| 표 4-41 | 외부전원법과 희생양극법의 비교

구분	외부전원법	희생(유전)양극법
효과성	• 대규모 구조물에 효과적 • 효과범위가 넓다. • 인접 시설물에 전식 영향의 가능성이 있다.	• 소규모 구조물에 효과적 • 효과범위가 좁다. • 양극의 분산 설치가 가능하므로 전류 분포 균일 • 인접한 타 시설물에 영향을 주지 않는다.
시공성	• 협소한 장소에 설치 가능 • 타 공사에 영향이 없다.(독립적 작업 가능)	• 시공이 간단하고 편리 • 타 공정에 영향을 줄 수 있다.
경제성	• 소규모 구조물 : 고비용 • 대규모 구조물 방식 시 초기투입비가 저렴 • 지속적 전원공급을 요하므로 유지비 필요	• 소규모 구조물 : 저렴 • 대규모 구조물 : 양극당 출력전류가 적어 많은 양을 설치해야 하므로 자재비, 인건비가 외부전원법보다 많이 소요 • 비저항이 높은 환경에는 비경제적
유지관리	• 시공 후 정류기 조정으로 전류 조정이 가능 • 정류기 및 배관, 배선 등 유지 관리 필요	• 인위적인 유지관리 불필요 • 전류 조절이 불가능

9 Heat Tracing 설비

1. Heat Tracing의 목적

① 배관에 흐르는 유체는 보온을 하여도 보온재를 통해서 열이 외부로 유출되므로 열원을 보충하여(열손실을 보상)유체의 온도를 일정하게 유지하여 유체가 원활이 흐르도록 하는 설비

② 열 손실 보상개념으로 동파방지, 동결방지, 임의의 온도유지, 점도유지를 위하여 Tracer를 설치하여 필요한 열을 대상물에 지속적으로 전달하여 시설물의 설치 목적에 부응한 운전을 하기 위함

2. Heat Tracer의 종류

① Pipe, Tube를 이용하여 온수, 스팀을 이송하는 방법

② 전기를 이용한 Mi Cable 또는 Self-Regulating Cable을 설치하는 방법
Heating Cable의 종류와 용도가 수없이 많으므로, 적용코자 하는 Pipe 관경, 보온두께, 파이프의 최대상승 온도 등을 검토하여 Heater를 선정하여야 한다.

3. Electric Heat Tracing System의 특징

① 쉬운 설치
② 유지보수 비용이 적음
③ 온도컨트롤러를 통한 정확한 온도 제어
④ 전기를 사용하여 주변이 깨끗

4. Electric Heat Tracing System의 적용

① 동파방지(Freeze Protection) : 상하수도배관, 소화전, 수처리 플랜트의 동절기 동결 예방
② 온도유지(Temperature Maintenance) : 화학약품, 식료품, 연료배관 등의 프로세스 배관 및 탱크의 온도 유지
③ 가온(Heat Up System) : 프로세스 배관 및 탱크의 가열이 필요할 때
④ 기타 : Ice Stop, Snow Melting Floor Warming

5. Electric Heat Tracing System의 구성

(1) Power Control Panel

① 자동운전 시 : 외기 온도 Sensor 또는 Pipe 온도 Sensor로부터 신호를 받아 원하는 운전조건에 맞도록 Control
② 수동운전 시 : Push Button에 의한 On · Off 외기온도와 관련 없음
Process 특성상 외기온도 Sensor로 동작되게 System을 구성

(2) Power Connection Kit

Heating Cable과 전원공급선과의 Joint Box

(3) Heating Cable

Self-Regulating Type-반도체 Core가 내장되어 파이프 온도를 감지하여 파이프 관경에 따른 최적의 발열량을 관경별로 스스로 조절

(4) Tee Splice Kit

Heating Cable의 Tee 분기 시 사용하는 절연 Kit

(5) Temperature Sensor
외기온도 및 파이프 온도를 감지 Control Panel로 현재 온도를 전송 가능

① 외기온도 감지형 : 외기온도 Setting 치 이하로 하강 시 Power On
   단, 파이프온도가 높아도 외기온도가 낮을 경우 계속 On되는 단점이 있음
② 파이프온도 감지형 : 온도 Setting 치에서 계속 Control

(6) End Seal
① Heating Cable의 완전방수 마감처리
② Monitor Lamp를 설치하여 전원의 투입 유무를 확인할 수 있음

6. Heating Cable의 종류

(1) Parallel Heater Cable(병렬형)
① Self-Regulating Cable(for Short Line)
② Power-Limiting Cable(for Short Line)

(2) Series Heater Cable(직렬형)
① S.C Heater Cable(for Long Line)
② M.I Cable(for Short & Long Line)

(3) Self Regulating Cable
온도에 따른 출력의 변화 : 배관의 온도가 상승하면 출력은 감소

① 겹쳐서 사용해도 화재의 염려가 없음
② 쉬운 디자인 및 설치
③ 전체 설치 및 운용 비용이 적음

(4) M.I(Mineral Insulated) Cable
① 일정한 출력-초기 전류가 낮음
② 온도컨트롤러가 필요
③ 중첩 설치 불가
④ 고온에서도 사용 가능
⑤ Max Maintain Temp : 550℃
⑥ Max Exposure Temp : 650℃

7. Temperature Control

(1) Ambient – Sensing Control
① 대기의 온도를 측정하여 제어
② 동파방지에 적용, 1개의 센서로 전체 Heating System 제어

(2) Line – Sensing Control
① 배관의 온도를 측정하여 제어배관의 온도유지
② Thermostat을 통한 On – Off 제어 또는 RTD – Sensor를 통한 정밀한 온도제어 가능

10 정보통신설비

1. 정보통신설비 일반

(1) 목적 및 적용범위
플랜트 내외부 주요 개소와의 편리하고 효과적인 통신을 통하여 시설물의 유지보수 및 행정 등의 업무를 원활히 수행하고 비상시 필요개소에 효과적인 통신수단을 제공하기 위함이다.

(2) 통신설비 종류
① 전화설비(Telephone System)
② 근거리 통신망(LAN ; Local Area Network System)
③ 호출설비(Paging System)
④ 방송설비(Public Address System)
⑤ 시계장치설비(Clock System)

(3) 정보통신망의 구성요소
① 단말기 : 전달 정보를 전기신호로 변환하는 장치로서 전화기, 데이터 단말기, 영상표시 장치, Modem 장치 등이 있다.
② 전송로 : 전기신호를 전달하는 선로로서 동축 케이블, 광케이블, 마이크로웨이브 등
③ 교환기 : 단말 간의 경로선택, 접속제어, 각종 통신 서비스 내용 등을 제어하는 장치

(4) 정보통신망의 구성요건
① 모든 이용자가 자유롭게 접속할 수 있을 것
② 신속한 접속이 이루어질 것

③ 접속품질, 전송품질, 기타 서비스 품질이 어디서나 동등하게 유지될 것
④ 신뢰성 유지
⑤ 설비의 확장성, 융통성이 높을 것
⑥ 기계적으로 견고하고 경제적인 측면에서 유리할 것

(5) 전기 정보통신의 분류

1) 정보의 성질에 따른 분류
① 음성통신
② 부호통신
③ 영상통신
④ 종합통신
⑤ 종합 디지털통신

2) 전송형식에 의한 분류
① 아날로그방식
② 디지털방식

3) 교환처리에 의한 방법
① 회선교환방식
② 축적교환방식

(6) 정보통신설비의 분류

1) 전화설비
음성통신을 주체로 구성된 통신망으로 전기통신망 중에서 가장 규모가 큰 통신망
① 기능별 분류
   ㉠ 공중통신망 : 공중통신 서비스를 목적으로 하는 공중통신망
   ㉡ 지역전화망
   ㉢ 전용전화망 : 철도, 경찰전용, 군용전화 등으로 사용
② 규모별 분류
   ㉠ 구내전화망
   ㉡ 시내전화망
   ㉢ 시외전화망
   ㉣ 국제전화망

2) 부호통신설비
문자나 기호, 숫자 등의 정보를 부호화하여 전달하는 통신망을 말한다.

3) 영상통신설비

영상정보 등을 전달하는 목적으로 하는 통신망으로 취급하는 영상화면 성질이나 기록
방법에 따라서 다음과 같이 분류한다.
① TV 전화망
② CATV 망
③ TV 방송중계망

4) 종합통신설비

정보통신망의 음성, 데이터, 영상 등 그 기능이 다양화됨에 따라 어느 시스템에나 적응
할 수 있는 융통성이 필요하고, 통합운영의 각 기능을 하나로 묶어 많은 목적의 통신서
비스를 종합적으로 계획한 통신망을 종합통신망이라 한다. 이를 종합서비스망(ISN ;
Integrated Service Network)이라고도 한다.

5) 종합디지털설비

① 정보의 전달을 위하여 디지털 전송방식을 이용한 통신망을 디지털 통신망이라 하며
대부분 디지털 교환기를 사용하여 전송과 교환을 디지털 기술로 일체화한 통신망을
말한다.
② 종합정보통신망(ISDN ; Integrated Service Digital Network)이 이에 속한다.

6) 교환기설비

통신망의 구성요소 중 교환기가 차지하는 비중은 정보설비의 핵심이라 할 만큼 크다.
① 회선교환방식 : 송수신 단말 간의 정보전달을 위하여 접속경로를 직접 설정하고 단
말은 통신 중에 이것을 전용적으로 사용할 수 있으므로 같은 시간에 정보전달이나
대화통신이 가능
② 축적교환방식 : 보통정보는 교환기에 일단 축적된 후 보내고 축적, 적산이나 검증확
인 등이 필요한 정보는 교환기에 일단 수록된 후 오류제어 등의 전송제어를 받아 축
적된 정보가 교환서비스나 정보처리 서비스의 형태를 취하는 방식(예 Data 통신)

7) 이동통신설비

이동대상 상호 간이나 이동체나 지상의 고정 단말기의 통신을 목적으로 하는 통신망으
로 용도별로 분류하면 선박전화방식, 열차전화방식, 자동차전화방식, 휴대전화방식,
무선호출방식 등이 있다.

8) 위성통신설비

이동통신 시스템의 많은 시스템 변수들이 각 시스템의 궤도와 위성의 배치에 따라 결정된다.

① 정지궤도위성
② 저궤도위성
③ 중궤도위성

2. 전화설비(Telephone System)

전화설비는 구내교환설비에서 전화기에 이르는 배관, 배선 및 전화교환기를 총칭한다.

(1) 전화의 교환방식

1) 전자식 교환기(DPBX ; Digital Private Branch Exchange)

전자식 교환기는 사업소 간의 정보통신 노드로서 음성, Data, 영상 등의 교환이 가능하며 PBX에 전자 메일 장치나 컴퓨터 장치를 추가함으로써 정보의 축적 처리가 가능하다.

① 구성

중앙처리장치(CPU), 주변장치(모니터, 프린터, 키보드 등), 전원공급장치(UPS), 항온항습장치 등의 주변설비로 구성

② 기능

기본적인 교환기능 이외에 부가적인 기능이 있고 다른 정보기기와의 공동운영이 가능하며 전화교환기 개념보다는 종합적인 컴퓨터 개념

③ DPBX의 주요 기능

㉠ 구내 전화 서비스 기능
㉡ 다기능 전화 서비스 기능
㉢ 음성축적 서비스 기능
㉣ 전화망 서비스 기능
㉤ 단말접속 서비스 기능
㉥ 문서통신 서비스 기능
㉦ 동영상(화상) 서비스 기능

④ 주요 특징

㉠ 융통성
㉡ 신뢰성 및 안전성
㉢ 연속성
㉣ 호환성
㉤ 적응성
㉥ 경제성 및 관리성

⑤ 전화설비의 전원공급 장치
　ㄱ 상용전원 : AC 220V를 수전, 축전지를 충전해서 사용
　ㄴ 축전지 용량 : 최대부하(Busy Hour Load)로 8시간 운전 가능한 용량
　ㄷ 충전기 용량 : 완전방전상태에서 12시간 이내에 재충전할 수 있는 용량

3. 근거리 통신망(LAN ; Local Area Network System)

(1) LAN 설비의 개요

① 소규모의 한정된 지역에서 컴퓨터와 컴퓨터 사이에 데이터를 주고받을 수 있는 네트워크를 의미

② 한 건물 또는 한 지역에서 전용 통신회선을 이용하여 여러 대의 PC를 동시에 사용 가능

(2) LAN 설비의 전송 시스템

| 표 4-42 | LAN 설비 전송 시스템의 비교

구분	Baseband	Broadband
채널 수량	1	20~30
전송속도/채널당	1~10Mbps	150Mbps
케이블 상호 신호	디지털 방식	아날로그 방식
전송거리	수 km 이내	수십 km 이내
전송매체의 접속	트랜시버(Transiver)	모뎀(Modem)
응용분야	중ㆍ소규모 데이터 전송	대규모 멀티미디어 전송

(3) LAN 설비의 전송매체

| 표 4-43 | LAN 설비 전송매체의 비교

구분	트위스트페어 (Twisted Pair)케이블	동축(Coaxial) 케이블	광(Fiver Optic) 케이블
전송속도	수백 bps~1Mbps	1Mbps~수십 Mbps	10Mbps~수백 Mbps
특성	• 전자기적 간섭 방지 • 경제성 확보 • 전송속도가 제한적 • 충격에 영향적	• 전자기적 간섭에 대응 • 넓은 밴드대역 확보 • 비교적 긴 전송거리 • 음성, 영상, 데이터 동시 사용	• 전자기적 노이즈 방지 • 얇고 가벼움 • 고속 정보처리 • 낮은 에러율 • 고가
사용(예)	PC용 LAN	CATV, LAN	대규모 LAN

(4) LAN 설비 - Router

1) 개요

라우터란 각기 독립적으로 구성된 네트워크들을 연결해 주는 장치이다.

2) 주요 기능

① 패킷 스위칭 기능

  ㉠ 한 포트로 패킷을 받아서 다른 포트로 전송(Forwarding)한다.

  ㉡ 라우터는 입·출력 단자를 갖고 있으며, 데이터프로그램(또는 패킷)을 소프트웨어 기반으로 스위칭한다.

② 경로 설정 기능

  ㉠ 패킷을 받은 다음 가장 적절한 포트를 선정 후 전송(Routing)한다.

  ㉡ 라우터는 전체 네트워크 구성(Topology 또는 Map)을 이해하기 위해 라우터 상호 간에 라우팅 정보를 교환하고, 들어오는 라우팅 정보를 토대로 하여 동적으로 라우팅 테이블을 만들어 간다.

  ㉢ 라우터끼리 상호 연결된 복잡한 망에서 경로의 배정 및 제어를 자동적으로 한다.

③ 기타 기능

  ㉠ 네트워크의 논리적 구조(Map)를 습득(Learning)한다.

  ㉡ 이를 위해 이웃하는 라우터와 지속적으로 라우팅 정보를 서로 교신한다.

  ㉢ 라우터는 서로 다른 네트워크의 존재를 인식·기록·관리한다.

  ㉣ 라우터로부터 나오는 여러 케이블 선들의 Traffic 양을 고르게 분산해 준다.

  ㉤ 링크(Link) 중 하나가 고장 나면 우회 경로를 구성해 준다.

(5) LAN 설비 – Firewall

1) 개요

방화벽이란 일반적으로 인터넷으로부터 조직의 내부 네트워크를 보호하기 위해 내부 네트워크를 격리시키는 다양한 보안 장치의 구조와 보안기능을 포괄하는, 즉 하드웨어와 소프트웨어의 결합이다.

2) 기능 구분

① 침입 차단(Firewall) : IP 주소 및 포트에 의거한 침입 차단 기능

② 침입 방지(IPS) : 다양한 위협에 대처하여 수많은 다기능 침입 방지 기능

③ 가상사설망(VPN) : 정보의 비밀성 및 무결성에 초점을 둠

3) 방화벽의 주요 기능

① 접근제어(Access Control) : 프락시(Proxy)를 통한 다양한 접근통제

② 로깅 및 감사추적(Logging and Auditing), 인증(Authentication), 무결성 확보(Integrity), 트래픽의 암호화 등

(6) Network – VPN(Virtual Private Network)

VPN이란 인터넷 망을 사용하여 원격지의 LAN 또는 WAN 구성에 있어 안전하게 연결하기 위하여 가상의 터널을 만들어 암호화된 데이터를 전송할 수 있도록 만든 Network이다.

(7) VOIP(Voice Over Internet Protocol)

① VOIP란 종래의 회선교환(PSTN) 방식의 전화와는 달리 인터넷 망의 근간인 IP Network에 음성을 패킷 형태로 전송하는 기술이다.

② 최근에는 음성뿐만 아니라 비디오 데이터까지 통합하는 형태로 발전하고 있다.

4. 호출설비

(1) 개요

① 플랜트 내외 및 주요설비 시설 장소에 설치하여 일제확성, 비상경보 및 개별 통화기능을 구비하여 운전 또는 유지보수에 원활한 통신 소통을 지원하는 설비이다.

② 주 증폭기(Main Amplifier System) 1대를 이용하여 호출, 통화하는 시스템과 각각의 Handset 자체에 증폭기를 분산 내장된 시스템으로 분류된다.

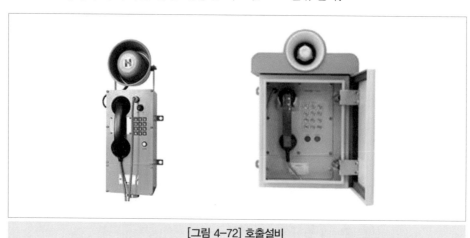

[그림 4-72] 호출설비

5. 방송설비

(1) 개요

업무 관련 전달방송, 공지사항 및 비상상황 등을 개별 또는 일제 방송을 통하여 신속히 전달하는 역할을 한다.

(2) 방송설비 – 증폭기

증폭기는 음성신호를 증폭하는 기기로서 전력증폭기와 전압증폭기가 있다.

1) 증폭기 성능을 규정하는 요소

① 정격출력 : 증폭기의 전력증폭역량, 지정된 출력 임피던스와 동일한 부하저항을 접속하고 규정 왜형률을 구할 수 있는 1,000[Hz]의 정현파 출력, 단위[W]

| 증폭기 정격출력 ≥ 스피커 전체 출력[W] 수 |

② 주파수 특성 : 증폭기 입력에 일정레벨의 저주파수에서 고주파수를 연속적으로 가하여 출력레벨을 1,000[Hz], 0[dB]로 하고 다른 주파수와의 레벨차를 측정표시

③ 변형률 : 증폭기의 변형은 증폭기의 비직선성에 의해 고주파변형이나 절단(파형두가 변형된다)이 발생된다. 측정은 증폭기를 통한 출력파형과 동등하고 순수한 정현파형(측정기신호)을 역상으로 가하면, 증폭기 출력파형의 변형만큼 출력된다. 이 정현파형과 변형된 출력파형의 비율을 1[%]로 표시하고, 변형률[%]이라고 한다. 이 수치가 작을수록 성능이 좋아진다.

④ S/N비 : 증폭기의 증폭도(입력규정레벨까지 음량조절기로 조절)를 규정 이득까지 올려 출력단자에 발생하는 잡음전압을 정격출력전압으로 분할하여 dB 표시치의 절대치를 S/N비라고 한다. 이 수치가 클수록 잡음이 적고, 성능이 좋다.

(3) 방송설비 – Speaker

1) 스피커의 특성

① 출력음압레벨 : 스피커의 출력음 크기를 나타내는 것

② 주파수 특성 : 스피커에 일정 레벨의 저음(저주파수)에서 고음(고주파수)까지 가했을 때의 응답편차

③ 임피던스 : 10,000[Hz]에서의 스피커 입력임피던스를 의미

   ㉠ Low Impedance : 증폭기에 소수의 스피커를 연결할 때 사용하고 스피커와 증폭기 사이가 가까울 경우에 적합

   ㉡ High Impedance : 증폭기에 다수의 스피커를 연결할 때 사용하고 스피커와 증폭기가 먼 경우에 적합

④ 정격입력 : 스피커에 연속적 신호를 가하여 파손되지 않고 변형되지 않는 최대입력

⑤ 지향성 : 스피커 정면과 수음점 각도에 의한 음압레벨의 변화를 나타내는 것. 스피커 정면축의 음압 레벨이 높고 고주파수에서 지향성이 향상된다.

2) 스피커 종류

① Cone Speaker

   ㉠ Voice Coil + Magnet + 진동판(Cone지)으로 구성

   ㉡ 넓은 범위의 균일한 주파수의 재생 특성

   ㉢ 가장 많이 사용

② Column Speaker

   ㉠ Cone Speaker 여러 개를 직선상으로 배치

   ㉡ 지향 특성이 양호

③ Horn Speaker
  ㉠ Driver Unit＋Horn(나팔)로 구성
  ㉡ 전기－음향 변환효율이 좋음
  ㉢ 출력음압이 Cone Speaker에 비해 높음
④ Wide Horn Speaker
  ㉠ Cone Speaker에 Horn을 부착
  ㉡ Cone과 Horn Speaker의 특징을 혼합
  ㉢ 변환능률, 큰 출력음압, 과도특성이 좋음

3) 스피커의 배치
  • 천장높이가 2.4~4.5[m]인 일반 사무실에서는 50~70[m²]에 1개 정도 설치 － 천장에 스피커를 설치하는 경우에는 음향 조정이 가능하도록 음향 조절기를 설치
  • 스피커의 배치는 실내의 경우 하울링이 나지 않도록 지향성을 고려하여 배치하고 옥외의 경우 음의 굴절을 고려하여 집중방식, 분산방식, 병용식 등을 적절히 배치

  ① 집중방식 : 음원을 1방향 또는 1개소로 종합한 것
    ㉠ 장점 : 방향감을 얻게 된다. 시간차이가 적다. 공사비가 염가이다.
    ㉡ 단점 : 균일한 음압레벨을 얻기 어렵다. 실내에서는 명료도가 나쁘다.
    ㉢ 소음이 많은 곳은 대출력을 필요로 하여 옥외용, 경기장에 적용
  ② 분산방식 : 음원을 분산하여 배치하는 방식
    ㉠ 장점 : 균일한 음압레벨과 실내에서 명료도가 좋다.
    ㉡ 단점 : 방향감을 얻기 어렵고 많은 스피커가 상호 간섭하여 음질이 저하된다.
    ㉢ 공사비가 고가이며 옥내 및 사무실에 많이 적용한다.
  ③ 집중 분산방식 : 병용식, 강당, 체육관에 주로 적용

(4) 시계장치설비(Clock System)
  1) 모시계 1대와 그 펄스에 의해서 운침되는 여러 개의 자시계 및 그 사이의 배선으로 구성되며, 모자식 전기시계가 일반적으로 사용
  2) Clock System의 구성요소
    ① GPS Receiver : 위성신호 수신기
    ② Master Clock : 위성신호에 의한 기준시각 설정, Slave Clock에 동기시각 제공
    ③ Slave Clock : 벽걸이형, 반매입형, 매입형 등 사용

공정 설계 및 공정제어 개론

산업적 공정 설계와 제어에 대한 이해는 공정 자체에 대한 기본적인 이해를 전제로 한다. 산업체에서 특정 생산물을 생산하거나 특정 목적을 완수하기 위한 장치들의 조합과 일련의 활동을 공정이라고 불린다. 이 장에서는 플랜트 실무자가 특별한 상황에 대해 확장하여 대처할 수 있도록 공정 설계와 제어에 대한 일반적이고 근본적인 원리를 설명한다.

1 공정 설계 기본

1. 공정의 정의

(1) 공정은 화학적 변환을 좌우하는 법칙의 집합, 물질의 새로운 생산물로서의 조합, 물리적 변환 및 혼합 또는 열과 압력의 영향 아래에서의 혼합물의 분리, 특별한 친화성을 가진 다른 물질과의 접촉 등을 규정하는 일련의 법칙이다.

(2) 상용 화학 제품을 생산하기 위한 공장 건설에 관여하는 기술자에게 공정은 세품 제조를 가져오는 과정의 연속이거나 제품의 제조를 위한 화학적 또는 물리적 현상들이 일어나는 장비, 반응기, 배관, 저장조, 증류탑, 증발기 등의 조합이다.

① 제지 공정 : 나무가 가성 소다, 염소 그리고 다른 화학 물질들과 고압 고온에서 반응되어 리그닌을 용해하여 빼냄으로써 종이를 이루는 섬유들만을 남겨 놓게 되는 여러 가지 화학 공정으로 이루어진다.

② 해수 담수화 공정 : 점점 더 농축되는 소금 용액으로부터 수증기를 물리적으로 분리하는 공정으로 구성된다. 물은 연속적인 저압의 용기에서 수증기를 열 매체로 하여 가열함으로써 분리되거나 역삼투압의 원리를 이용하어 소금기를 제거건다.

(3) 공정 단계에서 중요하게 작용하는 역할은 다음 단계들의 결합 또는 연계에 따른다.

① 다양한 공정단위 간의 원료 물질과 에너지 이동

② 서로 다른 흐름 간의 질량 및 열량 이동

③ 새로운 물질의 생산을 위한 조성 혼합물의 반응

④ 혼합물로부터 다양한 순도를 가지는 여러 가지 흐름으로의 분리

⑤ 상업적 분배에 앞서서 공정의 각 단계와 마지막 단계 사이에서의 물질 저장

(4) 특정한 최종 생산물을 위한 공정 유형의 선택은 그 생산 요구 사양과 생산량에 의존한다. 어떤 제품은 회분 공정이 적합한 반면에 다른 생산품은 오로지 연속 공정만이 그 경제성을 실현할 수도 있다.

2. 회분식 공정

회분식 공정은 원료 화학 물질이 요구되는 최종 제품으로 변환되도록 단일 또는 몇 개의 반응기나 저장조 안에서 다른 다수의 화학적 · 물리적 작용이 연속적으로 수행되는 공정이다.

공정은 운전 사양서에 따라서 조작되며 요소 성분의 혼합물은 그 생산제품의 규격이 충족될 때까지 반응 용기 또는 반응기 내에 잔류한다.

한정된 수의 저장 용기 안에서 모든 조작이 실행되기 때문에 요구되는 공간과 장비 그리고 공장에 필요한 자금 비용들이 최소화된다.

그러나 공정의 특성상 제품은 상당한 시간이 지난 후에야 얻어지며 그 양 또한 한정적이다.

(1) 특징

① 주요 장점 : 일단 용기가 비워져서 다음 시방에 대하여 준비되면 같은 용기를 계속해서 다른 많은 제품을 생산하는 데 사용할 수 있다.

② 일반적 단점 : 상대적으로 열매체와 냉매체의 사용이 비효율적이며 생산량의 제한, 그리고 다음 회분을 준비하기 위해 장치를 자주 청소해 주어야 한다.

(2) 주요 적용

① 제약품, 향수, 합성세제 등과 같이 상대적으로 소량이지만 매우 다양한 유형으로 제조되는 제품

② 향수와 같이 제한된 시장을 가지거나 제품 수명이 짧은 고가 제품

③ 포도주, 맥주, 위스키 등과 같이 외부의 영향을 받지 않는 상태에서 오랜 발효와 숙성 기간이 필요한 경우의 제품 등에 적용된다. 또한 많은 화학 물질의 초기 시험 생산에서 그 제품의 시장 수요가 증가하여 전체 장비 또는 공정이 단일 제품만을 생산하기 위해 할당될 때까지 회분 공정의 유형으로 이루어지는 경우가 많다.

(3) 회분 사양서와 회분 시퀀스

회분 사양서는 반응 온도, 화학물질의 양, 반응시간, 반응압력과 같은 매개 변수의 일람과 시간에 따른 조업 조건의 형태로 이루어져 있다. 회분 시퀀스는 모든 필요한 공정의 상태와 전환 시점 그리고 서로 따라야 할 상태의 순서를 정의해 준다. 또한 활동 상태, 기다림, 쉬는 시간 그리고 정체 시간 등이 프로그램될 수 있다.

(4) 공정 모드

회분식 공정의 단위 조작에는 세 가지 기본 모드인 수동, 반자동, 그리고 자동이 있다. 수동식의 경우 전체 시퀀스를 통한 각 단계는 조업 콘솔로부터 각 장치로 주어진 세부적인 명령들을 통해 여러 다양한 작동을 주로 조작자가 시작 또는 정지 버튼을 누름으로써 이루어진다. 반자동 모드의 경우 모든 연속되는 회분 시퀀스는 조작자에 의해 개별적으로 개시된다. 그리고 나서 공정은 프로그램 가능논리제어기(PLC)에 저장된 프로그램에 의해 제어되면서 자동적으로 다양한 단계를 거쳐 진행된다. 자동 모드에 있어서는 일단 시퀀스가

개시되면 공정은 조작 변수 또는 사양의 변동이 없는 한 조업자의 개입 없이도 스스로 몇 번이고 반복될 수 있다.

(5) 제어 및 계장

① 흐름, 액위, 온도 그리고 압력과 같은 변수들에 대한 감지기, 타이머, 스위치, 알람 등
② 몇 개의 같은 장치들이 대부분의 조업을 실행하는 데 사용되므로 내용물을 채워 넣고 비워내는 시간의 결정은 매우 중요하며, 희망하는 온도와 압력에 가능한 한 신속하게 도달하는 것 또한 필수적이다. 프로그램 가능논리제어기는 회분 공정을 제어하는 데 매우 중요한 역할을 한다. 그리고 변조 방식과 반대되는 On − Off 방식으로 작동되는 밸브형이 가장 많이 활용된다.

(6) 조업 및 제어 예

아래의 가정용 세제의 제조를 위한 전형적인 반자동 회분 공정도이다. 이 회분 공정은 수동으로 운전되거나 PLC 프로그램을 이용하여 반자동 또는 자동 모드로 운전될 수 있다.

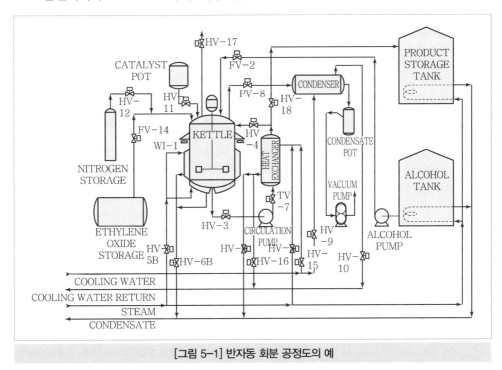

[그림 5-1] 반자동 회분 공정도의 예

중유기 알코올은 상압 탱크 내에, 액상 산화에틸렌은 가압 탱크 내에 각각 저장되어 있다. 내부 온도는 탱크 내에 설치된 코일 속의 증기 흐름에 의해 제어된다. 에톡실화 반응이 일어나는 반응기는 탱크 내용물의 무게를 재는 로드 셀(Load Cell) 위에 탑재되고, 반응기 속의 내용물은 정해진 시간에 외부의 열교환기를 통하여 순환됨으로써 가열되거나 냉각된다. 반응기 바깥의 재킷은 가열과 냉각을 보조해 주며, 진공 펌프는 필요시에 반응기 내부의 증기를 끌어냄으로써 진공상태로 만들어 준다. 끌어낸 증기들은 그중에서 재사용이 가

능한 분출 증기를 회수하기 위하여 응축기를 통과하게 된다. 촉매 용기 속에는 희석된 소다가 담겨 있다.

최종 생산물은 용기 주입 공장으로 펌핑하여 보내지기 위하여 충분히 낮은 점도를 유지할 수 있도록 수증기로 열을 가하는 또 다른 탱크에 저장된다. 알코올 저장조로부터 펌프가 가동되고 반응기로 알코올을 보내기 위해 라인상의 조절변(FV-2)이 개방되고, 반응기 안으로의 알코올 흐름을 제어한다. 원하는 무게에 도달하게 되면 펌프 작동은 멈추고 밸브가 닫힌 다음, 순환 밸브(HV-3, HV-4)가 개방되고 순환펌프가 가동된다. 수증기 유입 밸브와 응축물 유출 밸브(HV-5, HV-5B, HV-6, HV-6B)를 개방함에 따라 수증기가 재킷과 열교환기 안으로 유입된다.

반응기 교반기가 가동되고 내용 물질이 가열되는 동안, 진공 펌프의 스위치가 켜지며 진공 밸브(PV-8)가 알코올로부터 모든 물을 뽑아내기 위해 열린다. 응축기로의 물 유입 밸브와 유출 밸브(HV-9, HV-10)가 동시에 열리고 촉매 유입 밸브(HV-11)가 열려 촉매는 진공의 영향으로 반응기 안으로 빨려 들어가고 밸브는 닫힌다. 모든 응축된 알코올은 회수 용기에서 모아지고 다음 회분에서 재사용된다. 증발된 물은 진공 펌프에 의해서 비워진다. 내용물이 뜨거워지면 밸브 HV-5와 HV-6을 닫아서 열교환기로의 수증기 흐름을 멈추게 한다. 진공펌프가 여전히 가동 중에 있는 동안, 반응기 안의 공기와 습기 및 그 내용물을 제거하기 위하여 질소 퍼지가 질소 밸브(HV-12)의 개방에 의해 시작된다. 반응기 위의 압력 계기로 반응기 내부의 압력을 모니터하고 반응압력에 도달하면 질소의 유입을 멈춘다. 중량 지시기(WI-1)는 다시 0에 맞추어지고 반응에 필요한 산화에틸렌량이 유입된다. 산화에틸렌의 유입 밸브가 열리고 반응기의 온도가 상승함과 동시에 HV-15와 HV-16 밸브가 열리게 되어 열교환기로 냉각수가 흘러 들어가기 시작한다. 산화에틸렌의 흐름은 미리 설정된 최대값을 넘지 않도록 온도를 유지하기 위하여 FV-14로 제어된다. 반응기 안의 산화에틸렌의 양이 설정된 값에 이르게 되면 밸브 FV-14는 닫힌다.

생산물은 계속해서 열교환기를 통해 순환되어 중간값 정도의 온도로 냉각된다. 두 번째의 질소 퍼지 흐름은 정해진 일정 시간 동안의 배출 밸브(HV-17)와 질소 공급 밸브(HV-12)의 재개방에 의해 이루어진다. 이 퍼지 흐름은 소비되지 않은 산화에틸렌을 희석하며, 다른 가스 상태의 해로운 부산 물질은 연도를 통해 비워진다. 타이머는 퍼지 종료 시 배출 밸브를 닫게 한다. 냉각 도중 생산물이 아직 뜨겁고 품질이 저하되기 쉬운 상태에서 공기와 수분이 빨려 들어가는 것을 피하기 위하여 반응기는 질소로 재가압된다. 내용물들이 충분히 냉각되면 생산물 이송 밸브 HV-18이 열리고 순환 밸브 HV-14는 닫혀서 생산물은 저장조에 펌핑된다. 질소 흐름이 밸브 HV-12의 닫힘에 의해 멈출 때 교반기 역시 멈춘다. 중량 지시기(WI-1)가 반응솥의 무게를 0으로 가리키면 펌프가 멈추고 회분 공정이 완수된다. 이후 다음 회분 공정을 시작하거나 반응기를 씻어내어 다른 유형의 제품 생산을 위한 준비를 할 수 있다.

3. 연속식 공정

(1) 특징

① 연속식 공정에서 제품은 긴급 수리나 정기적인 정비를 위한 조업 정지를 제외하고는 중단없이 매일 계속해서 생산된다.

② 원료 물질은 일정한 속도로 공급되어 마지막 조작을 마친 다음 제품으로 출하될 때까지 여러 연속적인 장비를 통한 많은 수의 변환 조작을 통해 진행된다.

③ 원료 물질은 중간 또는 최종 저장 탱크를 제외하고는 어떠한 공정 단위 내에서도 정지한 상태로 남겨지는 경우가 없다.

④ 각각의 장비들은 한 가지 작업만을 위해 전용되며, 각 장비는 연속적으로 동일한 상태의 동일한 원료 물질을 공급받으며, 동일한 상태에서 동일하게 변환된 물질을 배출한다.

⑤ 각각의 단위 공정은 최대 조업 용량을 위해 설계되고, 모든 조업 변수는 하나 또는 소수의 운전 조건에 맞추어 디자인된다.

⑥ 공정상 어느 부분에서의 일시적인 문제점 또는 적은 시장 수요량에 맞추기 위해 생산용량의 감소가 필요한 경우를 제외하고는 조업 시에 아주 적은 변동만이 기대된다.

(2) 제어 유형

① 제어기는 공정 조업이 지속적으로 이루어지도록 가능한 한 공정 이상이나 피크 현상이 거의 발생하지 않도록 해야 한다.

② 대다수의 제어 루프는 압력, 흐름, 온도, 조성 그리고 일정 수위를 유지하는 것에 그 목적이 있으며, 시간적 조절이나 공정 단계의 배열 조작을 요하는 조업은 거의 없다.

③ 컴퓨터와의 연결을 통해 계속적인 공장의 최적화 실행을 가능하게 하며 다양한 원료조건에서도 생산 최대화를 가능하게 해주는 분산제어계(DCS)가 대규모의 연속식 공장에서 많이 사용되고 있다.

4. 반연속식 공정

(1) 특징

① 회분과 연속 공정 모두의 특징을 공유하고 있으며 연속적인 제어기, 타이머 그리고 프로그램된 제어기와 같이 두 경우에 특별히 쓰이는 계장 모두를 필요로 한다.

② 작업 특성상 반연속적이면서 주기적 반복적 조업이 필요한 공정 유형에 적용(기체의 정화, 액체의 필터링 또는 원심 분리, 공기 건조, 수분 처리)

　　예 액체 흐름으로부터 부유해 있는 입자들이나 계장용 공기로부터 습기 또는 고압 보일러 용수에 용해되어 있는 화학적 이온의 분리. 분리된 성분이 그것이 가득 차거나 혹은 이것이 안으로 유입되는 흐름의 처리나 유입에 방해 작용을 일으킬 때까지 공정 내에서 축적되므로 주기적으로 공정은 멈추고, 각 단위 공정은 축적된 원치 않는 성분이 제거되거나 아니면 화학적으로 재생된 처리제를 사용함으로써 정화된다. 그러고 나서 공정은 반복된다. 단위 공정이 아직 오염물질 또는 폐기물로 포화되지 않은 동안 이 공정은 연속공정으로 이루어진다.

③ 반연속공정은 운전자에 의한 수동적인 간섭, 자동화된 퍼지 또는 재생 과정의 결합을 필요로 한다.

5. 공정 설계

(1) 공정 개발

① 공정 개발은 아이디어, 시장성, 또는 다른 공정에서 부산물의 처분 필요성에서 시작되며, 공정 설계는 원하는 제품에 대한 정보, 즉 제품 성상, 알려진 합성법, 제품 관련 특허, 생산 방법 등을 수집하기 위한 문헌조사로부터 시작된다.

② 이러한 정보를 바탕으로 원하는 목적에 이르기 위한 여러 가지 가능한 루트를 시험하기 위하여 실험이 수행되고, 올바른 사양을 낼 수 있는 화학이론이 정립되면, 상업적 규모의 생산을 위한 상용 공정개발단계로 넘어가게 된다.

③ 상용공정개발의 첫 번째 단계는 실험실 규모의 공정 개발이며, 다음은 파일럿 규모의 공정(공장)이다.

④ 파일럿 공정은 산업체 규모의 최종적인 공정에 앞서 그것을 작은 규모로 복사한 것으로서 이 공정이 필요한 이유는 다음과 같다.
- 단위 조작의 경로를 설정하기 위하여
- 실제 규모의 공정 설계를 위한 조업과 기술 데이터를 얻기 위하여
- 공정 내의 문제나 위험 요소를 없애기 위하여
- 실제 규모의 공정을 최적화하기 위하여
- 부산물을 확인하고 그들을 처분하거나 다른 의미로 쓰일 수 있도록 하기 위하여

⑤ 새로운 공정은 요구되는 물리적·화학적 조작을 실행하는 새로운 방법의 개발과 동시에 공정단계의 혁신에 의해 고안될 수도 있다. 이것은 또한 다수의 이미 알려진 공정 단계를 조합함으로써 적은 연구와 개발로도 같은 결과를 이룰 수 있다.

⑥ 공정이 파일럿 실험을 통하여 확인되면, 상용 규모 공장의 경쟁력을 정립하기 위하여 시장조사와 큰 규모에 대한 경제성 연구가 행해진다. 만일 경쟁력이 있는 것으로 판명되면 세부 설계가 진행되고, 공정의 건설과 시운전이 뒤따르게 된다.

(2) 공정개발 수행을 위한 역할

① 여러 관련 분야의 기술자들이 상용 규모 공장을 개념화하고, 설계하고, 건설하기 위해 모인다.

② 공정기술자 또는 화공기술자 : 새로운 화학공장의 설계과정에서 첫번째 작업으로서 최종 제품을 생산해내기 위해 필요한 조업의 경로를 규정해 준다. 공정에서의 단위 장치와 처리순서가 결정되어야 비로소 상세 엔지니어링이 시작될 수 있다. 공정 조업 조건과 장비의 크기를 결정하기 위한 물질 및 에너지 수지를 수립한다. 물질 및 에너지 수지는 판매될 수 있는 제품으로 전환하거나 아니면 제거해야 하는 모든 부산물의 양뿐만 아니라 원료 물질의 수량, 스팀, 용수, 연료 그리고 공장 조업에 필요한 유틸리티의 양을 모두 포함한다. 이 수지식들은 또한 장비와 저장 탱크의 설계에서 첨가되어야 하는 안전수준의 한계를 지시하게 될 최대 흐름량과 이상 상태들을 평가하는 데에도 사용된다. 배관 내에서 다양한 물체의 흐름뿐만 아니라 공정을 이루는 배관 및 장비에 대한 정보가 공정 흐름도에 나타나며 장비 내에서의 물리적 매개 변수를 기술하는 정보는 장비 목록에 나타난다. 공정 운전의 시동 및 정지, 공정의 정상적인 운전절차를 수립하고 다양한 제어 루프와 경보 등의 계장과 공정제어작업에 관여한다. 공정 경로와 위험 요소에 대해 잘 이해하고 이를 바탕으로 주요 장비와 배관, 보조 장비, 서비스 연결관, 하수도의 범람 등을 모두 보여주는 P&ID(배관계장도) 도면을 작성한다.

③ 토목 기술자 : 공장 부지를 물색하고 부지 위에 건설이 가능하도록 준비하며, 지하 라인, 용수와 연료 라인 서비스와 빗물과 공정 하수 라인 등을 설치한다. 구조물 기초를 준비하고 공정 장치와 제어실, 사무실, 창고, 정비 장소 및 다른 건물을 수용할 건축물을 설계한다.

④ 기계 기술자 : 공정 기술자와 함께 설계와 장비의 규격과 배치를 완결한다. 물리적 공정 단위를 설계하여 공급업체나 제조업체에 주문하며, 최적 출하를 위한 배치를 한다. 또한 배관에 미치는 압력을 분석하고, 모든 이송장비와 물질처리장치를 설계한다.

⑤ 전기 기술자 : 전력을 공급할 전기 분국을 설계하고 필요한 모든 전기 모터와 스위치 장치를 설정하고 구입한다. 또한 전력을 요하는 장비에 전선을 연결하고 제어 센터를 디자인한다.

⑥ 계장 및 제어 기술자 : 공정 기술자와 협력하여 제어 루프를 설계하고 희망하는 제어 기능을 가장 적절하게 실행할 수 있는 하드웨어와 소프트웨어를 선택한다. 최적의 제어 전략을 고안하기 위한 장치의 세부 사항과 공정의 배치를 제안한다. 공정을 운용하게 될 PLC(프로그램 가능논리제어기) 또는 DCS(분산제어계)를 프로그램한다. 공장이 완공되거나 그 일부가 준비되면 제어기를 조율하고 센서 눈금을 맞추며 PLC와 DCS의 논리를 시험하고 제어계의 확실성을 검증하기 위해 필요한 모든 작업을 수행한다.

6. 물질 및 에너지 수지

물질 및 에너지 수지는 공정 기술자에게 가장 중요한 계산으로서 공정에 포함된 모든 장비의 크기와 규모 및 간접적으로는 모든 구조물의 크기를 정하는 기본이 된다.

(1) 정상 상태 및 비정상 상태 수지

① 모든 수지의 기본은 다음과 같이 정의되는 일반화된 물질 및 에너지 보존 법칙이다.

② 시스템 내의 축적량 = 시스템 경계를 통한 유입

　　　　　　　　　　　－시스템 경계를 통한 유출

　　　　　　　　　　　＋시스템 내에서의 생성

　　　　　　　　　　　－시스템 내에서의 소모

만일 시스템 내에서의 생성량과 소모량이 없고 정상상태를 가정하면, 이 식은 유입＝유출로 단순화된다.

③ 물질의 축적이 없는 시스템에서는 모든 구성 요소와 단위에 대한 수지식의 해는 공정의 정상상태에서의 공정 단위와 배관 라인의 크기를 결정하는 데 이용된다.

④ 정상 상태의 물질 및 에너지 수지 계산은 매우 복잡하여 대개는 상용 공정모사 컴퓨터 프로그램들을 사용하여 수행되며 이들 프로그램은 대부분의 전형적인 단위 조작을 모사하는 서브루틴과 많은 화학성분들의 물리적·화학적 열역학적 특성값을 저장하는 데이터베이스를 가지고 있다. 또한 정해진 타임 스팬에서의 공정의 동특성을 모사하며, 공정의 거동을 제어하기 위한 모든 유형의 계장 모델을 포함하기도 한다. 계산된 수지식의 결과에 기준하여 자동적으로 장비와 배관 라인의 크기를 결정할 수 있게 해 준다.

(2) 반응속도론

① 반응속도나 범위는 온도에 의존하기 때문에 반응이 용기 내에서 일어날 때, 만일 열이 생성되거나 흡수되면 그 반응 양론은 좀 더 복잡해진다.

② 단위장치의 온도와 같은 정보도 처음에는 알 수 없기 때문에 이 경우 역시 반복 계산이 필요하다.

(3) 기－액 평형(VLE) 계산

① VLE(Vapor－Liquid Equilibrium) 계산은 서로 다른 물리적 상태, 또는 상(相), 그리고 임의의 시간 동안 접촉 하에 있는 흐름 간의 물질 및 에너지의 이동이 가능할 때 일어난다. 이것은 증류, 응축물 탈거, 침출 또는 세척과 같은 공정에서 일어난다. 기체상태에서는 구성 성분이 뚜렷한 구분 없이 자유롭게 섞이고 혼합된다. 그러나 고체나 액체 상태에서는 각각 다른 조성을 가진 한 가지 이상의 상이 동시에 같이 존재할 수 있다. 물과 기름의 혼합물과 같이 두 개의 혼합되지 않는 상들로 분리되거나 같은 고체 덩어리에서 존재할 수 있는 동일 금속의 다른 결정 형태가 그 예다.

② 다상(多相)의 시스템에서는 한 상의 모든 성분이 다른 상 또는 상에서 해당 성분과 평형 상태에 이를 때까지 다양한 상 사이에 구성 성분의 교환이 일어난다. 평형 조건은 복잡한 열역학 규칙에 의해 정해지고 이들은 온도에 매우 의존적이다.

(4) 화학 소모량 수지

① 원료 물질과 공급 화학물질의 저장 필요량을 설정하고, 공장을 가동하는 데 드는 운전 비용을 조사하는 데 사용된다.

② 공정 기술자와 계장 기술자에게 가장 중요한 사항은 원료 물질 저장조의 형태와 크기, 그리고 저장 조건이며 그 규격은 공장의 편리한 운영 수준뿐만 아니라 발주방법 및 스케줄과 반드시 관련되어 있기 때문에 공장 내의 실제 공정 장비에 대한 사양과는 다르다.

(5) 용수 및 스팀 수지

공장 내 공정의 여러 부분에서 다량의 용수와 스팀이 소비되기 때문에 물 및 스팀 수지는 그 사용처를 확인하고 그들의 소비를 제어하려고 할 때 매우 중요한 역할을 한다.

(6) 유출물 수지

배출물이 환경 규정치에 부합하도록 그 정도를 설정하기 위하여 공장 배출물의 조성과 원료를 정량화하고 확인할 수 있게 한다. 또한 pH 제어와 같은 처리 시스템과 1차(부유 고체의 제거) 및 2차(유출물 산소 첨가) 처리 공정을 설계하는 데 사용된다.

(7) pH 계산

용액 내에 있는 수소 이온의 농도에 대한 대수적 계산으로 생산물 흐름의 pH를 측정하거나 중화 흐름 유량을 조정함으로써 산성 또는 염기성 흐름의 중화를 제어한다.

7. 공정 설계 관련 문서

• 공정 연구와 설계 업무를 통하여 공정 설계를 정립하고 그 정보를 전달하기 위해서 다수의 문서가 개발되어야 하며 프로젝트 진행에 따라 갱신된다.

• 서술, 도표 또는 목록과 같은 텍스트 문서의 형태와 도식 또는 도안 형태의 그림으로 분류된다.

(1) 텍스트 문서

의뢰인에게 프로젝트의 범위를 설명할 때, 기술담당부서 간의 정보를 교환할 때, 공정 운전자들을 훈련시키는 데 사용되며 다음과 같은 전형적인 자료를 포함한다.

1) 설계 사양

의뢰인에 의해 주문되는 공정운전 조건 사양은 생산속도, 제품의 세부 특성과 재질, 이용 가능한 용수와 스팀의 질, 지켜야 할 환경 규정, 원료 물질의 특성값 그리고 의뢰인이 물질 및 에너지 수지에서 독자적으로 정의하고자 할 수지와 공정 설계에 영향을 미치는 그 밖의 매개 변수들을 규정하는 데 사용된다.

2) 설계 기준

장치의 규격을 정하기 위하여 기계 기술자에 의해 사용되거나 구입될 장치의 운전 조건을 공급자에게 세부적으로 주문하기 위하여 모든 주요한 장치에서의 물질 및 에너지 수지의 결과를 표로 산출하여 나타낸 것 실제적 유량, 여러 가지 원료와 생산물의 장치 주위 온도와 압력, 체류 시간 또는 운전 압력 그리고 원료 물질의 소모 속도, 부산물의 생성 속도와 같은 중요한 공정 특징을 도표화한 것이다.

3) 장치 목록

공장 건설을 위해 구입되는 모든 각 부분의 독립적인 장치를 포함장치 번호와 공급자, 규모, 마력, 용량과 같은 몇몇 규격 정보를 게재하며, 공장으로 배송된 장치에 번호를 부여하거나, 여분의 부품을 주문하기 위하여 그리고 정비 기록의 준비를 돕기 위하여 사용된다.

4) 배관 목록

현장에서 사용되는 모든 배관을 기록하며 모든 배관 라인의 가지에 번호를 할당한다. 모든 배관의 시작점, 연결점, 종결점, 그것의 길이, 지름, 재질, 두께, 최대 운전 유량, 온도, 압력, 단열 유무 및 종류 등을 보여 준다. P&ID와 병행하여 개발되며 공장의 각 지역에서 개개의 계약자에 의해서 설치될 배관을 결정하고 재질을 주문하는 데 사용된다.

5) 계장 목록

배관 목록 개념과 거의 비슷하며 제어루프 선도와 함께 병행하여 준비된다. 공정의 모든 제어루프를 수록하고 있으며, 루프에 번호를 부여한다. 계장의 기능, 구성 요소, 공급자, 특성, 크기 등이 수록되어 있다.

6) 공정 조업 지침서

공정과 공장을 시운전하고 정상적인 조업 조건에서 운전하며, 정상 및 긴급 상황에서 가동 정지를 위하여 따라야 하는 일련의 단계들을 정리해 놓은 것이다.

(2) 그래픽 문서

그래픽 형태의 문서는 다음의 문서 종류를 포함한다.

1) 블록 선도

공정 내의 주요 공정 단계를 표현한 것으로 일반적으로 단위 조작 또는 공정 부분을 나타내는 일련의 사각형 블록을 사용해서 이루어진다. 의뢰인과 설계를 수행하는 엔지니어링 회사가 공정의 주요 단계를 의논하고 합의하는 단계에서의 첫 번째 문서. 새로운 장비와 기존의 장비를 서로 차별화시키고 부서 간의 주요 흐름을 나타낸다.

2) 공정 흐름도

블록선도의 좀 더 정교한 형태로서 각 단위는 장비의 실제적인 모양에 좀 더 가깝도록 나타내는 기호에 의해 그림처럼 보이도록 한 것이다. 모든 주요 장비들이 예시되고, 주요 라인과 흐름이 표시된다. 운전 모드의 명확성을 돕기 위하여 주요 제어기는 나타내지만 시동과 중지 그리고 그리 중요하지 않은 제어를 위해 사용된 계장은 보통 생략된다. 흐름도를 준비하기 위해서는 물질 및 에너지 수지가 반드시 계산되어야 한다. 흐름도는 공정 단계의 세부 사항이 구체화되고 수지가 계산되는 프로젝트의 처음 몇 달에 걸쳐 준비된다. 공정 흐름도에는 타당성 평가 연구를 완수하기 위한 충분한 정보가 포함된다. 그러나 일단 건설 작업을 위한 세부 설계가 시작되고 나면 그 용도는 끝나게 된다. 이들은 배관과 계장 규율을 보조하는 데는 너무 원시적인 것이므로 곧 P&ID에 의해 대체되거나 개선된다.

3) 배관(공정) 계장도(P&ID)

궁극적인 공정 설계 도면으로서 초기 흐름도를 확장함으로써 공정 기술자에 의해 제안되며 배관 설계자, 기계 기술자, 계장 전문가들과 함께 진행된다. 공정 내의 모든 장비들을 숙지하고 있어야 하는 구조 설계자에 의해 사용되기도 한다. 교반기나 모든 모터를 포함하여 중요하거나 부수적인 공정 내 모든 장치를 보여 준다. 각 단위장치는 장비 번호, 간단한 기술 그리고 용량에 대한 약간의 설명으로 구별된다. 각 단위장치를 연결하거나 주요 유틸리티 헤더를 단위장치에 연결해 주는 모든 배관 라인을 보여 주며, 조절변 주위의 우회관, 탱크의 배수관과 오버플로관 등을 포함한다. 리듀서와 피팅의 적절한 크기와 위치 그리고 라인 지름의 변화를 지시하기 위하여 다른 라인으로부터 갈라져 나온 라인이 정확하게 표시된다. 모든 배관은 지름, 재질, 전송 유체, 단열 및 열선 보온 여부 등을 표시해 주는 배관 인식표, 특정 라인 번호가 할당된다. 측정 요소, 전송기, 공압/전자 신호 변환기, 제어 기능과 제어기의 위치, 조절변 또는 제어 요소, 그리고 구동기와 구동기로의 공기 공급 라인을 포함하며 공정 설계상의 모든 수동 밸브뿐만 아니라 제어 루프를 표시하는 데 사용된다.

4) 서비스 선도

P&ID의 특별한 유형으로서 공장 내의 서비스의 배분을 보여 준다. 모든 펌프와 교반기로의 밀봉수(Seal Water)와 모든 단위 가열기로의 증기 등이 서비스의 예이다.

5) 논리도

불리언 표기법이나 다른 표기법을 사용하여 공정을 운전하거나 회분 시스템이 진행되는 데 필요한 모든 단계를 보여 주기 위해서 공정 및 계장 또는 제어 전문가에 의해서 준비된다. 논리도는 결정 노드에 기준한 분기 단계, 다음 단계의 결정을 위한 신호 비교 등을 포함하며 컴퓨터 프로그래밍 흐름도와 유사하다. 이들은 일반적으로 공정 조업 절차가 개발되고 이들이 제어계 내로 코딩되고 있는 프로젝트 말기에 앞서서 준비된다.

6) 배관 정투상도

공장에서의 2인치 배관 이상의 모든 배관의 흐름 양태를 3차원 또는 평면상과 고도상의 관점에서 정확하게 보여 준다(각 관점에 따른 한 세트의 도안). 작은 지름을 가진 배관은 일반적으로 큰 지름 배관이 설치된 후에 설치되고 운영된다. 이 도면에서는 작은 지름의 배관은 한 가닥의 선으로, 큰 지름의 배관은 두 개의 평행선으로 나타낸다. 이 것은 또한 배관 노선에서 필요한 모든 배관 이음, 수동 및 조절변, 기존 라인 또는 장비에서의 모든 이음점과 연결점을 나타내 준다. 모든 배관은 명표에 의해 구별되며 명표를 사용하는 배관 목록에 기재된다. 다수준 공장의 경우, 배관의 복잡함과 건축물의 확산 정도에 의존해서 배관 노선 도면이 모든 수준에 대해 만들어진다. 장비 배치도는 개별 배관의 시작과 끝을 표시하기 위해서나 혹은 배관이 놓여야 되는 곳 주변의 장애물과 방해 요소를 확인하기 위해 사용된다.

7) 계장 위치 선도

계장 전문가와 배관 설계자가 함께 준비하게 되며 요소 기기 설치에 요망되는 직선 배관의 길이와 함께 바람직한 계장 설계를 위한 원리에 의해 부과된 많은 제약을 반영하기 위하여 감지기와 조절변을 어디에 설치할 것인지를 배관 계약자에게 알리기 위한 목적이다. 배관상에서 각 계장 요소의 정확한 위치를 지시하기 위한 배경으로서 배관 정투상도를 사용한다.

8) 루프 선도

계장 부서에 의해 제작된다. 단일 제어 루프를 완전하게 묘사하며 루프를 이루는 구성 요소, 이러한 요소 간의 배선 그리고 제어 시 따라야 하는 알고리즘의 도식을 보여 준다. 세부사항의 수준은 의뢰인 또는 회사 내부의 설계 기준에 따라 변할 수 있다.

2 공정제어 기본

1. 공정제어의 역할

(1) 공정은 가장 효율적이고 경제적인 방법으로 특정 순서에 따라 일련의 동작이 일어나는 것을 필요로 한다. 이상적인 공정에서 모든 운전 변수는 그 질(예 조성, 온도, 압력)과 양(유량, 속도)에 있어서 매끄럽게 운전되고 동질과 동량의 제품을 생산해야 하지만 실제 공정은 공급 흐름의 조성 또는 유량, 기후 조건 등 많은 종류의 이상 요인으로 인하여 상당한 시간 동안 정상상태로 운전되지 못하며 이 요인들은 최종 제품이 바람직한 성상에서 벗어나도록 하는 동적 변동상태가 되게 한다.

(2) 변동은 계단식으로 발생될 수 있으며(**예** 공정 내에 다른 성분의 원료 물질이 갑작스럽게 들어올 때) 또는 새로운 원료 물질이 이전의 원료 물질을 대체할 때까지 천천히 흘러든다면 경사식으로 일어날 수도 있다. 어떤 변동은 하루 또는 일년에 걸친 대기 온도와 같이 주기적 본질을 가지며 어떤 것은 일시적이거나 스파이크와 같이 단지 짧은 지속기간 동안 발생할 수도 있다. 그러나 그 특성, 형태, 혹은 발생에 있어서 무작위적인 변동들이 대다수이다.

(3) 이러한 변동을 극복하기 위하여 충분한 초과 생산 용량이 공정 설계에 감안되지만 그럼에도 불구하고, 만일 공정에 영향을 줄 수 있는 변수를 조작하지 않거나 외부 감독이 없이 운전되도록 내버려둔다면 공정은 바닥 상태로 끌어내려져 정지되거나 고장을 일으키게 된다.

(4) 공정제어는 다음과 같은 여러 이유로 현대의 산업 공정에서 필수적이다.

  ① 공장이 운전되는 동안에 사람의 실수를 줄이거나 제거함으로써 환경과 조업자에게 높은 수준의 안전을 제공하기 위하여

  ② 제품 가격의 상승을 유발하는 노동량과 노동 비용을 감소시키기 위하여

  ③ 에너지 소비를 최소화하기 위하여

  ④ 제품의 질과 그 일관성을 향상하기 위하여

  ⑤ 외란의 크기를 감소시키거나 제한함으로써 더 나은 제어를 가져다 줌으로써 공장의 크기와 중간 저장조 및 재고를 줄이기 위하여

  ⑥ 보다 엄격한 환경 규정에 부합되도록 공상 배출물을 보다 잘 제어하기 위하여

2. 자동 제어

① 자동 제어란 공정 변수의 값을 측정하고, 이미 설정된 설정점으로부터 이 변수의 편차를 제한하기 위해 작동하는 메커니즘이다.

② 자동 제어계는 공정 매개 변수를 수동적으로 감시하고 조절하는 지루하고 반복적인 작업으로부터 운전원을 해방시켜 주며 이를 통해 정비작업, 공장조업의 최적화, 장비의 조업 조건 등을 검사하는 데 보다 많은 시간을 투자할 수 있도록 한다.

③ 대다수의 공정은 외부의 외란에 대해 완전히 자유롭지도 못하며 또한 자기 조절(여러 양상으로 나타나는 공정의 불균형으로부터 공정 스스로 질량 혹은 에너지의 유입과 유출을 맞추어 새로운 정상상태로 찾아가는 고유 능력)이 되지도 않는다. 심지어 최상의 설계와 최신의 공정조차도 원하는 조업 조건을 무한정으로 유지할 수는 없다. 따라서 유입과 유출 사이의 물질 및 에너지 수지는 전부는 아니더라도 대부분의 운전상황에서 확실히 제어되고 있어야 한다.

④ 공정 제어의 주요한 기능은 원하는 범위 내에 공정 변수를 유지하기 위하여 물질 및 에너지의 유입과 유출의 관계를 조작하는 것이다.

(1) 대표적 공정 동특성 유형

공정을 제어하기 위해서는 제어가 적용되지 않을 때 제어 변수가 입력 변수의 변화에 대해서 보여 주는 반응의 유형에 대한 이해가 필수적이다.

1) 시간 지연 시스템

배관 라인과 같이 시간 이동 혹은 시간 지연을 가지고 입력 변수의 변동과 동일한 출력 변수의 변동을 보이는 동특성이다. 들어오는 변동의 영향을 완충시키는 커패시턴스도 저항을 가지고 있지 않다. 순수한 시간 지연을 보이는 시스템은 거의 없으며 대부분의 공정은 시간 지연이 있건 없건 물질 또는 에너지를 보유하는 얼마간의 용량을 가진다.

2) 1차 시스템

두 개의 매개 변수, 즉 시상수와 이득에 의해서 특성이 결정된다. 이들은 외란의 적용 즉시 최대 변화 속도의 응답을 보이며 시상수만큼 경과한 후에 최종 상태 변화의 63.2%에 이르게 된다.(아래 그림 참조)

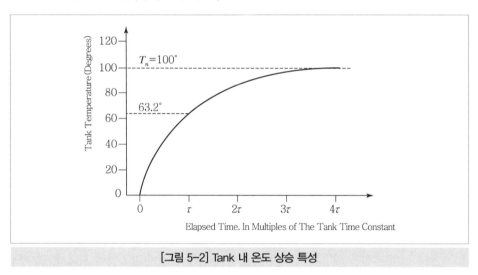

[그림 5-2] Tank 내 온도 상승 특성

3) 2차 시스템

2개의 1차 공정들이 연속되거나 피드백 제어기가 다른 시스템 요소들과 결합되어 만들어지며 다음 그림에서와 같이 감쇄특성에 따라 입력의 계단 변화에 대하여 과도감쇄 또는 과소감쇄적 응답곡선을 보이게 된다.

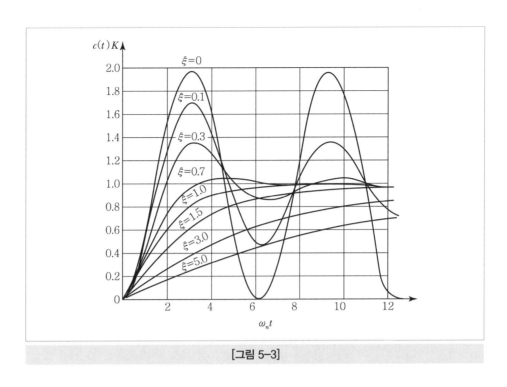

[그림 5-3]

4) 고차 시스템

여러 개의 1차 공정들이 연속되어 만들어지며 다음 그림에서와 같이 S자 모양의 응답 곡선을 보이게 된다.

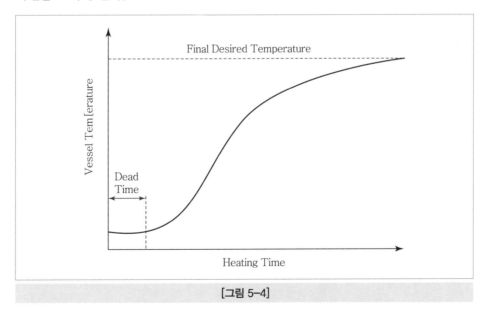

[그림 5-4]

3 전통적인 제어전략

1. 공정 제어 루프

① 공정 변수 측정값, 측정값의 전송, 설정점과 측정값의 비교, 다른 변수에 취해질 교정 동작에 관한 결정, 그리고 조절변을 통한 이 교정 동작의 실제 구현 등이 결합된 기능을 "제어 루프"라고 부른다.

② 아래 그림에서 온수 저장 탱크는 내부의 스팀 가열 코일에 의해 일정한 온도의 물을 내보낸다. 주입되는 스팀의 양은 입구와 출구 온도 간의 차이에 의존하며, 탱크 내에 삽입되어 있는 열전대는 스팀 공급 라인의 조절변 개폐를 조절함으로써 코일로의 스팀 유량을 증가 또는 감소시키는 제어장치로 가열된 물의 온도값을 보낸다.

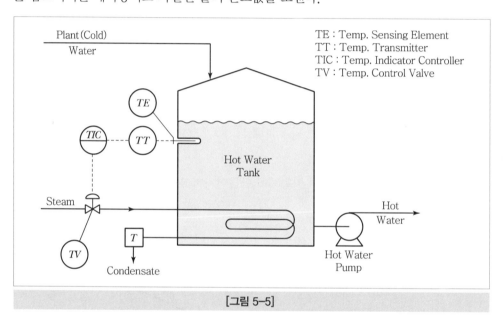

[그림 5-5]

2. 제어 루프의 도식적 표현

(1) 블록 선도

공정 제어 요소들을 묘사하는 데 있어서 계산상의 목적을 위해 편리한 도식적 표현으로 다양한 신호 사이의 수학적인 관계를 가시화하는 데 도움을 준다. 공장에서 제어 루프 개개의 도식적인 블록은 위에서 설명한 기능을 실행해 주는 실제의 물리적 하드웨어 또는 소프트웨어 요소이다.

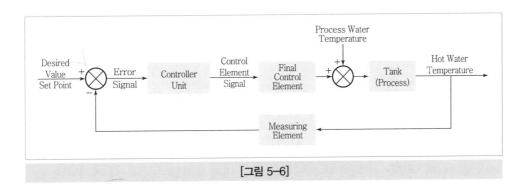

[그림 5-6]

3. 제어 요소

모든 제어 루프는 하나 또는 그 이상의 원하는 변수에 대한 제어 수치를 얻기 위하여 함께 작동하는 센서 또는 기본 요소, 전송 요소, 제어 요소, 최종 제어 요소 등 네 개의 기본적인 요소로 이루어진다.

(1) 센서

측정되는 특정물에서의 변화를 감지하는 기기로 예를 들면 열전대는 온도를 측정하는 전형적인 센서이며, 탱크 내의 액체 표면 위에 떠 있는 부표는 액위를 감지하는 요소이다. 또한 탱크 수위는 커패시턴스 액위 탐침기(Capacitance Level Probe) 또는 액체를 통과하는 기포를 발생시키는 공압식 튜브에 의해 측정될 수도 있다. 배관의 오리피스판은 흐름 센서이다. 센서는 측정값을 다른 기기로 보낼 수도 있고 그렇지 않을 수도 있다.

(2) 전송 요소

센서로부터 신호를 받아서 그것을 다른 유형의 신호로 변환 후, 제어실과 같이 멀리 떨어진 지역으로 전송한다. 부표에 연결된 로프, 커패시턴스 탐침기로부터의 전기적 신호 또는 구멍판에 대한 압력 강하 등이 전송 요소로 신호를 보내는데, 이 전송 요소는 측정된 특성값의 상대적인 변화 또는 어떤 값으로서 이 신호를 변환한다. 측정된 값은 전기적 신호로 바꾸고, 케이블을 통해 원하는 설정값과 그 신호를 비교하는 기기로 전송된다. 이 기기는 측정된 변수값을 원하는 값으로 다시 유지하기 위하여 측정 변수에 영향을 미치는 흐름에서의 필요한 변화를 추정하기 위한 몇 가지 산술적인 기능을 수행한다. 이 전송 요소는 계산된 변화를 적용시키기 위해 전기적 신호를 최종 제어 요소에 보낸다.

(3) 최종 제어 요소

조절 인자(예 조절변, 댐퍼, 펌프, 수송 벨트, 가변 속도 드라이브 등)가 되며, 그 위치는 입력되는 신호의 크기에 따라 바뀐다. 또한 정적 요소(예 리코더, 알람, 카운터, 계산 기구, 운전정지장치)일 수도 있다. 공정 제어 루프의 신호와 제어 기능은 이 최종 제어 요소에서 종결된다.

4. 피드포워드 제어와 피드백 제어

피드포워드 제어와 피드백 제어는 자동 제어 전략에서 사용되는 2가지 대표적 제어 전략이다.

(1) 피드포워드 제어

① 공정 입력의 변화를 측정하고 입력의 변화가 공정에 미칠 영향을 예상하여 그 변화를 상쇄할 다른 입력 변수에 수정 동작을 자동으로 취해 준다.

② 공정의 입력 변화가 자주 발생해서 피드백 제어기가 그것을 모두 대처하기 힘들거나 외란이 너무 커서 제어 변수가 허용 범위 내에 유지될 수 없을 때 제시된다.

③ 매우 강력하고 신속하지만 다음과 같은 단점이 있다.

- 제어되는 공정을 나타내는 모델과 제어 구도를 고안하는 데 사용되는 모델들이 정확해야 한다.
- 모든 계장이 완벽하게 보정되어야 한다.
- 피드포워드 루프에 의해 제어되는 것을 제외한 외란은 제어되지 않는다.
- 제어 신호를 나중에 다시 측정하고 수정할 방법이 없다.

④ 따라서 단독으로는 정확한 결과를 얻을 수 없으며 일반적으로 예상되지 않은 외란이나 계기 보정의 오차를 보상하기 위해 피드백 루프와 결합되어 사용된다.

⑤ 다음은 열교환기를 통해 흐르는 액체를 가열하기 위해 스팀을 사용하는 간단한 열교환기 공정에서의 피드포워드 제어기 적용 예이다. 스팀 유량은 액체 유입 유량과 온도를 측정하는 제어기에 의해 조작된다. 제어기는 교환기 주위의 정상 상태 에너지 수지로부터 스팀 유량을 계산한다.

$$W \times D \times C_P \times (T_{sp} - T_i) = F \times H$$

여기서, W : 액체 유량(리터/분)

D : 액체 밀도(kg/리터)

C_p : 액체의 열 용량(cal/℃/kg)

T_i : 액체 유입 온도(℃)

T_{sp} : 액체 설정점 온도(℃)

F : 스팀 유량(kg/hr)

H : 스팀에 의해 방출되는 열(cal/kg)

위의 식을 스팀 유량 F에 대해서 풀면

$$F = WDC_P \frac{(T_{sp} - T_i)}{H}$$

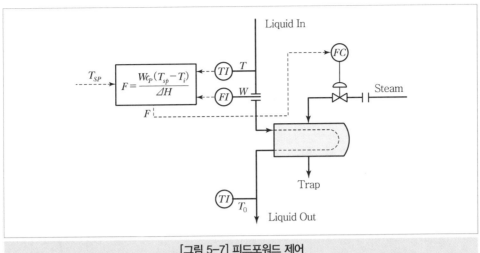

[그림 5-7] 피드포워드 제어

(2) 피드백 제어

① 출력 변수를 측정하고, 그 값을 미리 설정해 놓은 목푯값(설정점)과 비교해서 설정점에 이르도록 제어 입력 변수를 수정함으로써 원하는 공정 출력 조건이 달성될 수 있도록 제어되는 방식이다.

② 피드포워드 제어보다도 설정점에 도달하는 것에서는 더 우수하지만, 공정 커패시턴스 때문에 공정 입력의 변화에 대하여 일정 시간이 지난 후에야 공정 이상이 검출되고 이러한 출력 이상에 대해서만 반응하기 때문에 제어는 느리게 응답한다.

③ 취해진 교정 동작이 너무 크면 안정하지 못할 수 있으며 더 큰 크기의 출력 변수 진동을 반대방향으로 일으킬 수 있으므로 적절한 제어 모드를 선택하는 것이 필요하다.

5. 제어 모드

- 오차 신호의 존재, 크기, 방향 그리고 속도를 인식하고 오차를 수정하기 위해서 어느 정도의 양을 출력해야 하는지와 제어기 출력을 언제 변화시켜야 하는지 결정하도록 작동한다.
- 오차가 더 이상 없을 때 어떤 출력 신호가 될 것인지 결정한다.
- 분산 제어계(DCS)를 갖추고 있는 현대의 전자식 제어기들은 모든 제어 모드를 수행할 수 있으므로 각 제어기의 소프트웨어 구성에 의하여 적당한 제어 모드가 선택된다.
- 현대의 산업 제어기들은 개폐식(2위치) 제어, 비례 제어, 적분(재설정) 제어, 미분 제어 중의 하나 또는 몇 개의 조합으로 설계되며 비례 – 적분 혹은 비례 – 적분 – 미분 모드와 같은 특정 결합들이 산업에서 널리 적용된다.

(1) 개폐식 제어 또는 2위치 제어

① 가장 간단하면서도 값싼 폐루프 제어 모드이다.

② 측정 신호를 주어진 설정점과 비교하고, 하나의 미리 정해진 고정 위치에서부터 다른 하나의 미리 정해진 고정 위치로 최종 제어 요소를 움직인다.(예 탱크 가열기에서 스팀 라인상의 밸브와 같은 제어 요소 위치는 활짝 열리거나 완전히 닫힌다.)

③ 정확한 교정을 할 수 없으므로 안정하게 균형이 맞춰진 조건을 기대하기 어려우며 제어 응답은 항상 진동 양상을 보이게 된다.

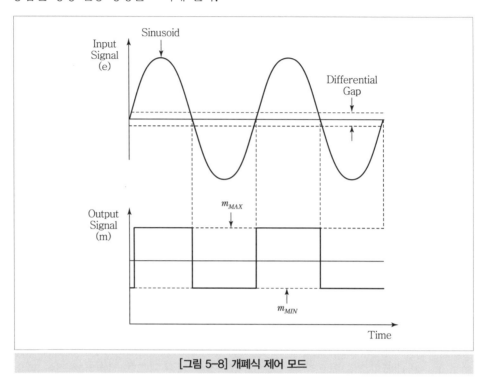

[그림 5-8] 개폐식 제어 모드

(2) 비례 제어 모드

① 가장 단순한 변조 제어 모드로서 제어기 출력(또는 교정 동작) 신호는 제어 변수의 측정 값과 원하는 설정점 사이의 편차에 어떤 상수를 곱한 것을 다른 상수값에 더한 것과 동일하다.

② 비례 제어 모드 식

$$출력 = K_c e + p_o$$

여기서, K_c : 비례 상수 또는 비례 이득
e : 설정점과 측정 변수값 사이의 오차
p_o : 설정점으로부터 편차가 없을 때의 제어기 출력

③ 제어 변수를 원하는 설정점으로 정확하게 유지하는 것이 매우 어려우며 특히 공정에 잦은 외란이 생기면 설정점으로의 유지는 거의 불가능하다.

④ 공정 변수 측정값과 설정점 사이에는 항상 차이가 존재하게 된다. 외부 근원에 의한 측정 변수의 변화가 생긴 후에 다른 조건이 일정하게 유지된다면 오차(오프셋)가 항상 존재하게 된다.

⑤ 오프셋은 비례 이득(K_c)을 증가시킴으로써 최소화될 수 있지만 높은 이득은 불안정 또는 진동을 야기할 수 있다.

(3) 적분 제어 모드

① 설정점과 관련한 측정 변수의 시간에 따른 누적 편차에 비례해서 제어기 출력이 결정된다. 편차가 양(＋)의 값을 가지는 한 제어기 출력은 증가하며 편차가 줄어들어 음(－)의 값을 가지게 되면 편차의 시간 적분값이 줄어들고 제어기 출력은 감소하게 된다.

② 제어기 출력식

$$출력 = K \int e dt$$

③ 적분(혹은 재설정) 동작은 혼자서 오차를 제거할 수 있지만 오차를 평균해서 없애기 위하여 오랜 시간의 적분 동작에 의존하기 때문에 아주 느리다.

④ 큰 커패시턴스는 공정의 동작을 너무 느리게 하므로, 적분 동작은 보통 주요 입력에서의 큰 변화에 빠르게 응답하는 작은 커패시턴스의 공정으로 제한된다.

(4) 미분 제어 모드

① 설정점으로부터의 편차 변화 속도에 비례하는 제어기의 출력 제공

② 제어기 출력식

$$출력 = K \frac{de}{dt}$$

③ 설정점($de/dt = 0$)으로부터의 일정한 편차를 인식하지 못하고 제어 변수에서의 갑작스러운 변화가 제어기에 "무한한" 신호를 보내어 조절변을 완전히 열거나 닫게 하기 때문에 그 자체만으로는 공정을 제어할 수 없다.

④ 오차가 작은 동안에는 빠르게 변화하는 오차 신호에 많은 양의 수정을 줄 수 있는, 긴 지연 또는 높은 커패시턴스를 가지는 시스템에 적용된다.

6. 조합된 제어 모드의 비교

비례 모드가 경우에 따라 혼자서 사용되는 것을 제외하고는 각 모드는 조합 시에 더욱 유용한 특성을 가지게 되므로 분리되어 단독으로 사용되지 않는다.

(1) 비례(P) 제어

① 가장 기본적인 제어 응답 모드로서 설정점 변화에 대해 가장 빠른 응답 시간을 가지고 공정 이상 상황에 대해 즉각적으로 응답한다.

② 작은 커패시턴스를 가지고 있거나 부하 변화가 작을 때, 혹은 닫힌 제어나 오프셋이 중요하지 않은 시스템에만 적당하다.

(2) 비례 – 적분(PI) 제어

① 적분 동작은 공정 이상에 대한 느린 응답 때문에 혼자서는 거의 사용되지 않으며 일반적으로 순간적인 응답이 매우 빠른 비례 동작과 결합되어 사용된다.

② 제어기 출력은 다음 식으로 얻을 수 있다.

$$출력 = K_1 e + K_2 \int e\, dt + p_0$$

③ PI 제어기 동작에서의 각 동작의 영향은 아래 그림과 같다. 비례 제어 모드와 적분 동작의 결합 효과는 공정 이상이 발생할 때, 아직 편차에 대한 시간 적분이 없으므로 비례 모드가 제어기 출력을 변화시키기 위하여 즉시 반응하고 이후 적분동작에 의하여 오프셋이 제거된다.

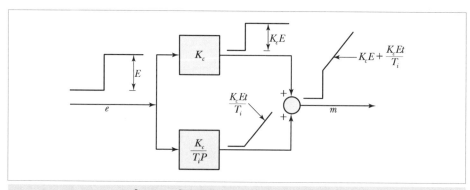

[그림 5-9] PI 제어기 동작에서 각 동작의 영향

(3) 비례 – 미분(PD) 제어

① 미분동작은 폐루프의 응답 속도를 증가시킨다. 다용량 시스템과 같은 제어하기 어려운 공정에서, 비례 모드에 미분 동작을 첨가한 것에 재설정을 더한 것이 자주 사용되며 속도와 공정 응답의 안정성을 모두 향상하며, 특히 느린 응답을 보이는 시스템에서 탁월하다.

② 난류 시스템과 같이 잡음에 민감한 시스템에 대해서는 미분 동작이 오차 신호의 잡음을 증폭시키고 안정성을 저해하기 때문에 바람직하지 못하다. 재설정 동작이 없어 오프셋이 제거되지 않는다.

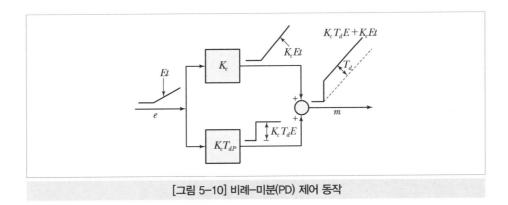

[그림 5-10] 비례–미분(PD) 제어 동작

(4) 비례 – 적분 – 미분(PID) 제어

① 동시에 모든 PID 모드를 결합함으로써 만들어진다.

② 제어기 출력은 다음 식을 통해 얻을 수 있다.

$$P = K_1 e + K_2 \int e\,dt + K_3 \frac{d}{dt} e + p_o$$

여기서, K_1, K_2, K_3와 p_o : 시스템 의존 상수, e : 오차

③ 많은 수의 매개 변수를 정확하게 설정(혹은 조율)해야 하기 때문에 공정에 적용하기가 가장 복잡하다.

④ 큰 공정 시상수, 큰 부하 변화 및 빠른 부하 변화(유량 제어는 제외)에 대해서 추천된다.

| 표 5-1 |

Control Modes \ Input	Step	Pulse	Ramp	Sinusoid
P				
I			$m = Kt^2$	
D				
M			$m = (Kt + K)t$	
PD				
MD				

아래 그림은 설정점 변화와 외란 유입에 대하여 제어되지 않은 상태, 비례 제어기를 사용한 경우, 적분 제어기를 사용한 경우, 그리고 비례 – 적분 제어기를 사용한 경우에서 자유 입력 변수의 변화에 대한 출력 변수의 응답을 비교하고 있다.

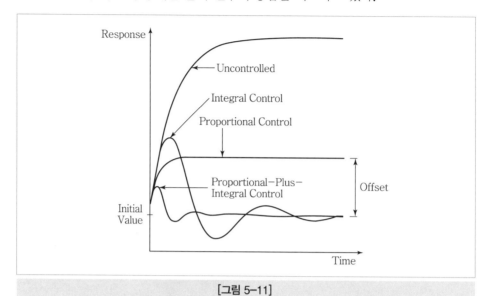

[그림 5-11]

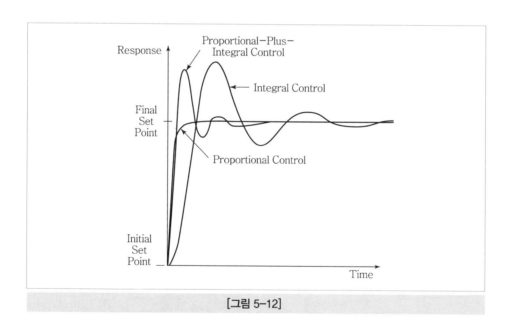

[그림 5-12]

7. 공정제어에 널리 사용되는 다른 제어기법

(1) 다단(Cascade) 제어

① 단순한 피드백 제어 루프에서는 공정 출력 변수(반응기의 온도 등)가 측정되면 외부 입력 변수(가열된 유체의 흐름 등)가 공정 출력 변수를 정상적으로 유지하기 위해 제어되었다. 만약 다음의 그림에서 보인 제어계에서 유체가 스팀이고 스팀의 유입 압력이 제어되지 않는 상태로 변한다면, 스팀 유속에 따라 변하는 온도 측정값을 사용하는 제어루프는 온도를 적절히 제어하지 못할 것이다. 유입 스팀의 열용량은 그 압력, 온도에 따라 변하고 질량 또한 변하기 때문이다.

② 보다 신뢰성 높은 온도 제어를 위한 구도는 스팀의 유량을 제어하도록 2차 또는 다단 제어기에 대한 신호로서 온도 측정값과 설정점 사이의 차이를 사용하는 것이다. 그렇게 함으로써 스팀 압력이 변한다면 유량 제어기는 자동적으로 이 변동을 보상하고, 더욱 정확한 제어를 하게 된다.

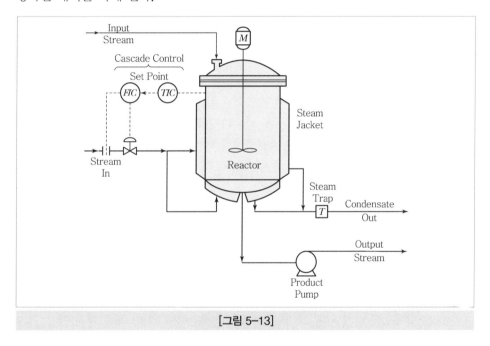

[그림 5-13]

(2) 비율 제어

① 두 변수의 상대 비율을 일정하게 유지해야 할 때(예 연소실에 유입되는 공기와 연료의 비, 반응기로 들어가는 두 반응물의 비) 사용한다.

② 양쪽 유량이 독립적으로 제어된다면 양 유량의 일정 비율을 유지하기 위해 운전원이 유량 설정점을 수동으로 자주 바꿔야하는 문제가 발생한다. 양쪽 흐름의 유량을 측정해서 독립적인 흐름의 측정값을 두 번째 제어기에 보내며 두 번째 제어기에서는 측정값을 일정 비율로 곱해서 설정점으로 사용함으로써 양 흐름의 변수는 동시에 변하게 되고 비율은 항상 유지된다.

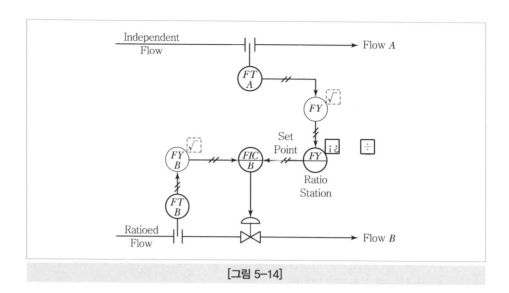

[그림 5-14]

(3) 우선 제어(Override Control)

① 운전을 안전하게 하고 장치를 보호하기 위하여 취할 수 있는 변수 값의 제한이 필요할 때 적용한다.

② 만약 변수가 그 시스템의 주 제어 변수의 함수라면 이 두 변수는 우선 제어계 안에서 연동되게 함으로써 주 변수는 부 변수가 안전 한도를 넘지 않는 한 제어를 계속하게 되며 안전 한도점에서는 부 변수가 제어를 넘겨받게 되는 제어이다.

(4) 분할 제어(Split – range Control)

① 한 제어기에서 두 개 내지 세 개의 조절변을 조정하는 시스템이다.

② 제어 변수가 설정점을 초과하거나 그 아래로 떨어질 때 서로 다른 행동을 취하는 공정에 적용한다.

③ 제어기에서 신호가 양쪽 밸브에 동시에 보내져야 한다. 두 밸브 중 하나는 오차가 양(+)의 방향으로 클 때 열리고 오차가 0이 되거나 제어 변수가 설정점에 있을 때 완전히 닫히도록 배치된다. 그 밸브는 오차가 음(−)이 될 때 계속 닫혀 있다. 두번째 밸브는 오차가 양이면 닫히고 그 신호가 0이거나 음이면 열린다. 때로는 한 밸브가 다른 밸브가 열리는 사이에 불감대를 주거나 또는 두 밸브의 행동을 겹치도록 하거나 정의된 오차 신호 범위 안에서 각각 작동하는 서로 다른 세 밸브가 필요할 수도 있다. 중간점 이외의 지점에서 각 밸브를 독립적으로 완전 개방 또는 폐쇄하도록 제어기 신호를 설정하는 것이 필요할 경우도 있다.

④ 질소 충전 압력 반응기의 반응기 압력제어를 위한 분할제어기 예(다음 그림 참조) : 설정점은 예상 압력의 중간에 놓인다. 이 설정점에서 양 밸브는 닫혀 있다. 만약 압력이 설정점 아래로 떨어지면 고압 탱크(밸브 A)로부터 질소의 유입을 조절하는 밸브가 질소를 유입하여 압력을 증가시키기 위해 열린다. 반면 감압 밸브는 닫힌 채로 있다. 반응

기의 온도가 상승하거나 원료의 유입 때문에 설정점 이상으로 압력이 올라간다면 감압 밸브 B가 대기 중에 열리고, 압력이 설정점으로 돌아올 때까지 과량의 질소를 밖으로 내보낸다. 반면에 질소 공급 밸브 A는 닫힌 채로 있다.

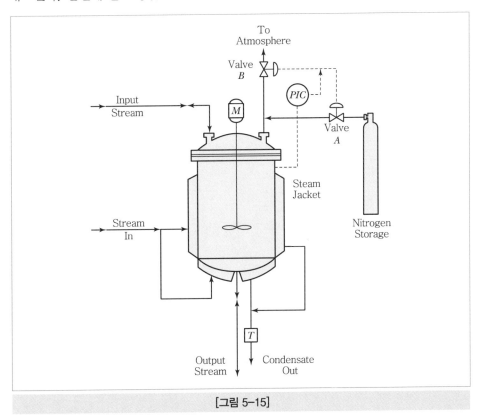

[그림 5-15]

(5) 시간 – 주기 제어와 프로그램 제어

① 주기성이 있는 반회분 공정에 적용된다.(예 공기 건조 시스템, 분자체, 습기 제거 시스템, 수처리 공장 등)

② 반복적으로 작동하는 제어 장치와 온 – 오프 밸브를 동작하게 하는 전기식 또는 공압식 회로를 포함한다.

③ 수 탈염 시스템(Water Demineralization System)

예 공정에서 탈염기의 정상 상태 운전은 탈염장치 내 레진이 포화되어 재생해야 할 때까지 각 기기에 물의 공급을 제어하는 일반적인 제어계에 의해 유지된다. 이 포화점은 탈염수의 전도도나 미리 맞춰진 타이머에 의해 알 수 있다. 탈염 공정은 물 유입을 멈춤으로써 정지되며 재생 공정이 시작된다. 재생 공정에서는 다른 밸브관을 통해 재생제가 유입되고, 다른 제어계에 의해 제어된다. 재생 공정이 완료되면 탈염 공정이 다시 시작된다. 제어 방식 안에서 시간과 물성에 따른 주기적 운전을 하기 위해 특별한 제어 순서가 PLC에 프로그램된다.

(6) 추론 제어

① 추론 제어 기법은 제어 변수의 직접적인 측정이 어려운 경우에 유용하다. 이것은 어떤
변수의 값을 추정해 주는 공정 측정값에 대한 공정 모델을 사용한다. 예상 변수값이 설
정점에 도달하면 운전이 정지된다.

② 펄프 처리 공정

섬유질에서 리그닌을 분리하는 정도를 나타내는 펄프 카파 수(Kappa Number)를 처
리기 온도와 시간 곡선 아래의 영역으로부터 추정한다. 추정값이 원하는 최종값과 일
치하면 처리기는 비워진다. 예측 제어는 때때로 적응 제어와 결합되며 공정이 끝난 후
의 실제 변수 측정값과 예측값 사이의 차이가 공정 모델을 향상시키기 위해 사용된다.

PLANTENGINEER
참·고·문·헌

1. 사)한국발전교육원에서 간행한 발전일반, 화력발전실무, 건설기계실무 등 교재
2. 발전회사 발간자료 등
3. American Concrete Institute(ACI)
4. 콘크리트 구조설계기준, 한국콘크리트학회
5. 건축물하중기준 및 해설, 건설교통부
6. Uniform Building Code(UBC)
7. International Building Code(IBC)
8. Korean Building Code(KBC)
9. American Society of Civil Engineers(ASCE)
10. American Institute of Steel Construction(AISC)
11. AISC Steel Design Guide Series : Column Base Plates
12. Fluor Daniel Structural Engineering Guide
13. P. Spinivasulu and C.V. Vaidyanathan (1977), Handbook of Machine Foundations, McGraw-hill
14. 허수진 · 우찬조 · 손병규(2000), 프레임형 진동기초 설계 매뉴얼, 현대엔지니어링
15. 안재호 · 이채복 · 김창윤(2003), 진동기기 기초 설계절차서 및 표준계산서 작성, 현대엔지니어링
16. 토목설계기준서, 한국가스공사
17. 콘크리트표준시방서, 건설교통부
18. 김상규(2004), 토질역학, 청문각
19. Principles of Foundation Engineering(Braza. M .Das)
20. Geotechnical Engineering, Braza. M.Das
21. 구조물 기초설계기준, 건설교통부
22. Shamsher Prakash and Vijay K. Puri(1988), Foundations for Machines : Analysis and Design, John Wiley and Sons
23. Suresh C Arya, Michael W. O'Neill and George Pincus(1979), Design of Structures and Foundations for Vibrating Machines, Gulf Publishing Company
24. D. D. Barkan(1962), Dynamics of Bases and Foundations, McGraw-hill
25. Mario Paz(1997), Structural Dynamics 4thEd.,Chapman & Hall
26. 조효남(1990), 진동기초 설계법, 제철 엔지니어링 주식회사
27. 이송 · 김주현 · 황규호 · 양태선(2003), 연약지반의 설계와 시공, pp. 3~61
28. 한국지반공학회(2005), 지반공학시리즈 6, 연약지반(개정판), pp. 191~240, pp. 411~417

29. 최인걸 · 박영목(2008), 현장실무를 위한 지반공학, pp. 220~282

30. 김성인 · 구자갑(2000), 연약지반공학 이론과 대책, pp. 287~326

31. 전성기(1998), 실무자를 위한 연약지반 설계실무편람, pp. 37~58

32. 이문수 · 김영남 · 이강일, 연직배수공법의 설계와 시공관리, pp. 40~47

33. 박영태(2011), 신경향 토목기사실기(개정4판), pp. 117~164

34. 안진수(2007), 토질 및 기초 필기 21개년 기출문제분석(개정판), pp. 383~413

35. ASME BOILER & PRESSURE VESSEL CODE, SEC. VIII, Div. 1, Rules for Construction of Pressure Vessels

36. API 650, Welded Tanks for Oil Storage

37. API 660, Shell-and-Tube Heat Exchagers for General Refinery Services

38. API 661, Air-Cooled Heat Exchangers for General Services

39. API 662, Plate Heat Exchangers for General Refinery Services

40. Instrument Engineers Handbook(Process Measurement), B. G. Liptak, K. V. Venczel, Chilton

41. Instrument Engineers Handbook(Process Control), B. G. Liptak, K. V. Venczel, Chilton

42. Applied Instrumentation in the process Industries, W. G. Andrew, H. B. Wiliams, Gulf

43. Standard and Recommended Practices for Instrumentation and Control I. ISA

44. Standard and Recommended Practices for Instrumentation and Control II. ISA

45. Standard and Recommended Practices for Instrumentation and Control III. ISA

46. 김상진(2002), 계장제어시스템, 연학사

47. 송길영(2008), 신편전력공학, 동일출판사

48. 송길영(2008), 최신 발전공학, 동일출판사

49. 이해기 외(2011), 전기설비설계, 태영문화사

50. 이해기 외(2011), IEC 규격에 의한 전기설비설계, 태영문화사

51. 발전용어해설집, 동서발전(2006)

52. D. A. Coggan & C. L. Albert(1992), "Fundamentals of Industrial Control", ISA

PLANTENGINEER

M·E·M·O

플랜트엔지니어 기술이론

② PLANT ENGINEERING

발행일 | 2014. 5. 10   초판발행
　　　　　 2021. 1. 10   개정1판1쇄

저 자 | (재)한국플랜트건설연구원 교재편찬위원회
발행인 | 정 용 수
발행처 | 🔷 예문사
주 소 | 경기도 파주시 직지길 460(출판도시) 도서출판 예문사
T E L | 031) 955-0550
F A X | 031) 955-0660
등록번호 | 11-76호

정가 : 37,000원

ISBN 978 - 89 - 274 - 3719 - 2 14540
ISBN 978 - 89 - 274 - 3717 - 8 14540(세트)

이 도서의 국립중앙도서관 출판예정도서목록(CIP)은 서지정보유통지원시스템
홈페이지(http://seoji.nl.go.kr)와 국가자료공동목록시스템(http://www.nl.go.kr
/kolisnet)에서 이용하실 수 있습니다.(CIP제어번호 : CIP2020042545)